Un viaje entre la imaginación y la realidad

HUMANISTAS ESPAÑOLES

Tomo 41

DIRECTORES
Jesús M. Nieto Ibáñez
Jesús Paniagua Pérez

CONSEJO ASESOR
Juan Ramón Álvarez Bautista - Mª Luisa Alvite Díez - Juan Manuel Bartolomé Bartolomé - Vicente Bécares Botas - Mª Dolores Campos Sánchez-Bordona - Mª Isabel Lafuente Guantes - Antonio Reguera Feo - Mª del Carmen Rodríguez López - Mª Isabel Viforcos Marinas

COMITÉ CIENTÍFICO
Mechthild Albert (Universidad de Bonn) -Antonio Manuel Lopes Andrade (Universidad de Aveiro) - Trinidad Arcos Pereira (Universidad de Las Palmas) - Dietrich Briesemeister (Biblioteca Herzog-August de Wolfenbünel) - Roberto Cassá (Archivo Nacional de Santo Domingo) - Pedro Cátedra García (Universidad de Salamanca) - Nicole D'acoste (Universidad Libre de Bruselas) - Antonio Dávila Pérez (Universidad de Cádiz) - Sergio Fernández López (Universidad de Huelva) - Natalio Fernádez Marcos (CSIC) - Remedios Ferrero Micó (Universidad de Valencia) - Juan Gil Fernández (Universidad de Sevilla) - Johannes Helmrath (Universidad Humboldt de Berlín) - Nora Edith Jiménez (Colegio de Michoacán) - Marc Lureys (Universidad de Bonn) - José María Maestre Maestre (Universidad de Cádiz) - Armando Martínez Garnica (Archivo General de Nación. Bogotá) - Antonio Mestre Sanchis (Universidad Literaria de Valencia) - Antonio Moreno Hernández (UNED) - Juan Manuel Navarro Cordón (Universidad Complutense de Madrid) - Rosa Navarro Durán (Universidad de Barcelona) - Luciana Peppi (Universidad de Palermo) - Pablo Emilio Pérez-Mallina (Universidad de Sevilla) - María José Redondo Cantera (Universidad de Valladolid) -Antonio Rubial (UNAM) - Stefan Schlelein (Universidad Humboldt de Berlín) – Diana Soto Arango (Universidad Tecnológica y Pedagógica de Colombia) - Luis Vega Reñón (UNED)

Daniele Arciello /
Jesús Paniagua Pérez

Un viaje entre la imaginación y la realidad

La versión italiana del *Itinerarium ad regiones sub aequinoctiali plaga constitutas* de Alessandro Geraldini

Bibliographic Information published by the Deutsche Nationalbibliothek
The Deutsche Nationalbibliothek lists this publication in the Deutsche Nationalbibliografie; detailed bibliographic data is available online at http://dnb.d-nb.de.

Publicaciones del Instituto de Humanismo y Tradición Clásica
de la Universidad de León

GIR de la Universidad de León "Humanistas". Proyecto coordinado I+D+i del Ministerio de Economía y Competitividad de España (FFI2015-65007-C4), financiado con Fondos FEDER: "Humanistas españoles". Ayuda de la Junta de Castilla y León al GIR "Humanistas españoles: estudios y ediciones críticas. La tradición clásica en España y América de la Antigüedad al siglo XVII" (LE145G18). Proyecto de la Junta de Castilla y León LE028P20, financiado con Fondos FEDER "La herencia clásica y humanística: la alegoría en el mundo hispánico". Unidad de Investigación Consolidada número 319 de Castilla y León.

Cover illustration: © Cortesía del conde Alessandro Geraldini de Amelia, Italia

ISSN 1865-665X
ISBN 978-3-631-84286-7 (Print) · E-ISBN 978-3-631-87501-8 (E-PDF)
E-ISBN 978-3-631-87507-0 (EPUB) · DOI 10.3726/b19551

© Peter Lang GmbH
Internationaler Verlag der Wissenschaften
Berlin 2023
All rights reserved.

Peter Lang – Berlin · Bern · Bruxelles · New York · Oxford · Warszawa · Wien

All parts of this publication are protected by copyright. Any utilisation outside the strict limits of the copyright law, without the permission of the publisher, is forbidden and liable to prosecution. This applies in particular to reproductions, translations, microfilming, and storage and processing in electronic retrieval systems.

This publication has been double-blind peer reviewed.

www.peterlang.com

ÍNDICE

PRESENTACIÓN 9

PRESENTAZIONE 13

PRÓLOGO 17

ABREVIATURAS 21

I LA VIDA Y LA OBRA DE ALESSANDRO GERALDINI 23
   1 GERALDINI EN EUROPA 23
   2 GERALDINI EN AMÉRICA 35
   3 LAS OBRAS DE GERALDINI: ENTRE LA DUDA
      Y LA CERTEZA 51

II EL *ITINERARIUM* DE GERALDINI 63
   1 INTRODUCCIÓN 63
   2 LOS MANUSCRITOS Y SUS FUENTES 65
   3 EDICIONES Y FORTUNA DE LA OBRA 74

III UN LIBRO ETIÓPICO 77
   1 ÁFRICA: EL PAISAJE FÍSICO Y HUMANO 77
   2 ASPECTOS HISTÓRICOS DEL ÁFRICA DE GERALDINI 93
   3 LA HERENCIA CLÁSICA 98
   4 ASPECTOS RELIGIOSOS 103
   5 EL FENÓMENO DE LA ESCLAVITUD AFRICANA 122
   6 LAS MUJERES EN EL *ITINERARIUM* 128

7 FICCIÓN, RECREACIÓN E IMITACIÓN 134
8 PORTUGAL EN LA OBRA DE GERALDINI 147
9 ÁFRICA COMO ALEGORÍA 151

IV LOS ANEXOS DE POMPEO MONGALLO DA LEONESSA 161

1 ANEXO Y TRADUCCIÓN DE LA OBRA DE JOÃO BERMUDES 161
2 ANEXO Y TRADUCCIÓN DE LA CARTA DE NICCOLÒ VENARDO FIAMMINGO 167

V LA PERSPECTIVA AMERICANA DE GERALDINI 169

ANEXOS 181

CRITERIOS DE EDICIÓN 181

ANEXO I ITINERARIO DI MONS[IGNO]RE ALESSANDRO GERALDINO VESCOVO DI SAN DOMENICO CITTÀ DELL'ISOLA SPAGNOLA, OVE SI DESCRIVONO COSE STUPENDE DELL'ETIOPIA, NON PIÙ DA ALTRI CONOSCIUTE 183

ANEXO II TRASCRIZIONE DEL MANOSCRITTO ITALIANO DI POMPEO MONGALLO CHE CONTIENE ALCUNI CAPITOLI DELL'OPERA DI JOÃO BERMUDES 275

ANEXO III TRASCRIZIONE DI UN TESTO DELL'EPISTOLARIO DI NICCOLÒ VENARDO FIAMMINGO (NICOLAS CLEYNAERTS) 287

ANEXO IV ITINERARIO DE MONSEÑOR ALESSANDRO GERALDINO 291

ANEXO V TRADUCCIÓN AL ESPAÑOL DEL MANUSCRITO ITALIANO DE POMPEO MONGALLO QUE CONTIENE CAPÍTULOS DE LA OBRA DE JOÃO BERMUDES 375

ANEXO VI TRADUCCIÓN AL ESPAÑOL DE UN TEXTO DEL EPISTOLARIO DE NICCOLÒ VENARDO FIAMMINGO (NICOLAS CLEYNAERTS) 387

ANEXO VII GLOSARIO DE TÉRMINOS, EXPRESIONES Y FORMAS VERBALES 391

ANEXO VIII GLOSARIO DE TOPÓNIMOS 409

BIBLIOGRAFÍA 423

ÍNDICE DE NOMBRES 453

ÍNDICE DE TOPÓNIMOS 463

PRESENTACIÓN

Qué tendrá Alessandro Geraldini, que sigue generando nuevos estudios sobre su obra y su persona, como este en que sus dos autores, además de sintetizar en un exhaustivo ensayo los principales aspectos de interés para abordar la lectura de la obra y los hechos de nuestro obispo, ofrecen por primera vez como anexo una versión bilingüe del manuscrito signado por Pompeo Mongallo da Leonessa con la inclusión de la interesante carta de Niccolò Venardo Fiammingo.

Como lectora me fascina cómo el autor se configura como protagonista de su relato, que incluye su participación en los acontecimientos más importantes de su época, entrando así por su propia mano en la historia del siglo XVI; su adaptación singular a otros climas, culturas, idiomas o paisajes; su visión por unos personajes desconocidos que se vislumbran tan reales como pueden serlo los Reyes Católicos o Colón; la singularidad de cada personaje al que dedica unos párrafos y que tienen sus líneas de gloria, sea su madre, su hermano o un sacerdote etíope, en nivel de igualdad. Su forma de narrar hacia un "tú lector" o hacia su "yo lector" hace que el lector participe de ese viaje, periplo literario y vital a la vez, paseándose con Geraldini por el Atlas, participando de la comida a la que es invitado, sintiendo el sol abrasador de África, la espuma del océano, viendo con él los animales, paisajes, vegetación desconocidos hasta el momento de la lectura.

Es su *Itinerarium* un viaje de ida y vuelta: a la realidad y a la imaginación, y viceversa; al pasado y a su presente contemporáneo; a lo mítico y a lo histórico. En sus páginas hay que bucear para distinguir entre las noticias que sirvan como fuente histórica para conocer de primera mano los sucesos en África y en América los últimos lustros del siglo XV y los primeros decenios del XVI (hasta la muerte del obispo el 8 de marzo de 1524, según consta en su tumba, sita en la catedral de Santo Domingo). Se mezclan las noticias contemporáneas y frescas que llegaron al *Itinerarium* a través de vivencias de Alessandro con otras narradas por marineros y personas que transitaban por esas tierras y mares. El relato oral se convierte así en fuente escrita y sus páginas tienen el interés de ser uno de los documentos más tempranos sobre el Nuevo Mundo y sobre el continente africano a comienzos del siglo XVI. Al mismo tiempo, como en su obra se recogen también los testimonios literarios precedentes sobre temas y motivos propios de la literatura de viajes, su *Itinerarium* es también un interesante ejemplo de tradición clásica y literaria, de cómo sus distintas capas conforman un nuevo libro que se integra en la literatura de viajes con sus *mirabilia* antiguos y nuevos (que aparecerán en autores posteriores), en el diario personal (en las tan conocidas "andanzas" medievales) y en la recogida de datos para archivos de la época al estilo de la *Historia Natural* de Plinio. Sirva como ejemplo de este crisol una noticia que nos transmite Geraldini en el libro XI:

> Más allá de la Zona Tórrida [...] se observan muchas serpientes, muchas víboras y muchos animales completamente distintos de nosotros [...] El rey Monicongo practica nuestra fe. Su antepasado, por obra del rey de Portugal, recibió el agua del santísimo bautismo. Su hermano le había quitado el reino e hizo regresar sus gentes al rito anterior y a la antigua religión, abandonando la cristiana. El rey con veinte [veinte mil] soldados cristianos sin vacilaciones tomó la fortaleza principal del reino.

En efecto, el rey del Congo se convirtió al cristianismo y este episodio se relató en 1506 en una carta escrita por el rey Afonso I y dirigida a Nzinga a Nkuwu, perdida y conocida —aparte de en el *Itinerarium,* que se convierte así en la fuente más antigua conservada— por otra carta que Afonso escribió en 1514, tal como ha investigado el Prof. John Thornton (Universidad de Boston). Por ello, podría hacerse una doble lectura de su viaje: la lectura acompasada con el tiempo real de travesía (los 44 días transcurridos entre el 4 de agosto y el 17 de septiembre de 1519) y la lectura paralela de su viaje imaginario de 84 días, donde el lector se sumergirá por el interior y por la costa de África, conocerá la etnografía de sus gentes, su clima, comidas, padecimientos y sucesos trascendentales, y se sentirá tan próximo a África como lo está de Europa antes de llegar a ese Nuevo Mundo que los conquistadores sienten como propio.

El viaje entre Europa y América, costeando África, fue una realidad para Alessandro, mal que le pareciese emprenderlo. Lo que para él debía haber sido una estancia temporal en el Nuevo Mundo para tomar posesión de su sede episcopal se convirtió en su morada definitiva, en la que su cuerpo quedó enterrado. Fue su *Itinerarium* el que hizo el viaje de vuelta a Europa repartido en folios manuscritos que presentan lecturas y fechas distintas hasta ser editado en una versión definitiva de 1631 en Roma, en la imprenta de G. Facciotti, emprendida por Onofre Geraldini de Catenacios con el título *Itinerarium ad regiones sub aequinoctiali plaga constitutas Alexandri Geraldini.* Y es de extremo interés que el manuscrito italiano que aquí se recoge ahora vea la luz por tres razones: el manuscrito de Lisboa está fechado en 1565 (está copiada otra traducción del mismo autor con la especificación del año), por lo que esta traducción es anterior al texto en latín que han transmitido los manuscritos conservados (*Ottobiano* y *Boncompagni*, de la segunda mitad del s. XVI; *Borghese*, de finales del XVI; y *Strozziane*, del primer cuarto del s. XVII, según ha datado la estudiosa italiana Annamaria Oliva). En segundo lugar, porque este manuscrito conserva hojas bilingües grapadas (la página de la izquierda en latín y su correspondiente traducción al italiano, en la de la derecha); otras solo en latín, tras las cuales sigue la traducción en italiano; y otras con parte de la misma hoja en latín y otra parte en italiano (hasta la p. 14, libro II) y en tercer lugar por las sustanciales diferencias entre los manuscritos latinos y este en los libros I y XVI.

Por añadir algo más de misterio a la historia textual de esta obra, cabe señalar que este manuscrito, encuadernado en pergamino y depositado en la Biblioteca Nacional de Lisboa (Cod. 11169, *Fundo Geral*, códice cartáceo con miscelánea de obras) tiene una marca de agua —que pudimos distinguir en el papel al trasluz— con un dibujo de tres medias lunas en diagonal que parten de la esquina superior izquierda dentro de un escudo coronado, fechable *ca.* 1601 (Briquet, 1966). Esto significa que, a su vez, este manuscrito puede ser copia del de 1565[1] y es un testimonio importante de que el texto de Alessandro Geraldini circulaba en hojas sueltas a las que Mongallo trató de dar forma ordenada "para que no se pierda el conocimiento de tantos países y de tantas cosas de las cuales no se tenía noticia alguna, y no menos por el honor del autor" (f. 1v, líneas 5-8): dado que el orden que hay en la traducción es coincidente con el de los cuatro manuscritos latinos, tanto en número de libros como en el relato ordenado de sucesos, podemos acaso concluir que circulaba un texto que sirvió como base para las distintas copias (tanto la bilingüe latín-italiana como para las latinas que se conservan) o que quizá este manuscrito de Mongallo pudo ser la base, a su vez, de los cuatro manuscritos latinos cuyos copistas incluirían los cambios o interpolaciones que se conservan.

Es muy interesante también el hecho de que el título difiera, pues en la tapa externa del códice lisboeta figura *L'Ethiopia incognita* y en el dorso queda el resto de una pegatina que indica *[Gerald]ini Viaggi in l'Ethiopia*. A pesar de que parece que África pudiera ser el contenido del libro, llama la atención el contenido del libro XVI, que enlaza con el prólogo (f. 1, líneas 18-19): Mongallo alude expresamente a la horrible crueldad ejercida por los españoles contra los desnudos y mansos indios de La Española; Geraldini transmite así el relato de más de un millón de personas que murieron por la espada, por disparos, por torturas infligidas por los españoles, por el hambre. Esto coincide con las lecturas transmitidas en los manuscritos *Ottobiano*, *Boncompagni* y *Strozziane*,

---

[1] El manuscrito depositado en la British Library de Londres (Harley man. 24 3566) que contiene también la traducción italiana parece copia del lisboeta. Robert y Edward Harley lo compraron en 1722. Entre 1661 y 1724 adquirieron muchos textos recorriendo el continente europeo.

frente a la del *Borghese* y a la edición romana, que atribuyen los abusos a los caníbales y no a los españoles. Hay, además, otros párrafos (especialmente el del f. 80 del manuscrito de la traducción italiana) que no son coincidentes en la transmisión textual, por lo que habría que plantearse si existía una doble tradición en la transmisión del texto de Geraldini: por un lado, la que transmiten el *Ottobiano, Boncompagni* y *Strozziane;* por otro, la del *Borghese* y la de Mongallo, que serviría de fuente —cambiando el "final" en la traducción italiana o en la copia latina—. Lo que sí sabemos es que todas las dedicatorias y párrafos al Papa son interpolaciones posteriores que no estaban en el ánimo ni en la pluma de Alessandro y fueron, probablemente, frases interesadas de su sobrino nieto y editor, Onofre.

Misterios que añaden más interés al relato de un obispo a caballo entre dos mundos, el secular y el religioso; entre dos poderes, el real y el papal; entre dos continentes, Europa y América; entre dos textos, el original y el interpolado … Una jugarreta final para avivar la fantasía de los estudiosos del *Itinerarium,* como ya lo hiciera entre sus ávidos lectores, y activar su imaginación y su pericia académica: qué contenido escribió Alessandro Geraldini, cuál fue añadido o reescrito, cuál fue su motivación y cómo debemos abordar la obra de un autor que es, siempre, fidedigno representante de su época.

Carmen González Vázquez
Catedrática de Filología Latina de la
Universidad Autónoma de Madrid

PRESENTAZIONE

Quale sarà il segreto di Alessandro Geraldini, un autore che ancora oggi è motivo di nuovi studi incentrati su di lui e sulle sue opere? Lo vediamo in questo lavoro, dove i due ricercatori riassumono esaustivamente nel loro saggio gli aspetti che suscitano maggior interesse nella lettura dell'opera e degli eventi che coinvolgono il nostro vescovo. Offrono altresì in appendice, per la prima volta, una versione con testo a fronte italo-spagnola del manoscritto firmato da Pompeo Mongallo da Leonessa, aggiungendovi anche l'interessante missiva di Niccolò Venardo Fiammingo.

Da lettrice mi affascina contemplare Geraldini che diventa il protagonista del suo stesso racconto e assiste agli episodi più importanti dell'epoca, così da autointrodursi nella Storia del XVI secolo, mettendo in risalto: la sua capacità di adattarsi a diversi climi, culture, lingue o ambienti; il suo punto di vita a proposito di personaggi sconosciuti che considera reali, alla stregua dei Re Cattolici o di Colombo; le peculiarità di coloro che indiscriminatamente sono citati in alcuni passaggi e hanno diritto a un po' di gloria, siano essi la madre, il fratello o un sacerdote etiope. Il suo modo di narrare, che si dirige a volte a un "tu" e altre a un "io", rende partecipe il lettore di questo viaggio, che è allo stesso tempo un itinerario letterario e di vita vissuta. Con lui, passeggia per il monte Atlante, è ospite ai banchetti, sente sulla pelle il sole cocente africano e la schiuma dell'oceano, osserva animali, paesaggi e piante a lui sconosciuti prima di cominciare questa lettura.

Il suo *Itinerarium* è un viaggio costante di partenze e ritorni: dalla realtà all'immaginazione e viceversa; dal passato al suo presente; dal mito alla storia etc. Bisogna immergersi tra le sue pagine per riuscire a destreggiarsi tra le informazioni che usa come fonti storiche e poter apprendere notizie fresche sugli eventi in Africa e America tra gli ultimi anni del XV secolo e i primi decenni del XVI – fino alla scomparsa del vescovo avvenuta l'otto marzo del 1524, secondo quanto leggiamo sulla sua tomba presso la cattedrale di Santo Domingo –. Vi è un miscuglio di dati coevi inseriti nell'*Itinerarium*, frutto dell'esperienza diretta di Alessandro, e di altri provenienti dai resoconti di marinai e viaggiatori che si erano spostati lungo quelle latitudini. Si passa così dal racconto orale al documento scritto, avendo questo il merito di essere una testimonianza tra le prime che riguardassero il Nuovo Mondo e il continente africano agli inizi del XVI secolo. Inoltre, dato che il testo comprende scritti contenenti aspetti di letteratura odeporica, l'*Itinerarium* diventa anche un modello di tradizione classica e letteraria. Le sue numerose sfaccettature creano una nuova opera che rientra nella categoria di letteratura odeporica e dei *mirabilia* vecchi e nuovi (di autori successivi), del diario personale (si vedano le celebri *andanzas* medievali) e della raccolta di informazioni per gli archivi dell'epoca, che ricorda la *Naturalis historia* di Plinio. Una testimonianza emblematica di tale *melting pot* di elementi è quanto ci dice Geraldini nel libro XI:

> Oltre la Zona Torrida [...] veggionsi* molti serpenti, molte vipere e molti animali dai n[ost]ri in tutto diversi [...] Il re di Manicongo tiene la n[ost]ra fede. L'avo del q[u]ale per opera del re del Portogallo ricevette l'acqua del s[antissi]mo battesimo. Avendogli tolto il regno un suo fratello, e fatto ritornare i popoli al rito primiero e all'antica religione, con lasciare la cr[istia]na. Il re con venti soldati cristiani senza più prese la principale rocca del regno.

È un dato accertato che il re del Congo si fece cristiano, com'è riportato in una lettera smarrita ma comunque conosciuta del 1506 da parte di re Afonso I per Nzinga a Nkuwu. Oltre a ciò, abbiamo la testimonianza dell'*Itinerarium*, che costituisce dunque la fonte più antica a riguardo, grazie a un'altra lettera che scrisse Afonso nel 1514, se prestiamo fede alle ricerche del Dott. John Thornton (Università di Boston). Alla luce di quanto detto, si potrebbe proporre una doppia lettura del suo percorso: quella scandita dal tempo reale della traversata (i 44 giorni che trascorrono tra il 4 agosto e il 17 settembre 1519) e quella parallela del suo viaggio immaginario, che dura 84 giorni. Il lettore percorrerà la parte interna e costiera d'Africa, conoscerà l'etnografia dei suoi popoli, il clima, i cibi, le sofferenze e i momenti di maggior rilievo, così da sentirsi tanto vicino all'Africa come lo era l'Europa prima che giungesse nel Nuovo Mondo, che i *conquistadores* percepivano come qualcosa che appartenesse loro.

Il tragitto tra Europa e America, costeggiando l'Africa, divenne per Alessandro una realtà tangibile, sebbene lo intraprendesse a malincuore. Difatti, l'assumersi l'incarico della sede episcopale nel Nuovo Mondo sarebbe stata un'esperienza momentanea. Tuttavia, divenne poi la sua dimora definitiva e il suo luogo di sepoltura. Il viaggio di ritorno in Europa lo fece invece il suo *Itinerarium*, che si sparse in diversi fogli manoscritti, con date e versioni diverse, fino a trovare la sua forma definitiva con la pubblicazione a Roma nel 1631, presso la stamperia di G. Facciotti, a cura di Onofrio Geralfini de' Catenacci e intitolata *Itinerarium ad regiones sub aequinoctiali plaga constitutas Alexandri Geraldini*. Ci sono tre motivi, quindi, per cui è di grande interesse il fatto che venga riprodotto il manoscritto italiano in questo saggio: quello di Lisbona è del 1565 (vi è un'altra traduzione che è stata copiata e nella quale si legge chiaramente la data), per cui questa traduzione precede il testo latino riprodotto nei manoscritti che si sono conservati (Ottoboniano e Boncompagni, della seconda metà del XVI secolo; Borghese, di fine Cinquecento; le Carte Strozziane, del primo quarto del XVII secolo, in base alla datazione proposta dalla ricercatrice italiana Annamaria Oliva). Per di più, in questo manoscritto troviamo delle pagine cucite tra loro e in due lingue: la parte sinistra in latino e, nella pagina destra, la sua traduzione in italiano. Poi vi sono altre solo in latino, dietro le quali continua la traduzione in italiano. E infine, ci sono altre che contengono sia la versione latina che quella italiana nello stesso foglio, fino alla pagina 14 del libro II. L'ultima ragione sono le discrepanze notevoli tra i manoscritti latini e quello italiano tra i libri I e XVI.

C'è un altro fatto misterioso che si aggiunge a tutti quelli che costellano la storia testuale dell'opera: il manoscritto, rilegato in pergamena e conservato nella Biblioteca Nazionale di Lisbona (Cod. 11169, *Fundo Geral*, codice cartaceo con mescolanza d'opere) possiede un marchio d'identificazione filigranato, visibile solo in controluce. Si tratta di un motivo con tre mezze lune in diagonale che partono dall'angolo superiore sinistro all'interno di uno scudo coronato, la cui data approssimativa è 1601 (Briquet, 1966). Da ciò potremmo dedurre che sia, a sua volta, una copia del manoscritto del 1565[2], un dato che potrebbe confermare la circolazione di fogli sparsi dell'opera di Alessandro Geraldini, e Mongallo volle dar loro ordine "per non lasciar perdere la cognition di tanti paesi e di tante cose delle quali per l'addietro non si avea notizia alcuna, e non meno per onor dell'autore" (f. 1v, 5-8). Considerando che la sistemazione dei frammenti è identica a quella dei manoscritti latini, sia per il numero dei libri che per la narrazione degli avvenimenti, non è azzardato supporre che circolasse un testo precedente che servisse da base per le diverse copie (la latino-italiana e le latine che sono sopravvissute). Oppure, il manoscritto di Mongallo potrebbe essere la base dei quattro manoscritti latini, e i loro copisti avrebbero poi incluso i cambi e le interpolazioni che leggiamo.

D'uguale interesse è il fatto che il titolo sia diverso, giacché nella copertina esterna del codice di Lisbona appare *L'Ethiopia incognita* e sul dorso sia rimasto attaccato parte di un adesivo dove si legge *[Gerald]ini Viaggi in l'Ethiopia*. È dunque singolare il contenuto del libro XVI, che si differenzia dal resto del libro, il cui argomento centrale è l'Africa. Il suddetto libro si riallaccia al prologo (f. 1,

---

2   Il manoscritto conservato nella British Library di Londra (*Harley* man. 24 3566), che contiene anche la traduzione italiana, sembra sia una copia del testo di Lisbona. Robert ed Edward Harley lo acquistarono nel 1722. Tra gli anni 1661 e 1724 comprarono molte opere in giro per l'Europa.

18-19): Mongallo si riferisce senza sottintesi all'efferata crudeltà degli spagnoli a danno dei mansueti e nudi indios della Hispaniola. Geraldini ci tramanda il racconto degli oltre un milione di persone che furono passate a fil di spada, che perirono per armi da fuoco, per torture inflitte loro dagli spagnoli o per fame. Ciò coincide con quanto consultabile nei manoscritti Ottobiano, Boncompagni e Carte Strozziane, mentre invece Borghese e l'*editio princeps* rendono colpevoli di tutto i cannibali e non gli spagnoli. Inoltre, ci sono altri passaggi (soprattutto nel f. 80 del manoscritto italiano) che non combaciano nelle varie versioni, per cui si potrebbe proporre che ci fosse una doppia tradizione nella trasmissione testuale dell'opera di Geraldini: da un lato, ciò che tramandano Ottobiano, Boncompagni e Carte Strozziane e, dall'altro, il Borghese e il manoscritto di Mongallo, che sarebbe servito come fonte (cambiando il "finale" nella traduzione italiana o nella copia latina). Ciò che sappiamo per certo è che tutte le dediche e i passaggi riferiti al papa sono interpolazioni posteriori che non appartengono né alle intenzioni né alla scrittura di Alessandro e che furono, probabilmente, frutto degli interessi di suo nipote e curatore, Onofrio.

Si tratta di misteri che aggiungono ancor più fascino a un racconto di un vescovo che si trovava tra due mondi, il secolare e il religioso; tra due poteri, quello monarchico e quello pontificio; tra due continenti, Europa e America; tra due testi, l'originale e l'interpolato.

Insomma, un ultimo tiro mancino che stimola l'immaginazione degli studiosi dell'*Itinerarium*, come del resto già lo fu per i suoi avidi lettori, e per spronare la loro fantasia e il loro lavoro accademico: cosa avrà davvero scritto Alessandro Geraldini, cosa venne poi aggiunto o modificato, quali furono le sue intenzioni e come dovremmo avvicinarci a un'opera il cui autore fu indubbiamente un rappresentante autentico della sua epoca.

Carmen González Vázquez
Catedrática de Filología Latina de la
Universidad Autónoma de Madrid
(traducido al italiano por Daniele Arciello)

PRÓLOGO

Ha sido objetivo del Instituto Universitario de Investigación de Humanismo y Tradición Clásica (IHTC) de la Universidad de León el recuperar y realizar estudios sobre obras del Humanismo y de la Tradición Clásica. En el marco de esta finalidad, incluimos nuestra investigación, que ha contado con financiación del Ministerio de Economía y Competitividad, de la Junta de Castilla y León y del grupo de investigación "Humanistas" de la Universidad de León. Durante años hemos empeñado nuestros esfuerzos en contribuir a los objetivos del Instituto para que hoy se pueda contar con una obra más en la prestigiosa colección de Humanistas Españoles.

De nuevo abordamos la obra de Alessandro Geraldini, el humanista que formó parte de la corte de los Reyes Católicos como educador de al menos dos de las infantas, María y Catalina, y que desarrolló una labor itinerante a lo largo de su vida por toda Europa. Luego vino el destino americano, donde acudía, sin demasiadas expectativas, para ocupar la diócesis de Santo Domingo, primada de las Américas, y de la que fue el primer prelado que se sentó en su silla episcopal.

De nuevo volvemos a realizar un estudio sobre el *Itinerario*, ahora fundamentándolo en su versión italiana. Para ello, hemos utilizado como documento base el manuscrito de la Biblioteca Nacional de Lisboa, producto de una traducción de un hombre cercano a la familia de los Geraldini, Pompeo Mongallo da Leonessa. Otra copia casi idéntica se encuentra en la British Library.

En realidad, el documento aporta pocas cosas nuevas sobre los manuscritos latinos, incluso ha sintetizado u obviado partes que al traductor le parecerían menos interesantes. Sin embargo, para nuestro ensayo ha sido de vital importancia, pues, entre otras cosas, comprobamos que la obra afectó sobre todo al mundo italiano. Hasta el momento no conocemos copias realizadas en otros idiomas y las latinas también forman parte de colecciones romanas y florentinas. Aventuramos con ello algunas hipótesis, como que los manuscritos latinos no tienen necesariamente que ser anteriores a los redactados en italiano, si, como se pone de manifiesto por el traductor, fue él quien se encargó de su organización. Es decir, Onofrio Geraldini de Catenacci se encontró ya con unos materiales que habrían pasado por las manos de Mongallo. Esto nos lleva a hacernos una pregunta, ¿hasta qué punto afrontó la organización el mencionado Pompeo Mongallo? No se nos especifica en ningún momento, salvo que él se hizo cargo de unos papeles desordenados. Saber algo más sobre cómo se desarrolló todo aquello podría ser la clave para conocer el verdadero origen de la obra. Por no tener, no tenemos ni un manuscrito que podamos decir que sirva de matriz para los otros.

Como consecuencia de lo dicho, se nos plantean incógnitas a las que es difícil dar respuesta, en tanto en cuanto no aparezcan otros materiales que ayuden a la clarificación. ¿Escribe Alessandro Geraldini la obra tal y como la conocemos? ¿Se completa con otros materiales? Su carta al príncipe de Carpi, publicada por el Dr. D'Angelo, se nos antoja muy significativa. En ella, solicitaba al noble y amigo que se hiciese cargo de la publicación en Italia de algunas de sus obras, y entre ellas no se encuentra el *Itinerario*. ¿Por qué esto, si ya lo había escrito o estaba a punto de finalizarlo? Aventuramos alguna hipótesis que en un futuro podría o no confirmarse. Lo cierto es que cada vez nos resulta más sospechoso aceptar que el obispo dominicano escribiese la obra tal y como la conocemos y que hoy publicamos de nuevo en su versión vernácula.

Muchas son las incongruencias y discrepancias; por ejemplo, la falta de alusiones de cierta importancia a la conquista de México, a la que tan solo se hace una pobre mención en los manuscritos latinos, cuando había sido todo un revulsivo en el ambiente de la época y afectaba muy directamente a los intereses del prelado. Tampoco menciona a los grandes defensores de los indios, que tenía en su diócesis, a pesar de que aparentemente él se convertiría en un adalid de aquella defensa.

La obra está llena de contradicciones entre la realidad de los hechos que conocemos y lo que se narra. Nadie puede negar que el género humano vive en una continua contradicción entre la teoría y la praxis, y parece que los humanistas fueron especiales representantes de tales contradicciones; sin embargo, en este caso todo se orienta a la exaltación de su figura, tratando de demostrar que incluso podía hablar con aquellos que no conocían su lengua, como los caribes.

Se trata de un libro de viajes de raigambre medieval, que elige el continente africano como espacio para su desarrollo. Europa es tan solo un referente comparativo y América el destino. Algo tiene de libro de peregrinación, cuando nos va informando sobre los lugares sagrados de África. Es casi como un viaje religioso y de exaltación del continente negro.

En la versión italiana, además, hay algo de especial interés. Mongallo se percata de que hay faltas importantes en el viaje africano de Geraldini; por un lado, el reino del Preste Juan y, por otro, alusiones amplias al mahometismo y al reino de Fez. Todo ello lo cubrirá con dos anexos que ni siquiera son originales del traductor, pues reproduce, nombrándolos, a João Bermudes y a Nicolas Cleynaerts.

PRÓLOGO

Nuestro trabajo está dividido en varios apartados que van de la biografía sobre el autor, con dos bloques, uno para su estancia europea y el otros para su presencia en las Indias. A ello se añade un estudio sobre la obra del autor. En un segundo bloque, nos centramos en aspectos propios del *Itinerarium*, como los manuscritos y la transcendencia. El tercer bloque incluye información comparada de la obra y la época en la que se escribe, con aspectos como el medio, la historia, la herencia clásica, los aspectos religiosos, la esclavitud, la mujer, lo fantástico y lo literario, la cuestión portuguesa, la alegoría africana. Como primer anexo, hemos incluido la versión lisboeta del itinerario y los anexos de Mongallo en italiano y con su traducción al español.

Hemos tratado en la medida de lo posible de no ser repetitivos, por eso hemos evitado las elucubraciones sobre los lugares y los personajes de identificación imposible, como intentamos hacerlo en la edición anterior y luego lo hizo el Dr. D'Angelo en su edición del *Itinerario*. En consecuencia, presentamos un anexo topográfico de aquellos lugares de los que tenemos certeza de su existencia o sospechas congruentes. Igualmente, hemos incluido un glosario de términos, expresiones y formas verbales que leemos en el manuscrito italiano. Al tratarse de un escrito del siglo XVI, hemos considerado conveniente facilitar información en torno a términos y expresiones que hoy en día han caído en desuso. Para las explicaciones y definiciones hemos adoptado el español, con el objeto de darle un enfoque didáctico y ayudar a lectores tanto italianófonos como hispanófonos a comprender cabalmente la obra del obispo.

Desde estas páginas mostramos nuestro agradecimiento a quienes nos han ayudado con la obra, como el Dr. Santiago Domínguez Sanchez, catedrático de Paleografía de la Universidad de León, la Dra. Asunción Sánchez Manzano, catedrática de Filología Latina de la Universidad de León; el Dr. Dario Testi, doctor en Historia de América y colaborador honorífico del IHTC; los investigadores que nos han proporcionado información y material acerca de la vida y obra de Alessandro Geraldini: Emilio Lucci y el Dr. Edoardo D'Angelo, de la Università Suor Orsola Benincasa de Nápoles, por la documentación que nos han facilitado y por sus valiosos consejos; el conde Alessandro Geraldini, cuyo deseo en ahondar en la figura de su antepasado nos ha ayudado en más de una ocasión; los doctores Martin Früh, del Landesarchiv Nordrhein-Westfalen, Alemania, y Annamaría Oliva, del Consiglio Nazionale delle Ricerche, Italia, por habernos entregado sus publicaciones sobre el tema que nos interesa. Y desde luego, la Dra. Carmen González Vázquez, catedrática de Filología Latina de la Universidad Autónoma de Madrid, que hace la presentación de esta obra.

Los autores

ABREVIATURAS

En este apartado, se indican todas las abreviaturas que se han adoptado para aludir a las fuentes bibliográficas y lexicográficas.

Con el objeto de diferenciar entre las 5 ediciones del *Vocabolario degli accademici della Crusca*, en los anexos de la transcripción y del glosario se han utilizado subíndices pospuestos al acrónimo VAC. Además, dichos números señalan que un término figura en el *Vocabolario* a partir de la edición indicada. Todos los lemas cuya definición se ha buGe,scado en los VAC pueden consultarse en la página web *Lessicografia della Crusca in rete* de la Accademia della Crusca: http://www.lessicografia.it/ricerca.jsp. A tal propósito, conviene destacar que VAC_5 se refiere únicamente al *Lemmario* compuesto entre 1863 y 1923[3].

AGI:	Archivo General de Indias
AGS:	Archivo General de Simancas
BL:	Ms. Londres *Harley Manuscripts* 243566 del *Itinerario*
BNE:	*Biblioteca Nacional de España*
c:	capítulo
cf.:	*confer*
comp.:	compilador
DLE,	*Diccionario de la Lengua Española*
DELI:	*Dizionario Etimologico della Lingua Italiana*
DT:	*Dittionario toscano*
ET:	*Enciclopedia on line*
ed.:	editor
f.:	folio recto
ff.:	folios
Ge,	Edición del *Itinerario* (2017)
L:	Ms. Lisboa *Fundo Geral* 11169 del *Itinerario*
Le,	Edición del *Itinerario* (2009)
Li.:	Libro
p.:	página
P.:	Parte
pp.	páginas

---

3 Para adquirir más información sobre la quinta edición del *Vocabolario*, consúltese Accademia della Crusca (2011).

s. e.:	sin editorial
s. v.:	*sub voce*
s/f:	sin foliar
s/p:	sin paginar
ss. vv.:	*sub vocibus*
T:	*Vocabolario della Lingua Italiana online*
TLIO:	*Tesoro della Lingua Italiana delle Origini*[4]
tr.:	traductor
v:	verso
vol.:	volumen
VAC (con subíndices):	ediciones del *Vocabolario degli accademici della Crusca*

---

4 Se trata de una base de datos que recoge todas las voces y sus variantes que no figuran en los vocabularios oficiales, actuales o de antaño. Su realización se enmarca en el proyecto italiano de investigación lingüística patrocinado por el Consiglio Nazionale delle Ricerche: http://tlio.ovi.cnr.it/TLIO/.

I LA VIDA Y LA OBRA DE ALESSANDRO GERALDINI

1 GERALDINI EN EUROPA

Ha sido frecuente en los últimos años que las biografías sobre este obispo se hayan convertido casi en hagiografías y *laudationes*, que poco contribuyen a la consideración del prelado, que como hijo de su tiempo acumuló aspectos positivos y defectos en su vida, sin ser ejemplo claro de nada. El idílico Geraldini no parece haber tenido una especial transcendencia en su época, al menos no tanta como se le pretende dar en la actualidad[5]. Al fin y al cabo, las invenciones y falacias que figuran en muchos pasajes de la obra que vamos a analizar no suponen que al autor se le considere ignorante o "sprovveduto" (D'Angelo, 2017: 51-52). Menos aún en las cuestiones indianas, donde pasó sin mucha pena ni gloria para sus contemporáneos, pues salvo su participación en algunos asuntos locales más o menos sonados (D'Angelo, 2021b: 115-121), nadie se hizo demasiado eco de su presencia, a no ser por los conflictos internos de poder. Desde luego no alcanzó la trascendencia de prelados como un Zumárraga, un Vasco de Quiroga, un Ramírez de Fuenleal, un Bartolomé de las Casas o un Francisco Marroquín. Aun así, su figura merece ser estudiada con imparcialidad, tanto por lo que hizo o no hizo como por lo que escribió o se le atribuye, ya que no deja de ser un representante de su tiempo, en el que vivió algunos de los más importantes acontecimientos civiles y eclesiásticos desde el ámbito de un poder limitado.

Alessandro Geraldini nació en 1455 en la Umbría italiana, en la ciudad de Amelia, actual provincia de Terni, donde su familia, por su vinculación curial (Oliva, 2013b: 160), ocupaba una posición socialmente privilegiada. Esa familia, aunque asentada en la localidad mencionada, parece que tenía una procedencia florentina, vinculada al partido de los güelfos (Prinzivalli, 1892: 335-336). Su lugar concreto de nacimiento fue el barrio (*contrada*) de Collis, en las

---

[5] Ejemplo de ello es su consideración como "uno dei più importanti intellettuali dell'Italia del tempo" (D'Angelo, 2017: 52). Desde luego, no estaba a la altura de humanistas del calibre de Marsilio Ficino, Niccoló Machiavelli o Baldassarre Castiglione, entre otros muchos.

inmediaciones de la catedral[6]. Su madre, Graziosa, había estado casada en primeras nupcias con Giovanni Geraldini, de cuya unión nació Antonio Geraldini (c.1448-1489). Después de enviudar, contrajo un segundo matrimonio con Pace Busitani, del que nació nuestro Alessandro en el año de 1455[7], además de otros hermanos como Costante, Sidonia y Tullia (Lucci, 2013: 57). Pace sobrevivió a su esposa y contrajo nuevo matrimonio con una mujer de nombre Bernardina (Lucci, 2013: 58).

Alessandro debió tener una educación esmerada, pudiendo haber corrido a cargo del retórico Grifón de Amelia, que también había sido educador de su hermanastro. De aquel maestro nos dejó una biografía Publio Francesco Laurelio[8], y el propio Antonio Geraldini le dedicó un epitafio. Igualmente, ambos hermanos estuvieron bajo la tutela de su tío, el obispo curial de Sessa Aurunca, en Campania, Angelo Geraldini, quien les patrocinó en la corte aragonesa, espacialmente a Antonio. Este, al que su hermanastro Alessandro definió como *"antiqui seculi homine"* (Geraldini, 2018: 260), llegó a dicha corte con una profunda formación humanista y acabó por convertirse en un referente de aquel movimiento que varios italianos propiciaron en la península ibérica. Tampoco hay duda de la gran formación de nuestro hombre en la cultura clásica, como se puede apreciar en toda su obra conocida, concebida casi como una exaltación del antiguo imperio romano y de la capital imperial como cabeza de la cristiandad. Sin embargo, no parece que se le pueda calificar de profundo teólogo, como se ha hecho en alguna ocasión (Clarke, 1892: 318).

La presencia en la península ibérica[9] de Alessandro fue precedida por la de su tío y su hermanastro, que desembarcaron en Tarragona el 3 de mayo de 1469

---

6   Se ha dado por hecho, erróneamente, que había nacido en el palacio Geraldini, en la actual vía de la República. Sobre este particular puede verse la clara exposición de Emilio Lucci (2013: 66-67).

7   Sobre la familia Geraldini, además de las monografías que existen sobre alguno de los miembros, es de interés la obra sobre el propio Antonio Geraldini (Hartmut, 1993; Petersohn, 1985; Petersohn, 1996; Früh, 2005).

8   Publio Francesco Laurelio, *Vita Grifonis preceptoris*. Esta obra, que se halla manuscrita en la Biblioteca Augusta de Perugia, ha sido publicada por Edoardo D'Angelo (2011: 103-141). Sobre el mismo tema ha incidido Edoardo D'Angelo (2014b: 353-362). El epitafio puede verse en Martin Früh (2005: 285-286).

9   No se puede hablar todavía de corte española, puesto que existían dos grandes reinos, que ni siquiera compartían un mismo monarca. En Aragón reinaba Juan II (1458-1479) y, en Castilla, Enrique IV (1454-1474). De hecho, Juan Gil habla de que Hispania era un término ambivalente, porque incluía también a los portugueses (1982: 58-59).

(Hartmut, 1993: 253; Früh, 2017: 285). El motivo del viaje tenía que ver con el expreso deseo de Fernando el Católico, por entonces rey de Sicilia con el nombre de Fernando II (1468-1516), de aconsejar a su padre Juan II de Aragón respecto de la rebeldía en que se hallaban parte de sus súbditos en la llamada Guerra Civil Catalana (1462-1472). El monarca aragonés premió los servicios de Angelo, nombrándole su consejero y, a su sobrino Antonio, secretario real. Igualmente, Fernando el Católico agradeció la colaboración de los Geraldini coronando en Valladolid a Antonio como poeta laureado, el 19 de octubre de 1469 (Früh, 2005: 19); es decir, al día siguiente de su matrimonio con Isabel de Castilla, que se había celebrado en aquella misma ciudad, y antes que otro italiano, como lo fue su amigo Francesco Vitale di Noia, lo fuera en Barcelona (Fernández de Córdova Miralles, 2014a: 117). Poco tiempo después, Angelo se había establecido en Valencia (Früh, 2005: 18) y su vinculación directa con la corte aragonesa se mantuvo hasta 1471, año en el que Sixto IV (1471-1484) le reclamó en Roma, donde trabajó al servicio del pontificado, pudiendo asistir al Concilio de Basilea (1482) o tratando de solucionar los problemas creados por Rodrigo Borgia, el futuro Alejandro VI, en el arzobispado de Sevilla, para el que había sido nombrado, aunque no fue aceptado por los Reyes Católicos por "sacrílego vástago" y de costumbres livianas (Sánchez Herrero, 2002: 169; Dumont, 2003: 130-14). Ejerció, por tanto, varias embajadas al servicio papal hasta su muerte, acaecida en 1486 (Paniagua Pérez, 2009: 14-15).

En España había permanecido Antonio, contribuyendo con su presencia a la expansión del humanismo en los territorios ibéricos de Aragón, hasta el punto de que se ha dicho que su influencia fue para aquel reino lo que Nebrija para el de Castilla (Rubio Balaguer, 1952: 16). En aquel tiempo, desde 1480, había actuado como educador del hijo bastardo de Fernando el Católico, Alonso de Aragón (Elipe Soriano, 2019: 211). A aquella estancia aragonesa corresponden sus *Carmina ad Iohannam Aragonum,* que versan sobre personajes destacados del reino (Gil, Luis, 2003: 12; Früh, 2005: 170-335).

Alessandro no tardó en incorporarse a la vida de su hermano en la península, así como su primo Agapito, fallecido en 1515 (Früh, 2012)[10]. En 1475, se hallaba en el ejército de Isabel la Católica en su lucha contra Portugal por la sucesión al trono de Castilla (1475-1479), de lo que dio noticias posteriores, insistiendo sobre el apoyo que en aquella guerra había dado Francia a Portugal

---

10 El padre de Agapito había servido a Fernando I de Aragón en 1458, mientras él se formaba en Italia en varios centros, bajo la tutela de su madre, pasando desde 1498 al servicio de César Borgia y retirándose finalmente a Amelia donde murió.

e Inglaterra a Castilla (Geraldini, 2018: 260-261). Durante la contienda, en 1476, viajó a Bretaña y Borgoña para renovar la alianza antifrancesa de Juan II de Aragón y de Carlos el Temerario (Petersohn, 1996: 27; D'Angelo, 2018: X). Entre 1477, en que estuvo en Barcelona, y 1478, los hermanos viajaron entre la península ibérica y Sicilia en dos ocasiones por diferentes asuntos (Früh, 2005; D'Angelo, 2018: X-XII).

Lo anterior nos hace pensar en un primer intento por hacer carrera con las armas, aunque no sabemos si por decisión propia o por influencia de su hermano y su familia prefirió optar por la vida religiosa, regresando a Italia en 1480, pero dejando algunas amistades en España, como la de Miguel Carbonell, lo que explicaría el epitafio que dedicó a su esposa Engracia, fallecida en 1483 (Adroher Ben, 1956; Cirillo Sirri, 1999; Paniagua Pérez, 2009: 18-19). Su regreso a España debió producirse en 1482, a raíz de lo que él mismo nos manifiesta en su carta a León X, de 1516, o en su *Oración* dominicana de 1520, en que mencionaba que llevaba 22 años al servicio de los españoles (Geraldini, 2018: 148, 264-265).

En Sicilia, donde tenía intereses su hermanastro, se mantendría también durante algún tiempo, aunque parece muy probable que visitase a su familia en Amelia. En 1484, consta como huésped del arzobispo de Catania, Bernardo Margarit (1479-1486), que debía mantener una buena amistad con Antonio, pues este le dedicó un poema conservado en la catedral de Gerona, titulado *Ad Bernardum Margarit, praesulem Catinensem* (Bausi, 2000; Lucero, 2007).

Antonio no rompió nunca sus lazos con Italia y allí se desplazó varias veces por expreso deseo de los Reyes Católicos, siendo de especial relevancia el viaje que hizo acompañando al II conde de Tendilla, Íñigo López de Mendoza, en la fastuosa embajada que se prolongó intencionadamente entre 1485-1487, y que le supuso al conde unos enormes gastos que no fueron compensados con el 1 300 000 de maravedís que recibió en pago (Hernández Castelló, 2019: 134). En ella iban además de Antonio Geraldini, el futuro obispo de Astorga, Juan de Medina, y el valenciano Juan Gayán (Palencia, 1973: 156; Olmedo, 1948: 33). Se trataba de una comitiva encargada de solucionar los problemas entre Ferrante II de Nápoles y el papa Inocencio VIII, que había apoyado a una levantisca nobleza del sur contra su monarca; aunque otro de los fines de aquella embajada era negociar que el dinero de la bula de Cruzada, cuya concesión anterior a la de Isabel y Fernando había sido temporal, pudiera mantenerse con destino a la Guerra de Granada. La paz entre el rey napolitano y el papa acabaría por firmarse en 1486. Antonio aprovechó aquel viaje para renunciar en Florencia a sus posesiones italianas en favor de su hermanastro Alessandro (Früh, 2005: 45) y para intercambiar su prebenda siciliana, de abad de Santa María de Gala, por una canonjía en Barcelona (1486). Sin embargo, el monarca quiso también para él la abadía comendataria de Sant'Angelo da Brolo, cerca de Mesina. Estas concesiones no estuvieron ausentes de problemas, pues esta última era pretendida también por Filippo di Lalignami. Finalmente el asunto se solucionó hacia 1487 con un entendimiento entre los dos candidatos por el que Antonio se quedaba con Brolo y Lalignami con Gala (Torre, 1949: 263; Tisnés, 1987: 69–70); aunque parece que no tardaron en caer ambas abadías en la familia Lalignami, pues antes de 1513, Antonio de Lalignami había sido abad comendatario de las dos (Mugnos, 1615: 56).

Sendos hermanastros también permanecieron juntos durante el tiempo de la mencionada estancia italiana del II conde de Tendilla, momento que aprovecharon para vincularse a la Academia Pomponiana de Giulio Pomponio Leto, intelectual incondicional de Fernando el Católico (Surhone, Timpledon y Marseken, 2010; Torre, 2018). Allí conectaron con el milanés Pedro Mártir de Anglería, al que reclutaron para viajar a España y que desde entonces parece haber estado muy vinculado a los Geraldini. Amén de esto, Alessandro vería cómo su hermano publicaba cuatro de sus obras en la Ciudad Eterna: *Carmen bucolicum*, dedicado a Alfonso de Aragón, hijo del rey Católico y arzobispo de Zaragoza, al que había educado; *Carmina ad Iohannam Aragonum*, dedicado también a otra educanda suya e hija del Rey Católico, Juana de Aragón; *Epodon liber*, para la reina Isabel la Católica; y *Fastorum libri Ferdinandi Catholici Hispaniarum regis*, del que no existen ejemplares (Fernández de Córdova Miralles, 2014b: 56).

Es precisamente tras aquel viaje, cuando los hermanos tuvieron noticia de la muerte del poeta Michele Verino, acaecida el 30 de mayo de 1487, de la que se condolió Alessandro y al que Antonio dedicó un epitafio[11]. Este joven poeta y su padre, el famoso Ugolino de Verino, fueron también incondicionales de los Reyes Católicos, hasta el punto de que el último escribió *De expurgatione Granatae Carmen*, dedicado al "invictísimo y cristianísimo rey Fernando".

A principios del año siguiente, Antonio moría en Murcia, lo que Alessandro, que ya era maestro de las infantas, le comunicó a Anglería. El milanés le contestó mostrando sus condolencias y dedicando grandes alabanzas al fallecido.

---

11 (Geraldini, 2018: 79–80). Se traba de Michele di Vieri (1469– 1487), cuya biografía nos relata Alfonso Lazzari, junto a la de su hermano Ugolino di Vieri, *Ugolino e Michele Verino: studii biografici e critici* (1897). La obra de este poeta, *Disticha Moralia*, tuvo una especial trascendencia en España, donde se hicieron 20 ediciones antes de 1533 (Paolini, 2008: 198).

Al mismo tiempo le recordaba el ejemplo que le había dado el hermanastro y la rectitud con la que le había criado. Anglería le aconsejaba que, a partir de esos momentos, aprendiera a vivir por sí mismo, lo que parece indicar que hasta entonces se había mantenido a la sombra de Antonio (Anglería, 1670: 15; Paniagua Pérez, 2009: 18)[12]. Geraldini reconocía años más tarde, desde Santo Domingo, que nada placentero le había sucedido desde la muerte de su hermano, a quien le hubiera gustado demostrarle su cariño (Le, 290).

Como mencionamos, en la Corte estaba actuando como preceptor de las infantas María y Catalina (*minorum, filiarum regiarum*) (Anglería, 1670: 40-41) que recibieron una educación esmerada y una gran formación en la lengua latina, la que, según Luis Vives, dominaban todas las hijas de los Reyes Católicos y en concreto Juana y Catalina. Esta última le encargaría a Vives un programa educativo para su hija María Tudor, que daría lugar a la obra *De institutione foeminae christianae*, que es todo un tratado de instrucción de la mujer, del que destacamos ahora el siguiente pasaje:

> Aetas nostra quatuor illas Isabellae Reginae filias, quas paullo ante memoravi, eruditas vidit; non sine landibus et admiratione refertur mihi, passim in hac terra, Ioannam Philippi conjugem, Caroli hujus matrem, ex tempore latinis orationibus, quae de more apud novos Principes oppidatim habentur, latinè respondisse; idem de Regina sua, Joannae sorore, Britanni praedicant; idem omnes de duabus aliis, quae in Lusitania fato concessere[13].

Incluso Erasmo, refiriéndose a Catalina, diría lo de "regina non tantum in sexu miraculum litterata est, nec minus pietate suspicienda quam eruditione; apud hos plurimum pollent qui bonis litteris qui prudentia antecellunt" (Erasmo, 1529: 98). En otros documentos se amplía su dedicación docente en este sentido; así, en la carta que escribió en 1519 al señor de Grajal, Hernando de Vega, mencionaba el haber sido preceptor de todas las hijas de los Reyes Católicos, "ego, omnium filiarum Elisabethae reginae preceptor" (Geraldini, 2018: 126).

---

12 Incluso hay bibliografía que le considera esencialmente por su hermano, como el *Giornale de'Letterati d'Italia* (1715: 360-363).

13 Luis Vives, "De chistiana foemina", en *Opera omnia* IV, Valencia, Monfort, 1782-1790, c. 4. "*En nuestro tiempo han vivido las cuatro hijas de la reina Isabel, a las que ya he mencionado. Me cuentan en todos estos lugares con elogios y admiración, que Juana, la esposa del rey Felipe [el Hermoso] y madre del nuestro Carlos, contestaba de inmediato en latín a quienes le preguntaban en esa lengua, como era costumbre entre los príncipes cuando viajaban por diferentes lugares. Aquello mismo lo manifestaban los ingleses de Catalina, la hermana de Juana y de las dos hermanas que fallecieron en Portugal*".

Igualmente, en su oración a los fieles de Santo Domingo, en 1520, dice haber educado a Isabel, a María (Torre y del Cerro, 1956: 256-266)[14], a Catalina y, durante cinco meses, a Margarita de Austria, la hija del emperador Maximiliano (Geraldini, 2018: 262-263). No es de extrañar que Menéndez Pelayo, que apenas dedica unas líneas a los hermanos Geraldini, les haga destacar más como pedagogos que como literatos (Menéndez Pelayo, 1916: 23), en lo que también se ha incidido posteriormente (Donnini, 1993: 103).

Por aquellos años, a juzgar por la carta de Anglería, debió haber alguna mala influencia en Alessandro, que afectó a las relaciones con el humanista milanés, pues este le aconsejaba expresamente:

> Yo quisiera por ello, queridísimo Alessandro, que no escuchases las elucubraciones que intranquilizan tu ánimo, ya que, si haces caso de tales maledicencias, no creo que puedas seguir ni un momento más por el buen camino. Yo te perdono, pero no hagas caso de los perros que ladran a tu espalda (Anglería, 1670: 40-41).

Todo esto estaba coincidiendo con los momentos iniciales del proceso colombino, en que algún autor achaca a los Geraldini, como lo hizo el propio Alessandro, el acercamiento del genovés a la corte (Górriz de Morales, 1895: 13, 16). Además, es de aquellos autores contemporáneos que expresamente mencionan a Colón como genovés: "Procedió de la ciudad de Génova, en Liguria" (Le, 243. Ge, 286-287). De hecho, nuestro hombre se dice que participó en la última sesión de la Junta de Salamanca (1489), donde manifestó que, para defender el proyecto colombino, criticó las teorías de san Agustín y de Nicolás de Lyra, defensores de la imposibilidad de presencia humana más allá de la Zona Tórrida. Esto carecía de sentido, ya que los portugueses habían desmontado aquella creencia con sus viajes, por lo que no consideraba válidos unos argumentos teológicos que podían conducir a errores geográficos (Jos, 1980: 65). De lo que no cabe duda es su exageración a la hora de enfatizar en su obra la capacidad de influencia que tuvo ante los Reyes Católicos para apoyar el proyecto colombino, pues ningún personaje de la época da importancia a su papel en la decisión final de permitir y patrocinar el viaje de 1492. No aparece ni entre los integrantes de la Junta ni entre los protectores destacados del almirante (Lorenzo Sanz, 2006: 17-18), aunque hay algunos autores, como Roselly, que sin pruebas mantienen que los Geraldini evitaron que la Inquisición detuviese a Colón durante las sesiones de aquella asamblea (Rosselly de Lorgues, 1892: Li. I, c. V). Esto

---

14 Sobre los educadores de los hijos de los Reyes Católicos pueden consultarse los trabajos de Martínez Alcorolo (2019: 155-156), Martínez Millán (2000: 52), Peláez Flórez (2021) o Antonio de la Torre y del Cerro (1956: 256-266).

no implica que discutamos que Alessandro se había mantenido implicado en los acontecimientos, pero al menos no tuvo la relevancia que él pretendía atribuirse, y quizá fuera mucho más decisivo su hermano Antonio, tal y como se recordaba en el siglo XIX (García Escobar, 1866: caps. VIII, 41; IX, 57). Lo que sí parece cierto es que posteriormente le unirían unas buenas relaciones con los Colón, pues con el paso de los años llegó a defender al hijo de Cristóbal, Diego, calificándole de "optimun et inocentissimum", en una carta dirigida a Adriano de Utrecht, en 1520 (Geraldini, 2018: 142). Precisamente no eran aquellas las cualidades que habían distinguido al hijo del descubridor en su gobierno de La Española, por lo que se le había depuesto del poder, en 1515. En su lugar, Cisneros dio paso al gobierno de los jerónimos para apaciguar la situación. Estos, que tampoco demostraron cualidades suficientes, fueron relevados de su poder casi paralelamente a la llegada de Geraldini, siendo repuesto Diego Colón, en 1520, y cesado en 1523, de nuevo por su mal gobierno. Todo ello hace pensar en la parcialidad de Alessandro respecto de la figura del repuesto gobernante, lo que sin duda respondía a las malas relaciones con Rodrigo de Figueroa, al que sustituyó el mencionado hijo del almirante.

En 1496 se piensa, pues existen dudas sobre las fechas, que fue nombrado obispo de Volturara-Montecorvino; si bien algún autor prefiere aceptar que tal nombramiento no se produciría hasta 1507, dado que en el testamento e inventario de bienes de su padre, realizados en 1496 y 1498 respectivamente, no se menciona su condición de prelado, lo que resulta un tanto extraño en la época; es más, Alessandro no pagó los derechos de elección de obispo hasta el 2 de agosto de 1507 (Lucci, 2013: 59). Sin embargo, en su historia de San Alberto, Geraldini reconoce que es obispo de Volturara y que el obispado de Montecorvino había sido fundado 463 años antes de que él escribiera aquella hagiografía, por tanto, en 1499 ya era obispo de aquellas diócesis que se habían fusionado en 1433 (Ughelli, 1721: VIII, col. 326). Sea como fuere, la ausencia de su obispado fue la característica de aquel mandato episcopal, aunque en alguna ocasión pudo haber pasado muy temporalmente por el mismo.

El haber sido preceptor de la infanta Catalina le valió poder acompañarla a Inglaterra cuando se iba a casar con Arturo, el primogénito y heredero de Enrique VII (1457-1509). Sin embargo, parece que aquel no había sido su destino inicial, pues se había pensado en su persona como capellán de María de Aragón, que había contraído matrimonio en 1500 con Manuel I de Portugal (Geraldini, 2018: 45). Finalmente se optó por buscarle otro destino junto a Catalina, como confesor y primer capellán. Después de un largo viaje desde Granada a Santiago de Compostela para rezar ante la tumba del apóstol, la comitiva salió del puerto de La Coruña el 17 de agosto de 1501 y el 14 de noviembre se celebraron los esponsales en la catedral de Londres, tras lo cual los jóvenes esposos establecieron su residencia en el castillo de Ludlow, en Gales, que pertenecía a la Corona desde el siglo XIII y que no estaba demasiado acondicionado. Respecto a esta convivencia en Ludlow, ya el grupo de españoles mostró sus discrepancias, pues Elvira Manuel, primera dama de la nueva princesa de Gales, pretendía que esta permaneciese en Londres, mientras que Geraldini, como así sucedió, quería que acompañase a su esposo.

Poco duró aquel matrimonio, pues el príncipe fallecía el 2 de abril de 1502. Fue entonces cuando se dividieron las opiniones sobre la consumación del mismo. Entre los miembros españoles de la corte británica, Geraldini, por un lado, la daba por realizada; por otro, la dama de honor y mujer de confianza de Catalina, Elvira Manuel, quien probablemente era la más informada, la negaba. En consecuencia, los Reyes Católicos se sintieron incómodos con las manifestaciones imprudentes del italiano en este sentido y reclamaron su presencia en España, a donde regresó en 1502, tras los informes contrarios a su persona que había hecho llegar a la corte de Castilla la mencionada Elvira Manuel, que también se encargó de indisponerle con la futura reina de Inglaterra (Mattingly, 1998: 81); por tanto, ya no estaría en la corte de Londres cuando se aprobó el compromiso matrimonial con el futuro Enrique VIII, en 1503.

Esta vez el matrimonio no se celebró hasta el 25 de junio de 1509, en el que volvió a estar presente Geraldini[15], aunque sus relaciones con la reina ya eran muy frías, y tampoco fueron muy cordiales con el nuevo confesor real, que había entrado al servicio de Catalina el mismo año de su boda, el franciscano fray Diego Fernández, que tanto Geraldini como algún otro autor hacen erróneamente dominico (Alonso Getino, 1917: 77). Nuestro obispo relata que aquel fraile había sido condenado por robo en París; que había cometido adulterios en los Países Bajos; que en España había huido de un monasterio de Valladolid; incluso que había obligado a abortar a una menor de la corte de Londres y que había violado a otra, a la que pagó por su silencio, enviándola a un recóndito monasterio de España (Geraldini, 2018: 28-29). Todo siempre con datos muy imprecisos, que parecen más bien murmuraciones cortesanas que, probablemente, también tuviesen algo de verdad.

Aquel confesor, sobre el que Geraldini hizo caer toda esa serie de acusaciones, no gozó de muchas simpatías entre los españoles de Londres por la gran influencia que ejercía sobre la reina y que reconocía nuestro autor.

---

15 Esta presencia no implicaba su participación en el concierto de matrimonio como parece desprenderse en alguna obra (D'Angelo y Manfredonia, 2021: 125).

Lo mismo que nuestro hombre, que le definía como un dios caído del cielo (Geraldini, 2018: 29), pensaban los embajadores en la corte británica; primero Gutierre Gómez de Fuensalida, que habló de él como persona pestífera e hizo saber a Fernando el Católico la mala influencia que suponía para la reina (Berwick y de Alba, 1907: 509, 532; Castro, 1975: 138). Posteriormente, tampoco gozó de las simpatías del nuevo embajador Luis Carroz, que consiguió devolverlo a España en 1514 (Mattingly, 1998: 178). Geraldini habló de esto último como una huida, que supuso la salvación de una soberana por la que ya no sentía ninguna simpatía (Geraldini, 2018, 29). Con todo, las acusaciones del italiano contra el confesor de Catalina, que ya había abandonado Inglaterra, se mantenían vivas, como lo manifestaba poco antes de partir hacia su diócesis dominicana a Adriano de Utrecht y a su amigo el príncipe Alberto di Carpi, orador imperial y persona cercana al papa León X (Bondioli, 1930: 137). Carpi sería defendido por Ginés de Sepúlveda frente a Erasmo en una de sus obras, en lo referente a una polémica iniciada en 1525 entre el italiano y el holandés, es decir, al año siguiente de la muerte de Geraldini (Ginés de Sepúlveda, 1532).

Lo cierto es que, en aquel viaje a Londres de 1509, Alessandro acabó en la cárcel, de la que le sacó Enrique VIII para enviarle a la corte de Castilla. Precisamente, también en ese mismo año, parece que estuvo aquejado de una grave enfermedad, probablemente relacionada con sus ojos, pues llegó a escribir el epitafio en dísticos que deseaba para su enterramiento en la catedral de su diócesis de Volturara-Montecorvino. Prometía igualmente construir cerca de la primera de esas ciudades una capilla a Santa Lucía, que, como bien se sabe, era la patrona de las patologías oftálmicas (Cappelletti, 1864: 297; Paniagua Pérez, 2009, 25). De regreso en España sabemos que hizo un nuevo viaje a Nápoles en 1512.

En 1515 estaba otra vez en la corte de san Jorge, quejándose de nuevo de la ingratitud de Catalina, que contrastó con el apoyo que le habían brindado Margarita de Austria y el emperador Maximiliano; ambos, nombrándole su embajador en Roma, y Maximiliano ampliando sus competencias a Nápoles y Florencia. Precisamente en esta época debió trabar amistad con el ya mencionado príncipe de Carpi, Alberto Pío (1475–1531), que también representaba en Roma los intereses de Maximiliano de Austria y que contaba con la confianza de León X, al que Geraldini escribió en varias ocasiones desde Santo Domingo. Las quejas sobre Catalina, como veremos, las elevó hasta el propio Enrique VIII (Geraldini, 2018: 20-22), al que probablemente quería atraerse, pues en una carta que le escribió entre 1515 y 1516, estando en Londres, le manifestó su deseo de ser enterrado en Inglaterra, "sepulchrum in patria tua" (Geraldini,

2018: 57). Esto parece responder más a los intentos por captar la voluntad del monarca británico ante el ninguneo a que le tenía sometido su esposa que por sus verdaderos deseos, que tenían más que ver con una tumba en la Ciudad Eterna.

También en 1515 viajó por varias cortes europeas por encargo de León X con la finalidad de solicitar ayuda frente a la amenaza que suponía el imperio turco de Selim I (1512–1520). Así, sabemos de su presencia en Francia, Alemania, Rumanía, Hungría y Rusia. Precisamente de su estancia en Rusia, conocemos la *Oratio* que hizo ante Basilio III (Geraldini, 2018: 170–234).

El 23 de noviembre de 1516 el papa aceptaba la propuesta de Fernando el Católico para nombrarle obispo de Santo Domingo. Pasaría por Roma por última vez, ya como obispo dominicano y habiendo renunciado a su diócesis de Volturara-Montecorvino. En su condición de prelado pudo haber participado en el V Concilio Lateranense, al menos en la Congregación General, como el primer obispo americano en asistir a un concilio universal. Fue entonces cuando solicitó la ratificación del Emperador de algunas canonjías para su catedral, en concreto para su protegido Diego del Río y para su sobrino Onofrio Geraldini (Geraldini, 2018: 98). Incluso pidió que se le nombrase legado del Nuevo Mundo, lo que no le fue concedido, así como reliquias e indulgencias para su diócesis (González Dávila, 2004: 471; Tisnés, 1987: 174–175; Paniagua Pérez, 2009: 37), asunto este último en el que siguió insistiendo desde la capital de su obispado. Su debilidad por Diego del Río estaba fuera de toda duda, pues llegó a manifestarle al príncipe de Carpi que no había nadie de su querida familia que le fuese tan cercano (Geraldini, 2018: 43).

De nuevo, con el fin de captar la voluntad del rey Enrique VIII para la lucha contra los turcos, regresó a Inglaterra en 1517 y no sabemos si amplió su embajada hasta Escocia como tenía previsto. Nuevamente se encontró con la incomprensión de Catalina, que no quiso recibirlo, a pesar de que llegaba como enviado de León X. Probablemente por ello en 1518 y 1519 se lamentó al monarca inglés por no sentirse correspondido, ni siquiera en lo económico, por una mujer a la que había dedicado su vida, hasta el punto de haber perdido su herencia en Amelia, que sus familiares se repartieron aprovechando su ausencia (Geraldini, 2018: 15–16, 21–22). Con ello se refería a la herencia de su padre, que le había nombrado heredero universal en el testamento de 1496, el mismo en que desheredaba a su hermana Tullia, por las controversias habidas entre padre e hija (Lucci, 2013: 58). Pace Busitani tardó aun dos años en morir, en 1498, cuando al parecer ya se había reconciliado con aquella descendiente, porque el marido de esta, Valerio, aparece en el inventario de bienes del difunto y se compromete con los demás a conservar los bienes inventariados a favor de

Alessandro, entre los que se mencionaban 25 libros de los que no se explica el contenido (Lucci, 2013: 58).

La obsesión con la ingratitud de Catalina se convirtió casi en un eje de su vida, pues, como hemos mencionado, no ahorró sus críticas para con la reina de Inglaterra. El asunto estaba en las deudas que supuestamente tenía contraídas con él, tanto por su actividad de preceptor como por el tiempo en que fue su confesor real. El relevarle de sus servicios hizo que también la acusase de haberle tratado con una crueldad nunca vista. En consecuencia, se quejó en 1515 a Enrique VIII, reclamando lo que la reina le debía, en que solo por haber sido su capellán solicitaba 2000 ducados de oro. Sus quejas las hizo llegar en 1518 hasta el arzobispo Thomas Wolsey, insistiendo en el mal comportamiento de Catalina (Geraldini, 2018: 81–82). También se quejaba de lo mismo al propio Carlos I y a Adriano de Utrecht antes de partir a su destino dominicano (Geraldini, 2018: 91, 136). Pero más duro sería en la carta que escribió al príncipe Alberto de Carpi, donde no ahorró epítetos a la soberana a la que definió como "abominabile illud portentum nefandae feminae" (Geraldini, 2018: 30).

Ya en su sede, aquellas ideas obsesivas no le abandonaron y en 1520, cuando se dirigía a sus diocesanos dominicanos, volvía a recordar el tema de la reina británica y sus deudas, aunque ahora la ingratitud la extendió también a su hermana María, reina de Portugal (Geraldini, 2018: 265), que ya había fallecido en 1517.

Lo cierto es que Geraldini emitió unos juicios sobre la soberana que no se correspondían con la realidad. Había insistido en su escasa afición al estudio, cuando es sabida su formación y el aprovechamiento que había hecho de la lengua latina, elogiados, como vimos, tanto por Luis Vives como por Erasmo de Róterdam. Además, era reconocida públicamente como una mujer caritativa y con una imagen virtuosa, como la que le otorgaron en la literatura autores como Shakespeare o Calderón de la Barca. Se dice en la obra del dramaturgo inglés en boca de Wolsey: "Hasta el presente habéis dado pruebas de vuestra caridad y habéis demostrado con los hechos los efectos de un noble carácter y de una sabiduría superior a las facultades de la mujer" (Shakespeare, 1649: acto II, escena IV). Calderón diría: "Catalina, un nuevo ejemplo / de virtud (que más dichoso / que por rey de dos imperios / me tengo por ser su esposo)" (Calderón de la Barca, 1750: jornada I).

Nuestro hombre, sin duda, había querido magnificar los defectos de una niña y adolescente al mencionar que la había tenido que reprimir en su juventud, por orden de la propia reina Isabel, considerando que esta era la causa por la que ella le guardaba rencor, tal y como lo manifestaba al príncipe de Carpi y al propio Adriano de Utrecht (Geraldini, 2018: 28, 136).

Lo cierto es que sus quejas no eran del todo ciertas, pues había cobrado puntualmente su sueldo de 50 000 maravedíes anuales como instructor de las infantas, tal y como consta en la documentación del Archivo de Simancas, donde se puede comprobar desde el primer libramiento ordenado por la reina Isabel en 1493, hasta el último en 1504, año de la muerte de la soberana, lo que indica que la cantidad se le siguió librando cuando estaba en Gran Bretaña y cuando regresó a España. Incluso se le llegó a pagar la encuadernación de algunos libros que ascendió a 693 maravedíes (Torre y Torre, 1956: 420). Vista la cantidad, debemos decir que su salario era considerablemente mayor que el del prestigioso Mártir de Anglería, que era *contino* y/o capellán de Isabel la Católica, y que ascendía a 30 000 maravedíes desde 1498 (Torre y Torre, 1956: 56, 120, 125, 206, 263, 340, 378, 412, 455, 509, 536, 652).

Una vez en Sevilla, cuando preparaba el viaje hacia su diócesis, tuvo una gran actividad epistolar con altos cargos de la Iglesia y de la realeza, aunque desgraciadamente desconocemos las respuestas, si es que llegó a haberlas. Son conocidas de momento las cartas a las que se hace alusión en diferentes obras y recogidas en su conjunto por Edoardo D'Angelo, dirigidas a Enrique VIII, al conde Carpi (Alberto Pío), al cardenal de los Cuatro Santos Coronados (Lorenzo Pucci), al pontífice León X, al emperador Carlos, al cardenal Egidio de Viterbo y a Adriano de Utrecht, futuro Adriano VI (Geraldini, 2018: 5, 142).

2 GERALDINI EN AMÉRICA

En las Indias se crearon tres obispados por el pontífice Julio II el 15 de noviembre de 1504 por la bula *Illius fulciti praesidio*, dando lugar a una provincia eclesiástica (Hyaguata, Magua y Bayuna). Sin embargo, aquello no fue aceptado por Fernando el Católico, ya que dicha bula no especificaba claramente la concesión del patronato al monarca que, debido a las atribuciones que le había concedido la bula *Eximiae devotionis* (1501) de Alejandro VI, era algo irrenunciable. Por tanto, una bula de creación de una diócesis debía permitir que los nombramientos de cargos eclesiásticos se hiciesen con el expreso consentimiento real; además, se tocaba el asunto de los diezmos, ante lo cual el rey tampoco podía ceder, pues estaban bajo su entero control. En consecuencia, se solicitaron nuevas bulas, en las que el rey pretendía que se concediese la creación de un arzobispado, aunque este no se conseguiría hasta 1547 por la bula *Super universas*. Los problemas con la Santa Sede no se solucionaron hasta 1510, en que se ratificó el derecho de patronato de los reyes de Castilla (Fita Colomé, 1892a). Lo cierto es que Julio II suprimió aquellas primeras diócesis el 8 de agosto de 1511 para dar paso a otras tres, la de Santo Domingo, la de Concepción de la Vega y la de

Puerto Rico, produciéndose la erección de la primera el 12 de mayo de 1512. Los tres obispados, al no haber arzobispado en las Indias, pasaron a ser sufragáneos de la archidiócesis sevillana.

El primer prelado nombrado para Santo Domingo fue el franciscano García de Padilla, que no pasó a ocupar su sede, como casi ninguno de los primeros elegidos para diócesis americanas. Uno de los pocos casos presenciales fue el de Alonso Manso en Puerto Rico, que llegó a su diócesis en 1512 y en ella permaneció hasta su muerte, acaecida en 1539. Probablemente aquel absentismo episcopal es lo que le influyó en Geraldini para solicitar la sede dominicana el 30 de julio de 1516, con la anuencia de Margarita de Austria, aunque es bastante factible que algo tuviera que ver Catalina de Aragón, a pesar de que el obispo se negara a reconocerlo en su carta a Enrique VIII (Geraldini, 2008: 21-22). Además, es posible que de alguna forma la considerara culpable de haber tenido que ir a ocupar su sede. Probablemente, como otros muchos de aquellos primeros prelados americanos, su deseo era contar con unas rentas sin estar presente en su destino, como tampoco lo había estado en Volturara-Montecorvino. Su bula de nombramiento se expidió el 23 de noviembre de aquel mismo año y la posesión se la daría el propio León X el 13 de febrero de 1517 (Lluberes, 1998: 28, 229-230; Paniagua Pérez, 2008, 34). En aquel nombramiento se conjuraron los intereses de diferentes personajes del momento para mantenerle alejado de su radio de acción, desde la propia Catalina hasta el futuro Emperador, pasando por las intenciones de Cisneros de que los prelados cumpliesen con las obligaciones en sus diócesis. Debemos recordar que no se le propuso para ninguno de los obispados españoles, puesto que estos, casi siempre, estaban reservados para las familias más poderosas de los diferentes reinos. Incluso el propio rey Fernando había conseguido el arzobispado de Zaragoza para uno de sus hijos bastardos, Alfonso de Aragón, que moriría en 1520 y que había sucedido en la archidiócesis a Juan de Aragón, hijo de Juan II.

Antes de partir para su sede, tuvo que cumplir con la ya mencionada embajada por las cortes europeas durante 1616-1617, solicitando la ayuda frente los turcos. Entre tanto y desde Londres, escribía a los franciscanos y los dominicos de su diócesis, expresando su aparente pretensión de trasladarse a su destino (Tisnés, 1987: 248-249; Paniagua Pérez, 2018: 35). Aquellos supuestos deseos parecen poco creíbles y más bien fueron solo una postura de apariencia, puesto que cuando llegó a Santo Domingo no tardó en pedir auxilio al papado para que se le permitiese el regreso a Italia (no a España) (Tisnés, 1987: 248-249; Paniagua Pérez, 2018: 35), lo que indica que las relaciones con la corte española tampoco eran muy fluidas ni esperaba demasiado de la complacencia de Carlos I para otorgarle alguna prebenda. Por tanto, no parece que el alejamiento del mundo europeo fuese una de sus aspiraciones, como se señala en alguna ocasión (Lluberes, 1998: 229-230; Oliva, 2013b: 163; Paniagua Pérez, 2009: 34).

Supuestamente, tras todos aquellos servicios para la corte vaticana, con sus viajes por Europa predicando una especie de cruzada contra Selim I, debió pensar nuestro hombre que iba a ser una especie de pasaporte para prosperar en la corte romana con un cardenalato o con un obispado *in partibus infidelium*, sobre todo teniendo en cuenta su supuesta relación cercana a León X (Tisnés, 1987: 152-153; Paniagua Pérez, 2008: 27) y su pertenencia a una familia curial. Sin embargo, esto no sucedió, ni parece que el papado tuviese nunca la intención de promocionarle. En contrapartida, se le abrían las puertas de la sede primada americana, lo que estaba lejos de ser un destino apetecido tras pasar por las cortes de los Reyes Católicos, de los Tudor, de los Habsburgo o del Vaticano. Él mismo se quejaría de aquella discriminación, cuando dijo que "a mí nunca se me dio premio alguno en la parte del mundo conocida, donde se perdieron tantos y tan grandes servicios míos" (Paniagua Pérez, 2008: 34). Deducimos también algo de aquella pena de dejar Europa de la carta enviada al cardenal Pucci, cuando le expresaba que "nada me resulta más conveniente… que encauzar mi corazón hacia una actitud modesta, al menos, ya que no soy capaz de una grande" (Le, 289). Incluso, como no podía ser de otro modo, reconoce que Catalina es en parte culpable de su destino dominicano, pues en la carta al príncipe de Carpi, ponía de relieve que aquello tenía que ver con la ingratitud de la reina, aceptándolo contra lo que eran sus verdaderos deseos. De paso anunciaba al mismo conde su pretensión de volver a Roma, donde quería pasar sus últimos días. Aquella esperanza la revestía de un poco convincente fervor religioso, al poner como disculpa que allí estaban los cuerpos de mártires y vírgenes, así como de los héroes, junto a los que quería tener su última morada. Sin embargo, al mismo tiempo parece que era consciente de su verdadera situación, ya que reconocía que estaba en manos de Dios disponer el lugar en el que cada uno debía morir y, de no ser en Roma, rogaba que se le hiciesen unas exequias en la iglesia de San Gregorio de la Ciudad Eterna (Geraldini, 2018: 33-36). Es decir, la supuesta alegría por el obispado dominicano no era sino una simple envoltura que ocultaba una profunda amargura y unos incontenibles deseos de regresar a su Italia añorada. En pro de esto, podemos alegar lo que expresó su descendiente Catenacci, que le presenta como alguien sacudido por las circunstancias externas de "la fortuna, desigual y contraria […] hasta el punto que él y su criado se vieron en la necesidad de emigrar desde nuestro país a las Antípodas y desde aquel extremo confín del mundo regresar al nuestro, tras soportar diversas adversidades y casi sucumbir por ellas" (Geraldini de´Catenacci, 2008b: 111).

A quienes no tardó en enviar a Santo Domingo fue a su sobrino Onofrio Geraldini, hijo de su hermana Tullia, que también había sido su vicario en Volturara-Montecorvino, y a su gran protegido el clérigo segoviano Diego del Río, hijo de Hernando de la Plaza y María Álvarez[16], que consta como camarero en los libros de pasajeros, y al que dice haber educado desde su niñez (Paniagua Pérez, 2008: 36; Le, 300). Precisamente la cercanía familiar a Diego hace que le nombre con su apellido, como "Diego Geraldini" (Tisnés, 1987: 9). Estos enviados debían hacerse cargo de las rentas que le correspondían, por lo que ya el 13 de febrero de 1517 se había emitido una real cédula para que se les pagase lo correspondiente de los diezmos (Paniagua Pérez, 2008: 36). Al parecer, Onofrio en calidad de vicario tuvo una actuación carente de escrúpulos (Oliva, 2013a). También se ha especulado sobre el probable envío de otro pariente lejano, Andrea Geraldini, puesto que, aunque no se le cite, sí figura en unas actas notariales de 1519, cuando su padre Scipione reclamaba para otro hijo la canonjía que dejó vacante la muerte de Andrea (Lucci, 2013: 60). Bien es cierto que tanto Andrea como Lucio, sin salir de Europa, pudieron pretender algunos beneficios eclesiásticos en Santo Domingo, a la sombra de su tío Alessandro; aunque en el caso del último es probable que estuviera algún tiempo en La Española, pues en la carta del prelado al cardenal de la Santa Cruz, de 8 de abril de 1523, le ruega que "le envíe de regreso" (Le, 295).

El absentismo episcopal, a pesar de los probables intentos de nuestro hombre por mantenerlo, iba a finalizar con él, pues los jerónimos, que entonces se hallaban como visitadores en La Española, estaban reclamando al regente Cisneros la presencia de los obispos nombrados, ya que eran necesarios tanto para el control del clero como para el auxilio espiritual del conjunto de la población, así como por la necesidad que había de impartir confirmaciones, órdenes sacerdotales y bendición de los óleos (Serrano y Sanz, 1918: DLII). Asimismo, una real cédula de 19 de junio de 1519 le ordenaba que estableciese los aranceles correspondientes por la administración de los sacramentos y los oficios divinos para evitar los fraudes que ya se estaban cometiendo[17].

Entre las concesiones que se hicieron a Alessandro, estuvieron la de usar báculo, cubrir algunas canonjías e imponer penas a los preceptores de los caciques que no cumpliesen fielmente con sus obligaciones (Oliva, 2013b: 167–168). Respecto de cubrir las canonjías en su tiempo se presentó a Francisco Ruiz Pinzón para arcediano, a Juan Sánchez para tesorero, y a Marcos Pérez, Benito

---

16 AGI,*Contratación,*536,L. I,F. 472 (Martínez Martínez, 1993: II, 279).
17 AGI, *Indiferente,*420,L.8,f. 70.

Muñoz y Jerónimo Lebrón. A todos ellos les debía examinar para comprobar su aptitud.

En cuanto a la preceptoría de caciques, su control se le concedía el 10 de marzo de 1519 "si como parece no lo han hecho bien"[18]. Al llegar a su destino, no tardó en enviar una carta al Consejo Real, acusando a los preceptores de los hijos de los caciques indios de que solo estaban movidos por el dinero y que aquello era una responsabilidad exclusiva del prelado, que podría amonestar a aquellos que no cumpliesen con sus obligaciones y que, siendo incapaces, se les eximiría de sus obligaciones, pidiendo al mismo tiempo que se le mantuviesen sus rentas episcopales (Geraldini, 2018: 99). La respuesta la obtuvo el 10 de marzo de 1520, cuando los monarcas Juana y Carlos le encargaron que averiguase el cumplimiento de las mencionadas obligaciones con poder para culpar a quienes no lo hiciesen y para dar soluciones a aquella cuestión tan delicada[19].

Por añadidura, se le concedió la capacidad para nombrar un alguacil, con derecho a utilizar vara de justicia con las armas del obispo y con regatón para diferenciarla de las varas de la justicia real (Paniagua Pérez, 2008: 38-39), lo cual entra en contradicción con la carta que envió al Consejo Real en 1520, en que mencionaba el deseo de solicitar tal vara[20]. Su anhelo de poder hizo que llegase a suplicar a León X la misma autoridad que tenían los obispos de Canterbury y York, ya que la diócesis dominicana se hallaba muy alejada del resto de la cristiandad; por tanto, debía referirse a la condición de legado *a latere*, que, como mencionamos, no le fue concedida. De todos modos, incluso trató de obtener otras prebendas, como que el Consejo Real le otorgase el derecho de elección de los esclavos cristianos y de los supuestos "varones" o autoridades (Geraldini, 2018: 96-97)[21].

Después de regresar por barco desde Inglaterra hasta el puerto de Cádiz, en 1518, se trasladó a Sevilla donde, como mencionamos, tuvo una gran actividad epistolar. Allí se encontró con su protegido Diego Geraldini (Del Río), que había regresado a España, pero que no le acompañaría en el viaje de regreso, puesto que el prelado le envió previamente a Roma con algunos regalos para León X de

---

18 AGI, *Indiferente*,420,L.8,F.43R
19 AGI, *Indiferente*,420,L.8,F.43.
20 Este dato contradictorio sería válido para corroborar la teoría según la cual esta carta es una relaboración de un memorial de 1518 o 1519 (Geraldini, 2018: 98, 135-138).
21 D'Angelo atribuye como destinatario al Consejo de Indias, cosa imposible, puesto que este organismo se creó en 1524 y la petición data de en torno a 1520, por tanto, se está refiriendo al Consejo Real.

aves y objetos que había traído de Santo Domingo, como lo manifiesta el obispo en la carta al conde de Carpi el 13 de abril de 1519 (Geraldini, 2018: 32).

Finalmente salió de Sevilla, vía Cádiz, el 4 de agosto de aquel mismo año, acompañado por su sobrina Elisabetta, hija de su hermano Costante, y el marido de esta (Lucci, 2013: 60). Sabemos que entre sus bienes pasaba 15 marcos de plata labrada para el servicio de su casa, obteniendo el permiso para ello el 15 de mayo de 1519[22]. Tras el supuesto viaje que se nos relata en esta obra, llegaba a Santo Domingo el 17 de septiembre, unos días más tarde que quien se iba a convertir en su íntimo enemigo, el juez de residencia Rodrigo de Figueroa, que lo había hecho el 10 de agosto. Justamente este funcionario llevaba una orden expedida el 19 de marzo de 1519 para que se pagasen la mitad de los diezmos de la sede vacante de Santo Domingo al obispo todavía ausente, y para que le permitiera usar la mencionada vara de justicia al aguacil que nombrase el prelado y que en ella pudieran ir las armas del mismo[23].

Poco después de desembarcar, el 6 de octubre, escribía a Carlos I felicitándole por su nombramiento como emperador de Alemania, lo que había tenido lugar el 28 de junio de aquel mismo año (Paniagua Pérez, 2008: 39-40)[24], aunque no saldría de España para coronarse hasta mayo de 1520. En aquella carta, en la que se aprecia un cierto grado de *captatio benevolentiae* con la intención de granjearse su beneplácito, comparaba a Carlos con los grandes dignatarios cristianos de la historia occidental —Constantino, Justiniano y Carlomagno—, propagadores de la Iglesia de Cristo, como lo era en ese momento el monarca español, al que consideraba "el príncipe más importante de nuestra época" (Geraldini, 2008: 285). Es una carta llena de tópicos, en que se vislumbra la idea del imperio universal cristiano regido por Carlos tras su triunfo sobre los turcos y la toma de los Santos Lugares (Gil, Juan 1982: 57). Incluso en su misiva al cardenal Lorenzo Pucci habla de Carlos I como "un hombre divino en lugar de humano" (Geraldini, 2008: 289). En las epístolas que conocemos dirigidas al emperador, la adulación es la tónica, especialmente en la del 6 de octubre de 1519, que comienza con la fórmula "Invictissimo et florentissimo principi Karolo Romanorum imperatori Semper Augusto"[25].

---

22 AGI,*Indiferente*,420,L.8,F.61V.
23 AGI, *Indiferente*,420,L.8,F.41R
24 AGI, *Patronato*,174,R.14,FF. 81-82.
25 Esta carta, que no aparece en la recopilación de D'Angelo, se halla en el AGI, *Patronato*,114, fue transcrita por Juan Gil (1982: 59-60).

Pueden surgir dudas sobre el estado mental en el que llegaba el obispo a La Española, que para entonces contaba con 64 años, lo que en la época era una edad avanzada. En cuanto a la salud física, sabemos de la grave enfermedad que había pasado en 1509 y también de las quejas que había manifestado a Enrique VIII hacia 1516 por sus viajes en las cortes europeas, cuando su cuerpo ya no estaba en condiciones (Geraldini, 2018: 57). Amén de esto, Rodrigo de Figueroa, el 6 de junio de 1520, escribía al Emperador reconociendo que era "del todo inútil; no tiene más entendimiento que un niño" y que por ello necesitaría de un coadjutor (Paniagua Pérez, 2009: 40). Igualmente el visitador se quejaba del abuso de excomuniones que propiciaban los eclesiásticos y, probablemente por la supuesta ineficacia del prelado, pedía que el arzobispo de Sevilla tuviese allí un oficial a quien se pudiese recurrir[26]. Es posible que el cambio drástico de ambiente pudiese haber afectado su salud, pues en Europa había tenido misiones de relevancia antes de irse, que no le hubieran sido encargadas de no tener seguridad sobre sus capacidades mentales. En el estudio introductorio de la edición de 2009 se achacó a un probable estado depresivo, puesto que, a un hombre de su formación, en condiciones normales, no se le podía acusar de no tener más entendimiento que un menor (Paniagua Pérez, 2009: 41-42). Sin embargo, podría haber sido una osadía el que Figueroa quisiese criticar el estado psíquico de la máxima autoridad eclesiástica, simplemente por los enfrentamientos surgidos entre ambos. Lo cierto es que Geraldini parece haber conocido aquella acusación, que no sabemos hasta qué punto se hallaba propagada entre los habitantes de la isla, pues cuando se dirigió a León X, en 1522, le recordaba que "no soy un hombre inculto ni que haya perdido la razón" (Le, 279). Además, también hay que considerar que hubo un nombramiento de obispo antes de su muerte en la figura de Jerónimo Luis de Figueroa, que había formado parte de los visitadores que se encontró nuestro prelado a su llegada a la diócesis; pero cuando llegó la aceptación papal ya había muerto en 1523, mismo año en que se le pedía que aceptase el cargo de presidente de la Audiencia dominicana[27].

La enemistad entre visitador-gobernador y obispo era más que evidente, hasta el punto de que Figueroa había escrito al emperador para que no creyese nada de lo que le contase Geraldini (Campuzano Zamalloa, 1957: 43), mientras este no dudaba en calificarle como impío y deshumanizado, denunciándole por sus crímenes (Geraldini, 2018: 141-145). De aquellas lides baste el ejemplo de

---

[26] La carta de Figueroa se reprodujo en Fidel Fita (1892b: 614). Ver también (Campuzano Zamalloa, 1957: 42).
[27] AGI, *Indiferente*, 420,L.9,F.113v.

un suceso del que tenemos las dos versiones. Todo tuvo que ver con el enfrentamiento armado entre el provisor del obispado, junto con los dominicos, y los oficiales de Cruzada, a causa del encarcelamiento ordenado por Figueroa del franciscano Otálora. Ante tal hecho, los dominicos decidieron hacer sonar las campanas de su convento, lo que prohibió el visitador; sin embargo, hubo un muchacho que lo hizo, por lo que aquella máxima autoridad civil parece que pudo amenazar con ahorcar al propio obispo y a los canónigos por borrachos y traidores. Tras esta narración venía la parte heroica, pues Geraldini dice haber llegado al lugar de los acontecimientos y ordenar a todos regresar a sus casas bajo pena de excomunión, interesándose por el paradero del muchacho, a lo que Figueroa, sin que fuera cierto, le contestó que colgaba de la horca. Aquello provocó la condena del obispo por haber entrado en la iglesia y mancillar la condición del prelado, que él consideraba que hasta los herejes respetaban, lo que daría lugar a una persecución del clero[28]. De esto se conoce también la información que Figueroa envió al rey, afirmando que debió poner paz entre el provisor del obispo y sus clérigos y los oficiales de Cruzada, pero como no le consintió tocar las campanas e hizo algún castigo contra quien repicara, el obispo estuvo quejoso de él (Paniagua Pérez, 2008: 140-145).

Lo cierto es que Geraldini consideraba la lejanía de La Española del mundo "civilizado" como una de las causas de que allí se cometiesen crímenes y pecados sin castigo, a la vez que todos intentaban enriquecerse en favor de sus descendientes, a los que pretendían dejar prósperos en España (Geraldini, 2018: 140-145). Precisamente esta acusación no era la más adecuada que podía hacer el prelado, cuando conocemos su trayectoria de nepotismo y de enriquecimiento de él y de su familia, aprovechando su condición privilegiada en la isla. Es un hecho demostrado que Rodrigo de Figueroa prevaricó continuamente y cometió abusos de todo tipo, a pesar de sus intenciones iniciales que le habían acercado en España a Bartolomé de las Casas. Incluso en un principio intentó cumplir con el mandato de fundar pueblos de indios libres, aunque no tardó en cambiar de idea ante las reclamaciones de los encomenderos (García, 1893: 98), amén de favorecer la captura de esclavos indios en las llamadas "islas

---

28 Esta carta, enviada a Adriano, cardenal de Valencia, algunos interpretan que se corresponde con Alfonso de Aragón, arzobispo de dicha ciudad (D'Angelo, 2018: 140-145). Sin embargo, debe tratarse de Adriano de Utrecht, cuyo obispado de Tortosa es limítrofe con el reino de Valencia, además de ser uno de los hombres con mayor influencia sobre Carlos I como para dirigirse a él para exponer los favores a los que se alude en la misiva.

inútiles"[29] y explotar en beneficio de los suyos las pesquerías de perlas de Cubagua. Su corrupción llegó a tales extremos que fue condenado en el juicio de residencia que le hizo Cristóbal Lebrón entre 1521-1523[30]. En ese último año, se le exigía su presencia en la corte, así como la de su teniente en Cubagua, Antonio Flores[31]. De regreso en la península y confiscado todo su patrimonio, murió casi como un indigente en Sevilla después de varias apelaciones inútiles. Fernández de Oviedo, que le conoció, le definiría como "hombre asaz astuto y no poco codicioso" (1851: P. I, Li. IV, c. III), mientras que el prelado le denunciaba por sus crímenes (Geraldini, 2018: 141-145). Es probable, sin embargo, que las quejas sobre la protección de Figueroa a sus allegados, que son indiscutibles, tuviesen poco que ver con el bien público y estuviesen más en relación directa con la limitación de enriquecimiento y corrupción de otros, a lo que no estaba ajeno el obispo y sus próximos en la isla, como veremos más adelante.

Nada tiene de extraño, después de su pésima relación con Rodrigo de Figueroa, que Alessandro mostrase una mayor admiración por Diego Colón, el hijo del almirante, que retomaba el gobierno de La Española en 1520, después de la fracasada experiencia de su mandato entre 1509-1511. De nuevo su época de gobierno fue decepcionante y sería depuesto en 1523, después de sus desavenencias con la Audiencia.

Entre los canónigos de aquella humildísima catedral de los primeros tiempos, estuvieron su protegido Diego del Río y su sobrino Onofrio Geraldini, para el que pidió la confirmación de su canonjía a Hernando de Vega, en 1519, cuando el Consejo de Órdenes solicitaba la revocación de aquel nombramiento que habían hecho los frailes jerónimos, durante su estancia en la isla (Geraldini, 2018: 126-127). El nepotismo, por tanto, estaba presente en la vida dominicana y así, el deanato, como máxima autoridad del cabildo eclesiástico, lo detentaba el amigo de Erasmo de Róterdam y capellán del señor de Chèvre, Pierre Barbier, que nunca ocupó su puesto y que pasaría al servicio del papa Adriano VI como secretario. Este mismo hombre también había pretendido para sí el nunca creado obispado de Paria, en función de la riqueza que le podía producir

---

29 Se trataba de aquellas islas en las que no había oro y su única riqueza era la captura de esclavos indios, como sucedía en las Antillas Menores y de manera muy especial en Aruba, Curaçao y Bonaire a partir de un permiso expedido en 1513 por Fernando el Católico (*CODOIN América* I, 1864: 431). Algunos autores que han tratado sobre Geraldini confunden estos esclavos con los africanos, con los que nada tienen que ver (Oliva, 2013b: 176).
30 AGI, *Justicia*, 45-47.
31 AGI, *Indiferente*, 420, L. 9, F. 189v.

en oro y perlas (Huerga, 1992: 375; Paniagua Pérez, 2008: 42-43). Es más, en 1519 Erasmo había llegado a dar noticia de aquel nombramiento que nunca se produjo, pero que siguió vivo en la mente del flamenco, al menos hasta 1522 (Giménez Fernández, 1984: 689; Bataillon, 1995: 82-83).

Nada prueba que Geraldini fuese un obispo especialmente activo en las obligaciones de su cargo, ni que siquiera intentase erradicar los problemas que caracterizaban a su diócesis y a los que él no era ajeno, como tampoco lo eran otros muchos clérigos. Tal es el caso de Álvaro de Castro, que era deán de Concepción de la Vega, pero cuyos tentáculos llegaban hasta la sede de Santo Domingo (Paniagua Pérez, 2008: 43-44). Sus protegidos se enriquecieron de manera desmedida y Diego del Río llegó a ser dueño de ricas estancias de ganado vacuno (López y Sebastián, 1999: 22), teniendo su residencia en la calle de las Damas, vía neurálgica de la nueva urbe (Batlle y Siladi, 2014: 46). De sus familiares directos, estaba en la isla su sobrina Elisabetta con su esposo, gozando de una situación privilegiada; el mencionado Onofre; y, siendo partícipes de beneficios eclesiásticos, sus también familiares Nicola y Lucio Geraldini. Todo ello sin olvidar, como ya mencionamos, las pretensiones que tuvo de canonjías para los hijos de Scipione; así, a Lucio, que era camarero del cardenal Egidio, se le concedió una canonjía de expectación, pero que, como no se produjo una vacante, se le cambió por una ración, que acabó vendiendo por 200 pesos (Paniagua Pérez, 2008: 44); para poder gozar de aquella canonjía se le había dado carta de naturaleza en Indias el 4 de junio de 1519[32]. Da la impresión de que llegó a estar algún tiempo en la isla, puesto que en la carta que Alessandro escribió al cardenal de la Santa Cruz, en abril de 1523, le solicitaba que le enviase de regreso (Le, 295). Este sobrino, además, parece haber sido el nexo de nuestro prelado con las autoridades europeas, pues intercedió ante el emperador por asuntos de su iglesia, solicitando para él la ayuda de Mercurino di Gattinara (Le, 297).

Toda aquella situación y su obligada presencia hicieron que el prelado, aunque tratase de disimularlo, nunca se sintiese cómodo en su diócesis. Aquel disimulo lo había iniciado antes de su viaje, cuando manifestó el deseo de llegar a Santo Domingo, expresado en una carta a los religiosos de la isla o al propio cabildo eclesiástico dominicano, en que hacía patente su aparente deseo de permanecer a su lado "los años que me resten de vida" (Le, 298-300).

La escasa actividad del prelado hace que no se tengan demasiadas noticias de su estancia, ni facilitadas por él ni por lo que otros nos hayan dejado, aunque Gonzalo Fernández de Oviedo le recuerda como un "devotísimo perlado" y,

---

32 AGI, *Indiferente,*420,Li.8,F.62V-63R

exagerando, le compara con san Saturnino de Toulouse, por ser ambos romanos y por ser el elegido en un libro que Geraldini abrió al azar para escoger un santo patrón de la ciudad contra las hormigas (1851: P. I, Li. XV, c. I). Antonio de Herrera tan solo menciona su nombramiento como obispo (1601: D. II, Li. II, c. XVI). Aquellos silencios sobre el primer diocesano presencial en la capital dominicana parecen bastante extraños, teniendo en cuenta lo que de autoridad suponía la presencia de un prelado, el único de una isla que todavía era el centro de la actividad de los españoles en las Indias, aunque ya por poco tiempo, pues la conquista de México reduciría La Española a un segundo plano. Amén de esto, la corrupción del clero parece indicar que su control sobre el mismo no era demasiado eficiente, especialmente cuando personalmente participaba de ella (Paniagua Pérez, 2008: 41–45).

La preocupación por la población indígena ya hacía años que suponía un reto para las autoridades de la metrópoli. Recordemos el sermón de Montesinos de diciembre de 1511 con sus consecuencias, que darían lugar a las Leyes de Burgos de 1512 y a las Leyes de Valladolid de 1513 sobre el buen trato a los indios. Esto mismo movería también la política de la regencia de Cisneros (1516-1517), que intentó solucionar aquellos problemas destituyendo al frente de los asuntos indianos a Juan Rodríguez de Fonseca y enviando a los ya mencionados frailes jerónimos, que partieron el 11 de noviembre de 1516 con un plan de reforma, cuyo propósito era controlar la situación y vigilar el comportamiento de los españoles respecto de los naturales. La muerte del Cardenal dio al traste con los intentos reformadores, amén de que en diciembre de 1518 Carlos I optó por sustituirlos, aunque se seguía insistiendo en el buen trato (Paniagua Pérez, 2008: 45). Es precisamente poco después cuando Geraldini iba a llegar a su sede, llevando como recomendación que se ocupase de los problemas de cristianización de la población de naturales, con un poder que se le expidió el 10 de marzo de 1519. De todos modos, aunque en alguna ocasión utilizara alusiones a sus obligaciones pastorales, esto no llegó a cristalizar de una manera clara: "He llegado aquí para guardar con amor de padre al pueblo que se me ha encomendado, para guardar a mi grey de un modo particular, para guardar a mi prole especial" (Le, 271).

El mismo año de 1521 moría fray Pedro de Córdoba y recaía en él el cargo de inquisidor apostólico, pero no se tienen noticias de que actuase como tal, incluso se cree, sin mucho fundamento, que fue la Audiencia la que actuó en tal sentido (Mira Caballos, 2000: 274).

Resulta extraño que Geraldini no se haga eco de una figura como la de Bartolomé de las Casas, que debió tener una cierta importancia ya en su vida. Cuando el italiano ya había sido nombrado obispo y antes de partir hacia su diócesis,

Las Casas estaba negociando en España su proyecto utópico y luego fracasado de fundar una colonia de labradores españoles en Cumaná. En función de ello, salió hacia aquel destino el 11 de noviembre de 1520, pero al enterarse de las incursiones que por orden de la propia Audiencia de Santo Domingo se habían hecho en el territorio en el que pretendía asentarse, se desplazó hasta la capital dominicana, donde volvió a recalar en 1522, sin que el prelado haga mención de ninguna de estas estancias. Tampoco Las Casas le menciona a él en aquel tiempo, precisamente cuando tomaría su decisión de entrar en la Orden dominicana durante aquella última estadía, en la que vivió casi en un retiro, en el que su principal confidente fue el dominico fray Domingo de Betanzos. Puede que se estuviera refiriendo a él cuando, en una clara defensa de la esclavitud de los indios, expresaba que "tanto en las plazas públicas como en los púlpitos públicos de las iglesias los religiosos prohíben, como si fuese un crimen, que esas personas sean compradas" (Le, 278–279), ya que nuestro prelado pretendía defender la esclavitud como disculpa para la cristianización.

No es de extrañar que su destino le resultase poco atractivo, especialmente tras su llegada, pero al empobrecimiento de la Iglesia había que añadir que, durante su episcopado, surgió el potente foco mexicano de atracción, que desplazó los intereses americanos hacia el continente. Él mismo haría una alusión muy vaga a aquella conquista cuando mencionó a León X, en 1522, postulando que se trataba de un lugar en que los hombres cubrían sus partes pudendas con telas de hermoso lino, usaban túnicas bordadas y tenían ciudades amuralladas semejantes a las de Europa, pero con unos sacerdotes que inmolaban seres humanos a sus dioses (Le, 281)[33].

En aquellas circunstancias, decidió elevar una catedral digna para la que, desde 1513, se habían concedido los diezmos, al igual que para otras iglesias que debían hacerse de cal, teja y ladrillo, aunque ya desde mucho antes tanto Fernando el Católico como Diego Colón insistieron en la construcción de iglesias perdurables a costa de dichos diezmos (Paniagua Pérez, 2008: 47–48). Su empeño podríamos relacionarlo con lo que escribió en la vida de san Alberto, el cual condicionó su episcopado a la restauración y ampliación de su catedral de Montecorvino (Geraldini, 1993: 45). Al mismo tiempo, tampoco dudaba en quejarse al cardenal Egidio de Viterbo de que no había un palacio para él,

---

33 En realidad, casi no había murallas o fortalezas en México y los templos urbanos eran las estructuras fortificadas principales, por lo que la caída del templo mayor suponía la rendición absoluta de las ciudades (Testi, 2020: 379-380).

mientras que existían dos de propiedad de la Corona, por lo que uno de ellos se lo podían entregar, dado que además estaba unido a su templo (Le, 287).

En consecuencia, uno de los asuntos en los que Geraldini puso mayor interés en su diócesis fue la construcción de una catedral digna, dedicada a la Anunciación de la Virgen, cuya primera piedra la colocó el prelado en 1523 (Angulo Íñiguez, 1945: I, 184). Para obtener el beneplácito del papa, dijo que en esa catedral pondría el árbol genealógico de la familia de León X con un elogio por haber ordenado la erección del templo; pero tal elogio parece que nunca llegó a colocarse (Le, 275), pues sus sucesores no demuestran haber conocido aquella promesa o, al menos, no tuvieron interés en hacerla efectiva. Sus intentos por atraer la atención del mencionado papa llegaron al extremo de enviarle ídolos para que se colgasen en la entrada de San Juan de Letrán, como memoria de las crueles divinidades que habían sido vencidas por el pontífice. Algo parecido prometió también a Carlos I, pues le expuso que en toda la catedral habría elogios para él, realizados en bronce, mármol y objetos de orfebrería (Le, 286). Curiosamente aquel templo se pretendía elevar con las multas que el pontífice pusiera a los españoles que habían participado en las matanzas de indios (Lé: 278), por lo que parece ignorar el derecho de patronato de los reyes de España, lo que resulta altamente improbable en un prelado y menos que le adjudicase al pontífice la posesión de aquel territorio ("este país es vuestro". Le, 279), sin tener al menos la seguridad de que aquellas palabras no iban a llegar a oídos del emperador. De hecho, en virtud del patronato, Carlos I y Juana le concedieron aceptar la renuncia del arcedianato de Francisco Ruiz Pinzón para que pasase a manos de Juan de Bastidas[34]. Lo cierto es que para las obras, en 1526, se concedían las rentas de la sede vacante, pues los problemas demográficos y económicos, que fueron en aumento tras la conquista de México, originaron una reducción en la recaudación y, para solventarlo, pretendió que el emperador le asignase los de la isla de Moná o Amoná y del islote de Monito (Geraldini, 2018: 101), que no sabemos hasta qué punto podían producir rentas, pues su población de indios araucas debía ser mínima, a no ser que la intención fuese conseguir esclavos indios.

El año anterior a su muerte, su sueño de regresar a Italia seguía vivo, como lo expresaba al cardenal de la Santa Cruz, Antonio Maria Ciocchi del Monte, escribiéndole que estaba arreglando las cosas de su obispado para retornar a Roma y ponerse a su servicio, pues deseaba morir en aquella ciudad. Es probable que de ello se estuviese encargando su sobrino Lucio, que también tenía

---

34 AGI, *Indiferente*,420,L.9,F.121V-122R

la misión de conseguir reliquias para la diócesis dominicana, así como que se nombrase a su tío legado apostólico (Le, 293-294), lo que solía implicar la condición de cardenal con facultades casi omnímodas.

El prelado no pudo ver la obra finalizada, pues la consagración no se hizo hasta 1541, aunque en el templo se colocó la inscripción "Alexandro Geraldini episcopo Sancti Dominici edificata fuit haec basilica ad Dei cultum et honorem" (Le, 49). Su fallecimiento se produjo el 8 de marzo de 1524, noticia que no tardó en llegar a España, puesto que Pedro Mártir de Anglería escribió al obispo de Cosenza, Giovanni Ruffo dei Theodoli[35], al que dedicó su sexta *Década*, dándole cuenta de la muerte de "nuestro italiano Alessandro Geraldini" (Anglería, 1989b: 138-139)[36]. En su mausoleo, mandado a construir por Diego del Río en la capilla del Cristo de la Agonía, se lee: *HIC IACET RMVS. ALEX. GERALDINUS PAATRICIUS// ROM. EPS. II. S.D. OBIIT ANNO DNI MDXXIIII/DIE VIII MENSIS MARCII* GERALDINUS PATRICIUS// ROM. EPS. II. S.D. OBIIT ANNO DNI MDXXIIII/DIE VIII MENSIS MARCII. Antes de ser trasladado a este emplazamiento, su cuerpo reposó en el presbiterio, como consta en la concesión de enterramiento que se hizo a Luis Colón para sus familiares, en 1540, con la condición de no desenterrar al prelado (García, 1893: I, 123). De todos modos, las exhumaciones que se hicieron con la entrega de la isla a los franceses, en 1796, y el traslado del cadáver de Colón a La Habana y luego a Sevilla, ha hecho pensar que los restos del almirante existentes en la ciudad hispalense sean realmente los de Geraldini, puesto que con ellos aparecieron unas planchas de plomo con unos dísticos elegíacos (Giménez Fernández, 1953: 117; Paniagua Pérez, 2008: 50). Exageradamente Zeno añadió en su biografía sobre el obispo que murió "in opinione di santità" (1648: 453; 1753: II, 231), idea que también había calado en otros autores antes y después del mencionado autor (Grégoire, 1822: 66).

No podemos pasar por alto aludir a la magnífica custodia sevillana de la catedral, llevada a Santo Domingo por Diego del Río, el gran protegido de Alessandro Geraldini, que la entregó para la festividad del Corpus Christi de 1542 y

---

35 Sin duda Geraldini había entablado relaciones en España con este prelado, que había actuado como nuncio apostólico entre 1506-1520, aunque todavía no se mencione tal categoría, cuando era obispo de Bertinoro. En 1511 pasó a ser arzobispo de Cosenza, dignidad que mantuvo hasta su muerte acaecida en 1527. Se consideró que este hombre había sido el pionero en describir un códice prehispánico, tal y como lo hizo en una de sus cartas de 1520 (Coe, 1989: 4).

36 A este arzobispo le cita este autor dos veces en sus *Décadas del Nuevo Mundo*, y le dedica en concreto la VI Década. (Anglería, 1989a: 200, 232 y 389).

por la que había pagado unos mil ducados (Cruz Valdovinos y Escalera Ureña, 1992: 67–76)[37]. En ella, frente al viril, se halla una figura humana arrodillada y con capa pluvial, de la que se ha dicho que representa al mencionado canónigo; sin embargo, también podría aventurarse la hipótesis de que haya sido un encargo a su hombre de confianza en las mandas del obispo. De todos modos, no parece que esto sea muy probable, puesto que el representado no aparece con mitra episcopal, ni siquiera como símbolo iconográfico.

Desgraciadamente, carecemos de retratos auténticos de Geraldini, puesto que el existente, cuyo original se conserva en el Museo de Amelia, y que se ha repetido como tal, no corresponde al prelado, sino a Paolo Torello, arzobispo de Rossano, hijo de Pomponio, conde de Montechiarugolo y sobrino de papa Pío V, según se pudo leer en la restauración de la obra, pintada por el boloñés Tommaso Campana en 1628 (Lucci, 1992)[38].

Como memoria suya en la ciudad, Alessandro nos recuerda que se estaba construyendo el hospicio de pobres, que en realidad debía ser el hospital de San Nicolás, comenzado por Nicolás de Ovando en 1503, aunque es cierto que tuvo un gran empuje en tiempos de Geraldini (Le, 277–278). Podría referirse también al hospital para pobres, del que manifestó la necesidad, aunque parece poco probable, pues su construcción no se iniciaría hasta los años cuarenta del siglo XVI (Sáez, 1996: 17–18).

Geraldini había dejado este mundo considerando que la América continental era una "gran isla" (Le, 275). Incluso llegó a relacionar el viaje por la costa centroamericana de Gil González Dávila como el recorrido por el perímetro de la "isla América" (Le, 294). Es probable que, aunque nada nos manifieste, también tuviese noticias del viaje de Magallanes y Elcano, que había llegado a completar la vuelta al mundo, rodeando aquella "isla" por el sur.

Tras su muerte, su protegido Diego de Río permaneció en su canonjía de Santo Domingo, donde se hallaba en 1539 y permanecería al menos hasta 1542[39]. Onofrio regresó a Amelia con una importante fortuna, especialmente de perlas, lo que ha hecho sospechar a algún autor que controlase una parte importante de aquella explotación en el Caribe[40]. Es decir, había pasado a participar de un lucrativo negocio una vez pasado el control que sobre la pesquería

---

37 AGI, *Santo_Domingo*, 868,L. 2, FF. 162v-163.
38 Esta sería una de las pocas obras que se conocen de este pintor, que trabajó, entre otros, con Guido Reni en la decoración del palacio del Quirinal en Roma.
39 AGI,*Santo_Domingo*,868, L.1, FF.212v-213.
40 D'Esposito, Francesco: "Alessandro Geraldini" (D'Esposito, 2000: vol. 53) http://www.treccani.it/enciclopedia/alessandro-geraldini-%28Dizionario_Biografico%29/.

perlífera de Cubagua había tenido el protegido de Rodrigo de Figueroa, Antonio Flores. A este, por su poder, se le denominaba como "papa, rey y alcalde mayor", llevando a cabo una política de gran represión con los indios, como por ejemplo la horrible ejecución por los perros del indio Coriana (Campuzano Zamalloa, 1957: 45–47). La sucesión en el negocio de las perlas, entre otros, del canónigo y sobrino del obispo Alessandro, puso de manifiesto que las buenas palabras del prelado no se correspondían con las obras, ni siquiera en aquellas explotaciones que tantas vidas costaron a los indios. El regreso a Amelia de Onofrio debió hacerse en torno a 1526, donde se tiene la primera noticia de él el 20 de septiembre. Precisamente en esa fecha actuó como comprador y vendedor de bienes con un dinero que supuestamente habría conseguido durante su estancia antillana. Con su llegada, el panorama económico de sus allegados parece haber cambiado, considerando que los Geraldini, aunque siendo familia curial, no por ello habían nadado en la abundancia y, con el regreso de Onofrio, los dos palacios familiares fueron reformados. Su posesión de perlas le permitió grandes gastos y todavía en 1536 vendía 314 onzas (9 kg.), de las perfectas, por un valor de más de 1000 escudos boloñeses (Lucci, 2013: 61–63)[41]. Incluso en el inventario de bienes del sobrino de Onofrio, aparece todavía un buen número de estas, aparte de instrumentos para horadarlas, que sin duda pertenecieron al canónigo dominicano (Lucci, 2013: 65).

Algunas noticias más sobre Alessandro Geraldini nos han llegado a través de los testamentos del mencionado Onofrio, que realizó tres, sucesivamente en 1532, 1544 y 1550. El segundo de ellos fue el más detallado y el tercero prácticamente se corresponde con este (Lucci, 2013: 57–78). Nombraba heredero universal al hijo de su hermana Graziosa Geraldini y de Riccardo Catenacci, al que impuso dos condiciones: que cambiase su nombre por el de Alessandro Geraldini y que mandase hacer un sepulcro de mármol o de piedra tiburtina para ubicarlo en la capilla de San Antonio de la iglesia de San Francisco de Amelia, donde se hallaba el sepulcro de Angelo Geraldini y otros muchos miembros de aquella familia curial[42]. El heredero solo cumpliría con la primera condición.

---

41 Posiblemente se trate de escudos de oro, que entraron en circulación a partir de 1533 por autorización de Clemente VII. Tenían una ley de 22 quilates (Marsuzi de Aguirre, 1829: 30).

42 Se trata del llamado mármol travertino, que ya fue mencionado por Vitruvio en *Los diez libros de la arquitectura*. Se explotaba en el Lacio cerca de Tívoli y con él se construyó el Coliseo romano. Probablemente el autor lo escoja por la moda imperante de utilizar este material en los edificios romanos de la época, como San Pietro in Montorio o la iglesia de Santa Maria del Popolo.

De especial interés es el testamento e inventario del mencionado heredero Catenacci (1561), que cambió su nombre por el de Geraldini, pues en él se dan a conocer algunos objetos traídos de América por Onofrio y de los que varios debieron pertenecer a nuestro Alessandro. Se trata, sobre todo, de una serie de piezas etnográficas que demuestran el interés por el coleccionismo de los Geraldini, como lo había demostrado ya el prelado con el envío de objetos al papa León X.

La presentación de una imagen tan idealizada de Alessandro Geraldini, defensor de los indios, deseoso de desarrollar el apostolado, luchador contra las injusticias y más atribuciones positivas parece estar muy lejos de su verdadera personalidad. Desde luego no ocupó un puesto de relieve en el episcopado americano, salvo por ser el primero en hacerse cargo de la diócesis dominicana, donde una de sus principales actividades fue la práctica del nepotismo.

3 LAS OBRAS DE GERALDINI: ENTRE LA DUDA Y LA CERTEZA

Los habitantes de las ciudades italianas fueron algunos de los mejores clientes de la producción literaria de viajes americanos, pues no en vano muchos de los participantes en aquellas primeras acciones tenían su origen en dichos territorios, como el propio Cristóbal Colón, Michele da Cuneo, Amerigo Vespucci, Giovanni da Verrazzano o Sebastiano Caboto, incluyendo a algunos hombres de mar en la expedición de Cortés. Es más, varias relaciones de los primeros tiempos se deben a italianos asentados en España o que trabajaron a su servicio, como la pionera de Pedro Mártir de Anglería, o la de circunnavegación del globo, de Antonio Pigafetta. También es cierto que, en algunos casos, la relación con lo italiano de los primeros tiempos pudo llegar a exagerarse, como lo hizo Lucio Marineo Sículo, que buscó los ancestros de Cortés en la familia de los Cortesios, en la antigua Roma (Sículo, 1533: 21v).

En consecuencia, no es extraño que el descubrimiento de América hubiese tenido una cierta acogida en la lírica italiana en los años inmediatos a la gesta colombina. Así, Niccolò Squillaci escribió *De insulis meridiani atque maris nuper inventis* (1494); Foresti da Bergamo, el *Supplementum supplementi chronicarum* (1503); Giovanni Maria Cataneo, el *Laudes Colombiani* (1514); o los *Poemata* de Pedro Mártir de Anglería, incluidos en su *Mediolanensis opera* (1511) (Villalba de la Guida 2010: 970). Sin embargo, curiosamente ninguna de las obras de Alessandro Geraldini, salvo la que ahora reproducimos como anexo, tuvo como fundamento el tema americano, que por diferentes motivos sí parece haberle interesado en su producción epistolar.

Alessandro, sin duda, por su propia formación y el entorno en el que vivió, debió ser un buen lector y suponemos que, entre otras cosas, de libros de viajes, entre los que no podía faltar las *Décadas de Orbe Novo*, de su coterráneo y conocido Pedro Mártir de Anglería, así como de algunos autores italianos y portugueses que escribieron sobre África. Sin embargo, no deja de ser arriesgado hablar de su tradición lectora —que no pretendemos negar— por los 25 libros que su padre dejó en herencia, que algunos consideran que no eran pocos en una casa amerina del Quattrocento. Sin embargo, creemos que es una cantidad muy limitada incluso para una pequeña ciudad como Amelia, nada lejana de las influencias y los contactos con Roma, Bolonia y Florencia, mecas de saber en aquella época. Además, formaba parte de una familia vinculada con las élites intelectuales, especialmente de la Roma papal, y en un siglo que se caracterizó por el acceso de la sociedad civil a la posesión de obras manuscritas y/o impresas. No es de extrañar que se considerase que para que una biblioteca tuviese cierta importancia debía superar los 100 volúmenes (Longinotti, 1988: 109). Amén de esto, tampoco podemos arriesgar juicios, al desconocer los contenidos de la mayor parte de aquellas obras, que nos darían unas pautas más precisas sobre el interés lector del padre de Alessandro. Todo ello sin olvidar que dichos libros podían haber sido heredados o regalados y que no respondieran al interés lector de su poseedor. También sabemos que llevó su biblioteca a Santo Domingo, pero se desconoce la cantidad y las materias de las obras.

En ese afán elogioso, más propio de un nacionalismo decimonónico, a Alessandro Geraldini también se le ha mencionado como el primer poeta de América (Kaiser, 1972). La aseveración no deja de ser exagerada, salvo si exceptuamos la poesía latina (Henríquez Ureña, 1945: 12, 207), sobre la que carecemos de referencias concretas hasta su llegada a las Indias. No obstante, no podemos obviar que aquel periodo de la vida de Geraldini coincide con la época del conquistador aventurero con tintes de cortesano, que representó muy bien un hombre como Diego de Nicuesa, anterior a nuestro prelado en las tareas americanas, que había fallecido en 1511 y que era tañedor de vihuela y compositor de villancicos para las fiestas de Navidad (Triana Antorveza, 1997: 344). Sin duda, Nicuesa respondía al ideal del caballero y cortesano renacentista, al que se ha llegado a identificar con el personaje mencionado en el Quijote, en el capítulo XII de la primera parte, donde se habla del "grande hombre de componer villancicos para la noche del Nacimiento del Señor" (Lorens Castillo, 1945: 4). También Bernal Díaz del Castillo nos hace referencia a algunos poemas de la conquista de México, de hombres que habían llegado a las Indias años antes que Geraldini y que hicieron composiciones adecuadas a los acontecimientos en los que participaron. Así, el mencionado autor incluye parte de un poema que circulaba dedicado a Hernán Cortés:

> En Tacuba está Cortes
> Con su escuadrón esforzado,
> Triste estaba y muy penoso,
> Triste y con gran cuidado,
> La una mano en la mejilla
> Y la otra en el costado, etc.[43]

El mismo Bernal nos relata también que, tras el reparto del tesoro de Moctezuma, muchos hombres quedaron descontentos y, en protesta, pintaban motes maliciosos en prosa y verso en el palacio de Coyoacán en 1521, donde residía Cortés, del que nos dice el autor que "era algo poeta y se preciaba de dar respuestas inclinadas a loas de sus heroicos hechos... Respondía también por buenos consonantes". Y se llegó a enterar de que quienes se manifestaban de aquella forma en sus muros eran unos tales Tirado, Villalobos, Mansilla y otros, a los que amenazó que castigaría por ruines desvergonzados (Díaz del Castillo, 1984: 124-125, c. CLVII). Pero lo cierto es que con ello se demuestra que la actividad poética de los europeos fue paralela a la presencia española en América desde los primeros momentos.

En la propia isla Española, el desarrollo poético también se estaba produciendo paralelamente a la estancia en la misma de Geraldini, pues, si hacemos caso de lo que nos expone Castellanos cuando toca el tema de rebelión de Enriquillo (1520-1533), encontramos que la isla ya era famosa por su ambiente literario, de lo que no habría por qué dudar:

> Por faltar pues entonces fuerte gente,
> Y usarse ya sonetos[44] y canciones,
> El Enrique se hizo tan valiente,
> Saliendo siempre con sus intenciones;

---

43 El etc. de Bernal Díaz del Castillo indica que el poema era más amplio que lo que él copió. (1984: II, 39, c. CXLV).
44 Se exagera en esto, pues la utilización del soneto en España hay que retrasarla hasta el marqués Santillana (1398-1458) con sus *Sonetos fechos al itálico modo*, aunque el verdadero interés se despertó a partir de la boda de Carlos I en Granada (1526), cuando coincidieron en ella el embajador veneciano, Andrea Navajero, con Garcilaso de la Vega y Boscán, a los que les expuso la moda existente en la poesía italiana con los endecasílabos en composiciones como los sonetos, lo cual podría adaptarse a la poesía en español. Así, sería Garcilaso quien los llevó a su cumbre, pues los intentos de Boscán no tuvieron mucho éxito.

> Andando pues el indio delincuente,
> Causando semejantes turbaciones,
> Y dando de valor bastante prueba,
> Al gran emperador llegó la nueva (Castellanos, 1852: 49).

Castellanos también diría de Santo Domingo:

> [...]Porque todos los más, allí nacidos,
> Para grandes negocios son bastantes,
> Entendimientos hay esclarecidos
> Escogidísimos estudiantes;
> En lenguas, en primores, en vestidos.
> No menos curiosos que elegantes,
> Hay tan buenos poetas, que su sobra
> Pudiera dar valor a nuestra obra (Castellanos, 1852: 45).

El mismo Alessandro parece haber producido una serie de obras sobre las que se nos plantean algunas dudas acerca de si fueron de su creación o simples copias manuscritas que el manejaba, lo que no tenía nada de extraño en la época. Podríamos dar por suyas aquellas que menciona expresamente para enviar a su amigo el príncipe de Carpi, sobrino de Pico de la Mirandola, para que se ocupase de su publicación: el *Variarum epistolarum libellis*, el *Opus conciliorum a prima fideri nostrae institutione ad nostra usque tempora*; la *Vitae pontificum maximorum*; la *oratinum ad príncipes pro bello in gentem turcarum mivendo libellus*; la *Odarum multarum libellus*; el *De institutiones nobillium puellarum opusculum* y el *De inventivae quaedam* (Geraldini, 2018: 45). La mencionada *Oratium ad príncipes* puede ser una recopilación de los discursos que dio en las diferentes cortes europeas que visitó para favorecer la guerra contra Selim I, de las que conocemos el texto de su exposición ante el zar ruso[45].

Además de la obra que abordamos en este ensayo y de sus cartas y oraciones, de la mayor parte de sus supuestos escritos solo tenemos referencias documentales y bibliográficas. Una de las excepciones sería la *Vita Alberti Montis Corvini episcopi*. Precisamente esta obra no aparece referenciada en la lista de las enviadas a Carpi, ni en la lista del *Itinerarium*. En realidad, se trata de un breve escrito que conocemos por la publicación que de él se hizo en la magna obra de Ferdinando Ughelli (1595-1670) *Italia sacra*, que vio la luz en 1666 y que tuvo una reedición en el siglo XVIII, que es la que hemos utilizado (Ughelli, 1721). Aquella hagiografía se escribió en 1499 y Ughelli nos relata que lo que él

---

[45] Véase Geraldini, 2018: pp. 159-259), que comprende las oraciones ante Carlos I y el zar de Rusia.

reprodujo fue el original de Alessandro, "quod nobis olim bon me Onuphrius Gerardinus accommodavit" (Ughelli, 1721: col. 326). El Onuphrius mencionado no es otro que Catenacci, el editor del *Itinerarium*, en 1631; por tanto, parece que estamos asistiendo a un momento de exaltación del obispo por parte de sus descendientes. En esta obra sobre san Alberto, Alessandro Geraldini dice fundamentarse sobre todo en lo que dejó escrito Ricardo, uno de los sucesores más inmediatos del santo normando, así como en lo manifestado por otros testimonios posteriores (Ughelli, 1721: col. 326). El material para realizar el trabajo se lo debió facilitar su sobrino Onofrio, como representante de sus intereses en el obispado de Volturara-Montecorvino, pues su absentismo hace difícil pensar que le permitiera hacer indagaciones documentales con cierta profundidad, a no ser, como se ha dicho, que consista en una reescritura de un texto del siglo XII (D'Angelo, 2014a: 215), si bien es cierto que la brevedad del trabajo puede hacernos pensar que lo realizó en alguna visita esporádica. De todos modos, es probable también que aquel homenaje al santo patrono de su diócesis fuese la forma de mostrar a sus feligreses un cierto interés por su mitra, como lo había hecho en Volturara con la promesa desde Inglaterra de elevar una capilla a santa Lucia, en agradecimiento por haber pasado por una enfermedad de importancia, como hemos comentado con anterioridad.

Esta obra, tras una breve introducción, nos rememora la vida del santo y su trabajo en la diócesis para luego relatarnos toda una serie de milagros y acabar con lo que se ha denominado como su "testamento espiritual" (Francia, 1993: 12), de modo que parece entroncar más con la tradición medieval que con la humanista, poco proclive a las biografías de santos fuera del ámbito eclesiástico. En ese llamado "testamento espiritual", quizá lo más interesante son las siete comparaciones que hace entre el valor de los actos piadosos, en donde se sobrevalora la cotidianeidad sobre la excepcionalidad, lo que estaría dentro de la línea del humanismo cristiano del siglo XV. Llama la atención que en el quinto de ellos se diga que tiene más valor el perdonar a los enemigos por cada ofensa, que ir en peregrinación a Santiago y flagelarse en cada milla del recorrido (Geraldini, 1993: 55). De otras de sus obras sobre la vida de san Benito no sabemos si podía tener algo que ver con el modelo hagiográfico que sobre la vida de este santo había incluido san Gregorio Magno en sus *Diálogos*.

No se hace relación en las obras de nuestro prelado a una carta nuncupatoria, que no encontramos tampoco en estudios más recientes. Se trata de la incluida en la edición impresa de los dos volúmenes de sermones latinos del dominico Pedro de Covarrubias (†1530). La carta se escribió probablemente antes de 1512, puesto que él la firma como obispo de Volturara y sin hacer mención de la Junta de Burgos (1511–1512), en la que había participado el propio Covarrubias. El primer volumen comprende la *Pars hyemalis sermonum dominicalium*; y el segundo la *Pars estivalis sermonum dominicalium*. Se publicaron en vida del autor, como recomendaba Geraldini, aunque la edición se haría en París por su hermano de Orden, el famoso Francisco de Vitoria, en 1520. Se ha dicho que Geraldini había sido el traductor al latín de aquellos sermones (Martínez Añibarro y Vives, 1889: 138), aunque en dicha carta nuncupatoria nada se dice al respecto y, además, parece poco probable, puesto que es conocido el dominio del latín del autor dominico de la obra, ya que era profesor de Sagrada Escritura. Es más, Geraldini, en sus alabanzas a Covarrubias, además de elogiar su humildad y moderación, le destaca como hombre notable, cuya producción supera todo lo antiguo y es "excelente de estilo", considerando que como obra religiosa "satisface las necesidades del alma". Lo manifestado iba precedido de algo que podemos considerar como propio de nuestro obispo y de muchos humanistas: la exaltación del mundo romano, cantando las glorias de sus emperadores y las de autores como Flavio Josefo y Marco Cornelio Frontón (Geraldini, 1520: s/p).

Todo parece indicar que le unía alguna amistad con el dominico, al menos en lo intelectual, aunque no sabemos qué relación le podía unir con Francisco de Vitoria, que, como alumno en San Pablo de Burgos, en 1505, había recibido lecciones de Covarrubias. Ni siquiera nos consta que el obispo llegara a conocer la obra publicada por Vitoria, que vería la luz cuando ya estaba residiendo en Santo Domingo.

Dicho lo anterior, recordemos que, en su carta al príncipe de Carpi, relaciona las siete obras que quiere publicar y que le envía a través de su protegido Diego del Río (Geraldini, 2018: 35), y que suponemos que pueden ser las originales escritas por él. Pero además de aquellas tenemos otras relaciones. De ellas, las que aparecen en el *Itinerarium* y en las obras de Ughelli y Zeno son coincidentes (Le, 270) y son las que exponemos a continuación. Los asteriscos que aparecen corresponden a las que encontramos en las otras dos relaciones que tenemos en cuenta y que ya han sido publicadas (D'Angelo, 2017: 38-40):

***Itinerarium ad regiones sub Aequinoctialis plaga constitutas.*
***Epitome Conciliorum*[46] et **Romanorum Pontificum*[47].
**Summorum pontificum acta*[48].

---

46 En la relación de Carpi aparece como *Cociliorum a prima fidei nostrae institutione ad usque tempora* y en el códice BVA como *Epitome conciliorum ab orbe chistiano*.
47 Esta obra que aquí se encuentra unida a la anterior se ha considerado por separado en el de Carpi como *Vitas pontificium maximorum*.
48 Aparece en el BAV con el mismo título.

Sacrorum carminum libri viginti quatuor.
**Epistolarum libri duo[49].
*Officia varia sanctorum[50].
*Orationum ad principes christianos pro bello contra turcos movendo[51].
*De iis, qui funguntur a secretis principum[52].
*De educatione nobilium puerorum liber unus[53].
**De educatione nobilium puellarum liber unus[54]
*De officio principis[55].
*Elogia virorum illustrium romanorum ab Aenea, usque ad Pompeium magnum[56].
Vita Sancti Benedicti, sapphico carmine.
*De quantitate syllabarum et carminum compositione[57].
**Invectivae liricae in malam foeminam[58].
De Latii et Romae laudibus et antiquitatum praestantia elegiaco carmine.
Monumenta antiquitatum romanorum e veteribus inscriptionibus recollecta suis itineribus et studio.
Vita Sanctae Catherinae virginis et martyris, carminibus latinis.

Como dijimos, esta misma lista del *Itinerarium* la reproduce Ughelli, que había publicado su obra en 1662[59], es decir, que podía conocer muy bien el texto del obispo y transcribir literalmente las obras en él mencionadas, pues para entonces ya había sido publicado en 1631, amén de que pudo obtener los datos directamente por Onofrio Geraldini de Catenacci.

De las obras propuestas por Geraldini, existe una que nos llama especialmente la atención: *De educatione nobilium puellarum liber unus*. Desgraciadamente nada sabemos de su contenido y de la relación que aquel escrito pudiera tener con otros de la época, especialmente los de Erasmo y Vives, ni siquiera la

---

49 En la carta al conde de Carpi aparece como *Variarum epistolarum* y el códice BAV como *Epistolarum libri duo*.
50 No aparece en la relación de la carta al conde de Carpi.
51 Aparece en el Carpi con el título *Orationes pro bello in gentem turcarum movendo*.
52 No aparece en la relación de la carta al conde de Carpi.
53 No aparece en la relación de la carta al conde de Carpi.
54 No aparece en la relación de la carta al conde de Carpi.
55 No aparece en la relación de la carta al conde de Carpi.
56 No aparece en la relación de la carta al conde de Carpi.
57 No aparece en la relación de la carta al conde de Carpi.
58 En la carta a Carpi se añade que la hizo contra su propia naturaleza.
59 Aunque hemos utilizado la edición del siglo XVIII, la *editio princeps* sería Ferdinado Ughelli, *Italia sacra, sive de episcopis Italiae et insularum adiacentium*, Roma, Vitalis Mascardi, 1662.

originalidad que pudiera existir en tal documento. A juzgar por las fechas en que se menciona la obra, fue anterior a la de Luis Vives, que se publicó en 1523 y que respondía a los deseos de Catalina de Aragón por disponer de un modelo educativo para su hija María Tudor, que por entonces tenía siete años. Precisamente aquella obra iniciaría lo que Foster Watson denomina como la *Age of Queen Catharine of Aragon* (Watson, 1912: 4).

Probablemente la obra de Geraldini tendría relación con el denominado *speculum reginae* o espejo de reinas, aunque desconocemos si en ella se planteaba un modelo de mujer, lo que era factible, como también lo era el poder recurrir a los prototipos de las mujeres del mundo clásico, teniendo en cuenta los escritos que se conocen de él. Recordemos que los tratados de este tipo tenían su origen en Giovanni Boccaccio, cuya obra *De claris mulieribus* había conocido una edición en Zaragoza a finales del siglo XV (Boccaccio, 1494), aunque nuestro prelado pudiera haber contado con cualquiera de las ediciones en latín que se hicieron a lo largo de ese mismo siglo en Ulm, Estrasburgo o Lovaina. De todos modos, también había precedentes en España de este tipo de obras, como las de fray Hernando de Talavera, *Avisación de la virtuosa y noble señora doña María de Pacheco, condesa de Benavente* (Granada, 1496); la de Enrique de Villena, *Los doce trabajos de Hércules* (Burgos, 1499); la de Gómez García, *Carro de las dos vidas* (Sevilla, 1500); la de Martín de Córdoba, *Jardín de las nobles doncellas*, que se había escrito en función de la educación de Isabel la Católica, pero que se publicaría años más tarde (Valladolid, 1500); la de Francisco Eximenio *El Carro de las donas* (Valladolid, 1512). Otras obras sobre la misma temática que, como la de Geraldini, no llegaron a publicarse, fueron la *Defensa de las virtuosas mujeres,* de Diego de Valera; el *Libro de las claras y virtuosas mujeres*, de don Álvaro de Luna; o el tratado *De las malas mujeres y de las buenas*, de Diego Rodríguez de Almela (Villa Prieto, 2013: 136), cronista de los Reyes Católicos que había sido alumno de Alonso de Cartagena y que había fallecido en 1492, por lo que pudo haberse conocido con Alessandro en la corte y podría haber una cierta relación con la obra de nuestro prelado, *Invectivae liricae in malam foeminam.*

En esa misma línea de literatura de temática femenina, encontramos otras obras del autor. Una de ellas teniendo como objeto la reina Catalina de Aragón: *Vita Catherinae angliae reginae;* y sospechamos que la mencionada *Invectivae liricae in malam foeminam* podría ir en la misma línea y probablemente como contrapartida a la hagiografía de la virgen y mártir santa Catalina de Alejandría: *Vita Sanctae Catherinae virginis et martyris.*

Otras obras iban dedicadas al príncipe, como objeto de reflexión del poder y de la educación: *De iis, qui funguntur a secretis principum; De educatione nobilium puerorum liber unus; De officio principis*[60]. Probablemente se trataría de obras relacionadas con los llamados espejos de príncipes y, aunque desconocemos los originales y las copias de las mismas, precisamente de su *Itinerarium* podríamos deducir cómo era su modelo de mandatario que, más allá de su indiscutible cristianismo y de imitador de los grandes emperadores romanos, debería ser ejemplar, temeroso de Dios, respetuoso con las autoridades eclesiásticas, de profunda formación religiosa, etc. Es decir, sería un príncipe con una gran herencia medieval, bastante alejado de aquel modelo que nos presentaría Machiavelli[61], en que se disociaba lo político de lo moral y en el que prevalecía el pragmatismo, dando más importancia a lo que se aparenta ser que a lo que en realidad se es. Por tanto, el modelo de Geraldini estaría mar cercano a las tesis de Erasmo en su *Institutio Principis Christiani,* que data de 1516 y que pondría énfasis en el príncipe bienhechor, que actúa con justicia y sabiduría, que es un ejemplo para sus súbditos, todo lo cual implicaría la presencia en su vida de un buen preceptor. Es muy probable que las obras de Geraldini sobre el tema, de ser originales, fueran anteriores a las de los mencionados autores y entroncaran con la tradición bajomedieval, en que se produjeron varios tratados de este tipo en la propia Castilla, alguno de los que pudo conocer y consultar. Entre ellos es probable que tuviese acceso a la obra de Alonso Ortiz, canónigo toledano que escribió para el príncipe Juan, hijo de los Reyes Católicos y heredero de la corona, titulada *Liber de educatione Iohannis serenissimi principis et primogeniti regum potentissimorum Castellae Aragoni et Siciliae, Fernandi et Helisabet inclyta prosapia coniugum clarissimorum*[62]. En su texto, el autor castellano daba una gran importancia a los cuerpos celestes, lo que no sería extraño que también contemplasen las obras didácticas de Geraldini, puesto que el mismo reconoce esa importancia en el *Itinerarium,* concretamente en el epitafio de Menequeo de Patara: "De tanta fuerza son las cosas celestes que las humanas no tienen comparación con ellas" (Le, 122. Ge, 88–89). Es incuestionable que en la obra se desenvolvería en la tradición clásica y probablemente con grandes influencias de Cicerón y Quintiliano, a juzgar por su formación con Grifón de Amelia (D'Angelo, 2011: 68).

---

60 Recordemos que con el mismo título se había publicado la obra de Giovanni Francesco Bracciolini, *De officio principis liber,* Roma, Iohannem de Besicken, 1504.

61 Aunque la obra de Machiavelli fue escrita en 1513 no se publicó hasta 1532, después de la muerte de autor.

62 Un estudio sobre el manuscrito de esta obra puede verse en Giovanni Maria Bertini, en Alonso Ortiz (1983); Sayaka Kato (2015: 86-208).

Otras obras tienen carácter recopilatorio, como *Epitome conciliorum*; *Vita pontificum maximorum*; *De Latii et Romae laudibus et antiquitatum praestantia elegiaco carmine*; *Monumenta antiquitatum romanorum e veteribus inscriptionibus recollecta suis itineribus et studio*. El tipo de recopilaciones es variado, pero con un trasfondo propio de nuestro autor, al tener como nexo de fondo la herencia cristiana y la clásica. En lo primero, estarían el *Epitome conciliorum* y la *Vita pontificum*; en lo segundo, las obras referentes a la tradición clásica, utilizada probablemente para reflexionar sobre un pasado glorioso, que debía proyectarse en el presente. Es más, los *Monumenta antiquitatum Romanarum* podrían responder a una síloge, como ya apuntara González Germain (2016: 81).

Las compilaciones habían sido frecuentes desde la Antigüedad, incrementándose a partir del siglo XV con la aparición de la imprenta, y en muchos casos pretendían responder a un modelo de concepción de la historia como maestra de la vida, que retoma la máxima ciceroniana *historia magistra vitae est*. En consecuencia, también en este aspecto habría que tener en cuenta el interés docente de nuestro prelado, pues ese pasado glorioso de la Roma clásica y de la Roma cristiana de los pontífices debe ser ejemplo a seguir o a evitar en su presente. Todo ello se fundamentaría en algo semejante a aquella idea de Machiavelli: "A quien examina diligentemente las cosas pasadas, le es fácil prever las futuras en cualquier república" (Maquiavelo, 1983: 127).

En relación con las síloges epigráficas, tenemos constancia de sus trabajos de trascriptor de supuestas lápidas, lo que no le convierte en epigrafista, como ya se ha señalado, puesto que no alude a la morfología del soporte ni a la iconografía, incluso es impreciso en las ubicaciones geográficas de los hallazgos (Hoyo Calleja y González Vázquez, 2010: 2281-2282). Aun así, él mismo parece convencido de serlo cuando dice "et cum ego antiquitatum indagator peterem" (Le, 346). Aquellas lápidas son inexistentes y muy alejadas de la epigrafía real, hasta el punto de que han podido ser identificadas las fuentes falsas en las que se fundamentan (Hoyo Calleja, Javier del y González Vázquez, 2010: 2281-2282; González Germain, 2016: 76-80) y que, inexplicablemente, algún autor trata de justificar alegando que desconocía su origen falso (D'Angelo, 2017), cuando él mismo no dudó en inventarse otras en su *Itinerarium*.

El conjunto de las obras de Geraldini nos hace suponer que disponía de una buena biblioteca, a la que se ha hecho alguna referencia, pero de la que desconocemos sus fondos. El acervo lo podemos suponer por el contenido de sus obras, aunque algunas de ellas le pudieran haber sido prestadas por amigos y/o parientes, pero a la postre habían sido utilizadas para su trabajo. En ninguno de los documentos conocidos hasta ahora nos consta la más mínima relación y, como mucho, se ha intentado rehacer una bibliografía a partir de sus escritos, pero muy limitada a los autores clásicos que pudo manejar (D'Angelo, 2018: LXXVII-LXXXI); incluso de manera un tanto arriesgada se piensa que la *Tabula Tolomei*, mencionada en el testamento de Onofrio de 1632, pudo ser del prelado (Lucci, 2013: 63), que citó a este autor, junto con Arato de Solos en el libro IX de su *Itinerarium* (f. 52v)[63]. Tampoco hay referencias a otros escritores que igualmente pudo utilizar y que podían ir desde cronistas al servicio de la Corona portuguesa hasta la obra de su coterráneo y amigo, Pedro Mártir de Anglería. Lo que parece evidente, si damos fe a lo dicho en el libro XIII del *Itinerarium*, es que se trasladó a Santo Domingo con sus libros, como lo probaría al decir que "apartando a mis criados de la puerta de mi camarote mientras yo estaba entre mis libros" (f. 73v).

---

63 A partir de esta nota, todas las referencias a los folios de la obra de Geraldini vienen del texto manuscrito en italiano que se conserva en Lisboa y que reproducimos transcrito y traducido en el anexo.

II EL *ITINERARIUM* DE GERALDINI

1 INTRODUCCIÓN

Para profundizar en la obra de Alessandro Geraldini, es fundamental saber cuál pudo ser el motivo por el que se escribió. Para ello, hemos de partir de dos supuestos. El primero, que lo hiciera el propio obispo, con lo que estaríamos ante un texto a medio camino entre un diario y, sobre todo, un libro de viajes, cuyo fin sería una especie de obra autocomplaciente, en un ambiente en que la figura del prelado estaba en entredicho, como lo refería muy bien su sobrino-nieto Catenacci, cuando en la introducción de la publicación de 1631 decía que había sido sacudido por "la fortuna, desigual y contraria […] hasta tal punto que él y su criado se vieron en la necesidad de emigrar desde nuestro país a las Antípodas, y desde aquel extremo confín del mundo regresar al nuestro, tras soportar diversas adversidades y casi sucumbir por ellas" (Geraldini de Catenacci, 2009b: 111). Es decir, se supone un regreso del prelado, que nunca se produjo, lo que también parece indicar que su memoria había quedado en buena parte en el olvido. El que su descendiente pensara en el retorno de Alessandro serviría para el título de la edición impresa en León como *periplo*, aunque en realidad se trata de un *itinerario*, como reflejan tanto los manuscritos como la *editio príncipes* de Catenacci.

Lo segundo, si la obra fue una composición posterior a partir de papeles del propio obispo, estaríamos ante la pretensión de exaltar al antepasado, como una gloria que alcanzaba a sus descendientes; para lo cual se promocionaba la imagen de Alessandro, convirtiéndola en algo parecido a lo expresado por aquella máxima ciceroniana que se utilizó en las portadas de algunos palacios españoles: *Ornanda est dignitas domo* (Cic., *De of.* I:39,143). Todo ello se envolvía con la necesidad de conocer y comunicar a los demás lo que supuestamente viera en el itinerario hacia su diócesis, especialmente lo que le relataron de la Zona Tórrida (Geraldini de Catenacci, 2009: 111), aunque en los manuscritos italianos este deseo ha quedado obviado. En esa misma línea el propio Mongallo, como protegido de los Geraldini, en la introducción la obra se expresa de la siguiente manera:

> "Sea dada, pues, eterna gloria y honor a la memoria de monseñor Alessandro que nos ha legado tantos conocimientos. Sea honrada toda la nobilísima familia Geraldina, famosa por la cantidad de religiosísimos prelados valerosísimos capitanes y clarísimos varones, verdadera guardiana y adorno de la antiquísima y amenísima ciudad

de Amelia, tan amada por mí, que fue la que me dio durante mi infancia sustento, disciplina y buenas costumbres" (ff. 1v-2).

En general, los textos italianos los podemos organizar en varios apartados a partir de las divisiones que en su día hizo la Dra. González Vázquez (2013: 304):

- El Mundo romanizado
  - Cádiz
  - El África romanizada e islamizada
  - El Sahara
  - Canarias
- El mundo incivilizado
  - África Occidental al sur del río Senegal
  - El África interior
- El Nuevo Mundo
  - Las Antillas menores
  - La Española
- (Anexo I exclusivo de la traducción italiana) el reino del Preste Juan
- (Anexo II exclusivo de la traducción italiana) reflexiones sacadas de las cartas en latín de Niccolò Venardo Fiammingo sobre la ciudad de Fez y la religión musulmana.

Como relato de viajes[64] desarrolla un recorrido que no siempre es claro, aunque se mencionan lugares reales, al menos hasta los límites del río Gambia (ciudades de la Mauritania, el Atlas, las Canarias, el Sahara, el río Senegal, Budomel, etc.) y luego las Antillas americanas. A ello se añaden lugares irreconocibles e imprecisos de establecer geográficamente, como aquellos de los que le hablaron sus informantes hacia la Zona Tórrida y el interior de África. El viaje, que tiene mucho de la tradición medieval, como veremos, responde también a los deseos de un humanista por conocer, como él mismo lo expresa: "Después, me fui de la costa de Budomela, buscando cada día nuevos pueblos, nuevos reinos y extrañas gentes, las cuales eran de aspecto y semblante diferentes, que no se asemejan ni a Europa ni a Asia, y finalmente llegué al reino de Manicongo" (f. 35).

---

64 Tomamos las líneas marcadas para este tipo de libros por Miguel Ángel Pérez Priego (1984: 220–234).

En la redacción, con el fin de dar credibilidad, prevalece la utilización de la primera persona, lo que iba más allá de la mera retórica literaria, pues su viaje está planteado casi como el de un Hannón, un Eneas, incluso un nuevo Colón, que navega hacia occidente, abriendo las fronteras del mundo. En consecuencia, se nos presenta como una autoridad en la navegación, cuando sus conocimientos náuticos no parece que fueran demasiados: "ordené a los pilotos que dirigieran las velas para navegar al fin hacia mi Iglesia" (f. 70v); "convocado el piloto del navío y, aumentándole a él y a los demás miembros de la tribulación el salario y las dádivas, hice dirigir las velas hacia el Equinoccio y los extensos litorales de Etiopía" (f. 15). Pero se va más lejos aún al favorecer las ideas de que en el barco, que debía ser todavía una carabela, aparte de los marineros, solo viajaba su séquito. Esto resultaba del todo imposible, pues no se fletaba un barco para solo trasladar a la comitiva de un prelado. Su sentido del control y la propiedad del navío también la expresó en otras ocasiones: "Y quisieron llenar contra mi voluntad todas las ánforas de mi navío con dicho vino" (f. 38v).

El relato tiene además unos claros toques etnocentristas con alusiones y comparaciones continuas al mundo europeo, y concretamente a Roma. Es evidente que esta situación no es del todo criticable, puesto que sus referentes casi únicos eran los europeos del momento; además, aquello no supuso el desprecio de los pueblos etíopes, algunos de los cuales fueron ampliamente alabados en la obra por diferentes motivos, aun a pesar de incidir a veces en las diferencias del medio (ff. 18v-19).

2 LOS MANUSCRITOS Y SUS FUENTES

No vamos a extendernos demasiado en lo referente a los manuscritos que se conservan de la obra de Geraldini, puesto que es un tema que se ha tratado ampliamente en otros estudios. Tres de ellos, en latín, se hallan en el Vaticano (Ottobiano, Borghese y Boncompagni Ludovisi) y otro en el Archivio di Stato de Florencia, conocido como el Strozziani, que está fechado a principios del siglo XVII (Oliva, 1993; González Vázquez, 2009b; Manfredonia, 2017). A estos hay que añadir los existentes en italiano en la Biblioteca Nacional de Lisboa y en la British Library de Londres, que corresponden a la traducción de Pompeo Mongallo da Leonessa. Precisamente hemos utilizado el primero de estos como fundamento de nuestra edición, pero teniendo en cuenta al mismo tiempo el de Londres.

El manuscrito de la Biblioteca Nacional portuguesa se encuentra en el *Fundo Geral*, Manuscritos reservados, códice 11169. Forma parte de un códice cactáceo, como lo son todos los demás mencionados, junto a otras obras cuyo conjunto se ha titulado en el pergamino de la cubierta como "L'Ethiopia incognita". Su llegada a Lisboa tuvo que ver con el coleccionista brasileño Jerônimo Ferreira das Neves, que lo compró en Roma, en 1894 (Rossi, 1894; Teneroni, 1895; Pereira, 2009: González Vázquez, 2009b: 84-87; Manfredonia, 2017: 78-81), cuando su residencia estaba en Lisboa. El interés del brasileño por aquel documento pudo deberse a su atracción por la obra de Camoens, que en los *Lusiadas* hizo alusiones a las conquistas portuguesas de la costa africana, de manera especial en el canto V (Camões, 1613: 140-165), así como por el anexo del propio Mongallo con la obra de Bermudez sobre el Preste Juan. El manuscrito quedó en Lisboa y no pasó a Brasil, a la colección del donante, que fue entregada a la Escuela Nacional de Bellas Artes de Río de Janeiro, de donde pasó a formar parte del Museo de Juan VI. La fecha del manuscrito se ha establecido en torno al año 1565 (González Vázquez, 2009b: 84) y por error data el escrito de Geraldini en 1514 (f. 1v), aunque en el manuscrito de Londres esta fecha se halla corregida por la de 1522. El estilo de escritura es humanística cursiva cancilleresca.

El manuscrito de la British Library de Londres fue comprado el 17 de abril de 1722 por los coleccionistas de libros y manuscritos Robert Harley (1661-1724) y su hijo Edward Harley (1689-1741). Ambos hicieron una importante colección, que consiguieron durante sus viajes o a través de sus agentes en Europa, comprando material bibliográfico y manuscritos. La esposa e hija de Edward vendieron al Estado la colección en 1753 y la obra está catalogada en la colección como *Manuscripts* 3566. Se aprecia una letra humanística cursiva cancilleresca hasta el f. 87, humanística cursiva corriente hasta el f. 114v y vuelve a la humanística cursiva cancilleresca, pero no coincide con la primera, hasta el último folio[65].

Ninguno de los manuscritos que conocemos es original. Ni siquiera tenemos la certeza de que procedan de una copia fiel del mismo, si es que la hubo, porque pudo haberse tratado de una recomposición a partir de textos manuscritos que podía tener el autor, como parece que ocurre también con alguna de las otras obras que se le atribuyen. De todos modos, original y/o textos sueltos, lo más probable es que, de poseerlos alguien, fuera alguno de sus descendientes y concretamente el padre de Onofrio Geraldini de Catenacci, como heredero por línea directa del prelado. Es más, el propio Onofrio dice que conserva las páginas intactas, a pesar de que el otro confín del mundo "todo lo devora" (Geraldini de Catenacci, 2009b: 111); es de suponer que eran las traídas por su homónimo

---

65 Para la descripción de los diferentes tipos de escritura, consúltese Battelli (1954).

Onofrio Geraldini cuando regresó de Santo Domingo, tras la muerte de su tío, y que ya Mongallo había visto y ordenado. Por tanto, los manuscritos italianos serían copias que tenían origen en un texto en poder de la familia Geraldini, y probablemente también el manuscrito latino que diera origen a los demás textos, pues los más antiguos son de los últimos decenios del siglo XVI. Ahora bien, el que ese texto original en latín estuviera en poder de la familia nos induciría a pensar que la obra editada en 1631 podría ser la más fiel al original. Catenacci nos comenta que consideró por esas fechas dar a conocer aquellos manuscritos que conservaba en fardos (Geraldini de Catenacci, 2009a: 110), pero que ya no eran tan originales, habida cuenta de que funcionaban copias tanto en italiano como en latín. Lo que parece evidente, por lo que sabemos hasta ahora, es que ese funcionamiento estaba muy limitado al ámbito italiano, pues parece que todas las copias tienen esa procedencia. Por tanto, no parece que las descripciones y opiniones allí vertidas tuvieran tanta repercusión en el mundo europeo como se ha pretendido a veces. Es más, en pleno siglo XVII mucha de aquella información estaba tan obsoleta que no serviría ni para plantear un libro de viajes fantásticos; sobre todo, al considerar que, en el Barroco, ya no se daba el mismo valor que en la Edad Media y en el Renacimiento a aquellas obras de corte fabuloso, dado que tenía más importancia al acto de historiar (es decir, contar verdades) que el fabular o narrar sobre acontecimientos imaginados.

Cabe preguntarse, pues, ¿a qué se debe la existencia de varios manuscritos? Es muy probable que esto tenga mucho que ver con los intentos de la familia Geraldini por promocionar la imagen del tío, como ya señalara en su día Oliva (1993: 209). El fondo Ottoboniano llega al Vaticano a finales del siglo XVII, aunque el documento puede datarse en torno a 1600; de finales del siglo XVI son los manuscritos Borghese y Boncompagni y de principios del XVII el Strozziano (Oliva, 1993; González Vázquez, 2009b; Manfredonia, 207: 70-72). Todo nos hace suponer que son copias que salen del desaparecido manuscrito de Amelia y responden a los intentos por revalorizar al personaje, en que se fueron entregando copias a los mencionados dignatarios para favorecer la publicación. Pensar en ellos como propaganda contra España tampoco tiene demasiado sentido, a pesar de ciertas alusiones en el texto, algunas descaradamente interpoladas, pues en todos los casos son manuscritos cartáceos del ámbito italiano y los tres del Vaticano vinculados a colecciones de papeles. Incluso el Strozziano se puede relacionar con el cardenal Barberini (1597-1679), sobrino omnipotente de Urbano VIII, y al que iba dedicada la edición de 1631. En ella, Catenacci reconoce que buscó la protección del mismo e incluyó su escudo en una de las cubiertas (Geraldini de Catenacci, 2009a: 110), precisamente cuando el cardenal era bibliotecario del Vaticano, cargo que ocupó desde 1627. No tenía nada de extraño recurrir al culto Barberini, interesado por los mundos ultramarinos y al que ya se había intentado dedicar el libro inédito de fray Gregorio Bolívar, *Historia americani orbis* (Beristáin de Souza, 1947: 275-276; 355)[66]. Parece probable que de los papeles de Catenacci hubiera salido la composición de un manuscrito perdido, escrito a partir del reordenamiento realizado por Mongallo, muy relacionado con los Geraldini (Arciello, 2020: 10-11), con lo que podemos dar por plausible parte de la teoría de Tenneroni (1895: 156-157). Es muy probable también que aquellos originales estuviesen en latín y Mongallo, después de organizarlos, hiciese la traducción al italiano; de hecho, si tales documentos procedían de Alessandro, que este siempre mostró su preferencia por la lengua latina para sus composiciones.

A pesar de lo anterior, probablemente con un afán de autocomplacencia, Catenacci alude en algún momento a que nadie se había ocupado de aquellos manuscritos hasta él, lo que desmienten los textos italianos y algunos de los latinos, aunque probablemente él o su predecesor fueran los impulsores de que algunas de aquellas copias llegasen a determinados hombres de poder en la Iglesia. Lo que sí es evidente es la fe que este sobrino-nieto del obispo tenía en los escritos de su antecesor, aunque ya por entonces se planteaban dudas sobre el contenido de la obra, puesto que él mismo tuvo que recurrir a la sensatez de Alessandro para justificar la veracidad de lo escrito (Geraldini de Catenacci, 2009b: 112). Es más, al final de su saludo al lector, expone que, si existen dudas y se considera ficción o mentira lo narrado, "intenta partir, paga tu flete y observa atentamente" (Geraldini de Catenacci, 2009b: 116).

En los manuscritos italianos, el discurso de Pompeo Mongallo expone el origen de su traducción, que estaba en los mencionados papeles desordenados "que reduje, de forma bastante ordenada" (f. 1) y sin embargo coincide casi totalmente con los conocidos y la obra impresa, por lo que se puede pensar que no tiene por qué fundamentarse en los textos latinos del Vaticano y de Florencia, considerando que el original italiano podría ser más antiguo. Suponemos que el manuscrito de Lisboa era anterior al de la British, aunque ambas copias parecen proceder de una misma, a pesar de pequeñas variantes y textos que aparecen más o menos desarrollados en cada uno de ellos; sin embargo, los contenidos que se han eliminado con respecto de los latinos son coincidentes. Tanto uno como otro recogen las ampliaciones de Mongallo sobre el Preste Juan (Arciello,

---

66 Sobre este hombre y la mencionada obra puede verse Beristáin de Souza (1947: I, 275-276), en la que se recoge también el *Itinerarium* de Geraldini, que nos ocupa (355).

2021: 3-31); por el contrario, no existen anexos de cartas, introducciones, saludos, poemas, etc. que sí aparecen tanto en los manuscritos latinos como en la *editio princeps*. Estos manuscritos en lengua vernácula abrevian determinadas partes, sobre todo en función de evitar redundancias y textos que el traductor no considera fundamentales, y de manera muy especial en los capítulos a partir del XII, puesto que para entonces las descripciones de las Antillas eran muy abundantes y de sobra conocidas, mientras que el África subsahariana seguía presentando grandes incógnitas hacia el interior del continente. Este podría ser, pues, una de las razones clave de la versión epitomada de los libros referentes a América.

Supongamos que todo salga de un autógrafo de Alessandro Geraldini. Ni siquiera en ello habría mucha originalidad, puesto que Alvise Cadamosto es una constante en parte del *Itinerario*. Es decir, está utilizando alguna edición de las primeras de aquel autor veneciano, al que con frecuencia sigue al pie de la letra. Es curioso lo que sucede con el mencionado autor, al que Anglería acusó de haberle plagiado su obra. Sin embargo, lo que nos parece ahora más interesante es que el milanés ponga en duda la originalidad de su trabajo sobre África, pues añade que "si es que los vio, como dice, o si de la misma manera lo sustrajo a la vigilias de otro". Interesa igualmente apreciar como lo que nos planteamos con el amerino es lo que Anglería refiere de Cadamosto respecto de sus propias *Décadas*. Recuerda que este escribió utilizando "hicimos, vimos, fuimos, cuando ningún veneciano hizo ni vio nunca cosa ninguna de aquellas" (Anglería, 1989a: 139).

En cuanto a la epigrafía clásica que menciona, ya se han realizado estudios que ponen de manifiesto la falsedad de la misma. Para ello, utilizó una síloge hispánica que manipuló a su antojo o, en el caso de los etíopes, sencillamente se inventó las inscripciones y las reprodujo a partir de un esquema repetitivo (González Vázquez y del Hoyo Calleja, 2009; González Germain, 2016), cuya veracidad ya se puso en entredicho hace tiempo, pues estaba claro que las que mencionaba nadie más las había visto en sus viajes (Mothe le Vayer, 1669: 26). Incluso las que reproduce y atribuye a fray Gonzalo de Cazalla ya se consideraban como falsas antes de estas últimas investigaciones (Mommsen, 1873: 3). Es decir, existe un trasfondo de falsedades en el texto, que ya han sido señaladas, como las traducciones imposibles de lenguas africanas, a las que incluso se concede un alfabeto etíope, en lugares a donde este no había llegado, como la tierra Bassiana, que él mismo dice haber visitado (f. 29). Por tanto, en realidad no aporta nada al conocimiento de África, pues ya los portugueses disponían de mucha más información que la que él ofrece, pero condicionada por la famosa y discutida política de secreto o *política de sigilo* de los lusos, que favoreció tanto Juan II (1455-1495) como Manuel I (1469-1521)[67] y contrarrestada por el habitual espionaje (Porro Gutiérrez, 2003: 25-26; 2005). Sin embargo, esto no explica los problemas geográficos con las Canarias, que eran territorio castellano y en las que se aprecia una coincidencia con el mapa de Ptolomeo, cuando había portulanos mucho más actualizados (González Vázquez, 2006: 305), por lo que se cree con razón que sus fuentes corresponden a una mezcla entre Plinio el Viejo, noticias de contemporáneos y de autores medievales, y su propia inventiva (González Vázquez, 2006: 313; 2013: 302). A todas ellas les da la misma credibilidad, cuando en su época ya existían materiales suficientes para hacer un trabajo "riguroso y veraz" (González Vázquez, 2013: 302). Sin embargo, el planteamiento de veracidad trata de presentarse en todo el *Itinerario*, hasta el punto de abandonar su viaje africano con la disculpa de que era imposible encontrar informantes para toda la inmensidad de Etiopía (f. 69). Quizá, por tanto, sean los *mirabilia*, como recurso literario, lo más interesante de esta obra.

No obstante, nos cuenta que aquellas manifestaciones las realizó *in situ*, pero nos surge de inmediato una pregunta: ¿en qué lengua? En algunos casos se nos manifiesta con claridad, como en el caso del prelado N. (Raangano)[68], que conocía muchos idiomas según el texto italiano (f. 66v), y la lengua portuguesa en los textos latinos (Le, 221, Ge, 250-251). Debemos pensar que era esta la que podrían utilizar los etíopes, por sus contactos con los lusos, y Geraldini daría por supuesto que así era, por lo que no se especificaría. Esto explicaría que en muchos casos no precisaba la intervención de los traductores (ff. 24v, 37, 39, 66v). En otros casos señala que le tradujeron los caracteres etiópicos a "lengua vulgar" (ff. 29, 42v). Entonces cabe preguntarse lo siguiente: ¿conocía Geraldini el portugués? Nada nos indica que fuera así, ni siquiera que llevara intérpretes propios de esa lengua. En consecuencia, habría que suponer, de haber sido cierto el viaje, que el entendimiento se hiciera por la semejanza entre las dos grandes lenguas peninsulares, lo que hubiera llevado a múltiples confusiones relativas a la comprensión comunicativa. Por el contrario, Cadamosto, en quien fundamenta parte de la obra, reconocía contar con un *truchimán* o intérprete etíope (Cadamosto, 1507: cc. XXI y XXXVI).

---

67 Quizá el mejor planteamiento sobre la política de secreto sea el de Cortesâo (1960: 95-164).

68 "N." solo aparece en las copias italianas, a principios del libro XI (f. 66v). Como veremos en el anexo, en la edición de Catenacci aparece como Raangano (Le, 221. Ge, 250-251), y en los textos latinos se presentan variantes afines (Ge, 251).

La obtención de la información se relaciona con la empatía que muestra hacia sus interlocutores y la facilidad con que estos se avienen a entablar relaciones con él. De modo que, cuando no pueden estar presentes, le envían emisarios, embajadores, prelados, príncipes, adoptando una formulación de protocolo propia de las cortes europeas y mostrándose ambas partes un especial respeto, como queda muy bien reflejado en su conversación con el rey de Mali (ff. 25-25v).

Al margen de lo que se nos relata, seguimos creyendo que lo fundamental para su narración fue la información oral y, desde luego, no la que obtuviera en tierras africanas, que presumimos que nunca pisó, sino la obtenida ya en Santo Domingo por boca de los esclavos que estaban llegando y que difícilmente se expresarían en un español medianamente fluido. Eso le conduciría a reinterpretar esos nombres de lugares y personas que resultan irreconocibles, y que no figuran en otros autores, más propios de las fantasías que de una realidad palpable. Con todo, en la obra esa información aparentemente siempre la recibe de altos dignatarios, como estableciendo una reciprocidad entre las partes obispo-prelado, obispo-príncipe, obispo-rey; es decir, gente de su categoría social o superior. Igualmente pudo obtener información en España de personas cercanas a la corte en un momento en que los Reyes Católicos habían prestado una especial atención a la cuestión africana hasta la firma del tratado de Tordesillas, en 1494, reduciendo aún más el interés por África, cuando Fernando el Católico tuvo que centrarse en la política italiana a partir de 1511. En realidad, resulta curioso que casi ninguno de los nombres que nos ofrece se pueda identificar con precisión y ni siquiera aparecen en el amplio estudio de la tesis doctoral de Walter Anthony Rodney (1966: 10-78).

Hay una imposibilidad temporal del viaje puesta de manifiesto en toda una serie de imprecisiones. Como hemos dicho, sabemos que su salida se produjo el 4 de agosto de 1519, y su llegada a Santo Domingo el 17 de septiembre; es decir, el tiempo prudencial de aquel itinerario transatlántico. Sin embargo, los datos que se dan en la obra son del todo ficticios por varias cuestiones. Según esta, el 13 de diciembre todavía estaría en Las Canarias, momento en el que abandonaba la isla de Pluvialia con rumbo a la costa africana (f. 15). Más adelante, nos dice que el 19 de diciembre abandonaba el río Rivo, en la costa de Senegal, camino de las Indias, después de todo su viaje etíope (f. 70v). Esto significa que habían pasado siete días para todo aquel itinerario que nos cuenta desde las islas hasta casi el río Gambia. Si además contabilizamos el número de días que nos va mencionando, el cálculo resulta aún más complicado. En efecto, no cuantifica el tiempo que utiliza entre Cádiz y Subur, pero desde esta ciudad hasta Sala dice empeñar 3 días. De ahí viaja por la costa de los autoloies, el

Atlas y el Sahara sin especificarnos fechas, pero sí nos aclara que utilizó dos desde la costa desértica hasta Canarias. El tiempo que estuvo en aquellas islas lo desconocemos, pero el 13 de diciembre, como dijimos, abandonaba Pluvialia rumbo de nuevo a la costa africana, donde dejó atrás los pueblos azaganes y llegó hasta la desembocadura del río Senegal. Allí permaneció en la región Bassa durante cinco días; pero es más, aclara entonces que desde el Atlas hasta ese destino había utilizado 15 días (f. 18v). Luego permaneció al menos dos días en la tierra Masiana, desde donde navegó media jornada hasta las Hespérides y otros lugares. Por fin se encontró con el rey de Mali, con el que permaneció ocho días (f. 25v), otros 14 con el rey Alboaces (f. 31v), tras lo que navegó cuatro días hasta el interior de Budomela (f. 31v), donde permaneció otros 11 (f. 34v). Cuando regresó a la costa, al encontrar enferma a la tripulación, tuvo que retrasar el viaje 20 días en las versiones italianas (f. 35v) y 24 en las ediciones de León (2009) y Génova (2017).

De allí pasó al supuesto reino de Manicongo, donde estuvo un total de 48 días (f. 38), para luego continuar su viaje por varios lugares, sin especificar el tiempo que permanecía en cada uno, hasta el día 19 de diciembre (f. 70v), en que salió rumbo a su sede, empeñando en cruzar el Atlántico la razonable cifra de 27 días (f. 71). Si contabilizamos solo aquellos lugares de los que sabemos la prolongación de su estancia en África, tendríamos 78 días, sin contar los del viaje transatlántico. Ahora bien, esto no es ni mucho menos la cifra real, pues en la mayoría de los lugares desconocemos el tiempo que permaneció y los días de navegación; así, por ejemplo, carecemos de datos sobre su estancia con los prelados Nassamón y Rabián, dos de sus principales informantes, con los que compartió largas conversaciones. Lo más exacto, en ese sentido, es la mención que hace de los 15 días que utilizó desde el monte Atlas hasta el río Senegal, pasando por las Canarias. En realidad, se contabilicen como se quiera las cifras, todo escapa a la idea de un viaje real de la época. Esa imposibilidad de fechas es poco probable que tenga que ver con el prelado, que, aunque no realizó el viaje africano, sí hizo el americano y podía ofrecer datos ciertos, como los 27 días desde la altura de Senegal hasta las Antillas. El baile de datos o bien se insertan por mano de otros autores o bien son malas interpretaciones de los trayectos realizados.

Hay interpolaciones y también omisiones en los diferentes textos. Así, por ejemplo, los italianos y los latinos no comienzan de la misma manera, pues los segundos presentan la expresión apelativa *pater beatisime*, mientras que esto no aparece en los italianos. Como ni unos ni otros pensamos que son originales, resulta difícil saber cuál de ellos responde al que posiblemente lo fuera. Reiteramos que es difícil explicar la dedicatoria a León X, que aparece en algunos textos, puesto que este papa había muerto el 1 de diciembre de 1521 y el autor dice haber terminado su *Itinerario* el 19 de marzo de 1522. En primer lugar, porque un barco tardaba en torno a 40 días en llegar a Santo Domingo desde la península y la noticia de la muerte de un papa era prioritaria en las informaciones, especialmente para el obispo; amén de que sabemos los barcos que salieron hacia Santo Domingo en ese tiempo (Chaunu, 1955: 122-125)[69]; en segundo lugar, porque, aunque se hubiese enterado con posterioridad, el manuscrito seguía en su poder para corregirlo y, si como parece, lo que pretendía era granjearse la confianza y benevolencia del pontífice, podría haberlo modificado para su sucesor y conocido suyo, Adriano de Utrecht (Adriano VI). Parece además poco probable que el obispo se atreviese a mentir al pontífice, aunque fuese como un recurso retórico, lo que hace al decir que ha viajado por tierras de etíopes; más, cuando era evidente que no lo había hecho (Geraldini, 2009b: 120). En los manuscritos italianos está muy clara una de las interpolaciones, al decir que se le había nombrado obispo por la magnanimidad de los Reyes Católicos, cuando Isabel había fallecido hacía más de diez años (f. 2v). Aun en esas interpolaciones, podemos considerar algunos aspectos sospechosos en el texto, que parecen poco probables en alguien que, por su presencia en la corte, debía estar informado de lo que pasaba en África, por lo que no podría pensar que era el primer sacerdote en Etiopía (f. 36v), salvo que lo admitamos como una autoconsideración de superioridad. Curiosamente, parece adoptar la misma actitud João Bermudes en su obra, en que cuenta cómo llega a ser patriarca de Etiopía por autonombramiento, como comentaremos más adelante a propósito del anexo dedicado al Preste Juan.

El resultado es que estamos ante un viaje que nunca se realizó en la forma que se describe por muy diferentes motivos, uno de los cuales tenía que ver con las relaciones hispano-lusas que tratamos en el apartado correspondiente. Prueba de ello es que en Mauritania se explaya con las fuentes clásicas y no aporta ninguna novedad; mientras en Senegal se mantiene bastante fiel a lo relatado por Cadamosto, dejando, para las que suponemos informaciones orales, las de los lugares menos concretos de la narración, si exceptuamos el Congo, cuya historia era sobradamente conocida en la época. Incluso las Canarias, que eran posesión de Castilla, en su viaje se convierten en una confusión. En todo, además, prevalecen las generalidades, a pesar de lo que afirma su descendiente Catenacci (Geraldini de Catenacci, 2009b: 112).

---

[69] De esa época tenemos noticias facilitadas en la obra de los Chaunu (1955: 122-125).

3 EDICIONES Y FORTUNA DE LA OBRA

En buena medida, nuestro autor, al usar a Cadamosto y a Anglería como fuentes, sacaba provecho de la revolución que había supuesto la invención de la imprenta, que en algún momento él mismo había querido aprovechar por medio de su amistad con el príncipe de Carpi, al que, como mencionamos, propuso la publicación de algunas de sus obras, entre las que no se encon Paulo traba el *Itinerario* (Geraldini, 2018: 45), lo que nos hace dudar aún más de que el obispo tuviese su obra medianamente organizada.

En la actualidad, tenemos cinco ediciones de la obra, anteriores a la presente. La *editio princeps* sería la publicada en Roma, en 1631, de la que se hizo responsable su descendiente Onofrio Geraldini de Catenacci. Sobre esta se han publicado posteriormente una edición en Santo Domingo, traducida por Paulino Balbuena y Alejo Seco, con introducción de Rodríguez Demorizi (Geraldini, 1977); otra en Turín con traducción y notas de Alessandro Geraldini e introducciones de Paolo Emilio Taviani y Gaetano Ferro (Geraldini, 1991); una más en León (Le), editada por Jesús Paniagua Pérez y Carmen González Vázquez, con traducción de esta última (Geraldini, 2009); posteriormente, se publicó una nueva edición en Génova (Ge), a cargo de Edoardo D'Angelo y Rosa Manfredonia (Geraldini, 2017). Existe una edición más divulgativa y preparada para un público más general, incluida en la *Crónicas fantásticas de Indias,* editadas por Jesús Paniagua Pérez (Geraldini, 2014).

La obra impresa debió tener cierta aceptación y se mencionó con frecuencia a lo largo del tiempo, incluso se reprodujeron algunos textos de la misma en diferentes libros especializados. Así, la lápida de z Emilio Cástrico fue citada por Traiano Boccalini, en sus *Comentarii* de Tácito (1677: 205). Este autor, aunque vivía en España, fue muy crítico con la política expansionista española, hasta el punto de que su obra *Pietra del Paragone politico tratta dal Monte Parnaso* (1615) fue muy criticada y perseguida. Él mismo parece que mantuvo, sin mucho fundamento, que se le había intentado acallar con prestigiosos cargos (Gagliardi, 2010: 205). La cita de la lápida la hizo en 1613, aunque la obra no se publicó hasta 1677, por tanto, debió manejar uno de los textos manuscritos de Geraldini, probablemente el Borghese, si tenemos en cuenta su amistad con Scipione Caffarelli-Borghese, que había intercedido por él para publicar su *Ragguagli di Parnaso* (Gagliardi, 2010: 193). De esta obra, existe un manuscrito muy incompleto en español de 1622[70] y su edición en nuestro idioma data de 1640.

---

70 Biblioteca Nacional de España (BNE), *Mss/18722/16*.

Las citas que conocemos corresponden ya a un periodo posterior a la publicación de Catenacci, en 1631. Blondello lo utiliza en su obra como fundamento de los malos tratos infligidos a los indios, que se relatan en el libro XVI del *Itinerario* (1654: CII-CIII). Del mismo año es la obra del agustino ligur Aprosio, en la que se reproduce el mandato de Inseena (ff. 45-46) (1654: 30-32). Lo referente al Dios Océano de la ciudad Naasabea lo insertó Aguilar (1688: 135-139). Breval (c. 1680-1738), un estudioso de los clásicos en el Trinity College de Cambridge, militar, preceptor y hombre de confianza del duque de Marlborough, como amante de la epigrafía había viajado por España y Portugal en tres ocasiones entre 1708-1716 y mencionó a Geraldini como un hombre de gran reputación (Cantó, 2004: 265, 342); es más, reprodujo la lápida gaditana de Menequeo de Patara (f. 3) (Bréval, 1726: II, 334). Un resumen de la obra de nuestro obispo se publicó en alemán por Philipp Hedwig Külb en el siglo XIX (Külb, 1841: 450-461). Incluso aparece mencionado en la obra de Humboldt, que aclara erróneamente que su *Itinerario* se escribió en 1516 (1837: 219). También figura una referencia a su viaje en la obra de Amat di San Filippo (1874: 52), y hay una parte reproducida en un discurso de Presutti (1892: 14-15). Con frecuencia ha sido citado también en los asuntos colombinos, dando crédito a lo que él mismo dice de su participación en los preámbulos del viaje; así, entre otras muchas obras tiene una amplia entrada en la *Biographie universelle* (1816: XVII, 165-167). Obviamente hubo detractores de la obra, que observaron las incongruencias de la misma y pusieron en entredicho su contenido (Mothe le Vayer, 1669: 26; Formey, 1755: XIV) y también el propio Cesare Cantù en su trabajo publicado en 1854, *Storia degli Italiani* (1860: 154). Asimismo, su nombre, al contrario que el de su hermano, no aparece mencionado en la famosa obra de Tiraboschi (1791: 992, 1224).

Es interesante ver la utilización que protestantes y reformistas hicieron de su obra, al mencionar la mala situación en que se hallaba la catedral dominicana que se encontró para la conservación del Santísimo, lo que dio pie a toda una crítica sobre el problema de la transubstanciación. La disculpa inicial, aprovechando lo dicho por nuestro prelado, la hizo el pastor protestante Matthieu de Larroque, en 1609, que luego siguieron casi literalmente el hugonote Jean Daillé, el también pastor protestante Jacques Abbadie, o el pastor anglicano Stehelin (Larroque, 1669; Daillé, 1669: 366; Abbadie, 1718: 164; Stehelin, 1727: 77-78).

La conclusión de lo anterior es que la edición de Catenacci sobre la obra que nos ocupa tuvo cierto interés entre muchos intelectuales del mundo europeo de los siglos XVII al XIX, sobre todo por los asuntos colombinos. De hecho, son muchos los autores que mencionan esta obra en su versión impresa a finales de la decimonovena centuria, en relación con el IV centenario de la gesta colombina.

III UN LIBRO ETIÓPICO

1 ÁFRICA: EL PAISAJE FÍSICO Y HUMANO

En un libro pretendidamente de viajes, como el escrito por Geraldini, si algo hay que destacar son las descripciones de todo tipo que hace el autor. Otra cuestión diferente sería en qué medida esas descripciones se ajustan a la realidad y lo que el autor pretendía cuando, como en el caso presente, la imaginación desborda tal realidad. Es decir, el prelado nos hace un viaje por diferentes lugares de un África que trata de presentarnos como auténtico, pero que en realidad no lo es, pues se trata de una reelaboración de datos, muchos de ellos no contrastados, suya o de terceros. A pesar de todo, nos manifiesta su deseo de penetración en aquel continente con el fin de conocerlo en profundidad, no solo por interés propio, sino también para "beneficiar a otros", queriendo dejar para la posteridad "estos escritos casi diarios" (f. 2v). Él mismo nos manifiesta que "deseaba investigar sobre las cosas secretas de la naturaleza y de conocer otras gentes y diferentes costumbres, de lo que Etiopía abunda más que otras regiones del mundo" (f. 15). De modo que el *Itinerario* se convierte casi en un tratado de geografía en que se describen no solo paisajes, sino seres humanos y comportamientos, con frecuencia impregnados de ficción.

Un libro de viajes como el presente suele tener en cuenta una figura literaria esencial, la topografía o descripción de aquello que el viajero ve o cree ver en el medio físico. En consecuencia, en Geraldini tenemos múltiples descripciones topográficas caracterizadas por su generalidad y falta de detalle, condicionando así el realismo de lo descrito. De haber conocido aquellas tierras por las que supuestamente viajó, sus narraciones, al menos en algún momento, debieran haber sido más concretas, y algo de aquella geografía le hubiese tenido que llamar la atención como para hacer exposiciones más minuciosas y que aportasen algo a lo que ya se sabía. Precisamente esto nos sigue haciendo pensar que describe lo que no ha visto y, por tanto, no puede profundizar en los pormenores, quedándose en unos lugares comunes o, como mucho, captados de las visiones de otros autores. Sus datos parecen proceder esencialmente de tres fuentes: por un lado, los autores clásicos, sobre todo para las descripciones de lo que fue la Mauritania Tingitana; por otro, las noticias obtenidas sobre Etiopía por los viajeros portugueses o los italianos al servicio de la corona lusa, especialmente Cadamosto; por último, todo ello sin menospreciar algunas fuentes orales, sobre todo de los propios etíopes, pero que no serían las que al autor nos narra, sino de africanos a los que pudo conocer en Europa y en Santo Domingo.

En la Mauritania Tingitana, que quizá pudiera haber conocido mejor, aunque no lo hizo, tampoco ofrece mayores datos que los proporcionados en ocasiones por los autores clásicos. En la descripción de esta parte de África, se centra sobre todo en la mitología y la historia, esencialmente la romana. Ni siquiera cuando menciona la huida de los autóctonos moros hacia el sur con la invasión musulmana, se explaya en los nuevos lugares que pasaron a ocupar; tan solo que buscaron espacios donde hubiese ríos, arroyos o fuentes, que aliviasen el calor, porque "la tierra era muy árida y sin árboles ni hierba, exceptuando los lugares que disfrutan de la humedad natural del suelo" (ff. 3v-4). Es decir, en lo topográfico el desconocimiento real del territorio le hace recurrir con frecuencia a los discursos históricos o religiosos que le permiten disimular el desconocimiento real. Es más, con asiduidad esos discursos los apoya en aspectos arqueológicos, que tampoco tienen mucho de real, incluso con la invención de inscripciones de lo más variado, tanto al norte como al sur del río Senegal.

En toda la Mauritania le llamó especialmente la atención el monte Atlas, hasta el punto de que manifiesta haberlo explorado en profundidad. Tampoco esto parece que sucediera, pues sus descripciones de nuevo se extienden en la mitología y la historia, mientras que sobre el paisaje se limita a exponer que "tiene colinas muy verdes y extensos campos, que se extendían hasta el mar hacia el norte y el sur. Este monte se eleva tanto hacia el cielo que ni yo ni mis compañeros pudimos llegar a la cumbre" (f. 5). En verdad, durante su viaje hacia Santo Domingo es muy probable que pudiese ver el gran monte desde su barco, pero la visión no pasaría de ese punto (ff. 5-6), pues otras alusiones a los ríos que en él nacen, no necesitaban de una estancia en el lugar (f. 6v).

En la descripción geográfica, las Canarias eran un paso obligado hacia las Indias y, por tanto, si visitó alguna de ellas, probablemente fuera la de Hierro, en la que hace una descripción algo más pormenorizada del famoso árbol del garoé (f. 14) y donde muchas embarcaciones se abastecían de agua. Sin embargo, su presunción de un viaje por el archipiélago (ff. 13v-14) parece muy poco creíble, pues, como ya se ha observado, ni siquiera fue capaz de orientar las islas entre sí (González Vázquez, 2006: 310), y a veces las confusiones parecen evidentes, como en el caso de Tenerife (Le, 143-144. Ge, 120-121).

Respecto de Etiopía, cuyas descripciones surgen tras la desembocadura del río Senegal, sigue recurriendo a exposiciones muy genéricas del paisaje, especialmente de aquellos lugares de los que supuestamente recibe información a través de terceros. Así, relata que allí hay "bosques enormes, cuyos árboles producen mucha lana en sus hojas; montes, valles y llanuras son todos ubérrimos" (f. 55). Pero no es mucho más específico cuando nos menciona lugares más concretos, como Igomán, que se halla tan encerrada que no corre el viento y, si no fuera por el gran río que la atraviesa, sería inhabitable (f. 23). Y continúa relatando generalidades de la información que le dan terceros y que no permiten ningún tipo de precisión. Le cuentan que, al interior de Etiopía, en la tierra Barbazina, hay "grandes ríos y muchos lagos" (f. 48v); o que en Dania, hacia el Oriente, hay amenas colinas, arroyos con aguas buenas y cristalinas y grandes ríos (f. 30v). La concreción tampoco existe en lugares que dice haber visitado, como la mención sobre una tierra extensa y llana (f. 23v); o que el reino de Manicongo era exuberante por sus ríos, lagos y por la gran humedad de su tierra (ff. 35v-36); o el promontorio de Cabo Verde, "siempre cubierto de árboles muy verdes, que generan en los observadores gran regocijo y deleite" (f. 38v); o más al sur, donde divisó una provincia que superaba a todas las demás en belleza, que la formaba una llanura de árboles altísimos y siempre verdes, que se entrelazaban entre ellos y servían de defensa (ff. 40-41). En el caso de Panniana, menciona unas colinas cubiertas de árboles olorosos que en determinadas épocas del año expulsan una resina que, pasado un tiempo, se solidifica y tiene un olor más agradable que el incienso.

Como se puede apreciar, hay una constante que apenas encuentra variaciones: grandes árboles muy verdes y abundancia de lagos y ríos. Además, a pesar de ser un viaje por mar, los accidentes costeros apenas se mencionan de una forma precisa, como los bajíos y escollos del cabo Blanco (f. 18v); o su llegada a una ensenada "donde había escollos, bajos rocosos y tortuosos" (f. 20v); o la gran ensenada curva que se encontró tras el cabo Verde (f. 40v). Algo más preciso trató de ser, al mencionar aquellos mármoles que provocaban el cambio del color del agua de acuerdo con las olas del mar (f. 71). Lo cierto es que sus imágenes del paisaje nos dan la impresión de una visión de lejanía, sobre la cubierta de un barco; incluso raramente menciona condicionantes de la navegación, si bien en una ocasión hace referencia a las calmas marinas cuando viajaba hacia Etiopía, probablemente refiriéndose a las calmas ecuatoriales (f. 15).

Geraldini expresa muy claramente su deseo de visitar las tierras lejanísimas de Etiopía para conocer "las diversas costumbres, las leyes y los hábitos de las gentes", como habían hecho Platón y otros filósofos (f. 15v). Es decir, pretendía hacer de su *Itinerario* una nueva experiencia filosófica, pues el viaje le iba a servir para plantearse una reflexión sobre el mundo en el que vivía, aunque fuese en gran medida fruto de su propia creatividad o de lo contado por las fuentes que se han mentado. La supuesta experiencia que alega en la narración le permitía compararse con aquellos autores de la antigua Grecia, además de Platón, que fundamentaron sus pensamientos en el conocimiento que les aportaban sus viajes, como Heródoto, Estrabón, Plutarco o, ya en época cristiana, Pausanias; todo ello sin olvidar a los sofistas del siglo V a.C., como Protágoras, Gorgias,

Pródico o Hipías, incansables viajeros en su época. Pero si tuviésemos que comparar su jornada con aquellas de la Antigüedad, quizá deberíamos recurrir a la *Odisea* de Homero, como un viaje en que se mezclan la realidad y la fantasía, alimentadas por la tradición oral. Es más, si la vida de Homero transcurrió en el siglo VIII a C., coincidió con la época inicial de las colonizaciones griegas, como Geraldini estaba escribiendo durante el avance de las colonizaciones portuguesa y castellana. Es más, en aquellas semejanzas con los autores helenos se podría decir que él, como muchos de ellos, brilló más por sus palabras que por sus obras (Fox, 2009: 60).

Durante los siglos XVI y XVII, África seguía constituyendo un lugar secundario, en cuanto a la predilección por los viajeros hispánicos que dirigían su itinerario hacia las Indias. En un trabajo reciente, Antoine Bouba nos muestra detalladamente la menor cantidad de títulos o referencias de relatos de viajes a este continente, frente a otros lugares como las Indias Occidentales, Tierra Santa o las Indias Orientales (Kidakou, 2006: 20). Los intereses en el continente africano estaban más vinculados con los intentos de los Reyes Católicos por asegurar la paz en España, tras la expulsión de los moriscos, que se refugiaron principalmente en las costas norteafricanas, y luchar contra los turcos. En aquellos tiempos, por tanto, existían unas tendencias muy concretas de tipo político y defensivo que permitían obtener la mayor información posible sobre estos territorios, con todo tipo de detalles. Sin embargo, no parece que la intención de Geraldini fuese en ese sentido, toda vez que sus descripciones son bastante pobres y carentes de objetividad para lo que se necesitaría en los asuntos de la política de la monarquía hispánica.

En su descripción africana, destacaremos aquellos aspectos que tenían que ver con la economía, pues su viaje se producía en el preciso momento en que, en el mundo occidental, se estaba generando un sistema económico que vinculaba a los tres continentes: Europa, África y América, coincidiendo además con el gran momento de la expansión económica no solo de Castilla, sino de toda la Europa del Mediterráneo y el Atlántico, donde Portugal controlaba ya las costas de África y veía incrementadas sus riquezas de una forma exponencial. Precisamente el triángulo del viaje de nuestro obispo es uno de los mejores ejemplos de ese otro económico que caracterizó la modernidad.

Especial interés parece mostrar Geraldini por la geografía económica de África, especialmente de la etiópica, aunque mantiene las apreciaciones genéricas de quien no conoce el territorio en profundidad, lo que no deja de ser otra nueva prueba de un viaje ficticio. Sin embargo, aquello le sirve para hacer alguna reflexión sobre el móvil de la riqueza en el ser humano para expandirse por territorios que le son hostiles, donde por su sed de oro nada le detiene, ni siquiera aquello que se consideraba como de mayor peligro para los europeos de la época: serpientes venenosas, calor asfixiante y pueblos bárbaros. A ello, el prelado añade su toque sentimental, afirmando que dicha manera de proceder, a la que él tampoco iba a ser ajeno, a pesar de sus palabras, le había hecho llorar (f. 25).

Relacionado con la búsqueda de la riqueza estaban siempre los metales preciosos, y de manera muy particular el oro como símbolo por excelencia de la misma. En buena medida, la expansión lusa en África había tenido aquel móvil y, de hecho, como se ha manifestado, los intentos de expansión portuguesa en el Magreb escondían la intención de acceder al oro de Sudán (Báez y Zampar, 2021), entendido como "país de los negros". De ese metal africano en la época nos informan autores como Alvise Cadamosto, Valentim Fernandes y Pacheco Pereira, entre otros, puesto que era el principal pretexto para las exploraciones africanas de Portugal. En la época de nuestro prelado, el oro africano tenía como lugar de procedencia ese genérico Sudán, al que los lusos intentaron acceder desde que en 1436 Afonso Gonçalves Baldaya llegó a lo que se denominó Río de Oro, porque fue el primero en que obtuvieron alguna cantidad de este metal.

Lo cierto es que Geraldini conocía sobradamente los intereses económicos de los portugueses en África y lo deja traslucir en su obra, de ahí que nos mencione palacios y vestidos de reyes con abundancia de dicho metal (ff. 25v, 61); o la riqueza existente que le habían contado que se podía hallar en el reino de mujeres de la región Mardaonzona (f. 46) o en la tierra Gallanea (f. 62). Al mismo tiempo, le sirve para deslizar una breve reflexión sobre el valor de aquel metal precioso, que no es otro que el que los propios hombres quieran darle (f. 32v); de hecho, ese valor había ido a la baja en la medida en que tanto el obtenido en África como el americano llegaron a Europa en importantes cantidades (Vilar, 1972: 80), especialmente el americano, como ya recordara en su día Adam Smith.

La realidad económica africana tampoco podía separarse de su descripción paisajística, que nuestro autor hace de una forma muy genérica, sin mayores precisiones que nos permitan deducir el conocimiento directo del autor. Ejemplos de ello son los grandes bosques, cuyos árboles producen lana en sus hojas; la región de Budomela, abundante en frutos que nacen sin cultivarlos (f. 31v); la fertilidad de la tierra de Gannovia (f. 57v) o de Gallanea (f. 62); o, por el contrario, las tierras estériles de los azaganes (f. 15v) o de una de las islas Gorgonas (f. 18v); incluso las tierras desérticas del Sahara, donde la vida de los hombres es longeva (f. 10).

Es el mundo agrario el que más parece interesarle, y establece incluso una relación directa entre desarrollo cultural y producción. Así, de las Canarias alaba su fertilidad, que puede competir con la de cualquier lugar del mundo desde que los españoles las ocuparon, pues previamente solo había ganado caprino. Cuando él supuestamente las visita, abundaban ya en trigo, cebada, vino y todo tipo de ganados; incluso especifica la producción concreta de algunas islas, como la caña de azúcar en Canaria; las viñas y ganados de la Gomera; en Capraria los viñedos, albaricoques, peras y otras frutas, así como unas cabras de carne más sabrosa que la de las europeas; y en Pluvialia sus hierbas para elaborar tintes (ff. 13v-14v).

Nuestro autor caracterizará Etiopía por sus terrenos ubérrimos (f. 41v y 55); así, en el de la península de cabo Verde, nos menciona como una excepcionalidad que la siembra se haga en el mes de julio y la recolección tan solo tres meses más tarde (f. 41v). Evidentemente en él todavía se mantiene viva la idea de una agricultura en función de las necesidades del ser humano, pues la subsistencia seguía siendo fundamental también para los europeos de la época. En consecuencia, entre los alimentos etíopes destaca el arroz (f. 54v), cereal del que le hicieron varios ofrecimientos en diferentes lugares como en la mencionada región de Cabo Verde (f. 24), o el príncipe Ottongoo en la ciudad Gongonea (f. 36v). Precisamente este producto sería el que se extendiera luego en América, sobre todo por los esclavos del África Occidental, desde lo que se ha llamado *The West African Grain of Rice Coast,* que se extendía entre el río Senegal y la actual Liberia[71] y cuyo cultivo en aquella zona fue descrito por primera vez por el portugués Valentim Fernandes. También hace alusión a otro cereal africano, el mijo, que se consumía tanto en la Mauritania Tingitana como al sur de cabo Verde y en la tierra Barbazina (f. 48). Igualmente menciona otros productos, como cebada, avena, frutas "peculiares" y legumbres (f. 54v-55). Precisamente con estas últimas llega a ser más preciso en el entorno del cabo Verde, donde le causan admiración por su tamaño y colorido (f. 41v).

En sus ideas sobre la agricultura laten las referencias a la trilogía mediterránea de trigo, vid y olivo, que no eran precisamente los productos más adecuados para el cultivo en el África tropical. Por este motivo insiste a veces en que aquella zona del mundo carecía de tales plantas, sobre todo, de trigo y de vid (f. 41). Si bien el primero todavía se podía encontrar en las tierras áridas del norte de África (f. 10v) y en Canarias, donde lo habían introducido los españoles junto con la cebada (f. 13v), más al sur su cultivo era inviable, por lo que él se lo llegó

---

[71] Sobre este asunto puede verse la obra de Carney, Judith A. *Black Rice. The African Origins of Rice Cultivation in the Americas,* Cambridge, Harvard University Press, 2002, especialmente sobre el arroz africano la p. 13.

a ofrecer como manjar en un banquete al príncipe Ottongoo, de Manicongo (f. 36v).

El otro gran producto mediterráneo era la vid, que había proliferado también en Canarias (f. 13v), pero estaba ausente en el mundo continental africano, pues a los musulmanes les estaba vedado el consumo de alcohol (f. 10v); pese a ello, nuestro autor mantiene que los azaganes tenían excelentes vinos, lo que se contradice con ser seguidores de Mahoma (f. 16) y, desde luego, Cadamosto no hace alusión a ese producto entre ellos, aunque sí a la debilidad de su mahometismo (Cadamosto, 1507: c. IX). Probablemente no era concebible la alimentación sin vino para un hombre del Mediterráneo, de ahí que insista en la existencia de otro tipo de bebidas, esencialmente el vino de palmera, que le regalaron en varios lugares, como en la península de Cabo Verde (f. 24), o el que le envió el príncipe de Manicongo (f. 36v), o el que se consumía en Panniana (f. 68). Lo menciona también Fernandes (1997: 64).

El aceite de oliva también era algo imposible de encontrar en Etiopía. Aun así, Hace alusión a una especie de sucedáneo, como el aceite de violeta de la tierra Pantea "que sabía a aceituna" y coloreaba como el azafrán, tal y como lo describió también Cadamosto (1507: c. XXVII) (ff. 41–41v) y más tarde Valentim Fernandes (1997: 65).

A un italiano de la época, que conocía el desarrollo económico que el comercio fomentaba en su tierra originaria, a lo que no era ajena su región, Umbría, no es de extrañar que le llamase la atención que los etíopes solo cultivasen en función de su subsistencia (f. 41v). Esto les diferenciaba de los pueblos de las zonas áridas y semiáridas del norte del continente, más proclives a la vida comercial, lo que tampoco le era desconocido por las relaciones que las ciudades italianas tenían con las regiones mediterráneas del continente africano.

Para Geraldini parece que existiera una relación directa entre el desarrollo de los pueblos y el comercio, incluso vincula el carecer de divinidades con la falta de transacciones comerciales (f. 68). Esa relación comercio-civilización la menciona de forma más directa al referirse a los pueblos del interior continental, que tenían un mayor desarrollo por las transacciones que mantenían con moros y númidas (f. 70); así, en la provincia Panniana se negociaba con pueblos lejanos y con los habitantes de las islas del Índico (f. 68). A la postre, el desarrollo del comercio no dejaba de ser uno de los fenómenos que caracterizó la época del Humanismo, favoreciendo las relaciones entre lugares alejados y, con ello, el movimiento de influencias de todo tipo. De hecho, él mismo había pasado por grandes emporios comerciales aparte de los italianos, como Londres, los Países Bajos o Sevilla. Incluso, es muy probable que conociese el sistema educativo de Florencia, ejemplar en toda la Europa del momento por su orientación a ofrecer a los estudiantes rudimentos de lo que sería necesario para el desarrollo de una vida de comerciantes, como era aprender a leer, escribir y aritmética (Hollingsworth, 1994: 18).

Imbuido por el concepto europeo de negocio, siente debilidad por la mención de mercados famosos, siempre vinculados al mundo urbano, donde las mercancías servían para el consumo interno, pero también para la exportación y acumulación de riqueza. Es decir, las ciudades con mercados a las que alude ya tienen poco que ver con aquellas de carácter más medieval, en cuyas transacciones lo importante era importar y acumular, esto es, lo que se ha denominado como "el hambre de mercancías" (Heckscher, 1943: 503).

Son varias las ciudades importantes por sus mercados que nos cita. Ya en el norte de África, hace alusión a Nueva Valencia (Babba), con el mercado más famoso de la región (f.5); a 100 millas de Galangea, cita una villa con un mercado al que iban muchos comerciantes árabes (f. 25); además, menciona como famoso el mercado de la ciudad Naansabea, al que acudían muchos negociantes de diferentes partes (f. 56). No nombra, sin embargo, ciudades cuyo mercado en el siglo XVI era de gran importancia, como Tombuctú, Gao, Djenné, u Oyo, por citar algunos ejemplos de las regiones que trata. Amén de esto, se siente atraído por curiosidades comerciales, como el intercambio de oro por sal en las proximidades de Mali (ff. 27v-28) o el comercio que solo podía hacerse durante el día en las islas Hespérides (f.20v).

En cuanto a los aspectos faunísticos, podemos deducir que su viaje tuvo poco de real. Por un lado, en cuanto a la ganadería, es bastante repetitivo al insistir en la presencia en diferentes lugares de bueyes, vacas y cabras, como lo había hecho Cadamosto (1507: c. IX); incluso como aquel autor, al tratar de Senegal dice que las vacas son más pequeñas que las europeas (Cadamosto, 1507: c. IX), aunque Geraldini lo extrapola al conjunto de Etiopía (f. 54v) o a la región Barbazina, comentando la existencia de enormes ganaderías de bueyes mansos y rebaños de cabras (f. 48).

Especial importancia va a dar en sus descripciones a elefantes y camellos, animales de los que se hablaba mucho en Europa y que se asociaban con África y Asia, pero que pocos conocían, aunque eran fundamentales en muchos aspectos de la vida africana, desde lo económico a lo militar y lo social. En cuanto a los elefantes africanos, parece recoger algo de la tradición en Plinio el Viejo, *elephantorum egregius infestum* (NH 5,5), al manifestar que el país de los autololes estaba plagado de ellos (f. 5). También en Manicongo, el príncipe Ottongoo le recibió con sus nobles, todos ellos montados en elefantes, que le causaron estupor por el tamaño de sus trompas y sus colmillos (f. 36v). Como este príncipe, también otros reyes viajaban en altos carros tirados por elefantes (f. 61);

o, en el caso del rey de Casiana, se hacía acompañar por una imagen de su dios, que transportaba a lomos de uno de estos animales (f. 28v). Algo parecido sucedía con los camellos blancos[72] que eran utilizados para la movilidad de algunos reyes de Etiopía. Incluso uno de aquellos animales había dado lugar a la sucesión en el reino de Nansea, como veremos al tratar sobre las fantasías (f. 51). Quizá esto nos esté poniendo en relación con la concepción venusina que se tenía a veces de este animal (Al-Mayriti, 1982: 184–185), que se había vinculado también con algunos fastos de la realeza europea, como en las acciones gloriosas de Maximiliano I[73] o las múltiples representaciones que existían de la Edad Media. Además, en el mundo musulmán tenía su importancia, puesto que la tradición cuenta que Mahoma dejó libre a su camello en Medina, y donde se detuvo mandó elevar una mezquita (Ben-Dor Benite, 2010: 409–426).

Con frecuencia el elefante y el camello aparecen asociados en sus descripciones; así en la región Barrabea se celebraban unos juegos cada cinco años en honor a los dioses, con participación de ambos animales. Menciona que a la capital de Galangea llegaban los comerciantes árabes tanto con unos como con otros (f. 25). Nos habla también de que los etíopes utilizaban a estos animales para la guerra (f. 32) y, de hecho, en la descripción de Manicongo expone que dos elefantes transportaban en sus lomos dos grandes torres de madera, en las que viajaban treinta[74] guerreros (f. 36v). Precisamente estas torres ya habían sido reproducidas en Europa en dibujos que, por ejemplo, encontramos en la Pierpont Morgan Library, manuscrito H.5, de en torno a 1500 o en el *Libro del Tesoro* (Latini, 1999: 57); lo mismo que la asociación de ambos animales la podemos ver en el manuscrito de 1503, *De remediis utriusque fortunae* (Biblioteca Nacional de Francia BN/F Fr. 225) o en el de las Bodleian Libraries de la Universidad de Oxford, MS. Bodl. 764.

Otros aspectos de la economía apenas encuentran cabida en su obra, como la pesca, donde lo más que encontramos son alusiones indefinidas a los peces de la región Barbazina (f. 19) o los de la tierra Galanea (f. 62). Solo en el caso de los que se pescan en el cabo Blanco añade que eran "diferentes a los nuestros" (f. 19).

---

72 Aunque es más probable que utilizasen dromedarios en aquel periodo histórico.
73 (BNE), Res/254. *Triunfo del Emperador Maximiliano I, Rey de Hungría, Dalmacia y Croacia, Archiduque de Austria de quien están descritas y colocadas en esta colección las acciones gloriosas de S.M. Imperial, durante su vida.*
74 Le, 207 y Ge, 228–229, trescientos.

En la obra de Geraldini, y manteniendo su forma genérica, se nombran otros animales de África (osos, lobos, serpientes y leones); incluso en la zona tórrida, "muchos animales completamente diferentes a los nuestros" (f. 69), lo mismo que las aves "de aspecto muy diferente de las nuestras" (f. 41). Confusamente mantuvo que los leones, en la Mauritania, eran de menor tamaño por causas que veremos al mencionar las fantasías y que les hacen perder "su natural valor" (f. 4).

Las serpientes, por todo lo que simbólicamente representaban para los europeos, ocupan un lugar destacado en la obra de nuestro prelado, haciendo algunas especificaciones mayores en algunos casos, aunque por lo general tan solo relaciona serpientes y víboras.

Su supuesto viaje, además, le llevaba a entrar en contacto con seres humanos a los que Geraldini vio siempre desde una óptica determinista, según la cual los astros ejercían su influencia sobre los cuerpos de los hombres (f. 22) y regulaban y condicionaban cada cosa en la tierra Masiana (f. 19v), al igual que en Casiana (f. 28). Así, si había algo que afectase directamente la vida del ser humano en el continente africano era el calor del sol, al que paliaba el frescor de la luna, condicionante al mismo tiempo de la tonalidad de piel humana (Li. II, s/f). En este sentido, pone a modo de ejemplo que los etíopes, cuando se desplazaban hacia el norte, cambiaban su color de violeta oscuro a completamente negro, porque su sangre se refrescaba (f. 56); incluso le asombraba que ese calor solar influyese en la fecundidad de las mujeres etíopes (f. 56).

En cuanto al aspecto físico de los africanos, hace más concreciones y hay cierta abundancia de prosopografías del mismo. Así, especifica que los árabes, que identifica con los moros, tienen el pelo rizado y negro (Li. II, s/f). Entre los nómadas, menciona que sus cuerpos son resistentes y están preparados para soportar el calor y la sed, además de que en su alimentación no se contemplan los manjares. Precisamente esta vida austera es la que favorece su longevidad, salvo que encuentren la muerte en luchas o por las mordeduras de víbora. En los textos latinos hace alusión a la fortaleza de los aborígenes canarios, que eran de cuerpos robustos y que en su día fueron transportados a la Bética (Le, 144; Ge, 121).

En esa prosopografía de los etíopes, parece mostrarnos la imagen de aquellos esclavos que él conoció en Europa y después en su sede de Santo Domingo. Aunque en los textos en italiano no aparezca, sí encontramos en los latinos el razonamiento de que los etíopes llevaban el cabello muy corto debido a la sequedad de su cerebro, ya que el sol deshidrataba su cabeza. Sin embargo, diferencia a los habitantes del alto Nilo, a los que relaciona racialmente con los indios de Asia, pues la humedad de aquel gran río da lugar a que sus cabellos sean largos, sus labios delgados y sus cuerpos, en general, como los de los europeos y asiáticos. Estas características físicas las contrapone con las etopeyas de que los primeros carecen de un ingenio agudo mientras que los nilóticos son de un talento admirable. Pero las comparaciones de los etíopes las lleva también hasta los escitas, diciendo que estos, debido al frío, son de cabeza embotada, dientes débiles (frente a los blancos de los etíopes) y mirada poco aguda (Le, 226; Ge, 260-261). Es más, llega a hacer una división de los hombres por su grado de humanidad al hablar de gentes más cercanas a la animalidad y otros más racionales (Li. II, s/f), aunque nuestro autor no hace la escala de acuerdo con parámetros raciales o étnicos, sino que lo aplica a la humanidad en general.

Frente a la desnudez de los etíopes, nos recuerda que los que él llama alarbes del desierto se cubren con sayos y, mientras los varones llevan la cabeza descubierta, algunas mujeres casadas la cubren con un velo de lino (f. 10v). Los autololes usaban capas de algodón con hilos de oro entretejidos o lienzos blanquísimos que les caían por la frente y los hombros, así como turbantes multicolores (f. 5v). Entre los varones hace destacar sus armas, que eran lanzas que manejaban con gran destreza mientras iban a caballo (f. 5).

Los azaganes, que corresponderían a los tuaregs, los identificaba por cubrir su rostro completamente con un velo, que agujereaban a la altura de los ojos y la boca. La explicación que da Geraldini procede de una supuesta información que relacionaba aquel hecho con la fealdad y deformidad de su rostro, en contraste con la destreza y gallardía de la que hacían gala (ff. 15 y 16); sin embargo, Cadamosto en este sentido prefiere considerar que se debe a los eructos y el mal olor que estos producían (1507: c. IX). Realmente el origen de este velo, llamado *litham*, todavía no ha sido aclarado y se debate entre los estudios científicos y las teorías fantasiosas, como la que nos relata el propio obispo[75]. Lo cierto es que, al contrario de lo que supone su uso por las mujeres, en este caso ratifica el poder del varón y nada tiene que ver con la sumisión.

En cuanto a los aspectos urbanos, queda en evidencia que para el autor la ciudad funciona como elemento civilizador, hasta el punto de que en la propia Etiopía era en las grandes urbes donde los prelados tenían la mejor formación y conocimiento de las cosas del cielo (f. 50v). En África, exceptuando la parte mediterránea en la época de Geraldini, el urbanismo, como nos menciona Catherine Coquery-Vidrovitch respondía a ciudades mercado, sobre todo en el Sahel, en la región swahili del océano Índico y en los puertos comerciales de la fachada atlántica. Las ciudades por las que supuestamente viaja Geraldini

---

[75] Sobre las teorías puede verse Murphy (1964: 1257-1274) y Keenan (1977: 3-13).

eran producto de la influencia musulmana en la región, ya que los portugueses no habían desarrollado ciudades, sino centros de transacciones (*feitorias*), que ciertamente provocaron cambios en las rutas comerciales.

Como siempre, las descripciones que hace de las ciudades nos llevan también a considerar que nunca las visitó, ni siquiera las que expresamente dice haberlo hecho; y por ello, se explaya en relaciones que le han expuesto de las ciudades del interior del continente. Empezando por la Mauritania, su discurso urbano nos retrotrae a la antigua Roma y al afán de aquel imperio por aplicar sus modelos urbanos en las diferentes regiones conquistadas. En consecuencia, menciona la obligación impuesta por el emperador Nerva de reducir a ciudades a los nómadas del entorno del Atlas, para que así pudiesen vivir "con las costumbres de hombres civilizados" (Li. II, s/f); política que también aplicaron otros emperadores (f. 10v). Ese interés por el pasado hace que nos aporte algunos aspectos de toponimia urbana de origen latino y su conservación o desaparición en la zona; así, nos recuerda nombre de ciudades como Julia (Tánger), Lixos (Zofi), Julia Campestre (Bamba) o Nueva Valencia (Banassa). Curiosamente Cádiz, ciudad en la que inicia su viaje, es mencionada siempre por su nombre actual, aunque en las traducciones al italiano omite una descripción más amplia de la que aparece en las versiones latinas (f. 3) (Le, 121-123; Ge, 89-91). En general, las descripciones contemporáneas apenas tienen relevancia y están muy lejos de los detalles que sobre ellas aportó León el Africano (1999: 44-169), aunque es cierto que responden a ciertos elementos fundamentales de la literatura medieval, pero pobremente desarrollados: antigüedad y fundación, situación, medios de subsistencia, costumbres, personajes de relevancia (Pérez Priego, 1984: 227). De nuevo observamos una ausencia importante, como es el olvido del gran reino de Fez, que es lo que obliga a Mongallo a incluir la transcripción de Nicolas Cleynaerts (Niccolò Venardo Fiammingo) (ff. 89-90v).

El declive de Roma implicó también el de aquellas urbes de las que Geraldini añoraba su antiguo esplendor, porque el tiempo "acaba por arruinar y consumir todo" (f. 3v). En concreto, habla de la decadencia de Lixos (f. 3v), lo que era evidente en su época, pues no quedaban sino los restos inmediatos a la ciudad de Larache[76]. Evidentemente, el modelo romano es el que se ensalza, ya que el mismo considera a la Ciudad Eterna como la capital del hemisferio norte (f. 37v). Luego, caracterizará la región desértica por su nomadismo y ausencia de

---

76 Precisamente cerca de Larache los portugueses habían elevado el fuerte de Graciosa, en 1489, que no tardaron en abandonar por las presiones del sultán de Fez. De esto nos da noticia Anglería (1670, 333, epístola DCIV).

ciudades, es decir, por su retraso cultural. Con todo, conviene añadir que en la obra queda un resquicio literario de algo que podamos acercar al *topos* del *beatus ille* horaciano, al mencionar la tranquilidad fuera de las urbes, como la que quiso gozar Paulo Emilio Cástrico, retirado en un lugar solitario del Atlas, lejos de la hostilidad y la crueldad de los ciudadanos (f. 7v).

Ni siquiera en Canarias, parada obligada en el viaje a las Indias, donde supuestamente visitó sus islas, aunque es muy probable, como ya anotamos, que solo pasase por la de Hierro, nos menciona con precisión ninguna ciudad, aunque Las Palmas ya estaba fundada desde 1478 y gozaba del título de ciudad desde 1515; Santa Cruz de Tenerife se había erigido en 1494 y dos años más tarde, en la misma isla, San Cristóbal de la Laguna; en Fuerteventura estaba fundada Antigua desde 1485. Sin embargo, nada de esto se refleja en su obra, ni siquiera en entrevistas que pudiese haber tenido con personas de relevancia en las islas.

El autor prolonga el desarrollo urbano de África del Norte hasta Etiopía, donde distingue dos espacios: por un lado, la Etiopía incivilizada, en la costa atlántica; por otro, la del interior y la oriental con grandes ciudades, aldeas y templos (f. 21), por las influencias que llegaban del norte y del este. Eran lugares ya conocidos por los portugueses, especialmente las ricas tierras y el comercio de Sofala y del imperio de Monomotapa.Ni siquiera hay alusiones al mítico Preste Juan, lo que hizo que Mongallo ampliase estos textos en italiano. Sin embargo, el menor desarrollo urbano del África atlántica nos lo refleja nada más llegar al río Senegal, cuando dice haber contemplado la primera villa, de la que tampoco nos hace descripción alguna. Incluso cuando se desplaza más al sur, vuelve a las generalidades de que vio casas y cabañas de paja (f. 18v), como las que observó también tras haber pasado la península de Cabo Verde (f. 38v), donde menciona que existían ciudades más allá de aquel lugar, pero que no reconocían a ningún señor (f. 39v). Alude también al desarrollo urbano que existía bajo la zona tórrida (f. 56). Todo lo dicho queda envuelto en imprecisiones, aun contando con las informaciones que le proporcionan, como las de la región gobernada por mujeres, donde se decía que había ciudades muy bellas (f. 46). También a ambos lados de la zona tórrida hizo alusión a grandes ciudades junto a los ríos, que él no vio, pero de las que conocía el testimonio de etíopes y portugueses (f. 60).

Lo común de la obra es la imprecisión con la que también se habla de las ciudades, obviamente porque las desconocía, de ahí que dé importancia a aspectos religiosos y otros, que poco tienen que ver con la fisonomía de aquellas urbes, que cualquier europeo de la época se hubiese tentado a describirlas. Esta carencia de datos concretos se puede apreciar en ciudades como Mali (f. 24v), que por entonces ya se encontraba en decadencia ante el avance del imperio Shongay; Basiana (f. 29); Cornisea (f. 30v); Gongonea (f. 36); Batamasina (f. 39); Benascana (f. 42); Nasaenna (f. 46v); Robrira (f. 52v); Naansabea (f. 56); Gallanea (f. 62); Armasaanna (f. 64v); Dannasea (f. 66v), o Damitana (f. 67v). Ni siquiera hace una descripción somera de la capital de Canarias, a la que menciona de paso (f. 13v), porque es muy probable que nunca la pisara; frente a ello, se aprecia una cierta precisión en la descripción de Cádiz y sus problemas de ser invadida por las aguas del Océano, mencionando el anfiteatro y otros monumentos (f. 3).

Las pocas descripciones más detalladas, sin que ello implique que sean verdaderas, son las de la ciudad Nansea, situada sobre un lago de 430 millas de ancho y que se recorre en unos cuatro días, siendo atravesada por muchos ríos (f. 51); o Gannovia, que se define como una ciudad enorme, atravesada por tres ríos, con cuatro templos y cuatro palacios situados en los lugares más altos, mientras el resto de las construcciones son de madera y barro (f. 58).

En la estandarización de las exposiciones a las que recurre son comunes casi siempre a todas las urbes la existencia de uno o varios ríos y de plazas donde se realizan los principales actos públicos, como la justicia, y en que se hallan los principales templos con sus lápidas y edictos. En realidad, lo que hace Geraldini es transpolar el urbanismo occidental al África etiópica. En consecuencia, se observa que, frente a la inventada abundancia de inscripciones que se encontraba por todos lados, apenas nos ofrece datos precisos de los propios lugares en los que estas se hallaban. Es decir, seguía sin ofrecer noticias concretas de determinadas construcciones que pudieran llamarle la atención, por lo que vio o por lo que le contaron. Ni templos ni palacios encuentra un espacio en sus relatos, incidiendo siempre en generalizaciones que poco o nada aportan y que pueden ir de aquellos elevados con paja, troncos y barro (f. 23) a los imprecisos y magníficos de Casiana, donde se hallaba el templo mayor del reino (f. 28); o a aquellos otros palacios del interior de Etiopía con multitud de sirvientes y una guardia de valerosos hombres (ff. 60-60v). Una leve excepción es la tierra Galangea, donde existía un templo con una torre de gran altura, construida con placas de mármol negro y donde había una imagen del sacerdote Quialao.

Es indudable que Geraldini conocía los intereses económicos de los lusos en África y lo deja traslucir en su obra, de ahí que nos mencione palacios y vestidos de reyes con abundancia de dicho metal (ff. 25v y 61); o la riqueza existente que le habían contado que se podía hallar en el reino de las mujeres de la región Mardaonzona (f. 46) o en la tierra Gallanea (f. 62). Al mismo tiempo, le sirve para deslizar una breve reflexión sobre el valor del oro, que consiste en el que los propios hombres quieran darle (f. 32v); de hecho, ese valor había ido a la baja en la medida en que tanto el obtenido en África como el americano llegaron a Europa en importantes cantidades (Vilar, 1972: 80).

En aquellas relaciones sobre el mundo africano, no podía faltar lo relativo a la climatología y de manera muy especial al calor, como característica aparente de todo el continente y que tendría su proyección en los aspectos religiosos, como se puede apreciar en el apartado correspondiente. Es decir, África representaba el lugar de las más altas temperaturas, desde los desiertos del norte hasta las profundas selvas, aunque también es cierto que Geraldini, frente a lo que fue común en muchos autores, no lo contrapone al benigno clima de Europa. En su idea determinista del medio, el calor se convierte en un condicionante no solo de la vida, sino de la propia fisonomía; así, en las regiones nómadas del norte de África hace hincapié en la adaptación de los cuerpos de aquellos hombres al calor y la sed (f. 10v). Ese calor tiene una línea divisoria en el río Senegal. Al norte del mismo, destacan las regiones áridas, donde solamente el Atlas suponía un respiro ante las temperaturas insoportables de las tierras desérticas que le rodeaban. Al sur de ese río, leemos sobre el calor húmedo que evitaba la existencia de caballos por las insoportables temperaturas a veces suavizadas por los ríos, como en la región de Igomán. Lo que sabemos es que los caballos comenzaron a tener importancia en esta zona a raíz de la presencia portuguesa, y llegaron a convertirse en instrumentos no solo de movilidad bélica, sino también en símbolos de poder político y militar, aunque con serios problemas de enfermedades, como las diferentes clases de tripanosoma. Lo cierto es que Senegambia se vio privilegiada en este sentido, por la capacidad para abastecerse de caballos de sus territorios al norte (Elbl, 1991: 85–110).

El no tener un conocimiento preciso hizo que concibiera Etiopía como un conjunto homogéneo, incluso en el plano climatológico, mencionando que llovía en los meses de agosto, septiembre y octubre frente a la sequía que predominaba el resto del año (f. 55). Sin embargo, es evidente que existen variaciones y que, por ejemplo, en Nigeria, el mes de junio suele ser el más lluvioso, junto con mayo y julio. En el Congo, la alta pluviosidad se extiende entre mayo y octubre, aunque en la zona ecuatorial las lluvias siempre son abundantes, a pesar de las variaciones que se producen a lo largo del año. Parece, por tanto, que su información se acerca más a lo que en este sentido acontece en Senegal y Gambia.

Evidentemente el desconocimiento del medio le lleva a cometer errores geográficos por una mala interpretación de los textos que ha utilizado. Hay confusiones con las propias islas Canarias, incluso mencionando como diferentes la isla de Hierro y la de Ombrión, que sería la denominación griega; pero además identifica esa misma isla con Junona, que correspondería más exactamente a La Palma (ff. 14-14v).

Habla de los barbazinas como un pueblo al interior de Etiopía, cuando en realidad se asentaban primordialmente en la costa de los actuales Senegal y Gambia (f. 48). Acerca del Congo, sostiene que "por su centro pasa un rio que nace del Nilo y por una porción muy extensa del país, abandonando casi toda la zona tórrida, desemboca en el océano, debajo del polo antártico" (f. 69v), nacimiento que también se menciona para el río Senegal, tal y como se lo cuenta un sacerdote de la tierra Basa (f. 16). Sin embargo, hemos identificado el río Segona con el Senegal (f. 55v), sobre lo que nos surgen profundas dudas, pues si Geraldini menciona su desembocadura real (f. 15v), no puede decir más adelante que desemboca en el mar Eritreo (Índico). O bien el autor está teniendo una profunda confusión, o bien se está refiriendo a otro curso fluvial.

En la descripción de las islas Gorgonas, habla de árboles enormes y desconocidos. Si como parece está siguiendo el texto de Cadamosto, se trataba de las islas de la bahía de Arguim, que eran desérticas (ff. 18v-19) (Cadamosto, 1507: c. IX; González Vázquez, 2006: 311). Si cuando menciona las islas Hespérides se está refiriendo a las islas de Cabo Verde, en ellas ya se hallaban asentados los portugueses, mientras que él menciona que le informaron del peligro que representaban y que estaban habitadas por etíopes (f. 20v). Aparece dos veces el reino de Manicongo: una, siendo el obispo recibido por el príncipe Ottongoo (ff. 35v-36) y otra, como un lugar no visitado por él, pero que contaba con un rey cristiano (f. 69-69v). El copista quizá no se percató de que estaba dando el mismo nombre a dos reinos; de todos modos en el manuscrito, el primero de ellos lleva tachado el nombre de "Malongonea", sustituyéndolo por "Manicongo" (f. 37), lo que indica que se estaba copiando de un manuscrito que no había caído en ese error. Confusión parecida tiene del cabo Blanco, pues dice llegar a él después de haber arribado al sur de Senegal.

En la versión italiana repite dos veces la existencia del reino de Manicongo (f. 35v), la una entre el río Senegal y el cabo Verde y la otra refiriéndose al Congo (f. 69); por tanto, no es un error que podamos atribuir al autor de la obra, sino concretamente al traductor de la versión italiana.

Todo este conjunto de descripciones del paisaje físico y humano que podemos encontrar en el *Itinerario* no pasan de ser simples generalidades que ratifican una vez más la hipótesis según la cual estamos ante un viaje de creación y recreación del propio autor y de quienes pudieron intervenir en la redacción de la obra y en las sucesivas copias.

2 ASPECTOS HISTÓRICOS DEL ÁFRICA DE GERALDINI

Nuestra península tenía un interés especial por las costas africanas, entre otros motivos, como causa de la "Reconquista", que favoreció la expansión atlántica de Portugal primero y más tarde de Castilla. La experiencia demostraba que el norte de África podía ser un gran peligro para los reinos cristianos, como se probó en el año 711 y en sucesivas invasiones musulmanas. Por tanto, los primeros avances extrapeninsulares se producirían en el norte de África, tanto en las costas occidentales de Marruecos como en el Sahara occidental y las Islas Canarias. En 1280, Don Pedro III de Aragón estableció un protectorado en Túnez con el que se iniciaba la influencia aragonesa en África. Posteriormente, en 1291, Jaime II firmaría un tratado con Sancho IV sobre la repartición de los territorios norteafricanos, la conocida como Concordia de Monteagudo. Sobre todo, y más importante, sería la política expansionista en el norte de África emprendida por los Reyes Católicos, con el fin de asegurar la paz en España, tras la expulsión de los moriscos que se refugiaron principalmente en las costas norteafricanas, tratando de frenar también el expansionismo turco. Este interés se mantuvo hasta que Fernando el Católico tuvo que dedicar sus mayores esfuerzos a la política italiana.

Este libro de viajes tiene también la pretensión de ser un tratado de historia general de África y El Caribe, aunque elaborado a modo de puzle a partir de historias más particulares de pueblos reales y supuestos. En él, existe una línea cronológica de la narración, marcada por el supuesto itinerario del prelado, pero al mismo tiempo, en lo que a cada pueblo se refiere, se mencionan un presente y un pasado que marcan el desarrollo histórico de la comunidad tratada.

Acercarse a la obra de Geraldini exige además un buen conocimiento de la historia de España y América para comprender las contradicciones y evitar errores conceptuales. Así, sería fundamental entender cabalmente todo lo que supusieron las bulas alejandrinas en el contexto de la iglesia americana; ni siquiera se puede pensar en un Geraldini enviado por Fernando el Católico para concertar el matrimonio de Catalina con Enrique VIII, cuando se conocen muy bien las negociaciones matrimoniales entre la monarquía inglesa y los Reyes Católicos. Igualmente, no se puede relacionar al prelado con el mítico Dorado, idea que no surgiría hasta varios años más tarde y que en este contexto solo podría usarse de forma metafórica (D'Angelo, 2017: 20).

Geraldini, como otros muchos humanistas, tiene, al menos teóricamente, una concepción ciceroniana de la historia; es decir, la concibe como un ejercicio de la verdad y ejemplo del futuro. Él mismo lo reconoce en el libro VIII, cuando la define como "verdadera, íntegra y pura" (Le, 195; Ge, 207) o en el texto italiano como "en todas sus partes veraz y sincera" (f. 50). Pero esa veracidad en nuestro obispo estaba en relación directa con las fuentes de información y, en consecuencia, debía proceder de ámbitos muy concretos, ya que no le valdría cualquier aportación, sino la que no procediese "de una clase vulgar de individuos", que no "deben mezclarse en ella". Es decir, hace depender la veracidad informativa de la calidad social y/o intelectual del informante; por lo tanto, siempre apoya sus textos en lo que le han relatado reyes, príncipes y prelados (f. 50v). Es decir, su historia tiene muy poco de visión antropológica y adquiere una consideración elitista que el mismo autor estaba convencido de que redundaba en su beneficio y en el de la credibilidad.

En cuanto a la concepción de la historia como maestra, parece tener en cuenta lo expuesto por el mencionado autor latino, pues la historia se concebía como una experiencia que debe memorizarse para ser utilizada como un estímulo que fomente el desarrollo de los pueblos (*Moribus antiquis res stat Romana virisque*)[77]. Es muy probable que, con aquellas descripciones, sobre todo de África, se pretendieran ofrecernos los textos de una memoria que se desea que permanezca en el tiempo como imagen de un pasado. La verdad, sin embargo, se pone en entredicho en las no pocas ocasiones en las que deriva hacia las fantasías y los mitos, aunque en su relato haya evitado la mención a una de las grandes leyendas africanas, la del Preste Juan. Esta no aparece en los manuscritos latinos ni en la edición de Catenacci, pero en la traducción italiana que ahora nos ocupa fue añadida por Pompeo Mongallo, utilizando los textos de João Bermudes (ff. 82-90). Sin embargo, donde mejor va a reflejar esa idea de la historia como memoria para el futuro es en sus cartas al emperador Carlos I y al papa León X para que secunden las obras de su catedral, a cambio de lo cual sus nombres serían inmortalizados en aquel templo (Le, 278, 286). Así, a Carlos I le manifestaba que "en todas las partes del templo se expondrán en honor de tu Alteza sublimes elogios en tablas de bronce, en mármol" (Le, 286).

Respecto de la experiencia, la obra intenta ser un ejemplo de la misma, aunque en realidad era muy reducida, al margen de lo que nos pretenda contar. De alguna manera trataba de situarse en una posición semejante a la que en su día había tenido Heródoto, como hombre que viajó y se puso en contacto con culturas ajenas a la suya, sobre las que escribió su historia. El mismo Geraldini nos dice que quienes han escrito la historia se han guiado, entre otras cosas, "por estar presentes, por haberlo visto" (f. 49v). Es por este motivo que el prelado dominicano hizo mucho hincapié en que lo relatado o bien lo vio, o bien

---

77 Se trata de una expresión del poeta Ennio recogida por Cicerón, *De re publica*, V,11.

se lo manifestaron personas de total credibilidad (ff. 6v, 69, 70v), que a veces le presentaban documentos escritos, incluso en lugares donde no existía la escritura. Además, con frecuencia demandaba a sus interlocutores información para ratificar sucesos de tiempos pasados (f. 39). Se ponía así en la situación de considerar la aparente experiencia propia como elemento fundamental de la objetividad de su narración. Esto implicaba que lo que hizo fue una reescritura de la historia, en la medida en que la elaboró a partir de lo que logró saber por medio de los testimonios orales que obtuvo, los que consiguió de libros y/o manuscritos, de restos epigráficos inventados, y de la creación propia. Precisamente la epigrafía, además de la mención a templos y ruinas, nos permite concluir que trató de utilizar la arqueología como una ciencia auxiliar para sus propósitos.

La revalorización de su historia, que llevó a cabo su sobrino-nieto como editor de su *Itinerario,* Onofrio Geraldini Catenacci, fue unida al menosprecio de otros cronistas que habían sido comerciantes o miembros de la soldadesca, pero que carecían de la erudición de su antecesor que, aceptando lo que se decía en la obra, relató aquello de lo que había sido testigo ocular o de lo que estuvo bien informado (Geraldini de Catenacci, 2009b: 114). Es decir, observamos una coincidencia entre lo que nuestro obispo consideraba como buenas fuentes de información y lo que hacía su pariente al menospreciar las historias de aquellos que carecían de una formación adecuada. Esto implicaba un cierto desprecio o minusvaloración de muchos cronistas, que serían claves para la historia, como Bernal Díaz del Castillo o Pedro Cieza de León, por poner algunos de los ejemplos más relevantes de cronistas soldados; sin olvidar a los que en África y Asia trabajaban al servicio de Portugal, como el comerciante veneciano Alvise Cadamosto o Álvaro Velho. También se menospreciaba a aquellos que no habían presenciado lo que se relataba, probablemente por ignorancia del supuesto viaje. Con ello nos viene a la mente la figura de Pedro Mártir de Anglería y sus *Décadas,* como el mejor ejemplo de quien, por la misma época, escribió de las Indias sin haber estado en ellas. El mismo Catenacci trató también de potenciar la supuesta humildad de su antecesor, recordando que nunca había pretendido hacer gala de su talento y que su trabajo era la consecuencia de largas pesquisas con las que pretendía subsanar algunos errores (Geraldini de Catenacci, 2009b: 112–113). Sin embargo, no era aquella humildad lo que transmite la obra, pues son continuas las alusiones a su condición de obispo y "gran prelado" (ff. 15v, 25v, 36, 37, 37v, 75), al que en ocasiones se le ofrecían actos de sumisión: "Y cuando supieron que era un hombre consagrado a Dios, y que tenía bajo mi poder una población innumerable y muchos grandes reinos, disputaban entre ellos para arrojarse a mis pies" (f. 24); o era recibido por prestigiosos hombres como el príncipe Ottongoo, a cuya invitación acudió con todos sus ornamentos episcopales (f. 36). Incluso no duda en considerarse como el primer "sacerdote de otra ley que ha llegado a Etiopía" (f. 36v).

Aunque es cierto que la labor misional portuguesa en África fue menos intensa que la castellana en América, se olvida que los lusos, en 1458, habían enviado sus primeros misioneros. En 1462, el papa Pío II encargó las misiones africanas a Alfonso de Bolano, que no tuvo demasiado éxito. En 1484 también se embarcaron misioneros que acompañaron a Diego Cão al Congo. Los dominicos estaban actuando en Senegambia en 1490. En 1516, el monarca luso enviaba al padre Rui de Aguiar al Congo "para prover nas coisas de religião". En cuanto al África oriental, ya se habían enviado evangelizadores en 1506 (Iliffe, 2013: 232; Levi, 2008: 443–448; Correia-Ferreira, 1996: 314).

Probablemente las confusiones y fantasías históricas procedan de la información oral de los esclavos, que tendrían muy variada procedencia y le relatarían sucesos y acontecimientos que trataron de ensartarse sin demasiado éxito y que se ubicaron hacia el interior de África. Es decir, se pretendía ubicar hacia lo más desconocido del continente aquellos acontecimientos que procedían de informaciones orales. Por tanto, los posibles informantes reales ni eran prelados, ni príncipes, ni reyes, ni pudo traducir muchas de las cosas que dice. Es más, ya en los siglos XVII y XVIII se dijo que no se había conocido mención alguna a todos aquellos personajes y se manejaba la idea de una falsa información (Mothe le Vayer, 1669: 26; Formey, 1755: XIV).

Su concepción de la historia también goza de otra característica, la *brevitas*, tan propia de los anales de la Antigüedad y de la que habían hecho gala en el mundo latino autores como Catón, Salustio o Tácito, pero a la que tampoco fue ajeno Cicerón (*brevitatem, si res petet*)[78], ni Quintiliano en su consideración de la historia *ad narrandum* con su máxima de *lux, brevitas, fides*[79]. Autores, estos dos últimos, de los que por su formación con Grifone di Amelia debía tener una gran influencia. Si bien no está recogido en la traducción italiana, el libro IX del *Itinerario* se iniciaba con una alusión a esa brevedad, recordando el tedio que producían los libros voluminosos "que fastidian los ánimos de los lectores y apenas queda mínimamente retenido en la memoria lo que merece la pena" (Le, 203; Ge, 220–221). En otras palabras, la historia demasiado prolija no cumpliría con su función de maestra para el futuro de los pueblos. En consecuencia, dice no querer abusar del exceso de noticias, como las que recibió de Nassamón, porque "necesitarían una narración muy extensa, que por la brevedad de mi

---

78 Cicerón, *El orador*, 40,139.
79 Quintiliano, *De institutione oratoria*, 2,5,7.

relación las omito" (f. 44v). Vuelve a reconocer esa reducción de información sobre el mundo africano al decir que había escrito "con la mayor brevedad que he podido" (f. 69). De todos modos, las alusiones a la brevedad que hizo en los libros VI (Le, 179; Ge, 180–181) y IX (Le, 203; Ge, 220–221) no aparecen reflejadas en los manuscritos italianos. Ahora bien, esa *brevitas* de la que presume ¿es real o es fingida? Es muy probable que haya algo de lo primero, pues las noticias sobre Etiopía en la época eran abundantes y conocía algunas de las obras existentes, amén de lo que le pudiera haber llegado por vía de la oralidad, pero también es cierto que se podría interpretar ese deseo de no extenderse, en que nos relata unos sucesos a los que en realidad era ajeno. Aun así, el manuscrito en italiano que hoy publicamos, redujo aún más los comentarios del obispo dominicano en varias de sus partes y muy especialmente en los libros dedicados a América.

Su historia, de ser real, era una historia contemporánea de los sucesos que él mismo pudo vivir o le habían contado, pero que estaban sucediendo, por lo que utilizó la primera persona, como era preceptivo también en un libro o diario de viajes (Gil, 2007: 239; Paniagua Pérez, 2009: 56). La historia, por tanto, trata de tener unas características de experiencia e información oral y escrita con hechos que, aunque correspondan al pasado, por su permanencia en el tiempo, se podían incardinar plenamente en el presente, pues en muchos casos se trata de mandatos divinos, que como los bíblicos, son válidos en todo tiempo.

Todo nos induce a pensar que esta obra tiene más de literario que de histórico, a pesar de la importancia que se le ha querido dar a la verdad como esencia de la misma. En realidad, se halla llena de invenciones, mitos y leyendas que nos ponen más en contacto con una literatura fantástica de viajes que con una verdadera obra de historia. En ella, además, hay un gran contenido alegórico, pues está escrita en función de unos intereses particulares del autor: exaltación del poder religioso, de la autoridad, de la primacía de la Iglesia, etc. Ni siquiera podemos hablar plenamente de una obra autobiográfica, puesto que la ficción domina la realidad, ya que en esta confluyen noticias en las que con frecuencia es difícil discernir lo verdadero de lo inventado. Es cierto que pretende ser el trabajo testimonial de un hombre de religión, a través de una recreación literaria que potencie las cualidades del supuesto aporte autobiográfico, moviéndose a través de sus relatos privados entre el interés personal que prevalecía en el Renacimiento y la ficción medieval. Sin duda Geraldini, o los creadores definitivos, cuando nos relatan este itinerario, son conscientes de que están promocionando al personaje, al que arropan en su viaje con lápidas, pontífices, paisajes, etc., entre los que destaca como obispo de una nueva cristiandad. Claro que, si se acepta la teoría de Hayden White, las ficciones verbales tienen mucho que ver con la literatura, puesto que para hacer una historia hay que construir un relato, y las consecuencias de lo que se narra es más importante que si resulta verdadero o falso (Hayden, 1978: 82; 1992: 19). Además, también habría que reconocer que no existe historia sin ficción (Eickhoff, 1996: 49).

Lo que tampoco podemos aceptar acerca de su relato, al menos sin cuestionarlo, son algunos aspectos que ciertos autores parecen asumir ciegamente, como su estrecha relación con Cristóbal Colón, quien ni siquiera mencionó al prelado en sus conocidos escritos. Esta relación trató de hacerse más evidente en varias obras del siglo XIX y, muy particularmente, en la de Washington Irving (1854: 17, 214; Albònico, 1993: 56-60). En ellas, se exalta a Geraldini como colaborador en la tarea colombina. Tanta cercanía parece dudosa, cuando ni siquiera la especifican Hernando, el hijo de Colón, o Bartolomé de las Casas. Incluso en los aspectos colombinos hay errores históricos que difícilmente podía cometer quien hubiera vivido los acontecimientos del predescubrimiento de una forma tan directa como la que se nos pretende hacer creer; así también la proposición inicial de sus proyectos a los reyes de Francia e Inglaterra (f. 76v), que en realidad había hecho su hermano Bartolomé.

Existen también olvidos sospechosos en torno a acontecimientos históricos. Cuando viaja por la costa de Marruecos y menciona Lixos (Larache) (f. 3v), no se hace referencia a Barbarroja, que justo dos años antes, en 1517, había tomado aquella ciudad. Precisamente este acontecimiento sí es aludido por su conocido Pedro Mártir de Anglería[80]. Tampoco se menciona la expedición de Magallanes, que se estaba preparando paralelamente a la suya, con toda una problemática entre los reinos de Castilla y Portugal, en la que además estaban enrolados 27 italianos, entre ellos el vicentino Antonio Pigafetta.

3 LA HERENCIA CLÁSICA

El libro está planteado casi como un elogio a la cultura clásica y como una demostración práctica de los conocimientos que Geraldini tenía de la Antigüedad, puestos al servicio de las descripciones de unos espacios, que no siempre eran fáciles de incardinar en el proceso humanista, como era sobre todo el mundo etiópico y el de los nativos americanos, aunque nuestro prelado o sus copistas se empeñaron en ello con una intensidad poco común. Lápidas, miliarios, edificios, oráculos, fantasías, etc. casi todo lleva consigo un sustrato de la cultura grecorromana.

---

80 De esto nos da noticia Anglería (1670: p. 333, epístola DCIV).

La menor disculpa le conducía a la Antigüedad clásica, como aquello que supuestamente habría manifestado el prelado Iguino para que los habitantes de la Zona Tórrida permaneciesen en ella, que le dio pie para exponer su devoción por Roma: "Me conmuevo todo por la reverencia y devoción hacia Roma, la cual ya consiguió el dominio de todo el mundo y le dio justas y santas leyes, y ahora es centro y sede de la santa religión y de la fe en Jesucristo" (f. 57), que no es sino un resumen de lo que se expone en las ediciones de otras fuentes de esta obra (Le, 205-206; Ge, 225). Sin embargo, en todas ellas lo fundamental es la consideración de la Ciudad Eterna como civilizadora del mundo y cabeza de la cristiandad, "capital de nuestro Hemisferio Norte" (f. 37v). Esa admiración por el universo romano también la refleja en su interés por Hesperia, es decir, aquellos territorios que desde el Adriático llegaban hasta el estrecho de Gibraltar (Le, 206; Ge, 224-225)[81]. De lo romano se alaban los monumentos, las esculturas y, sobre todo, los arcos de triunfo y teatros que se equiparan al cielo mismo, pero se asombra de que Italia no magnifique su pasado como otras naciones, incluso de la Zona Tórrida, donde algunos pueblos se jactaban de ser "los más nobles de todos" (Le, 206-207; Ge, 226-227)[82].

Aquella grandeza imperial, sin embargo, nos explica por qué no se extendió hacía Etiopía. No por incapacidad de Roma, sino por desinterés, ya que no era deseable que su ejército desfalleciese bajo el calor de sol "bajo un cielo distinto, bajo una imagen diferente de la tierra, donde los hombres van desnudos..." (*sub infando ardore*) (Le, 140-141; 322; Ge, 116-117). En consecuencia, no es que en Roma se desconociese la existencia de aquellas tierras, sino que, como aparece en otras ediciones y que se omite en los manuscritos italianos, no se tenía ninguna ambición sobre ellas (Le, 145; Ge, 123). Por el contrario, él expresaba su deseo de relacionarse con aquel mundo desconocido para griegos y romanos, que centraron sus preocupaciones en Europa, el Mediterráneo y Asia. También

---

[81] Hesperia era el nombre que dieron los griegos al espacio entre el Adriático y las Columnas de Hércules. Primeramente, se utilizó dicho término para indicar toda tierra que estuviera al occidente de Grecia (de Ἑσπερία, "occidente") y, posteriormente, llegó a designar a Italia, o Grande Hesperia, y luego a Hispania, o Hesperia ultima. Véase al respecto T, *s. v. Esperia*.

[82] Quizás esto se deba a una convención literaria más que a una efectiva realidad, dado que, si algo caracterizaba al Humanismo, era justamente la exaltación del legado romano como base de la cultura occidental, empezando ya con las obras de quien se considera por la crítica como el primer filólogo italiano, esto es, Francesco Petrarca, cuya aportación más famosa relativa a la historia romana es el *De viris illustribus*.

atribuyó a la decadencia romana el que los pueblos del norte de África, en plena anarquía, favoreciesen la llegada del mahometismo (f. 12v).

El interés por el mundo clásico le había inducido al interés por las inscripciones romanas, afición que ya había demostrado en España, lo que no implica que se le pueda considerar un epigrafista, pues sus estudios en este sentido, alabados en su día por Diego Clemencín, han sido contestados recientemente, por un lado, por estudios como los de González Vázquez y Del Hoyo (2010: 2281-2286), y, por otro, por los de González Germain (2016). Estos autores han realizado investigaciones sobre las 34 inscripciones del *Itinerario*, donde se ha puesto de manifiesto que en los libros I y II confunde los miliarios con textos jurídicos, que define como *monumenta imperatorum* (González Germain, 2016). Precisamente Germain en su estudio nos ofrece las fuentes de las que obtuvo información para hacer sus epigrafías africanas, a partir de algunos miliarios españoles, como los que se encuentran en la Ruta de la Plata, incluso con falsificaciones, como su propio epitafio, reproducido por Ughelli[83]. El mismo Geraldini evitó hacer referencia, en aquellas inscripciones romanas en África, a los lugares concretos en los que se hallaban, presentando todas ellas errores en los datos que aportan (Hoyo Calleja y González Vázquez, 2008: 2286). Según uno de esos estudios más actuales, llama la atención que las lápidas aparezcan en el *Itinerario* de acuerdo con el orden cronológico de los emperadores (González Vázquez, 2006: 304). En realidad, nuestro autor no era un verdadero epigrafista, como ya se ha señalado, puesto que lo que hizo fue dar a conocer unas supuestas inscripciones sin más aportaciones propias de dicho saber (Hoyo y González Vázquez, 2010: 2281-2282).

Especial relevancia tenían para él las columnas con los edictos grabados de los emperadores y como objetos definidores de las glorias de Roma, que se extendían hasta llegar a los etíopes[84]. Aparecen continuamente, como las que contempló fray Gonzalo Cazalla[85] o la que él mismo vio, supuestamente, que contenía el edicto de Vespasiano[86], pero de las que había un gran número en África "hasta llegar a los etíopes" (f. 9v).

Ese interés por el mundo clásico le llevó a adjudicar a los pueblos subsaharianos una elaboración epigráfica que concordaba con la romana, de modo

---

83 Este asunto está estudiado por González Germain (2016: 76-81).
84 "Se observa que muchos de aquellos edictos" (f. 9v); "Columnas parecidas, con variados mandamientos" (f. 11v); "Contienen públicos decretos de los emperadores romanos" (f. 12v).
85 "El reverendo fray Gonzalo Casalia".
86 "Hice una copia del de Vespasiano" (f. 14).

que la presente obra es casi como un centón de piezas inventadas incluso para pueblos que desconocían la escritura, pero a los que parece querer dignificar con aquellas atribuciones sin sentido en que se trataba de seguir, no con mucho éxito, la tradición romana. A juzgar por lo que podemos considerar a partir del *Itinerario*, es más que probable, como ya se ha señalado, que su desaparecida obra *Monumenta antiquitatum Romanarum e ueteribus inscriptionibus recollecta suis itineribus et studio*, fuese una síloge epigráfica (González Germain, 2016: 81), de no mucha fiabilidad. Curiosamente esto entra en contradicción con su visión de la historia como verdad, que ya hemos mencionado.

Pero además de las inscripciones, no debemos olvidar los monumentos arquitectónicos a los que hace referencia la obra; así el de Apolo en las laderas del Atlas (f. 7v); o los restos del templo de Juno en "Junona", que él identifica con la isla de Hierro (f. 14); incluso nos relata lo que Vespasiano hizo en este sentido por expandir en la Mauritania la civilización romana:

> Deseando procurar el bien a los pueblos, como debe hacer el emperador romano, soberano del mundo, ordeno y mando a todos los procónsules pretores y propretores, que en nombre del imperio romano gobiernan Mauritania, Numidia, Libia y África y que proporcionan a la región desértica albañiles, carpinteros, herreros, maestros carreteros y de oficios similares, arquitectos y otros maestros, para edificar templos y edificios públicos y privados, ciudades y castillos (f. 9).

Aquella grandeza de Roma se ve en la necesidad de transmitirla, y por ello nos hace el siguiente relato de una conversación con un mandatario, después de haber salido supuestamente de la capital de Mali:

> Durante la cena conversamos mucho sobre la ciudad de Roma, el Papa, los antiguos reyes y los cónsules, que dejaron su gran impronta por todas las naciones, los dictadores, las guerras civiles, el senado y pueblo romano, los grandes emperadores romanos, tanto Caio César y la época dorada de Augusto, como de la tan celebrada memoria de Vespasiano, Tito, Trajano y los demás príncipes romanos, los antiguos edificios de Roma, los enormes y suntuosos templos de los antiguos dioses, los magistrados, Italia, toda Europa y de Asia, cuyas cosas las escucharon admirados y con gran placer, de manera que todos afirmaban que sus cosas en comparación con las nuestras eran de poco valor y no se podían igualar con las nuestras (f. 26v).

En contraposición a ello, en el mundo etíope se mencionaban también con frecuencia los templos de sus reinos y ciudades, como siempre con gran imprecisión y mostrando sus diferencias con las grandezas de las construcciones romanas. Es por esta razón que uno de sus informantes le contestaría "que no había templo alguno de gran tamaño en Etiopía" (f. 17), mentando el que se había construido, como era tradicional en muchas de aquellas zonas, "de paja, troncos y barro" (f. 23). De todos modos, aunque las edificaciones no alcanzaran la grandeza romana, no por ello les negaba nuestro obispo la calificación de "famosos" (ff. 39, 52, 70).

Lo que hay de común en las obras epigráficas de Geraldini, tanto romanas como etiópicas, y las elaboraciones escultóricas y arquitectónicas es el mármol, como el sepulcro que nos menciona de Numidia (f. 4v)[87]. Esta roca metamórfica, tan utilizada en el mundo europeo y de manera muy especial en el clásico, es casi una obsesión en la obra de nuestro autor, hasta el punto de convertirse en una sinécdoque que sustituía con frecuencia al verdadero nombre de los monumentos con inscripciones[88]. Para Geraldini, fue el material imprescindible en la comunicación religiosa y jurídica de los dioses, los prelados y los mandatarios a sus pueblos (Li. II, s/f), que en alguna ocasión compartió tales funciones con el marfil (ff. 23, 43v). También era el material de las construcciones dignas, que recordaban la Antigüedad clásica, pues exponía que el mármol etiópico era resistente al calor, a la humedad y al propio paso del tiempo, de ahí que gracias a esas cualidades se pudiese conocer la historia de muchos pueblos africanos con supuestas cifras, como la de más de 30 000 años de antigüedad (f. 17v). Nuestro obispo, movido por aquel interés, llegó a hacer descripciones y valoraciones de la propia roca, como que Etiopía estaba repleta de mármoles bellísimos, incluso algunos cambiaban de color por efecto de las olas, según le habían confesado algunos marineros etiópicos cuando abandonaba las tierras africanas hacia su destino dominicano[89]; también incide mucho en la existencia en aquellas latitudes del mármol negro (ff. 21, 24v, 29 y 42).

Entre las obras de ese material que nos menciona en Etiopía, están el sepulcro del patricio de Subur, Olmissa Naarbale (f. 4v); o la torre de placas de mármol en la tierra Galanguea (24v); los tronos de la ciudad Casiana (f. 28) o el templo

---

87 Mármol amarillento, aunque lo había también en otros colores. Es uno de los que aparece en el año 301 como *marmor numidicum* relacionado en Giachero (ed.) (1974: I, 31) y Borghini (ed.) (1989: 214-221).
88 "Cádiz, donde me mostraron un mármol" (f. 3). "Los caracteres en aquellos mármoles" (f. 17v). "Cada vez que observáis este mármol" (f. 18v). "En la parte externa de dicho mármol tradujeron" (f. 29) "Y cuando leáis dichas cosas en estos mármoles" (f. 30). "Por público decreto esculpido en este gran mármol" (f. 39). "Numerosas inscripciones esculpidas en mármol negro" (f. 42). "Debajo un gran mármol con palabras" (46v). "En un mármol debajo la alta imagen del dios del cielo había este mandamiento" (f. 53v). "Bajo esta imagen de dios, realizada en precioso mármol en el templo de la ciudad de Armasaanna, se han escrito estas palabras" (f. 66). "Puesta una gran lápida de mármol con un edicto" (f. 66v).
89 "Ellos me dijeron que la tierra de Etiopía estaba llena de variados mármoles" (f. 71).

de blanquísimo mármol del dios Toquale (f. 42). Incluso en la ciudad de Iogonsamea menciona una inscripción del pontífice Maicallio, en que recomienda hacer esculturas de dios con forma humana y que pueden ser de mármol (f. 52v), como lo es una imagen de Dios de la ciudad de Armasaanna (f. 66), o la del pontífice Tetaano, en Dannasea (f. 66v).

Las equiparaciones con Roma no se hallan solo en la arqueología, pues, cuando quiere exaltar aún más la grandeza de un pueblo, surge la comparación, lo que tiene su sentido en las ciudades de la Mauritania, como Ceuta, alabada por ser la cuna de Septimio Severo (f. 4), aunque realmente su nacimiento tuvo lugar en Leptis Magna (Libia). Los ejemplos en este sentido se multiplican hasta llegar a la cordillera del Atlas, donde los nómadas fueron civilizados por Roma, que les obligó a vivir en ciudades, a apreciar la unión de los ciudadanos y a concentrarse dentro de fortificaciones (f. 4). Sin embargo, nos resulta más llamativo que, entrados en Etiopía, la vinculación con la Ciudad Eterna se mantuviera no solo por los elementos arqueológicos que hemos mencionado, sino recurriendo a denominaciones de los responsables públicos y religiosos, que nos remiten a la tradición clásica, como en la ciudad de Gannovia (f. 58). Incluso en la cena con un príncipe musulmán dice haber tenido conversaciones sobre la historia de Roma y de sus emperadores, así como sobre el papa, quedando los comensales convencidos de que la civilización de la que gozaban era mucho más humilde y sin un patrimonio como el romano (f. 26v).

Una de las partes de la obra donde más se puede apreciar su vinculación al mundo clásico es en la descripción de las Canarias, que hizo más de acuerdo con los autores romanos que con los conocimientos que ya se tenían en la época; es por ello, por lo que González Vázquez mantiene que no está utilizando una cartografía adecuada y ni siquiera tiene en cuenta la relación geográfica que existe entre las islas, pues las enumera con un desorden total y con unas identificaciones muy confusas. Es más, la autora citada mantiene que, aunque sus textos parecen responder a la obra de Plinio, ni siquiera da la impresión de que los consultase de forma directa (González Vázquez, 2006: 309). Hasta tal punto trata de vincular las islas al mundo clásico, que se extraña que sobre el árbol que brota agua en la isla de Hierro (el garoé, f. 14) no hubiese encontrado alusiones ni de los autores griegos ni de los romanos (Tab. 1).

4 ASPECTOS RELIGIOSOS

Si algo aparece reflejado de forma continuada en el *Itinerario* de Alessandro Geraldini, es la religión, con continuos agradecimientos al dios cristiano por su parte y a los dioses etíopes por las de sus sacerdotes respectivos. Resultaba

Tab. 1 – Denominación de las islas Canarias. Fuente Carmen González Vázquez (2006: 309–310)

NOMBRE ACTUAL	NOMBRE EN GERALDINI	NOMBRE LATINO
Gomera	Ningaria	Ninguaria
Hierro	Pluvialia (Juba) y Ombrios (Seboso)	Pluvialia y Ombrios
Tenerife	Capraria	Capraria
Gran Canaria	Canaria	Canaria
La Palma	Planaria	Planasia
	Iunonia mayor	Iunonia
	Iunonia minor	

lógico centrarse en aspectos religiosos del mundo africano, especialmente de Etiopía, si tenemos en cuenta su condición de obispo cristiano, si bien con frecuencia tienen más que ver con su propia creatividad que con una realidad casi siempre confusa. En muchos casos, incluso, se aprecia con claridad la cristianización de algunos fenómenos que poco o nada tenían que ver con las religiones autóctonas de aquel continente. Podríamos decir que esto último es la constante más evidente de su obra, es decir, la reducción a una mentalidad cristiana de lo que suponía la realidad africana del momento. Esto pasaba por una aceptación de la práctica de la ley natural entre muchas de aquellas gentes, que a la larga favorecía lo que hoy llamaríamos un diálogo intercultural, en un momento difícil, en que las potencias europeas, más que este diálogo, pretendían hacer prevalecer sus derechos sobre los pueblos colonizados y/o conquistados. En la línea conciliadora del *Itinerario,* los manuscritos italianos comienzan con un discurso de Mongallo sobre las cualidades de los etíopes, que les acercan a los cristianos: creen en la inmortalidad del alma, el infierno, el cielo y el purgatorio, aman la justicia y la equidad, reconocen sus pecados y se arrepienten, respetan el matrimonio como un compromiso sagrado, etc. (ff. 1–1v y 55); es decir, estarían dentro de los parámetros de la mencionada ley natural.

Pudiera pensarse que la obra iba a tener un especial interés no solo por ensalzar al cristianismo y/o la ley natural, que justificaría el paganismo de muchos pueblos africanos, sino también por el reconocimiento del monoteísmo, habida cuenta de la tradición europea. Sin embargo, no parece que esta sea la tónica dominante o, al menos, la única que se consideró con cierto respeto por el autor. En realidad, a quienes denostaba nuestro obispo era a aquellos pueblos que consideraba incapaces de un sentimiento religioso, porque carecían de juicio y de ingenio, prevaleciendo en ellos un ánimo inconstante. A tales pueblos los calificaba de irracionales y, por tanto, sin vestigios de ley natural en sus vidas; en consecuencia, carecían de costumbres que los definieran como hombres, con ausencia de toda nobleza de ánimo y de altura de miras (f. 50v). A tales gentes tampoco las reputaba de irredentas, ya que consideraba que esa sería la situación de muchos pueblos del interior de Etiopía, si no hubieran entrado en contacto con musulmanes e indios (f. 70); por tanto, su realidad podía cambiar bajo las influencias pertinentes, que para él pasarían por la cristianización. La promoción de las acciones de evangelización por territorios africanos es similar a la planteada por Cadamosto, como apuntan los editores españoles de la obra del autor luso (Aznar, Corbella y Tejera, 2017: 43-45).

De las religiones monoteístas que mencionaba, sean reales o supuestas, tan solo sentía una cierta aversión hacia el mahometismo, lo que no tenía nada de extraño en los europeos del momento, por la amenaza que el mundo islámico suponía para Occidente en general, y para España e Italia en particular. Desde la toma de Granada, a la que Geraldini no había sido ajeno, apenas habían pasado 30 años, después de varios siglos de ocupación ibérica, en que, como nos recuerda él mismo en esta obra, habían llegado hasta Tours (f. 3v). En consecuencia, no ahorró algunos calificativos sobre Mahoma, al que calificó de "árabe de linaje ignominioso" u "hombre impío que había llegado hasta el último confín de Etiopía", pero al que al mismo tiempo admiraba por haber sido capaz de crear una nueva religión a partir del judaísmo y el cristianismo (ff. 12 y 151). Pero también siente respeto por esta religión, cuando se encuentra con el rey de Mali y entabla una conversación en que queda patente la autenticidad del cristianismo. Esto nos recuerda la contienda de Diogo Gomes con un clérigo musulmán en Senegambia sobre la supremacía del cristianismo (Levi, 2018: 443).

Geraldini nos manifiesta la omnisciencia y omnipresencia de muchos dioses africanos, que la Biblia había reflejado en múltiples pasajes para el judeocristiano (Sal 139,1-6; 1Re 8,39; Is 46,9-10; 1Jn 3,20; Heb 4,13). Por tanto, a muchos dioses etíopes tampoco hay nada que se les oculte, como al dios de la Prudencia (f. 35); o a Orissá, que con sus cuatro cabezas ve todos los secretos de los hombres y penetra en sus pensamientos (f. 66); o la imagen del dios de la tierra Dannasea, que lo ve todo y "contiene en sí toda cosa" (f. 66v). Incluso son omniscientes, como el dios de la tierra Onzea, que no solo ve y oye todo, sino que es sabedor de antemano de todos los actos de los hombres (f. 47); al igual que el dios del cielo de la tierra Conangea, al que nada se le oculta, porque todos los secretos le están revelados (f. 53v). Esto nos conduce a la idea de predestinación aplicada a las religiones africanas, tema que aún no se había planteado con la virulencia que lo haría unos años más tarde en el mundo cristiano. Geraldini está aplicando a tales dioses un grado de abstracción que todavía no habían alcanzado. Es decir, concede a tales sistemas religiosos el rango de ser transcendentales, lo que era propio de las religiones monoteístas de Occidente, que a su vez en estos aspectos derivaban de la concepción neoplatónica de un dios hacedor (demiurgo) y omnisciente. El mejor ejemplo es el de la tierra Dannasea, en que su propia divinidad revela que "en mí se contiene todo, poderoso en el cielo, en la tierra y en el mar, yo que mantengo con ley inmutable todos los elementos en su orden" (f. 67). Algo parecido menciona de la ciudad Armasaanna, donde su dios cuida de las cosas humanas y desde su trono dispone orden, regla y lugar del sol, de la luna y de las estrellas (f. 65).

También en Geraldini nos aparecen dos visiones cristianas de muchos de los dioses africanos. Por un lado, una visión neotestamentaria, como dioses del amor, el perdón y la reconciliación. El dios de la tierra Basiana promete bienes materiales y espirituales a su pueblo (f. 29v), como lo hace el que nos muestra el prelado Quialao (f. 24), o el que pregonaba Toquale, un dios piadoso que aporta la felicidad a los hombres (f. 43). Además, menciona a un dios que reclamaba la pobreza, porque la grandeza y la riqueza "no son otra cosa que miseria y aflicción" (f. 33v). Precisamente esto último podría vincularse con la crisis que la Iglesia vivía por esa época y la exigencia renovadora de la moral, que en Castilla había afrontado, entre otros, el cardenal Cisneros (García Oro, 1971; Sáinz Rodríguez, 1979; García Oro y Pérez López, 2012: 47-174). Pero esa visión neotestamentaria se extiende a aquella religión que aceptaba que los hijos no eran culpables de los pecados de sus padres, como el ciego del evangelio de Jn 9:1-3. Sin duda, para los intereses de Geraldini y su promoción del mundo etíope, el Dios del Nuevo Testamento resultaba más adecuado, en la medida en que en esa parte de la Biblia lo étnico carece de importancia en el proceso de salvación del Dios del amor. Por tanto, no es de extrañar que, a pesar de todo su interés por los orígenes, no recurriera a la consideración de que los negros fuesen los herederos de la maldición de Noé a su hijo Cam (Gén 9,25), que ya en la época era algo muy discutido, pues no todos aceptaban que fueran el objeto del rechazo divino, del que hablan algunos autores (Oliva, 2014: 22) y que ciertamente tuvo un gran calado en la Edad Moderna (Braude, 1997: 103-104). Sin embargo, Geraldini no veía en el color y el cabello la herencia camita, sino simplemente la actividad solar como determinante racial, ya que todavía no se conocían los patagones de las tierras frías de Sudamérica o los inuit del Ártico.

Igualmente hay visiones del Viejo Testamento de los dioses africanos, como si se quisiera aludir al salmo 93:1-2: "¡Dios de la venganza, Yavé!, ¡Dios de la venganza, muéstrate! Álzate juez de la tierra, da a los soberbios su merecido".

Es el dios que castiga la ruptura de los pactos, como Orissá, que, a pesar de las promesas benevolentes, también proporciona castigos y muerte por los errores que se cometan (ff. 66-66v). Parece como si Geraldini, en ocasiones, tuviera en mente el Levítico; así se entiende al mencionar a los blasfemos de Damnitana, cuyo Dios del Consejo mandaba que fuesen lapidados (f. 68) (Lev 24:15).

Son muchos los pueblos que menciona que adoraban a un dios supremo y a los que alababa por tal condición, puesto que el monoteísmo era la etapa final de un proceso evolutivo en la historia de la religión. En África, por entonces, la idea de un ser supremo era muy común a muchas religiones, aunque podían existir otras deidades menores (Greene, 1996: 122-126; Martínez Montiel, 2011: 121). En el intento por revalorizar el África negra, ya nos presenta ejemplos del mismo, como el preconizado en el interior continental por el gran sacerdote Gnogor (f. 21); o el único dios de la tierra Manassabea (f. 43v); o el de la región Barbazina, también al interior, donde sus habitantes no se relacionaban con los pueblos de su entorno, porque eran politeístas (ff. 48-50); o el dios único de Gannovia, que era el Océano, que recomendaba dirigir sus oraciones también a la luna, porque era quien le guiaba día y noche (f. 59); o el de Iogonsamea, donde su pontífice Maicallio recomendaba adorar tan solo al dios de la naturaleza (ff. 52-52v); en Canangea rendían culto tan solo al dios del cielo (f. 52v-54v); en la tierra Dannasea, se tiene la impresión de que existiera tan solo un dios que habló por boca de su prelado Tetaano (f. 67). Precisamente estos pueblos monoteístas le servirían para plasmar un discurso que puso en boca de Oniob Sirién, prelado de la tierra Basiana:

> ¡Oh pueblos tan amados por mí, no creáis sino en un solo dios! Si un reino de la Tierra lo gobernasen muchos reyes que tuviesen igual autoridad, no podrían administrarlo sabiamente, puesto que un principado no puede durar mucho bajo la autoridad de muchos gobernadores, así como es conveniente y necesario que una solo gobernante rija a los extensísimos espacios del cielo (f. 29v).

El politeísmo, sin embargo, no suele ser despreciado categóricamente por nuestro autor, que en este, como en otros aspectos, parece mantener un cierto respeto por la otredad, aunque con una cierta consideración de inferioridad de quienes adoran a múltiples dioses. Las religiones politeístas las suele relacionar frecuentemente con los cultos astrales, aunque él mismo aceptaba la influencia de los astros sobre los hombres por el poder que les había otorgado Dios (Li. II, s/f.). Ese culto astral lo menciona en varios lugares, como la tierra Basa (f. 17); de esa misma tierra, hacia el interior, se aludía a un reino donde vivió el prelado Dabiro, "servidor de todas las estrellas del cielo [...] ya que todas las estrellas del cielo son dioses" (f. 18). También en ese interior etíope encontramos rasgos de menosprecio por tales cultos, al considerar que ciertos pueblos, caracterizados por su ignorancia, adoran a estrellas y monstruos de su tierra (f. 50). No hay que olvidar que incluso en la obra de Bermudes se habla del continente africano como generador de monstruos, como veremos más adelante.

El sol y la luna se nos presentan como los mejores ejemplos de cultos astrales, a veces en contraposición y otras complementándose, relacionándolos al mismo tiempo con fenómenos climáticos; sin embargo, hay quien considera que los cultos al sol y la luna no eran frecuentes en el mundo africano, ya que no había necesidad de invocarlos, puesto que su presencia era continua (Parrinder, 1971: 558). Para otros, por el contrario, El sol es el dios por excelencia del mundo africano (Kasanda, 2002: 150). En muchos casos, se observa la complementariedad entre ambos, ya que los principios masculino y femenino constituyen la estructura del universo (Fauré, 2010: 247). La solarización se ha considerado como fenómeno muy frecuente en África (Eliade, 2000: 225), aunque en realidad, de una forma u otra es común a todas las culturas, habida cuenta de la relación sol-vida. Sin embargo, en la obra de Geraldini se pone de manifiesto una relación de sol-calor, lo que sin duda entraba en la lógica de un hombre europeo, acostumbrado a climas de temperaturas más suaves. En la Zona Tórrida, mencionaba naciones que rezaban al sol para que les aliviase de los efectos de su calor, mientras que otras le despreciaban por el mismo motivo. Aun en un contexto monoteísta, como la mencionada Gannea, se adoraba al Océano para que con sus nubes ocultase al astro rey (f. 58). El denostado calor de este, sin embargo, encontraba un defensor en el prelado Iguino, que pedía amar a su patria a pesar del calor (f. 57). Por el contrario, había pueblos que adoraban a la luna, porque durante la noche cedía el calor (f. 55v). Ese sufrimiento térmico hace que mencionase la existencia de gentes que adoraban el Norte, porque de allí provenía la brisa que calmaba el sofoco (ff. 55v-56). En Mologón, antes de la conversión de su rey al cristianismo, adoraban conjuntamente al sol y la luna, a pesar de que por encima de ellos creían en la existencia de otro dios muy superior, pero alejado de los hombres (f. 38), en sintonía con la ideología cristiana de origen neoplatónico.

Entre las manifestaciones de culto, estaban también las dedicadas a los antepasados, muy comunes en el África subsahariana que, como manifestaba Ianab, en la tierra Masiana, actuaban como intermediarios entre Dios y los hombres. Conorbano, en la ciudad Gallanea, recomendaba considerar a los hombres beneméritos como dioses (f. 63v). Ese culto a los antepasados era frecuente entre muchas culturas del África atlántica, ya que la cohesión del grupo se fundamentaba en ellos (Torrance, 2006: 87). Este tipo de creencias, que no están contempladas en el cristianismo, nuestro autor no las minusvalora, a pesar de lo expresado en el Levítico 19:32 y en lo que san Pablo reprodujo en su carta a Timoteo 2:5, de que solo Cristo es el mediador. Esto debemos relacionarlo con su admiración por el mundo clásico, donde tal culto estuvo presente tanto en Grecia como en Roma (Bettini, 1992: 260-264). Geraldini, probablemente por su tradición cristiana, no generaliza tales adoraciones en todos los antepasados, sino solamente, como dice por boca de Ianab, con "los que fueron más piadosos y justos" (f. 20), lo que también era una condición entre algunos pueblos del occidente africano (Awolalu, 1979: 55). A cambio, en otros pueblos, lo era pertenecer a un linaje concreto para sujeto de veneración (Torrance, 2006: 88-89). Aunque el fenómeno es esencialmente subsahariano, el autor también nos lo menciona en el entorno de cabo Blanco, donde conservaban los cuerpos en lugares secretos y sagrados (f.19) y donde parte de la población ya era mahometana.

Frente a todo lo anterior, Geraldini olvidó el animismo como fenómeno religioso que prevalecía en muchos de los lugares supuestamente visitados por él, aunque con una tendencia a frenarse por el avance del islamismo y el cristianismo. Ahora bien, se nos plantea la duda de si las alusiones al dios sin forma no son en realidad alusiones a dicho animismo, sin que el propio prelado sea consciente de ello (f. 52).

De los temas religiosos que toca, no podemos obviar el de la representación de Dios, del que también hace partícipes a las gentes del África subsahariana. Nuestro obispo, quizá por su interés en la epigrafía y la arqueología, dio mucha importancia a las representaciones de los dioses africanos, donde algunos pueblos defendían su aspecto antropomorfo. En esa línea, estaba el pontífice Maicallio, que consideraba necios a quienes no le concibiesen de esa forma, porque hacerlo de otra sería darle aspecto de monstruo, lo que nada tendría que ver con su divinidad. Por ello, recomendaba que sus efigies en pintura y escultura tuviesen una forma humana lo más bella y venerable posible (f. 52v). Correspondería, por tanto, a la forma en que se aparecía a Tetaano, que llegó a tener una visión física de su dios, "más bello que el cielo, con un semblante tan grandioso que yo no podía comprender" y "sin poder admirar con mis ojos todo aquel resplandor... me mantuve en silencio totalmente aturdido" (f. 67). En Casiana también se defendía la forma humana de dios, que su rey llevaba a lomos de elefantes, representado en una imagen de marfil y adornada con minio (f. 28v). Precisamente el minio se mencionaría en varias ocasiones asociado a la divinidad, lo que fue frecuente en muchas culturas del mundo por su tonalidad de rojo brillante; eso explica que el autor comentara que los príncipes de Etiopía interior se pintaban el rostro de ese color para tener cierta semejanza con el cielo (f. 28v.); o los que pintaban todo su cuerpo, como si quisieran presentarse ante sus pueblos como dioses (f. 60v). A Geraldini probablemente no se le escapase esa relación del rojo con la divinización, pues en Grecia se pintaban la cara de minio cuando se quería representar a los dioses infernales o a los seres del más allá (Rodríguez Adrados, 1983: 548); los reyes etruscos aparecían en público con el rostro cubierto de esa pintura, lo mismo que los generales cuando hacían su entrada triunfal en Roma. Se trataba del color de la inmortalidad y de lo sagrado, por lo que también se pintaba de minio la estatua del Júpiter capitolino (Plinio NH 33,112). Esta tradición del mundo clásico no era ajena tampoco al mundo africano, que utilizó el rojo en muchas de sus representaciones artísticas relacionadas con la divinidad.

En ocasiones, esas imágenes se nos describen con ciertos pormenores, como la del dios de la naturaleza, representado como una esfera celeste dibujada con minio y sentado en un alto trono con el sol en la mano derecha, la luna en la izquierda y las estrellas al lado de su figura (f. 28). Casi idéntica es la representación que describe en la ciudad Basiana, en la que, según el prelado Oniob Sirién, el dios aparece con el sol en la mano derecha y la luna en la izquierda por el poder que estos astros ejercían sobre los hombres (f. 29v). En la ciudad Naansabea, es la propia luna la que se representa en blanco con cabello rojo y dorado y sobre la cabeza dos cuernos (alusión a la luna nueva o al cuarto menguante) (Hentze, 1932: 96; Eliade, 2000: 268). Su color blanco estaba en relación con la protección frente al sol, pues para los demás dioses se utilizaba el rojo y el negro (ff. 55v-56). Esto nos recuerda la imagen de la diosa fenicia Astarté, al tener una luna sobre su cabeza y destacar su color blanco.

Entre otras representaciones de interés a las que alude el obispo, está la del dios Océano, al que se solicita el envío de nubes, que tiene en la mano derecha un navío con las velas arriadas y en la izquierda un tridente levantado y, frente a él, la estrella y la luna con la que los navegantes se orientan (f. 58). Quizás estemos apreciando un sincretismo con la imagen de san Telmo, patrono de los marineros, santo que ya había sufrido otra asimilación entre san Erasmo y san Pedro González, representándose con un barco en una mano y una vela en la otra. También es probable que tal sincretismo tuviese que ver con una relación entre el Neptuno clásico y el Olokun yoruba (Le, 207; Ge, 228-231).

Nos menciona casos de dioses polimorfos, como el de la región Budomela, que se podía manifestar en forma de toro, de macho cabrío, de pez y a veces de serpiente mansa, pero también con un rostro resplandeciente de color rojo y hablando con palabras humanas (f. 33). Una de esas formas, la del macho cabrío, puede llamarnos la atención por las connotaciones que tenía en el mundo cristiano, pero que no afectaba a las religiones africanas, especialmente a las yoruba y al culto vudú (Navarrete, 1995: 142). Como vemos, el poliformismo estaba asociado al mismo tiempo con el teriomorfismo, en el que se relacionaban el mundo sagrado y los animales, como había sido tradicional en el antiguo Egipto, del que no eran desconocidas sus divinidades a nuestro prelado (ff. 16-16v), como tampoco le debía de ser desconocido el mito griego de Proteo y sus dos talentos, el de cambiar de forma y el de dar vaticinios.

Vemos, además, que algunas representaciones de las divinidades africanas se relacionan con el dios en majestad de los cristianos, que había prevalecido en la iconografía medieval: el ser supremo en su trono que ilumina la tierra con una luz nunca vista, como Manaid, el dios de la prudencia y la sabiduría, que además aparecía rodeado de trompetas y tambores (ff. 34v-35); o el dios de la tierra Armasaanna sentado en un "supremo trono en el altísimo cielo" (f. 65), casi como en la visión del Ap 4. En ese mismo lugar, los sacerdotes que vivían retirados decían haber visto a Dios con una forma que superaba lo humano, por lo que daban unas cualidades que no tenían que ver con el mundo físico. Allí, se menciona al dios de cuatro formas[90], Orissá, con cuatro cabezas, que miran a los diferentes puntos cardinales en clara alusión al dios que lo ve todo (f. 66). En realidad, en este ejemplo se aprecia que Geraldini está sufriendo una confusión de informaciones que le han llegado de la religión yoruba, pues los orisá son manifestaciones del dios Olorum, al que no se daba culto (Le, 216; Ge, 244-245).

Frente a quienes defendían la representación de Dios, estaban otros prelados que la negaban, como el pontífice Inonsa, que pedía no atribuir a Dios una figura humana, porque su imagen estaba por encima de la comprensión de los hombres; de modo que, tratar de representarlo suponía un pecado para el que no existía perdón, porque si tuviera forma humana, no podría administrar el universo (Le, 197-198. Ge, 210-211). Probablemente este texto se haya eliminado en la versión italiana de forma consciente por las implicaciones que una apreciación de este tipo en lengua vulgar podía tener tras el Concilio de Trento, que había finalizado en 1563, amén de que en el mundo europeo las posiciones opuestas al antropomorfismo habría que retrasarlas hasta el presocrático Jenófanes de Colofón (ss. VI-V a. C.). De todos modos, en el cristianismo el dios sin forma coincidiría con lo expuesto en el Dt 4:12 y con el evangelio de Jn 4:24 y 5:37. Sin embargo, en el mundo cristiano, frente a lo que judíos y musulmanes

---

90 En realidad, esto tiene que ver con las cuatro partes en que dividía el universo la religión yoruba y el elemento de relación entre ellas era Exú, el que lo ve todo. En cuanto al dios de las cuatro cabezas entre los yorubas era Olorí Mérîn (Le, 218; Ge, 248-249).

mantuvieron, su dios había adquirido forma en una de sus tres personas, la del Hijo, tras el misterio de la Encarnación.

En relación con la variante política de lo religioso, Geraldini presenta todavía una visión con tintes medievales, pues el antropocentrismo humanista aún no había prendido de manera clara en su ideario y, desde luego, no apreciamos una posición firme respecto de la negación del agustinianismo político, que no tardaría en utilizar Lutero como bandera. De todos modos, en su pensamiento subyacía un humanismo teocrático, cuya representación en Italia había sido la de Girolamo Savonarola, pero que también caracterizaba a una parte del humanismo español, cuyo mejor representante por la época de Geraldini sería fray Francisco de los Ángeles Quiñones.

A partir del *Itinerario*, no sabemos hasta qué punto le podían seducir a Alessandro Geraldini las ideas teocráticas, ya que nos encontramos varios modelos de descripción de diferentes formas de gobernar en relación con el mundo religioso, sin un desprecio claro por ninguna de ellas, pero con una cierta simpatía por aquellas en las que se imponía el poder espiritual sobre el temporal. Podemos apreciar algún atisbo de sus consideraciones teocráticas cuando, de forma genérica, pone de relieve que eran los pontífices quienes gobernaban en Etiopía (f. 17), aunque los ejemplos que transcribió no siempre apoyaban dicha teoría. Sin duda, no era ajeno a las ideas de teocracia pontifical, que tenía sus orígenes en Inocencio III (1198-1216), es decir, la idea de un papa como vicario de Cristo, que extiende su jurisdicción sobre todo poder temporal. Aquella idea casaba mal con el desarrollo de la Iglesia indiana, pues los Reyes Católicos habían hecho valer siempre las bulas de donación, y ya desde 1493 se habían negado a aceptar nuncios en América enviados por Roma (Borges, 1992: 56). Además, el derecho de Patronato se había conseguido el 28 de julio de 1508 por la bula *Universalis Ecclesiae,* por la que todos los beneficios eclesiásticos eran propuestos por los monarcas españoles; y en 1510 la bula *Eximiae devotionis* concedía a los reyes la capacidad de cobrar los diezmos, a cambio de construir y dotar a las iglesias indianas (Hera, 1992: 73-74). Es decir, la marcha de los acontecimientos se oponía a las posibles ideas teocráticas de nuestro obispo, que nos describe supuestos modelos del mundo africano; por ejemplo, el prelado Rongoone, en la tierra Armasaana, tenía autoridad sobre los reyes (f. 64v); o en Pantea, donde el rey sacerdote Sara ordenaba que, tras la elección de un sumo sacerdote, se le llevara en andas por toda su diócesis, porque si los príncipes recibían los mayores honores, con más razón los debían recibir los pontífices, como pastores que conducían a las almas a los reinos celestiales (f. 40). Geraldini, en tal sentido, parece desear que prevaleciera la autoridad papal con un texto que no aparece en la versión italiana, pero sí en las latinas, solicitando el auspicio para su catedral (Geraldini, 2009: 256-257), como lo hizo en otras cartas, lo que quizá haya que ver como un rasgo teocrático, al que no fueron ajenos otros eclesiásticos. A la luz de ello, podemos suponer que su voluntad de darle más peso a la autoridad eclesiástica se debiera no tanto a una exaltación de la Iglesia en sí, sino a los intereses concretos que tuvo en su diócesis de Santo Domingo.

De todos modos, tampoco evita ponernos ejemplos de otros modelos de gobierno, contra los que no eleva críticas. Por un lado, se evidencian los que implicaban una clara división entre el poder religioso y el civil, que plantea genéricamente para toda la región de Etiopía (f. 17); por otro, lo que sucedía en Casiana, donde el rey carecía de autoridad sobre el sumo sacerdote y viceversa (ff. 28v-29). Tampoco deja fuera la ascendencia divina de los reyes, como la del mencionado rey Sara de la tierra Pantea (f.39); o la del rey de Nansea (f. 52); o la del rey de Bodumela, que podía conversar con los dioses, solicitando para él los mismos honores que las divinidades (ff. 60v-61); o la de Conorbano, en la tierra Gallanea (f. 63). Incluso menciona algunos gobiernos de carácter "democrático", como los de las cercanías del cabo Verde, donde no había monarcas, sino magistrados elegidos, que en asuntos importantes debían tomar las decisiones de forma colegiada (f. 40v).

La visión africana y sesgadamente teocrática de Geraldini convertía al sacerdote en imprescindible, al considerarlo como un intermediario entre los dioses y sus pueblos, tal y como bíblicamente aparece en la carta a los Hebreos 5:1 o como lo era el *pontifex* romano. Los prelados a los que se alude, como muchos de los veterotestamentarios, tenían el don de la profecía, aunque sería más preciso hablar de oráculos, puesto que la mayor parte transmitía mensajes más que predicciones de futuro. En ocasiones, dichos mensajes, como los del dios de Israel, reclamaban la fidelidad del pueblo, que se vería premiada, pues de lo contrario sobrevendrían no solo sufrimientos y ruina, sino que el reino sería entregado a gente forastera (ff. 67-67v), como había sucedido con el Israel bíblico.

Esos sacerdotes africanos gozaban a veces de poderes para proteger a sus gentes, como Gnogor y otros a los que se les facilitó la fórmula de encantamiento para eliminar el peligro de las serpientes (ff. 21v-22). Igualmente, en Budomela los reyes tenían poderes para la misma finalidad, gracias a la divina enseñanza de sus sacerdotes (f. 32). En Gallanea, cuando aparecían los fantasmas en el aire, los sacerdotes se reunían en un lugar secreto para hacer un conjuro que les alejara (ff. 62-62v).

Todo lo anterior nos lleva a plantearnos la visión que poseía del clero, ya que reflejó en el africano las prebendas que pretendía para el cristiano, y más concretamente para él mismo. Aparentemente, para Geraldini la excelencia sacerdotal tenía que ver con el ministerio apostólico, al que hizo muchas referencias, aunque su interés en este sentido se centraba en su diócesis indiana, a donde quería llegar para "ver y custodiar a mis ovejas" (f. 2v). En él, como en otros muchos autores de la época, latía el sentimiento del "buen pastor" (Coronel Ramos, 2013: 170), si bien esa apariencia literaria escondía la realidad de un hombre que sentía debilidad ante las cosas mundanas, y que poco tenían que ver con el ministerio pastoral, como la presuntuosidad, la ambición, el absentismo o la ostentación de su autoridad episcopal. Entre los prelados africanos de los que destaca su ministerio apostólico, tenemos a Ianab (f. 19v), a Oniob Sirién (29v), a Bagaro (f. 34), al rey-sacerdote Sara (f. 39v), a Toquale (f. 42) y a Iguino. (f. 57v). Todos ellos se autodefinen como "pastores de almas", deseando conducir a su pueblo "a las altas y resplandecientes moradas de los dioses" (f. 34), como los cristianos lo querían hacer a la presencia de Dios.

La figura del sacerdote, por tanto, surge por doquier en la obra de nuestro hombre, especialmente cuando se trata de prelados, equiparados a su dignidad de obispo, que son los que principalmente se relacionan con él y que representan al alto clero de las diferentes religiones africanas. Si el viaje se hubiese realizado como se nos relata, sería poco factible que en cada lugar se encontrara con alguien de dignidad paralela o superior a la suya; aun así, tales prelados son los personajes por excelencia y casi siempre representan el hilo conductor del relato, marcando con su variada presencia el itinerario de aquella supuesta visita al continente africano. Estos, por tanto, se convertían en los principales informantes y, sin duda, los de mayor fiabilidad por sus conocimientos y honradez. De hecho, solo reconoció la ignorancia en algún caso, como el del sacerdote de la tierra Masiana, del que "no pude saber de él lo que quería conocer" (f. 20). Además, en la misma línea y de acuerdo con las pautas europeas, hizo una diferenciación entre clero rural y clero urbano, pues para el conjunto de Etiopía, mantiene que en las grandes ciudades era donde los sacerdotes tenían una buena formación y conocimiento de las cosas divinas (f. 50v), lo que no deja de ser una comparación solapada con lo que sucedía en el mundo cristiano europeo.

La condición humana del sacerdote, muy dentro de los parámetros cristianos de la época, quedaba establecida por el rey Sara, de la ciudad Batamasina, donde se hizo eco de unos requisitos necesarios para acceder a las prelaturas. Entre ello, destacaban la existencia de unos antepasados temerosos de dios y lo de ser misericordiosos con los pobres y caritativos con el pueblo, puesto que tales virtudes tendrían que ser heredadas por su descendiente (f. 39v), en una especie de concepción genética de la *virtus*, que nos hace preguntarnos si nuestro autor no estaba queriendo hacer una alusión a su propia familia amerina. Evidentemente, en otros apartados también menciona las contrapartidas que debía recibir un sacerdote, como era el sustento correspondiente (f. 18), las limosnas que le permitieran vivir (f. 58v), las peticiones por su salud (f. 49), o incluso la posesión de una vivienda digna, como la de los sumos sacerdotes de la región Basa y de Casiana, o los cuatro palacios de los pontífices de Gannovia (ff. 15v, 28 y 58), que ofrecerían una imagen contrapuesta a la de su pobre palacio episcopal dominicano que, además, compara con el lujo arquitectónico de otras edificaciones de la isla. Además de estas cuestiones materiales, Geraldini haría hincapié en otras, como el respeto a los ministros de dios que se exigía en la tierra Calongea, donde se establecían una serie de supuestos y de sus penas, con el fin de preservar la integridad física de los mismos, cuya trasgresión podía suponer desde el destierro perpetuo hasta quedarse sin prelado durante 100 años. Por el contrario, si el que cometiese los delitos fuese un pontífice, sería destituido y se convocaría un concilio para una nueva elección (ff. 54–54v).

Probablemente, por su propia condición incide continuamente en la confianza y la honradez del clero, siendo el caso más llamativo el de Rabbiam, en la tierra Calangea que, desterrado injustamente, no quiso regresar a su oficio para no dar un mal ejemplo, ofreciendo la imagen de que se podía expulsar a un prelado y luego recuperarlo (f. 53v).

Hay algunas alusiones claras al monacato occidental, tanto masculino como femenino; así, aquellos hombres de la ciudad Armasaanna que solo se ocupaban de las cosas divinas para tener un mejor conocimiento de su dios y poder filosofar. Vivían apartados de la gente, alimentándose con frugalidad, bebiendo agua natural y evitando las tentaciones lujuriosas con plantas antiestimulantes (ff. 64v-65). Incluso en algún momento parece recordarnos los coros monacales, cuando Quialao rogaba a los fieles que se mantengan en silencio en el templo mientras los sacerdotes entonaban alabanzas a dios (f. 24v). En ciertas ocasiones también hay atisbos de eremitismo, como en el romano Paulo Emilio Cástrico, apartado del mundo para dedicarse al estudio de las cosas divinas y de la ciencia (f. 7v).

Con todo, la vida monacal la plantea con más profundidad respecto del mundo femenino, incluso ofreciéndonos una normativa que existía en la ciudad Nasaenna, en que se especificaba cómo transcurría la vida de aquellas sacerdotisas de la diosa Attea, vestidas con velos muy blancos: debían evitar la pereza y, por tanto, permanecer acostadas solo el tiempo necesario para el descanso, porque el lecho era considerado como el germen de muchos pecados; además, debían dedicar la mayor parte de su tiempo a la oración y a la reflexión sobre la muerte (ff. 46v-47v), característica propia del monacato y muy publicitada en el siglo XV (Rapp, 1973: 107).

Geraldini tampoco pasó por alto los templos como lugares de culto al cuidado de sacerdotes o sacerdotisas y con connotaciones propias del cristianismo. Nos hizo una relación de algunos de los clásicos de Cádiz, Canarias y de la Mauritania y de cómo los romanos habían llevado artífices hasta algunos lugares para su construcción (f. 9), aunque sin mayores precisiones y sin aludir a ninguna de las grandes mezquitas de los territorios que supuestamente pudo visitar. Ni siquiera en el reino de Mali (f. 25v), donde nos ofreció la disculpa de no estarle permitido penetrar en un templo de otra religión, lo que le liberó de tener que realizar descripciones. Es más, las lápidas que nos menciona y transcribe lo hace por lo que otros prelados le habían contado o le entregaron por escrito. Así, en Etiopía las noticias sobre templos son tan imprecisas como todo lo demás, lo que consideramos que es una prueba más de que no llegó a visitar aquellos territorios. En general, definía sus templos como lugares de ayunos y purificaciones (f. 1v), aclarando que no eran de gran tamaño, pero que en ellos se conservaban los decretos y edictos que nos transcribió de sus prelados (f. 17); incluso los contraponía a la magnificencia de los de la Roma clásica (f. 26). Sin embargo, hasta en esto encontramos contradicciones, pues al hablar del interior de la Zona Tórrida los caracterizaba por su monumentalidad (f. 60). Cuando llegaba a ser más específico tampoco facilitaba detalles pormenorizados; de este modo, al referirse a un templo de la Luna, tan solo mencionaba que se hallaba construido en la playa con troncos, cañas y barro (f. 23). En Basarea, en el templo había muchos sepulcros regios de oro puro (f. 33). En la ciudad Naansabea, aludía a otro templo dedicado a la misma diosa "muy bien edificado" (f. 56). En Gannovia, enumeraba cuatro templos hechos de nobles maderas (f. 58). Es decir, ni una sola de sus descripciones permite obtener datos concretos y precisos de ningún tipo.

Los sacramentos cristianos también tuvieron su proyección en las religiones africanas. No mencionó ritos del bautismo nada más que para el rey del Congo, al convertirse al cristianismo (f. 69); obviamente este sacramento es el que daba acceso a la Iglesia y, por tanto, no parece que quisiera contemplarlo entre aquellas gentes. Por el contrario, apreciaba atisbos de prácticas semejantes a los sacramentos en la penitencia, la eucaristía y el matrimonio. La primera, entre los adoradores del dios Océano, que se confiesan cada noche entre lloros (f. 58v); la segunda, la mencionaba como solución para alejar al demonio, como había sucedido en Santo Domingo (f. 78v). Por último, el matrimonio, como único sacramento que permitía celebraciones con danzas y convites en los templos y casas de la tierra Galangea (f. 24v) o como elemento de legitimación de la descendencia (f. 39v). Desgraciadamente, aunque los sacerdotes fuesen un tema prioritario, no se nos ofrece ningún ritual de consagración, pero sí en algunos casos de elección de los prelados (ff. 22v, 39-39v, 40v, 53, 67, 68v).

Los dioses africanos y Alá, como el dios cristiano y los del mundo clásico, demandaban continuos sacrificios y oraciones en su honor. En tal sentido, nuestro obispo parece mantener una postura conservadora, al poner en boca de Conorbano el deseo de respeto a "las mismas ceremonias y la misma manera de hacer sacrificios, sin reducir o añadir nada a las cosas sagradas, pues los dioses se alegran de ver respetadas inviolablemente las antiguas ceremonias" (f. 63v), como en el cristianismo lo planteaba san Pablo en Cor 11:2.

Geraldini nos describe con cierta precisión, aunque sea imaginada en parte, la forma de oración que exigían los diferentes dioses, el ritual y el momento. En algunas religiones se acude ante los dioses con gemidos y lágrimas, como lo hizo el pontífice Gnogor, al igual que hacían en la tierra Basarea o como lo solicitaba el dios del Océano (ff. 21, 33v, 59v). A todo esto, hay que añadir la purificación por el agua, común a un gran número de religiones de todos los ámbitos, pues el agua todo lo limpia y lo purifica (Eliade, 2000: 304), siendo de especial importancia en el mundo musulmán antes de la oración (sura 4, aleya 43[91]; y sura 5, eleya 6[92]). En el cristianismo, su sentido purificador se halla recogido en Núm 19. En la obra de Geraldini, el ritual del agua llama especialmente la atención en la tierra Pantea, donde los electores de los prelados debían tumbarse en el suelo para hacer oración y habían de ir purificados por el agua (f. 39v). En la tierra Galanea, para entrar en el templo una de las condiciones era haberse lavado con agua limpia (f. 24v), como también debían hacer los niños y niñas antes de salir por los campos mirando al cielo (f. 34v), o cuando se acudía al templo del Dios Océano (f. 59v). Bannasar en la tierra Barbazina, mandaba que los sacerdotes acudieran al templo por la mañana en ayunas para hacer sacrificios que evitasen las calamidades; igualmente tenían que bendecir la mesa y evitar las tentaciones (f. 49).

La oración formaba parte de las manifestaciones de todas las religiones y, por tanto, es algo en lo que el obispo incidía con mucha frecuencia, especialmente en sus aspectos formales. Con una idea plenamente cristiana de fondo, la oración favorecía los actos que se hicieran con posterioridad, hasta el punto de que

---

91 "No os acerquéis al zalat ebrios..., ni impuros... hasta que no os lavéis". Esta recomendación responde a que la oración es una comunicación íntima entre Dios y el hombre.

92 "Cuando vayáis a hacer el *zalat*, lavaos la cara y las manos llegando hasta los codos y pasaos las manos por la cabeza y por los pies hasta los tobillos. Y si estáis impuros, purificaos".

en la tierra Demnasea se ordenaba que, antes de los rezos matinales, ni sacerdotes, ni reyes, ni nobles debían realizar actividad alguna; incluso evitarían la guerra si tres días antes no se cumpliera con los deberes sagrados, ya que de luchar sin observar esas condiciones serían conquistados por los extranjeros (ff. 67-67v). Esto último era algo muy propio del mundo judeocristiano, donde las guerras no las ganaban los ejércitos, sino la intervención de Dios, como queda expresado en el Sal 19:8 "Estos en carros, aquellos en caballos, pero nosotros nos acordamos del nombre de Yaveh, nuestro Dios"; por eso la victoria del rey cristiano del Congo se consideró un milagro (f. 69v).

En cuanto a las horas de oración, se aprecia una generalización, pues esta debe hacerse al amanecer o por la noche, aunque haya ejemplos variados; así, el rey Anmosa también hacía oración al mediodía; el rey de Casiana rezaba cinco veces diarias (f. 28v)[93]; en la tierra Demnasea se hacían plegarias al amanecer (f. 67). La forma de hacer oración también presenta algunos rasgos comunes: Quialao ordenaba presentarse ante el altar de dios en ayunas, casto e impoluto[94] (f. 24v) y era común el postrarse o arrastrarse por el suelo, como el mencionado rey de Casiana (f. 28v), o como lo pedía Bagaro (f. 33v), o lo hacían los adoradores del dios Manaid (f. 34v), los de la tierra Barbazina (f. 49), los del dios Océano (f. 49v), los de la tierra Dannasea (ff. 67-67v) o los de varios lugares de la Zona Tórrida (f. 60v). La posición para rezar en forma de postración, que se recuerda de continuo, puede relacionarse como una postura habitual en los textos bíblicos, por ejemplo: Gen 17: 3; 19:1; 24:52; 33:3. Ex 34:8. 2Sam 14:22. Mt 26:39. Mc 14:35. Lc 17:16, que se mantenía en ciertos rituales cristianos, pero que no eran ajenos a otras religiones, especialmente al islam, que es la religión que probablemente influyera en las posibles informaciones que recibió Geraldini (Fueyo Suárez, 2006: 68-69)[95].

En cuanto a otras virtudes observadas en las religiones africanas, la del perdón aparecía con frecuencia como algo fundamental. Sin duda, Geraldini tenía en mente algunas máximas neotestamentarias, como las de Lc 23:34 o Mt 6: 14-14 y 18:21-22. Esa práctica de la benignidad, por tanto, la resaltaría en el único monarca africano que había aceptado el cristianismo, como lo fue el rey del Congo, que perdonó la sublevación llevada a cabo por los partidarios de mantener el paganismo tradicional del reino, liderados por su hermano (f. 69v).

---

93 El orar cinco veces al día o *zalat* es una práctica propia de los musulmanes.
94 Estas condiciones nos están recordando la forma en que se debía acceder entre los cristianos al sacramento de la Eucaristía.
95 Sobre la postración en el cristianismo puede verse Fueyo Suárez (2006: 68 y ss.)

Junto al perdón no podía faltar la caridad, como distintivo fundamental del cristiano, alabando la infinita bondad que Dios tiene hacia los hombres (f. 79), pero también la practicada por prelados y reyes africanos. Así, Dabiro en la región Basa pedía a los suyos caridad y misericordia para con los pobres, lo que sería compensado por los dioses (f. 18). El rey Anmosa, caracterizado por su religiosidad, justicia y caridad, gobernaba la capital de su reino con esta virtud (f. 48v). Quialao prohibía que nadie entrase en la casa de Dios si antes no se estaba reconciliado con todos con amor y caridad (24v). Manaid, el dios de la prudencia, pedía conducirse con caridad hacia la patria (f. 35). El sacerdote Sirién distribuyó sus emolumentos entre los pobres, reservándose solo lo necesario (f. 53v). Incluso para ser elegido sacerdote en la tierra Pantea era necesario que los ascendientes se hubiesen destacado por sus prácticas caritativas (f. 39v).

La castidad no podía menospreciarse, y Geraldini incide en ella de una manera muy especial, pues no en vano procedía de un mundo que se había caracterizado por la laxitud con la lujuria, incluso entre el clero, pero que también había conocido los intentos reformadores en la España de los Reyes Católicos y del cardenal Cisneros, antes de que se hubiesen producido las reformas tridentinas. Aquella castidad la ejemplificó con el celibato de los sacerdotes del dios Océano, (f. 58v), o con el pontífice Rongoone, cuando mencionaba las hierbas antiestimulantes (f. 65). Esa castidad era exigida además en determinados actos religiosos, como los de los niños y niñas de la Zona Tórrida, que acudía a conjurar al sol "castos y no corrompidos" (f. 23); o cuando Quialao la ponía como condición para acercarse a los altares de dios (f. 24v); o cuando Bannassarre pedía a los sacerdotes que aconsejasen a su pueblo que no se dejase llevar por la lujuria (f. 49v); además, existe el ejemplo de la ciudad Nansea o Nansa, que se ha eliminado en la versión italiana, pero que existía en las latinas, en que se oraba en la plaza pública para que niños y niñas se mantuviesen castos hasta el matrimonio (Le, 197; Ge, 206–207).

Frente a esto, incluyó alguna narración que él mismo consideraba invención, pero que decide transcribir para probar "en cuántos errores está sumergido el intelecto humano" (f. 31). Se trataba de la existencia de dioses lujuriosos, al modo de los de la mitología clásica, que violaban a las hermosas muchachas, produciendo orgullo en los habitantes de Cornisea, pues por esta causa se consideraban de descendencia divina. Aquellos mismos dioses también cometían pecados *contra natura* en un lugar donde incluso los reyes conversaban vulgarmente con sus concubinas (ff. 30–31).

Aquella trasposición del cristianismo al mundo etíope, en lo que se refiere a los atentados contra la virtud, la transmitió por boca de Conorbano, cuando en las versiones latinas de la obra se enumeran las faltas que tienden a cometer todos los pueblos, como la lujuria, la soberbia, la gula, el lujo, el deseo de enriquecerse y de ejercer un poder omnímodo sobre el pueblo, el desprecio a los dioses, todo como consecuencia de la riqueza (Le, 215; Ge, 240-243), descripción que en los manuscritos italianos queda reducida a la expresión "las impiedades, la poca devoción y otros imperdonables pecados" (f. 63v). La riqueza como origen de los males nos la presenta también en Bannassarre, que recomendaba a los sacerdotes de su tierra amar a Dios y despreciar el poder y las riquezas (f. 49). Pobreza que podía llegar al extremo de los sacerdotes del dios Océano, que como mendicantes vivían tan solo de las limosnas que recibían (f. 59). Por tanto, apreciamos un desarrollo conceptual bastante evidente de la *vanitas vanitatum*, que se refiere en este caso a la caducidad de los bienes terrenales y a la inutilidad de su acumulación.

Aunque solo lo menciona en una ocasión, en el aspecto religioso es de especial importancia la circuncisión, que para algunos europeos suponía vincular a los africanos a los denostados judíos y musulmanes (Lowe, 2005: 21-22). Sin embargo, Geraldini resulta más complaciente, pues no aceptaba esa práctica como herencia de las religiones mencionadas, puesto que aquellas gentes de la Etiopía profunda "no tienen noticia alguna ni de las leyes de Moisés ni de Mahoma" (f. 55).

En el aspecto religioso, algo que para los cristianos resultaba fundamental y que también retoma nuestro obispo, es el de las postrimerías, aunque para los subsaharianos los conceptos de muerte, juicio, cielo, infierno y purgatorio no daban la impresión de estar asumidos, pues la muerte implicaba una reunión con los antepasados para desde el más allá cuidar a sus descendientes en este mundo. Sin embargo, Geraldini no pudo eludir en su pensamiento la escatología cristiana, por su apego a determinadas tradiciones medievales que pervivían en su época y que formaban parte de su educación y de sus creencias. Por ello, tales postrimerías aparecen profusamente en su obra. Es evidente que al prelado le interesaban más en su recomposición material que por su sentido teológico, al que apenas se alude; por tanto, le preocupaban más las imágenes reales o mentales que una doctrina exacta del verdadero significado de los conceptos.

El tópico del *memento mori* lo podemos detectar en varias ocasiones, como en lo expresado por el prelado Bagaro, recordando el continuo acecho de la muerte inexorable (ff. 33v-34); o la llegada inesperada de ese momento y el abandono del cuerpo por el alma (f. 65v); o la visión optimista de la muerte como paso a la gloria celestial (f. 49v). Lo imprevisible de la muerte implica un deseo de formación para llevar una vida de santidad, en que las almas se hagan dignas del cielo y eviten el infierno, como lo recomendaba Conora Attea (f.

47v). Los demonios pueden intervenir para engañar a los hombres y que estos pierdan el interés por los asuntos de su salvación, como sucedía en la ciudad Cornisea, donde ese tópico esta sustituido por el del *carpe diem* (f. 31). Es decir, todo lo anterior nos indica una trasposición al mundo africano de las concepciones cristianas.

Esa muerte, además, implicaba un juicio de las almas, que también encontramos en las creencias africanas, según nuestro prelado (ff. 64 y 65v), incluso, a veces, con intermediarios en el juicio, como en la provincia de Manicongo, donde el sol y la luna acudían ante el dios supremo para la valoración de las almas (f. 38). En la ciudad Armasaanna, se relata que una especie de ángel presentaba el alma del muerto ante dios y este, de acuerdo con la vida que había llevado, le asignaría el cielo o el infierno (ff. 65-65v), es decir, se trata de una exposición casi idéntica a la del ángel de la guarda cristiano.

Tras el juicio llegaban las postrimerías del destino. En primer lugar, estaría el destino celestial, que en su aspecto imaginario se identificaba con frecuencia con el mundo astral, al que acudían las almas de quienes habían tenido una vida ejemplar y vivían entre las estrellas, como Oniob Siriën, Quialao o Bagaro (ff. 25, 30, 33v-34). Aquel firmamento era el lugar al que algunos dioses conducían las almas de los buenos, como el dios de la Prudencia (f. 35) o los dioses de la tierra Barbazina (f. 49). Era en aquel cielo, donde las almas buenas de los de Masiana verían a su dios, de forma semejante a los cristianos (ff. 19v-20).

Por el contrario, las almas de los condenados por su vida pasada se arrojaban al infierno, donde el autor utilizaba imágenes muy gráficas; así, en la ciudad Armasaanna se decía que eran entregadas "a la turba de espíritus malvados que, con rostro tremendo y espantoso [...] las conducen a las eternas penas y a las oscuras tinieblas, donde en aquella grandísima vorágine del infierno las atormentan continuamente" (f. 65v). En la tierra Manicongoa, se mencionaba el infierno como lugar oscuro y terrorífico, lleno de lamentaciones, lágrimas y terror, incluso con una renovación continua de castigos desconocidos (f. 38).

Evidentemente como cristiano no podía pasar por alto la existencia de un purgatorio para aquellas almas cuyos pecados no las hacían merecedoras del cielo, pero tampoco del infierno, por lo que debían pasar por un proceso de purificación. En la tierra Gallanea, vagaban por el aire hasta el momento de ser admitidas en la gloria; de ahí las apariciones que tenían lugar cada cierto tiempo en el aire de aquella región, provocando un horrible espectáculo que no causaba daño, pero con el que se advertía a los hombres sobre las consecuencias de sus pecados (ff. 62-64). En la ciudad Armasaanna su purificación podía hacerse dando vueltas por el cielo, por las olas tempestuosas del mar o errando por la tierra (f. 65v).

Hay una ausencia muy evidente en el aspecto religioso de la obra geraldiniana, pues no se hace mención a la aceptación del islam en los reinos del Sahel y en el África occidental que supuestamente él visitaría, cuando en aquellos momentos se estaba produciendo una gran convulsión respecto de las relaciones con las religiones ancestrales (Levtzion, 1973: 190).

En lo que concierne al ámbito espiritual, también debemos apreciar una diferencia notable entre la tradición clásica y la cristiana de nuestro prelado. En los textos clásicos griegos evidentemente eran los dioses los que intervenían en favor o en contra de quien narraba las peripecias de los personajes de sus obras, mientras que, en el caso del *Itinerario*, es la intervención providencial de Dios la que condiciona los eventos principales del viaje de Geraldini, proporcionando las condiciones favorables para desplazarse de forma ágil de un punto a otro de su navegación. Asimismo, dicha providencia la vemos reflejada en los discursos de los propios dioses y prelados que se leen en las (imaginadas) inscripciones, en las que, como hemos mencionado anteriormente, la divinidad intervenía para salvaguardar la salud del cuerpo y del alma de sus fieles, bien entendido que estos llevaran una vida virtuosa.

5 EL FENÓMENO DE LA ESCLAVITUD AFRICANA

En el siglo XVI, debido a las circunstancias históricas, para el hombre europeo se hizo necesaria una reflexión sobre una humanidad que comenzaba a formar parte de sus vidas de una manera masiva, como lo eran los negros africanos, los indios americanos y, en menor medida, los habitantes del Extremo Oriente. En los comienzos de ese ambiente de reflexión sobre el Otro, es el momento en que Geraldini plantea su viaje africano, cuando los avances portugueses estaban muy adelantados. Sin embargo, los historiadores europeos de la época apenas conocían nada sobre la cultura y las tradiciones etiópicas (Lowe, 2005: 19). En consecuencia, el África subsahariana se convirtió en una especie de fábula en los libros de viajes de los españoles del siglo XVI, al igual que el de Geraldini. En tal sentido, también estarían incluidos los de León el Africano y Luis del Mármol Carvajal, cuyas obras no suponen ningún testimonio definitivo, pues ignoraron las esencias de aquel subcontinente, ya que no prestaron atención a su cultura y no profundizaron en su modo de vida, ya que sintieron una especial predilección por lo anecdótico (Kidakou, 2007: 67–69).

Europa estaba produciendo una serie de estereotipos acerca de los negros, entre los que se encontraba su capacidad para el trabajo físico (Lowe, 2005: 32–33), lo que implicaba su condición ideal como esclavos. Así, sobre todo en el siglo XVI, fue cuando se forjó la famosa sinonimia de negro y esclavo, como una visión peyorativa heredada, pero que había adquirido fuerza por la identificación de lo negro con el demonio y, por tanto, con una condición intimidatoria, que se transfirió a múltiples ámbitos y en concreto a la literatura (Santos Morillo, 2011). Buen ejemplo de ello lo encontramos en el *Lazarillo de Tormes*, donde se le confronta al negro con lo blanco especialmente en lo que concierne a la familia del pícaro salmantino (Madrid, 1994, 10). Por tanto, hay que adelantar que la consideración del subsahariano no es la que predomina en la obra de nuestro autor, que manifiesta en diferentes ocasiones sus consideraciones laudatorias por los logros de determinadas culturas de África, en una equiparación con Europa, aunque es cierto que también menciona la existencia de otras gentes que "tienen el intelecto tan limitado y estólido que son considerados necios e insensatos" (f. 23).

Aquellas connotaciones negativas que hacían los europeos sobre los etíopes suponían el no reconocimiento de su condición social originaria y de su cultura, convirtiéndolos en sujetos de esclavitud (Cáceres Gómez, 2001: 15). Hasta tal punto se proyectaban estas consideraciones, que ni siquiera se consideraban las cualidades innatas que pudiera tener cada uno como persona para el desarrollo de actividades que no estuvieran sujetas al esfuerzo físico, pues lo que interesaba era su condición imprescindible para el trabajo que implicase esfuerzo corporal.

Ese desarrollo de la esclavitud de los negros hace que le demos una relevancia especial a esta institución, puesto que el propio Geraldini le prestó gran atención en el mundo africano, donde en la época en la que escribía su desarrollo iba a entrar en pleno auge, sobre todo en relación con el Nuevo Mundo. Su viaje coincidió con el inicio del imparable avance del comercio de esclavos africanos por parte de Portugal, que ya en aquellos momentos estaba abasteciendo en buena medida las demandas europeas y muy concretamente las de la península ibérica, a través del mercado de Lagos, mientras en la corona de Castilla, Zafra se iba a convertir en el núcleo de una gran feria esclavista (Periáñez Gómez, 2008). Las ciudades de Andalucía también se beneficiaban de aquel comercio, aunque estaba controlado principalmente por mercaderes italianos que tenían sus propios contactos en Lisboa y sin que tampoco desmereciesen los negociantes portugueses (Franco Silva, 1979: 75-76). Valgan ejemplos como el del florentino Bartolomeo Marchionni[96], que abasteció la ciudad de Valencia y otros lugares, valiéndose del monopolio que le había otorgado Fernando el Católico en 1480. Relacionados con él y con el negocio esclavista estaban igualmente los genoveses

---

96 Sobre este comerciante puede consultarse la obra de Bruscoli (2014).

Berardi, entre los que destacaron los hermanos Juanoto y Gianetto, que además contaban con una delegación para sus negocios en Lisboa (Varela, 1988: 36). El primero de ellos fue uno de los que aportó una relevante suma de dinero para el primer viaje colombino y también para su segundo, ya que tenía una buena amistad con el almirante (Varela, 2010: 92–94; González Ochoa, 2003: 55). Todo ello sin olvidar el gran número de italianos que pululaban por las costas de Cádiz en función de los negocios atlánticos que se estaban abriendo paso en el siglo XVI[97]. Es muy probable que Geraldini durante su estancia en Sevilla y Cádiz entrara en contacto con algunos de ellos y recibiera noticias, entre otras cosas, del tráfico esclavista africano. Tampoco hay que olvidar la isla de Sicilia, donde él había residido alguna temporada durante su juventud. Allí llegaba una gran cantidad de esclavos durante el siglo XV, que seguía las rutas saharianas hasta la costa del Mediterráneo y de la isla se repartían principalmente por los mercados de Francia, España y la propia Italia (Fiume, 2010: 270). Precisamente serían los portugueses los que irían desplazando aquellos mercados esclavistas, en la medida en que se iban abriendo paso en las costas africanas del Atlántico, donde ofrecían caballos a cambio de cautivos. En Senegambia, este comercio luso dio lugar a que las provincias Jolof de la costa rompieran sus lazos con los imperios centrales, lo mismo que los pueblos seres al sur de Dakar también buscaron alianzas con los portugueses. Todo ello provocó conflictos locales que favorecieron a los comerciantes de larga distancia (Green, 2019: 76–77). Algunos estudiosos creen que no fue hasta 1518 cuando se inició el verdadero tráfico atlántico de esclavos con el mundo americano, al menos a gran escala, pues con el europeo, como afirma el propio Geraldini (f. 10) y hemos podido apreciar anteriormente, para entonces ya estaba muy desarrollado. También es cierto que los propios etíopes habían comenzado a manejar sistemas para defenderse de aquel tráfico en algunos lugares, como alejar sus núcleos de población de caminos y ríos, fortificándose y aumentando la producción de alimentos, lo que todavía puede apreciarse en Guinea Bissau (Green, 2019: 55–56).

El esclavismo supuso en África una reacción en cadena. Los gobernantes africanos se sintieron atraídos por las mercancías europeas y las cambiaban por sus cautivos de guerra. Esto produjo enfrentamientos de algunas comunidades por la captura de prisioneros, incluso hay ejemplos de quienes se vieron tentados a capturar a los suyos (Rodney, 1992: 96–97), a lo que hace alusión Geraldini (f. 43v).

---

97 Sobre la presencia italiana es de interés la obra editada por Torres Ramírez y Hernández Palomo (1989).

Como no podía ser de otra forma en nuestro autor, hace alguna mención a la esclavitud del mundo clásico, recurriendo a la actividad de Roma respecto de los pueblos nómadas del desierto, a los que intentó civilizar con la creación de ciudades y villas. Así, quien no se acogiera a tal mandato sería privado de la libertad, junto con su esposa e hijos, favoreciendo además su permuta y/o venta en los dominios del imperio romano (Li. II, s/f). Precisamente, como veremos, algo parecido justificaría la esclavitud de los indios que defendió mientras ocupaba la sede dominicana.

Lo anterior no quiere decir que no hubiese traslados de esclavos antes de la fecha mencionada, pues ya Colón había transportado algunos. El primero de estos tratantes en llevar negros a Indias parece haber sido Juan de Córdoba, un converso rico, platero y amigo del almirante y luego de Cortés (Restall, 2005: 27; Thomas, 1998: 150). Sin embargo, hasta 1509 hubo ciertas reticencias en los permisos, aunque tras esa fecha, por la falta de mano de obra autóctona, se optó por una mayor permisividad y, el 22 de enero de 1510, Fernando el Católico permitió el envío de etíopes fuertes para trabajar en las explotaciones de oro, siendo esto el inicio de otras concesiones posteriores (Thomas, 1998: 91). La intención de la Corona, que actuó como intermediaria en aquel comercio esclavista, era monopolizar el tráfico de negros, pero las numerosas reclamaciones de los particulares y de los funcionarios vinieron a alterar el sistema establecido, dando lugar al régimen de licencias. Carlos I concedería a Jorge de Portugal autorización para enviar 400 guineanos a la isla de La Española. La concesión más importante la haría a su protegido flamenco Lorenzo Gouvenot, gobernador de Bressa, el 18 de agosto de 1518, con un permiso para trasladar 4000 esclavos, que podrían ser vendidos en Santo Domingo en un periodo de ocho años. Su falta de conocimientos sobre el negocio esclavista le obligó a vender tal licencia a Juan López de Recalde, que a su vez la traspasó a los genoveses instalados en Sevilla por 25 000 ducados. Una cantidad idéntica de importación de esclavos, aunque ya fuera del tiempo que nos ocupa, se concedió por cuatro años a los alemanes Jerónimo Sayler y Enrique Einger, que tampoco supieron aprovecharla.

Aquellas concesiones a extranjeros provocaron las quejas de los hombres de negocios castellanos, que pretendían ser los únicos beneficiarios del comercio esclavista (Bonilla, 1961: 314). De hecho, ya existían algunos precedentes de tales negocios por los autóctonos, como las licencias que se dieron en 1502 a los sevillanos Juan Sánchez y Alonso Bravo; el año anterior se comunicaba a Nicolás de Ovando la autorización, por primera vez de manera oficial, de importar esclavos negros, aunque poco después el monarca daba marcha atrás en su decisión (Mellafe, 1964: 29; Cortés López 2004: 16).

Todos estos asuntos sobre la esclavitud en la Corona de Castilla se estaban viviendo mientras Geraldini estaba al servicio de sus reyes, incluso supuestamente pudo haber conocido en su viaje africano uno de los centros esclavistas portugueses, como lo era la isla de Arguim (ff. 18v-19), centro comercial luso desde mediados del siglo XV (Gomes, 1957). Pero es Pacheco Pereira quien aclara que los negros que llegaban allí eran jalofos y mandingas, transportados, como dice nuestro autor, por alarbes (f. 10), pero también por azenegues (Pereira, 1892: 42). Sin embargo, no menciona nada respecto de aquel tráfico en esa descripción, lo que curiosamente sí hace Cadamosto. Obviamente no podía aludir a otros centros esclavistas como Elmina, a donde nunca llegó, o Gorée, que no se convertiría en mercado de aquel tráfico hasta 1536. Lo cierto es que a los portugueses, ya desde mediados del siglo XV, no solo les importaban las exploraciones, sino también la explotación humana del *África* negra, lo que implicaba el comercio esclavista como uno de los mejores negocios que ofrecía aquel continente, en lo que ejercieron de intermediarios con la anuencia de las demás potencias europeas.

Las primeras menciones directas de Geraldini a la esclavitud, como ya mencionamos, nos aparecen reflejadas entre los alarbes, que describe como raptores de numerosos hombres y mujeres, que venden a precios muy bajos o los cambian por cualquier cosa a los mercaderes de España, Italia y Sicilia (f. 10). Este comercio en la mencionada isla, iniciado con diferentes productos en el siglo XV (Thomas, 1998: 113), permaneció en el tiempo, aunque cada vez más debilitado, hasta finales del siglo XVI, cuando el Atlántico definitivamente hizo inclinar la balanza comercial hacia sus costas.

Es interesante apreciar cómo el obispo mostró sus propias contradicciones. Por un lado, manifestó unos claros escrúpulos ante la esclavitud etiópica, hasta el punto de que puso como disculpa para no continuar su viaje el hecho de que en Guinea las propias familias vendían a los suyos a mercaderes extranjeros (f. 70v). Esta misma idea la repitió Martínez de la Puente a finales del siglo XVII (1687: 78). Por otro, él mismo reconoce que en su viaje habían capturado a unos marineros etíopes (f. 71). Incluso son contradictorias sus ideas sobre la concepción de la esclavitud entre aquellos habitantes del África negra, pues nos recordaba que tenían un comportamiento mejor con los demás humanos, ya que estos "subyugan y mantienen a personas de otro color y a pueblos con distintas leyes bajo una cruel cautividad, bajo una terrible esclavitud" (f. 35v). Nos presenta varios ejemplos sobre aquella actitud; así, la expulsión de los reyes que se había hecho en la tierra Manassabea, porque abusando de su autoridad vendían a sus súbditos a su antojo a gentes que llegaban a comprarlos desde tierras lejanas (f. 43v). También nos recuerda el mandato del prelado Igvino:

> Añado que, si os marcháis a otros países, estaréis como en el exilio el resto de vuestra vida y en gran peligro por la desigualdad entre este cielo y aquel, y por la actitud de los pueblos poco amistoso hacia vosotros, pues siendo vosotros diferentes de ellos en color y costumbres, seréis considerados y tratados como esclavos. Hijos míos, esta patria os es benéfica, por lo que habitadla y todos con el mismo vigor disfrutad de ella y cultivadla (f. 57).

Aquellas situaciones le servirían para hacer una reflexión y una crítica a los europeos, como principales beneficiarios del comercio esclavista del occidente africano. Para ello hace alusión, a su modo, a la imagen del buen salvaje, contrapuesta a la de los vicios y defectos de la vieja Europa, incluso con un reconocimiento de su ley natural:

> Reconocí con claridad que la equidad de aquellas poblaciones etíopes es sincera, y que sus mentes carecen por completo de barbarie, de la que no carecen muchos pueblos de nuestro hemisferio, los cuales someten a los hombres de diferentes idiomas, leyes y costumbres a una intolerable esclavitud y cruel cautividad (f. 35v).

Frente a estas ideas del prelado, estaban generalizadas en Europa otras como la ya mencionada de la fuerza física, pero también el desenfreno sexual, que se consideraba beneficioso en función del aumento de la natalidad y, en consecuencia, hacía crecer el número de esclavos sin coste para el dueño; probablemente esto podamos relacionarlo con el asombro que el obispo sintió por la fecundidad de las mujeres etíopes (f. 56). Pero esa idea de lascivia era también una prueba más de la condición casi animal del esclavo y justificación de su falta de libertad. De todos modos, no se negaba su humanidad, pero se condicionaba al pensamiento manifestado por Aristóteles en su *Política* I:2-5, que además mantenía la necesidad de los esclavos en la administración doméstica y consideraba que los había por naturaleza. Frente a esto, como escribió con cierta decepción un prestigioso historiador, no hubo una clara condena de la esclavitud entre los teóricos españoles del Siglo de Oro (Domínguez Ortiz, 1952: 406), pero tampoco previamente de los humanistas (Paniagua Pérez *et alii*, 1997).

La obra de Geraldini, a pesar de ser una de las pocas que admite virtudes de los subsaharianos para una vida política y social plenas, no llegó a captar el concepto de esclavitud entre los pueblos etíopes, donde antes de la llegada de los europeos ya existían esclavos, pero estos estaban normalmente asociados a prisioneros de guerra, que provocaba continuos enfrentamientos, de una manera muy especial en el Sahel y sus imperios (Meillassoux, 1990: 53-54). Esto, sin embargo, no suponía la perdida absoluta de libertad, pues se podía gozar, incluso, de propiedad, y con frecuencia se les integraba en el ámbito familiar, ya que suponían una ayuda suplementaria que podía beneficiar al cautivo, pudiendo conseguir una liberación de derecho o de hecho (Ki-Zerbo,

1982: 776-777). Otros formaban parte de los ejércitos, de ahí el gran contingente de ellos que existía en los de Mali y Shongay, imperios con un gran número de esclavos entre su población. También existían los esclavos para los sacrificios, cuyo ejemplo más relevante era el de Dahomey.

Ahora bien, la visión negativa del negro también, como en el caso de Geraldini, estaba sufriendo leves alteraciones en Europa. Así, en la pintura centroeuropea el rey Baltasar se estaba reproduciendo como un hombre negro, lo que no sucedía en los países mediterráneos. Incluso hubo algunos reconocimientos puntuales de hombres de raza negra, como en Venecia el de Juan el Etíope, que sirvió en el ejército de la ciudad y encontró su muerte luchando contra el ejército francés, por lo que a su esposa e hijos se les concedió una jugosa pensión (Kaplan, 2010: 348-349); sin olvidar al mulato Alessandro de' Medici, primero de su raza en ocupar el poder de un estado europeo, como duque de Florencia, entre 1531-1537 (Fletcher, 2016).

6 LAS MUJERES EN EL *ITINERARIUM*

Podríamos decir que las alusiones a lo que hoy se llama lenguaje inclusivo, "hombres y mujeres", son constantes en la obra de nuestro obispo (ff. 23v, 34v, 45, 59v, 62, 67v); incluso para referirse a ciertas actividades, como cuando menciona en la ciudad Damnitana a "los adúlteros y las adúlteras" (f. 68v). Desde luego, nada tiene que ver esto con la igualdad de sexos. Evidentemente, en la obra de Geraldini no hay tales planteamientos de equiparación, siendo esta consideración un mero recurso retórico, que no implicaba un contenido de fondo, sino más bien un lenguaje discriminador en el que se trataba de establecer la diferencia entre lo masculino y lo femenino sin ningún afán de complementariedad. No insistiremos ahora en la figura de Catalina de Aragón, a la que ya hacemos referencia en su biografía, como objeto de ataques que pensamos incluso que lleva al mundo africano, pues de alguna manera cuando hace alusión a las palabras del prelado Toquale ("Sobre todo, hijos míos, no seáis ingratos, pues no hay pecado alguno más abominable que él hacia Dios. Ninguna maldad contra a los hombres es tan dañina como la ingratitud", f. 43), parece que se las está dedicando a Catalina, de la que destacó aquella condición de ingratitud.

En el *Itinerario*, nos aparecen varias alusiones a la mujer a lo largo del continente africano. En primer lugar, aquellas que ejercían su función de esposas y madres, a las que menciona sin extender demasiado el discurso. Su aparición en la obra está en relación directa con la actividad primordial de los varones, casi como meras acompañantes de estos, cumpliendo sumisamente lo que se podrían considerar sus labores tradicionales, como en el caso de las alarbes, que se desplazaban incansablemente acompañando a sus hombres, con sus hijos y los escasos bienes que tenían (f. 9v). Otras tenían una función distante en la obra, como las que se acercaban a verle durante su viaje junto con los varones, pero a las que solo menciona como sujetos pasivos (f. 23v). En la misma línea estaría la mujer como elemento procreador, que le causaba extrañeza en el caso de la Zona Tórrida, donde a pesar del calor y la verticalidad del sol, las mujeres eran muy fecundas (f. 56). Sin embargo, no hace alusión a la implantación de la sharía islámica, que había provocado y estaba provocando en África profundos cambios en la visión de la mujer, al imponerse inexorablemente la familia patriarcal en su sentido más rígido. En ese ámbito, la mujer pasaba a cumplir labores muy tradicionales y a mantener una indiscutible sumisión, siendo relegada de otras actividades que entre algunas culturas pudieron desarrollar mientras perviviesen sus religiones tradicionales[98]. El islamismo senegalés por entonces afectaba sobre todo a los grupos poderosos, mientras el pueblo se mantenía fiel a sus tradiciones, al contrario que el auge que tenía y había tenido en los imperios de Mali y Shongay. Así, en el primero de estos se había introducido la sharía en el siglo XIV y Askia Mohamed I haría lo mismo en el imperio Shongay[99]. Obviamente, al mencionar a esas mujeres anónimas no olvida las prácticas poligámicas, como cuando menciona al rey de Mali (f. 26). Sin embargo, no parece consciente de aquel mestizaje que se produjo al norte del río Senegal como producto de la trata de esclavos, que condujo a muchas mujeres etíopes al concubinato, ya que este estaba íntimamente ligado a la esclavitud (Puente, 2007); ni siquiera menciona el mestizaje que se estaba produciendo en el propio Senegal desde finales del siglo XV con las *signare* o mujeres que mantenían relaciones con los portugueses "lançados"[100].

Más llamativo en su relación es la alusión a algo que para los europeos del momento entraba en el campo de una realidad mítica. Nos estamos refiriendo a las amazonas, aquellas mujeres que fueron buscando su asiento real en el mundo y que se iban desplazando en la medida en que la frontera europea se ampliaba, para acabar situándose en América varios años más tarde del momento del relato de nuestro obispo. Para entonces ya no

---

98 Sobre la islamización del Occidente de África puede verse Cuoq (1984: 194). En lo que afecta a la mujer, Wiesner-Hanks (2011: 34) y Coquery-Vidrovitch (2018).
99 Sobre la importancia en la región de este monarca puede verse Kake y Comte (1976).
100 Eran emigrantes portugueses asentados en la costa africana entre Senegal y Sierra Leona, que mantenían relaciones con mujeres de la zona (Mark, 1999: 173–191).

tenían cabida ni en el mundo europeo, ni en el asiático, ni en el africano. En este último, su lugar siempre eran espacios remotos, imposibles de ubicar cartográficamente.

Las que nos menciona Geraldini en su obra no son propiamente amazonas, pues sin duda el prelado no tenía dudas de que aquellas míticas mujeres no existían, como nos aclara que tampoco existían los famosos hechos mitológicos del monte Atlas (f. 6). Lo que en el fondo planteaba el autor era un asunto de matriarcado que, por cierto, era frecuente entre muchas culturas etiópicas, sin olvidar que en el África occidental, en diferentes lugares, las mujeres asumieron las tareas agrícolas y comerciales. Su descripción presenta bastantes coincidencias con las de Francisco Alvares (1588: 307), aunque también algunas diferencias. En el África oriental, en su propia época, existió un personaje femenino que gozaba de un gran poder, como lo fue la reina de Etiopía Säblä Wängel (1508-1540) (Panhurst, 2009: 56-59). Además de esto, la matrilinealidad era algo bastante común en las costas de Guinea, donde las mujeres podían participar en decisiones importantes (Minlend, 2015: 106); sin olvidar, por ejemplo que, en la región de Ghana, antes de que fuese colonizada, se sabe que las mujeres nombraban a los reyes y ocupaban puestos políticos y religiosos de importancia. Igualmente era relevante su papel en la corte hausa de Kano, gobernado en la época de Geraldini por Kisoki (1509-1565), muy influenciado por su madre y su abuela (Palmer, 1908: 78-79). Incluso en la misma Nigeria, unos años más tarde de ser escrita esta obra, reinó también entre los hausas de Zaria, al noroeste de Nigeria, una mujer guerrera llamada Amina o Aminatu (1533-1610), conocida como la reina guerrera, que conquistó varias ciudades y cobró tributos a varios pueblos (Green, 2019: 58). En realidad, Aminatu respondía a una tradición entre los hausas del papel institucionalizado de la reina madre (*magajiya*) y de la transcendencia de las mujeres en la política de sus estados (Wiesner-Hanks, 2010: 144; Mahamane, 2012: 159). También tenemos noticia de Yanu de Angada en tiempos de Sonni Ali (1464-1492) en el imperio Shongay, o Bikun Kabi Malik en Massina a mediados del siglo XV, o Aisa Kili Ngirmaramma, reina del Imperio Kanem-Bornu en un periodo indeterminado de los siglos XV o XVI (Gómez, 2019: 298). Precisamente sobre la última de ellas existen serias dudas sobre su gobierno y las fechas en que vivió, puesto que la tradición musulmana trata de ignorar la ocupación del poder por la mujer (Jackson-Laufer, 1999).

Todo esto, más lo que nos transmite Geraldini, no implicaba la existencia de reinos ocupados por mujeres de una forma permanente, o compartiendo el poder, o como regentes de la autoridad de un menor, o como trasmisoras de derechos. Solo en Matamba, en el sur del continente, en los límites de influencia del reino del Congo[101], parece que las mujeres pudiesen ocupar el trono en las mismas condiciones que los varones (Minlend, 2015: 110).

Nos planteamos si las alusiones que hace Geraldini al poder de las mujeres son noticias que le han llegado y a partir de las cuales elaboró su discurso, porque en realidad, aunque nos menciona algunos reinos de mujeres, está muy lejos de identificarlas con las amazonas, si bien la tradición clásica subyace en su relato. En consecuencia, en los supuestos discursos e inscripciones de aquellos reinos femeniles, sus protagonistas deciden evitar la confusión con el mito, tal y como a nuestro autor se lo relatan. Así, cuando nos informa de lo referente a la provincia Mardaonzona, gobernada por mujeres, se especifica que las tareas masculinas eran las que en la sociedad europea estaban reservadas a las mismas. Evidentemente, esto en la visión de un europeo de la época no entraba en los parámetros de la normalidad, por lo que Geraldini justifica aquello por boca de su reina Insenea. Esta quiere dejar muy claro que ellas no son las usurpadoras del poder, porque en la mentalidad de la época el poder era primordialmente algo que la mujer solo podía ejercer de forma esporádica y limitada en el tiempo. Hasta tal punto se necesita justificar el hecho por la mencionada reina, que esta se ve obligada a declarar que "somos mujeres humanas y no bestias", obligadas a detentar el poder porque los varones muestran sus incapacidades para el gobierno y son perezosos, necios, libertinos y libidinosos (f, 45). Y sigue disculpándose al decir que, si ellas hubiesen actuado por el simple deseo de controlar el poder, hubieran sacrificado a los varones y hubieran actuado como las verdaderas amazonas. Por el contrario, en aquel reino las mujeres amamantan a sus hijos varones hasta que estos pueden dedicarse a tareas mujeriles como sus padres, ya que en ellos existe esa inclinación natural; entre tanto, ellas muestran disponer de todas las cualidades que las hace aptas para ejercer el poder (ff. 45–46). Es decir, son mujeres suplentes de la carencia de virilidad que se supone atribuible a los hombres.

También su informante le menciona en aquella misma región de la existencia de la ciudad Nasaenna, especie de teocracia femenina, en la que las preladas administraban la justicia en la plaza pública, procurando el bien de la república. Allí, la suma sacerdotisa era Ottoana, que mostró al mencionado informante de Geraldini el monumento a Attea, con su inscripción en la base de la estatua (46–46v). En aquel texto quedaba patente la combinación de la tradición clásica

---

[101] Este reino sería conquistado en el primer cuarto del siglo XVII por Nzinga y se convertiría en un lugar de oposición al expansionismo portugués en la zona (Miller y Miller, 1972: 45–46).

del gobierno de las amazonas con la cristiana del monacato femenino, sin por ello olvidar a las vestales romanas, como antecedentes del mismo.

Geraldini desviaba hacia el mundo africano la institución monacal femenina de Europa, como si se tratara de un hecho natural la existencia de mujeres entregadas a la divinidad en todas las religiones, o al menos en aquellas que se regían por la ley natural. Las mencionadas eran mujeres consagradas al dios del cielo, que como tales habían hecho su voto de castidad. Aquí Geraldini provoca un relato que fácilmente es identificable con los sucesos y tradiciones del mundo monacal cristiano. El punto inevitable por tratar en esas condiciones era el del voto de castidad, aquel que tantos quebraderos estaba provocando en la Iglesia por los continuos casos de transgresión en un buen número de monasterios de la cristiandad. Como si de un moralista se tratase, el prelado nos ofrece por boca de Ottoanna las soluciones para preservar la pureza femenil: evitar la pereza, descansar en la cama solo el tiempo necesario, y dedicar continuas oraciones a su dios, es decir, lo que eran fundamentos esenciales del monacato cristiano, casi el *ora et labora* benedictino. Incluso entre aquellos consejos que se ofrecían había un espacio de cabida para el *memento mori*, al recordar a aquellas mujeres la fugacidad de la vida, amén del ejemplo que debían dar, porque "vosotras solas debéis de ser un ejemplo de santidad para toda esta provincia" (ff. 46v-47v). En consecuencia, se les recuerda que hubiera sido mejor no entrar al servicio de dios, si no eran capaces de guardar la virginidad, evitando así afrentar con sus actos impúdicos a su propio monasterio. Y aquí Geraldini nos menciona que el castigo era la lapidación, lo que sin duda superaba las penas impuestas en la Europa cristiana, pero que el pueblo contemplaba como "un espectáculo deleitoso" (ff. 47v-48); como también era ejemplar la condena a muerte por adulterio de la ciudad Damnitana, donde "los adúlteros y las adúlteras, considerando su calidad en base a ella, se condenen a muerte" (f. 68v). De todos modos, la lapidación era uno de los aspectos que los europeos prohibían en los territorios que llegaban a controlar (Kane, 2012: 206-207).

También relacionado con el mito estaba el recuerdo de las islas Gorgonas, deshabitadas en el momento del viaje de nuestro obispo, pero que habían estado ocupadas por mujeres de aspecto cruel "y casi de fiera" (f. 18v). Probablemente se debe estar refiriendo a la cita de Pomponio Mela en su relato del viaje de Hannón (III:81):

> Super eos grandis litoris flexus grandem insulam includit, in qua tantum feminas esse narrant toto corpore hirsutas et sine coitu marum sua sponte fecundas, adeo asperis efferisque moribus, ut quaedam contineri ne reluctentur vix vinculis possint.

Aquella monstruosidad de las mujeres de las Gorgonas se había relacionado directamente con su pilosidad (Orsanic, 205: 226-230), como lo manifestaron otros autores clásicos como Ovidio *Met*, 4,5,618; Lucano 5,624, Apolonio 4, Hesíodo *Theog.* 274, o Plinio NH 6,200. La pilosidad era una característica atribuida a los varones, por lo que en la mujer era considerada como un rasgo de monstruosidad y aparecería como tal en obras incluso posteriores, como las de Paré (1628: 1021) o Aldobrandi (1642: 17-18).

En los aspectos religiosos, la feminidad es algo que también debemos relacionar con el culto a la luna, al que se hace continua alusión entre varios pueblos. Para algunos de los mencionados en la obra, se habla de su valor para hacer soportable la vida, especialmente en la Zona Tórrida, donde en las noches alivia el calor del día (f. 23, 55v). Es más, como divinidad femenina, junto con el sol, que es la divinidad masculina, se considera que condiciona las cosas terrestres (ff. 28v-29v, 38) y en concreto se hará alusión a las mareas (f. 59). Existe casi una relación maternal de este satélite terrestre, como protector, aliviador, etc., frente a la potencialidad y dureza del astro sol, su complementario y/o su contrario. Esto queda muy bien reflejado en uno de los pasajes, cuando el dios Océano dice:

> Cuando me dediquéis sacrificios, rogad a mi divinidad que os haga amigos de la diosa Luna, ya que yo, dios, Océano, sigo día y noche y durante todo el año a esta diosa, y, siendo ella mi dueña, la observo, la obedezco y por ella llegan a mis costas los flujos y reflujos; por ella surgen en el mar las grandes tempestades, los torbellinos, los vientos, rayos y muchos otros males que se producen en el mundo (58v).

La mujer como objeto sexual tampoco faltó en la obra de nuestro prelado, que no atacó abiertamente la poligamia. Es cierto que a su narración más llamativa en este sentido le quitó veracidad y dice que, si la incluyó, fue porque la consideró amena para la narración y para poner de manifiesto los errores de los que era capaz el intelecto humano (ff. 30-31). El relato se centraba en la ciudad Cornisea, donde se decía que los dioses acudían a las fiestas y los banquetes de sus habitantes, violando a las jóvenes hermosas y llevando a cabo otras uniones más depravadas. En consecuencia, los habitantes de aquella ciudad se jactaban de ser descendientes de los dioses. De nuevo el ejemplo, aunque no aceptado como real, le sirve para otra reflexión, al considerar que un pueblo que vive dominado por la lujuria está totalmente pervertido y en él hay una total carencia de sentimientos religiosos y de santidad (f. 30); por tanto, los sacerdotes de aquella ciudad

> que deberían dar testimonio de una existencia ejemplar, siempre viven entre los nefandos y aborrecibles actos de lujuria contra natura. El rey conversa con frecuencia y vulgarmente con las concubinas y entre los servidores de mesa y de cámara sin

decoro regio alguno. En definitiva, en todo el país no se ve cosa buena, ni santa, ni justa ni íntegra alguna, por lo que causa asombro ver cómo el sumo dios del cielo pueda tolerar semejantes depravaciones (ff. 31-31v).

En el fondo, en Geraldini se estaba produciendo la aceptación de aquel estereotipo europeo que consideraba los excesos sexuales como una característica de la raza negra. Él mismo fue tentado en su supuesta abstinencia sexual, puesto que en alguna ocasión le habían presentado "muchachas de tez oscura y de bellísimo aspecto" (f. 37). No olvidemos que la prostitución había crecido alarmantemente en el África negra a raíz de la expansión europea y el desarrollo de la esclavitud.

7 FICCIÓN, RECREACIÓN E IMITACIÓN

Esta obra no podríamos considerarla puramente como histórica ni como etnográfica, puesto que no reúne los suficientes ingredientes para ser tratada como tal, a pesar, incluso, de haber sido escrita en latín. Su verdadero valor estriba en su relación con la literatura de viajes heredera de la Edad Media, aunque con evidentes influencias del Humanismo, pues el autor no deja de ser un hombre de su tiempo, además de estar muy bien relacionado con determinados círculos humanistas de Italia y España y probablemente también de Inglaterra y el centro de Europa, a donde había viajado por diferentes motivos.

El viajero europeo de los siglos XV y XVI, por las especiales circunstancias del momento, que suponían la apertura a un mundo desconocido, estaba deseoso de mostrar a sus gentes las maravillas y rarezas de otros espacios geográficos, como lo refirió el propio prelado cuando en la costa Bodumela expresó su deseo de buscar cada día "nuevos pueblos, nuevos reinos y extraños pueblos, las cuales eran de aspecto y semblante diferentes" (f. 35v). Esto iba unido al deseo de originalidad, de acceso a algo nuevo, que en su caso no lo era, pero que trataba de aparentarlo, pues viajaba por un África por la que "nuestros padres jamás navegaron" (f. 31v).

Amén de esto, y como algo que formaba parte del Humanismo, su obra tiene también un trasfondo moralizante de carácter cristiano, pero con herencias del mundo clásico, en que Roma se convierte en un referente constante, como vemos en el apartado correspondiente, así como en un modelo para su *comparatio*.

Como humanista también muestra su interés y su curiosidad por determinados aspectos, como las lenguas, la filosofía, la religión, la astrología y la perspectiva del otro, producto en buena medida de los descubrimientos geográficos de la época y del desarrollo de un pensamiento laico. Estaríamos, pues, a medio camino entre el relato de viajes y la literatura de viajes (Richard, 1981: 15 y ss.). Relato, porque tiene ciertas partes de verosimilitud, aunque el autor trataría de incardinarlo por completo en esta categoría, aceptando como real lo que resulta imaginario. González Vázquez prefiere creer lo contrario, puesto que no ve en el autor la necesidad de diferenciar entre lo histórico y lo literario (2013: 315). De todos modos, para evitar las referencias que puedan quitarle visos de realidad a aquella obra de viaje en solitario, Geraldini se convierte en sujeto único de la narración, pues tan solo nos da el nombre de su criado, Francisco Ribera (f. 66), mientras de la tripulación del barco y de los criados se ocultan los nombres y se alude a ellos genéricamente como "los criados" y "los marineros" (ff. 35v, 38, 71, 73, 73v). Por tanto, el anonimato frente al protagonista principal es una característica fundamental de la obra.

Su viaje, en buena medida imaginario, forma parte de una literatura de transición entre el Medioevo y el Renacimiento, en la que se mezcla lo histórico con lo libresco, como había sucedido con otras obras de viajes fingidos, como el de Mandeville o, en España, el *Libro del conocimiento* y el *Libro del Infante don Pedro de Portugal* (Pérez Priego, 1984: 218-219), publicado 25 años más tarde que la supuesta elaboración de la obra de nuestro obispo. Podríamos decir que el viaje de Geraldini no es un itinerario del todo fingido, pues hubo partes de él que se hicieron, aunque no fuese tal y como se nos relata; ejemplos de ello son el paso por Canarias o su presencia en el Caribe y, concretamente, en la isla Española. Así, aunque la obra no es puramente imaginaria, abunda de informaciones orales y, como ocurre en otras obras de viajes, como las de León el Africano y Luis del Mármol Carvajal, supuso una deriva de lo informativo a lo ficticio, en que lo maravilloso y lo fantástico acabaron por imponerse (Kidakou, 2007: 76).

González Vázquez mantiene acertadamente que su obra respondía a un plan trazado propio del medioevo; es decir, se seguía un mapa como referente de la veracidad de lo narrado; se recogía información real y ficticia de lugares poco accesibles para el lector; se establecía una cronología; y, finalmente, se describía el esquema de su viaje por cada lugar. Además, la obra repite la técnica narrativa de los libros de viajes medievales: 1) llegada; 2) conocimiento de una nueva persona[102]; 3) visita del lugar de esa persona, haciendo descripciones; 4) partida y narración de sus impresiones; 5) llegada a un nuevo destino (González Vázquez, 2013: 307).

---

102 Conviene añadir que dicha persona siempre es varón y, generalmente, del estamento sacerdotal o noble. La presencia de mujeres solo se revela en documentación epigráfica o anecdótica, como hemos examinado en el apartado correspondiente.

Otro aspecto que se tiene en cuenta en un libro de viajes, como el presente, es su desarrollo cronológico, que es lineal y también imaginario, pues no corresponde a la realidad, aunque aparentemente se diga que sale de un diario elaborado por el propio obispo (f. 2v). Son fundamentales también las descripciones, con frecuencia muy escuetas y genéricas, pero en las que se incluyen aspectos de lo maravilloso de la fauna, de las riquezas, de las fantasías, etc.; precisamente en este aspecto Geraldini no es parco en demostrar su admiración por muchas de las cosas de África, incluidos aspectos como el juicio de algunos pueblos o el respeto a los pontífices (ff. 23 y 28). Sin duda, como recuerda Catenacci, se acogía a aquella máxima de Plinio de que "África siempre ofrece alguna sorpresa" (NH, 8:16,17) (Geraldini de' Catenacci, 2009b: 112). Con su admiración por lo extraordinario y por los lugares imprecisos, se intenta captar la atención del lector sobre aquellos aspectos que él considera de mayor interés. De esta manera, consigue orientar la lectura a su antojo, para lo que recurre esencialmente a unas figuras retóricas propias del género, tales como cronografía, topografía, prosopografía y etopeya, aunque no falten otras a lo largo de la exposición, como las escuetas descripciones que utiliza para hacer relatos sobre estatuas, templos o ciudades, que son unas veces reales, puesto que proceden de la obra de Cadamosto, y otras ficticias, creadas por el propio autor. Igualmente, la hipérbole es otra de sus figuras características, con el uso reiterativo de palabras como "enorme", "multitud", "innumerables" o datos más concretos, como el ejército de más de un millón de hombres (f. 62), misma cantidad que los indios asesinados en La Española (f. 82).

No incide el autor demasiado en el estilo epistolar, que él cultivó reiteradamente a lo largo de su vida[103], si bien encontramos algunas referencias concretas, como las cartas que intercambia con el rey Acteón, que a pesar de ser breves, recogen claramente las máxima del estilo en la época con *salutatio, captatio benevolentiae, narratio, petitio y conclusio* (ff. 37–37v). Precisamente esta es otra prueba de lo incongruente del texto, pues evidentemente el estilo epistolar de un rey africano no podía ser el mismo que el manejado en la Europa del momento, aun contando con la improbable capacidad de escribir del etíope. Podemos suponer que dicho estilo retome el que el obispo adoptó para redactar

---

103 Sobre sus cartas puede verse la interesante recopilación realizada por el Dr. Edoardo D'Angelo en la obra *Alexandri Geraldini Amerini. Variae epistolae XXVI necnon orationes IV*, Roma, Nella sede dell'Istituto, Palazzo Borromini, 2018.

las misivas que enviaba a miembros de las cortes europeas y de la Iglesia romana, con el objeto de que sus peticiones se atendieran[104].

En un hombre del Humanismo italiano tampoco podía faltar la *imitatio*, que en su caso tiene una doble vertiente. Por un lado, la de emular a los grandes viajeros de la Antigüedad, y en concreto a Platón "y los otros" (f. 15v). Probablemente en esos "otros" estuvieran Heródoto y Estrabón, como viajeros en busca del conocimiento del mundo; sin descartar tampoco que pudiese haber una influencia del viaje de Hannón, a través de otros autores clásicos, principalmente de Plinio (NH 2:67,167-170), o de la *Chorographia* de Pomponio Mela (3:9,89-96), ya que el manuscrito del Palatinus Heidelbergensis, aún no se había publicado. Incluso se puede pensar en la influencia de los logógrafos de Jonia, en la medida en que algunas fantasías las convierte en realidades. Sin embargo, la *imitatio* no estaba tan solo en la realización del viaje, sino en la propia narración del mismo, como lo aconsejaba aquel autor que habría sido fundamental en los estudios que realizó con Grifón de Amelia, es decir, Quintiliano, que recomendaba la *imitatio* en su *Institutio oratoria*, aunque aconsejaba hacerlo con sentido crítico y con prudencia (Soriano Sancha, 2014: 46). Aunque Geraldini escribió su obra en latín, también en las lenguas vernáculas se recomendaba aquello mismo, como lo había recordado el propio Dante en el *De Vulgari Elocuentia*.

Además de la *imitatio*, estaba la revalorización de la experiencia como método del conocimiento, tal como lo recordaba Roger Bacon en su *Opus maius*, pues sin dicha experiencia (*scientia experimentalis*) no se podía alcanzar el mencionado conocimiento. De todos modos, ya la Escolástica había recurrido al *nihil est in intellectu quod prius non fuerit in sensu*, que tenía su origen en Aristóteles y que parece que Geraldini no aceptaba, al menos en el plano de lo religioso:

> ¡Cuántas cosas existen en este bajo mundo y se nos presentan cada día delante de nuestros ojos que el intelecto humano no es suficiente para comprenderlas! ¡Cómo, pues, seríamos capaces de entender aquellas cosas que están infinitamente lejos de la lógica humana y penetrar en la infinita e incomprensible divinidad! (ff, 52-52v).

La *brevitas* fue otra de las características que se trató de imprimir a la obra, por expreso deseo de quien la redactaba, pero en la que no nos extenderemos, puesto que se trata igualmente en el apartado dedicado a la historia y que nos recuerda aquel aforismo que haría famoso a Baltasar Gracián en la centuria siguiente, concretamente en 1647: "Lo bueno si breve dos veces bueno" (Gracián, 1659: 199), si bien nos tememos que aquí la brevedad iba condicionada por el desconocimiento de la realidad africana, que interrumpió en el mismo lugar geográfico que Cadamosto.

---

104 Consúltese al respecto D'Angelo (2018: 1-275; Le, 283-307; 407-423).

El amerino, como otros autores que escribieron sobre África en el siglo XVI, fue un claro ejemplo en la época de que su labor, supuestamente científica, se fue desplazando hacia lo maravilloso y perdiendo realismo (Kidakou, 2007: 76). En pos de una experiencia fingida recurre con frecuencia, como era habitual en las obras de viajes que eran a la vez autobiográficas, a la fórmula según la cual había visto aquello que relataba, o se lo habían contado personas de toda credibilidad, especialmente los prelados (ff. 20v, 25v, 30v, 33, 33v, 34, 49v, 50, 50v, 61). Reconoce, sin embargo, que la grandeza del continente africano impedía que le pudieran contar todo lo referente al mismo, lo que a su vez le sirve de disculpa para abandonar la narración (f. 69).

En contraposición a otros muchos libros de viaje medievales, en este conocemos al supuesto autor, así como una buena parte de su biografía, con su condición de eclesiástico, lo que de alguna manera contradice el desarrollo de autores del género, puesto que los hombres de religión habían prevalecido en las composiciones de viajes anteriores al siglo XV, momentos en que se produce una laicización, con una inclinación en la mentalidad por lo caballeresco y lo mercantil (Pérez Priego, 1984: 235).

En su redacción utiliza la primera persona, pero con frecuencia también acude a interlocutores interpuestos que le narran cosas de otros lugares, especialmente Nassamón, que fue su informante primordial en lo que respecta a aquellos reinos desconocidos mencionados entre los capítulos VII y X. Ese uso de la primera persona lo compagina a veces con su condición episcopal, lo que sin duda ayuda a reforzar su imagen en la narración (ff. 25v, 32, 36), puesto que ello le permite contactar con las mayores autoridades de los lugares por los que se desplaza y gozar del respeto de los pueblos y de sus interlocutores. Todo ello con el fin de comunicarlo a los hombres ilustres, tal y como lo expresa muy claramente en un párrafo que no aparece en las traducciones italianas, en el que incita además a llevar a cabo nuevas exploraciones en África, como si ignorase la actividad portuguesa en el continente (Le, 211; Ge, 234-235).

A la vista de lo anterior, podríamos plantear que la obra de Geraldini, en tanto que relación general sobre África, se adelantaría a la del franciscano Francisco Alvares (c.1490-c.1540), aunque la de este último resulta mucho más veraz y con contenidos más alejados de las fantasías de nuestro prelado o de sus manipuladores (Alvares, 1540). El viaje de Alvares se estaba desarrollando paralelamente al de nuestro prelado y su motivo era conectar con el emperador Dawit II de Etiopía, a cuya corte no llegó hasta 1520.

En el *Itinerario* también existe algo de literatura utópica. Desde luego, no sabemos qué relación le pudo unir con Tomás Moro en Inglaterra, pero pudo conocer su *Utopía*, publicada en 1516 y con un gran éxito entre los intelectuales europeos. De todos modos, nuestro obispo estaba viviendo en una época proclive a ese tipo de pensamiento, que en él adquiriría características muy cristianas. Así, en su mundo ideal, los gobernantes están íntimamente ligados a los prelados, que en algunos de los reinos africanos eran los verdaderos responsables del poder. El utopismo, además, encontraba un campo abonado en la actividad americana, y por ello, en 1515, los franciscanos estaban planteando la conquista pacífica de Cumaná, que ratificaría Cisneros en su regencia, dando salida a una expedición con aquel destino. El proyecto fracasó en 1520, siendo Geraldini obispo de Santo Domingo, en cuya isla se centraban las expediciones de ida y vuelta hacia Tierra Firme. Incluso ese mismo año hubo un nuevo proyecto de Juan Glapión y Francisco de los Ángeles Quiñones, partidarios de una evangelización pacífica, que el papa León X apoyó con la bula *Alias felicis recordationes* de 25 de abril de 1521, suspendida por la muerte del pontífice (Paniagua Pérez, 2019). El mencionado Quiñones lo intentaría de nuevo por la bula de Adriano VI de 10 de mayo de 1522, *Exponi nobis fecisti,* conocida como la Omnímoda, que dio lugar al paso de tres franciscanos en 1523. Aquel utopismo de la Iglesia misional americana adquiriría especial relevancia tras la conquista de México, para lo cual Quiñones organizó nuevamente una misión en la que rebajó el tono utópico, pues los vientos que corrían por Europa con la Reforma no favorecían la situación para ideas extremas. Geraldini no pudo tener noticia de esta última parte, pues moriría el 8 de marzo de 1524, antes de que aquellos 12 frailes llegaran a México el 13 de mayo. El porqué de toda esta mención de Quiñones lo justificamos por unas ciertas semejanzas al utopismo de Geraldini. El primero optaba por una especie de frailocracia y el segundo ponía de relieve en África los poderes beneficiosos de los prelados. Ambos abogaban por la sumisión a la autoridad; Quiñones en la línea de san Francisco, en la famosa *Leyenda de Perusa,* de 1226[105]. Este llegó a pensar que, tanto el poder civil como el religioso debían estar bajo el control de las órdenes mendicantes, propuesta que hizo sin éxito al emperador, al igual que nuestro prelado a la hora de pretender que se le nombrase legado *a latere* (Paniagua Pérez, 2021: 556). Todo ello nos hace suponer que buena parte de las reflexiones en torno a una comunidad ideal y de la voluntad evangelizadora de Alessandro Geraldini, que leemos en diferentes pasajes del *Itinerario*, sean fruto de interpolaciones que realizaron autores posteriores, habida cuenta de las contradicciones y discrepancias que

---

105 San Francisco de Asís, *Escritos de san Francisco de Asís. Ultima voluntad a Santa Clara. Testamento de Siena,* http://www.fratefrancesco.org/escr/150.test.htm (17/05/2018).

plagan la obra, tal como hemos evidenciado en otros apartados de nuestro estudio.

Evidentemente una obra como la de Geraldini, que bebía en las últimas fuentes de la Edad Media y en un mundo en continuo cambio, estaba expuesta a las consideraciones fantásticas que pululaban por doquier y que el Humanismo no había sido capaz de desterrar, cuando no de alimentar. La vuelta a las fuentes clásicas abría el camino a lo que en su día plantearon muchos de los grandes intelectuales de Grecia y Roma desde Homero hasta los padres de la Iglesia. Nuestro autor se convierte así en un "indagator acerrimus" o "antiquitatum indagator", tal y como le define su descendiente Catenacci o lo hizo él mismo (Le, 342; Ge; 176–177; Catenacci, 2009b: 306). Era un buen conocedor de muchas de aquellas fuentes y, en consecuencia, no podía sustraerse a sus consideraciones sin olvidar la herencia medieval italiana. En realidad, la obra que nos ocupa no deja de ser casi toda ella una reelaboración de fuentes que aprovecharía, junto con elementos imaginados, producto de una tradición escrita de la Antigüedad y de la Edad Media con interpretaciones de informaciones orales, que no sabemos hasta qué punto fueron captadas por el autor en toda su dimensión. Incluso las inscripciones epigráficas que se iba encontrando en los supuestos templos y monumentos tampoco pasan de ser otra fantasía de un autor aficionado a las antigüedades clásicas (González Germain, 2016: 74–75; Vázquez y Hoyo, 2009: 2271–2280; Hoyo y González, 2009: 2281–2286), por lo que su obra hay quien la inscribe en el subgénero de literatura fantástica de viajes (González Vázquez, 2005: 41).

Curiosamente, de todas aquellas fantasías hubo una que no abordó, como fue la leyenda del Preste Juan, que mantenía su vigencia y que no era desconocida para ningún europeo de la época, toda vez que la Corona portuguesa mantenía viva aquella llama en función de sus planteamientos geopolíticos para controlar el Oriente. Precisamente en la traducción italiana de Mongallo, que es la que ahora nos ocupa, se ha añadido a los supuestos textos de Geraldini el referente a aquel mítico personaje, tratando de corregir un olvido con el anexo de unos capítulos de la obra de Bermudes (1565), que de alguna manera parecía imperdonable a la hora de abordar una descripción de África (Arciello, 2020), como se verá en el apartado correspondiente.

Tampoco abordó la fantasía de El Dorado, como parecen entender algunos autores (D'Angelo y Manfredonia, 2021: 126), que lo mencionan no como una metáfora o comparación, sino como una idea presente en la mente del prelado. Sin embargo, como posible realidad no surgió hasta la conquista de Quito, varios años más tarde (1534), en que a Sebastián de Belalcázar se le informa de una tierra al norte rica en oro, refiriéndose a la actual Colombia. Y es a partir de entonces cuando el sueño de El Dorado se extiende entre muchos europeos, como Robert Dudley y *Walter Raleigh (1595),* y no solo entre los españoles.

Las alusiones mitológicas clásicas no faltaron en la primera parte de su viaje, aquella que se desarrolló hasta la llegada al monte Atlas y las Canarias. En esa parte del trayecto nos cuenta la historia de Atlas, Hércules y Perseo, aunque no por ello dejó de admitir que habían sido muchas las fabulaciones que se habían generado en torno a aquel monte (ff. 5v-6). Precisamente esto le serviría para añadir más gloria al imperio romano, pues en aquellos tiempos de triunfos imperiales se pudo probar que no era inaccesible ni se podía imaginar al gusto de cada uno (f. 6). Esto coincidía con todas las leyendas que allí confluían, alimentadas por los antiguos poetas, que hacían coincidir en aquel lugar faunos, sátiros, semidioses e íncubos (f. 6v).

Como hemos comentado anteriormente, Alessandro Geraldini, a pesar de ser un buen representante del humanismo italiano en la península ibérica, no dejó de ser además un hombre que todavía se veía influenciado por las tradiciones medievales. Concretamente, el tipo de obras que posiblemente haya influido mayormente en su escritura fue la de los *mirabilia*. Quizás las fuentes principales que inspiraron al obispo fueran el *Libro de las Maravillas* de Mandeville (1357) o el *Libro del conocimiento de todos los reinos y señoríos que son por el mundo* (1390) (González Vázquez, 2013; Paniagua Pérez, 2008: 142). El primero pudo haberlo manejado en latín, ya que no existía todavía una traducción al español, que se hizo precisamente en 1521. A ello, convendría añadir la lectura del *Milione* de Marco Polo, considerando que este y la creación de Mandeville fueron lecturas muy probables de Cristóbal Colón. Es más, le tocó vivir en el preciso momento en que las cosas admirables, de herencia clásica o no, comenzaban a trasladarse hacia el Nuevo Continente, cuando África, en la medida en que se iba descubriendo, iba mostrando una realidad maravillosa, pero no de sucesos extraordinarios. Hasta entonces, en los momentos iniciales de la expansión portuguesa, aquel continente había sido un verdadero espacio en el que representar monstruos y maravillas (Flores). Nuestro obispo siguió transmitiéndonos algunos, sin que por ello deje de dudar de otros. Así, uno de los mitos que se había trasladado a África había sido el de las amazonas, en que se cuida mucho de considerarlo como tal y lo aborda desde otros parámetros más realistas, aunque también fantasiosos, como hemos mencionado en el apartado dedicado a la mujer. Aun así, hubo autores que siguieron manteniendo la existencia de las amazonas en África, como lo hacía el luso Francisco Álvarez un año después de estar escrita esta obra, que situaba su reino al sur de los de Damute y Goraga (Alvares, 1557: 249v).

Algunas de las fantasías que se reflejan en la obra tienen que ver con asuntos religiosos y con cierto toque de postrimería y/o milenarismo. Así, los sucesos que periódicamente se producían en la tierra Gallanea, donde tropeles armados aparecían periódicamente luchando en el cielo y provocando grandes estruendos, que atemorizaban a los habitantes. Estos se refugiaban en los templos, mientras los sacerdotes hacían conjuros secretos que hacían retirarse a aquellos tropeles cuyos miembros presentan las más variadas fisonomías "algunos descubriéndose el rostro, ora ocultándolo; otros con cara negra y afligida; otros con cara blanca y melancólica; otros con mirada feroz y cruel y otros alegre; algunos llorosos, algunos amenazantes..." (ff. 62-62v). Eran el recuerdo de tiempos peores en los que entraban en casas y palacios, provocaban abortos en las mujeres, los niños quedaban alelados... Sin embargo, el conjuro mencionado había logrado evitar tales consecuencias, pero estaba limitado a los sacerdotes, pues quien lo comunicara a un profano moriría a los tres días. Es decir, como en cualquier religión, los sacerdotes, a través de los conjuros para dominar otras fuerzas, mantenían su prelación en la sociedad, pues con ellos podían controlar a los seres maléficos o peligrosos que se cernían sobre una sociedad. Aunque Geraldini no establece comparaciones, no debemos obviar el recuerdo que puede existir de estos conjuros con los que hacían los sacerdotes cristianos ante las tormentas[106].

> ¡Oh serpientes, animales dañinos, monstruos horribles, enemigos del género humano! El dios de la salvación, pues es así como me gusta ser llamado, habiendo venido para la salvación de vuestras tierras, por la autoridad omnipotente, os dice y ordena que, tras escuchar al sumo sacerdote de la patria, debidamente elegido, o el sacerdote justamente ordenado, os quitéis el veneno y abandonéis de inmediato toda vuestra fiereza natural, y no os mováis ni molestéis ni a los hombres ni a los animales (ff. 22-22v).

Otro aspecto que resultaba maravilloso para el autor, al que hemos hecho alusión en varias ocasiones, era la fecundidad de las mujeres etíopes "lo que más me produce maravilla", teniendo en cuenta que vivían en un ambiente tan caluroso, puesto que el sol es perpendicular a sus cabezas y ello hace que al fluir la sangre en la piel adquieran un color de "violeta oscura"; pigmentación que cambia cuando llegan a Europa y Asia porque la sangre se refresca y fluye hacia el interior, adquiriendo su piel un color completamente negro. La relación ya procedía del mundo clásico, en que Helios se relacionaba con la fecundidad y la fertilidad, y en concreto con los etíopes, a los que daba su color cuando

---

106 Sobre algunos de los diferentes conjuros que se practicaban en España puede verse Botas San Martín (1992: 90-99).

era transportado desde Occidente hacia Oriente para volver a iniciar su viaje (Noguin, 1993: 242) y de cuya fertilidad, aunque limitándolo a Egipto, ya hablaba Aristóteles por su proximidad al sol (Hist. Anim. 7,4,584b). Es interesante comprobar cómo todavía durante el periodo independentista americano dos autores como José Joaquín Olmedo y Andrés Bello relacionan la fecundidad con el sol, aunque probablemente en el primer autor la relación tenga más que ver con la tradición andina que con la clásica; así, en el canto de las vírgenes del sol se decía: "Tu vivífico ardor todos los seres anima y reproduce; por ti viven" (Olmedo, 1826: 112).

Era evidente que el mundo animal se prestaba mejor a las fantasías en aquel continente, caracterizado desde la Antigüedad por una fauna que provocaba terror: leones, elefantes, serpientes, rinocerontes..., seres que se prestaban a todo tipo de comparaciones y que habían convertido a África a un mundo teratológico. Sin embargo, se olvida de mencionar al cocodrilo, que caracterizaba la fauna de los ríos Senegal y Gambia y que incluso se mencionaba en Pedro Mártir de Anglería, diciendo que dichos animales salían a cada paso en el Senegal.

Entre todas aquellas bestias, las que parecen ser las favoritas del universo imaginario de Geraldini fueron las serpientes, vinculadas en la tradición cristiana, desde el Génesis, con el mal y el pecado. Algunas presentan un carácter monstruoso en la medida en que disponen de rasgos que no corresponden a su especie, como la posesión de alas, aunque ya Heródoto nos mencionaba su existencia en Arabia. Precisamente, al describir estas serpientes aladas y peligrosas, nos recuerda cómo fueron reducidas a animales domésticos y pacíficos por el prelado Gnogor, al que su dios le comunicó una forma de encantamiento (ff. 22–22v). Esas serpiente aladas dice haberlas visto el mismo. En su día pensamos que podría estarlas confundiendo con peces perioftálmidos, que reptan por los manglares y tienen grandes aletas (Le, 153. Ge, 134-135); aunque ahora pensamos que es más probable que fuese una de sus fantasías, posiblemente de procedencia medieval, cuyo ejemplo emblemático es la famosa serpiente alada.

Como podemos apreciar, Geraldini, aun considerando la peligrosidad de estos animales, prefiere recordarnos las fantasías de su dominio y control, siempre al cuidado de prelados y sacerdotes, como aquel con poder para atraerlas a un círculo en el que tomaba a la más fiera de ellas y dejaba escapar al resto. Con la ponzoña de esta y la mezcla de una semilla venenosa elaboraban un ungüento que se aplicaba en las puntas de flechas metálicas, pues "no hay veneno en todo el orbe que cause al que se hiera una muerte más rápida como este" (f. 32v)[107].

---

107 Cadamosto cuenta que este hecho se lo relató un genovés y era el propio rey de Budomel quien lo practicaba, aclarando que la muerte se producía con el veneno

Hay alusiones también a otros animales en las que se deja llevar por la fantasía, como al mencionar los leones del Atlas (*Panthera leo leo*), de los que su menor tamaño y pérdida de valor lo achaca a que se mezclan con panteras y linces. Esta aseveración carece de todo fundamento, pues los cruces de león con tales animales no son posibles, si acaso con tigres y en estado de cautividad. Incluso es erróneo su tamaño, pues dentro de los grandes felinos solo eran superados por los tigres siberianos.

La fantasía del animal progenitor de una estirpe de reyes tampoco faltó en sus comentarios. Era una especie de relato que ha tenido su cabida en la tradición occidental con episodios como la rana convertida en príncipe o, en lo que se refiere a las mitologías griega y romana, Zeus/Júpiter juega un papel esencial como procreador, aprovechando su habilidad para convertirse en animal, agente atmosférico, etc. En su caso, Geraldini nos relata algo similar a las historias sobre el dios supremo del Olimpo, es decir, la historia de un camello que tomó forma humana en el palacio de la ciudad Nansea para poseer a la reina Ingrinesa; a partir de ese momento los reyes del lugar se consideraban descendientes de los dioses y el monarca reinante en aquel momento se hacía llamar "nieto del altísimo" (f. 52). El camello del relato era blanco, como los que muchos reyes de Etiopía utilizaban para su movilidad.

La última fantasía de Geraldini en su viaje africano acerca de los animales tuvo que ver con aquellos peces que consideró horribles y de monstruoso tamaño, como nunca vistos:

> Hallándonos lejos del continente de Etiopía, a una distancia de cinco días de navegación, aparecieron delante de nosotros en aquel gran océano monstruos nuevos y nunca vistos, los cuales rodeando nuestra nave la pasaban por encima mostrándonos sus lomos, y nos causaban un gran miedo. Y tras haber disparado contra ellos nuestra artillería, ellos emitían gritos horrendos (f. 71).

Lo que nos menciona puede hacer referencia a la ballena franca glacial, que en invierno llegaba a las costas occidentales del norte de África, pero esto supondría que, aunque para el obispo fuesen desconocidas, no lo eran para muchos navegantes, puesto que también las había en el golfo de Vizcaya, de ahí que se las conozca como "ballenas de los vascos". Podrían ser también yubartas, pero

---

de la serpiente en menos de un cuarto de hora; incluso el autor veneciano concluye que todos los negros son grandes encantadores. Cadamosto se explaya más en este hecho y nos dice que quien le contó esta historia había oído silbidos de serpientes en la noche y que el sobrino del rey de Budomel, Bisboor, se subió a un camello y dio vueltas al palacio cantando, lo que provocó que las serpientes se retiraran. Si esto no se hubiese producido, hubieran muerto muchos animales (1507: c. XXVIII).

su apareamiento se produce en verano, en el trópico, y Geraldini estaba viajando el invierno, sin pasar la línea ecuatorial. También podrían ser las ballenas de la especie rorcual aliblanco y ojos grandes, que se pueden ver raramente frente a Senegal y en el golfo de México; estas pueden rondar los ocho metros, pero no dejan de ser ballenas de pequeño tamaño, si bien impresiona a quien no conoce otras especies. Tampoco se puede descartar en esa época la ballena azul. En otras palabras, lo que podemos apreciar en estas narraciones es el hacer hincapié en los rasgos supuestamente monstruosos de los seres que va observando con el objeto de producir maravillas o, mejor dicho, el *stupor* que movía a los ánimos de los lectores de la época, ya desde la Edad Media.

Otra cuestión sería lo que podríamos llamar las fantasías cronológicas, en que a veces, a modo de hipérbole, se alude a miles de años con excesiva facilidad, pero manteniendo una concepción lineal del tiempo, propia de la cultura europea de la época, si bien con un sentido difuso. Así, en la región Bassa la historia de sus tradiciones dice que se remontan a 30 000 años (f. 17); o el templo del prelado Dabiro, que tenía una antigüedad de 9000 años (f. 17v); o los 40 000 en que se dice que se edificó un templo de la tierra Manassabea, donde también hacía más de 6000 que los de esta misma región habían expulsado a sus reyes (f. 42). A todo ello podríamos añadir su propio viaje, en el que nada tiene que ver su duración real con la que queda expresada en el libro. Geraldini supera así los límites temporales, convirtiendo algunas de sus fechas en una especie de mito del origen, o en sintonía con la exaltación de la antigüedad referida a las culturas aquí mencionadas, cuya tendencia se remonta a la escritura de los cristianos de origen helénico y judío. El obispo nos ofrece como históricos algunos personajes para dar credibilidad al texto. Estos tiempos fantásticos a los que alude no tienen la finalidad de organizar el relato, sino de establecer una valoración de lo que se menciona, fundamentada en la antigüedad de los hechos y/o en la duración de los mismos.

Más llamativas llegan a ser las fantasías geográficas, que alcanzan especiales dimensiones en la parte etiópica de África. Así, el relato del nacimiento del río Senegal como uno de los afluentes del Nilo podemos clasificarlo de inventado y/o sacado de fuentes de la época, aunque su discurso sobre el gran río de Egipto se atiene bastante a la realidad geográfica, aparte de alegar que su nombre le fue dado por la diosa Isis (ff. 16-16v). La idea no era exclusiva de su informante, pues eran muchos los que pensaban en un afluente occidental del Nilo, o en una desembocadura de dicho río en el océano, como se dice que lo mantuvo Eutímenes de Masalia, que supuestamente hiciera un viaje por las costas africanas en el siglo VI a. C., conocido como el *Periplo masaliota* (Broche, 1935:17-19), aunque en la actualidad se discute que el autor hiciera tal identificación (González

Ponce, 2008: 189; García González, 2012: 259). No lejos de estas consideraciones estaba Plinio con el Níger (NH, VIII:77). Incluso Cadamosto, que ya utilizó el nombre de Senegal, no abandonó la teoría de su origen nilótico.

Geraldini va a entrar en un campo que en la época había dado lugar a discusiones, como era la ubicación de dos grupos de islas de la mitología clásica, las Hespérides y las Gorgonas. Por un lado, nos recuerda que estas últimas se hallaban deshabitadas, pero en ellas habían vivido mujeres crueles y velludas, a las que ya había hecho referencia el *Periplo de Hannón*, diciendo: "Las hembras, que tenían el cuerpo peludo y a las que los intérpretes denominaban "gorilas", eran mucho más numerosas"[108]; y, por otro lado, menciona las Hespérides habitadas por etíopes muy violentos. Estas últimas creemos que las identifica con las islas del golfo de Arguim, si bien en la tradición clásica se plantean problemas con su ubicación. Plinio las sitúa en el litoral africano y a una distancia de un día de las Gorgonas (NH VI: 109). Lo cierto es que unas y otras sufrían movimientos en el espacio que plantean problema de identificación.

Incluso en la época de Geraldini entra en juego también el continente americano. Gonzalo Fernández de Oviedo se fundamenta en Plinio y Seboso para mantener que las Górgadas y Hespérides están a una distancia de 40 días, por lo que las Canarias no pueden ser las Hespérides y, por tanto, según algunos autores habían pensado en la Edad Media, ya que esas islas Afortunadas solo estaban a unas 200 leguas de las Górgadas, que Oviedo aceptaba que fueran las islas de Cabo Verde. En consecuencia, las Hespérides serían las islas de las Indias, para lo que encuentra fundamentos en san Isidoro y Beroso el Caldeo (Fernández de Oviedo, 1851: I, 17). Esto sería contradicho por López de Gómara, que mantenía que las Hespérides y Gorgonas son las islas de Cabo Verde, mientras que las americanas eran restos de la Atlántida de Platón (López de Gómara, 1979: 313). Bartolomé de las Casas extiende su duda a las Gorgonas, en cuanto a que estas se identifiquen con las islas de Cabo Verde y para ello se fundamenta en san Anselmo, que niega aquella distancia de 40 días entre Hespérides y Gorgonas, apoyando su proximidad (Las Casas, 1986: I, 90–91).

Mencionando islas, no podía faltar la alusión a la Atlántida de Platón, que es uno de los textos que en la traducción italiana se ha eliminado, pero de la que hablaba al final del libro XI, donde habitaban pueblos de color negro en el más remoto confín de aquel continente desaparecido (Le, 227; Ge, 262–263).

González Vázquez resume muy bien lo fantástico de la obra geraldiniana, al considerar que en sí misma es un catálogo de los *mirabilia* de la Antigüedad

---

[108] *El periplo de Hannón de Cartago* https://www2.ulpgc.es/descargadirecta.php?codigo_archivo=23754 (12/11/2020)

y la Edad Media, pues nos encontramos con la Zona Tórrida, Etiopía, las islas legendarias, las Antípodas, pueblos extraños, monstruos, plantas que producen frutos o líquidos asombrosos, palacios, hermosas doncellas y animales extraordinarios (2013: 310).

8 PORTUGAL EN LA OBRA DE GERALDINI

Hablar de África en el momento en que supuestamente lo hace Geraldini implica la obligación de hacer una mención a Portugal, reino europeo que por antonomasia había llevado a cabo su expansión descubridora en aquel continente a lo largo del siglo XV, desde 1415, con motivos comerciales y exploradores, que a la postre eran inseparables. A ello se unía el deseo de hallar un paso hacia las Indias Orientales[109], objetivo final para conectar Asia con Occidente, que ya había sido conseguido cuando Geraldini escribió su *Itinerario*. Todo ello con una especial importancia durante el llamado periodo de actividad expansiva de Enrique el Navegante, especialmente desde 1434 hasta 1460, aunque ya en 1412 se había organizado una expedición a las islas Canarias[110]. De modo que, cuando escribe su obra nuestro prelado, los portugueses habían recorrido el litoral africano y en 1498 Vasco de Gama ya había llegado a la India, después de que Bartolomé Días doblase el cabo de Buena Esperanza, en 1488. Incluso Jorge Alvares ya rondaba por China en 1513, cuya experiencia fue una de las que se recogió en la obra de Tomé Pires, que la escribió hacia 1514, pero que no se llegó a publicar hasta 1944 (Pires, 2018). El propio Tomé también actuó como embajador ante el emperador chino, en 1516, aunque nunca fue recibido.

El móvil económico, que había favorecido aquellas navegaciones portuguesas, se aprecia en el anexo del traductor Mongallo, cuando nos relata la historia de Juan Bermudes en las tierras del Preste Juan. Frente a esto, a nuestro prelado, como reconoce el mismo autor, le habían interesado mucho más las cuestiones históricas y de descripción de la naturaleza (f. 1). Sin embargo, tales descripciones no eran especialmente relevantes, como apreciamos en otros apartados, si las comparamos con las que nos ofrecen otros autores, y más concretamente

---

109 Entre otras muchas obras sobre la expansión portuguesa en África, podemos mencionar Leite y Magalhães Godinho (1958); Marques (1988); Cortesão (1993); Bethencourt y Chaudhuri (eds.) (1998); Leitão (2009); Borges (2018); Magalhães Godinho (2018); Newitt (2005); Diffie (1977). De especial interés son los libros de la colección *Nova História da Expansão Portuguesa*.
110 Sanceau (1960); Nemésio (2006); Ure (1985); Vergé-Franceschi (2000); Rusell (2001); Pereira da Cruz (2014).

Alvise Cadamosto, a quien nuestro prelado parece haber tomado como autoridad, puesto que era la única expedición que había conocido su publicación en vida de Geraldini. Las obras de otros autores portugueses, que viajaron antes que él, no se habían publicado. El *Esmeraldo de situ orbis*, de Duarte Pacheco Pereira, había sido escrita entre 1506-1508, pero no se publicó hasta 1892. El alemán al servicio de Portugal Valentim Fernandes también escribió su obra en los primeros años del siglo XVI. Diogo Gomes de Sintra, que viajó hasta Guinea, dictó sus memorias a Martín Behain, antes de 1502, en que murió; Behain, que incluyó la de Valentim Fernandes, las escribió en latín con el título *De prima inuentione Guinee*, que no se publicó hasta el siglo XIX. Además, cuando Geraldini escribía, ya los portugueses se estaban moviendo por los mares de China y Australia. Teniendo en cuenta a Mongallo, llama la atención, como mencionamos en los mitos y fantasías, que no haya una sola referencia al Preste Juan, móvil fundamental en la expansión portuguesa por África. Ni siquiera cuando a Geraldini le hablan de reinos hacia el interior del continente se menciona el de este mítico personaje, al que Portugal daría una gran publicidad, hasta el punto de que todavía en 1520 se enviaba una embajada a Etiopía dirigida por Francisco Alvares, que encontró en aquellos territorios a Pêro da Covilhã, que en 1487 había ido en busca del Preste, junto con el ya fallecido Afonso de Paiva (Alves de Fraga, 2005). Todo esto, por tanto, nos hace sospechar, sin poderlo asegurar, que no tuvo informantes portugueses para sus descripciones.

Además, de haber sido cierto el proyecto de Geraldini, aunque nunca se menciona en la obra, debía contar con la anuencia portuguesa para llevarse a cabo, tal y como delimitaban las condiciones impuestas por el tratado de Alcaçovas-Toledo (1474), primero, y después el Tratado de Tordesillas (1494). Evidentemente, si aceptamos lo que él mismo nos cuenta de su activa actitud en el proyecto colombino (ff. 77-77v), estando al servicio del cardenal Diego de Mendoza, debería ser un buen conocedor del mencionado tratado y sus consecuencias, como para obviarlo en un viaje por zonas de África controladas celosamente por los lusos.

Por añadidura, debemos tener en consideración que su viaje por las costas de África, camino de Santo Domingo, iba a coincidir con el de Fernando de Magallanes, que partía el 20 de septiembre de 1519, y al que Portugal se había opuesto activamente por las implicaciones que tenía para su reino y sus espacios de expansión. Manuel I intentó por todos los medios que Magallanes y Ruy Falero, que colaboraba con él, regresaran a Lisboa (Martínez Ruiz, 2019: 232). Por tanto, no es fácil que desde Portugal se cediese para consentir la navegación libre a nuestro obispo por territorios que se consideraban propios de su control y expansión, exceptuando las Canarias. Es más, las tensiones provocadas por la expedición magallánica darían lugar a que Carlos I, en la instrucción 71, solicitara al navegante portugués que actuase con precaución y que respetase el mencionado Tratado de Tordesillas (Rumeu de Armas, 1977: 370). En consecuencia, no parece muy probable que nuestro prelado pudiese rondar libremente por las costas africanas, tal como él parece hacernos creer, ya que incluso, en los momentos de su viaje, los pescadores canarios se quejaban de los abusos de los navíos de guerra portugueses (Magalhaes Godinho, 1969: 176-179), amén de que por entonces los intereses de Carlos derivaban hacía otros puntos del mundo y él trataba de evitar conflictos en la península. Ahora le importaban especialmente los asuntos de la corona imperial de Alemania, las guerras con Francia, los asuntos italianos y, en menor medida, el deseo de mantener protegida a Europa ante el avance otomano. No podía, pues, abrir un nuevo frente con Portugal, reino con el que tras el viaje magallánico se pretendieron solucionar los conflictos expansivos en la fracasada junta de 1524 de Badajoz-Elvas (Rosa, 2009; López y Correia, 2021: 15).

Al tratar las regiones del norte de África, contrariamente a lo que podríamos suponer, en la obra apenas se hace referencia a Portugal, pues al autor parece interesarle más todo aquello que tiene que ver con la expansión y el dominio del imperio romano, cuando en realidad aquellos lugares estaban en plena efervescencia de enfrentamientos entre portugueses, musulmanes y castellanos, sin olvidar la presencia de los italianos, sobre todo genoveses, que comerciaban en aquellas latitudes (Magalhaes Godinho, 1969: 176-179). Tampoco se hacen alusiones al gran número de judíos y musulmanes españoles que se habían asentado en aquellas tierras tras la expulsión y la toma de Granada, en 1492, lo que no era desconocido para el prelado, puesto que entonces estaba al servicio de los Reyes Católicos. Lo cierto es que en aquel momento Portugal ocupaba lugares como Ceuta, Alcácer-Ceguer, Tánger, Arcila, Graciosa, San Juan de Mamora, Casablanca, Azamor, Mazagán, Safi, Aguz y Agadir, es decir, el llamado *Algarve de além-mar* (Rosa, 2009). Tenía un control casi total de la costa Atlántica del actual Marruecos[111], lo que de alguna manera había ratificado la bula *Romanus pontifex*, de 8 de enero de 1455, entre otras cosas, por la ayuda que Portugal prestaba a los cristianos frente a los sarracenos y por la predicación del cristianismo entre ellos[112].

La única referencia que resumiría algo de todo lo anterior la hace el autor cuando se refiere a la ciudad de Lixos (Zofi), que en su día había sido mayor que

---

111 Ver la cartografía reproducida en López y Correia (2021: mapa 1).
112 El texto de la bula puede verse en Jordão (ed.) (1868: 31-34)

Cartago y que por aquel entonces la ocupaban los lusos, que la defendían de los muchos enemigos que de continuo la acosaban, lo mismo que a Ceuta, Arzila y otras fortificaciones de la Mauritania (ff. 3v-4). No hace alusión, sin embargo, a la única posesión castellana en la zona, Santa Cruz de la Mar Pequeña, frente a las islas Canarias, que perteneció a Castilla entre 1478-1527. En realidad, no era más que una torre con una guarnición, que cumplía con funciones comerciales y de piratería y que fue frecuentemente atacada por los portugueses y por las tribus bereberes del entorno (Alcalá Galiano, 1878; Rumeu de Armas, 1955: 397-477; Gambín García, 2016: 105-136).

Respecto del cabo Blanco, dice haber desembarcado en el mismo, y aclara que estaba ocupado por los portugueses[113]; sin embargo, estos se hallaban asentados concretamente en la isla de Arguim, un poco más al sur, donde habían establecido una *feitoria* en 1443 y donde habían iniciado una construcción defensiva en 1448[114]. En aquel cabo, el que nuestro obispo dice que bajó a tierra, era donde los lusos consideraban que comenzaba Etiopía, a pesar de que todavía se hallaba en pleno desierto del Sahara con sus "terrenos arenosos y abrasados por el sol", como lo relata nuestro autor (f. 19). Precisamente aquel desembarco se nos hace difícil creer que tuviese lugar, habida cuenta de la mencionada situación existente de relaciones entre Portugal y Castilla por el control de los territorios que cada uno dominaba, aunque en el Magreb, los intereses de los Reyes Católicos se habían desplazado hacia el Mediterráneo (Rumeu de Armas, 1996: 132 y ss.; Gutiérrez Cruz, 1997; Alonso Acero, 2017).

A pesar de lo dicho, el autor nos transmite informaciones que en buena medida proceden de la obra de Cadamosto, que lo visitó en sus viajes de 1455-1456, pero tampoco hay que obviar que tuviese otras informaciones orales de personas que hubiesen viajado por el litoral africano. Debemos considerar que él y Magallanes salieron casi al mismo tiempo y, por tanto, debieron coincidir en Sevilla, aunque nada nos hace sospechar que se conocieran, pues ni Geraldini nombra al portugués, ni Pigafetta menciona al obispo. De todos modos, no parece que tales noticias de los portugueses, si las hubo, fuesen muy significativas, aunque los menciona en las referencias que hizo del interior del Etiopía y en los territorios orientales del continente, en los que su imaginación parece

---

113 Había sido descubierto por Nuno Tristão, en 1441 y sobrepasado por este mismo explorador en 1443.
114 En realidad, los portugueses habían descubierto el cabo Blanco en 1441, y sería en 1445 cuando se instaló un *pedrão* de dominio.

haberse recreado sobremanera, aludiendo a las enormes ciudades que existían a un lado y otro de la Zona Tórrida (f. 60).

Lo cierto es que su viaje no superó el de Cadamosto hasta Senegambia, lo que los portugueses denominaron como el Sudán atlántico, donde se estaban produciendo unos grandes cambios políticos, a la vez que una crisis en el Gran Jolof (Boulègue, 2013: 8; Coifman, 1969: 229-230; Barry, 2012: 19), que se había liberado del imperio de Mali, pero que sería conquistado por los fulbés de Koli (Ly-Tall, 1985, 199).

En la versión italiana se establece una confusión más respecto de las tierras que visitó Geraldini y que tenían que ver con la presencia portuguesa en el África atlántica. Así, por dos veces nos aparece el reino de Manicongo. Una, que lo sitúa entre Budomel y la península de Cabo Verde (f. 35v); la otra como un lugar en el que Geraldini no había llegado y que coincidiría con el Congo, donde su rey, por influencia de los lusos, se había convertido al cristianismo y derrotado a quienes eran partidarios de sus antiguas creencias (ff. 68v-69). La confusión, por tanto, no parece ser de Geraldini, sino de Mongallo. Evidentemente, esta información de fuentes portuguesas no procede de Cadamosto, pues las conexiones lusas con el Congo no se produjeron hasta 1483, con la presencia de Diogo Cão.

Hay algo que Geraldini valora muy positivamente de la actividad portuguesa y sus descubrimientos geográficos, como son sus aportaciones al conocimiento de la Tierra, pues su expansión por África acabó con algunas viejas creencias, como la inexistencia de vida en la Zona Tórrida y más allá del Ecuador, contradiciendo lo mantenido hasta entonces por muchos autores como Nicolás de Lyra y, de manera muy especial, san Agustín (2020: Li. XVI, c. IX) (ff. 77-77v).

Portugal también es visto por el autor como reino civilizador de África. De hecho, comenta que la creencia de las gentes de Cabo Verde, nombre que le habían dado los lusos, de que los blancos devoraban a los negros, acabó tras las relaciones mantenidas con los europeos al servicio de aquella Corona (f. 38v).

9 ÁFRICA COMO ALEGORÍA

Sin duda, para los europeos África fue el gran descubrimiento de la Baja Edad Media (Monsalvo Antón, 2000: 297) y la ampliación de un imaginario que se iba abriendo en la medida que los portugueses avanzaban en sus descubrimientos. Eran momentos en los que el mundo seguía contemplándose desde la óptica del cristianismo, y nuestro autor, aunque con formación humanista, aún sigue siendo un buen ejemplo de esa tradición, a veces con toques de novedad, al poner en entredicho tradiciones como la concepción del mundo de san Agustín y Nicolás de Lyra, que ya hemos mencionado (f. 77).

Toda la obra de Geraldini es prácticamente una apropiación de la imagen de África que le han transmitido sus informadores de palabra o por escrito, al modo que lo plantea Benjamin (Buenos Aires, 1989: 297). Al apropiarse de esa imagen nos la trata de transmitir como una alegoría de formas y valores que definen de manera abstracta al continente, pero que permiten su identificación. Incluso en esa alegoría entran los propios africanos, que se convierten en el Otro, al que se caracteriza con unas diferencias anormales para el europeo (Mudimbe, 1988: 25): color de la piel, producciones materiales, costumbres y hábitos culturales, pero al que Geraldini también hace participar de ciertas semejanzas, casi siempre relacionadas con la ley natural, por lo que África se nos muestra como una alegoría híbrida, en que los contenidos históricos se convierten en contenidos de verdad (Benjamin, 1980: 175–176).

Geraldini se ha movido temporalmente en la confluencia entre lo bajomedieval y el humanismo renacentista, lo que le influyó en su concepción del mundo. Se producía así en él una contradicción planteada también por Walter Benjamin, ya que paralelamente revaloriza en su obra la tradición pagana del mundo antiguo, la del africano y la del cristiano, tradición esta última que comenzaba a abrirse paso y de la que era representante (Benjamin, 2005: 332).

En el siglo XVI, en cuanto a imagen, la alegoría de África se vinculó frecuentemente a la de otros continentes, aunque la literaria precedió a la artística y fue casi paralela a la cartográfica. En ese sentido, la obra de Geraldini se puede considerar un buen ejemplo. Esa literatura alegórica tiene, además, un carácter aleccionador, con los ejemplos que se nos trasmite a través de la información real y ficticia que aporta: la conveniencia del poder sacerdotal, el valor de determinadas cualidades humanas, los valores de justicia, etc.

Conviene, en este sentido, que mencionemos la idea de la personificación visual de África, que encontramos en varios autores, primero apegada a la tradición del mundo clásico, donde todavía era representada por una mujer blanca, en clara alusión al África mediterránea. Así, en Roma se alegorizó como tal mujer con unos atributos que se mantendrían en el tiempo, esencialmente coronada con la trompa y los colmillos de elefante, incluso portando atributos con animales representativos como la víbora, el escorpión, los felinos; buen ejemplo de ello son algunos de los mosaicos del Museo de Túnez o la escultura de Cleopatra II de la galería Christie's de Nueva York. La trompa del elefante sobre la cabeza suponía dar prioridad a aquel animal de la fauna africana para representar al continente. Este proboscídeo había sido especialmente llamativo para los europeos medievales, cuando, por ejemplo, en 1255, Luis IX de Francia le regaló uno a Enrique III de Inglaterra, que reprodujo el monje Matthew Paris y del que existe otra representación en la British Library. Incluso en Geraldini se menciona al elefante como trasportador de efectivos militares (f. 36v), que también se había reproducido en algunos documentos medievales, como la *Chronica maiora* inglesa, en un manuscrito Harley o en el mundo hispánico el que se conserva en la Universidad de California, por citar algunos ejemplos más conocidos. El elefante, por tanto, era la alegoría animal por excelencia del continente africano. No es casual, pues, que figure también en uno de los capítulos que Mongallo traduce de la obra de Bermudes (f. 84).

El recurrir a una mujer blanca significaba que, durante gran parte del siglo XVI, había una negación consciente de la negritud africana. Así, son claros ejemplos de esa representación alegórica de África las imágenes de Marten de Vos, las del *Teatrum Orbis Terrarum* de Ortelio o la alegoría de Goltzius, todas ellas ya en la segunda mitad del siglo. En los ámbitos de la imagen del Humanismo, quizá la representación alegórica más llamativa en este sentido sea la de Philippe Galle, que presenta a una mujer blanca a la que rodean guerreros con flechas y arcos y animales, como el león, el elefante, las serpientes y un extraño animal, amén de una vegetación de palmeras y frutos contenidos en cuernos de la abundancia. Pero la personificación representativa que iba a tener más éxito sería la de Cesare Ripa, en sus alegorías de los cuatro continentes, si bien el autor italiano no hizo más que plasmar en imagen algo que, como hemos mencionado, ya existía en el imaginario europeo. La primera edición de 1593 no incluía el material gráfico que aparecería en la de 1603, en que todavía el continente africano aparece representado por una mujer blanca (Ripa, 1603: 337), lo que cambió en la edición de 1613 con la reproducción de una mujer negra (Ripa, 1613: 67).

Aunque en las representaciones había prevalecido la mujer de raza blanca, una de las primeras imágenes que tenemos de la negritud de África corresponde a la que se utilizó para el arco triunfal de Amberes en la recepción del príncipe Felipe, futuro Felipe II, en 1549. En el centro del arco aparece el homenajeado flanqueado por dos príncipes de la Antigüedad y a sus pies las alegorías continentales, en que África se representa con una mujer negra.

África, como América, se relacionaron casi siempre con la desnudez. La descripción física del ser humano llevaba inevitablemente a tratar de esto como una característica asumida de los etíopes y, lógicamente, relacionada con el calor, amén de la tendencia en la alegoría durante los siglos XVI y XVII a italianizar la figura humana (Mudimbe, 1994: 29)[115], aunque la negritud

---

115 Dicha italianización podemos apreciarla patentemente en las imágenes que ilustra la *Relatione del reame di Congo et delle circonvicine contrade*, 1591.

no era la peculiaridad que distinguía a los pueblos del norte del continente. Superado el río Senegal, la descripción corporal cambia drásticamente y es entonces cuando la desnudez adquiere importancia. Para un hombre del Renacimiento y admirador de las antigüedades de Roma, el desnudo formaba parte del acervo cultural clásico, y no es de extrañar que nuestro obispo le dé importancia en su obra. Nos encontramos así con mandatarios que viajan en elefantes con sus cuerpos desnudos, pero adornados con perlas y piedras preciosas; o los que cubrían solamente sus partes pudendas con calzones de cuero, como sucedía en Mali (f. 26); o desnudos y adornados con piedras y perlas (f. 36); o con oro y seda (f. 61). De alguna manera África, y más concretamente Etiopía, iban asociadas a esa desnudez que Geraldini idealizaría, como ya hemos mencionado.

Pero esa característica no evita que nuestro autor haga mención de algunas de las formas de vestir, como la del rey de Mali, con ropas de algodón que le cubrían hasta las rodillas (f. 26), aunque en la representación del rey Mansa Musa (1280-1337) del *Atlas* de Cresques (1375), aparece vestido a la europea con un manto hasta los pies. La sacerdotisa Ottoanna se nos describe a la europea, sentada en un solio de oro, y vestida con ornamentos del mismo metal (46v); el príncipe Ottongoo usaba una túnica de algodón (f. 36v). Menciona incluso que algunos reyes etíopes vestían con atuendo militar y con corona y cetro, adornados de muchas piedras preciosas (f. 61). Para no desmerecer, él mismo hace relación a algún regalo que hizo, como un vestido de seda, una piel de lobo marino y algunas sartas de corales (f. 31v), así como hizo referencia en ocasiones a sus propios atuendos episcopales (f. 36).

Alegóricamente, lo que prevalecía es que tanto África como América se asociaban a dos mujeres despojadas de ropas, cuando la exposición del cuerpo en un contexto comparativo podía considerarse como uno de los atributos, no solo de la belleza clásica, sino, paralelamente, también del salvajismo. Sin embargo, esas representaciones correspondían a una mujer blanca, heredera de la tradición grecorromana, que nos llevaría a plantearnos la imagen del buen salvaje, en el que prevalecía la carencia de ropas.

Esto no quiere decir que sus alusiones a la mujer etíope no sean positivas y descriptivas, como las muchachas de "bellísimo aspecto" que le presentó el príncipe Ottongoo (f. 37). En este sentido de la belleza femenina, los textos italianos de nuestro autor son más parcos en las descripciones que los latinos, donde sobre el mismo tema se aclara que "tenían pequeñas bocas, sus brazos también eran pequeños, los pequeños pechos en su busto y, en conjunto, toda su figura era de un encanto tal que no existe nada más hermoso" (Le, 175; Ge, 170-171). Frente a esto, por lo general, incide especialmente en el varón etíope, haciéndole más representativo simbólicamente del continente. Aunque existe alguna apreciación negativa respecto de algún pueblo, como el de Igomán (f. 23), por lo general destacó entre los etíopes la esbeltez, la fuerza, el vigor, y los rostros nobles (ff. 16, 40-41). Esa idea de jóvenes apuestos era bastante común en la Europa de la época, como podemos apreciarlo en las pinturas ya mencionadas del rey Baltasar, o en otras como las de Jan Mostaert, que se conserva en el Rijksmuseum, con un apuesto africano vestido a la europea; o en la severidad del rostro del negro de Alberto Durero (1508). Es más, algunos africanos incluso fueron concebidos con la grandeza de emperadores romanos, como en el camafeo del siglo XVI que se conserva en el Metropolitan de Nueva York; todo ello sin olvidar las imágenes de Alessandro de' Medici (1510-1537), del que El Bronzino destacó sus rasgos etíopes.

La alegoría literaria africana de Geraldini coincidiría con las representaciones figuradas: abundancia, fauna exótica y peligrosa, desnudez, etc. Al mismo tiempo, trataba de romper con aquel estereotipo del salvajismo etíope, en la medida en que contribuyó a una revalorización del hombre negro, pues, aunque nos relata situaciones de pueblos que estarían en una condición casi infrahumana, existían otros, cuyo proceso civilizador resultaba avanzado y poco tenía que envidiar a los europeos. En ese sentido, Geraldini nos ofrece una imagen de África que nos recuerda el pensamiento de Burton, en cuanto que no ve el continente como una homogeneidad, sino compuesto por naciones civilizadas y bárbaras (Mudimbe, 1994: 10).

Aunque en el pensamiento europeo sobre el África etiópica se identificase con los negros, nuestro obispo no manejaba el concepto de raza, porque no era una palabra propia de la época para diferenciar a los seres humanos. Es cierto que muy esporádicamente ya la habían utilizado intelectuales como William Dunbar en su obra *The dance of the seven deadly sins* (1508) (Banton, 1987: 1), pero no como término científico, pues para ello habría que esperar a un texto de Buffon de 1749 (Buffon, 1749), o de Johann Friedrich Blumenbach (1795). Precisamente estos autores eran partidarios de un origen único de las razas, que se irían adaptando a los cambios climáticos u otras características del medio (monogenismo). Fue en el siglo XIX cuando el término adoptó una unificación de contenido a nivel universal. Por tanto, para Geraldini no existía un concepto racial como el que se puede tener en la actualidad, por ello no contrapone colores en los humanos, sino que los asocia a la latitud que los hombres ocupan en la Tierra, pues "la parte que está más lejos del sol hace a los hombres más blancos" (Li. II, s/f). En otros términos, el humano no está definido por el color de su piel, ya que en origen todos somos hijos de Adán, sino por el clima del lugar de procedencia. Es cierto que puede existir una concepción de maldición bíblica a partir de Noé y su nieto Canaán, pero aquel hombre no la hizo en función de la pigmentación, sino del comportamiento de su hijo, supuesto ascendente de los pueblos etíopes, lo que tampoco menciona nuestro autor en ningún momento, evitando en su alegoría relacionar África con los males bíblicos. A la postre, para Geraldini, como para los monogenistas posteriores, el color es la respuesta al medio, de ahí que el prelado Iguino recomendase a sus gentes no abandonar su tierra, porque sería insoportable para ellos vivir en otros lugares, como lo era para otros vivir bajo aquel calor (f. 57).

Lo anterior no quiere decir que no hubiese valoraciones del cromatismo humano, pues el negro en el mundo cristiano iba vinculado a muchos aspectos alegóricos negativos, esencialmente al pecado, que daba lugar a "un alma negra" y al demonio, al que con frecuencia se representaba o supuestamente era visto con dicho color. En consecuencia, la imagen del etíope se vinculó habitualmente con determinados aspectos negativos del cristianismo, aunque las tendencias cambiaban lentamente y, desde luego, Geraldini no parece ser proclive a tales concepciones. Frente a quienes detentaban aquel color, se proclamaba la superioridad no tanto del blanco, sino del cristiano, como portador de una civilización superior, lo que implicaba la subordinación a él de los no cristianos; es decir, la alegoría común de Europa flanqueada por los demás continentes. De hecho, en la iconografía bajomedieval centroeuropea ya existía una tendencia a la incorporación de los etíopes a los programas de salvación. Fue por entonces cuando en aquellas latitudes de Europa se comenzó a utilizar a los negros en las imágenes cristianas con valores positivos y, de manera muy concreta, la del rey Baltasar, que encontramos en obras anteriores a los supuestos escritos de Geraldini. Valgan como ejemplos las pinturas de El Bosco (1450), Friedrich Herlin (1462), Hans Memling (c. 1475), Simon Benning (1500), Gerard David (1490 y 1520), Hans Suess Kulmbah (1511), Joos van Cleve el Viejo (1526). Sin embargo, también hay que decir que esta aceptación de la imagen de la Epifanía no caló tanto en el mundo Mediterráneo, donde el rey mago siguió siendo blanco, como lo vemos, por ejemplo, en Benozzo Gozzoli (1460), Fernando Gallego (1480), Domenico Ghirlandaio (1488), Leonardo da Vinci (1481), o en el relieve de Andrea della Robbia (c. 1500). En la propia Iglesia tampoco la visión racial era tan negativa, pues en el *Martyrologium Romanum* de 1583 se incluían santos negros, como el eunuco bautizado por san Felipe (Hech 8:26-40); el esclavo y luego monje Moisés el Etíope; el príncipe etíope de Askun y el rey carmelita del siglo VI, Elesbaan.

El color de la piel se convertiría en una alegoría del mundo etíope primero y luego del conjunto de África, como también de la esclavitud, de la que igualmente nos da noticias nuestro prelado (c. II s/f. y ff. 10, 35v).

Para Geraldini, además, el africano etíope era considerado como un sujeto de conversión, aunque él mismo no actuará como evangelizador. Su visión de la negritud, como dijimos, tenía fundamentos climatológicos, por eso el color y el calor solar eran conceptos inseparables, siendo este último el que condiciona buena parte de la vida de los africanos en múltiples aspectos. Es decir, su visión racial de los negros es bastante isidoriana, al asociar sol-calor para definir África (Isidoro de Sevilla, 14,5). Encontramos en su obra muchas alusiones en este sentido, como que por ese calor los etíopes carecen de caballos, pero en su lugar disponen de camellos y elefantes (f. 32); que son muchos los pueblos que maldicen al sol y le suplican para que alivie su calor (ff. 55v, 58), aunque también otros muchos le adoran como un complemento de la vida, junto con la luna (ff. 29v, 38); incluso considera que incide sobre la circulación sanguínea (f. 55v). Ahora bien, ese calor puede justificar igualmente la inferioridad mental, de ahí que a las gentes del Atlas las considere más inteligentes "seguramente, por el muy templado aire de este monte, que, situado en el centro de calurosísimas regiones, por su altitud y por los vientos que allí soplan, los habitantes no padecen tanto el calor del sol" (f. 7). Lo anterior no implica que podamos decir que su apreciación de los africanos al sur del Sahara sea negativa en cuanto a capacidades intelectuales, pues, como en cualquier lugar, algunos etíopes tienen el intelecto tan limitado y estólido que son considerados necios e insensatos; otros, sin embargo, son estimados como "de gran ingenio y de excelente juicio" (f. 23). Esa capacidad la hace depender de la influencia de los astros, explicando que en el mundo hay gente que está más cerca de los animales salvajes que de los seres racionales, y entre los más racionales los hay que se dedican a las armas, a la investigación, a los negocios, a la agricultura o al lenguaje (Li. II, s/f). No sabemos hasta qué punto podía estar informado de las obras clave de la astrología de su época, como eran el *De vita* de Marsilio Ficino (1489) o el *Disputationes adversus astrologiam divinatricem*, de Pico della Mirandola (1496) y en qué medida eso podía influir en sus ideas.

En cuanto a las cualidades humanas de los etíopes, muchos de ellos le merecen un gran respeto, pues, idealizando a los sujetos, considera que son personas que condenan el odio, las discordias y las disputas, amén de que son hospitalarios y benevolentes con los extranjeros (ff. 1v y 24); lo que repite al partir de Bodumela, cuando expresó que los hombres de Etiopía se comportaban con los foráneos con cortesía y con gestos de cariño y generosidad más auténticos que cualquier pueblo de Europa (f. 35v). Convierte igualmente a los etíopes en alegorías de la sobriedad, al relatarnos que en muchas poblaciones no comen carne, sino que se alimentan con leche, arroz, avena, legumbres y frutas peculiares de su patria, imitando el estilo y la doctrina de Pitágoras (ff. 54v-55), aunque se dice que la dieta del sabio griego no tenía una finalidad sanitaria, sino de purificación corporal (Laín Entralgo, 1970: 318); se abstenían así de comer la carne de algunos animales, por la creencia en la trasmigración de las almas (Pascual Barea, 1996: 195). Su obra también menciona defectos, y entre ellos destaca el de la pereza (f. 41v, 45, 47). Por tanto, el *Itinerario* adquiere algo de alegoría moral, por la oposición de virtudes y defectos que se nos relatan.

El África etiópica se convirtió también en sus escritos en una alegoría de la riqueza, que los portugueses buscaron desde el siglo XV, tratando de acceder al oro que producía el continente. Los intentos de acceso a aquella riqueza lo habían hecho los lusos, primero con sus conquistas en el Magreb y posteriormente con sus avances costeros (Báez y Zampar, 2021). De aquel metal informaba cumplidamente Cadamosto, puesto que otros autores que también lo hicieron, como Valentim Fernandes y Pacheco Pereira, no habían visto publicadas sus obras, aunque era *vox populi* en Europa la creencia de aquella riqueza africana, que volcó los intereses de Portugal hacia sus costas y hacia Oriente (Bonney, 1991: 292).

Lo cierto es que Geraldini era sabedor de los intereses económicos de los portugueses en África y se dejó influenciar por aquellas fantasías que ayudaban a crear una imagen de la riqueza africana, de ahí que nos mencione palacios y vestidos de reyes con abundancia de dicho metal (ff. 25v y 61); o la riqueza existente que le habían contado que se podía hallar en el reino de las mujeres de la región Mardaonzona (f. 46) o en la tierra Gallanea (f. 62). Lo que llama la atención es que la misma atracción por riquezas fabuladas y fabulosas constituye el núcleo de la leyenda del Preste Juan africano, por lo que se aprecia cierta conexión temática con el anexo traducido por Mongallo en los manuscritos italianos, pese a que en ningún momento el obispo hace referencia al mítico rey.

Al mismo tiempo, reflexionó sobre el valor del oro; de hecho, ese valor había ido a la baja en la medida en que tanto el obtenido en África como el americano llegaron a Europa en importantes cantidades (Vilar, 1972: 80), hasta el punto de que realmente condujera a la expansión de los estados y al crecimiento urbano (Green, 2019: 59).

Por último, el África etiópica se convierte en su obra en una alegoría del poder a través de la representación de una gran variedad de gobiernos, en los que por lo general el control religioso adquiere una gran importancia a través de los prelados. Estos encuentran cabida en las diferentes formas de administrar aquellos territorios, como la separación de poderes (ff. 17 y 28v) o las monarquías de origen divino y las teocracias (ff. 33, 51, 57v). De alguna forma, a través del reconocimiento al estamento clerical como una imagen etiópica, él mismo reivindica su condición de prelado con derecho a las mismas consideraciones que las de aquellas autoridades religiosas. Evidentemente con ello se nos ofrecerá la visión de reyes y mandatarios piadosos, como los que se encomendaban a Dios antes de abordar acción alguna (f. 67v), los que rezan diariamente por su pueblo (ff. 1v, 18, 28v, 38); incluso la cercanía al rey de los prelados en lo ceremonial (f. 28v) o los que en los asuntos religiosos recurren a los prelados ante las dudas, o no actúan si no es por indicación de uno de ellos, como en Armasaanna (f. 64v), en que es detentado por los pontífices, aun con una separación de poderes, pues ante las dudas en los problemas religiosos se recurre a los prelados y la oración está siempre considerada como una actividad propia de los mandatarios.

Él mismo llegó a ser una especie de alegoría para algunos pueblos africanos, que le vincularon con la luna por la coronilla de su cabeza (f. 32) o como representante de los dioses. Otras veces se arrojaban a sus pies cuando le vieron con su indumentaria roja y roquete blanco (f. 24). Era el *homo viator*, que ponía de manifiesto sus señas de identidad (García de Cortázar, 1994: 17).

Los textos de Geraldini, tal y como se han planteado tienen mucho de alegoría del *homo viator*, planteado por sus sucesores como un viaje a la fama eterna del prelado, que se convierte en imagen representativa de su familia amerina, aunque es evidente que no llegó a las cotas del viaje simbólico que supuso la *Divina Commedia*. Se recurre a un desplazamiento en parte imaginario, cuando en su vida real había tenido mucho de *hombre viator*, como hemos visto en su biografía, a pesar de que, aun siendo un intelectual, nunca desarrolló la *peregrinatio academica*, tan frecuente entre los intelectuales de su época, incluido su coterráneo y conocido Pedro Mártir de Anglería. Aunque no sea real, se trata de un texto de vida (González Sánchez, 2007: 36). Su alegoría se posicionaba en algo a medio camino entre la movilidad por algunos lugares de claro sentido religioso del África etiópica, y un mundo profano, que, aunque imaginado en muchas ocasiones, nos recuerda el *Codex calistinus* con sus descripciones de los lugares por los que pasaba el peregrino jacobeo; todo ello sin olvidar la tradición clásica que representan las ciudades y paisajes de la Mauritania Tingitana con el recuerdo de los viajeros de la antigua Roma. Por tanto, su *peregrinatio* no es solo la de los antiguos caballeros medievales con un objetivo exclusivamente espiritual (Guglielmi, 1998: 61), sino la de un hombre que ya abre las puertas de otro mundo, en el que importa lo cotidiano, y lo diferente, incluso la búsqueda de la aventura y de gloria (González Sánchez, 2007: 14), que se proyectan sobre la estirpe. Ahora bien, su alegoría no fue unida al temor y el peligro que en sí mismos implicaban aquellos viajes por lo desconocido, sino que se presenta como una muestra de superioridad del viajero, como lo pusieron en evidencia por diferentes motivos autores como san Buenaventura, Benedetto Morando en su *De felciitate humanae* o Baltasar Gracián en *El Criticón* (Egido: 201: 151). Pero en esa alegoría del *homo viator* no podemos olvidarnos de los informadores, que también forman parte de la misma, como el prelado de la tierra Basa, Nassamón, Raangano y toda esa serie de personajes de las élites africanas que le proporcionaron información.

En el fondo, Geraldini o quien compusiese el *Itinerario* quería exponer a los ojos del mundo el respeto y la autoridad de los hombres de religión, y suponemos que también otros aspectos que consideraba necesarios, como la manutención, tal y como se establecía en la tierra Bassa (f. 18); incluso en la Tierra Calonge se habla de los severos castigos, que afectan al propio rey, que la muerte de un sacerdote implicaba (f. 54). La falta de autoridad era una especie de alegoría de un estado de civilización inferior, ya que a sus reyes "sus gentes no los tienen en gran consideración y viven con poca diferencia de superioridad y riqueza respecto de los habitantes de aquella provincia" (ff. 61–61v).

En cuanto a la autoridad suprema referida al poder monárquico, se pone de relieve en las descripciones de las ciudades ubicadas en la Zona Tórrida: "Aquí esta nuestro rey, aquí viene todo el bienestar de la patria", al que se debe dar el honor que se da a Dios, pues ocupa su lugar y es quien imparte la justicia, a la vez que el pueblo se humilla de la forma más ostentosa (Le, 211–212; Ge, 234–235). Parece referirse al poder de los reyes temidos por sus súbditos, como los que por la misma época nos recuerda Maquiavelo cuando dice que un príncipe, si tiene que optar entre ser querido o temido, conviene que elija lo segundo (2018: 68).

IV LOS ANEXOS DE POMPEO MONGALLO DA LEONESSA

1 ANEXO Y TRADUCCIÓN DE LA OBRA DE JOÃO BERMUDES

La biografía de quien firma los manuscritos italianos, es decir, Pompeo Mongallo da Leonessa, sigue siendo una gran laguna, ya que son pocas las noticias que se tienen de él. Sus orígenes familiares hay que buscarlos en la ciudad de Rieti, en el Lacio italiano, y no lejos de Amelia. Un estudio reciente de los Mongallo de Leonessa menciona a un Pompeo Mongalli[116], al que se nombró en 1575 procurador de la Archicofradía de la Santísima Trinidad de los Peregrinos (Frezza, 2011), que bien puede tratarse de nuestro autor. Para entonces, como manifiesta en la firma de los manuscritos que nos ocupan, también era miembro de la Milicia de Jesucristo. Probablemente se trate de la Suprema Orden Ecuestre de la Milicia de Nuestro Señor Jesucristo o Suprema Orden de Cristo, concesión papal creada en Aviñón en 1319, que premiaba a quienes habían prestado grandes servicios a la Iglesia. De hecho, se le menciona en una concesión del diez por ciento de todas las entradas que se obtuvieran por la incautación de bienes que pertenecían a unos pescadores fraudulentos del lago Trasimeno, en los territorios pontificios de Umbría. La razón que se alega tiene que ver con la compensación por sus méritos, al haberse dedicado anteriormente a estos menesteres, además de asegurar ir personalmente a aquella provincia y continuar con dicha actividad (Brunelli, 2011: 91). Existía también la Milicia de Jesucristo y Tercera Orden de Penitencia de Santo Domingo de Guzmán, que permanecía activa en el siglo XVI, en que recibió varias bulas pontificias, aunque parece que la de Mongallo debía ser la primera, pues la segunda estaba muy limitada al ámbito español.

En el siglo XIX, ya se aludió a esa familia por su cercana relación a los Geraldini, lo que justificaría que Mongallo viese la documentación del obispo, en forma de "fogli di carte spezzate" (f. 1). Esto implica que Catenacci no decía toda la verdad, cuando comentaba en su edición de 1631 que nadie se había ocupado

---

116 Durante la Edad Media muchos apellidos italianos podían acabar en "o", si se referían a la persona concreta, y en "i" si la referencia era familiar. Esto nos vale tanto para Mongallo, como para Geraldini, que pueden encontrarse con la variante en "i" o en "o" respectivamente.

de aquellos manuscritos hasta que él lo había hecho, como lo manifiesta tanto en el "Preliminar" como en el "Saludo al lector" (Le,109–112). En realidad, sería Mongallo el primero en manipular aquellos papeles, no sabemos si por interés propio o porque se lo pidió el padre de Onofrio Geraldini di Catenacci, aunque algún autor se inclina por un descubrimiento del propio Mongallo (Tenneroni 1895: 156–157).

Lo que hace este autor es añadir a modo de anexo final (junto con otro, del que hablaremos posteriormente) una parte de la obra de João Bermudes, la comprendida entre los capítulos 49–53 (Bermudes, 1565). La obra se había publicado en Lisboa en 1565 e iba dedicada al rey Sebastián de Portugal (1554–1578). Mongallo hizo una traducción muy fiel del original, aunque con muchas aportaciones léxicas italianas, incluso con adaptaciones al italiano de los nombres de la fauna (Arciello, 2020: 21–23). Parece que la diferencia entre Bermudes y Mongallo en aquellos capítulos estribe en el interés personal de cada uno. Bermudes trata de persuadir e informar a los lectores y exalta la expedición del hijo de Vasco de Gama, Cristovão da Gama, tras su arribo a Massawa en 1541 (Pennec 2010: 15; Arciello, 2020: 19). Mongallo trata de hacer atractiva la lectura, darle un fin didáctico y completar un vacío que consideró importante en la obra de Alessandro Geraldini con datos reales del África oriental (Arciello, 2020), en especial del Preste Juan, emperador o negus de Abisinia, al que se daba ese nombre, o el de Juan el Hermoso, como también lo aclara Damião de Góis por la información que le habían dado (f. 82). Eran datos aportados por quien vivió la experiencia que narra (f. 87v), como lo hacía también Geraldini, aunque sin visos de ser real. También por la misma época se había publicado la obra de Francisco Alvares, que había sido el primero en llegar a la corte del negus, haciendo una amplia información, de la que solo se conserva una parte (Alvares, 1540).

La primera noticia de Preste se había producido en 1145 por medio de Otón de Freising y su obra de 1145, *Chronica*, (2018). Inicialmente la ubicación se había hecho en Persia, donde se ubicó a un rey nestoriano. En Asia también lo situó Marco Polo (Li. I, cc. 63–66; 107–108) que, para aumentar el prestigio de los mongoles, consideró que la dinastía del Khan se había impuesto a la del Preste (Chimeno del Campo, 2007: 424–425; Arciello, 2020: 13–14). Pero la figura del Preste no tardó en ubicarse en África, sobre todo cuando los portugueses, en el siglo XVI, entraron en contacto con los reinos cristianos en torno al Nilo, aunque en 1441 ya parecieron unos embajadores en el concilio de Florencia. En 1447, Antonio Malfante daba noticias de aquel reino africano y lo mismo hacía en 1450, en Nápoles, el siciliano Pietro Rambulo, que llevaba residiendo en el reino del negus desde 1400. El relevo lo tomarían los portugueses, y Juan II, en 1487, enviaría a Pedro da Covilha y Afonso da Paiva para obtener información. Covilha sería el primer portugués en llegar y asentarse en aquel reino, donde murió hacia 1530, cuando ya varios lusos habían pasado por allí, habiendo sido consejero del negus Alejandro y de la emperatriz Helena. Por tanto, llegó a contactar con los miembros de la expedición de Rodrigo de Lima, que partió en 1520. Lima regresó en 1526, dejando a Bermudes y a Lázaro de Andrade en aquellas tierras. Bermudes aprovechó la situación para autonombrarse Patriarca de las Indias Orientales, pero su mal hacer hizo que el emperador solicitase al rey de Portugal que lo retirase, y este pensó en enviar a Ignacio de Loyola, que declinó el cargo (O´Neil y Domínguez, 2001: II, 1339). El rey portugués también solicitó al emperador abisinio que perdonase la vida a Bermudes[117], que regresó con grandes riquezas.

El peligro de Solimán I había acelerado el interés por aquel imperio cristiano, con el objeto de formar una pinza sobre los otomanos; de hecho, Geraldini había estado predicando una cruzada en Europa con este fin, en vísperas de su salida para las Indias (Paniagua Pérez, 2009: 113; D'Angelo, 2017: 24–25). Amén de esto, Juan III de Portugal creía que los etíopes deseaban entrar en la Iglesia romana, y por ello entregó cartas a Rodrigo de Lima en tal sentido, lo mismo que solicitó a Roma que se enviase un obispo, junto con un patriarca jesuita. Años más tarde, Pablo III nombró a João Nunes Barreto como patriarca y a Andrés de Oviedo como obispo. Este último llegó a la corte de Abisinia en 1557, pero el emperador Galawdewos (Gradeus en el texto) rehusó la conversión (Knoble, 2017).

Frente al texto del *Itinerario*, aquí se nos presenta una relación del viaje de Bermudes que coincide con el emperador abisinio Gradeus, y se puede seguir perfectamente en un mapa. Llegaron a Doharo, y tras siete jornadas a pie alcanzaron el reino cristiano de Oqqy, gobernado por Miguel, cuñado del emperador. En ese reino, se hallaba la provincia de gentiles de Goráguez. Al oeste de Oqqy, se situaba el reino de los gafates, igualmente tributario del emperador, sobre el que corrían rumores de que su población fuese mayoritariamente judía: "Son un pueblo bárbaro, cruel, rebelde y subversivo. Hay muchos de ellos en otras provincias del imperio, pero en todas partes los tratan como extranjeros y diferentes de otros hombres, y los aborrecen como a judíos" (f. 82v), donde también habitaban algunos católicos que huyeron de Abisinia cuando el emperador rompió con Roma (ff. 82v-83). Al oriente de los gafates, en el alto Nilo, estaba Damute, donde prevalecían los cristianos junto

---

117 "Carta recogida en Freire de Andrade" (Arciello, 2020: 17).

a algunos gentiles. Este reino estaba protegido por el río y por sus escarpadas laderas, que disponían de puntos accesibles, donde se ubicaban las puertas que se abrían cuando llegaba el emperador (f. 83v). Al oriente, estaba Conche, con sus grandes riquezas de oro, cuyo rey Axgace se convirtió al cristianismo por la petición que le hizo el emperador, siendo bautizado como Andrés en el monasterio de Dobralibanus, en Amara (f. 85v). De Damute viajaron por el Nilo hasta el reino de Goyame, en la gran cascada del Nilo, donde su rey también era súbdito del emperador (f. 86). Al sur de este, estaba el reino de Dembia o Dombra, con un lago lleno de islas con monasterios[118]. Más al norte, se hallaba el río Agana, donde vivían moros y cristianos, pero que no estaban bajo la autoridad del Preste (f. 86v). Luego, menciona la ciudad de Suaquem, en cuyo entorno quisieron hacer el rey Onadinguel y su padre la desembocadura del Nilo por el mar Rojo (f. 87). Al oeste de Dembia, menciona Zubia Nubia, ocupada por moros, y más al oeste Amar, por donde pasan los mercaderes que van en busca del oro hacia la tierra de los jalofos y mandingos, en Guinea, a cambio de sal. Tras todo el periplo, Bermudes no olvidó mencionar a Sofala y a Bethmariam, lugar este último en que el rey entregó tierras a los portugueses, de acuerdo con la calidad de cada uno (f. 88). Sin duda, el monte Amara era uno de los lugares predilectos por el paisaje paradisiaco y la gran cantidad de monasterios y templos, cuyas maravillas las encontramos relatadas en un proceso inquisitorial de Lima, de 1666, del médico César de Bandier, que se deja seducir por lo maravilloso y presenta elementos similares a las cartas apócrifas del Preste Juan (siglo XII):

> [...] ver la mayor maravilla del mundo, que es el monte Amara, que es de peña cortada en redondo, tersa como jaspe, media legua de alto, y de circunferencia como de treinta a cuarenta leguas; no hay más subida que una escalera como caracol por lo interior de la peña, labrada a martillo, la cual puerta guardan cuatrocientos hombres, de más de otros cuatro mil en la parte alta; tiene los más hermosos árboles, frutas y géneros, y pájaros del mundo; caudalosos riachuelos que se despeñan desde aquello alto, dejando doscientos pasos de hueco; allí está el tesoro del Preste Juan, muchos palacios, y su entierro en un convento de dos mil monjes basilios; hecho de una sola piedra en todo él en contorno, labrado con pico y escoplo; y diferentes palacios donde están los hijos del Rey, detenidos porque no se levanten con el reino, y en muriendo el rey, traen el mayor a reinar, y los demás viven allí con sus familias hasta morir; dicen haber sido este sitio donde Adán fue criado (Toribio Medina, 1956: II, 175).

---

118 Se refiere al lago Tana.

Todo ello estaba enmarcado por descripciones precisas, como las cataratas del Nilo, los paisajes, las poblaciones, las costumbres y creencias, el comercio, la trayectoria del Nilo, etc. Añade, además, que esas cosas reales son tan asombrosas que, al contarlas, pueden parecer fábulas (f. 86).

En la obra de Bermudes, los portugueses aparecen como árbitros en la zona, especialmente en favor del emperador abisinio o Preste Juan, puesto que con su sola presencia, según el autor, "causaban terror en el entorno" (f. 86). Sirvieron primero de intermediarios para la paz entre Gradeus y Axgace, mostrando el primero benignidad hacia su súbdito rebelado. Luego, prestaron ayuda a Gradeus cuando Axgace, a pesar de su gran ejército, le solicitó colaboración contra sus enemigos (f. 86); igualmente colaboraron para frenar la sublevación de los gafates, de los que Gradeus no quiso vengarse tras la victoria, porque solo le interesaba atemorizarlos (f. 83). En conjunto, se expone la potencialidad portuguesa y la magnanimidad del negus.

No faltan mitos ni fantasías, aunque Mongallo no haya sido muy partidario de ellos y los haya eliminado en buena parte, como el del árbol, cuya madera hacía a los hombres trasparentes. Por tanto, este texto parece manifestar muchos rasgos inverosímiles, lo que le acerca a los *mirabilia*, con toda una alusión a los autores clásicos y medievales (Rodrigues Oliveira, 2010: 28-29).

En el texto de BL, se añade que África es tierra que genera monstruos en las montañas interiores cercanas al Nilo y en los desiertos. Bermudes encuentra las causas, como Geraldini, en fenómenos naturales propios del continente; así, la disposición de la tierra, el aire y el cielo.

No podía faltar la carga alegórica referida a la riqueza de África, especialmente en oro. De esta manera, leemos el enorme tributo que pagaba el rey de Goráguez al emperador: "Dos leones de oro, tres perros pequeños, una leona y algunas gallinas con sus polluelos igualmente de oro, que todo pesa el equivalente de lo que pueden llevar ocho hombres" (f. 82v); se hace mención de los gafates, que eran ricos en oro y que les robaron los portugueses, junto con las tropas de Gradeus (f. 83). También se habla sobre el oro de Goyame, que no es tanto como el de Damute (f. 86), donde también había piedra de cristal (¿diamantes?) (f. 83v). El oro del rey Axgace se hallaba al otro lado del río, en donde las arenas contenían dos tercios del precioso metal, que se transportaba en búfalos a través del río hacia las fundiciones reales, pues estaban prohibidas las barcas y los puentes. Incluso en su reino se hallaba la mítica montaña de oro, de ahí que se diga que la traducción de su nombre es "señor de las riquezas" (ff. 84-85v).

Como en Geraldini, aparecen las serpientes venenosas, pero sin todo aquel componente imaginario que caracteriza la descripción que de aquello hizo el amerino, puesto que aquí su veneno se combatía con hierbas. Aun así, Bermudes añade algún toque fantástico, como el hecho de que los reptiles huían de quien llevase la mencionada hierba. También se narra sobre serpientes que portaban una piedra de gran valor en su cabeza y que cubrían con su piel (f. 85). Este dato tenía su referente en otra fantasía de animales que disponían de esa misma piedra, como sucedía en los montes de Gibraltar o de Castelar de la Frontera (Montesinos, 2018: 319).

No podían faltar las amazonas que Geraldini no llegó a ver, aunque sí le informaron de reinos de mujeres, que no se consideraban amazonas (ff. 44v-46). Las de Bermudes estaban cerca de Damute y respondían al modelo clásico, de admitir en su sociedad solo a mujeres, entregando los niños a sus padres en los reinos vecinos y quemándose el pecho para usar el arco. Creían que su origen estaba en la reina de Saba, y que en su país vivían grifos y, en los montes cercanos, el ave fénix, que algunos del lugar decían haberlo visto, siendo grande y hermoso. Incluso se habla de otras aves que proyectaban sombras como nubes (f. 84). Precisamente de esas amazonas se habla también en el reino Monomotapa, donde formaban parte del ejército, siendo muy alabadas por Filippo Pigafetta (1591: 73).

De especial interés es lo que se nos relata acerca del legendario lugar bíblico de Tharsis, que no es de Bermudes, sino una anotación final que hace Mongallo (f. 88v). Se trata de una mención al lugar en el que se abastecían las naves de Salomón de oro y riquezas para el templo de Jerusalén. El autor italiano (o su copista) niega tajantemente que esas riquezas procedan de la Trapobana (Sumatra) o del Perú, porque, si hubieran llegado hasta aquellas tierras, esto quedaría recogido en las Sagradas Escrituras. Por tanto, sostiene que dicho lugar estaría en los territorios africanos de Sofala, Damute y Conche, donde los judíos, negociando por las armas, obtendrían las riquezas necesarias. Si tardaban 15 años, esto respondía al viaje de ida, a los negocios con los naturales, a la fundición y refinación del oro y al viaje de vuelta. Con todo, en un acto de modestia, se remite al juicio de otros. Todo esto nos pone en contacto con las teorías americanas relativas al Ophir bíblico, que abordaron muchos autores del siglo XVI y, en concreto, Benito Arias Montano. Aquel erudito justificó la existencia de ese lugar en América recurriendo a un estudio etimológico, fundamentándolo en un posible origen bíblico, cuyo razonamiento se asienta en una hipótesis que no relegaríamos al ámbito de la paretimología. Así, presupone que el nombre de Perú proceda de hebreo Ophir, considerando que este idioma es consonántico (Arias Montano, 2016: 156–175; Paniagua Pérez, 2018: 147–148).

2 ANEXO Y TRADUCCIÓN DE LA CARTA DE NICCOLÒ VENARDO FIAMMINGO

Tras la traducción al italiano de los capítulos sacados de la obra de Bermudes, Mongallo incluye una síntesis en su idioma de *Peregrinationum ac de rebus machometicis epistolae elegantissimae*, cartas que se publicaron en 1550 por Niccolò Venardo Fiammingo, cuyo verdadero nombre era Nicolas Cleynaerts.

Este autor había nacido en Diest y se había formado a partir de 1512 en la Universidad de Lovaina, donde fue alumno del destacado Jan Dridoens (1480-1535)[119], al que sucedió al frente del *Collegium Houterlaeum*, aunque cuando fue su profesor de Teología, no parecen haber tenido una especial relación, como tampoco la tuvo con Erasmo, que le influyó en su trabajo epistolar. Desde muy pronto, se despertó en él el interés por el estudio del Corán, en buena medida debido a la influencia de Luis Vives. Su deseo de conocer más sobre el texto sagrado de los musulmanes se debió a su voluntad por combatir el islam de forma pacífica.

Fue contratado por Hernando Colón para dirigir su Biblioteca (hoy Biblioteca Colombina de Sevilla) y llegó a España en 1531, donde a su paso por Salamanca, la Universidad le contrató como profesor de griego. En 1534 pasó a Évora, donde Juan III le escogió para el servicio del príncipe Enrique de Portugal, arzobispo de Braga, y en aquella ciudad ejerció como profesor de latín, enseñando esa lengua con frases cortas a través de conversaciones, y donde fundó un colegio. Pagado por Portugal pasó en 1538 a Granada para aprender árabe con un esclavo y luego a Fez, a donde llegó en 1540, año en que le comunicaron la muerte de Luis Vives y la persecución a los *Coloquios* de Erasmo. Regresó a Granada cuando la corona portuguesa dejó de pagarle sus servicios. Allí falleció en 1542, cuando planeaba un nuevo viaje a Fez[120].

Lo que Mongallo hace es un breve resumen, probablemente también para completar la obra de Geraldini, que, como dijimos, describe su paso por la

---

119 Era profesor de teología, que participó activamente contra la Reforma protestante y que dejó varias obras como *Lib. IV de Scripturis et Dogmatibus Ecclesiasticis* (1533); *Lib. II de Gratia et Libero Arbitrii* (1537); *De Concordia Liberi Arbitrii et Praedestinationis* (1537); *De Captivitate et Redemptione Generis Humani* (1534); y *De Libertate Christiana* (1534), sin olvidar varias gramáticas; de la que fue famosa la titulada como *Institutiones in linguam Graecam* (1530).
120 Toda la información precedente puede consultarse en Cerejeira, 1949; Vocht II, 1951–1955: 220–234; Klucas, 1992, 87–98; Bietenholz, 2003: 313; Thomas y Chesworth (eds.), 2014: 125–127.

Mauritania aludiendo a su pasado romano y sin aportar nada sobre el sultanado watasida de Fez, que en aquellos tiempos había perdido una buena parte del control de la costa en favor de Portugal y en la que se había impuesto el jerifismo o la prevalencia del linaje sobre los méritos personales (Mediano, 1995: 18).

Añade además una serie de textos islámicos que obtiene de las cartas que Cleynaerts había publicado, especialmente de las enviadas a Iacobus Latomus Camberonensis, profesor de Teología de la Universidad de Lovaina (1475–1544), y destacado antiluterano, que había escrito *Articulorum doctrinae fratris M. Lutheri per theologos Lovanienses damnatorum ratio ex sacris literis et veteribus tractatoribus* (1521) y *De primatus pontificis adversus Lutherum* (1525). Los textos escogidos son aquellos que podían resultar más llamativos para los cristianos, relacionados muchos de ellos con la sexualidad.

V LA PERSPECTIVA AMERICANA DE GERALDINI

La cuestión americana ocupa un lugar secundario, puesto que apenas comprende los libros entre el XII y el XVI. También se ha dicho que Geraldini y Anglería cerraban el interés de los italianos por la cuestión americana, aunque no habría que olvidar la importancia que en la propagación de información sobre el continente tuvieron Giambattista Ramusio a mediados del siglo XVI, con su obra *Delle navigationi et viaggi* (1550); Galeotto Cei con su *Viaggio e relazione delle Indie*; o Girolamo Benzoni con su *Historia del Mondo Nuovo*, publicada en 1565. Sabemos además que el número de italianos que salieron hacia Indias a lo largo del siglo XVI fueron unos 384 y que fueron genoveses y florentinos los que impulsaron en buena medida la economía dominicana (Orlandi, 2016: 48, 55). Lo cierto es que Catenacci, cuando hizo la edición de la obra, la definió como un libro etiópico (Geraldini de Catenacci, 2009: 109), en que no se da importancia a la América continental. Esto se ve incrementado en los textos en italiano, en que se han obviado las breves menciones que hacían referencia a Cortés y a González Dávila en los textos latinos (Le, 294). Tampoco existe una alusión a Magallanes en ninguna de las versiones, del que debió tener noticias durante su estancia sevillana, cuando el portugués preparaba su viaje de circunnavegación. Interesaba sobre todo África, y ello lo prueba la inclusión que hizo Mongallo de la obra de Bermudes y de la religión musulmana (ff. 82-90v). Los amplios pasajes que se eliminan en los libros XIII-XVI corroboran la falta de interés, pues el copista parece tener urgencia en finalizar la elaboración del manuscrito. Además, estos capítulos americanos, como los africanos, son escasos en información de alguien que haya conocido el medio, desde luego mucho menor que la que ofreció su coterráneo Pedro Mártir de Anglería, que no había visitado las Indias, y que contó, sobre todo, con lo relatado por el propio Colón, al que nuestro prelado parece no haber visto después de su viaje, a pesar de encontrarse todavía en España tras el regreso de los tres primeros viajes (1493, 1496 y 1500).

Para la realización de la parte americana de la obra, si correspondiera a la época de Geraldini, aparte del conocimiento directo que el obispo llegó a gozar, se ha tenido en cuenta algo de la obra de Pedro Mártir de Anglería, aunque no el manuscrito de Ramón Pané, *Relación acerca de las antigüedades de los indios*, que al parecer pasó por las manos tanto de Colón como de Anglería y de Las Casas. En él, frente a lo que sucede con las versiones manuscritas del obispo, regía un sentido estricto de la verdad, por lo que el autor, cuando mencionó los ídolos taínos, aclaró que "estos de los que escribo son de la isla Española; porque de las demás islas no sé cosa alguna, pues no las he visto jamás" (Pané, 2001: 21).

Su viaje fue una mezcla del segundo y tercero colombinos. Sigue la ruta del tercero por Canarias y Cabo Verde, antes de afrontar el cruce del Atlántico, entrando en las Antillas por Guadalupe, como lo hizo en el segundo. De la trayectoria del viaje, en principio, no habría por qué dudar, aunque el reconocimiento de las islas resulte mucho menos factible y parece responder a la creatividad literaria o, mejor dicho, a la recreación de lo contado por Pedro Mártir de Anglería. Este había publicado parte de sus *Décadas* en 1511 y 1516[121], amén de un resumen anterior en Italia, (Trevisanus, 1504; Montalbodo, 1507), sin olvidar tradiciones orales y posibles interpolaciones. Es probable que Geraldini conociese todo o algo de la obra de Anglería, pero no las *Décadas* completas, que se publicarían en 1530 (Anglería, 1530). La diferencia radicaba en el uso de la primera persona que utilizó el obispo, lo que asemeja su obra a la de un diario de viajes.

En ese trayecto merece que pongamos atención en lo referido a la isla Graciosa (Vieques), que Geraldini atribuye a un recuerdo hacia su madre. Según Bauza Socias y Amengual, (Sarfaty, 2010: 27) el nombre podía deberse a tres razones: por un lado, a alguien que conocía, puesto que era un nombre muy común entre los cristianos nuevos de Mallorca; por otro, a una isla de la Azores, en la que tenían intereses los Perestello, y donde Colón reconoció que, cuando soplaban los vientos fuertes del noroeste o del poniente, llegaban troncos de pinos que no existían en aquellas islas (Las Casas, 1986: 69); y, por último, al nombre de la madre de Alessandro Geraldini (Sarfaty, 2010: 26–28). Probablemente haya que tener en cuenta la isla de Canarias junto a Lanzarote, que aparecía ya mencionada con ese nombre en la Crónica de Enrique III: "e hallaron la isla de Lançarote junto a otra isla que dicen La Graciosa". Se nos plantean dudas, pues si su Graciosa era la isla de Viques, junto a Puerto Rico, no sabemos por qué la nombra como la primera en su trayecto. Lo que sí es cierto es que se hallaba despoblada desde 1514, cuando los españoles la atacaron por las incursiones de sus caribes en Puerto Rico (f. 72v) (Soto, 2014: 211–212; Negroni, 1992: 211).

---

121 El título de la obra varía según las ediciones: *Occeanea Decas,* Sevilla, Jacono Cromberger, 1511; *De orbe novo Decades*, Alcalá de Henares, Guillermo Brocar, 1516. La primera edición comprendía la primera década y la siguiente las tres primeras.

De nuevo en los asuntos americanos hay que incidir en el problema de la lengua, pues la supuesta entrevista con los caribes resultaba casi imposible sin un traductor, que no nos consta que le acompañase, aunque probablemente no había europeos que dominaran el eyeri; aun así, el prelado dice que los amonestó y los expulsó de su barco, tras haber oído narraciones sobre su origen y costumbres (f. 73v). Sin embargo, se debe tener en cuenta también que, de existir alguna población marginal en Guadalupe, difícilmente podrían llegar en son de paz, pues había sido una isla muy castigada por las capturas de esclavos desde La Española y Puerto Rico, que se había despoblado hacia 1515 (Sued Badillo, 2007: 62).

Igualmente, del que se ha definido exageradamente como el primer humanista de América (Kellman y Lvovich, 2021: 103), también recurre a la tradición clásica, de ahí las comparaciones con Europa y el mundo grecorromano (ff. 78v-79); incluso incardina su estancia indiana en aquella tradición, al decir en los textos latinos que deseaba informar al papa, como en la Antigüedad lo hacían los gobernadores romanos (Le, 251. Ge, 296-297).

Alessandro Geraldini fue el primer obispo en ocupar aquella sede dominicana, a la que llegó en 1519 con un séquito en el que no faltaban varios de sus familiares. Por entonces la crisis del oro antillano era una evidencia y de ella se hacía eco el prelado (f. 81). Al mismo tiempo, las perlas de la costa venezolana actuaban como un foco de atracción para enriquecerse, al que no estuvieron ajenos los Geraldini. Uno de ellos, Onofrio, tras la muerte del obispo en 1524, regresaba a Italia con un gran cargamento de ellas y otros objetos que conocemos por un inventario posterior (Lucci, 2013: 61-65).

En Santo Domingo, comienza por errar en su año de fundación, para lo que ofrece la fecha de 1494 (f. 75), cuando en realidad se fundó en 1498. Probablemente la equivocación provenga del asentamiento de Isabela, como primera ciudad de la isla, lo que coincidiría con dicho año. Por lo demás, no duda en ensalzar las construcciones y el urbanismo, que compara con Italia y, más en concreto, con la ciudad de Florencia[122], alabando también el atuendo de sus habitantes, lo que no deja de ser una manifestación hiperbólica, como la de su puerto, en el que cabían todas las embarcaciones de Europa (f. 75). Su *laus urbis* poco veraz nos acerca a la imagen de una ciudad italiana del Renacimiento, que en poco debía corresponderse con la realidad, aunque es cierto que Fernández de Oviedo también estableció su comparación con Barcelona y dando prioridad

---

122 Curiosamente, existe otra comparación de la fortificación de Santo Domingo con la de Prato, lugar cercano a la ciudad toscana de Florencia (Cei, 1992: 5-6).

a la ciudad dominicana, ya que su trazado se había hecho con "regla y compás" (Fernández de Oviedo, 1950: 88z). En aquella alabanza de las construcciones, Geraldini no hace referencia concreta al llamado alcázar de Colón, que ya se hallaba edificado y que destacaba sobre todos los demás edificios de la ciudad. Luego vendría la antítesis, exponiendo la realidad de una catedral y de un palacio episcopal indignos, por lo que solicitaba la ayuda de los vecinos (75v-76), a pesar de que, como relata Fernández de Oviedo, el obispo y los prebendados estaban muy bien remunerados (Fernández de Oviedo, 1950: 90), si bien es cierto que existían problemas con el cobro de los diezmos.

Como hombre de iglesia, despierta nuestras sospechas el que desconozca asuntos fundamentales de la iglesia indiana, que se han ido gestando durante su presencia en la corte de Castilla. Parece imposible que ignore el poder del monarca español por la bula *Inter coetera I* de 1493, a partir de la cual el papa fue cediendo derechos a los reyes hasta la *Universalis ecclesiae*, de 1508, y la *Eximiae devotionis*, de 1510, por las que se les concedía el patronato universal de la iglesia indiana. En consecuencia, algunas expresiones del obispo parecen inadecuadas y de desconocimiento de la realidad. Sobre todo, el hecho de que solicite al pontífice su intervención para que el valor de lo que se hubiese obtenido con la explotación de los indios se le entregase para su catedral[123]. También cabe pensar en el desprecio del obispo por la corte castellana, o en una interpolación de alguien que desconocía la política religiosa respecto de las Indias. Dicho desprecio podía deberse a cierto rencor que probara por algunos acontecimientos que relata en sus cartas, como veremos más adelante.

Existe en él una cierta megalomanía en cuanto a su papel en las Indias. Incluso se ha dicho que pensó en su diócesis como un centro de irradiación del catolicismo en América (D'Angelo 2017: 30), lo que no tendría nada de extraño, pues su obispado estaba ubicado en el centro neurálgico del control castellano sobre las Indias, aunque ya por poco tiempo, debido a la importancia que adquiriría la Nueva España. Lo que no es tan lógico es que nuestro prelado sintiera el peso de la evangelización sobre sus espaldas, puesto que en su tiempo era labor de las órdenes religiosas, que disponían del potencial humano y organizativo del que carecía el clero secular, que además se caracterizaba por su escasa ejemplaridad. Desde luego, tampoco tenía razón de ser el verse, según se ha manifestado, como el organizador de la iglesia mexicana (D'Angelo, 2017: 30). Para aquel territorio se crearía primero la mencionada diócesis carolense, en Yucatán (1518) y luego la de Tlaxcala (1525), siendo elegido prelado para ambas

---

123 No aparece en los textos italianos, pero sí en los latinos (Le, 261–262; Ge, 314–317).

el dominico fray Julián Garcés. Es más, desde un principio la evangelización de México se dio a las órdenes religiosas, saliendo la primera misión organizada de franciscanos en 1524 y con una total independencia de las autoridades dominicanas. Esa megalomanía también nos la encontramos en algunas acciones no relacionadas con la vida eclesiástica; de este modo se atribuyó a sí mismo el envío de la flota de Lucas Vázquez de Ayllón para evitar que desde Cuba saliese Pánfilo de Narváez contra Cortés, cuando se sabe con certeza que dicha flota fue enviada por Rodrigo de Figueroa y la Audiencia dominicana (Le, 280)[124].

Fundamental en sus textos americanos es la figura de Colón, con el que el autor quiso sentar una cercanía que le hiciese colaborador en la gesta descubridora, haciendo al navegante sujeto beneficiado de la intervención de los Geraldini en la corte de los Reyes Católicos (Albònico, 1993: 56–60). Por este motivo, Alessandro sobrevalora la intervención de su hermano Antonio, al decir que con su muerte el almirante había quedado abandonado y falto de toda esperanza, saliendo hacia un monasterio franciscano en la provincia Bética, donde fue mantenido por aquella comunidad (f. 76). Alessandro, además, sería su defensor respecto de la negación de la teoría de san Agustín y Nicolás de Lyra sobre la habitabilidad de las Antípodas, que hizo pensar a algunos prelados en un asunto herético (f. 77). Esto no parece tener mucho sentido cuando, como él mismo dice, los portugueses ya habían sobrepasado esa línea. Sin embargo, sirvió para que autores posteriores relacionaran el asunto con la intervención de la Inquisición, lo que tampoco deja de ser una falacia, puesto que a Colón le apoyaba fray Diego de Deza, por entonces inquisidor general (Colón, 1892: 388)[125] y el texto del *Itinerario* tampoco la menciona. Con todo, es cierto que fray Hernando de Talavera, una vez aprobado el viaje, escribió posteriormente a la reina queriendo hacer recaer sobre Colón, sin éxito, el peso de aquella institución (Lequenne, 2002: 92). En este pasaje volvemos a apreciar otra interpolación, puesto que se produce una confusión entre fray Juan Pérez y fray Juan Marchena, pues con el primero estaría en su retiro de La Rábida, mientras que fray Juan de Marchena sería simplemente un colaborador en su plan, lo que Geraldini debía saber muy bien cuando en esos tiempos estaba en la corte (Gil, 2007: 426–427).

Su exaltación colombina la hace esencialmente en el libro XIV, calificándolo de "excelente matemático y astrólogo", al que la lectura de Platón y su *Critias*

---

124 Le, 280. AGI, *Patronato*,174,R.21.
125 Fue el conde Roselly de Lorgues uno de los que más insistió en el papel de la Inquisición en la vida de Colón (1856, II, 153).

le animó al descubrimiento (f. 76). No obstante, en los textos en italiano se ha eliminado todo lo referente al primer viaje colombino y a la defensa de Colón frente a los malvados que dañan los hechos de los grandes hombres, que sí figuran en Catenacci (Le, 246–250. Ge, 288–295). Hasta tal punto llegaban las consideraciones sobre el genovés, que en una de sus cartas a León X vincula la muerte de Colón con el inicio del mal trato a los indios (Le, 278).

De gran interés es el tema de los indios del Caribe, y en especial su esclavitud, de la que algunos aspectos se mencionan en su biografía. En el Nuevo Continente, esta afectaba a etíopes trasladados desde África y a los indios, llamándonos la atención que no se critique a los portugueses como los grandes comerciantes esclavistas, ni a los flamencos e italianos como beneficiarios e intermediarios. Bartolomé de las Casas, en 1515, admitía la esclavitud negra para aliviar a los indios, aunque Cisneros, en 1516, se opuso a aquella idea no por espíritu caritativo, sino porque eran gentes sin honor y sin fe, "capaces de traiciones y confusiones, capaces de imponer a los españoles las mismas cadenas que ellos han llevado"[126]. Fue el 18 de agosto de 1518, cuando Carlos I concedía al flamenco Lorenzo de Gouvenot la exclusividad de introducir en América 4000 esclavos negros, comenzando de forma masiva el comercio esclavista afroamericano. El defendido por Geraldini, Diego Colón, no estuvo al margen de tal comercio, pues en su testamento de 8 de septiembre de 1523, consta que tenía una deuda por valor de 1500 arrobas de azúcar que debía entregar a comerciantes genoveses por 50 esclavos (Colón de Carvajal y Chocano, 1992: II, 44). Una cantidad semejante solicitaba el prelado que se le permitiese introducir (D'Angelo, 2017: 34). El número de 40 o 50 que menciona no podía ser para su servicio personal, sino más bien reflejaba su propósito de explorarlos como mano de obra o para una reventa, como los 20 que también solicitó el obispo de Puerto Rico (Fernández Méndez, 1980: 105; Szaszdi, 2008: 210–211).

La decadencia de la población india había provocado la necesidad de trabajadores, que trataron de obtenerse en África desde momentos muy tempranos, aunque la esclavitud india fue también un hecho en los primeros decenios de la presencia española, relacionada directamente con el maltrato. Geraldini en este sentido, y de acuerdo con lo que sabemos, mantuvo una posición contradictoria, dado que, cuando fue nombrado obispo, mencionó su deseo de salvar a aquellos hombres que vivían como animales, a los que luego compadeció en el libro

---

126 Cortés López, José Luis, "La esclavitud en España en la época de Felipe II", Fundación Biblioteca Virtual Miguel de Cervantes, http://cervantesvirtual.com/historia/CarlosV/6_4_cortes.shtml #N_2_ (19/02/2021).

XVI como gentes idílicas, aunque siempre refiriéndose a los taínos. También Rodrigo de Figueroa había intentado en sus primeros momentos cumplir en La Española con el mandato de fundar pueblos de indios libres, pero no tardó en cambiar de idea ante los reclamos de los encomenderos (García, 1893: 98), amén de favorecer la captura de esclavos en las llamadas "islas inútiles"[127] y explotar en beneficio de los suyos las pesquerías de perlas de Cubagua. Su corrupción llegó a tales extremos que fue condenado en el juicio de residencia que le hizo Cristóbal Lebrón entre 1521-1523[128].

En la obra, la consideración del indio aparenta ser una pura interpolación. No menciona a ninguno de los frailes que había levantado la voz en la isla, en concreto a Antonio Montesinos y, en general, a los dominicos, que mantenían una posición beligerante ante el sistema de encomiendas, protestando enérgicamente de las crueldades de los españoles en la isla (Paniagua Pérez, 2009: 69). Ni siquiera nombra a fray Pedro de Córdoba, gran defensor de los indios, a quien debió sustituir como inquisidor general (Paniagua Pérez, 2009: 69); sin olvidar a Bartolomé de las Casas, con quien tuvo que coincidir en la isla. Tampoco hace mención a la rebelión de Enriquillo, que se inició el 25 de diciembre de 1519 (Utrera, 1950; Deive, 1989) y que se mantuvo hasta 1531. Curiosamente su sucesor, Sebastián Ramírez de Fuenleal, tomó una posición muy activa en el problema, tratando de solucionarlo y de evitar que se esclavizasen a los indios alzados (Mira Caballos, 1997: 325). La acción de este prelado tuvo que interrumpirse al ser nombrado presidente de la Audiencia de México en 1530.

Incluso cuando nuestro obispo pretendió obtener de León X que se le entregase la riqueza producto de la explotación indígena, no lo hacía por el interés de los naturales (por "solidarietà cristiana". D'Angelo, 2017: 32-33), sino por el de elevar una catedral digna de su memoria (Geraldini, 2018: 128-140), como un arco de triunfo en el que constarían también las cartelas de sus bienhechores eclesiásticos y civiles. Es más, la postura de desprecio que tuvo hacia los caribes contrasta con la que había tomado el obispo de Puerto Rico, Alonso Manso, que solicitó en 1518 la jurisdicción episcopal sobre las islas pobladas por estos, con el fin de evangelizarlas (Sued Badillo· 2007: 61). Quizá pudiera servir como

---

127 Se trataba de aquellas islas en las que no había oro y su única riqueza era la captura de esclavos indios, como sucedía en las Antillas Menores y de manera muy especial en Aruba, Curaçao y Bonaire a partir de un permiso expedido en 1513 por Fernando el Católico. *CODOIN América* I, Madrid, Bernaldo de Quirós, 1864, p. 431. Algunos autores que han tratado sobre Geraldini confunden estos esclavos con los africanos, con los que nada tienen que ver (Anna María Oliva, 2013b: 176).
128 AGI, *Justicia*, 45-47.

disculpa de las actitudes poco ejemplares respecto del indio, que el episcopado de la época no discernía con claridad la situación (Dussel, 1997: 37); esto no sabemos hasta qué punto podamos considerarlo una disculpa, cuando ya había teólogos, religiosos y civiles que elevaban su voz contra los abusos. Al margen de ello, cabría recordar las actividades de explotación que se han mencionado arriba.

Las fantasías y mitos también nos aparecen en el mundo americano, aunque nada parecido a lo que se puede comprobar en el mundo africano. No se mencionan mitos que todavía gozaban de cierta consideración en su época como el Ophir bíblico, la isla de San Brandán o el Paraíso Terrenal. No figuran tampoco elementos milenaristas, como los que sí se pueden apreciar en la conquista y colonización de México, o como lo había mostrado su hermano en la *Oratio*, al considerar la toma de Granada como un precedente de la toma de Jerusalén, o cuando el mismo consideró a Fernando el Católico como el restaurador de la Casa Santa de Jerusalén, en 1509[129]. Sus fantasías se limitan casi a los fantasmas que los españoles vieron luchando por el aíre hasta que se colocó al Santísimo Sacramento (f. 78v), lo que nos recuerda a aquellos que mencionó al hablar de la ciudad Gallanea, en África (ff. 62–63) y que se relacionan con un pasaje de Fernández de Oviedo (1950: 130).

La monstruosidad es algo presente desde sus primeros pasos en el Nuevo Continente, puesto que, a la postre, los indios caníbales de los que hace múltiples descripciones no son sino una representación de la misma. Sus descripciones nos ponen ante los ojos a unos caribes cuyo único interés en la vida era su alimentación con carne humana, abundando en narraciones morbosas, como la castración y el engorde de niños para cortarles la cabeza y hacer un banquete; o mujeres destinadas al concubinato o como cuidadoras de sus hijos (ff. 71v-73). Es más que probable que muchas de estas referencias estén tomadas de Anglería (1989a: 12), aunque parecen más coincidentes con un texto de Fernández de Oviedo, cuando habla de los caribes de Cartagena:

> Los caribes flecheros, que son los de Cartagena y la mayor parte de aquella costa, comen carne humana, y no toman esclavos ni quieren a vida ninguno de sus contrarios o extraños, y todos los que matan se los comen, y las mujeres que toman sírvense de ellas, y los hijos que paren (si por caso algún caribe se echa con las tales) cómenselos después; y los muchachos que toman de los extraños, cápanlos y engórdanlos y cómenselos[130].

---

129 Antonio Geraldini (1486); Milhou (1985: 51–62); Duran (1987). Zaballa Beascoechea y González Ayesta, (1995: 199–233); García González (2018, 933–941); Paniagua Pérez (2009: 56).
130 Fernández de Oviedo, *Sumaria*, p. 123.

Encontramos otra contradicción en esta obra respecto de los mismos indios, pues, además de resaltar sus crueldades, los que le visitaron en el barco en Guadalupe y que no quiso recibir ante él no cometieron actos de violencia y le contaron sobre su pueblo, que comía hombres fuertes para apoderarse de su vigor (f. 73v). Por añadidura, cuando escribe Geraldini, Guadalupe ya había dejado de ser el punto neurálgico de la actividad caribe, como la consideró Anglería (1989a: 19), para pasar a la más inexpugnable isla Dominica (Sued Badillo, 2007: 61).

La antropofagia caribe sirve en la obra para recurrir a una vieja división entre quienes respetan la ley natural (taínos) y quienes no lo hacen (caribes). Aquellos que viven en el primer supuesto estarían dentro de las tres definiciones del hecho moral que santo Tomás de Aquino estableció en su *Contra gentes*, que obligaría a todo ser humano a respetar la vida, el honor y la propiedad de los otros. En definitiva, era una herencia agustiniana por la que se prohibía perturbar el orden natural, que debía respetarse en todo momento (Agustín de Hipona, 1993). No cumplir con esto era salirse de la ley natural, como aquellos caribes que rompían el primer principio de respeto a la vida. Incluso la diferencia le hace situarlos en ámbitos geográficos diferentes: el caribe vive en la montaña (el lugar agreste), mientras el taíno vive en la llanura, de acuerdo con las leyes de la naturaleza (f. 71v). Después de Colón, la dicotomía entre los indios de las Antillas ya había sido corroborada por el doctor Álvarez Chanca (Soto, 2014: 198), y posteriormente por múltiples autores. En nuestra obra, el aspecto físico del caribe también implica fuerza bruta: musculado, con cara aterradora, desnudo, pintado de colores y usando dardos envenenados (ff. 71v-72). De todos modos, nuestro obispo no vio prácticas antropofágicas, por lo que sería uno más de los que cita el canibalismo caribe por información de terceros. De hecho, ha habido autores que han negado la antropofagia en América, como William Aren y, mucho antes, Julio C. Salas, pues ambos autores consideran que las pruebas existentes no son concluyentes (Salas, 1920; Arens, 1980), aunque en la actualidad los estudios arqueológicos parecen probar lo contrario. A pesar de todo, Geraldini les concede la capacidad humana de gobernarse, pues formaban comunidades unidas que disponían de mandatarios mediadores en las controversias, que resolvían con celeridad (ff. 72-72v).

Entre los seres fabulosos en los textos italianos, no se mencionan a los hombres asilvestrados y con el cuerpo cubierto de vello —con la excepción de pies, manos, rodillas y rostro— que evitan contactos con los humanos, de los que huyen corriendo; más veloces que los caballos (Le, 257. Ge, 306-307). Él mismo hace alusión a su representación en España e Italia, pero también en otros países; de esta manera los encontramos, por ejemplo, en una xilografía de finales del siglo XV del maestro alemán bxg, en que se representa a una familia del *homo sylvestris*; en el Palazzo dei Musei (Modena); las pinturas de Durero en la Pinacoteca de Múnich; en la sala de los leones de la Alhambra; o las representaciones escultóricas de la catedral de Ávila, de San Gregorio de Valladolid, de la capilla del Condestable, en la catedral de Burgos, del palacio del Infantado en Guadalajara, de la catedral de Milán, etc.; o en América, con fechas posteriores a la obra, en el palacio de los Montejo en Mérida de Yucatán, o en la casa de Juan de Vargas en Tunja.

La introducción de estos textos sobre la monstruosidad y las fantasías tenían su lógica, puesto que suponían una atracción para los europeos de la época, ávidos de conocer aventuras con visos de realidad, a lo que se prestaba en la imaginación el hombre americano.

Es en el libro XVI donde se despliega toda la cuestión de las atrocidades cometidas por los españoles. El traductor Mongallo ya adelanta la cuestión en la introducción de la obra, al recordar "las estremecedoras crueldades utilizadas por los españoles hacia aquellos miserables indios desnudos y pacíficos de la isla Española" (f. 1v) y menciona la cantidad de un millón de indios muertos, coincidiendo con lo supuestamente relatado por el propio obispo (ff. 1v, 81v). Curiosamente, esas cantidades coinciden con las que nos ofrecen tanto Fernández de Oviedo como López de Gómara, lo que suponía la extinción total, pues el mismo Oviedo dice que, cuando él escribía, ya solo quedaban 500 indios (López de Gómara, 1978: 41; Fernández de Oviedo, 1851: 71), lo que sucedía hacia 1533. Las Casas, por otro lado, eleva la cifra a tres millones (Casas, 1986: II, 76), aunque estos cálculos y otros han dado lugar a muchas polémicas entre los historiadores (Arellano, 1986: 21–25).

La culpabilidad española queda reflejada tanto en los textos italianos como en los latinos. Ni siquiera la edición impresa libera a los hispanos de lo que se dice en el libro XVI. En él, hace recaer la aparente culpabilidad sobre los caribes, aunque se aprecia claramente que se trata de una equivocación del copista, malinterpretando la redacción, ya que está claro que el interés por el oro y su explotación poco tenía que ver con aquellos indios (Le, 260; Ge, 310–311). Es evidente que el enriquecimiento condujo a los abusos que se mencionan, y fueron la causa de que muchos naturales se quitasen la vida, al no desear una existencia ignominiosa, cuando sabían que el alma era inmortal (f. 81).

Paralelo a la culpabilidad de las maldades causadas por los españoles, el prelado se muestra partidario de la esclavitud de los indios, pues en su carta a León X le solicitaba, de nuevo sin contar con el emperador, que se le permitiera comprar a los esclavizados por otros indios para poderlos convertir al cristianismo. Aludía a que "es preferible soporte la esclavitud sometido al pueblo cristiano a disfrutar de una libertad refrendada solo en su patria y sin nuestra fe" (Le, 278-279). Incluso trató de obtener otras prebendas, como que el Consejo Real le otorgase el derecho de elección de los esclavos cristianos y de los supuestos "varones" o autoridades (Geraldini, 2108: 97-97)[131]. Este interés por los esclavos podría interpretarse en bien de los indios, pero no deja de ser una falacia, puesto que también quienes abusaban de ellos lo hacían fundamentándose en cuestiones que podrían tener interés en la época, como la irracionalidad, la superioridad intelectual, el paganismo, la antropofagia, los sacrificios humanos, etc. En realidad, el propio autor estaba aceptando la idea de la *Política* aristotélica, en que el bárbaro debe servir al sabio para de esta forma acercarse a la civilización (Ar., Pol, 2:4, 7 y 13:9). Igualmente, como defensor de la esclavitud indígena, pedía que se le concediesen 100 esclavos indios (Geraldini, 2018: 97). Posteriormente, el 11 de abril de 1521, solicitaba a Cristóbal de Lebrón que le asignase indios a su sobrina Elisabetta, hija de su hermano Costante, y a su marido, puesto que pensaban establecer su residencia definitiva en la isla (Geraldini, 2108: 103-104). De todos modos, podemos suponer que esto nunca haya ocurrido, dado que no hemos vuelto a saber nada sobre su presencia en La Española.

---

131 D'Angelo atribuye como destinatario al Consejo de Indias, cosa imposible, puesto que este organismo se creó en 1524 y la petición data de en torno a 1520, por tanto, se está refiriendo al Consejo Real.

ANEXOS

CRITERIOS DE EDICIÓN

En la transcripción del manuscrito italiano del *Itinerarium*, cuyo texto reproducimos, hemos modernizado la grafía, sin que ello haya alterado los aspectos semánticos de las expresiones que ha utilizado el copista en su obra.

Hemos dejado las tachaduras para respetar el texto original. Sin embargo, en la traducción las hemos omitido, puesto que no aportaban nada respecto del propio contenido de la obra. Es por ello que, en los primeros libros, no coincide el orden de los párrafos traducidos con los que hemos transcrito.

Asimismo, hemos aplicado criterios modernos a la hora de modificar la puntuación y la ortografía del original con la finalidad de agilizar su lectura, como la eliminación de algunas comas, el uso de las mayúsculas o la omisión de la conjunción *et* en los casos redundantes, mientras que en otros se ha modernizado con *e*.

Hemos resuelto las abreviaturas e indicado con corchetes la parte resuelta. También hemos señalado las añadiduras al margen indicándolas entre paréntesis, al igual que las palabras añadidas arriba de otras.

El salto de folio, tanto para la traducción como para la transcripción, se señala con doble barra (//) y se incluye el número de folio entre corchetes. Cuando algún folio no se haya numerado, hemos utilizado la abreviatura s/f. Existe una mala foliación en los dos primeros libros, por eso la secuencia numérica en algunos casos parece alterada, dado que incluso hay textos desordenados en el original. A la vista de ello, hemos decidido dejar dicho orden en la transcripción, pero hemos reordenado los fragmentos en la traducción para que esta tenga sentido.

Se utiliza el asterisco (*) para indicar aquellos términos que se pueden consultar en el glosario de términos, expresiones y formas verbales.

Los escolios se han indicado en negrita al principio de cada párrafo correspondiente.

Tal como hemos explicado en el apartado de abreviaturas, hacemos referencia a los textos ya publicados con las abreviaturas Le para la edición del *Itinerarium* español-latina que se publicó en 2009 y Ge para la edición ítalo-latina publicada por la Universidad de Génova por Edoardo D'Angelo y Rosa Manfredonia. Igualmente, para los manuscritos italianos hemos utilizado las abreviaturas L para la copia manuscrita conservada en la Biblioteca Nacional de Lisboa y BL para la copia de la British Library de Londres.

Hemos anotado las diferencias que se evidencian entre L, Ge y Le, incluyendo las discrepancias entre los textos en latín de los manuscritos italianos y sus correspondientes en Ge, Le. Las diferencias entre los manuscritos en latín se pueden leer en la transcripción del *Itinerarium* en Ge.

En todos los anexos, las traducciones al español de términos y expresiones italianos se han puesto entre paréntesis. No se han traducido al español las citas textuales procedentes de obras históricas o literarias.

ANEXO I

ITINERARIO DI MONS[IGNO]RE ALESSANDRO GERALDINO VESCOVO DI SAN DOMENICO CITTÀ DELL'ISOLA SPAGNOLA, OVE SI DESCRIVONO COSE STUPENDE* DELL'ETIOPIA, NON PIÙ DA ALTRI CONOSCIUTE

[f. 1] **Mons[ignor] Aless[andro] Geraldino Vesc[ovo] di S[an] Dom[eni]co autore.** Venuti alle mie mani alcuni fogli di carte spezzate che senza forma e ordine alcuno, contenevano l'itinerario di Mons[ignor] Aless[and]ro Geraldino di Amelia vescovo di San Domenico, città dell'Isola Spagnola, edificata da Bartolomeo fr[at]ello di Cr[istoforo] [C]olombo ritrovator del nuovo mondo, mi sono mosso* a ridurli in forma alquanto ordinata il meglio che si è potuto, per non lasciar perdere la cognition* di tanti paesi e di tante cose delle quali per l'addietro non si avea notizia alcuna, e non meno per onor dell'autore. La sua industria in così lungo e strano viaggio non si diede a cercar tesori o altri beni della fortuna, come hanno fatto molti spagnoli e Portoghesi che lungo tempo han navigato quei grandi mari, ma con altissimo giudizio ha ricercato i segreti della natura delle situazioni e le qualità della Mauritania Tingitana del monte Atlante.

Qualità dell'Etiopia. E delle grandi e innumerabili* province dell'Etiopia, gli animali, le erbe e le piante, i re, i principi, i pontefici, le religioni, i costumi, gli oracoli e gli editti dei grandissimi imper[ato]ri romani, e degli antistiti* e presidenti* antichissimi dei popoli gentili, nei quali si mostra apertamente che quelle nazioni in universale* hanno cognizione d'un solo iddio* dell'im[m]ortalità dell'anima, del paradiso, dell'inferno e del purgatorio. Amavano// [f. 1v] la giustizia e l'equità. Lodavano le opere della pietà verso i bisognosi. Dannavano l'odio le discordie e le liti. Si rendevaono sovente contriti di peccati ammessi, e due (molte)[1] volte fra il giorno e la notte si levavano a fare orazione, e nei suoi templi entravano digiuni e lavati. Conservavano i matrimoni, e mantenevagono la vita sobriamente. E sopra tutte le altre generazioni del mondo si rendevano ospitali e benigni a forestieri. Vedrete in questi scritti, oltre alle

---

1 Puede que aquí haya una corrección y que la palabra *due* (dos) se tachara para sustituirla por *molte* (muchas).

sopraddette cose, orrende illusioni di fantasime*, grandiss[imi] portenti, tempeste e minacce del cielo, della terra e del mare. Vedrete all'incontro* infiniti miracoli, e benefici dell'i[m]mortale Iddio*. Sentirete quel che io vorrei poter passar con silenzio, le stupende* crudeltà usate da spagnoli nei miseri ignudi e mansueti indiani dell'Isola Spagnola al p[rese]nte della città d[et]ta San Domenico nominata². Nella quale per lor cagione erano infino* a q[ue]l tempo che l'autor scrisse, che fu l'anno di n[ost]ra salute MDXIII. Morti di ferro, di strazi, di fame, e altri vari tormenti, oltre ad un milione di uomini. Sia adunque eterna gloria e onore alla memoria di mons[igno]re Aless[and]ro di tanta cognition* di cose, che ci ha lasciata. Sia onore a tutta la Nobilis[sim]a famiglia Geraldina, illustrata dalla successione di tanti religiosissimi prelati,// [f. 2]

valorosissimi capitani e ornatissimi gentiluomini, vero presidio e ornamento dell'antichissima e deliziosissima città d'Amelia, da me sommamente amata, come quella che diede alla mia fanciullezza nutrimento, disciplina e buoni costumi.

Pompeo Mongallo da Leonessa della milizia di Gesù Cr[ist]o.

[f. 3] LIB[RO] P[RIMO]

Io Alessandro Geraldini d'Amelia, ritrovandomi in Spagna ai servigi dei serenissimi Ferdinando re di Roma e Isabella reina* di Castiglia, fui dalla loro benignità eletto vescovo della Città di San Domenico, non molti anni prima dai loro capitani edificata nell'Isola Spagnola, al p[rese]nte comunemente detta di San Dom[eni]co, nelle Indie Occidentali nuovamente venute alla notizia.

Cr[istofa]no* Colombo genovese ritrovator del nuovo mondo. E sotto l'imperio* dei cr[istia]ni per invenzione* e virtù del gloriosissimo Cr[istofa]no* Colombo genovese, mi deliberai* di andare a visitare e custodire quelle mie pecore: e in così lungo e strano viaggio non provai né fatiche, né pericoli di approdare ai lidi dell'Africa, e dell'Etiopia, e di penetrare entro nel* continente quanto mi fosse possibile, per aver dei siti, dei popoli, degli animali, dei governi, e dei costumi, delle religioni e dei frutti di quei paesi da noi altri per avanti* o

---

2 Esta tachadura posiblemente indique que resulta superfluo añadir *nominata* (llamada, nombrada), considerando que anteriormente el copista ya había puesto *d[et]ta* (dicha).

niente, o molto poco conosciuti qualche cognizione, non meno per giovare a molti che per soddisfare me stesso, e piacquemi di lasciare ai posteri in questi miei scritti una memoria del mio viaggio quasi giornalmente, e di tutte le cose più notabili che di veduta e d'udita vennero a mia notizia.

L'anno adunq[ue] della n[ost]ra salute MDII deL[3] //

[s/f] Monacates[4] Patareus utraq[ue] lingua eruditus, cum secreta magni Oceani scire in animo haberem, distracta parentum hereditate ultimum occidentem adivi, Gades intravi, simulacrum[5] Herculis toto corpore per terram extento[6] adoravi: inde fluxu et refluxu oceani diu considerato, comperi magnum mare lunam sequi deam et magna adeo potentia numina superna agere, ut res human[a]e nihil comparatione caelestium[7] sint. Et hoc ego primus pr[esen]ti[8] populo Gaditano, et finitimis populis apertum reliqui. Deinde morte mihi appropinquante[9] decreto senatus et populi pu[bli]co locum sepulturae, e regione templi Herculei recoepi[10]. Vale Patria[11] mea, valete Gaditani, qui me magnopere amastis. Ad hoc enim nati sumus ut brevi temporum cursu, et qui amant et qui amantur se invicem relinquant. Obii diem Aelio Adriano[12] Caes[are] Aug[usto] Imp[eratore], Divi Nervae Traiani Aug[usti] filio orbi imperante. Pridie kal[endas] octobris//

[f.3] **Isola di Calice.** mese di agosto, preso commiato da quei cattolici principi, sciolsi[13] in una buona e ben provvista nave, e in breve tempo marina marina[14]

---

3   Aparece solo en Le, por probable errata.
4   Ge, 88 y Le, 311, *Menechaeus*.
5   Ge, 88, *simulachrum*.
6   Le, 311, *extenso*.
7   Ge, 88, *celestium*.
8   Le, 312, *presenti*.
9   Ge, 88, *adpropinquante*.
10 Ge, 88, *recepi*.
11 Ge, 88, *Patera*.
12 Ge, 88, *Elio Hadriano*.
13 Forma culta de *salpai* (zarpé). En el lenguaje marino, es frecuente la expresión *sciogliere le vele* (soltar las velas). En el registro culto, y en su sentido absoluto, *sciogliere* indica el acto de zarpar, por la influencia del latín *solvere* (T, s. v. *sciogliere*. Véanse también los ejemplos en la definición que facilita el VAC$_1$).
14 Mar en proximidad de la playa. *Cf.* Boccaccio "e di quindi, marina marina, si condusse infino a Trani" (T, s. v. *marina¹*).

giunsi all'isola di Calice, ove mi fu mostro[15] un marmo antichissimo, nel quale con l[ette]re latine era scritto un epitaffio di questo tenore:

> **Epitaffio di Monacato**[16] **Patareo.** ~~Monacato Patareo, dotto nell'una e nell'altra lingua, avendo destinato nell'animo mio di ricercare i segreti del grande oceano, presa l'eredità dei miei parenti mi trasferii nella città di Calice, nel cui tempio adorai la statua di Ercole. E ivi attentamente considerato il flusso e il riflusso di quel mare, ritrovai che il grande oceano seguiva nei suoi moti, i moti della luna. Di tanta potenza sono le cose celesti che le umane non siano d'alcuna comparazione con quelle. Indi approssimandosi il tempo della mia morte, per pub[bli]co decreto del Senato e popolo gadicense mi fu concesso luogo alla mia sepoltura al lato al tempio d'Ercole. Restate p[at]ria mia lungamente felice, restate in pace gaditani, che grandemente mi amate. A questo tutti nasciamo che quello che amano e quelli che sono amati, in breve tempo lascino l'un l'altro. Passai di questa vita al tempo, che comandava al mondo Elio Adriano Ces[are] Aug[usto] Imp[eratore] figliolo del divin Nerva Traiano Aug[usto], l'ultimo giorno di settembre.~~

Tigno castello*. Partitomi da Calice [f. 3v] passai nella Mauritania Tingitana, detta di Tigno castello* famoso d'Anteo, che poi in trascorso di tempo sotto l'impero di Claudio, vi fu condotta una colonia di romani, e chiamossi Giulia. Già furono in questa spiaggia molte altre nobili città, ma come il tempo, a lungo andare, con le sue vicissitudini ogni cosa guasta e consuma, sono per la maggior parte distrutte, e non hanno più quella faccia e quella forma che avevano innanzi*. L'anno di n[ost]ra salute Settecento e quattro, sedendo nella Cattedra di Pietro Giovanni[17] e regnando in Orie[n]te Giustiniano IV, innumerabili* moltitudini d'Arabi usciti di lor paesi occuparono l'Africa e la Libia. **Africa occupata da Arabi maomettani. Spagna occupata dai saraceni.** Indi, con grandi armate, superato lo stretto d'Ercole passarono in Spagna, e tutta la sottomisero al suo imperio*, dalla Biscaglia e pochi altri luoghi infuori, e s'impadronirono della Francia infino* a Lione e a Turone[18]. Per questi accidenti tutte le cose furono mutate dalla primitiva condizione. Distrutta altutto* fu la colonia Costantina. Zubul, nobile castello* della giurisdizione degli Aranici[19] al p[rese]nte abitato da vil plebe in bassissima fortuna, senza alcun sontuoso e nobile edificio si ritrova.

---

15 Forma verbal antigua del participio pasado de *mostrare* (monstrar)
16 Todos los epitafios en el BL solo figuran en su traducción al italiano. En este caso, además, *Monacato* figura como *Manacato* (f. 1v).
17 En este punto, puede que falte un pasaje que se sustituye por suspensivos.
18 Nombre antiguo de Tours.
19 La *lengua aranica* se referiría al glotónimo aranés, que se habla en el Valle De Arán, en Lérida. Por tanto, debe de tratarse de una confusión por parte del copista, al

ANEXO I 187

Lixa. Lixa, maggiore già della Gran Cartagine// [**f. 4**] che dagli arabi fu nominata Zofi, caduta in gran rovina, si possiede oggi dai portoghesi, i quali con molto valore la difendono da innumerabili* moltitudini di inimici [antiguo], che del continuo* la travagliano, e ritengono* anche nella Cesarea Mauritania di qu̶l̶à dallo stretto di Zibeltaro la città di Setta, patria di L[ucio] Settimio Severo imp[eratore] e Arzilla, con molti altri nobili castelli* della Mauritania e della Numidia, acquistati per guerra. Ma tornando al no[st]ro proposito, gli africani mauri, dopo la rovina ricevuta dagli arabi maomettani vennero a tale, che per lunghissimo tratto verso austro* abitano una incredibile moltitudine di ville e di casali ove sia qualche fiume, rivo o fonte, p[er]ciocchè tutta quella regione pe[r] [i]l gran calore del sole è aridissima, e priva d'arbori* e d'erbe, fuorché in alcuni luoghi, aiutati dal naturale umore della terra. E questi abbondano mirabilmente di grano d'orzo, di miglio e di tutte altre sorti legumi. Sonovi greggi e armenti di pecore, di capre e cammelli in grandissima copia. Vi si trovano ancora leoni, orsi, lupi e serpenti velenosi d'ogni maniera, ma i leoni in questi paesi non sono di quella fortezza e generosità che sono quelli che nascono nel monte Timavo, perciocché* questi si congiungono con leopardi, e lupe cerviere[20],// [**f. 4v**] indi vengono i figlioli a degenerare dal naturale e solito valore.

Suburra città. Quindi avendo date le vele al vento seguitammo* il n[ost]ro cammino e indi a poco arrivammo a Suburra, città con un fiume di notabile grandezza. La quale città ritiene* ancora l'antico nome, dove da quel popolo fummo allegramente ricevuti e copiosamente sovvenuti* delle cose necessarie al no[st]ro vivere. Ed essendo io disceso in questa città tra molte antiche memorie di romani e d'africani che vi trovai, vidi in un grande marmo della piazza scritte alcune l[ette]re latine i̶n̶ ̶q̶u̶e̶s̶t̶o̶ ̶s̶e̶n̶s̶o̶ che seguono[21].

Epitaffio di Olmissa Naarbale. O̶l̶m̶i̶s̶s̶a̶ ̶N̶a̶a̶r̶b̶a̶l̶e̶ ̶f̶i̶g̶l̶i̶o̶l̶o̶ ̶d̶i̶ ̶O̶l̶m̶i̶s̶s̶a̶ ̶d̶e̶l̶l̶'̶o̶r̶d̶i̶n̶e̶ ̶p̶a̶t̶r̶i̶z̶i̶o̶ ̶S̶u̶b̶b̶u̶r̶r̶e̶n̶s̶e̶,̶ ̶i̶n̶ ̶G̶i̶u̶n̶o̶n̶a̶ ̶c̶a̶p̶o̶ ̶d̶'̶A̶f̶r̶i̶c̶a̶ ̶c̶h̶e̶ ̶f̶u̶ ̶d̶e̶t̶t̶a̶ ̶C̶a̶r̶t̶a̶g̶i̶n̶e̶,̶ ̶q̶u̶i̶e̶t̶o̶ ̶p̶e̶r̶

---

trascribir de la siguiente manera: *Zubul* (*Vubul* en BL, f. 2). En Ge, 90, se lee "Zabulon nobile oppidum tempestate nostra Azamorum". Este *Azamorum* se ha transcrito en BL con *Aramei* (f. 1).

20 Se trata de otro término por el que se conocían los linces. VAC$_1$: "Animale notissimo, con pelle indanaiata, e d'acutissima vista" (Animal muy conocido, con la piel maculada y la vista muy aguda) (*s. v. lupo cerviere*). Hay otra definición muy parecida en la voz *cerviero*: "Cerviere si dice a una Spezie di Lupo d'acutissima vista, e di pelle screziata, o indanaiata" (se denomina *cerviere* a un tipo de lobo con una vista muy aguda, de piel veteada o maculada) (VAC$_1$: *s. v.*).

21 Esta locución, que aparece arriba del texto, sustituye a la que está tachada.

alcun tempo dimorai. Dipoi*, tornato alla città subburrense, feci molti comodi* alla mia patria, perciocché* sotto il governo di L[ucio] Paolo con[sole] rom[ano], le ottenni la franchezza d'ogni dazio e tributo. Dipoi* al tempo di Pub[lio] Nigidio con[sole], gli antichi confini delle circonvicine città violentemente occupati ridussi alla debita podestà* del mio popolo, e sotto il governo di P[ublio] Nigidio Mamerco trovandosi le muraglie della mia p[at]ria per la maggior parte rovinate. //

[f.02][22] Olmissa Naarbal . Olimissae filius a patricio Suburrensi ordine l[itte]ris latinis in Iunonia Africae capite, quam antea Cartaginem vocabant incubui. Mox in urbem Suburrensem reversus, multa patriae meae commoda attuli. Sub L[ucio] enim Paulo Cons[ule] eam omni tributo liberam feci ad quinque[n]nium . Deinde sub P[ublio] Nigidio item cons[ule] antiquos limites a vicinis urbibus non iure occupatos, sub pot[estat]e populi mei reduxi. Postea sub P. Nigidio Mamerco cum moenia Suburentia maiori parte collapsa essent, tanta apud Cons[ulem] gratia valui, quod e pub[li]co Provinciae tributo restituta sunt, et tandem morte mihi adveniente, cum e decreto patriae pub[li]co sepulcrum mihi e marmore Numidico erigere deberent, et me Mauritaniae Tingitaniae provinciae Hispanie hominem appellarunt . Renuo ego tantum pat[riae] n[ost]rae dedecus, tantam provinciae n[ost]rae ignnominiam debere afferri. Posteriores enim Romani ut magnum toti Iberiae nomen darent, et quod tota Hisp[ani]a crebris coloniis, crebro praesidis usu in linguam et mores transierat Romanos eam provinciam cum iure minime possent, eam obrobrio n[ostr]o augere volvere. Cum enim omnes in toto orbe// [f. 02v] provinciae aut montibus, aut fluminibus, aut pelago dirimant[ur] et Africa tertia pars orbis freto Hercules divisa ab Europa sit, nihil nos cum regione Hispana com[m]une habemus. O viri provinciae Tingitanae o magnae patriae urbes, o clara oppida adsurgite, et tantum a p[at]ria n[ostr]a malum, et tantum a posteritate n[ostr]a nephas avertite. Africa pro habendo orbis imperio ingentia cum S.P.Q.R. bella exercuit et Hispania saepe a maioribus n[ost]ris bello victa Provincia n[ost]ra nuncupari debet. Assurgite pr[aese]ntes viri, assurgite posteri et honorem provinciae defendite. Pro decore quidem p[at]riae mori opus omni parte nobile est. Cessi naturae secundo Divi Flavii Vesp[asiani] Caes[aris] Aug[usti] imperii anno XIIII, K[alendas] I[ulii] augusti.

[f. 5] Fui di tanta autorità e grazia presso il Cons[ole] che le furon rifatte del pub[bli]co tributo che pagava la provincia al Po[polo] Ro[mano], e finalmente, approssimandosi il tempo della mia morte, quando p[er] decreto pub[bli]co mi dovevano drizzare* un sepolcro di marmo numidio, e chiamarmi uomo della pro[vinci]a di Spagna. Io uno, io solo dovevo soffire tanta vergogna, e tanta indegnità dalla patria mia.

Bamba città detta Giulia Campestre, ora detta Iula. In questa città subburrense intesi che nei luoghi più infra terra* era un'altra città nominata Bamba, la quale, allargato l'impero del Po[polo] Ro[mano] per la Mauritania, fu detta

---

22 Extraña foliación que interrumpe la numeración normal y que se continúa en el siguiente folio recto.

Giulia Campestre, e ancora da quei barbari è detta Iula. Quindi a settanta miglia verso Settentrione è un'altra città, che ritiene* il nome della Nuova Valenza, postole dal Po[polo] Ro[mano], ove si fa il mercato molto celebre di tutta quella regione.

Paese d[egl]i Autoloni pieno di elefanti. Dipoi* con prospera navigazione di tre giorni trovammo alla riva d'un fiume un castello* detto Sala, e indi non molto dipoi* giungemmo al paese degli Autoloni, ripieno* per tutte le bande d'elefanti, e vedemmo grandissime schiere di uomini di fosco colore, che cavalcavano velocissimi cavalli, con lance lunghe. Erano coperti d'arme* assai lucenti, e por-// [**f. 5v**] tavano i capi coperti d'una tela di vari colori: parte con certi mantelli di bambagia, tra tessuti di fila d'oro, e parte avevano asciugatoi[23] bianchissimi che pendevano loro per la fronte e per le spalle.

Monte Atlante. Volgendo quindi le vele alla banda* sinistra mi si scoperse* il Monte Atlante, il quale dagli antichi fu creduto che col capo toccasse le stelle, e alle spalle sostenesse la grande macchina del cielo. Il quale monte io rimirai per la sua fama con tanta meraviglia e stupore che mi reputai bene avventurato. Laonde* io mi disposi di ricercarlo tutto, e trovai che ha verdissimi colli e larghissime campagne, che si distendono infino* al mare verso settentrione, e mezzogiorno. Questo monte si innalza tanto verso il cielo, che né io né alcuno[24] dei miei compagni potemmo arrivare alla sua incredibile altezza. Laonde* nacque la fama presso gli antichi che come uom mortale reggesse con le spalle il cielo, e avesse grandiss[imo] imperio* in quei popoli verso occidente. Dicono che costui, non come fanno gli altri Re, s'invecchiò tra sollazzi e lascivie, ma volse l'animo ai beni eterni con esercitar l'ingegno nel perpetuo studio delle buone arti, onde conseguì con gran fatica tutte le altissime scienze, considerando tutti i corsi del cielo e tutti i moti delle stelle erranti. [**f.6**] Insomma col suo perspicace e sottil ingegno acquistò l'intera scienza dell'astrologia.

Ercole. In quell'età medesima Ercole, nato di Giove e Alcmena, mosso dalla fama di tanto uomo, d'Europa venne in questa parte della Mauritania, che era reputato l'ultimo termine del mondo, e da Atlante apprese la scienza della sfera, che egli poi insegnò ai Greci.

Perseo. Dalla celebre fama di questo monte mosso[25], Perseo, figliolo anch'egli di Giove e di Danae, si partì medesimamente d'Europa, e venne per

---

23   Término antiguo que se ha sustituido en el italiano moderno por *asciugamani* (toallas). Era frecuente la variante *sciugatoi* (VAC₁, *ss. vv. asciugatoio* y *sciugatoio*).

24   En este caso, se corresponde con el actual *nessuno* (nadie, ninguno).

25   Hipérbaton: debería ser "mosso dalla celebre fama di questo monte" (atraído/inducido por la fama de este monte).

vederlo in Mauritania, e ricercatolo, e consideratolo tutto, penetrò nell'Etiopia, e pervenne infino* agl'Indi orientali. Il Divo Aug[usto], avendo ridotto in pace l'impero Ro[mano], e superati per terra e per mare i nemici, chiuso il tempio di Giano, e riformata con ottime leggi, e santissimi istituti la Rep[ubblica] Ro[mana], destinò uomini valorosi ed eccellenti con comandamento* che penetrassero nell'intima regione della Mauritania e riconoscessero di segreti di quest'altiss[imo] e spaziosissimo monte. I quali, finalmente ritornati, riferirono che tutto quello che si diceva erano vanità e finzioni lontane dalla verità, perciocché* in quell'età credevano che il mo[n]te Atlante fosse posto nell'ultima parte del mondo, e in tutto fosse inaccessibile, onde a ciascuno era lecito di comporre quelle favole che più gli fossero piaciute. Ma ora dalla parte d'Europa e d'Africa, ri-// [f. 6v] trovato un nuovo mondo, e l'Oceano fatto in tal modo navigabile, che niun* altro mare in tutto il mondo sia così agevole [d]a solcare, tutto quello che prima era incognito e ascoso* è fatto notissimo e palese, ma se i romani ebbero mai notizia di questo monte, fu al tempo di Claudio Cesare, imperò che* in quell'età l'arme* romane passate in Mauritania la conquistarono tutta. Allora primeramente* i capitani romani penetrarono con gli eserciti infino* al Monte Atlante. Non molto dipoi* Svetonio Paulino cons[ole], passato avanti, per molto spazio aperse in tutto il monte Atlante alle Ro[mane] legioni, nondimeno, né egli né innanzi* a lui alcuno, ne scrisse cosa alcuna che oggi appaia, ma solamente ne lasciarono una poca e incerta memoria. Ma io quel che vidi, e quel che per relazione di uomini per integrità, per virtù e per notizia di molte cose e varie chiari e autorevoli[26], intesi intesi, e con molta diligenza e cura ritrassi, ora con sincera fede seguirò di narrare. Da questo m[on]te Atlante hanno origine molti e gradissimi fiumi, quali in parte si distendono verso i liti* della Libia e dell'Africa, e parte i deserti della propinqua* regione, altri dal corso loro sono portati infino* in Etiopia, e per l'accrescimento di nuovi fiumi in modo abbondano d'acque, che a guisa d'un ampio mare si diffondono// [f. 7] in quei piani. In questo monte Atante sono molti popoli gentili, che adorano gli iddii*, alcuni seguono la setta di Maometto e l'onorano come un grande messo d'Iddio*. Gli abitatori di questo monte ogni lor fatto governano con più saldo giudizio, e con più nobile e vivo ingegno che tutte le altre vicine nazioni, il che

---

26 Otro hipérbaton: debería ser "uomini chiari e autorevoli per integrità, per virtù e per notizia di molte cose e varie" (hombres de mente lúcida y fiables por integridad, virtud y conocedores de muchas cosas). Este recurso retórico lo utiliza con frecuencia quien compuso el *Itinerario* italiano. A la vista de ello, hemos decidido indicar esta locución, la que hemos traducido en la nota anterior y otras dos como ejemplos de construcción que se aprecia en muchos pasajes de la obra.

io credo certamente avvenire per la temperatissima aria di questo monte, che come che sia posto in mezzo a caldissime regioni, e per la sua altezza e per i venti che vi spirano, gli abitatori non sono offesi dall'ardor del sole, come sono quelli delle circonvicine regioni distese per i piani. Veggionsi* per tutto questo monte vari arbori* abbondantissimi di vari e ottimi frutti, chiarissime e saluberrime fonti[27], che l'abbondanza delle loro acque lo rendono fertilissimo, e giocondissimo, ma quel che dagli antichi poeti si diceva di Fauni e di Satiri e di Semidei e d'Incubi, trovo che sono in tutto* favole e finzioni. Quel che veramente io posso affermare, è che quivi* il cielo è temperatiss[imo] e ~~saniss[imo]~~ saluberrimo, e perciò gli uomini vi vivono lungo tempo prosperamente. In uno dei lati di questo monte in luogo amensissimo, e alquanto lontano dalla via pub[bli]ca, trovai un marmo, nel quale era iscritta questa memoria, e io la copiai con gran meraviglia di quei barbari, i quali per molti secoli no[n]// **[f. 7v]** avevano cognizione alcuna delle Ro[mane] lettere, eravi* ben fama che il popolo Ro[mano] aveva avuto il dominio di tutto il mondo. Le l[ette]re del monumento erano le seguenti ~~da me tradotto nella lingua moderna~~.

~~Io Paolo Emilio Castrico uomo senatorio e consolare, avendo co[n]ferito molti benefici al Senato e Po[polo] Ro[mano] per invidia dei cittadini, nuoce tal volta[28] il far bene, mi allontanai da quella malvagità e me ne passai nella Mauritania Tingitana, e posaimi[29] in uno dei lati del Monte Atlante, dove io restaurai il tempio d'Apolline*, e al lato d'esso, ove sorgevano rivi d'acque limpidissime, edificai una casa, e diventato sacerdote del tempio ivi tutto il rimane[n]te della mia vita quetissimamente trapassai* dando del continuo* opera alla speculazione delle cose divine e delle scienze, reputando essere molto meglio abitare in luogo solitario, e lontano dalla p[at]ria che vivere fra tanta controversia e malvagità dei cittadini. Mi durò tanto la mia vita, che io potei far scolpire questa memoria da uno scultore che avevo meco*, il quale dopo la mia morte mi aggiunse questo monumento.~~
~~Io P[aolo] Emilio liberto restato erede al pianto, partito lo scultore dal tempio d'Apolline*, e lasciato il monumento del mio padrone imper[atore]//~~
[s/f] [30] Ego P[aulus] Aemilius[31] Castricus homo Senatorius et consularis cum post multa Senatus[32] Populiq[ue] Romani benefacta, invidia civium laborarem, obest enim

---

27   En el texto, aparecen en masculino, por ser esta una forma poética y antigua.
28   Forma separada poco frecuente de *talvolta* (a veces, en ocasiones).
29   Forma antigua de *mi posai*, verbo este que antiguamente podía expresar también la idea de hacer un descanso, de recuperar las fuerzas (VAC$_1$, *s. v.*).
30   Este texto sin foliar aparece intercalado entre los pasajes en italiano.
31   Ge, 100, *Emilius*.
32   Ge, 100, *Senatu PopuloQue Romano*.

quandoq[ue] benefacere, sed a bono minime opere[33] desistendum est, in Mauritaniam Tingitaniam traieci in latere montis Atlantis[34] substiti, aedem[35] Apollini Deo restitui. Domum templo coniuntam erexi, quo rivi, quo procerae ubiq[ue] arbores sunt[36] et Antistes templi factus omnia tempora in posterum quieta transivi contemplationi rerum divinarum et l[ite]ris[37] vacando. Discite a me, qui post rem optime navatam male a civibus tractamini. Praestat[38] enim in loco solo et a patria remoto vivere, quam in magna Civium controversia perpetuo agere, licet magni quandoq[ue] honores proponantur, ego vero non potui longius a patria fugere, si potuissem longius fugissem. Tempus habui, quo vivens mandarem haec in marmore scribere, sculptore mecum manente.

Ego P[aulus] Aemilius[39] libertus haeres[40] ad lacrimas[41] relictus sculptore ab aede[42] Apollinis discedente, monumento imperfecto remanente et mortuo[43] P[aulo] Aemilio[44] antistiti[45] hoc postea addidi. P[aulum] Aemilium[46] herum odio Domitiani August[i] Vesp[asiani] Imp[eratoris] Filii laborasse, et tota factione Principis ob virtutem ei adversante urbe Roma aufugisse, sub monte Atlante[47] sanctissime vixisse, et cum magno populi Atlantici luctu vita functum fuisse, primo Nervae Traiani Caes[ari] aug[usti] Imper[atori] anno et III Kal[endas] Iunii.//

[s/f] ~~imperfetta, e morto essendo P[aolo] Emilio antistite* aggiunsi questa memoria. P[aolo] Emilio p[ad]rone mio perseguitato dall'odio e ira di Domiziano Aug[usto] figliolo di Vespasiano Imp[eratore] e da tutta la sua corte e fazione per l'invidia, che gli era contraria per le sue virtù, si fuggì~~[48] ~~dalla città di Roma, visse santissimamente sotto il monte Atlante, dove morì con gran dolore, e pianto di tutto il popolo Atlantico nel primo anno di Traiano Ces[are] Aug[usto] Imp[eratore] a dì XXIX di Maggio.~~

---

33 Ge, 102, *opere minime*.
34 Le, 316 y Ge, 102, *Athlantis*.
35 Ge, 102, *edem*.
36 Le, 316, *arbores ubique sunt*.
37 Ge, 102, *litteris*.
38 Ge, 102, *prestat*.
39 Ge, 102, *Emilius*.
40 Ge, 102, *heres*.
41 Le, 316, *lachrymas*; Ge, 102, *lachrimas*.
42 Ge, 102, *ede*.
43 Le, 316 y Ge, 102, *morte*.
44 Ge, 102, *Emilio*.
45 Le, 316 y Ge, 102 añaden *obrepente*.
46 Ge, 102, *Emilius*.
47 Ge, 102, *Athlante*.
48 En ocasiones, al verbo *fuggire* se anteponía la partícula pronominal *si*. Véase T, *s. v. fuggire*.

D'ALESS[ANDRO] GERALDINI VESCOVO LIB[RO] II

Avendo narrata la mia navigazione infino* al Monte Atlante, è da procedere più oltre, ma sopra di ciò mi assale un pensiero del quale non so prender risoluzione, considerando da quale influsso delle sfere celesti, da qual moto delle stelle erranti e fisse tante discordanze, e tanti diversi modi di vivere da Iddio* ottimo massimo siano dati all'umana generazione, e per qual cagione abbia concesso tanta podestà* a[i] corpi superiori di poter tanto variare questa bassa macchina del mondo, vegendosi* genti di sì* grosso* e torpido ingegno, che più di accostano alla natura degli animali bruti che a quella dei razionali. Altre sono di sì* sublime ed elevato ingegno, alcune in tutto inclinate alle arme*, alcune altre sono date con grande studio a pulire e coltivare l'ingegno con le dottrine, alcune alla mercatanza*, altre all'agricoltura, alcuni così mercoriali[49], che par cosa incredibile quanto sono efficaci// [s/f] nel loro parlare così veri come finti. La maggior parte degli uo[min]i amano la rep[ubbli]ca e pongono il sommo bene nel mantenere la libertà lasciata loro dai loro maggiori*. Altri affermano essere migliore il governo d'uno solo. Quella parte che è più lontana dal corso del sole fa gli uomini più bianchi. Gli Arabi ha[n]no i capelli crespi e neri, i popoli circonvicini al monte Atlante, dei quali ora abbiamo a parlare, dall'antica memoria abbiamo che sempre sono andati dalla loro p[at]ria vagabondi ed erra[n]ti, ricercando nuovi paesi e nuove terre. Ma poi fiorendo il Ro[mano] impero, al tempo di Cl[audio] Cesare i popoli della Mauritania Tingitana vinti per guerra furon costretti a lasciar questo lor cattivo costume, e abitare le città, e stare uniti insieme.

Fra Gonsalvo Casalia. Il R[everendo] fra' Gonsalvo Casalia dell'ordine di San Geronimo, uomo per integrità di vita, per dottrina e per santità di costumi molto ragguardevole, per comandamento* del Re Cattolico Ferdinando e della reina* Isabella, avendo cercato l'Africa e la regione deserta, riferì di aver trovato in colonne altissime di vari marmi questi editti:

> **Editti d'imp[eratori] romani.** Imp[erator] Nero Cl[audius] Caes[ar] Augus[tus] Germ[anicus] Pont[ifex] Max[imus] Trib[unicia] Pot[estatem] V Imp[erator] IIII P[ater] P[atriae]. Publico edicto in exitu Mauritaniae, Numidiae Provinciae Carthaginensis

---

49 Variante de *mercuriale*. En este caso, se asocia con el dios Mercurio, al ser adjetivo que "aggiunto di persona, vale Dotato di eloquenza, e più generalmente Versato, Destro, nelle arti liberali, e nelle nobili, o utili, discipline" (atribuido a una persona, significa dotado de elocuencia y, en general, ducho, hábil en las artes liberales y en las nobles o provechosas disciplinas) (VAC$_5$, *s. v. mercuriale*). Hoy en día este término ya no se utiliza con esa acepción.

in Aegiptum⁵⁰ usque emisso caduceatore mandatum⁵¹ nostrum exequente D̶i̶p̶o̶i̶ ̶m̶e̶d̶e̶s̶i̶m̶a̶m̶e̶n̶t̶e̶ ̶d̶i̶ ̶m̶a̶r̶m̶o̶ ̶e̶r̶a̶ ̶s̶c̶o̶l̶p̶i̶t̶o̶// [s/f] et⁵² in marmoreis postea columnis ubiq[ue] sculpto edico, impero et volo omnes populos regionis desertae vagos et errabundos, qui latissimo terrarum cardine a monte Atlante⁵³ in Ethiopiam⁵⁴ usque se protendu[n]t et longissimo ab Oceano p[at]riae desertae ad Eritreum⁵⁵ mare spatio se effundunt⁵⁶, pagos, vicos, oppida et urbes ritu Africae⁵⁷ et Libiae⁵⁸ condere, more Civium agere. Alioquin⁵⁹ eos cum coniugibus, liberis, ac omni patriae fortuna pro captiuis ubiq[ue] haberi vilia veluti mancipia co[m]mutari, et distrahi per totum late orbem Romanum mando et iubeo.

Imper[ator] Caes[ar]⁶⁰ Vesp[asianus] Aug[ustus] Pont[ifex] Max[imus] Trib[unicia] Pot[estate] II Imp[erator] VII Cons[ul] IV designatus P[ater] P[atriae]

Com[m]uni terrarum bono cupiens consulere voluti⁶¹ Ro[manorum] Principem orbi antepositum decet, edico et mando omnibus Cons. Procons. Praetorib[us] Propraetoribus⁶², qui pub[li]co Imperatorum no[mi]ne Mauritaniam, Numidiam, Libiam⁶³ et Africam⁶⁴ administrant, ut ad privatas domos, ad pub[li]ca⁶⁵ patriae edificia, ac⁶⁶ templa et menia⁶⁷ urbium et oppidorum construenda magistros parietum, fabros lignarios, ferrarios, carpentarios et reliquos eiusdem artis peritos, architectos et opifices populis p[at]riae desertae subministrent, alio quin⁶⁸ ab ipso provinciae⁶⁹ magistratu, ad⁷⁰ Imperatorio plane munere reclamatione ad nos facta,

---

50   Le, 318, *Aegyptum*; Ge, 106, *Egyptum*.
51   Le, 318, *et praecomandaturn*; Ge, 106, *et precone mandatum*.
52   Se ommite en Le, 318.
53   Ge, 106, *Athlante*.
54   Le, 318, *Aethiopiam*.
55   Le, 318 y Ge, 106, *Erytreum*.
56   Ge, 106, *effuundunt*.
57   Ge, 106, *Aphricae*.
58   Le, 318 y Ge, 106, *Lybiae*.
59   Le, 318: *alio quin*.
60   Ge, 106, *Cesar*.
61   Posible errata por *veluti* (Le, 318 y Ge, 106, *veluti*).
62   Le, 318, *Procoss. Praetoribus, Propraetor*; Ge, 106, *proconsulibus, pretoribus, propretoribus*. En ambas ediciones, se omite *Cons*.
63   Le, 318 y Ge, 106, *Lybiam*.
64   Ge, 106, *Aphricam*.
65   Le, 318, *publicas*.
66   Posible errata por *ad* (Le, 318 y Ge, 106, *ad*).
67   Le, 318, *moenia*.
68   Le, 318 y Ge, 106, *alioquin*.
69   Le, 318 y Ge, 106, *per provincias*.
70   Le, 318 y Ge, 106, *ab*.

evestigio[71] amovebuntur. Opus siquidem Principum Romanorum est toti orbi ubi[que] orbi providere.//
[f. 9] [Dipoi* medesimamente di marmo era scolpito][72] scolpito per tutto˙ in questo senso. Pronuncio comando e voglio che tutti i popoli della regione deserta che vanno attorno errando il p[iù] larghissimo tratto si distendono dal monte Atlante infino* in Etiopia, e dall'oceano occidentale infino* al mare eritreo, che edifichino ville, castelli* e città al modo d'Africa e di Libia, e menino la vita ad usanza di uomini civili; altrimenti chiunq[ue] contraffacesse, fosse privato della comune fortuna della patria, e con la moglie e figlioli per tutto sia tenuto e trattato per schiavo e come vilissimo servo si possa vendere, o permutare, per tutto* ove dominasse l'impero romano, e come che in quel luogo molti altri simili editti di diversi imp[erato]ri ro[mani] si trovassero, quali io non curai di trascrivere, questo di Vespasiano Aug[usto] cavato da un'altiss[ima] colonna ritravi[73]:
Imper[ator] Caes[ar] Vesp[asianus] Aug[ustus] Pont[ifex] Max[imus] Trib[unicia] Pot[estate] II Imp[erator] VII Cons[ule] IV designatus P[ater] P[atriae]
Desiderando provvedere al bene pubblico delle genti, come appartiene a R[omano] Imp[eratore] preposto al mondo fo* intendere, e comando a tutti i Procons[oli] Pretori e Propretori, i quali in nome del romano impero governano Mauritania, Numidia, Libia e Africa, che proveggiano[74] la regione deserta di muratori legnaioli, fabbri, maestri di far carri e d'altre arti simili, architetti e altri maestri, per edificare templi// [f.9v] e altre case pubblic[he] e private, città e castelli*. E quegli ufficiali che non eseguiranno prontamente questo mio comandamento*, e che a noi non ne sia fatta querela, s'intendano esser privati e deposti dal ma[gi]strato imperatorio per tutte le province date loro in governo. Perciocché* è opera degna di ro[mano] imp[erato]re provvedere al benessere di tutto il mondo.

Cotali editti (*añadido arriba*: in gran numero) si veggono* estendersi con grande ordine di colonne infino* a quegli Etiopi che sono sotto l'Egitto, nei quali editti apparisce* chiaramente la grandezza e maestà della ro[mana] Rep[ubbli]ca e la gloria del ro[mano] impero.
Popoli della deserta regione ora detti alarbi*. Eppure in tutto questo tratto della regione deserta meno al pon[en]te sono né città, né castella*, né ville, ma quei popoli senza avere alcuna ferma abitanza[75] e riposo vanno di continuo a

---

71 Le, 318, *e vestigio*.
72 Hemos reconstruido la frase que se hallaba tachada y fragmentada en los folios anteriores sin numeración.
73 Hipérbaton: "inciso su di un'altissima colonna ne feci una copia" (realicé una copia [del edicto] que se grabó en una columna muy alta).
74 Las formas verbales de *provedere* o *provvedere*, que presentan una alteración de la vocal que se desdobla en diptongo, es antigua.
75 Este término podía referirse tanto a una vivienda como a un lugar habitado; en el *Itinerario* se utiliza con esta última acepción. El TLIO recoge un ejemplo en el

grandi e innumerabili* schiere attorno coi carri, con le mogli, coi figlioli e con le povere lor sostanze, trasferendosi ora verso mezzogiorno ora verso settentrione in quei paesi ove intendono esser più abbondanza delle cose necessarie al vivere umano, e tutto rapiscono e mettono a sacco a lor discrezione: questi popoli crescono in tanta moltitudine, che è quasi senza numero. Non hanno tra loro re, o signore, ma seguono e onorano quelli che sono reputati di// [**f. 10**] maggior prudenza, di più elevato ingegno e di più grazia[76] verso il popolo. Una parte di costoro si esercitano continuamente nelle arme*, perciocché* senza intermissione alcuna vanno trascorrendo i paesi litorali della Libia e dell'Africa, e spesse volte a giusa* di un diluvio si diffondono infino* alle remote terre d'Egitto, di donde* riportano grandissime prede d'animali, e astringono[77] per forza d'arme* le terre a ricomperare i guasti dei loro campi con la taglia di molto oro. Altri di costoro fanno imprese nell'Etiopia, ove rubano grandissima moltitudine di uo[min]i e di donne, quali fanno schiavi e li vendono per vilissimo prezzo, o li permutano per ogni minima cosa coi mercatanti* d'Italia, di Spagna e di Sicilia, che negoziano in quei luoghi marittimi.

Il paese deserto saluberrimo. Questa regione si può veramente affermare che sia la più salubre di tutto il mondo, avvenga che gli uo[min]i vivono in essa sani e con vigorosa forza infino* all'estrema vecchiezza né muoiono, salvo che o per violenza di nemici o p[er] risoluzione[78], ed è pur[79] cosa di gran meraviglia che come che nascano poverissimi, si vantano d'esser più nobili di tutti gli altri popoli dell'Africa, per non essere alcuno* di loro che si eserciti in arte// [**f. 10v**] meccanica e vile, ma tutti attendono ad esercitare le arme* e a vivere di rapina.

Armi di alarbi*. Le loro arme* sono solamente lance lunghe che usano a cavallo, e con queste non ricusano l'incontro di qualsivoglia uomo tutto armato, tanto le maneggiano destramente, e con mirabili artifici. Vanno col capo scoperto e portano una veste di sago africano sopra il corpo, del resto van[n]no

---

Decameron de Boccaccio, tercera *novella* de la jornada quinta: "E come ci sono abitanze presso da potere albergare?" (*s. v. abitanza*).
76 El vocablo aparece en más puntos del *Itinerarium* italiano, aunque en este caso se refiere a la benevolencia por parte de una entidad o figura política hacia algo o alguien que se considere de un estamento inferior. *Cf.* VAC$_1$: "Per amore, e benevolenza del superiore inverso lo 'nferiore, favore" (favor que el superior le concede al inferior por amor y benevolencia) (*s. v. grazia*).
77 Obligan (VAC$_3$, *s. v. astrignere e astringere*).
78 Es decir, por decisión propia.
79 En este caso, se utiliza como cultismo con función aseverativa. Véase T, *s. v. pure*.

tutti ignudi: le donne e le fanciulle usano una semplice veste del medesimo sago; alcune maritate si coprono il capo con un velo di lino.

Costumi di alarbi* circa il viver[e]. Albergano in campagne sotto padiglioni in continua e lunga peregrinazione: i corpi loro sono robusti, e sempre pronti alle fatiche e pazientissimi del caldo e della sete. Non usano alcuna sorta di vivande squisite e delicate. Non bevono vino e non dormono in piume o altri morbidi letti, ma riposano gli affaticati corpi sopra duri terreni. Pasconsi di latte, carne e pane fatto non sempre di grano; rari sono quelli che muoiono innanzi* all'ultima vecchiezza, salvo che di ferro, o morso di animale velenoso. Nel tempo che il ro[mano] impero fioriva, questi popoli della regione deserta abitavano le città e le castella* edificati per comandamento* di quei savi e// [f. 11] ottimi imp[erato]ri, il che dimostrano oggi le gran ruine* d'esse che si veggono* per tutto*. Il soprannominato fra Gonsalvo Casalia nella piazza d'una gran città rovinata, quale posta in una grandissima e larghissima pianura, ritrasse due memorie d'imp[erato]ri romani scolpite in due colonne che stavano l'una all'entrata e l'altra all'uscita ~~di q~~ della ~~città~~ piazza che sono queste.

> Imp[erator] Caes[ar] Divi Nervae f[ilius] Traianus Germanicus Dacicus Pont[ifex] Max[imus] Trib[unicia] pot[estate] V Co[n]s[ul] VI P[ater] P[atriae] Cum publicum patriae desertae bonum cum commune eius terrae commodum animo n[ost]ro iure inhaereat[80]. Opus enim Ro[manorum] Imperatorum est utiles toti orbi leges dare, hoc decreto omnibus gentibus proposito, quae antea vagae huc et illuc erant, mandamus, ut si quis[81] magnam gregum molem, si quis[82] magna armentor[um] agmina habuerit[83], ea per servos vel per alios stipendio conductos custodire faciat[84], ipsi vero interea in urbes[85] et oppida remaneant, vel si per haeros[86] gregum, et armentorum custodiri opportuertit, volumus coniuges et (*al margen:* filios[87]) intra civitates, et oppida se continere alioquin bona eor[u]m fisco adscribi imperamus. Ipsos vero, uxores, filios[88] nepotes sub hasta in publico urbium foro vendi servos fieri, qui nullo postea tempore queant ab heris eorum manumitti et tota quoq[ue] posteritas eidem legi ad centesimum annum subiaceat. Decernimus[89] [e]n[im] depravatam a tota regione consuetudinem perpetuo vagandi omnino tollere.//

---

80 Ge, 110, *inhereat.*
81 Le, 320, *si qui*; Ge, 110, *siquis.*
82 Le, 320, *si qui*; Ge, 110, *siquis.*
83 Le, 320 y Ge, 110, *habuerint.*
84 Le, 320 y Ge, 110, *faciant.*
85 Le, 320 y Ge, 110, *intra urbes.*
86 Le, 320 y Ge, 110, *heros.*
87 Le, 320 y Ge, 110, *liberos.*
88 En Le, 320 y Ge, 112 se añade *et.*
89 Le, 320 y Ge, 112, *decrevimus.*

[f. 11v] Imp[erator] Cae[sar]⁹⁰ Divi Traiani Partici⁹¹ filius, Divi Nervae nepos Traianus Aug[ustus] Pont[ifex] Max[imus] Trib[unicia] Pot[estate] V Co[n]s[ul] III. Quoniam multi nolentes ab antiquo maiorum cultu retrahere⁹², sed insectato⁹³ p[at]rum errore vivere animo eorum omnino insidet, adeo quod per loca Aethiopiae⁹⁴ finitimae cum camelis, equis, bobus plaustris et reliquis familiae animalibus⁹⁵ assidue aberrant sub dio⁹⁶ vivunt, omnia civitatum comercia⁹⁷, omnem per oppida incolatum assistant⁹⁸, et multos ad idem agendum inducunt, et si aliquem cum pub[li]co magistratuum edicto, cum aperto Consulum imperio ad se iturum autumant, evestigio⁹⁹ Ethiopiam deferuntur. Propterea ipsis provinciarum Consulibus, Proconsolibus, Praetoribus¹⁰⁰, propretoribus et quibuscunq[ue] populor[um] Praesidibus¹⁰¹ publico edicto mandamus, ut cum electo militum ordine contra illos ~~accelerent~~ accellerent¹⁰², Ethiopia¹⁰³ si fieri poterit, eruant, per vicina urbium fora, per loca oppidorum publica, cum crudo et truculento laeti¹⁰⁴ genere conficiant. Nullo [e]n[im] modo eam gentem ad antiquum vivendi morem relabi sinere tolerandum est.

Eraclio Proc[onsole] occupa l'impero romano. Di simili colonne con vari comandamenti* d'imp[erato]ri si vedevano in tutte le città distrutte. La qual distruzione successe in questo modo. Poiché Eraclio Proconsulo dell'Africa ammazzò Foca Imp[erato]re, il quale non pareva che amministrasse bene la Rep[ubbli]ca// [f. 12] in quel modo che bisognava, e che occupò l'impero romano, volse l'animo a fare opere degne di (*añadido arriba:* gloriosa) memoria per tutto il mondo, e primeramente* vinse e superò (*añadido arriba:* Cosdro) ~~il~~ re dei Persi*, combattendo seco* corpo a corpo sul ponte del Danubio in presenza dell'uno e dell'altro esercito, e fecelo¹⁰⁵ suo prigione* in una torre piena d'oro, ove si era rinchiuso, e al figliolo di costui, che venne alla n[ost]ra

---

90 Ge, 112, *Cesar.*
91 Le, 320 y Ge, 112, *Parthici.*
92 Le, 320 y Ge, 112, *ritu se retrahere.*
93 Le, 320 y Ge, 112, *intestato.*
94 Ge, 112, *Ethiopiae.*
95 Le, 320 y Ge, 112, *animantibus.*
96 Le, 320 y Ge, 112, *divo.*
97 Le, 320, *commercia.*
98 Le, 320 y Ge, 112, *evitant.*
99 Le, 320, *e vestigio.* En Le, 320 y Ge, 112 se añade *in.*
100 Ge, 112, *pretoribus.*
101 Le, 320, *Praesidentibus.*
102 Le, 320, *accelerent.*
103 Le, 320, *ex Aethiopia.*
104 Le, 321, *laethi*; Ge, 112, *lethi.*
105 La partícula pronominal se ha añadido arriba.

santa fede, restituì il regno paterno. Comandò che si rifacessero per tutte le province dell'impero ro[mano] le città state[106] rovinate dal re prefato[107] Cosdro. Ma avendo poi abbondonato la cura di ben amministrare l'impero ro[mano*] e datosi tutto all'astrologia e all'arte magica, involtosi in molti errori contrari alla n[ost]ra Santa Fede catt[oli]ca, i ministri* che governavano le province dell'Oriente ebbero comodità* di robarle ed espilarle[108] tutte.

Maometto arabo. Ciò perché egli cadette in odio universale di popoli, donde* Maometto arabo nato d'ignobile lignaggio, e ma dalla natura dotato di sagace ingegno, prese occasione di tentar qualch alcuna grande impresa, e avendo qualche cognizione della legge ebrea e della cristiana, per mettere innanzi* una nuova setta mediante la q[ua]le venisse acquistata gran potenza illustre uomo e perpetua// [**f. 12v**] fama, dall'una e l'altra compose una nuova legge, alla quale volendo dar reputazione, con molto artificio si arrogò il nome di Profeta mandato da Dio ad aprire il cielo a tutte le genti, e uscito con innumerabile* esercito dall'Arabia superò gli eserciti romani, e occupò tutte le province dell'oriente. In quella stessa età questa setta passò in Africa, ove fece meraviglioso accrescimento, avendovi trovate le cose dei Romani, per le cagioni soprannarrate altutto* depresse e annichilate rovinate. Laonde* i popoli della regione deserta drizzando* gli animi della libertà, abbandonarono le giuste leggi dei romani, la pulitezza dell'ingegno e l'onestà dei costumi civili, e così tornarono all'antico e barbaro lor modo di vivere, con andare continuamente vagabondi per diversi paesi, e le terr[e] edificate per comandamento* di ro[mani] imp[erato]ri rimasero abbandonate e altutto* deserte e distrutte, le cui reliquie ancora appaiono che muovono a compassione a riguardarle. Né lascerò di dire che nei confini di questo deserto entro* l'Etiopia sotto l'Egitto di venti in venti stadi di lungo si veggono* di queste colonne di bellissimi e diversiss[imi] marmi, dei quali abbonda grandemente il paese d'Etiopia, con pubblici decreti di imp[erato]ri ro[mani] affinché tutto il mondo conoscesse// [**f. 13**] che dal [puesto al final del folio] che dal po[polo] ro[mano] si teneva non men cura della salute e civiltà delle remotissime regioni che della sua propria città. Fra le quali antiche memorie mi piacque descrivere le seguenti.

Imp[erator] Caes[ar][109] M[arcus] Antonius Verus Invictus Aug[ustus] Pont[ifex] Max[imus] Trib[unicia] Pot[estate] VIII P[ater] P[atriae] Co[n]s[ul] II Proco[n]s[ul].

---

106 Que habían sido destruidas.
107 Anteriormente mencionado (VAC$_1$, s. v. *prefato*).
108 El VAC$_3$ nos aclara que significa robar con artimañas, engaños (s. v. *espilare*).
109 Ge, 116, *Cesar*.

Nulli Co[n]s[ule]s nulli Pr[o]co[n]s[ule]s nulli Praetores[110] nulli Propraetores[111], nulli provinciarum Praesides hos limites columnarum, in introitu Aethiopiae[112] positos, qui verum cardini exusto terminum designant, cum exercitu pertransire audeant[113].
Romani siquidem nullum in Aethiopia[114] imperium habere cupiunt[115]. In qua ipsae Quiritum legiones, ipsi exercitus, ipsi milites levis armaturae sub infando ardore, sub dissimili coelo[116], sub alia terrae effigie deperirent[117], ubi nudi homines sunt, omnia domicilia e luto structa habent, ubi praeter[118] principes, et optimates nullum reliqui decorem servant, ritu ferarum vivunt[119].
Etiopi ospitali. Nullam vitae humanae actionem in ordine generi humano[120] attributo habent, et sequuntur[121], nisi quod hospitales sunt[122].
Imp[erator] Ca[e]s[ar][123] M[arcus] Aurelius Antoninus Pius Felix Aug[ustus] Parth[icus] Germanicus Pon[ifex] Max[imus] Trib[unicia] Pot[estate] XII Imp[erator] III Co[n]s[ul] IIII P[ater] P[atriae] Concedimus legionariis militibus qui privatim, vel turmatim[124] ad ipsam volueri[n]t Aethiopiam[125] pertransire, libere pertranseant, hisce tamen gentibus fide servata qui[126] ad tributa P[opulo] R[omano] debenda[127] sponte devenerint[128] Co[n]s[ule]s tamen// **[f. 13v]** Procon[ules] Praetores[129] Propraetores et exercitus n[ostr]os proposito pub[li]co[130] edicto prohibemus, eum axem ubi immensi

---

110 Ge, 116, *Pretores*.
111 Ge, 116, *propretores*.
112 Ge, 116, *Ethiopiae*.
113 A partir de la siguiente oración, el texto en latín ya no forma parte de una inscripción, tal como se aprecia en Le, 322 y Ge, 116. Debe de tratarse de una confusión por parte del copista, quien no distinguió entre epígrafe y narración del obispo. De haberse percatado de ello, hubiera traducido al italiano el pasaje en cuestión.
114 Ge, 116, *Ethiopia*.
115 Le, 322, *desiderabant*.
116 Ge, 116, *coelo*.
117 Le, 322, *deperissent*.
118 Ge, 116, *preter*.
119 *ritu ferarum vivunt* no figura en Le, 322.
120 Le, 322 y Ge, 118, *hominum*.
121 Ge, 118, *secuntur*.
122 Se omite la frase de Geraldini, en la que se menciona el edicto de Marco Aurelio grabado en otra columna y que reproduce a continuación. Véanse Le, 322 y Ge, 118.
123 Ge, 118, *Cesar*.
124 Falta la locución *pro servis capiendis*, que sí aparece en Le, 322 y Ge, 118.
125 Ge, 118, *Ethiopiam*.
126 Le, 322 y Ge, 118, *quae*.
127 Le, 322 y Ge, 118, *dependenda*.
128 Le, 322 y Ge, 118, *devenere*.
129 Ge, 118, *pretores*.
130 Ge, 118, *publice*.

ubiq[ue] calores se retegunt, nullo modo aggredi. Ipsi enim Romani iure laeti latissimo Europae, Asiae et Africae cardine, reiciunt Aethiopiam quae similia nulla urbi Romanae[131] ornamenta habet, velut[132] Scythas reiecere sub ipso Septentrione vagos, nec hominum ritu viventes.

Isole Fortunate. Da questa regione deserta con buona navigazione di due giorni pervenimmo alle Isole Fortunate, cosa da me infino* dalla fanciullezza sommamente desiderata, benché molti che già ne scrissero le appellassero Infortunate, perciocché* allora erano sterili e solo abbondavano di capre, dove che noi le abbiamo trovate abbondanze talmente di grano, d'orzo, di vino e d'ogni sorte d'armenti, che di fertilità non hanno a cedere a qualsivoglia altra regione del mondo. Una di queste Isole, la maggiore di tutte, è detta Canaria dalla moltitudine e grandezza di cani e la sua città ha il medesimo nome ed è colonia di spagnoli. Di questa isola per la grande quantità di zuccari*, che vi si fanno, il Re di Spagna tira trae grande emolumento. Ivi per le intemperie dell'aria benignissima e// [f. 14] saluberrima vivono gli uomini lunghiss[im]o tempo.

Gomera. Un'altra isola detta Nincosia[133] già forse dalle molte nevi che vi sono in altissimi monti, ora si chiama la Gomera, nella quale sono due castelli* edificati da Spagnoli. Quest'isola è dotata di molte vigne, greggi, arme[n]ti e molta cacciagione: e in suo angolo apparisce* un monte altiss[imo] che nella sommità butta fuoco, pomici e cenere a guisa del mo[n]te Etna in Sicilia.

Iunonia oggi detta del ferro. In Iunonia, che è un'altra di queste isole, vidi le rovine di un tempio consacrato alla dea Giunone, nella base del cui altare era scritto: "Ara Iunonis Agaditonis condita".

Arbore* che manda fuori acqua. Oggi si chiama l'isola del ferro, dove non vi è alcun stagno*, niuna* fonte, niun* fiume, ma per stupendo miracolo di natura, vi è un arbore*, il quale dall'interno delle frondi manda fuori acqua in tanta copia, che a tutti i popoli e a tutti gli animali dell'isola supplisce abbondantemente. Questo arbore* è a noialtri incognito, e io con meraviglia lo riguardai, non avendo trovato che da greci, né da romani sermoni ne sia stata fatta memoria.

Capraria oggi Tanariffe. Un'altra di queste isole dalla moltitudine delle capre è detta Capraria, le carni delle quali capre sono molto migliori che quelle di capretti dei n[ost]ri paesi. Quest'isola al p[rese]nte si chiama Tanariffe, nei

---

131 Le, 323 y Ge, 118, *Romano*.
132 Le, 323 y Ge, 118, *veluti*.
133 En BL, f. 11, se mantiene *Nincosia*, pero en Le, 323 y Ge, 118, aparece como *Ningaria*.

lati di un monte della quale sono belle vigne, grisomole*, pere e diversi altri pomi, cui nel// [f. 14v] mezzo un castello* bellissimo.

Ombrion. Un'altra isola detta Ombrion ha in un monte un lago limpidissimo che da il bere a tutti gli animali, e quel che è soprammodo meraviglioso, ha ferole nere dalle quali si trae acqua perfettissima. L'isola tutta ha pozzi e cisterne p[er] l'uso comune. **Palmaria Pluvialia**[134]. Un'altra isola detta Palmaria è molto piacevole da vedere. Nella Pluvialia, un'altra di queste isole, nascono certe erbe molto buone a tingere i panni. In un'altra isola detta Iunonia minore, si veggono* alcune vestigia di una piccola casa. Queste isole della Canaria, e dalla Ningaria in fuori, sono piccole, e furono conquistate già fa trent'anni[135] dagli spagnoli e gli isolani furono trasportati in Spagna.

Memoria del nome Ro[mano]. Temevano che il mondo fosse stato sommerso dal diluvio, e che solamente presso di loro fosse restata la memoria del nome Ro[mano], non per scrittura che non avevano alcuna cognizione di l[ette]re, ma per relazione di loro antichi, lasciata successivamente ai discendenti.

Ne fu dissuaso da pirati cilici. Plut. Q[uinto] Sertorio, volendosi ritirare dalle guerre civili a vita tranquilla, fe'[136] disegno di passare a queste isole, ma per la morte, che s'interpose: essendo stato da Perpenna ucciso a mensa [durante un banquete] non poté mettere in opera questa sua prudentissima intenzione.

[f. 15] D'ALESS[ANDRO] GERALDINI VESC[OV]O LIB[RO] III

Desideravo ricercare le cose segrete della natura e di conoscere varie genti e diversi costumi, delle quali cose l'Etiopia è abbondante più che altre region[i] del mondo, il XIII di dicembre partii dall'isola Pluvialia, della quale di sopra ho fatto menzione, dovendo piegare* il n[ost]ro viaggio alla destra verso l'equinoziale, ove l'Etiopia è tutta distesa verso il mezzogiorno.

Gente libera. Tutto che[137] fosse lunghissima navigazione, deliberai di passare a una gente libera per tutti i secoli da ogni signoria d'Asia e d'Europa, anzi non punto* conosciuta, né veduta da romano o greco alcuno.

---

134 En Le, 143 y Ge 120–121, *Pluvialia* aparece como la isla de Hierro.

135 Antiguamente, la tercera persona singular del presente indicativo de *fare* (hacer) con función de inciso para indicar el transcurrir del tiempo se anteponía. Actualmente, se diría *trent'anni fa* (hace treinta años).

136 Apócope de *fece* (hizo), que hoy en día se utiliza casi exclusivamente en el lenguaje poético.

137 Locución conjuntiva concesiva que se corresponde con el moderno *nonostante* (aunque).

Il mare accanto d'essa sempre tranquillo. Al che tanto più m'accese il desiderio, conoscendo in questa, benché lunghissima navigazione, non essere pericolo alcuno di naufragio, attento che in quel grandissimo oceano sempre le acque sono tranquille, e i venti piacevoli del continuo*. Chiamato a me il nocchiero della nave e, accresciuto a lui e agli altri ministri* il salario e la mercede[138], feci volgere le vele verso l'equinoziale, e i larghissimi liti* dell'Etiopia, lasciati indietro i popoli Aragani.

Aragani col volto coperto. I quali in ogni tempo portano il viso coperto con un velo, e reputano una gran vergogna il discoprirlo[139], onde per poter vedere fanno due buchi nel velo incontro* agli occhi, e uno incontro* alla bocca.

Senega, f[iume] largo un miglio. Scorso* il fiume// [f. 15v] Senega, vedemmo cose di molta meraviglia della varietà della natura[140] che in una ripa* del detto fiume gli uomini sono di color cineritio[141], e nell'altra ripa* altutto* nerissimi. Questi aragani hanno il paese sterile e adorano Maometto. Io trovandomi in questo luogo venni in desiderio di avere notizia del detto fiume Senega, il quale si vedeva essere largo un miglio, e d'intendere la cagione perché queste genti portassero il volto sempre coperto, che tutti gli altri uomini portano scoperto. I famigli* che erano meco* in una villa ivi vicina, nel tempo che vi capitò il sommo sacerdote della bassa regione, che è capo di molti sacerdoti dedicati al servigio dei loro iddii*, per mezzo dell'interprete avevano divulgato che io sotto l'equinoziale ero un gran Prelato, laonde* egli mi venne subito a incontrare accompagnato da molti sacerdoti e da gran popolo.

Benigno ricevimento. E avendomi ricevuto benignamente, mi condusse a una villa, ove mi fece uno splendido e delicato convito*, l'altra mattina[142] mi domandò la cagione della mia andata* in quel paese. E io dal mio interprete gli feci rispondere che per desiderio di vedere il mondo e precipuamente l'Etiopia, e dei diversi costumi, leggi e consuetudini degli uomini ero quivi* pervenuto, come fece il grande Platone e molti altri filosofi che per la medesima cagione andavano ricercando nazioni e province remotiss[im]e.// [f. 16] Egli,

---

138 El VAC₁ aclara que, si la primera *e* del vocablo era cerrada, *mercede* significaba compensación (*s. v.*).
139 Forma culta del más común *scoprirlo* (descubrirlo, destaparlo).
140 En el manuscrito, la palabra que sustituye la tachadura *della natura* es ininteligible.
141 Posible derivación del latín *cinericius: cinerino* (cinéreo, ceniciento). Nótese cómo el autor hace hincapié en la distinción cromática entre diferentes poblaciones.
142 En este caso, a la mañana siguiente.

lodato grandemente questo mio proposito, mi affermò[143] che molti dei principali d'Etiopia avevano fatto il medesimo.

Gli aragani portano il viso coperto per la sua deformità. Allora io gli domandai perché gli aragani, soli di tutti gli uomini, tenessero coperto il viso, mi rispose che gli aragani avevano il viso bruttissimo e contraffatto[144], ma che erano di singolar destrezza e gagliardia.

Ha[n]n[o] ottimi vini. E che p[er] l'abbondanza che hanno di ottimi vini, il suo paese è frequentato da vicini e lontani popoli di statura alta e dispostissima[145], con volti leggiadrissimi benché negri, dai quali gli aragani si vergognano di essere veduti in faccia; mi aggiunse[146] che nelle antichissime memorie degli Etiopi fu già un Re di grande intelletto, ma di viso brutto e mostruoso oltremodo, il quale per coprire la sua bruttezza per editto pubblico si celò il volto con un velo di lino, e comandò che [i]l suo popolo in quel modo medesimo lo portasse con velo nero coperto. Il costume è stato poi sempre mantenuto dai popoli aragani con ostinata perseveranza.

Senega nasce da uno dei rami del Nilo. Quanto al fiume Senega mi disse che nasceva da uno dei rami del Nilo, e se ne discendeva infino* agli ultimi e più remoti paesi dell'Etiopia e che il Nilo nasceva nei monti della luna, e si divideva in due rami, dei quali il maggiore con lungo corso e con molti ravvolgimenti per molti regni d'Etiopia incogniti a popoli d'Asia e d'Europa, si stende in Egitto e finisce il suo corso nel mar mediterraneo. Questo nome di Nilo non è nuovo, p[er]ciocché*// [f. 16v] molto innanzi* alla dea Iside era così nomato*, come si legge nei sacri libri della bassa regione d'Egitto. Iside fu quella che insegnò agli egizi il seminare e raccogliere le biade, e ordinò molte leggi utilissime alla sua patria. Di questa Iside nacque il grande Re Oro e alla fine, come essi affermano, in cielo apparve una splendidissima[147] stella. Costei fu molto innanzi* a Osiride, dio degli etiopi. Il quale Osiride edificò in Egitto molte città e castella*, e fece molti altri benefici a quella regione, perciocché* i n[ost]ri libri, diceva questo sommo sacerdote, innanzi* al nome degli aborigeni, che abitarono intorno al fiume Albula, innanzi* a tutte le memorie degli assiri, dei medi, dei persi* e dei macedoni tengono cognizione di queste cose. L'altra parte più bassa del Nilo, è cosa manifestissima che scorre per molte e remotissime regioni dell'Etiopia,

---

143 La forma pronominal de *affermare* (afirmar) es antigua.
144 En este caso, alterado, deformado.
145 Antiguamente, podía significar vigoroso, "ben disposto di corpo, cioè, destro, gagliardo" (de fuerte prestancia, esto es, ágil y robusto) (DT, *s. v. disposto*).
146 La anteposición de un pronombre al verbo *aggiungere* (añadir, agregar) es antigua.
147 Superlativo enfático de *splendido* (espléndido), hoy en día en desuso.

dove questo fiume Senega da questa regione infino* a quella degli antipodi dai greci detta Antartico, e dai n[ost]ri Cassion, abbiamo p[er] certo che fa molte bocche e rami. Tutto ciò mi disse quel gran sacerdote senza grande meraviglia, vedendo essere tanta cognition* di cose in un uomo etiope, e ricercando io dei loro iddii* trovai che adoravano molti simulacri, i quali si// [f. 17] riferivano alle costellazioni dello zodiaco e ad altre stelle, le quali sono favorevoli agli uomini nei viaggi di mare e di terra, aiutano i nascimenti* di figlioli e apportano altri comodi* alla generazione umana. Gli domandai poi dei templi dei loro iddi* e dell'antichità della loro patria. A questo mi rispose che non era alcun gran tempio nell'Etiopia, ma che i pontefici la governavano tutta, e nel governarla si servono o degli editti pontificali, [i] qua[l]i sono scritti nei templi o dei decrerti del re, ovvero degli oracoli degli iddii*, e quando accade che nel popolo nasca alcun dubbio che non sia contenuto né dichiarato per leggi, se è per cose pie e sante, si conosce e risolve dai pontefici o dai loro vicari, ma se egli[148] è di cose profane, è terminato[149] dall'arbitrio dei loro vecchi.

Aborriscono le liti. Di quelli però che in tutto il tempo della loro vita si sono governati con chiara e approdata[150] prudenza, perciocché* l'Etiopia abborrisce la lunghezza delle liti che tengono gli uomini in travagli e spese intollerabili. Gli etiopi della Basa regione si estimano essere più antichi che tutte le altre nazioni del mondo, e provano questa loro antichità dalle memorie di quei loro antichissimi e neri marmi.

Mem[ori]a di $\dfrac{m}{30}$ anni I quali non si consumano e corrompono né dalla umidità, né dal caldo, neanche// [f. 17v] dalla lunghezza del tempo, dove apparisce* la memoria delle loro cose più di trentamila anni e quindi lontano più di settecento miglia.

Memoria di novemila anni. Nella più interna parte diceva essere il tempio, nel quale si conservava in caratteri la memoria del santo padre Dabiro di più di

---

148 En ocasiones, *egli* (él) podía sustituir a *esso*, referido a conceptos o cosas inanimadas. *Cf.* VAC$_1$: "Talora par, che abbia forza di neutro" (A veces, puede tener valor neutro) (*s. v. egli*).
149 Delimitado y, por ende, ampliando su significación, determinado, definido.
150 En este caso, no deriva de *proda* (proa), por lo que no significa arribada, llegada, sino *giovevole*, *utile* (beneficioso, útil), al proceder de *prode* (valiente, intrépido). Para la indicación del étimo, véase T, *s. v. approdare²*. Su definición se puede consultar también en el VAC$_1$ (*ss. vv. proda* y *approdare*).

novemila anni, compiuti dalla numerazione d'un antichissimo lustro*[151] nella regione Barzabea, ordinato dal re Baccabeo per una gran vittoria che ottennero i barzabei contro i popoli loro vicini. Il perché* raccontano che gli iddii* familiari* fecero loro intendere che in memoria di tanto beneficio da loro ricevuto celebrassero ogni cinq[ue] an[n]i giochi in onore di essi iddii* con cammelli ed elefanti in vari eserciti di uomini combattenti, proponendo il re grandi premi ai vincitori, e fu ordinato che i sacerdoti della provincia facessero memoria di ciascun lustro*. Tutte queste mi disse egli. Le lettere, ovvero [i] caratteri in quei marmi, erano di questo senso nella mia lingua.

Editto antico del pr[esident]e* Dabiro. Dabiro presidente* della Basa Etiopia servo di tutte le stelle del cielo, padre del mio popolo, eletto per volontà degli iddii* affinché pia[152] e santamente usassi il mio officio* al quale io// [**f. 18**] vivo fui anteposto, e per morte libero, lì sarò sempre propizio, pregando continuamente gli iddii* che al mio popolo concedano tutte le cose felici. Figlioli miei servate[153] castamente il culto degli Dei per i tutti i secoli intiero[154], perciocché* le stelle che vedete in cielo sono iddii*, ed essi alla n[ost]ra patria concederanno pace lungamente. Figlioli miei abbiate gran reverenza ai luoghi santi e ai sacerdoti, che così gli dei leveranno dai vostri cuori tutti gli odi, e concederanno a tutta la n[ost]ra posterità grande e sincera unione. Date figlioli miei a questi che sono sacri, il debito alimento. Siate misericordiosi a tutti i poveri, riceveteli con carità nelle n[ost]re case, e a questo modo gli dei che vedono il tutto, il tutto sentono e il tutto odono, vi accresceranno grandi ricchezze e lietissima posterità. Figlioli miei amate di fraterno amore tutti coloro che sono di umana effigie, e gli dei ameranno voi. Figlioli miei abbiate in gran reverenza i vostri antichi dei, i quali adorarono e osservarono i n[ost]ri padri, e che hanno conservato infino* a questo giorno la patria n[ost]ra libera. Hanno gli dei senza dubbio alcuno manifesta divinità e podestà*, e l'autorità loro è testimoniata e// [**f. 18v**] approvata da tutta la Terra, la quale conobbero i padri n[ost]ri e noi tutto dì la veggiamo e l'approviamo. Figlioli miei, ogni volta che riguardate questo n[ost]ro marmo, leggete le mie parole e conservate nella v[ost]ra memoria i detti e i ricordi del v[ost]ro pr[esident]e* Dabiro, il quale così morto vi è ancora padre. Restate in pace e salvi.

---

151 Quizás se aluda a los sacrificios expiatorios que los censores de la antigua Roma ofrecían a los dioses cada cinco años, y de ahí que se asocie a la celebración del rey.
152 La omisión del sufijo cuando consecutivamente aparecen adverbios de modo es antigua.
153 Forma antigua de *serbate* (mantened, conservad), que deriva directamente del latín *servare*.
154 Forma culta adverbial de *intero*, es decir, de manera integral. Los VAC no recogen dicha variante.

Dopo cinque giorni che io ero andato a trovare quel som[m]o sacerdote della Basa regione, da lui dipartimmi e feci (*al margen:* far vela) verso austro*, ove vidi per ville, per capanne composte di paglia e per castella*, una innumerabile* moltitudine di gente nera: la regione è molto percossa e travagliata dal soperchio[155] caldo del sole. Finalmente il quinto decimo[156] giorno che io mi partii dal Monte Atlante, sortimmo[157] in un grandissimo seno di mare, nel quale erano molte secche e molti scogli.

Isole Gorgone. Indi scoprimmo le isole dette Gorgone, nelle quali già furono le femmine di crudele e quasi di ferino aspetto. Queste isole sono al p[rese]nte disabitate in tutto. La prima di esse era piena di alti e incogniti alberi, e abbondante di buone acque. La seconda si vedeva ripiena* di grande moltitudine di uccelli, i quali non hanno somiglianza// [f. 19] alcuna con i n[ost]ri. La terza è sterile.

Capobianco promont[ori]o. Da queste isole con la navigazione di due giorni scoprimmo un promontorio oggi posseduto da portoghesi, che lo chiamano Capobianco, ove discesi in terra e trovai quei luoghi pieni di sabbione[158] e dal sole adusti*. E mentre che io col mio Ribiera andavo ricercando intorno, i nocchieri si misero a pescare e presero molti pesci diversissimi dai n[ost]ri.

Adorano le anime dei morti. Quivi* intesi molti popoli all'intorno altri[159] adorare gli dei, altri adorare le anime dei loro passati*, i corpi dei quali sono per molto tempo conservati in luoghi segreti e sacri, e molti per consiglio di sacerdoti, i quali vengono dalla Persia e dall'Egitto, seguono la legge di Maometto e quello adorano, la cuoi falsa religione dopo molti secoli che egli morì è passata infino* agli ultimi confini d'Etiopia. Allora io mandai[160] per il sacerdote di coloro che adorano le anime dei loro passati*, al quale a me venuto domandai con quale ragione osservassero quel costume di adorare i corpi morti senza senso e senza spirito, rispoasemi che quei popoli adorano coloro che sono vissuti una vita probatissima e sincerissima, e che ne avessero renduta* testimonianza

---

155 Variante antigua de *soverchio* (excesivo).
156 Forma numeral antigua de *quindicesimo* (decimoquinto).
157 Es decir, *uscimmo* (salimos). El VAC₃ señala, entre otras definiciones, que *sortire* consistía en una acción militar con la que los soldados salían de sus defensas para asaltar al enemigo (*s. v.*). Por su parte, T considera que, cuando este verbo se emplea con dicha acepción, es un regionalismo (*s. v.*).
158 Terreno arenoso. EL TLIO recoge ejemplos de su uso ya a partir de obras del siglo XIII (*s. v. sabbione*).
159 El uso correlativo de *altri* (otros) es antiguo.
160 Se omite *a chiamare*: mandé llamar.

a quelle genti con approvati miracoli. Di nuovo gli domandai se per quei// [**f. 19v**] tempi della p[at]ria fossero alcune antiche memorie, subito mi disse lui averne una, e che voleva andare per essa e portarlami. Io con molto lieto animo accettai il suo amorevole officio*, così egli partì e il giorno seguente tornò con un editto che nella mia lingua è tale.

Editto di Ianab, sommo sacerdote. Il grande Ianab sommo sacerdote della terra Massiana dice: o popoli miei, o universalmente buone genti, i quali mi voleste per padre e per pastore delle anime v[ost]re, benché poco sufficiente e poco forte a tanto peso, avendo avuto io piuttosto bisogno di maestro e di rettore, che reggesse e ammaestrasse come io potessi sostenere tanto peso, e far quello che si richiedeva all'ufficio mio di tanta importanza.

Terra Massiana. Attendete popoli miei a quel che vi dice il v[ost]ro p[ad]re Ianab conciosia cosa che* a voi non è concesso di vedere, né di udire Iddio*, e nondimeno noi conosciamo che Iddio* è, e che regge i radianti lumi del cielo, il quale con un certo e perpetuo moto ogni cosa tempera[161] e dispone; egli è quello ch[e] il terrestre globo fa star pendente nel mezzo dell'aria; egli è q[ue]llo che fa stare il grande oceano entro ai suoi termini, e non lascia distenderlo sopra la terra; egli è quello che le importune piogge// [**f. 20**] dona alle genti; egli è quello che largamente la terra col vento ricrea. Conoscendoci adunque indegni di adorare questo nostro Iddio*, indegni altutto* di salire coi n[ost]ri prieghi* a tanta divinità. O popoli, o figlioli miei, io giudico che noi dobbiamo adorare gli spiriti e le anime dei n[ost]ri padri, di quelli però che furono in vita pii e giusti. Costoro dobbiamo avere in grande onore, e generalmente da ognuno debbono essere con grande reverenza e onore tenuti, i quali sgravati dal peso della massa corporea ora puri e santi conoscono esso* Iddio*, lo veggono* e gli parlano, e penetrano meritamente* tutta la grandezza e mole delle cose celesti, che con loro gratissimi prieghi* supplicano alla divina maestà, che ne dia grazia di condurci a vivere una vita buona e santa, e ci aiutino a guadagnarci la sede del regno del cielo. O figlioli miei che mi avete seguitato* e osservato con gran perseveranza, e io ho sempre voi amato con incredibile e paterna affezione*. Se voi farete queste cose, saranno i v[ost]ri prieghi* più degni di grazia, perciocché* voi spogliati d'ogni terreno affetto e d'ogni macchia corporea mondificati[162], poiché avrete renduto i v[ost]ri corpi alla terra, le v[ost]re anime se ne andranno volan-// [**f. 20v**] do per l'aria pura. Sarete fatti santi. O figlioli miei credete al v[ost]ro p[ad]re Ianab, che bene e piamente vi consiglia, e ama le anime v[ost]re. Restate in pace figlioli miei e amatemi ancora così morto.

---

161 En épocas anteriores, *temperare* podía significar dar el temple, enmendar, plasmar, armonizar instrumentos musicales o atenuar, moderar (VAC$_1$, *s. v.*). Es palmario que, en este caso, la acepción adoptada es esta última. VAC$_4$ y T incluyen la significación de mezclar líquidos como el vino o los venenos (*s. v.*).

162 Forma antigua de *mondati* (purgados, purificados). *Cf.* DT, *s. v. mondificare*.

[f. 15] D'ALESS[ANDRO] GERALDINI VESC[OV]O LIB[RO] III

Il monumento di Ianab pontefice è antichissimo, ma perché quel sacerdote che me l'aveva portato era uomo di poca dottrina e aveva poca notizia delle cose, non potei intendere da lui quel che avrei voluto sapere.

Esperidi isole. Dipoi* scorso* il medesimo oceano mezza giornata scopersi* le isole Esperidi con meraviglioso spettacolo di innumerabili* popoli. Domandai che generazione di uomini costoro, mi fu detto essere gli etiopi ~~essere gli etiopi~~ molto crudeli a quelli che approdavano, talmente che il dimorarvi una notte sola era in manifesto pericolo della vita: laonde* i mercatanti* che di qua vanno, hanno per consuetudine di negoziare il giorno con quelle genti, e prendono le mercatanze* che fanno loro a proposito, e quando viene la notte se ne tornano alla nave. Volgendo dopo il n[ost]ro corso a mano sinistra entrammo in un lunghissimo seno, dove (al margen: erano) scogli, scoscese e ritorti[163] di dura pietra, e accostandoci pian piano alla terra mi rivolsi per una larghissima valle, dove ne apparve una nuova faccia di cielo, e di terra un'altra forma, quasi di un nuovo mondo che non// [f. 21] mostravano aver cosa comune con la n[ost]ra Europa e con l'Asia.

Serpenti alati che per incantamento non possono muovere. Vidi serpenti con ali, i quali nondimeno per certo incantamento etiope non si muovevano punto*, ma stando in terra distesi occupavano grande spazio di luogo, e per la virtù di tale incantamento non ardivano di accostarsi a greggi e agli armenti, che presso di loro andavano pascendo, cosa che ne diede gran meraviglia. Oltre di questi vidi di molte sorti vipere e altri animali rettili, i quali medesimamente per un certo incantamento di barbari versi non possono nuocere ad alcuno: queste cose non ardirei di scrivere s'io non le avessi vedute di pr[ese]nza. Discesi poi nel lito*, e domandai un sacerdote di un castello* ivi vicino che versi fossero quelli dell'incantagione*, mi disse che in molta antichità[164], della quale non si ha memoria, quella generazione di serpenti era in tanto numero cresciuta, che niuna* forza umana poteva contro di loro.

Gnogore gran sacerdote. Quando venne Gnogore gran sacerdote della parte della più bassa ~~regione~~ Etiopia, che con questa regione era a lui soggetta. Questi pareva che avesse col cielo gran convenienza e amicizia per le grandi cose che egli faceva, avendo egli nella sua venuta grandemente consolato questo popolo, scongiurò con lunghi incanti questi smisurati mostri che non facessero male alcuno alla sua gente, né ai greggi né agli armenti alcun danno, e// [f. 21v] non giovandosi in alcun modo i suoi incantamenti, gettatosi in terra con tutto

---

163 *Scoscese e rtorti* aparece tachado en BL (f. 17).
164 Expresión antigua: antaño.

il corpo con grandissima voce che risuonava infino* ai monti, se ne andava vagando per le solitudini di questo paese con accesi sospiri e amarissimo pianto domandava aiuto al cielo, fu veduta in un subito* una grandissima luce da tutto il popolo di quell'antichissimo secolo scendere dal cielo fino a terra, e dal mezzo di quella luce s'udiva altissima voce mandata fuori dal dio della salute.

Dio della salute. Il quale con parole etiopiche Main Brenesin, cioè dio della salute, nominò e insegnò a esso* Gnogore quali parole bisognava usare per liberare il suo popolo da tanto male, e discacciare[165] da questa regione così orribile peste. Il perché* i popoli di quel secolo grati di tanto beneficio, dugento* miglia lontano di qui edificarono un nobile tempio con base di nero marmo, ove era scolpita l'immagine santa del n[ost]ro grande Padre, che ancora sta in piedi, e vi starà in eterno. Sono quivi* scolpite l[ette]re egiziane dove si legge come passò tutto questo fatto: l'Etiopia lungo i liti* dell'Oceano è regione ignobile, ma nella parte più dentro ha grandi città e castella*, e molti altri e nobili templi. Domandando io a quel sommo sacerdote quali parole fossero quelle che erano scolpite nella base di quel tempio, mi disse tenere in casa la copia di tutta quella scrittura, e partendosi tosto* da noi, ritornò con essa,// [**f. 22**] e in lingua n[ost]ra è questa.

> Noi popoli già tuoi, a te che morte ci ha tolto e portato in cielo, abbiamo drizzato* questa memoria, conciosia che* noi avessimo continua guerra con terribili serpenti e crudelissimi mostri, dai quali non potendoci più difendere il celeste Padre di questa patria per i tuoi prieghi* scese dal cielo. Noi certamente vedem[m]o un gran splendore, vedemmo chiarissimi raggi spargersi per tutto il cielo, vedemmo la n[ost]ra terra risplendere d'una chiarissima luce. Ma l'effigie di Dio non potemmo vedere, udimmo la voce di una che diceva: "O Gnogore amico n[ost]ro, noi ti abbiamo udito orare* infino dalla[166] prima tua fanciullezza, e dai tuoi prieghi* mossi a te venimmo. Impero[167] a te e a tutti i sacerdoti e antistiti*, che saran[n]o costituiti a divini offici*, dico e comando che qualunq[ue] volte[168] venisse per la v[ost]ra terra questa crudelissima peste, voi subitamente per gli aperti campi e per gli alti monti con più alta voce gridiate.
> **Forma dell'incanto.** O serpenti nocivi animali, mostri orrendi, nemici alla generazione umana, il dio della salute, così mi piace essere nomato*, essendo venuto per pubblica salute delle n[ost]re terre, vi dice e impone, e per l'autorità per tutto* comanda, che udito il sommo sacerdote della// [**f. 22v**] patria giustamente eletto, o il sacerdote

---

165 Verbo muy utilizado en la época, que actualmente se sustituye por la forma verbal *cacciare* (cazar, echar, expulsar). Hoy en día *discacciare* se considera un cultismo (T, *s. v.*).
166 Es decir, *sin dalla* (desde la).
167 Calco del latín *impero, imperare*: ordeno, mando.
168 Locución antigua: *ogni volta che* (toda vez que).

ben ordinato, voi poniate giù tutto il veleno, e subito lasciate tutta la v[ost]ra naturale ferocità, e non vi muoviate né più diate incomodo alcuno agli uomini né agli animali, e conciosia che* tu o santo p[ad]re Gregore con la deità manifesta del dio Brenesin, cioè dio della salute, con manifesto miracolo di Dio la tua p[at]ria e il popolo a te sottoposto hai liberato, a te fatto divino edificano un nobile tempio, il quale in perpetuo si veggia* per tua memoria, né manchi mai in qualunq[ue] lunghissima età, nel qual tempio a te nuovo dio porgeremo i nostri prieghi*, faremo i n[ost]ri sacrifici e i discendenti nostri infin che[169] correranno i secoli questo modo e costume perpetuamente osserveranno, e nel fine delle loro orazioni e sacrifici con quanta più alta voce potranno, chiamando il nome di Gnogore n[ost]ro pontefice, veggia* del continuo* dall'alto cielo una gratitudine del suo popolo. Sia salvo Gnogore p[ad]re n[ost]ro".

D'ALESS[AND]RO GERALDINI VESCOVO LIBRO IV

Io mi ricordo nel principio del II libro aver detto assai della gran potenza che hanno le stelle sopra i corpi umani, per quanto è loro ordinato dall'eterno e immortale Iddio* come si vede manifestam[ente]*// [f. 23] per la tanta varietà di cose che sono nel mondo, specialmente in questi paesi dove vedi alcune nazioni che sono dotate di gran giudizio e di tanta chiarezza d'intelletto, che è cosa meravigliosa.

Etiopi insensati. Altre genti hanno l'ingegno così tardo e stolido, che sono reputati sciocchi e insensati, i quali sono lontani dalla regione Igomara per tre giornate.

Igomara regione caldissima. Hanno costoro lunghe gambe e il corpo oltremisura grasso, dove che gli altri etiopi sono d'acuto ingegno e di ottimo giudizio, e per l'ordinario hanno il corpo asciutto e svelto. Quegl'insensati bestemmiano continuamente il sole, per apportar loro caldi eccessivi e intollerabili, osservano e adorano la luna, per arrecar loro ogni notte refrigerio col suo freddo umore, alla quale sul lito* del mare han drizzato* un tempio fatto di paglia, di verghe e di loto[170]. Nell'entrata di questo tempio dalla destra parte si vede una tavola di candido avorio da due bande di grossi legni sostenuta, con caratteri di q[ue]sto senso.

> O sacerdoti, o popoli, fate orazione della luna dea p[at]rona e avvocata della n[ost]ra terra. O fanciulli e fanciulle casti e non lordati di alcuna venerea corruzione, scongiurate il sole che dal mio popolo mitighi il suo troppo intollerabile caldo. Se i padri n[ost] ri han[n]o// [f. 23v] peccato, che supplizio meritano i discendenti?

---

169 Construcción poética del antiguo *infinoché* (hasta que). Véase el DT, *s. v. infinoche*.
170 *Fango* (barro). Viene del latín *lutum* (T, *s. v.*).

Quasi tutto questo tratto di terra è contenuto da una larghissima valle, la q[ua]le è in modo posta e serrata, che non vi può alcun vento da parte alcuna spirare, e se non fosse che per mezzo corre un fiume molto grande, sarebbe certo impossibile che uomo alcuno potesse abitarla. Questi popoli sono raccomandati* da un certo principe, il quale ha molti regni volti più a settentrione, e non viene mai in questi passi come quel che aborrisce la sciocchezza di queste genti, ma vi tiene un governatore detto in quella lingua Ribaan. A costui io non curai di parlare, né volli aver pratica alc[un]a con tale gente. Quindi partendo con la navigazione di un giorno e mezzo, scoversi una larga e lunga terra tutta piana, dove i magistrati* di quei popoli, intendendo dagli interpreti che io ero nel porto vicino, data pubblica fede e salvacondotto con lieto animo mi invitarono a scendere in terra, dove tutti gli uomini col corpo nero e bruciato con le mogli e figlioli correvano a vedermi, come una cosa divina. Di questa gente una parte è libera, un'altra parte è raccomandata* e soggetta a un gran re, che risiede lontano per la regione più addentro dell'Etiopia,// **[f. 24]** al quale pagano certo tributo.

Umaniss[im]a gente. Avevano queste genti grande meraviglia di vedermi di carne bianca, vestito di veste rosse, col rocchetto bianco, essere arrivato nel loro paese, e come intesero che io ero uomo consacrato a Dio, e che avevo sotto di me innumerabili* popoli e molti grandi regni, a gara si buttavano ai miei piedi.

Baciavano i diti grossi dei piedi in segno di grandissima umiltà e reverenza. E voltolandosi per terra si spargevano la polve* sopra il capo, e continuamente mi baciavano le dita grosse dei piedi in segno di grandissima umiltà e reverenza. Il che non costumano di[171] fare salvo che agli dei, e a loro principi. Alla fine cessato il concorso di tanta moltitudine mi diedero il primo e più onorato albergo che vi fosse, e gli altri miei furono alloggiati in altre luoghi case.

Etiopi amorevoli e ospitali verso i forestieri. Sono questi Etiopi per una loro consuetudine antichissima molto amorevoli e ospitali verso forestieri, tanto che per tre e quattro giorni li albergano senza pagam[en]to alcuno. A me presentarono grande numero di capre e di piccoli buoi, molte misure di orezza[172] e molti vasi di vino e, dopo levate le mense, avendomi conceduto un po' di riposo, fui circondato da molti nobili, i quali sono tenuti in grande stima presso gli Etiopi,

---

171 Locución antigua: "non sono soliti" (no suelen).
172 Se trata de una variante antigua de *orezzo*, que significa brisa leve y procede del latín *auridiare* (T, *ss. vv. orezzare, orezza y orezzo*). Sin embargo, al considerar el contexto en el que figura dicho vocablo, posiblemente el autor se haya confundido con la palabra latina *Oryza*, término botánico que corresponde al común *riso* (arroz). En los libros sucesivos, figura la variante *oriza*, que sí se refiere al cereal.

perciocché* essi soli fanno e amministrano tutte le pubbliche faccende. Con costoro ebbi ragionamenti delle cose// [f. 24v] varie di tutto il mondo.

Chialaori p[ad]re antichissimo. Mi dissero che lontano trecentoquaranta miglia era una gran città, nella quale era la principale sede del re e del pontefice con un antichissimo tempio, nella cui piazza era un'altissima torre fatta di grandissimi (al margen: ~~pezzi~~ massi) di nero marmo con l'effigie dell'antichissimo p[ad]re Chialaori, con caratteri che nella n[ost]ra lingua dicevano.

Terra galangea. Io Chialaori, santo sacerdote della terra galangea, proibisco a ciascuno di entrare nella sacra casa del n[ost]ro Iddio*, se prima non ha posto giù ogni odio con tutto il popolo e sia riconciliato in amore e carità con tutti, se prima non sarà dolente e pentito di tutti i suoi errori, se prima non sarà lavato con acqua viva*.

Conformità di cristiani costumi e cerimonie. Ordino ancora a chi andrà ai santi altari di Dio che vada digiuno, casto e netto da ogni pollazione[173] ad offire le cose sacre a Dio, e sia avuto e tenuto per tutto il tempio universalmente silenzio, quando i sacerdoti cantano ad alte voci le laude* di Dio, se già il popolo non accompagnasse i sacerdoti con la voce a laudare* Dio. Concediamo nondimeno che nel ~~giorno~~ dì ordinato ai santi matrimoni per le case private e per i pubblici templi della patria si facciano celebrare lieti e abbondanti conviti*, e si esercitino nel danzare e cantare con manifesta allegrezza,// [f. 25] perciocché (aparece al final del folio) perciocché* quel giorno è ordinato per guadagnare all'umana natura e al mondo nuova schiatta. La quale, continue laudi* e frequenti prieghi* e devoti porga a Dio immortale con tutto il cuore, onde aprano le strade di salire all'alto cielo, e alla patria delle alte stelle.

Intesi poi dai principali uomini di quella terra che lontano cento miglia dalla detta regione Galangea, verso oriente era un castello nobilissimo, al quale gli arabi vanno da molte parti dell'Etiopia con cammelli, elefanti e d'ogni sorte mercatantie* con le quali guadagnano ricchezze grandissime. Io lacrimai per compassione dell'umana generazione, che per desiderio di guadagnare non la ritenga* caldo eccessivo d'ardente cielo, non la spaventino i morsi delle velenose fiere e il pericolo evidentissimo di straniere e barbare nazioni, che per saziare l'esecrabile fame dell'oro, vada ricercando paesi impraticabili, quasi del tutto al mondo incogniti.

Siboore re. Finalmente facendo vela per andare più avanti, udita la fama di Alboore figliolo del re Siboore, buono di chiara nominanza e di grande e largo impero.

Mella città. In quel lito* che partito dalla città di Mella, la quale è posta nella più interior parte del regno, era venuto a questa regione litorale, mi trasferii là, e

---

173 Calco del latín. En este caso, significa *vergogna, sconcio* (vergüenza, obscenidad).

mandati messi l'uno all'altro, essendo nato// [f. 25v] gran desiderio in quel giovane di parlare con un vescovo cristiano, io, uomo della cristiana religione, fui ricevuto da quel principe maomettano con grande onore, e mi rattenni* seco* per ispatio di* otto giorni in continui conviti* di delicate e ottime vivande, in un medesimo letto tutto ornato d'oro e di seta. In questo tempo, volendomi egli condurre al tempio di Maometto, quel che egli faceva per farmi maggior onore. Lo ringraziai grandemente, dicendogli essermi proibito per legge antica di miei maggiori* p[ad]ri andare ad alcun tempio, se non del mio dio Cristo. A queste parole quell'uo[mo] etiope di ~~animo~~ nobile animo e religioso tacque, poi a me rivolto il parlare laudò* grandemente la legge di Maometto, dicendo che fu gran messia del vero Dio, come avevano conosciuto molti mortali in tutto il mondo. Io, per non lasciare addietro il mio Cr[ist]o, gli narrai infiniti miracoli da lui e dagli apostoli suoi fatti p[er] tutto il mondo. Egli, lodata la fede di Cr[ist]o della quale aveva avuto notizia da molti sacerdoti dell'India e dell'Etiopia sotto l'Egitto, del nuevo e del vecchio testmaento, concluse che era da perseverare in quella legge che era stata lasciata dagli antichi padri; e in questo ragionamento mi riferì// [f. 26] i suoi maggiori* negli antichissimi secoli innanzi* che fosse edificata la gran città di Ninive, e prima che il nome di Caldei fosse nella bocca degli uomini, avevano adorato molti dei, portati nell'Etiopia dai sacerdoti del Nilo, i quali poi come vani furono lasciati dai sommi sacerdoti dell'Etiopia, come i sacri libri della n[ost]ra p[at]ria ne fanno chiara testimonianza. Era q[ue]sto re di sangue piuttosto pendente[174] al rosso che al nero, uomo certo di ~~grande~~ e nobile animo e grande. Era vestito d'una veste bambacina* infino alle ginocchia, tessuta con oro e ornata di perle, di zaffiri e di diamanti. Le moglieri* di q[ue]sto re, che erano più di cento, si coprivano con un velo pur[175] di bambagia. Gli altri del volgo si coprivano le parti vergognose con brache di cuoio e del resto del corpo erano ignudi.

Serpente alato domestico. Ma quel che io grandemente ebbi in ammirazione fu che nel desinare si facevano stare innanzi un seprente di feroce aspetto, di corpo grande e di grandi ali, il quale era così domestico e trattabile che in Italia e in Spagna non è animale alcuno* tanto piacevole. Le// [f. 26v] moglieri* del re ancora esse tengono cotali serpenti per delizie e passatempo, impero che* fra molte e di varie sorti serpenti che l'Etiopia produce, ve ne sono alcuni senza veleno, come era il detto di sopra. Nella cena avemmo molti ragionamenti della città di Roma, del pont[efice] mass[imo] degli antichi re dei consoli, i quali

---

174 Variante antigua de *tendente* (que tiende a).
175 *Anche* (también).

lasciarono sì* gran nome in tutte le nazioni, dei dittatori, delle guerre civili, del Senato e Popolo Romano, dei grandi imperatori romani, come di C[aio] Cesare, del felice secolo di Augusto, della tanto celebrata memoria di Vespasiano, di Tito, di Traiano e degli altri principi romani, degli antichi edifici di Roma, dei grandissimi e ornatissimi templi degli dei, dei magistrati* dell'Italia, di tutta l'Europa e dell'Asia le quali cose udivanocon grandissima meraviglia e con incredibile piacere, in modo che tutti affermavano le cose loro a comparazione delle n[ost]re essere basse e non avere cosa alcuna comune con le nostre.//
[f. 27] Ed essendo io desideroso di avere contezza[176] di luoghi vicini e lontani di quella terra, il re mi disse che alcuni popoli suoi ricchi di molto oro venivano ogni anno, per lunghe solitudini e paesi incogniti alla riva di un fiume che corre ai confini, e che seco* portano molta quantità d'oro.

Baratto d'oro e di sale senza vedersi e senza parlare. E dall'altra parte venivano altre genti che portavano sale, il quale cavano di un monte, e per antico loro costume non vogliono essere veduti da forestieri, imperò* ciascuno di loro lascia nella ripa* del fiume il suo monticello di sale, e subito se ne torna indietro, per ispazio di* una giornata. In quel tempo i suoi popoli (*añadido arriba*: tornano) a quel fiume, e con buona coscienza, considerata la valuta di ogni monticello di sale, pongono ivi al lato tanto oro quanto pare loro che vaglia* il sale, ma non per ciò lo togliono[177], ma lasciando l'oro e il sale se ne ritirano ancor'essi[178] indietro. Allora quelli che non vogliono essere veduti tornano di nuovo e, se lor par che l'oro sia giusto preggio*, lo prendono e lasciano il sale, e se tornano alle loro patrie. Coloro ai quali non pare che l'oro sia tanto quanto stimano il suo* sale,// [f. 27v] lasciano l'oro e il sale e danno volta[179], e il terzo giorno vi tornano nel luogo del baratto, e se trovano esservi aggiunto tanto oro che paia loro che basti, lasciato il sale pigliano l'oro e se ne vanno al suo* paese. Se non vi trovano esservi fatta aggiunta d'oro ripigliano il suo* sale, e vansene subito, con fede singolare dell'un popolo e dell'altro[180]. Io domandai al re per quale cagione quei popoli non volevano essere conosciuti da alcun* straniero,

---

176 Término que se registra ya en obras del siglo XIII (TLIO, *s. v.*), es sinónimo de *noticia, conoscenza* (noticia, conocimiento).
177 Forma antigua de *tolgono* (quitan) (T, *s. v.*).
178 En este caso, *ancor* es sinónimo de *anche* (también).
179 Locución antigua, hoy en día considerada un cultismo: *fare ritorno* (dar la vuelta). *Cf.* T, *s. v.*
180 Se refiere a que la fe de ambos pueblos es digna de alabanza, tal y como se indica en la *editio princeps* de Catenacci: "qua re audita, cum laudata fide utriusque populi a Rege peterem" (Le, 336).

ed egli mi disse di non saperne la cagione, nondimeno credere che quei popoli o manchino dell'uso del parlare, ovvero* che sia loro proibito il commercio delle altre genti da alcuna antica loro religione e che per questo medesimo desiderio cinquant'anni avanti* l'avolo* suo con un certo inganno fece prendere quattro di coloro e ne ritenne* uno, il quale fece domandare da molti di varie lingue e cn tutto ciò non si poté mai da lui udire parola, né mezza, né segno alcuno che egli intendesse quelle cose delle quali era domandato. E non solo non volle mai parlare, ma neanche prendere cibo, in modo che il terzo giorno con volto terribile e con segni d'odio manifesto verso il re morì. Per la qual cosa i suoi popoli soffersero molti dan[n]i// **[f. 28]** e gravi incomodi per il maniamento[181] del sale, che coloro sdegnati per l'inganno usato loro, non vollero portare per lo spazio* di tre anni.

Adomai re. Nel tempo che io quindi dimorai gli ambasciatori del re Adomai vennero al re Alboore. Questo re Adomai ha molti regni nell'Etiopia interiore. Con (*añadido arriba*: i quali[182]) io ebbi molti ragionamenti ai detti ambasciatori sopra lo stato del suo re, della condizione della patria e dei loro dei.

Benaana regione. Mi dissero il suo re tenere grande impero nella regione Benaana e poter mettere in campo da dugento* mila uomini da guerra, essere fra i re suoi vicini di manifesta potenza e vivere in grande onore che gli fanno i suoi popoli.

Bassiana città. E fra molte altre città e castelli* lontani di qui ottocentoventicinque miglia, avere la città nobilissima Bassiana ripiena* di molto popolo[183], nella quale sono palaggi* del re, e il principale e maggior tempio di tutti i suoi regni congiuntovi[184] un'altro bellissimo palagio* per il sommo sacerdote.

Dio della natura. E quel che è degno di gran meraviglia, questo re solo con tutti i suoi popoli adora il dio della natura, la cui effigie è un corpo lineato* di minio* a similitudine del cielo. Siede sopra un alto seggio di marmo, e nella mano destra tiene l'immagine del sole, nella sinistra quella della luna, conciosia che* a questi due luminari sia data podestà* di tutte le cose in ogni terra, le altre stelle sono dai lati del detto simulacro.//

---

181 Se trata de un término jurídico que antaño designaba la administración y el ejercicio de un negocio. *Cf.* Carpentier (1766: *s. v. maniamentum*).
182 El autor ha preferido evitar redundancia, tachando la locución sucesiva "ai detti ambasciatori" (a los mencionados embajadores).
183 El uso en singular de la palabra *popolo* (pueblo, gente) y de otros términos actualmente ha caído en desuso.
184 Es decir, junto a ellos. La forma verbal con colocación del pronombre átono es antigua.

[f. 28v] **Il re cinque volte la notte si lancia a fare onore.** Il re è di tanta religione, che dovunque vada conduce seco* sopra la schiena degli elefanti il simulacro del suo dio, fatto con meravigliosa arte d'avorio fregiato di minio*, e cinque volte fra notte e giorno il re si getta con tutto il corpo disteso in terra innanzi a questo simulacro, al quale porge dal suo profondo petto grandi e umili prieghi*. Soggiungendomi i detti ambasciatori che gli antichi re fecero molte molte guerre con genti forestiere, e che questo loro dio fu alcune volte veduto stare armato innanzi alle insegne regali con grande strepito, e avere messo in terrore e fuga gli eserciti nemici.

Il so[m]mo sacerdote a man destra del re. E domandando io con quale onore e dignità vivesse il loro sommo sacerdote presso il re, mi disse che nelle cose sacre il sommo sacerdote sta a man destra del re, e che gli fa meravigliosa riverenza e incredibile osservanza, e che non ha alcuna autorità in detto sommo sacerdote e negli altri sacerdoti. Nel governo poi della rep[ubbli]ca e nel fare ragione al popolo il som[m]o sacerdote non ha parte alcuna, siccome il re non s'impaccia[185] delle cose sacre. Mi dissero ancora che il principe loro e tutti gli uomini dell'Etiopia interiore si lineavano* il volto con minio* per una certa similitudine, come loro pare, che q[ue]l colore// [f. 29] ha col cielo, per questo essi soli estimavano aver gran parentela e convenienza col cielo.

Bassiana città. E domandando io loro se avessero in quei paesi qualche memoria degli antichi secoli, o nei luoghi sacri o nei profani, mi dissero esservene molte per tutto il paese, e oltre alle altre esserne una antichissima nel tempio della città Bassiana del gran re Oniob Sirian, tanto antica che fu scolpita innanzi* che fosse l'uso delle l[ette]re etiopiche, che oggidì si usano, quando gli etiopi si servivano di un solo elemento di l[ette]ra per significare una parola di molte l[ette]re, come si vede nell'altra parte della base in gran pezzi massa di nero e rilucente marmo, nella q[ua]le base si dimostra l'effigie ornata di una certa maestà dell'antichissimo Oniob Sirian. I discendenti poi dalla parte di fuori del detto marmo la tradussero con l[ette]re etiopiche, che al p[rese]nte sono in uso, le quali hanno alcuna similitudine con le l[ette]re caldee, e io le tradussi in lingua latina, secondo la relazione di detti amb[asciato]ri come segue nella nel n[ost]ro volgare.

Editto di Oniob Sirian. O popoli miei, o figlioli, o mortali posti sotto la mia custodia e venuti sotto la mia giurisdizione, entrate in questo tempio puri e netti da ogni

---

185 Forma antigua de *impicciarsi*, podía indicar el acto de entremeterse o cuidar de algún asunto. Véanse DT y T, *s. v. impacciare*.

macchia, p[er]ciocché* questa è la casa di Dio. O fedeli venite qua, ma prima mondatevi// [**f. 29v**] da ogni bruttura, scacciate dalla mente v[ost]ra ogni mal pensiero e dal corpo ogni peccato. Vedete qui l'immagine del n[ostr]ro Iddio*, formata con meravigliosa arte. Considerate quale debba essere nel cielo la vera, dove vane sono le opere degli uomini. O figlioli miei, riguardate con gran reverenza quello il quale* tiene nella sua mano destra il sole e nella sinistra la luna; questi due luminari dell'alto cielo sono di tanta potenza che tutti gli uomini, tutti gli animali, i pesci, i terreni e i marini mostri sono da loro generati. Considerate questo gran miracolo, che per tutto il mondo gli arbori*, i frutti, le erbe, le biade e i fiori sono nutriti dal caldo del sole e rinfrescati dall'umore della luna. Considerate figlioli miei di quanta potenza debba essere quello il quale* dà la podestà* e la virtù agli altri lumi del cielo.

Un dio. O da me molto amati popoli, non crediate che sia altri che un dio. Se il regno della terra fosse sotto molti re, che lo reggessero con uguale podestà*, non lo potrebbero ben governare, perciocché* un principato non può molto durare sotto molti governatori, e però i larghissimi spazi del cielo, spaziosi tratti// [**f. 30**] della terra pendente in aria. Il grande mare Oceano sotto un rettore, sotto un governatore è conveniente e necessario che si regga. O popoli amati da me con tutto l'animo e da me ammaestrati, con l'interiore affezione* di tutto il cuore, molto siate obbligati a quegli antichi p[ad]ri della v[ost]ra patria, i quali ebbero tanto lume che conobbero il re del cielo essere uno e solo. O pii fig[io]li miei, entrate continuamente nei luoghi consacrati al mio dio. Adorate dio, che non ebbe mai principio, ma diede principio al cielo e alla terra, ~~che~~ che egli non avrà mai fine, ma in sua mano tiene la podestà* di finire quando a lui piacerà tutto quello che ha creato. O figlioli miei, ricorrete ogni giorno all'infinita pietà del n[ost]ro Iddio*, all'immensa misericordia del re del cielo, ed egli conserverà le v[ost]re moglieri*, i v[ost]ri fig[io]li e nipoti, e finalmente tutta la v[ost]ra posterità lunghissimo tempo. Vi concederà buon nutrimento della terra e dal cielo con puro e salubre aere[186], e un vivere pieno di ogni letizia. E quando voi leggete queste cose in questi marmi, ricordatevi di Oniob Sirian, già buon pastore delle v[ost]re anime e buon p[ad]re, e ancora sopra le stelle del cielo io sono per voi il medesimo.

E pregando io i medesimi ambasciatori, che poiché con mio gran// [**f. 30v**] piacere e soddisfazione mi avevano parlato del loro re e della città Bassiana e della terra Bendina[187], ora mi dicessero dei popoli e nazioni circonvicine, se vi fosse qualche cosa degna di memoria, così mi risposero. Che i popoli vicini alla regione Beniaana[188] vivono nel medesimo modo e con i medesimi costumi che

---

186 Término poético que designa el aire.
187 Puede que haya confusión con la región de Agarea. En el manuscrito conservado en la British Library, la palabra se sustituye por Agarea y se subraya (BL, f. 25v).
188 Puede que se haga confusión con la región de Agarea. En BL, f. 26, la palabra Benaana aparece tachada, arriba de Agarea.

usano i Benaani[189], eccetto che invece di un solo dio, adorano molti dei e vari simulacri, i quali furono avuti dai padri loro in gran reverenza.

Dania reg[ion]e dilettevole. Nondimeno in remotissima parte verso oriente essere la regione Dania, molto dilettevole a vedere per esservi piacevoli colli, rivi di chiare e buone acque e grandi fiumi.

Cornisea città. Dove è la città Comisea capo di quella regione nobile e abbondante di vari frutti e di molte ricchezze e di gran quantità d'oro.

Dei che conversano familiarmente con gli uo[mi]ni e violano* le fanciulle. Ma più famosa per conversare gli dei familiarmente con gli uomini d'essa. Città un tal modo, che in essa non si fan[n]o conviti*, non si esercitano balli, né alcuna sorte di feste senza la presenza di quei loro dei, e insomma niuno* giorno allegro passa senza la gran moltitudine di dei mescolati con gli uomini, e quel che è di gran stupore, spesse volte violano* le fanciulle di bella forma e commettono altri più enormi e scellerati congiungimenti, di maniera che molti in quella città si vantano e si gloriano essere nati da quegli dei, dove che per questi esempi di libidine che danno loro quegli dei, ogni// [f. 31] cosa vi è corrotta, né si vede segno alcuno di religione, né di santità. Io sono stato molto dubbioso meco* medesimo se dovevo scrivere queste cose, pur[190] le ho scritte per favole, come tengo[191] che esse siano, e per variare alquanto la storia e mostrare in quanti errori sia immerso l'intelletto degli uomini. Dissemi ancora uno degli amb[asciato]ri che quando alcuno* di coloro muore si sentono per l'aria gli dei fare grandissima allegrezza, e altra volta[192] pianti e lamenti tali che i popoli dappresso e da lontano, i quali sono di più chiaro ingegno e di miglior giudizio, e sono guidati dall'amore delle virtù e dallo zelo delle cose del cielo, tengono per fermo[193] che tali cose in quella regione siano fatte dagli dei infernali, che ingannano quella dannata e misera gente, la quale a persuasione di quei falsi dei non intendono ad altro che ai presenti piaceri del corpo, e delle cose del cielo, dell'immortalità dell'anima e di quello che abbia a succedere loro dopo

---

189 En este caso, BL presenta una tachadura en la palabra Agarea, sustituida arriba por Benaani (f. 26).

190 También en este caso es cultismo con función aseverativa (Véase nota al pie en el libro II de esta edición).

191 Acepción antigua del verbo *tenere*, que se corresponde con el italiano actual *ritenere* (considerar, reputar de). *Cf.* el refrán "chi è reo, e buono è *tenuto*, può far male che non è creduto" (DT, *s. v. tenere*. Énfasis nuestro).

192 Locución temporal desusada: *altre volte* (otras veces).

193 Es decir, *ritengono per certo* (consideran veraz). Sobre esta acepción del verbo *tenere*, véase nota anterior sobre las acepciones de este verbo.

la morte non prendono pensiero alcuno, e che più i sacerdoti non che altri, dai quali dovrebbero uscire esempi di santimonia[194], vivono sempre fra nefandi e brutti miti della dannata contro natura libidine. Il re fra le concubine e fra i ministri* delle mense e delle case senza alcun decoro regio continuamente e bassamente conversa: e insomma in tutto quel paese non si vede cosa buona, [**f. 31v**] né santa, né giusta, né integra, onde è gran meraviglia come il so[m]mo dio del cielo potesse comportare[195] tante e sì* enormi scelleratezze. Io col principale di detti amb[asciato]ri donai una veste di seta, una pelle di lupo marino e alcune filze di coralli.

Pelle di lupo marino difende dalle saette del cielo. Le quali cose mostrò che gli fossero molto grate, e massimamente la pelle, conciosia che* per l'Etiopia cadono spesse saette, con grande uccisione di uomini e animali, e con rovina di case. Finalmente il decimo quarto giorno che io avevo visitato il re Alboore da lui mi partii. Avendomi donato molti presenti e fatta seco* una grande ret stretta amicizia, benché con uomo non amico del n[ost]ro Dio non può essere vera amic[i]zia né benivoglienza[196].

D'ALESS[ANDRO] GERALDINI VESC[OV]O LIB[RO] V

Essendo io desideroso di pervenire navigando agli ultimi e più bassi liti* dell'Etiopia, dove i n[ost]ri padri non navigarono giammai. Il quarto giorno, dipoi* che io mi partii dal re Alboore, fui da un prospero vento portato alla regione di Budomela.

Budomela regione. È questa regione ripiena* e abbondante di vari frutti che nascono qua e là per luoghi incolti, dove i presidenti* del re Noboore.

Noboore re. Il quale in quel tempo era lontano, mi riceverono* con quell'onore che si fa agli dei immortali. E perché il mio interprete per tutto* aveva fatto intendere// [**f. 32**] che io ero preposto alle cose divine, e tenevo sotto la mia giurisdizione innumerabli* popoli e grandissime province, da ogni luogo concorrevano* quelle genti, e mi osservavano come uomo divino, e mi stavano intorno con gran reverenza. E vedendo la sommità del mio capo rasa, si facevano credere che io portavo sopra la testa il segno della luna, e perc[ioc]ché* io dovevo tenere qualche pratica con quella dea, e che a q[ue]sto effetto io portavo

---

194 Se trata de un vocablo que indica la conducción de una vida morigerada y casta. Hoy en día se utiliza únicamente con acepción negativa, lo que podría corresponderse con el sustantivo castellano santurronería. *Cf.* Treccani, *s. v. santimonia*.
195 En este caso, significa *sopportare* (tolerar, aguantar) (VAC$_1$, *s. v.*).
196 Variante antigua de *benevolenza* (benevolencia).

l'abito del colore simile al cielo, e sopra il colore bianco conveniente alla dea luna, benché essi facciano i loro dei o neri o rossi. Ma per lasciare oramai il parlare di questi uomini sciocchi, in quel tempo (*añadido arriba*: che) il loro re si era occupato in alcune sped[izio]ni, m'accorsi che gli Etiopi per gli eccessivi caldi del loro paese hanno carestia di cavalli, ma all'incontro* abbondano di uomini di cammelli e d'elefanti, vaglionsi[197] assai nel combattere di saette, dardi, lance lunghe e scudi. E domandando io se usavano altre arme*, mi dissero che ne usavano delle altre ancora, ma che facevano più guerra e più nuocevano ai nemici con saette che con altre armi che adoperano gli sciiti, i parti, i persi* e altre nazioni che siano note p[er] relazione degli arabi, degli indi e degli Etiopi che sono sotto l'Egitto. E ricercando io da loro la ragione, mi dissero che i loro re per divino am[m]aestramento dei loro sacerdoti avevano tanto potuto con la forza di magici incantam[en]ti// [**f. 32v**] che poi è pervenuto di mano in mano ai discendenti che oggi ancora usano gli incantamenti, con i quali fanno cose meravigliose.

Incanto a raunare[198] **i serpenti dai quali prendono il veleno per avvelenare le saette che si fanno contro i nemici.** Domandai come li facevano, e mi dissero che, fatto un circolo di terra con una leggera e pulita verga, l'incantatore con certe parole fa venire gran quantità di serpenti, i quali entrati tutti nel circolo, egli prende q[ue]llo che si mostra più fiero e velenoso e l'uccide. A tutti gli altri comanda che si partano; preso il veleno del morto serpente, lo mischiano con un certo seme velenoso che certi arbori* della patria producono, e ne vengono i ferri delle saette, e non è veleno in tutto il mondo che così tosto* conduca il ferito a morte come fa questo. Domandai donde* che popoli avessero il ferro, mi dissero così: l'Etiopia tanto lunga e larga da non poter estimarla, in molte regioni abbonda di ferro e di rame, dei quali accomoda[199] le altrui province,

---

197 Forma verbal con colocación del pronombre átono antigua: *si valgono* (se valen, se sirven de).
198 Forma antigua de *radunare* (juntar, reunir).
199 Se trata de un uso antiguo del verbo, que en el VAC$_1$ (*s. v.*) se remite al verbo de igual significado *acconciare*. Sin embargo, las definiciones que figuran en dicha voz (*s. v. acconciare*) no se corresponden con la acepción de *accomodare* en este pasaje, que podría equipararse al actual *disporre adeguadamente* y, por ende, *fornire* (proporcionar, abastecer). En el TLIO (*s. v.*), se registran ejemplos de uso que corresponden a la idea de prestar, confiar en custodia o, posiblemente, poner de acuerdo, complacer. La definición que en mayor medida se ajusta al significado de *accomodare* en este contexto es la del VAC$_5$: "Prestare ad uno alcuna cosa, Permettere che se ne serva, Provvederlo di quella, Fargliene comodo" (Prestar algo a alguien, dejar que se sirva de ello, proporcionárselo, hacer que se beneficie de ello) (*s. v.*).

che mancano di cotali metalli. Molte province dell'Etiopia hanno abbondanza d'oro e d'argento, e usano monete segnate, con le quali comprano il ferro e il rame, e quei popoli che mancano di cotali monete, scambiano le loro mercatantie* con metalli. Altre province vi sono che fanno stima più dell'ottone che dell'oro, donde* appare manifestamente* che l'oro tanto vale q[ua]nto gli uomini che vaglia*.// [f. 33] Intanto vennero alcuni sacerdoti dalle parti più addentro dell'Etiopia, i quali domandando della dignità del del loro principe. Della condizione e reggimento* di tutta quella lontanissima regione, mi dissero che il re loro trova l'origine sua essere discesa dagli dei immortali, e che con esso* loro ha spesse volte grandi ragionamenti, e da loro giornalmente buoni e salutiferi* consigli, e che apparisce a quei popoli in figura ora di toro, ora di becco[200] e ora di pesce, e alcuna* volta di un piacevolissimo serpente, e che parla sempre con parole umane, altre volte con viso lucidissimo di colore rosso dimostra l'immagine degli dei, che la regione è fertilissima e indi lontano trecento miglia era un tempio nel quale sono molti sepolcri di re d'oro purissimo e l'immagine dell'antichissimo Bagaro, sommo sacerdote della Bassarea tenuto da loro p[er] dio, e ai suoi popoli comandò le cose infrascritte.

Bagaro sommo sacerdote della terra bassarea

Niuno* ardisca di entrare in questo luogo armato, perciocché* nella casa conservata agli dei si ha da entrare solo per fare orazione e non per maneggiare arme*. Stiano adunq[ue] lontane dal sacro tempio le saette, i dardi e finalmente tutte le arme* offensive. Amano gli dei la pace. Ciascheduno che metterà il piede dentro a questo santo tempio entri digiuno e umile, e col volto chino verso la// [f. 33v] terra. Dipoi* prostrandosi in terra con tutto il corpo adori i santi simulacri e faccia reverenza ai volti degli immortali dei, e quel che così farà sarà dagli dei largamente accresciuto con tutta la sua famiglia. O figlioli, o abitatori della terra bassarea da me molto amati, sappiate, e credetemi figlioli miei, che tutti i beni terreni, tutta la grandezza e altezza dei grandissimi re altro non è che miseria e afflizione. Se non porrete mente vedrete che giorno alcuno non passa senza qualche fastidio d'anima e senza molti pensieri, senza qualche desiderio dei suoi* o congiunti o amici, e finalmente non passa giorno che non sia stato più degno di pianto che di riso. O pii mortali a me dal cielo venuti in sorte, rivolgete gli occhi v[ost]ri verso i nostri dei e pregateli con pubblici sospiri e con aperte

---

200 En este contexto, no se refiere al pico de las aves, sino al macho cabrío. Mientras conocemos el étimo de dicha protuberancia córnea (latín *beccus*, de posible origen celta. T, *s. v. becco¹*), aún no se ha averiguado la procedencia de *becco* referida al macho de la cabra o al marido cornudo (ambas acepciones en DT, *s. v.*). Es presumible que proceda de un sonido onomatopéyico *bek* o de una voz prerromana que se reflejaría en el latín *ibice* (macho cabrío) (DELI, *s. v.*).

lacrime, che mostrino la strada per andare alle alte stelle e ai santi lumi del cielo. È molto meglio avere un piccolo luogo su in cielo che possedere in terra l'imperio* di tutto il mondo. Voi vedete, figlioli miei, ogni giorno essere portato alle sepolture gran numero di fanciulli, di giovani e di vecchi, i quali voi avete in breve tempo a seguitare* e poco dipoi* niuno* di questi che oggi sono resterà vivo, ma una nuova faccia di uomini apparirà in tutto il mondo. O figlioli// [f. 34] miei, che io ho amato assai più che me stesso. O po[po]li miei da me dopo gli dei celesti più osservati dai propri miei figlioli, strettisssimo pegno del sangue mio, i quali sono creati dalla mia corrotta carne, ma voi mi siete dati per fig[lio]li dai santi dei del cielo. Io Bagaro, io p[ad]re v[ost]ro, io v[ost]ro pastore, io rettore, io eletto dal cielo, sommo sacerdote delle v[ost]re anime, vi ordino, vi impongo e vi comando queste cose, che di sopra sono scritte, perciocché* io grande mente sono desideroso che voi ascendiate ai lucidissimi e alti palazzi degli dei, e dimoriate sopra i santi lumi delle stelle, ove io vivo in perpetuo felice col popolo a me dato in custodia, e governo dagli alti dei.

Dio della prudenza. I medesimi sacerdoti poi mi riferirono in un'altra lontaniss[im]a regione verso oriente essere un popolo il quale adora il dio della prudenza e della sapienza, il quale con la lingua della loro patria chiamano Manaid hanaam Sanaam. Questo dio, secondo[201] mi dicevano, mostra a quei popoli segno di grandiss[imo] amore e affezione*, perciocché* esso* dio, se è cosa degna di essere creduta, in ciascun principio d'anno in sulla mezzanotte// [f. 34v] apparisce* in aria sopra un altissimo trono, e si mostra apertam[en]te a tutta quella gente e con suono di trombe e di tamburi, e con vario strepito per tutta l'aria di verso oriente allumina[202] tutta quella terra, con un incognito e non più veduto lume. Il popolo attonito si leva dal letto e gettati a terra con tutto il corpo adorano quel loro dio. I fanciulli e le fanciulle lavati con acqua pura per i larghi campi della loro p[at]ria, e fissi gli occhi al cielo, stanno tanto così immobili infino* che odono la voce del dio loro, o che finalmente si scopre con queste parole.

> O popoli miei, che dal principio di questa v[ost]ra terra sempre mi avete adorato, né mai per alcuna mutazione di tempo vi siete partiti dalla mia soggezione[203], né tanti secoli corsi[204] che sogliono cambiare non solo gli animi degli uomini, ma il mondo tutto, non hanno mutato voi. Le cose umane sono fragili, e solo quelle degli dei sono

---

201 La elipsis del *quid*, de aquello al que se refiere, hoy en día es poco común (T, *s. v. secondo²*).
202 Forma antigua de *illuminare* (alumbrar). Véase DT, *s. v. alluminare*.
203 En este contexto, es sinónimo de autoridad, dominio de otros (VAC₁, *s. v.*).
204 Forma antigua de *trascorsi* (transcurridos), referido al tiempo pasado (TLIO, *s. v. corso (1)*).

stabili e degne da ogni parte di commendazione[205] e solo presso di loro è immutabile costanza. Voi adunq[ue] mortali, laudo* grandemente che abbiate potuto perseverare in tanto bene. Io nel tempo da venire* terrò fissa nel cuore questa vostra terra, e renderò libera e sicura da ogni crudele pestilenza da fame, da contagio d'aria per troppo caldo e soverchio freddo// [f. 35] e da ogni altro sinistro accidente. Voi figlioli miei, mi chiamate dio della prudenza: con ragione mi date questo nome, conciosia che* io tengo memoria di tutti i secoli del tempo passato, i tempi p[rese]nti con alto giudizio veggio* tutti i tempi da venire* sono a me p[rese]nti. Voi figlioli miei mi ornate del nome del sapiente, e meritamente* perciocché* io contengo nella mia pura mente tutte le cose umane e divine, tutte le cose p[ro]fane e sacre con purissimo animo trapasso*, né cosa alcuna è ascosa* e incognita a me, dio della sapienza. Pertanto fig[io]li miei, se sarete di quella virtù e religione che furono i p[ad]ri vostri, se di quei meriti e di quella carità verso la p[at]ria, se verso me v[ost]ro dio di quell'amore, come furono i p[ad]ri vostri, tutti i doni dell'animo per il comune bene delle v[ost]re patrie, per il privato comodo* di ciascuno vi saranno largamente da me elargiti, e infine guiderò le anime v[ost]re per le alte stelle del cielo. Restate in pace figlioli miei.

Undici giorni dipoi* che io ~~arrivai~~ pervenni alla provincia Budomela, mi partii dai presidenti* del re per continuare la mia navigazione e ritornai al desiderato mare, dove trovai alcuni dei miei// [f. 35v] familiari* e molti nocchieri ammalati di un'incognita e grave infermità, laonde* fui forzato a ritenermi* in quei liti* per altri venti giorni, dove mi venivano continui messi dai presidenti* del re con grandi pr[ese]nti, e i principali uomini del paese con il continuamente visitarmi mi erano di grande ricreazione e sollevamento. Conobbi allora manifestamente*, non senza rossore lo dico, gli uomini dell'Etiopia usare verso i forestieri, per urbanità e più manifesti segni di amorevolezza e di carità vera che qualsivoglia popolo d'Europa, e conobbi chiaramente che l'equità a quei popoli etiopici è naturale, e che gli ingegni loro mancano in tutto di barbarie, della quale non mancano molti popoli del n[ost]ro emisfero, i quali affliggono gli uomini di altre lingue e diverse leggi e costumi sotto una insopportabile servitù e sotto una crudele prigionia. Dopo questo tempo, partendomi dai liti* di Budomela, ogni giorno ricercai nuovi popoli, nuovi regni e strane nazioni, le quali erano di diversa faccia e d'altra apparenza, che non sono né Europa, né Asia, e finalmente pervenni nel regno di Manicongo.

Manicongo regno. Questa pro[vinci]a dai portoghesi è nominata altramenti[206], e certo è molto nobile// [f. 36] per i fiumi, per gli stagni* e per la molta umidità della terra.

---

205 Latinismo, actualmente de uso literario: *degno di lode* (digno de alabanzas). *Cf.* T, s. v., y DT, ss. vv. *commendatione* y *commendabile*.

206 Forma antigua de *altrimenti* que, en este contexto, se traduce empleando las locuciones de otro modo, de otra manera. El TLIO recoge ejemplos de su uso con dicha

Acteone re. Il suo re Acteone allora si trovava lontano seicento venti miglia da quel lito* in una città nominata Gongon.
Gongon città. E Ottongoo suo figliolo si trovava lontano dal mare per ispazio di* tre giornate, nel qual tempo la nave n[ost]ra per la maggior parte d'essa aveva bisogno di riparazioni. Onde mi fu bisogno di smontare in una villa vicina, dove fui ricevuto degli dagli abitatori del luogo con segni di grande amorevolezza e poco dipoi* vennero l[ette]re di Ottongoo figliolo del re, per le quali si rallegrava del n[ost]ro ~~arrivo~~ venuta[207] ai suoi liti*, e mostrava ~~la n[ost]ra venuta~~ essergli graditissima, e che fra pochi giorni verrebbe a trovarmi, perciocché* era desideroso di vedere un uomo bianco vescovo di lunghissimo e remotissimo paese, e da me udire qualche cosa della legge cristiana, e meco* familiarmente cenare nella n[ost]ra nave. Questa era la somma[208] della sua l[ette]ra alla quale così amorevolmente risposi, che il venire suo mi sarebbe graditissimo oltre modo, e che io l'aspettavo con lietissimo animo. Otto giorni appresso* venne a me con i suoi principali e sacerdoti di numero e abito molto ragguardevoli, dietro loro seguiva tutto il popolo. Io gli andai incontro addobbato di tutti gli ornamenti episcopali, e da lontano in aperta campag[n]a vidi venire questo giovinetto sopra un alto elefante, e i suoi// **[f. 36v]** gentiluomini erano parimenti sopra elefanti, i quali a noi tutti diedono* gran meraviglia anzi stupore vedendo la smisurata grandezza del naso e dei denti loro. L'altro popolo seguiva sopra grandi cammelli. Due grandissimi elefanti sopra le schiene portavano due grandi torri di legno, nelle quali erano trenta uomini armati. Dopo tutti questi veniva Ottongoo vestito d'una semplice camicia di bambagia riccamente fregiata. Com'egli mi vide smontò dell'elefante, corse verso di me e mi raccolse con grandi segni di vera e cordiale allegrezza, e in segno di amicizia e di pace mi porse la sua destra e comandò che una parte degli uomini, che erano venuti seco* in quel luogo restassero; un'altra volle che andassero ad albergare in castelli* lontani, ed egli con dodici dei suoi più nobili, principali e altrettanti nobili fanciulli venne alla mia nave, dove era apparecchiato un sontuoso convito* di pane di grano, del quale manca l'Etiopia, con vino di Spagna, galline, capponi, pavoni e ogni sorta di salami. E avendo tutti con allegrezza mangiato e bevuto, il detto sig[no]re si riposò nel mio letto, e verso la sera si partirono*

---

acepción ya en una obra siciliana del siglo XIV, la *Constituciuni di lu abbati e di li monachi di Santa Maria di Lycodia e di San Nicola di la Rina* (*s. v. altrimenti*).
207 La preposición con artículo y el adjetivo posesivo no concuerdan con el género de *venuta*, ya que se refieren a la palabra tachada *arrivo* (llegada).
208 Latinismo cuya acepción, en este contexto, se considera hoy en día un cultismo y significa síntesis, resumen, compendio. Véase T, *s. v. somma*.

da me con incredibili segni d'amore e di vera amicizia. Sette giorni appresso* mi mandò un cammello carico di vino fatto di palme, vino e oriza*, e mentre// [**f. 37**] che dimorai in quel luogo, per ordinamento del detto Ottongoo ogni giorno mi venivano condotti dai vicini villaggi dromedari carichi di molti e vari doni, i quali mi presentavano fanciulle come che fossero nere, di bellissima forma, e finalmente, avendo consumato quaranta giorni in rassettare[209] la nave, fra gli altri vari doni Ottongoo mi mandò due serpenti, tanto domestici e mansueti che non può essere alcun* animale più mansueto di quelli, e mi furono rese l[ette]e del re Acteone, le quali tradotte erano di questo tenore.

> Atteone re della provincia Malongoneanicongoa a te pontefice cr[istia]no desidero lunga vita e per tutta la tua vita perpetua felicità. Con allegrezza dell'animo mio ho veduto che tu sei arrivato ai liti* del n[ost]ro oceano, e che il n[ost]ro figliolo Ottongoo è venuto a vedere e che ti ha presentato con vari doni di questa n[ost]ra patria. Io, se non fossi impedito da molti travagli, e massime[210] trovandomi lontano da te p[er] tanto spazio di terra, sarei subito venuto a te, servo e ministro* di Dio. Il che non potendo io fare in modo alcuno, ti chieggio[211] che mi mandi il nome tuo, il quale udendone piglierò grande piacere conciosia cosa che* tu sia il primo sacerdote dell' di altra legge che sia venuto in Etiopia. E perché mi è riferito che tu sei gran// [**f. 37v**] servo e amico dell'eterno Dio, caldamente ti prego che preghi Iddio* per il mio figliolo Ottongoo, per il mio popolo, per me, p[er] tutta la mia prosperità e per tutto il mio regno.

Alle quali l[ette]re io così risposi.

> Alessandro Geraldino vescovo ad Atteone re della pro[vinci]a Malangoneanicongoa desidero molta salute. Le tue l[ette]re mi hanno portato grandissimo piacere e se l'Altezza tua fosse lontana dall'Oceano solo cento miglia, sarei subito venuto a visitarla. Ora poiché per la lunga distanza non mi è concesso di adempire questo mio desiderio di visitare la tua altezza, io te gran re, Ottongoo tuo figliolo e il nome della tua patria avrò sempre fissi nel cuore, e ne terrò sempre amorevole e grata memoria. E poiché l'Altezza tua desidera di sapere il nome e l'esser mio, io gliene dirò. Io mi chiamo Alessandro nato in Italia poiché lontanissimo di qua, ove è posta la città di Roma, capo di tutto il n[ost]ro superiore emisfero, in questa città di Roma fa residenza il sommo pontefice e pastore di tutto il gregge cristiano.

Questo re divenne cr[istia]no con tutto il suo popolo.[212] Adoro Cristo vero re del cielo, del mare e della terra, il quale io non cesserò// [**f. 38**] mai di pregare

---

209 En este caso, da la idea de arreglar o reparar algo estropeado.
210 Cultismo, del latín *maxime*: soprattutto (máxime).
211 Forma verbal antigua de *chiedo* (pido).
212 Esta glosa, que nada tiene que ver con la respuesta del obispo, sino que se refiere al rey, se encuentra erróneamente al final de la misma.

per tutto l'impero tuo, per Ottongoo tuo figliolo, per te e per tutti i popoli a te soggetti. Vivi sano e felice, o gran re.

Questo re adorava il sole e la luna, dai quali egli affermava venire tutti i beni sopra la terra, teneva ben ferma credenza che sopra il sole e la luna fosse un altissimo e supremo dio, ma che non tenesse alcun pensiero di questo basso e mortale mondo. E il re e i popoli della provincia Malangoneanicongoa fanno continui sacrifici al sole e alla luna, perciocché essi credono che siano di tanta autorità presso il grande e supremo Iddio*, che possono dare il cielo alle anime degli uomini buoni, e ai cattivi dare luoghi oscuri e pieni di spaventevole orrore, pieni di lamenti, lacrime e terrore. Dove sono sempre appresentati* loro nuovi tormenti, e dove non è mai riposo alc[un]o, ma di giorno in giorno si rinnovano sempre nuove e più aspre pene. E dopo quarantotto giorni che io approdai a questo regno mi dipartii, e mentre che seguiva il navigare i nocchieri uccisero, cosa a me di gran dispiacere, quei due serpenti che mi aveva donato il re Atteone, fingendo altra cagione che quella che era vera. Accadde questo: io dico quasi per un miracolo che tutti quelli che li maneggiarono nell'ucciderli gettarono la pelle nel modo che fanno le bisce, e la rinnovarono.//

[f. 38v] **Promontorio di Capo Verde.** Finalmente, essendoci molto favorevole il vento di tramontana, pervenimmo in pochi giorni al promontorio di Capo Verde, nome impostogli dai capitani delle armate portoghesi, perciocché si distende questo promontorio con lungo per l'oceano coperto d'ogni tempo di arbori* verdissimi, che porgono ai riguardanti[213] meravigliosa vaghezza e diletto. Dalla parte del mare molte capanne di contadini vi si veggiono*. Montato nel battello, me ne andai da loro, dai quali fui ricevuto con lieto viso, e mi portarono vivande al modo loro assai delicate, e mi dissero che innanzi* che vi approdassero portoghesi non avevano mai veduto uomini di bianco colore, ma che era fama antichissima presso di loro che gli uomini bianchi del n[ost]ro emisfero si mangiavano i neri Etiopi. Questa barbara e antica opinione dicevano fa trent'anni[214] avere in tutto lasciati del continuo* praticare di portoghesi. Mi presentarono vari frutti e vasi di vino fatto di palme, e vollono[215] contro mia voglia empire del detto vino tutti i vasi della mia nave. Tanta cortesia è in quelle genti infino* ai poveri contadini verso i forestieri. E stando in questo luogo, vennero da certe case vicine due sacerdoti, ib quali domandando io delle

---

213 Es decir, aquellos que observan con atención (VAC$_1$, *s. v. riguardare*).
214 Véase nota a pie en el libro II.
215 Forma antigua de *vollero* (quisieron, desearon).

vicine città e di tutta quella pro[vinci]a// [f. 39] mi dissero che dugento* miglia quindi[216] lontano era la città di Batamasina, con un celebre tempio.

Batamasina città. Amocio re. Guarani som[m]o sacerdote. Ed è il seggio regale del re Amocio, e sedia pontificale del sommo sacerdote Guarani, e domandandoli io se vi era alcuna antica memoria dei loro antichi p[ad]ri mi dissero non ve ne essere alcuna, e di nuovo domandandoli se in quel tempio fosse alcuna pubblica memoria, uno di loro mi disse che nel detto tempio era un antichissimo celebrato e celeberrimo comandamento del gran re Sara, e mi affermò[217] averne copia nel suo scrittoio e si offerse di subito portarlami e così fece, e io la tradussi nella n[ost]ra lingua, ed è di questo tenore.

Sara presidente* della terra pantea

Per pubblico ordine scolpito in un gran marmo, per pub[bli]co mandato qui pubblicamente posto a tutti i sacerdoti direttamente e santamente eletti impongo, e ancora a tutti gli uomini ai quali è lecito venire ai celesti sacrifici, a quelli che sono e a quelli che saranno comando, sotto la pena a chi non obbedirà, di venire sopra i capi loro la divina ira se empiamente ardiranno di contravvenire. E per l'autorità a me data dal cielo, comando che in ogni elezione di sommi sacerdoti, che si farà nei tempi a venire nel principale tempio della provincia, il quale è nella città batamasina, si ragunino*// [f. 39v] tutti gli elettori, e con acqua pura lavatisi innanzi* che entrino nella casa di Iddio*, e con i petti distesi in terra facciano orazione, pregando Dio che faccia loro eleggere un sommmo sacerdote, che sia buon pastore e rettore delle anime loro, e che sia nato di legittimo matrimonio, giudicato e lodato pubblicamente p[er] dottrina, per pietà e per costumi. Che i suoi passati* siano stati timorosi d'Iddio*, e la loro innocenza da tutti approvata nei poveri misericordiosi e con tutto il popolo di gran carità, e che il fig[iol]o sia nato di simili costumi, e tanto maggiore quanto maggiore ha da essere la sua autorità del popolo che non fu quella dei suoi antenati. E se altrimenti fosse fatta cotale elezione, voglio che ella sia di niun* valore, e i voti dati dagli elettori dichiaramo in tal caso vani e di niuna* forza, e diamo podestà* e autorità all'ecc[ellentissi]mo re e a tutti i magistrati* della patria e al popolo di rimuoverlo e scacciarlo dalla sede pontificale, non perché alcuno* abbia autorità per qualsivoglia suo misfatto di ucciderlo, che i profani e secolari non hanno autorità alcuna nelle persone sacrate* a Dio. La elezione fatta direttamente e santa[me]nte// [f. 40] sia tenuta salda e ferma, e vogliamo che quel che sarà così eletto sia portato per tutto il tempio maggiore della p[at]ria sopra le spalle degli uomini in su un'alta sedia, e anco* per tutta la la città e per le altre convicine terre e castelli* di tutta la dioc[esi]. Che se i principi secolari per tutto il mondo conseguiscono tanti onori per avere terrena podestà* nei loro popoli

---

216 Antiguamente, podía tener valor locativo: desde allí. *Cf.* VAC₁, *s. v.*
217 Véase nota en el libro III.

molto maggiori, debitamente si convengano ai santissimi pontefici, i quali hanno cura di portare le anime sopra i celesti regni.

D'ALESS[AND]RO GERALDINO VESCOVO LIB[RO] VI

Stando nel sopraddetto promontorio di Capo Verde, ed essendo desideroso di conoscere non solo i regi vicini, ma i lontanissimi ancora, intesi da quelle genti che dopo il detto promontorio erano molti popoli, con molte libere città e castella*, che non riconoscono alcun signore sopra di loro.

Paese libero. Il perché*, lasciate indietro dalla destra tre piccole isolette e volti alla sinistra dietro al detto promontorio, dove il mare torcendosi faceva un seno con lungo circuito [espacio circular], vedemmo una provincia sopra tutte le altre p[ro]vince dell'Etiopia e dell'Africa amenissima, distesa in una gran pianura con arbori* altissimi e d'ogni stagione verdissimi, con// **[f. 40v]** molti nobili castelli*. È tutta la regione d'ogni parte piacevole e dilettabile per i grandi fiumi, limpidissimi rivi e suavissimi frutti d'ogni sorta. E perché in quel seno il mare si mostrava poco profondo, rivolgemmo la nave e prendem[m]o dell'alto oceano[218], e nel cominciare della notte pervenim[m]o al capo di quel curvato seno, dove p[er] gli interpreti intendemmo non regnare in quel paese alcun re, ma reggersi per maestrati* eletti per comune decreto della patria. Questi maestrati* non hanno alcuna podestà* di torre* la vita ad alcuno, se no[n] con l'aggiunta e consiglio di molti. Stando quivi* tutta quella notte, intendem[m]o gli uomini di quel paese essere d'alta e grande statura, e con grande fortezza difendere la libertà lasciata loro dagli antichi.

Gente che difende la sua libertà con gran sudore e industria. Q[ue]sti popoli per gagliardia di corpo e fortezza d'animo nel combattere con dardi e saette avvelenate, superano tutti i loro vicini per essere questa ~~generazione~~ regione cinta e fortificata da grandissimi fiumi e da arbori* così spessi e intralciati fra di loro che rendono il viaggio molto malagevole a ogni nemico esercito che venisse per offenderli e lor torre* la libertà,// **[f. 41]** quei re che l'hanno tentato, averne ricevuto gran rotte[219] e perduti i loro eserciti. La seguente mattina, ricevuta da loro pubblica fede smontai in terra, dove da un loro sommo sacerdote col capo

---

218 Es decir, se alejaron del océano para acercarse a la costa.
219 En este caso, significa *sconfitte* (derrotas). T precisa que *rotta* indica una derrota tan grave que los vencidos ya no son capaces de enfrentarse otra vez al enemigo (*s. v. rotta¹*).

cinto da una benda linea[220] e da altri sacerdoti e gran popolo molto gratamente fui ricevuto. Desideravano q[ue]lle genti vedere un sommo sacerdote d'altra religione e uomini bianchi. Allora io vidi i loro dei alcuni della terra, alcuni del mare e altri del cielo diversamente essere da loro adorati, e intesi che da quei loro dei erano venduti loro vari oracoli. Finalmente contratta grande amicizia coi loro maestrati*, mi presentarono in nome del pubblico molte galline, oche e altri uccelli di forma molto diversa dai nostri; molta quantità di pane di miglio e di certe radici non di mal sapore, dimodoché si può affermare che il grande e ottimo Iddio* non ha lasciato parte acuna del mondo senza nutrimento col quale gli uomini possano conservarsi. Mi mandarono ancora molti vasi di vino fatto di palme, perciocché* tutta l'Etiopia manca di grano, d'orzo, di siligine[221] e di vino d'uve.

Olio di odore di viole. Vi fa un certo olio che ha odore di viole ed è di colore aureo e di sapore d'ulivo, e tinge le vivande come fa il zafforame[222]. Dipoi* fui da loro invitato a un sontuosissimo convito*, al quale molti presidenti* e molti nobili intervennero. La mensa fu piena di varie sorti d'uccelli, fagioli della grandezza di una ghianda, fave di pari grandezza, alcune rosse, alcune bianche, e di molte maniere civaie[223], di che meravigliandomi io.

L'Etiopia abbondantissima e gli uomini pigri. I principali di loro mi dissero che l'Etiopia è paese di meravigliosa abbondanza, ma i suoi popoli sono di molta maggiore pigrizia, conciosia che* i loro contadini tanto lavorano la terra e tanto sementano[224], quanto appunto basta a nutrire le loro famiglie e non più oltre.

Seminano di luglio e di settembre raccogliono. Seminano del mese di luglio, e di settembre fanno la ricolta*, che in tutto il mondo solo gli Etiopi

---

220 Procede del término latín *lineus* (hecho con lino). Curiosamente, la definición del *lineo* solo se localiza en el VAC$_5$ (*s. v.*)., mientras que la única forma adjetival que se registra tanto en los VAC (*s. v.*) como en el DT (*s. v.*) es *lino*.

221 Es un tipo de trigo cuyo nombre científico es *triticum siligineum*, o trigo candeal.

222 Variante antigua de *zafferano* (azafrán). La recoge Cipriano Piccolpasso, viajero, arquitecto y ceramista del siglo XVI, cuyo autógrafo, *Le piante et i ritratti delle città e terre dell'Umbria sottoposte al governo di Perugia* (1559), se conserva en la Biblioteca nazionale centrale di Roma, *Ms.Vitt.Em.550*. Al describir el comercio en un pueblo de Umbría llamado Cassia (actual Cascia), resaltó las ganancias que adquirían los mercaderes al vender pimienta negra y *zafforame* (f. 72v).

223 Término antiguo, de probable procedencia toscana, que se refería genéricamente a las legumbres. Normalmente, se utilizaba en plural, como en este caso. Consúltense T, *s. v.* y VAC$_1$, *s. v.*

224 Cultismo: *seminare* (sembrar). Se recoge a partir del VAC$_3$, *s. v.*

fanno la ricolta* in tre mesi; e mentre ragionavamo insieme domandai loro dei loro dei, dei templi, dei sacrifici ed eglino* mi dissero che gli dei loro erano tanto antichi che non ne era restata memoria alcuna nei loro libri sacri e profani, nondimeno si estimano essere beati sopra tutti gli altri popoli del mondo per avere cotali dei, i quali non per-// [f. 42] mettono mai che male alcuno avvenga a tutta quella regione, dai quali hanno pubbliche risposte e continui consigli e avvertimenti, usciti dalle proprie bocche dei loro dei, e affermano che tengono tale cura di tutto quel paese, che essi medesimi non hanno più desiderare. Laonde* tutta quella gente è tanto devota ai loro dei, che inniuna che in niuna* altra parte del mondo gli dei sono avuti in maggiore reverenza che in questa terra, lontano dalla quale centottanta miglia è il principale tempio, dov'è l'immagine di Toquale som[m]o sacerdote.

Toquale som[m]o sacerdote. La quale immagine è molto più antica che il detto tempio, il quale è tutto edificato di bianchissimi marmi.

Quarantamila anni. E come fan[n]o fede molte memorie scolpite in nero marmo, sono passati an[n]i quarantamila da quel tempo che fu edificato sotto il re Canoore e Toquale pontefice e pastore della terra manassabea.

Manassabea regione. E domandando io con grande istanza che mi dicessero alcune di quelle antichissime memorie per tradurle nella mia lingua, essi mandarono subito un sacerdote alla città Benascana.

Benascana città. Il quale in papiro etiopico trascrisse tutte le l[ett]re scolpite nella base dell'immagine dell'antichissi[mo] P[ad]re Toquale, e dissemi che ogni l[ette]ra significava un nome, e talora un intero periodo di orazione, e dopo non molti giorni il detto sacerdote portò l'infrascritto monumento, che io ridussi nella n[ost]ra lingua.//

[f. 42v] Toquale pont[efice] della terra Manassabea

> O popoli a me dati dall'alto cielo, o abitatori della terra Manassabea, a me solo dati dagli alti dei, io vi esorto a considerare con tutto l'animo v[ost]ro che in niuna* regione del mondo alcuno di mortali non ha i suoi dei così favorevoli come avete voi il v[ost]ro dio, niun* altro dio tiene così cura del bene comune dei suoi popoli come co[sì] tiene cura solicita del n[ost]ro. Se vi si apparecchia²²⁵ offesa da forestieri egli ve ne avvertisce avanti*. Se dovete avere vittoria, ve la predice. Se il cielo minaccia violenza per corruzione d'aria egli la vi manifesta, e vi insegna i rimedi giovevoli. Se si prepara carestia a questa v[ost]ra patria, egli la vi annuncia e vi dimostra come potete schivarla. Se il cielo è disposto a mandare soverchie piogge e inondazioni, il v[ost]ro dio no lo vi tace. Se gran siccità, da lui la sappiamo. Insomma, solo il v[ost]

---

225 En este contexto, da la idea de prepararse, predisponerse para algo (VAC$_1$, *s. v.*).

ro Iddio* è rimedio di ogni v[ost]ro male. O figlioli miei, che ora siate e sarete sempre per tutti i secoli dei secoli insino che le stelle ~~che~~ correrran[n]o per l'alto cielo, insino che gli dei saranno che sempre saran[n]o e non avranno mai fine per corso alcuno di secoli, sempre sarò il padre v[ost]ro, né mai avrà forza il tempo e i suoi infiniti secoli di rimuovermi da voi. Osservate per ogni tempo il culto// [**f. 43**] del v[ost]ro dio incorrotto, mantenete le cerimonie, ordinate dai v[ost]ri antichi pontefici che essi ebbero dall'alto cielo, eccitate quella pietà che i vostri antichi riceverono* dalla bocca di Dio tanto benigno e favorevole a questa v[ost]ra patria. O figlioli miei, rendetegli il medesimo amore che ha mostrato e mostra tuttavia* verso di voi, avendo dato beni ai vostri padri. o fig[io]li miei, serbate quella pietà per la quale siete in ammirazione a tutti gli altri popoli cell'Etiopia. Sia tal la fede v[ost]ra, che tutti i popoli del mondo la imitino per meraviglia. Soprattutto, fig[io]li miei, non siate ingrati, p[er]ciocché* niun* peccato appresso* Iddio* è così biasimevole. Niun* male appresso* gli uomini è tanto nocivo quanto è l'ingratitudine. Se voi con grato animo riconoscerete i benefici che tutt'ora ricevete da Dio, molti maggiori beni che non ebbero i padri e gli avoli* vostri da lui conseguirete. O figlioli miei, imparate e tenete a memoria tutte quelle cose che vi ho detto, e la pietà del v[ost]ro Iddio* vi renderà tutte le cose v[ost]re felici, e alla v[ost]ra posterità ogni cosa gioconda, ogni cosa alla v[ost]ra famiglia fortunata e lieta. Restate in pace perpetua, figlioli miei.

Di poi, stando nei medesimi letti perciocché* gli etiopi usano di mangiare// [**f. 43v**] sopra tappeti distesi a terra e con tovaglie di bambagia, avendoli grandemente lodati che essi soli di tutto quel larghissimo e gr[an]diss[im]o paese adorino il nome di un solo dio, e conservino la libertà. Domandai loro appresso* come avessero scacciato i loro re: mi dissero che i re degli etiopi si prendono tanta podestà* sopra i popoli e sopra le loro moglieri* e figioli che a loro piacere li vendono, e spesse volte ancora a gente lontanissima di altre nazioni per questa cagione. I n[ost]ri maggiori*, come fanno testimonianza l[ette]re scolpite in marmo e in avorio, trecentosettantotto sopra seimila anni[226] uccisero i re e, abbracciata la libertà, liberarono tutta la loro posterità della tirannide dei loro re. Domandando loro ancora di quanti mesi appresso* di loro fosse l'anno, e quale osservazione e che ordine tenessero di giorni, mi dissero che l'anno loro era di tre mesi, il giorno dal levare al porre del sole.

Numerazione degli anni diversa. E che la notte non la computano in modo alcuno, perciocché* ella è solo un riposo delle affaticate menti dei mortali, né ha parte alcuna nelle azioni degli uomini, e che molti altri popoli fanno l'anno di un mese solo computato dal moto della luna. Alcuni altri di quattro mesi, alcuni di cinq[ue], altri di dieci, altri di dodici e chi di quattordici. Alcuni non

---

226 Es decir, 6378 años.

annumerano[227] i loro tempi per anni, ma prendono il numero dei giorni dal corso del sole, e con quelo si reggono e pigliano il// **[f. 44]** giorno dal mezzogiorno dell'altro, molti dal nascere del sole al tramontare. Alcuni tengono il giorno e la notte per due dì, e fanno il giorno di dodici ore. Dipoi* mi dichiararono le loro leggi e statuti ordinati dai loro antichi, i quali trovai pieni di dignità, di pietà e di equità.

Nassamone presidente* della città Barbarina. E domandando io dei modi e costumi delle altre nazioni Nassamone, presidente della città Barbarina, che si trovava a quella cena, mi disse che tornerebbe a me il seguente giorno, e mi darebbe notizia di molte cose che mi sarebbon grandemente care.

D'ALESSANDRO GERALDINO VESCOVO LIB[RO] VII

Dubitando grandemente che quel Nassamone non prolongasse q[ua]lche giorno la sua tornata[228], e il rattenersi* molto in un luogo fosse contrario al mio desiderio, mandai a sollecitarlo.

Dio della sapienza Sinamon. Il quale tornò a me il terzo giorno con un oracolo del dio Sinamon, cioè dio della sapienza.

Attenea regione. Il quale era in un tempio della regione Attenea, in questo senso.

> O tu il quale entri in questo tempio, esamina chi tu sei e di quale linguaggio, di quale giudizio e di quanta autorità. Se queste cose userai con misura e con modestia, non sarai odiato dal popolo, ma ciascuno ti porterà amore; le tue azioni tenghino sempre il mezzo e fuggiano gli estremi, che così facendo ti succederanno sicure e piane tutte le cose. Onora e abbraccia la sapienza. Temi Dio. Accostati ai buoni, sii p[rese]nte a tutti i consigli e giudizi della tua// **[f. 44v]** patria, fuggi le liti, e così regolando la vita tua e le tue faccende meritamente* sarai tenuto savio e prudente, e tutte le cose tue ti succederanno piene di quiete e di felicità.

Dopo questo, comandò ai suoi famigli* che portassero uno scanno di bianchissimo avorio, e dissemi che nei passati tempi aveva cercato molti regni dell'etiopia e notati i costumi di molti popoli, varie e incognite nazioni insino alla regione abbruciata* dal sole. E questi così lunghi e difficili viaggi averli fatti per cagione di lasciare nei templi[229] della sua p[at]ria molte memorie utili a tutti quelli che

---

227 Tanto el VAC$_1$ (s. v. *annumerare*) como el DT (*ss. vv. annumerare* y *annumerato*) registran el verbo como sinónimo del actual *annoverare* (enumerar).
228 Antiguamente significaba *il tornare* o *ritornare* (el regresar) (VAC$_1$, *s. v.*).
229 En Le, 185, se interpreta erróneamente el pasaje, ya que se omite la palabra *templi* (templos) y se da una interpretación temporal a una oración que en realidad es de lugar: "para dejar *después*" (Enfatizado nuestro). En efecto, en la transcripción de la

nasceran[n]o, e avendo io lodato grandemente questa sua utile e generosa fatica intesi da lui molte cose degne di memoria, le quali haverieno[230] bisogno di lunghissima scrittura, che per brevità de mi proposta si lasciano. Questo ho giudicato non dover essere da me taciuto, che secondo egli mi affermò[231] per veriss[im]o, lontano dalla sua giurisdizione milleottocento miglia era una lunga e larga provincia detta Ozzea[232].

Provincia governata da fem[m]ine. La quale tutta era governata e retta dalle femmine, dove gli uomini d'altro non curavano che delle cose private e familiari* e vivevano contenti sotto la signoria e governo delle loro donne, e che entrando egli in detta provincia, scoperse* un'altissima torre di marmo con questi caratteri.

Insenea reina*. Per i quali l'antichissima reina* Insenea purgava la fama sua e delle altre femmine.

[f. 45v] Insenea regina della provincia Mardaonzona

> O uomini, o donne, che ora qui arrivate da terra forestiera, o pop[o]li vicini e lontani che qua entrate, vedendo le femmine avere l'impero* di questa terra, forse potreste errare, pensando che noi femmine abbiamo usurpato agli uomini n[ost]ri questo impero*, e posti i n[ost]ri mariti in servitù. O pie genti, non crediate questo: noi siamo femmine umane e non fiere selvatiche, e dal n[ost]ro sesso non si sarebbe potuto commettere tanto di scelleratezza. Ma se riguardate di quale abitudine di corpo siano gli uomini n[ost]ri, conoscerete chiaramente essere al tutto* inabili a ogni sorte di governo, perciocché* sono pigri, stupidi e senza alcuna fortezza degna d'uomo. La loro vita è senza alcun virile ornamento, sono uomini non punto* atti al reggimento* della pro[vinci]a, inettissimi a maneggiare arme*, di niuna* costanza, di niuna* fede, solo atti alla crapula, alla libidine e a portare pesi attorno. Di loro non si ha memoria alcuna nei libri sacri e nei p[ro]fani, né ci è memoria alcuna della p[at]ria, come questo impero sia pervenuto alle donne: credo io che qualche aspetto celeste abbia così sottomesso i n[ost]ri mariti, perciocché* se noi femmine l'avessimo cercato per desiderio di regnare, avremmo ucciso i n[ost]ri mariti [**f. 45v**] come successe già delle Amazzoni

---

    versión latina de Catenacci, en la misma edición, hallamos la construcción locativa *in Templis* (Le, 353).

230 Forma antigua de *avrebbero* (habrían). El TLIO registra conjugaciones similares, como *haveravan* o *haver* (s. v. *avere*), pero hay muy pocos casos en que aparece *haverieno* en la documentación de la Edad Moderna.

231 Véase nota en el libro III.

232 Posible referencia a una región africana (Ozea) que registra Galibert (1846: 69). Su nombre no aparece en Le, 185; 353 ni en Ge,190–191. Tampoco se recoge en BL (f. 39).

in molte province dell'Etiopia, che scacciavano i figlioli maschi in paesi lontanissimi da loro e le figliole serbavano e nutrivano con grande diligenza. Ma noi nutriamo i n[ost]ri figlioli col n[ost]ro latte, come fanno tutte le n[ost]re altre madri, e li riteniamo* sempre appresso* di noi. E come pervengono all'età giovanile e li vediamo inchinati[233] alle medesime opere che i p[ad]ri loro senza alcun splendore, li sforziamo e condanniamo agli uffici femminili e domestici. Pertanto o popoli, o uomini, o donne che da lontana terra venite a questa patria considerando noi la debolezza degli uomini nostri, teniamo per cosa quasi certa che insino dai primi secoli dell'Etiopia i n[ost]ri uomini, conoscendo la debolezza dei loro ingegni, volentieri e spontaneamente aver desiderato questa servitù, e aversi volontariamente eletto tal modo di vivere, conoscendo che meglio era vivere sotto le donne che vivere in servitù di straniere e barbare nazioni. O buoni uomini, o mortali di qualsivoglia altra regione, che per pubbliche e private faccende venite a questa n[ost]ra p[at]ria, deponete dagli animi v[ost]ri ogni sinistra opinione che aveste di q[uest]o n[ost]ro// [f. 46] imperio*, da voi forse stimato tirannide, vedete le donne di q[ue]sta p[at]ria ornate e dotate dalla natura di grande e meravigliosa destrezza del corpo loro, di un vivo e destro ingegno, di giudizio degno di amministrare le cose n[ost]re sacre, di alto consiglio di governare questa p[at]ria, di notabile fortezza nel fare le guerre. Ma gli uomini tardi e gravi per soverchia grassezza, di niun* ornamento del corpo né dell'animo, degno di uomini nobili, atti solo alle faccende e opere servili e umili dentro alle mura delle case parati e pazienti con animo femminile, a sopportare le battiture di quando non sono obbedienti e presti ai n[ost]ri comandamenti.

Mi disse ancora che, entrato in quella regione, la ritrovò ripiena* di molti belli castelli* e ricca per molto oro e argento, nella quale il filare, il tessere, lavare e avere cura delle cose familiari*, erano tutti uffici degli uomini; ma le femmine attendevano al maneggiare del le arme*, amministrare le cose sacre, esercitare i magistrati* e e [repetido] tutti gli uffici pubblici, la mercatura[234] e tutte le faccende appresso* e da lontano erano opere delle donne.

Nasaenna città. E entrato nella città Nasaenna, vide molte delle più nobili matrone andare p[er] la città// [f. 46v] accompagnate da gran moltitudine di

---

233 En este caso, *inchinare* adquiere una acepción hoy en día considerada un cultismo (T, *s. v.*), que expresa una idea de propensión a algo. El VAC$_3$ cita un fragmento de la *Storia della guerra di Troia*, versión vulgarizada de la *Historia destructionis Troiae*, compuesta por Guido delle Colonne: "ma questo è naturale vizio tra le femmine, che quando elle si sdrucciolano a concedere li secreti diletti del corpo loro, mai non desiderano d'abbracciarsi con alcuno, che sia migliore del marito loro, o pur suo pari, perocché quasi sempre *s'inchinano* a' più vili" (*s. v. inchinare*. Enfatizado nuestro). BL presenta la variante más actual *inclinati* (f. 40).

234 Este término, referido a la actividad de comercio, ya cayó en desuso, pero se sigue utilizando para referirse al comercio que tenía lugar en la Edad Media (T, *s. v.*).

altre donne. Dipoi* in una larga piazza vide alcune ven[erabi]li matrone, che con gravità sedevano in alte sedie rendendo ragione alla città e a tutta la pro[-vinci]a, con avere sempre riguardo al comune bene della rep[ubbli]ca. Queste erano grandemente onorate da tutta l'altra moltitudine e riguardate come cosa sacra, e per tutto era silenzio pieno di riverenza, e che andando al principale tempio della città vide donne ornate di una bianchissima benda, le quali nei santi altari degli dei offrivano sacrifici.

Ottoanna somma sacerdotessa. Vide Ottoanna, somma sacerdotessa, che sedeva elevata in un'alta sedia ornata di vestimenti fregiati d'oro, alla quale avendo ~~egli~~ io, mi disse[235], fatto reverenza, ella subito fece apparecchiare un'altra sedia al lato a lei, p[er] essere io prelato forestiero, dalla cui propria bocca intesi tutte le cose sacre di quella terra.

Monumento di Attea sacerdotessa. Mostrammi nella part principale del tempio l'imagine della Veneranda Attea, sacerdotessa, la quale eminente si mostrava nel più alto luogo del tempio e sotto un gran marmo scritte parole in questo senso.

> Conora Attea sacerdotessa della terra Ozzea
> O sorelle mie dedicate e consacrate al sommo re del cielo, e che a quello avete fatto voto e professione di verginità perpetua,// [f. 47] siate obbligate con ogni diligenza e continenza di osservarla intera del corpo e dell'animo, e solo in Lui, n[ost]ro vero e legittimo sposo, porre tutto l'affetto dei v[ost]ri cuori, e a lui dare tutto il v[ost] ro casto e santo amore tutto il tempo della v[ost]ra vita. O sorelle mie, a noi è in un certo modo lecito di mancare agli uomini, ma non dobbiamo mancare giammai in modo alcuno all'alto Dio. Egli dall'alta corte del cielo ogni cosa vede apertamente, a lui tutte le cose sono chiare, tutti i segreti gli sono manifesti, niuna* parola si può dir così bassa che egli non la oda. Tutte le azioni degli uomini, buone e cattive, gli sono innanzi*. Impero*, sorelle mie, essendo voi fragili di natura, tre rimedi e tre avvisi darete alla v[ost]ra fragilità per conservare la fede che avete promesso a Dio v[ost]ro sposo. Il primo, che scacciate da voi l'ozio[236]; il secondo, che tanto siate nel letto quanto

---

235 Introducción repentina del discurso indirecto. En BL, no aparece el cambio, pero luego se aprecia el pasaje de la tercera persona a la primera: "*io* prelato forestiero" (f. 41. Enfatizado nuestro).

236 En italiano, el significado conceptual del *otium* horaciano sufrió un cambio semántico a raíz de los discursos teológicos cristianos, adquiriendo matices despectivos que acercaban el término al concepto de *inertia*. En efecto, el VAC$_1$ lo define como "il cessar dall'operazioni, e por lo più racchiude in sé non so che di pigrizia, è di riposo vizioso" (la interrupción de actividades, que entraña la idea de vagancia, de descanso pecaminoso) (*s. v.*).

basta alla necessità del corpo e non più, che lo stare molto in letto è seme[237] di molti peccati; il terzo, che del continuo* siate occupate nel fare orazione al n[ost]ro Dio. Ricordatevi in priego* quante sorelle del nostro tempio in breve tempo sono mancate, e come polve* al vento vi sono state levate dinanzi. Considerate di grazia q[ua]nti ogni// [f. 47v] giorno in questa n[ost]ra regione se ne muoiono, e che voi ancora in breve tempo avete da partirvi da questo mondo. Dovete dunq[ue], sorelle mie, volgere tutti i v[ost]ri passi alla celeste p[at]ria, che questo è il debito v[ost]ro, poiché vi siete obbligate, e date ai sacri misteri di questo tempio e all'obbedienza del v[ost]ro sposo Dio. Voi sole dovete essere esempio di santità a tutta questa provincia, onde le altre genti n[ost]re si dispongon a bene e santamente vivere affinché le anime n[ost]re si rendano degne del cielo e fuggiamo le pene eterne dell'inferno. Vi ricordo, sorelle mie, che a voi era meglio non entrare in questo tempio e dedicare a Dio la v[ost]ra verginità, se voi con gran costanza e fortezza d'animo non vi disponevate a mantenergli la fede data. Io, sorelle mie, quando veggo* alcuna* del v[ost]ro collegio che per aver violato la pudicizia promessa a Dio viene lapidata, grandemente mi doglio[238] che alla mia età sia giunta a quel giorno, nel q[ua]l[e] veggio* la plebe della città correre a vedere la morte v[ost]ra, come che andasse a qualche dilettevole spettacolo. Mi arrecherei a gran gioia felicità di perdere allora la luce degli occhi per non vedere sì*// [f. 48] crudele e dolente supplizio. Io adunque, badessa principale del v[ost]ro tempio, desiderosa di provvedere all'onore di tutte voi, mie amate sorelle, e tor* via ogni male dal v[ost]ro collegio e ogni infamia dal v[ost]ro santo convento, voglio, ordino e comando che ciascuna di voi si disponga a combattere gagliardamente contro le tentazioni della carne e gli inganni del mondo. Restate in pace, amate sorelle e figliole.

Le rare qualità che di sopra ho narrato di Nassamone me lo rendevano tanto grato che io non sapevo finire di ragionare seco* e di domandargli di varie cose, e gli pregai che, avendo avuto da lui notizia di tante cose con grandissimo piacere mio, non gli fosse a noia di soddisfare ancora il mio desiderio che intendessi da lui qualche cosa della sua provincia, la quale risuonava per tutto* con chiaro nome del loro dei, e delle antiche memorie dei loro pontefici.

Barbazzina reg[ion]e. Egli allegramente mi rispose la sua terra Barbazzina essere nelle parti più addentro dell'Etiopia, volta tutta a mezzogiorno, avere molte comodità* di miglio d'orzo, di vino fatto di palme e di frutti molto saporiti; grandissimi armenti di piacevoli buoi, grandissimi greggi// [f. 48v] di capre e infinita moltitudine di vari uccelli; grandi fiumi e molti stagni*, nei quali si pesca gran quantità di pesce.

Anmosa rey devotissimo. Esserne re Anmosa, per religione, per giustizia e pietà grande e meraviglioso. È tanta, diceva, la devozione di questo re, che ogni

---

237 En este contexto, adquiere la significación figurada de causa, razón. Véase VAC$_4$, s. v. El TLIO recoge ejemplos con dicha acepción ya a partir del siglo XIII (s. v. seme¹).
238 Forma verbal pronominal antigua de la actual *mi dolgo* (me causa dolor).

notte si leva a fare orazione a un dio del cielo, come fa anche la mattina allo spuntare del sole e la sera al tramontare. Ha larghissimi e grandissimi regni, nei quali sono molte nobili città, e la principale, ove egli fa la residenza, è da lui governata con grande amore e carità. Il popolo tutto di detta città a esempio del suo re adora un solo dio. Non convengono in modo alcuno con le vicine e lontane regioni, pericocché* in quelle si adorano dei di più sorti. La mia gente è piena di carità e pietà, e per questo appariscono* a tutte le province ogni dì più meravigliosi[239] e a Dio più cari.

Bannassarre p[ad]re. Nell'adorare Dio osservano i comandamenti e ordini dati loro dal mio antichissimo p[ad]re Bannassarre, il cui venerando ritratto e santa effigie si vede scolpita nel mio tempio della terra Barbazzina con questa iscizione.

Bannassarre pont[efice] della terra Barbazzina//

[f. 49] O voi genti mie a Dio sacrate* maschi e femmine, levatevi su nella mezzanotte e fate orazione al v[ost]ro Dio, che vi doni salutifere* piogge, p[er]ciocché* questa v[ost]ra regione è troppo arida e ha bisogno del divino refrigerio, e voi che siete ordinati a celebrare, levatevi dal letto la mattina per tempo, andate digiuni ai santi templi di Dio, mondi e netti d[e]l corpo e dell'animo. Fate i vostri sacrifici, supplicate a Dio che tolga da voi e da tutta la v[ost]ra regione ogni corruzione e pestilenza. Pregate il dio della terra, del mare e del cielo, che riconosca questo popolo per suo e gli mostri e apra la strada vera di salire sopra le stelle alla corte celestiale. O uomini, o donne consacrate a Dio, vi salvi e mantenga Iddio* lungo tempo, quando avete apparecchiato la me[n]sa e le vivande per mangiare, pregate Dio con umiltà di cuore, che gli piaccia donare a tutto il popolo largamente il nutrim[en]to della vita e tolga da lui ogni carestia e vi ispiri il desiderio dei beati regni del cielo. O sacerdoti, Dio vi conceda ogni salute, q[ua]ndo entrate nella casa di Dio gettate il corpo v[ost]ro per terra, adorando Dio e supplicandolo che conceda a questa v[ost]ra terra tutti i tempi favorevoli, e renda tutte le azioni del popolo prospere e felici. Ma sopra ogni altra cosa temete Dio re del cielo e amatelo con tutto il cuore e con tutta la mente v[ost]ra, e dispreggiando* i regni e i beni terreni e temporali desideriate avere sempiterna stanza nella// [f. 49v] corte del cielo. O uomini obbligati alle cose sacre, Dio vi accresca ogni bene e mantengavi sani. Appressandosi la notte, mandate prieghi* al cielo, e il popolo allora si cibi temperatamentre in modo che i pugnenti[240] stimoli della lussuria non molestino la loro mente, ma con quiete e santità trapassino* tutte le notti, abbiano l'animo loro così tranquillo

---

239 Quizás sea errata por *meraviglie* (*prodigi* prodigios).
240 Variante antigua con metátesis de *pungente* (punzante), que en este caso adquiere una acepción metafórica. Al parecer, se utilizaban con frecuencia tanto *pugnente* como la forma que se utiliza actualmente *pungente*. Véase VAC$_1$, *s. v. pugnente, e pungente.*

e ben composto che pensino solo al supremo regno di Dio, e facciansi* degni di avere con virtù e bontà parte delle opere buone che si fanno dagli altri. Così facendo, fratelli miei, sarete a tutta la v[ost]ra provincia e alle lontane genti esempio vero e meraviglioso, e dopo la morte conseguirete la vita eterna e la celeste beatitudine. Restate in pace, figlioli miei.

Trovandomi in quella libera provincia aver soddisfatto l'animo mio, presi licenza dal mio prelato e, giunto a un fiume, mi ven[n]e incontro Iannaam, gran sacerdote di Dio.

Iannaam gran sacerdote. Il quale mi presentò molti doni, ma di costui ho da ragionare in un altro luogo.

Rabbiam presidente* della terra Calangea. E poco dipoi* venne a me Rabbiam gran presidente* della terra Calangea, accompagnato da un solo sacerdote. Questo Rabbiam era stato privato dar re del sommo sacerdozio; dava di sé per tutto* grandi e notabili esempi di religione e santità, del quale dirò molte cose nel seguente libro. E finalmente, avendo peregrinato lungo tempo per l'Etiopia, cominciai a sentirmi tutto commuovere per gran desiderio della città di San Domenico. Il p[er]ché*[241]// **[f. 50]** desiderai di non andare più avanti, avendo perduto di vista molte stelle dell'Europa e vedendo il n[ost]ro Polo settentrionale essere congiunto con l'oceano. Francesco Ribera, mio famigliare*, da me grandemente amato per la sua gran fede e molte altre doti dell'animo lodevoli, mi ricordava ed esortava che io non dimenticassi della amata sede del mio vescovato e della Spagna, nella quale tutta la mia puerizia[242] e gioventù fui nutrito e ammaestrato, né dell'Italia, la quale ha dato lignaio[243] alla nobile famiglia Geraldina, né della città di Amelia, dolcissima patria mia. Non tanto mi mossero gli amorevoli e fedeli ricordi del mio accorto famigliare*, non tanto il desiderio dell'amata sedia del mio vesc[ova]to, non tanto l'amore della patria, quanto il desiderio che io avevo di scrivere e far palese al mondo quelle cose che in parte me stesso vidi, e in parte intesi da molti, ai quali ragionevolmente si dee* dare indubitata fede.

---

241 En BL (f. 44v), el significado de la locución (véase el glosario de términos en el anexo) queda más claro, ya que justo después de ella el autor utiliza el verbo *deliberai* (deliberé, ordené) y no *disiderai* ([yo] deseaba).
242 Infancia. Es un latinismo que hoy en día se considera cultismo. Véase T, *s. v.*
243 De esta palabra, que no está registrada en los VAC o en el DT, tenemos constancia en el TLIO. Resulta que *lignaio*, sinónimo del más actual *lignaggio* (linaje), aparece únicamente en un manuscrito de Giovanni Campulo, o Campulu, en que el fraile siciliano del siglo XIV realizó una vulgarización de los *Diálogos* de Gregorio Magno (*s. v.*). Sobre Campulo, consúltese Mohr (1974).

D'ALESS[ANDRO] GERALDINO VESCOVO LIB[RO] VIII

La maggior parte di coloro che hanno scritto storie si sono governati o per cognizione avuta di presenza e di vista, o per ragguaglio di uomini chiari e d'intera fede, perciocché* la storia deve essere per ogni sua parte verace e sincera, onde io mi sono ingegnato// [**f. 50v**] di scrivere in questa mia navigazione, non solamente quello che io stesso ho veduto, ma quello che ho udito da re grandi, principi, presidenti e sommi sacerdoti di varie regioni d'Etiopia. E avendo diligentemente considerato i luoghi litorali dell'oceano, che io ho ricercato e veduto, ho giudicato che non siano[244] da passare in silenzio le parti dei regni più infra terra* dell'Etiopia, nelle quali molti adorano simulacri di legno, molti di pietre e altri d'avorio, figurati in qualche similitudine di cose celesti. Molti adorano certe particolari stelle, molti certi mostri familiari* della loro terra.

Non essere dio alc[un]o. Alcuni altri credono non essere dio alcuno, ma ogni cosa essere retta e governata dal caso. Questi tutti mancano d'ogni nobiltà e altezza d'ingengo, e nondimeno, che è cosa meravigliosa, i sommi prelati e i sacerdoti delle grandi città hanno ammaestramento e scienza delle cose del cielo. Per tutti i liti*, benché gli abitatori abbiano alcuni castelli*, nondimeno generalmente abitano per innumerevoli ville e spesse capanne. E questo medesimo modo di vivere mi fu detto essere tenuto per lungo corso dell'oceano di là dalla Zona Torrida.

Ozzea regione. Nei luoghi infra terra* sono grandissime città e castella*, fra le quali di qua dalla Zona Torrida per ispazio* di venti giornate nella regione (*sobrepuesto*: Ozzea), nella quale come di sopra abbiamo narrato, il governo pu[bbli]co// [**f. 51**] è presso le donne.

Nansea città grandis[sim]a. È una città detta Nansea, così grande che in quattro giornate appena si attraversa, ed è situata sopra uno stagno* largo quattrocentotrenta miglia. Passano per la detta città molti fiumi, e vi regna un pontentissimo re che si fa chiamare nipote dell'altissimo Dio. Perciocché* alla sua avola* Ingrinessa, la quale aveva rinchiuso in segreto e separato luogo di un grande palaggio*, improvvisamente apparve un bianchissimo e giovane cammello di bellezza e decoro mirabilmente ornato. E dilettandosi ella molto di rimirare la sua bellezza e toccandolo, lo trovava mansuetiss[im]o, di che* ella, meravigliandosi, usò[245] con l'animale, spogliato della sua primera* figura, e nacquene il p[ad]re di questo re, vanamente creduto di stirpe

---

244 La corrección de *sia* a *siano* no aparece en BL, en que figura *sia* (f. 45).
245 Según el VAC₁, el verbo *usare* podía significar también *carnalmente congiungersi* (copular) cuando se regía por la preposición *con* (s. v.).

divina. Imperocché* l'eccelsa e incomprensibile maestà di Dio, no[n] avendo forma alcuna, la mente umana non la può capire; coloro che altrimenti credono, com[m]ettono sì* grave peccato che non può essere perdonato, né per prieghi* né per sacrifici, perciocché* se Dio fosse gravato di corpo e circoscritto da alcuna forma, sarebbe poco atto e potente[246] a reggere e governare tutto questo universo della terra, del mare e del cielo. Cessino adunque le genti di così tardo e grosso* ingegno. Cessino i popoli stolti d'immaginare q[ue]lle quelle cose che non capirono nella immaginatura[247] di maggiori savi// [f. 51v] del mondo, perché Dio è incomprensibile, né può ingegno umano, per grande ed elevato che sia, in modo alcuno comprenderlo. Quante cose sono in questo basso mondo e ci si appresentano* ogni giorno innanzi agli occhi che l'umano intelletto non è sufficiente ad intenderne le ragioni! Come adunq[ue] intenderemmo quelle che infinitamente sono lontane dall'umano senso e penetrare sino all'infinita e incomprensibile divinità. Se sarete figlioli della sapienza, volgendo il v[ost]ro cuore al cielo, e alzando il v[ost]ro intelletto sopra le stelle, pregherete Dio, che con quella pietà che governa il genere umano con quella demenza che per tutto* si dimostra, vi ascolti, favorisca ed esaudisca i vostri prieghi*. Ponete da parte, figlioli miei, tutte le altre terrene speranze.

Iogonsamea città grande. Lontano dieci giornate di cammino verso oriente è posta la gran città Iogonsamea, famosa per la sua grandezza, conciosia che* nel traversarla si consumino due intere giornate.

Iamaan sacerdote. Come intesi da Iamaan, sacerdote di gran nome e di celebre fama, del quale feci menzione alla fine del sesto libro.

Baannassari dio della natura. Da costui intesi che in q[ues]ta città era un tempio molto celebrato, nel quale si vedeva l'immagine// [f. 52] di Baannassari dio della natura, e una notabile memoria di Maicallio pontefice di questo tenore.

> O abitatori della nobile e grande città Iogonsamea, da me molto amati e dati a me in custodia dal dio della natura, il q[ua]le solo ha il governo della terra e del (*al margen*: cielo) e del mare. Questi è quel dio che con tanta giustizia, equità e virtù regge e governa il tutto. Q[ue]sti è quello che dona a tutti coloro che sono ornati di umana faccia la parte dei suoi beni. E perciò vedete che gli uomini partecipano di molti grandi segreti della terra, del mare e del cielo. Quindi, è che gli uomini col vivo e sottile

---

246 En este caso, creemos que se ha empleado el vocablo vinculando su significado a la acepción latina de capacidad, idoneidad, y no va traducido con poderoso.
247 Figura en el VAC$_4$ como sinónimo de *immaginazione* (imaginación) (*s. v.*). Sin embargo, ya se registra en el DT como manifestación del poder del espíritu humano, capaz de razonar e inventar (*s. v.*).

ingegno penetrano sopra le stelle dell'altissimo cielo. Questo dio spesse volte si manifesta con bellissima apparenza e con volto venerando ai buoni e santi uomini di questa n[ost]ra patria e porta infiniti beni a tutta la n[ost]ra regione. O figlioli miei, tenete per certo che questi popoli d'Etiopia, che danno ai loro dei altra forma che umana, sono al tutto* stolti, perciocché* il dare a dio altra forma che di viso umano è appunto disegnare un mostro che ha assomiglianza alcuna alla divinità celeste. Pertanto, figlioli miei, quando volete o fingere in pittura,// [**f. 52v**] o gittare[248] in rame, ovvero scolpire in marmo l'immagine di Dio, fatelo con umana forma e più bella e venerabile che possibile fia[249], che così facendo non vi partirete dall'antica oppinione dei n[ost]ri padri, i quali d'appresso* e da lontano ebbero grandi nomi di sapienza. E voi sacerdoti, mentre che nei sacri altari dei templi offrite i vostri sacrifici, nominate un solo dio, e voi popoli miei, cantando con alta voce, adorate un dio della natura. Se farete, figlioli miei, quello che io vi dico, tutte le cose a voi e ai vostri discendenti succederanno liete e favorevoli.
Conangea pro[vinci]a. Non molto lontano dal detto luogo è la provincia Conangea, donde* Rabiam, pio pontefice e temente[250] Dio, era stato confinato dal re Sirion e due giorni era stato meco* sul fiume.
Attaan Nasemon dio. In questa provincia Canangea[251] adorano un solo dio del cielo e l'onorano con tutto l'animo e con tutta la mente, chiamandolo nella loro lingua Attaan Nasemon.
Robrira città nobile. In questa regione è la nobile città di Robrira, di gran popolo, e vi è un celeberrimo tempio, nel quale è un antichissimo e divino oracolo, col quale si governa e regge tutta la città. Vi è un costume,// [**f. 53**] che se il sommo sacerdote giuridicamente eletto, o per ira del re o per odio del popolo, è scacciato dal tempio, si parte e abbandona il tempio e la p[at]ria. In perpetuo esilio va peregrinando in lontane regioni, e richiamato alla sua antica sedia del tempio non ritorna, come avvenne a Rabiam, il quale più volte era stato richiamato e pregato che non volesse abbandonare il tempio, la patria e il popolo, che l'amava d'amore incomparabile, che non abbandonasse quei sacrifici che a lui come a sommo sacerdote appartenevano, e che avesse risposto all'onore e dignità sua, che egli il quale soleva uscire in pubblico accompagnato da gran numero di sacerdoti e di popolo, ora per lontani e incogniti paesi di strane nazioni con pub[bli]co dispreggio* vada solo. A queste cose egli rispose che a lui conveniva ubbi[di][252]re a Dio e fuggire il vano favore del popolo e i fumi dell'onore del mondo, cose che non piacciono al dio dell'alto cielo. In questo tempo per tumulto

---

248 Forma antigua de *gettare*. En metalurgia, podía expresar la acción de echar material líquido en moldes (VAC$_3$, *s. v. gettare e gittare*). Hoy en día los historiadores de arte utilizan esa forma verbal para referirse a dicha manifactura (T, *s. v. gettare*).
249 Forma antigua de la tercera persona singular del futuro de ser, cuyo correspondiente actual es *sarà* (será) (T, *s. v. fia*). *Cf.* VAC$_1$: "talora per Sia, o sarà, si dice Fia, e Fie" (en ocasiones, en lugar de *sia*, o *sarà* se dice *fia* y *fie*) (*s. v. essere*).
250 Del latín *timens*, es forma antigua y culta de *timoroso* (medroso) (VAC$_1$, *s. v.*).
251 Anteriormente, aparece *Conongea*. En BL, la segunda vez la *o* se corrige por *a* (f. 47v).
252 El pronombre pospuesto se añade arriba.

nato nel popolo fu scacciato dal regno Sirion, laonde i baroni del regno insieme col popolo desideravano un principe alla terra Colongea[253], e di nuovo mandarono p[er] Rabian pontefice, il quale rispose che non poteva in modo alcuno ritornare all'amata p[at]ria, per non lasciare ai profani mal esempio// [f. 53v] di scacciare i sommi sacerdoti e poi richiamarli, perché così prenderiano[254] maggiore ardire e commetterebbero più empia crudeltà verso i pontefici, e che lo sopportava con animo lieto e tranquillo quel non meritato esilio. E nondimeno che egli dava tutta la sua pontificia autorità e ragione a Giano, uomo per religione e santità di vita ragguardevole. E avendogli poi mandato tutte le entrate ed emolumenti del tempio che egli godeva[255] con meraviglioso esempio, tutte le distribuì ai poveri, riserbandosi solo quel tanto che bastava a lui e a un suo sacerdote. In un marmo sotto l'alto simulacro del dio del cielo era questo comandamento uscito dalla propria bocca di q[ue]l simulacro in quell'età nella quale erano stati veduti per l'Etiopia molti prodigiosi segni in cielo.
A me dio del cielo tutti i segreti degli uomini sono aperti, tutti i pensieri e conati[256] del re non mi sono ascosi*, a me tutte le cose della terra e del mare sono avanti[257].
Voi re e popoli della terra Calongea Conangea non portate alcun amore e reverenza ai sacerdoti per questo pubblico comandamento uscito con ragione dalla mia propria bocca, voglio, ordino e comando che se alcuno* di questo popolo ucciderà alcun* sacerdote sia bandito in perpetuo da tutta// [f. 54] questa regione, la metà di tutti i suoi beni sia ascritta e incorporata al fisco[258], l'altra metà si riserbi* per i suoi figlioli. Ordino e comando che quel re che ucciderà o scaccerà un sommo sacerdote di questa p[at]ria giuridicamente e santamente eletto, al tutto* sia rimosso dal regno, privato e deposto in tutto della dignità reale, e i suoi figlioli non possano succedere allo scettro reale dei suoi passati*, ma restino privi di ogni privilegio e autorità regia. I primi e principali di questa terra regione mandino amb[asciato]ri per le terre a ricercare un degno di q[ues]to regno e, trovatolo, lo conducano alla città e lo ricevano con tutti quegli onori dei quali si sogliono onorare i re di questa terran con l'insegna e diadema della regione Calangea[259]. Se occorrerà che il sommo sacerdote e pastore, invece di essere amato e onorato, sia scacciato, mentre che vivrà in esilio se li (añadido

---

253 En BL, se tacha Gigangoa (f. 47).
254 Forma antigua de *prenderebbero* (tomarían).
255 En BL (f. 47), no se tacha.
256 Del latín *conatus*, solía expresar la intención, el disponerse a hacer algo. Véase T, s. v.
257 Es decir, las conozco con anterioridad. Para el uso adverbial temporal de *avanti*, consúltese el glosario de términos anexado.
258 El erario público (VAC$_1$, s. v.). Nótese el uso anacrónico y eurocentrista del término, que se aplica a una administración de territorios africanos que no contempla dicha institución.
259 Sigue siendo muy confusa la denominación Colangea/Calangea, ya que parte de los caracteres están tachados. A partir de esta nota, las siguientes variantes se marcarán con dos asteriscos.

arriba: si) mandino per uomini apposta tutte le entrate e offerte del tempio, e questo finché vivrá si osservi inviolabilmente, acciocché le scelleratezze del popolo della cittá Calangea** si mostrino a tutte le altre nazioni con l'esilio del suo pontefice. E in caso che il popolo uccida il suo pastore, voglio e stabilisco che infino* ~~attanto~~ a cent'anni il popolo della città e regione Calongea** man-// [f. 54v] chi e sia privato della dignità e grandezza del pontificato, e le cose sacre siano amministrate da semplici sacerdoti. Ogni tre anni un pontefice forestiero purghi tutta la patria Calangea**, al quale i popoli siano tenuti a dare il doppio più[260] di provvigione che al suo pontefice davano. Se il pontefice com[m]etterà scelleratezze e governerà male il suo popolo, tanto che sia in odio a tutte le provincie, voglio che nella città Trabbonea si crei un pub[bli]co concilio di tutti i suoi sacerdoti, nel quale si manifestino a tutti i popoli e creino un altro pontefice più giusto e buono, il quale viva e si governi con gran timore di me, dio del cielo e della terra. E se non obbedirete ai miei ordini e comandam[en]ti, manderò sopra di voi pistolenza[261], guerra e fame che tutti vi consumino, e il mio furore si commuoverà* contro il popolo mio. Io sono piacevole, pio e clemente, e quando non sono riconosciuto per tale e il mio popolo mi commuove* a ira, sono forte, iracondo e terribile.

Tornando al primo ragionamento, ha l'Etiopia molto grandi e alti elefanti, assai armenti di buoi minori dei n[ost]ri, greggi senza numero di ottime capre. Molti dei suoi popoli non mangiano carne, ma si nutrono di latte, oriza*, avena,// [f. 55] e di legumi e di particolari frutti della patria loro, ad imitazione dello stile e documento di Pitagora. **Circoncisione.** Molti si circoncidono non costretti da autore o legge alcuna, perciocché* non han[n]o notizia alcuna né delle leggi di Moisè né di Maometto. Molti di loro osservano il matrimonio e credono che sia atto di gran religione, Molti altri a modo di fiere vivono in maniera che non ritengono* alcuna notizia di figlioli, i quali dalle madri sono solamente conosciuti. Ha l'Etiopia grandissimi fiumi, amplissimi laghi, ed è distesa in lunghissima pianura in valli, in monti carichi di neve, tanto alti che pare che tocchino il cielo. Ha prati verdissimi, non d q[ue]lla però grandezza, né così irrigati come hanno gli etiopi che sono sooto ~~gli etiopi~~ l'Egitto e verso l'oriente.

Lana d'arbori*. Sono per tutta l'Etiopia grandissimi boschi, i cui arbori* generano nelle loro foglie molta lana; i monti, le valli, le pianure sono fertilissime, e piene di oriza*. Questo seme è peculiare vivanda a tutti gli etiopi. Tutta la regione è fertile.

Pioggia di agosto, di settembre e di ottobre. Vi piove solamente ad agosto, a settembre e a ~~agosto~~ ottobre; gli altri nove mesi sono affatto privi di pioggia.

---

260 Construcción antigua de la locución: *più del doppio* (más del doble).
261 Variante antigua de *pestilenza* (pestilencia). El TLIO registra otras variantes, tales como *pistilencia, pistolenzia, pestilencia*, etc., ya a partir del siglo XIII (*s. v. pestilenza*).

[f. 55v] D'ALESS[ANDRO] GERALDINI VESCOVO LIB[RO] IX[262]

Segona fiume[263]. L'Etiopia dal fiume Segona, il quale corre al lato al monte Atlante, e con lunghissimo tratto si travolge[264] nel mare Eritreo con tutte le terre sotto la Zona Torrida abbrugiate* dal sole, contro l'opinione di Tolomeo, di Arato e di tutti gli antichi scrittori della cosmografia, è da molti e grandi popoli abitata e coltivata. Ella con forma un po' più lunga che di mezzo cerchio, si stende e finisce in angolo alquanto ottuso nel n[ost]ro oridente, che agli antipodi è occidente.

Regione della Zona Torrida. In molte parti sotto la Zona Torrida, i popoli pregano il sole che rilievi[265] alquanto dalla loro terra dal grandissimo suo caldo. Molti lo bestem[m]iano, e chiamanlo empio e crudele alla loro regione. Molti altri onorano la luna come la maggior e più salutifera* deità che sia nel cielo, perciocché* apporta loro la notte un desiderato refrigerio d'umido fresco. In molte parti, i contadini per luoghi cavati sotterra e in spelonche fatte dalla natura, e in luoghi ombrosi si rifuggono e si ascondono[266] il giorno; venendo la notte, escono fuori ad esercitare le loro opere rusticali. Molti gridano verso il settentrione, e// [f. 56] chiamanlo dio, perché sebbene non lo veggano*, ne sentono spirare un poco di aura[267] che li refrigera.

Fecondità delle donne etiopiche. Ma quel che mi fa grandemente meravigliare è la fecondità delle donne etiopiche. Sotto un cielo così smisuratamente caldo, perciocché* gli etiopi hanno il sole a linea dritta sopra i loro capi, che

---

262 Aunque arriba en el centro de cada folio aparece IX, en el título del libro figura VIIII.
263 Falta otra vez el comentario sobre la brevedad de estos capítulos, que sí aparece en Le y Ge.
264 El verbo *effundere* (*se effundit*), que aparece en Le, 365 y Ge, 220, se traduce expresando el concepto de llegar, desembocar en un mar (Le, 203; Ge, 221). Sin embargo, en este manuscrito parece que *travolgere* remita a una significación distinta, dando la idea de una precipitación violenta en las aguas eritreas, conforme la definición que da el VAC$_1$: "Volger sozzopra, e per altro verso" (volcar hacia el sentido opuesto) (*s. v.*).
265 Acepción antigua que, cuando adquiría un sentido metafórico, indicaba el levantar del espíritu, el reconfortar o reconfortarse (VAC$_1$, *s. v. rilevare*). Leemos lo mismo en el DT, aunque con palabras diferentes (*s. v. rilevare*).
266 Forma verbal antigua que hoy en día se considera cultismo y corresponde al actual *nascondono* (esconden, ocultan) (T, *s. v. ascondere*). El TLIO nos revela que este verbo lo podemos localizar ya en textos de los siglos XIII y XIV (*s. v.*).
267 Latinismo que indica una leve y placentera brisa (VAC$_1$ *s. v. aura*).

tirando il sangue in pelle crea loro quel colore fosco a guisa di viola oscura, ma trasportati in Europa e in Asia, dove il ciclo più fresco refrigera il sangue e dentro all'interiore parte del corpo lo rimette, diventano di colore al tutto* nero. Sotto la Zona Torrida, sono molti imperatori che si fanno chiamare monarchi, molti re, molti principi, molte terre libere, molte e spesse[268] città e gran popoli, ma le loro abitazioni, per essere coposte di verghe e di terra, sono di bassa e dispreggievole* vista.

Naansabea città, ove si fa celeberr[imo] mercado. Fra molte città nell'uscire da quella provincia Calongea**, è la gran città Naansabea, nella quale d'ogni tempo si fa un celeberrimo mercato, alla q[ua]le ~~concorre~~* da varie regioni concorre* una gran moltitudine di faccendieri[269].

Dea luna. In questa città è un tempio assai ben fabbricato, col simulacro d'alabastro della dea Luna, con chiome rosse e distinte di molto oro infino alla gola, nella sommità del capo ha due corna, e la fingono d'una binanchezza celeste, dove fingono altri dei, di colore rosso o nero. Al piede di questo simulacro sono in un marmo// [f. 56] scolpite queste parole.

> O abitatori della Torrida Zona, me sola abbiate per dea, me sola tenete per nume. Io sono quella che col mio umore dono gli alimenti a tutte le genti; io sono quella che da il nutrimento a tutti gli animali. Se la mia deità non fosse presta al soccorso, già fa[270] gran tempo che tutta questa terra sarebbe arsa dai caldi raggi del sole. Imperò* fate a me sacrifici. O vecchim o giovani, o fanciulli, in qualunq[ue] fastidio d'animo, in qualunq[ue] travaglio di mente vi troviate, venite a me, io sollevandovi d'ogni angoscioso peso renderò allegra la vostra venuta.

Queste parole furono udite dire un quella città dall'antico simulacro d'essa* dea, le quali parole dai cittadini che dipoi* successero, furono poste sotto la p[rese]nte immagine.

Iguino presidente. Nella destra parte del tempio si vede la veneranda immagine di Iguino presidente d'esso* tempio, e quel che è degno di notizia e di meraviglia, con la mitra in testa non differente punto* dalla n[ost]ra, La soscrizione[271] era fatta con caratteri della Zona Torrida,

---

268 En este caso, se refiere a que son numerosas.
269 En el VAC₁, la voz *faccenda* se indica como sinónimo del latín *negocium* (*s. v.*), por lo que el término puede referirse a los mercaderes, pero sin connotaciones negativas (véase también T, *s. v. faccendiere*).
270 Véase nota al pie en el libro II.
271 Forma antigua de *sottoscrizione* (subscripción). Véanse T, *s. v.* y VAC₁, *s. v. soscritto*.

non punto* simili a quelli che si usano nelle altre parti dell'Etiopia, e sonava[272] in questo senso.//

[f. 57] O figlioli miei, amate questa v[ost]ra p[at]ria, sebbene ella è sottoposta all'intollerabile caldo del sole. Figlioli miei, se dal principio del mondo che i v[ost]ri padri incominciarono ad abitarla, avessero conosciuto che fosse impossibile abitarla, ragionevolm[ent]e l'averieno[273] abitata (al margen: abbandonata) sin da quei primi secoli, ma elessero q[ues]ta regione del mondo e l'hanno a voi lasciata ereditaria. I nipoti sono tenuti debitamente a osservare gli ordini e statuti dei loro maggiori*. O figlioli miei, non è cosa più bella che il paese della patria, non cosa più dolce che l'antica patria, in modo che se andrete ricercando negli altrui paesi nuove sedi, saranno a voi così notevoli e insopportabili come sono i vostri gran caldi a tutte le genti delle altre nazioni regioni. Vi soggiungo che se andrete in altri paesi, starete come in esilio tutto il tempo della v[ost]ra vita e in gran pericolo per la disuguaglianza di questo cielo a quello, e p[er] l'animo dei popoli a voi poco amico, essendo voi differenti da loro di colore e di costumi, sarete tenuti e trattati come servi. Figlioli miei, questa p[at]ria a voi è salubre, imperò* abitatela e tutti con medesimo volere godetevela e coltivatela.//
[f. 57v] Credete a me, Iguino pastore della v[ost]ra patria, date fede a me padre vostro, il quale vi porta incredibile amore.

Pensando più volte meco* medesimo sopra il consiglio di Iguino vescovo e sentendomi commuovere[274] le viscere dall'amore che io porto a molte terre di Spagna e quanto obbligo debbo avere loro, avendomi nutrito e cresciuto sin dalla fanciullezza, quanta affezione* debbo avere all'Italia in tutte le sue parti felice e beata. Mi commuovo tutto di reverenza e di devozione verso Roma, la quale già conseguì l'imperio* di tutto il mondo e diedeli* giuste e sante leggi, e ora è capo e sede della santa religione e fede di cr[ist]o

Gannovia città grandiss[im]a. Non voglio lasciare di dire qualche cosa della città di Gannovia, per la sua grandezza. Ella è lontana novecento miglia verso austro* dalla città Naansabea, nella quale quaranta lustri passati furono numerati quattrocentottantaduemila uomini atti a portare arme*. Questa città è libera, ha quattro pontefici ornati d'onorata mitra, appresso* i quali per comune consenso di nobili e del popolo è la somma di tutto il governo delle

---

272 En este caso, semánticamente puede considerarse como sinónimo de significar (VAC₁, s. v.).
273 Variante antigua de *avrebbero* (habrían) que, a diferencia de la forma *haverieno*, que figura en el libro VII de esta obra, ya presenta la desaparición de *h*, que caracteriza las formas verbales modernas.
274 Esta idea de movimiento turbulento, de agitación, es un cultismo que se asemeja a la acepción que se da en otro pasaje de la obra (Le, f. 54v). Consúltese la entrada "COMMUOVERE" en el glosario anexado.

cose sacre e parimenti delle profane, i quali con non minor// [f. 58] pietà che giustizia governano, perciocché* hanno appresso* di loro in ogni delibarazione da farsi trenta senatori, dei quali intendono i voti e consigli[275] di tutte le cose che occorrono alla città. Questi quattro pontefici hanno quattro templi principali e quattro palaggi*, ciascuno il suo nel più alto luogo della città, non a modo delle altre case, che sono fatte tutte di verghe e di terra edificati, ma di belli e nobili ligni[276]. Passano per la città tre fiumi che la rendono abbondantissima di ogni cosa.

Oceano dio. Per tutti i templi, così nei grandi e principali come nei mediocri e piccoli, è il simulacro del grande iddio* Oceano, e solo questo si adora per dio. Tiene questo simulacro nella destra mano una nave con le vele alte e nella sinistra un tridente alzato e la stella con la quale si governano i naviganti, e la luna con due corna in fronte. La quale ogni mese a luna nuova portano per la città e i fa[n]ciulli e le fanciulle con lungo ordine, tornando al luogo consacrato al dio Oceano, fanno sacrificio, pregandolo con alte voci, che mandi sopra di loro e il loro paese gran moltitudine di nugole* che coprano i caldi raggi del sole e refrigerio dal troppo caldo tutti quei popoli e// [f. 58v] mandino giù sopra di loro e sopra tutto il paese gran copia di salutifere* acque. I giovani e i vecchi vanno al tempio con gran religione e cinque volte l'anno fanno questa cerimonia, dove ai principali templi concorre* tanta moltitudine di fanciulli e di fanciulle, giovani e vecchi che i templi non li capendo* stanno sotto i portici a fare i loro sacrifici con una pietà e religione verso quel suo Dio da non potersi facilmente credere.

Confessione di peccati. Ogni notte si levano dal letto e con gran pianto confessano al dio Oceano i peccati da loro il giorno passato commessi. I sacerdoti non pigliano mogli, vivono sempre delle limosine fatte loro dal popolo.

Dieci volte fra giorno e notte van[n]o a fare or[azio]ne. Dieci volte fra giorno e notte si ragunano* nei luoghi ordinati dai pontefici a fare orazione, pregando Dio che tolga via ogni lite e discordia dal popolo, ogni odio da tutta la regione, doni la pace a tutta la città e a tutti i luoghi e terre convicine.

Oracoli dati dal dio Oceano. Gli oracoli dati da questo dio Oceano nella regione de la Zona Torrida di antichità incredibile sono questi.

> O pontefici posti in alto luogo di questa p[at]ria, o sacerdoti// [f. 59] puramente eletti a uomini ordinati ai sacrifici, vivete casti per tutto il tempo della v[ost]ra vita.

---

275 En este caso, *voti* y *consigli* aluden a las opiniones, los razonamientos y discursos de la gente. Definiciones y matices que se refieren a ello pueden leerse en el VAC$_1$ (*s. v. voto*) y VAC$_3$ (*s. v. consiglio*).

276 Variante de *legno* (madera). *Cf.* VAC$_4$ (*s. v.*).

Altrimenti facendo, gli anni della vita v[ost]ra saranno brevi e con innumerabili* incomodi e dispiaceri, e state certi che quanto più licenziosamente vivrete, tanto più insopportabili mali vi verranno addosso, di modo che molto meglio sarebbe stato per voi essere rimasti profani che passare all'ordine sacro e sacerdotale, e molto meglio vi sarebbe stato avere il luogo v[ost]ro nel popolo, che tenere il santo luogo di Dio indegnamente, e tanto più dovete con la vita religiosa e buona rendervi grati a me, v[ost]ro Dio, per potermi pregare per questo popolo, quando più lo vedete tribolato e percosso dall'intollerabile ardore del sole e per questo a voi è stato dato il primo e il più onorato luogo, acciocché dobbiate aiutare e giovare con le vo[st]re orazioni a questo v[ost]ro affamato popolo. Quando mi farete sacrifici, pregate la mia deità che io vi faccia amica la dea Luna, perciocché* io, dio Oceano, seguo giorno e notte e in ogni tempo dell'anno questa dea, e come p[ad]rona mia l'osservo, a lei obbedisco e da lei vengono ai miei liti* i flussi e riflussi, da lei nascono le grandi tempestade[277] nel mare, turbini, venti, saette e molti altri mali accadono alla terra. Oltre a ciò, ordino e voglio che ogni luna nuova i fanciulli puri e// [f. 59v] le vergini fanciulle vengano al mio tempio, pregandomi con gran lamento che io, pastore dei loro p[ad]ri, io rettore della v[ost]ra regione, mi congiunga alla dea Luna per poter fare grandissimi comodi* e beni a tutta questa p[at]ria, empiendo di nugole* della mia acq[u]a marina; renda tutti i luoghi della v[ost]ra terra fertili e lieti, e tutta la gente sana e allegra col fresco e con le piogge. Io volentieri odo i prieghi* di giovanetti casti e delle fanciulle vergini. Io i puri e santi prieghi* degli uomini e delle donne con serena e benigna fronte[278] ascolto e con animo lieto sovvengo[279] loro. Ordino e comando che i giovani e i vecchi, quando vengono al mio tempio, siano digiuni, lavato prima il loro corpo con acqua viva*, purgandolo da macchia e peccato. Stiano innanzi al mio altare con voce bassa e umile, mandino fuori i loro prieghi*, acciocché non impediscano i sacerdoti che con alta voce stanno pregando Iddio*, e non perturbino l'ufficio santo di sacrificare, e mentre che nel più elevato altare del tempio s[an]to si trattano le cose diurne, comando a tutto il popolo che abbassi gli occhi in terra e per il solare del tempio il corpo prostrato istia* con lacrime e singulti in orazione. Proibisco tutto il popolo profano che non ardisca entrare in quel luogo e in quella sedia// [f. 60] ove i sacerdoti stanno a cantare le laude* a me, dio vostro, ma istia* tutta la gente profana separata dai sacerdoti. Se queste cose non saranno da voi inviolabilmente obbedite e osservate, aspetti da me questo popolo gravissimi mali.

---

277 Variante de *tempesta* (tempestad). La voz de este término no aparece en el DT ni en las primeras dos ediciones del VAC, aunque figura en otras voces. A partir de la tercera, aparece como variante de *tempesta* y *tempestate* (VAC$_3$, s. v. tempesta, tempestade, e tempestate).
278 En este contexto, es sinécdoque de cabeza, mente.
279 En este caso, indica una necesidad. Consúltese en el glosario de términos la voz *SOVVENIRE*.

D'ALESS[AND]RO GERALDINO VESCOVO LIB[RO] X

Avendo io fin qui descritto i luoghi marittimi dell'Etiopia, ora voglio entrare nei luoghi infraterra*.
Città che si consumano 4 e 5 giornate a traversarle. Nei quali di là e di qua dalla Zona Torrida, lungo le ripe* di profondi e grandi fiumi, sono poste città così grandi che si consumano quattro e cinq[ue] giornate a traversarle, di che fanno gagliardo testimonio gli uomini etiopici e i portoghesi.
Celebrazione di lustri. Queste città ogni cinq[ue] anni celebrano il lustro* loro in questo modo: raccolgono il numero del loro popolo e se lo trovano cresciuto dall'altro passato lustro*, fan[n]o grandi sacrifici e molti segni di allegrezza pubblica e rendono pubblicamente grazie all'immortale Iddio*. E se lo ritrovano essere mancato, tutta la gente entro le case private con gran dolori, pianti e sospiri stanno lungo tempo rinchiusi. Dipoi* escono a fare certi sacrifici a ciò ordinati. In questa città sono amplissime corti*, gran case di principali cittadini e grandissimi templi.// **[f. 60v]** I re hanno le loro abitazioni a guisa di città, con i[n]numerabile* rabile moltitudine di servi, con fortissima guardia di valorosi uomini, i quali usano dardi, saette, lancie e altre varie sorti di arme*. Quando questi re rendono pubblicamente ragione al popolo, nella principale corte* della città stanno a sedere sopra altissime sedie. Alcuni di questi re si dimostrano col corpo tutto dipinto di minio* a similitudine dell'etereo cielo, quasi che vogliano apparrire al popolo una qualche deità.
Teste di morti p[er] giustizia poste innanzi al re q[ua]ndo rende ragione al popolo. Mentre che stanno così, sono posti innanzi al re grandi monti[280] di teste di coloro che per misfatti erano stati dalla giustizia fatti morire. Finito l'officio* di rendere ragione sono questi re portati con solenne modo per tutta la città su un'alta sedia posta sopra un tavolato di tavole congiunte. Q[ue]sta sedia si porta da gran numero di etiopi sopra le loro teste, e così vanno mostrandoli a tutto il popolo con un bannitore[281] che va innanzi con alta voce gridando

O popoli ritiratevi addietro, state di lontano, ecco il re v[ost]ro che viene, ecco tutto il bene di questa patria; date a lui quel medesimo onore che sareste a un dio se passasse per la nostra terra, perciocché* il v[ost]ro re tiene il luogo[282] del sommo dio! O popoli, gettatevi col petto in terra e// **[f. 61]** state così finché il re sia passato e allontanato da voi, che sebbene egi si riconosce per uomo mortale, nondimeno egli tiene il luogo di dio in amministrare giustizia e pietà ai suoi popoli! E però egli vuole che facciate questo segno d'onore e di riverenza di allontanarvi dal luogo donde*

---

280 Conforme el contexto, podía indicar una gran cantidad de algo (VAC, *s. v.*).
281 Variante de *banditore* (pregonero). No figura en el TLIO, ni en los VAC o en el DT, pero sí en Tommaseo y Bellini (1865: *s. v.*).
282 Es decir, hace las veces del dios.

egli passa e, seppure alcuno* di voi ha bisogno di supplicare il re per conseguire giustizia, a lui liberamente s'appressi e la domandi umilmente, e incontane[n]ti* la conseguirà.

Alcuni re vanno vestiti con una veste militare con la corona e con lo scettro, con le braccia ignude ornate e risplendenti di molte pietre preziose. Innanzi a loro vanno molti trombetti[283] e tamorrini[284] in grande strepito. ~~essi~~ Alcuni sono portati da un bianco cammello. Alcuni altri sopra gli elefanti con le insene reali, e tutto il loro corpo ignudo e ornato di perle e pietre preziose. Alcuni altri a guisa di trionfanti vanno attorno sopra alti carri tirati da elefanti. Alcuni si fanno portare sopra le spalle degli uomini e coprono le parti vergognose con bellissimi veli d'oro e di seta, alcuni altri le portano del tutto scoperte. Sono altri re che i loro popoli non li hanno in molta considerazione e vivono con poca differenza di superiorità e di fortuna dai popolari// [f. 61v] di quella provincia. Io vidi una meravigliosa e quasi incredibile osservanza di quel popolo verso i loro re. Essi con le ginocchia in terra adorano il re, gettandosi continuamente arena sopra la testa, sopra le spalle e sopra tutta la persona, volendo dimostrare con questo atto che essi sono terra e fango a rispetto del re, meravigliosa superbia e fausto[285] è in questo re, perciocché* se alcuno* del suo popolo gli parla con tutti i segni e dimostrazioni di umiltà, come è detto di sopra. Il re con un viso torto e terribile appena lo riguarda e con due parole superbamente pronunciate rimette la domanda a qualcheduno dei suoi ministri*, donde* si può manifestamente* conoscere che i re dell'Etiopia vogliono piuttosto essere temuti ~~che amati~~ che amati dai loro popoli. Ma forse quelle genti non hanno bisogno di meno acerba servitù per tenerli in officio* e in debita reverenza verso il re loro. Quando il re esce a far guerra, s'è veduto condurre seco* un milione di uomini, né mai in tanto numero si trovò chi non fosse fedele e obbediente al suo re e se alcuno* si meravigliasse di tanto numero di gente che dal re è condotta alla guerra, sappia che molti re// [f. 62] dell'Etiopia sono grandissimi e potentissimi.

La gente nera possiede non minor parte del mondo che la bianca. E considerando la sfera del mondo, conoscerà la gente nera possedere non minor parte d'esso che la bianca.

---

283 El *trombetto* era el "sonator di tromba" (trompetista) (VAC, *s. v.*).
284 Esta variante del más común *tamburino* la hemos localizado en la obra de Baldelli (1971: 207). No figura registrada en las fuentes lexicográficas que hemos manejado.
285 Derivado de *favere* (favorecer), se refiere a un evento o a un presagio dichoso. En este caso, indica prosperidad.

Gallanea città feliciss[im]a. Dugento* trentaquattro miglia dalla Zona Torrida è la grandissima città Gallanea, felice e beata per molto oro, molti pesci, molta e incredibilie fertilità della terra. Per mezzo d'essa corre un fiume grandissimo, e ha nei suoi mo[n]ti grandi miniere d'oro e dintorno a quella è spaziosissima pianura, sonovi ampissimi laghi, molti castelli*e ville. Capo del regno è la detta città. Nelle cose sacre ha il suo pontefice, il q[u]ale usa la mitra nei sacrifici e nelle cose profane, in ogni luogo ornato di una corona pontificale.

Spaventevoli apparizioni di schiere armate in aria. Solo ha di male questa felice città, che ogni tre, cinq[ue] o sette anni appariscono in aria schiere armate, le quali fanno per tutto quel cielo gran combattimento e guerra insieme, con grande e spaventevole rumore e orribili voci mandate da quelle larve[286]. Nel tempo che dura questo meraviglioso e incredibile spettacolo, gli uomini e le donne con tremante cuore e pallida faccia ricorrono al tempio santo di dio; allora i sacerdoti, posto a luoghi sacri questo comandamento, che facciano orazione al dio della patria. Si ragunano* in un luogo secreto dove da niuno* possono essere veduti, e con una incantagione* antichissima, con voci q[ua]nto maggiori possono mandar fuori, scongiurano quelle schiere infernali, che subito si partano da tutta quella regione e da tutto quel cielo, e ne vadano in altre terre lontane. Allora quelle diaboliche illusioni con maggiore strepito che prima, ora scoprendosi la faccia, ora coprendola; altri col volto nero e dolente; altri con volto bianco e malinconico; altri con sguardo fiero e crudele; altri con allegro; alcuni lacrimosi, alcuni minaccevoli si partono da aquel cielo. Solevano queste spaventevoli fantasime* nei secoli antichissimi andare errando per tutte le case private e per le regge, e ora di mezzanotte, ora di bel giorno, sentisi* orrendi e spaventevoli gridi. Talora mandano fuori risi[287] ora con voce alta, ora con som[m]essa, ora con rauca, sentirsi minacciare crudelmente. Per le q[u]ali minacce, molte donne gravide si sconciavano[288], molti fanciulli restavano

---

286 Antiguamente, este latinismo significaba aparición fantasmal, o *trasmutata apparenza*. También se usaba para designar máscaras, disfraces o camuflajes (VAC$_1$, *s. v.*). Los antiguos Romanos definían así a los espíritus de hombres malvados que vagaban por el mundo. En zoología, pasó a indicar el estado de desarrollo de un animal que no ha alcanzado la madurez, conforme al planteamiento de Linneo, quien en 1735 declaró que la oruga había de considerarse como "máscara" de la mariposa, insecto perfecto por antonomasia. Para la explicación del étimo y del uso posterior del término, véase T, *s. v.*

287 Forma antigua de *risa* (risas).

288 Es decir, abortaban. *Cf.* VAC$_1$: "e sconciarsi diciamo de le femmine pregne, quando disperdon la creatura [...]e la creatura dispersa la diciamo SCONCIATURA" (con

lungo tempo stupidi. Tutte queste cose spaventevoli cessarono, come dicono, per i prieghi* e orazio-// [f. 63] ni dei popoli conorbani, eccetto che a un tempo determinato ogni tre, cinque e sette anni, come di sopra s'è detto, appariscono* in cielo quelle schiere e combattono insieme.

Conarbano pont[efice]. I prieghi* e scongiuri coi quali scacciano quelle male apparenze da tutta la regione furono lasciate dal grande e s[an]to Conorbano, pont[efice] e sacerdote della detta p[at]ria. Queste orazioni e incanti niuno* dei profani può intendere, sebbene i sacerdoti, cosa meravigliosa, le vanno gridando ad alta voce p[er] tutta la regione, e chi li manifestasse a persona profana e quello a cui fossero manifestati avanti* tre dì muore miracolosamente. In questa città Gallanea è un nobile tempio dedicato agli dei della p[at]ria e nell'interiore parte d'esso è l'immagine del pontefice Conorbano. Con l[ette]re molto diverse da quelle della Zona Torrida, in questo senso.

> Conorbano, re e pont[efice] della terra Gallanea
> O genti a me familiari*, o cittadini a me stati più cari che la propria vita. Io Conorbano, v[ost]ro p[ad]re e pont[efice], sebbene la morte mi vi ha tolto, più che prima sarò con voi infinché[289] il cielo con-// [f. 63v] durrà sopra la terra secoli favorevoli in ogni n[ost]ro bisogno.
> **Gl uomini benemeriti tenuti per dei.** Voi tenete per dei di questa n[ost]ra p[at]ria quegli uomini che hanno ben meritato di voi. Costoro hanno sempre osservato le medesime cerimonie e il medesimo modo di sacrificare, non scemando né aggiungendo cosa alcuna alle cose sacre. Perciocché* gli dei si rallegrano di vedere osservare inviolabilmente le antiche cerimonie; godono dell'innocenza, amano molto la purità e la semplicità. Quelle pesti, quei mali, quegli incomodi che patì questa regione molti secoli innanzi* a me, non ci furono sempre, ma dipoi* che le impietà, la poca religione e altri irremissibili peccati entrarono nei petti umani, questi castighi furono mandati sopra di loro dagli dei, acciocché quelli che dipoi* nascessero e vivessero pii e santamente, e si ricordassero dei loro dei. Dunq[ue], figlioli miei, abbiate ferma fede che gli dei n[ost]ri tengono cura di voi, laonde* rendete loro grazie infinite, e mostratevi grati verso di loro di tanti benefici, ed essi* dei vi renderan[n]o atti a vivere santamente. O figlioli miei, mentre che io Co-// [f. 64] norbano vivevo, v[ost]ro p[ad]re e v[ost]ro pont[efice] fui per universale volontà e parere di tutti, messo e ascritto fra gli dei del cielo, dove ancora sono sempre con voi, e tutte le v[ost]re azioni tra le s[an]te opere e i s[an]ti vestigi degli dei m'ingegnerò di porre, e libererò la n[ost]ra p[at]ria da ogni incomodo e solleverolla* da ogni peso. Quelle voci che già si udivano per le n[ost]re

---

> *sconciarsi* nos referimos a cuando las mujeres embarazas pierden el feto, y este lo denominamos *sconciatura* (s. v.).

289 Variante antigua de *finché* (hasta cuando, hasta que). Véase VAC₁, ss. vv. *finché* e *infinché*.

case, ora non si odono quelle schiere che con spaventoso rumore e strepito d'arme* scorrevano per il cielo.

Purgatorio. Le quali voi credete essere di maligni spiriti infernali, sono anime di uomini morti, le quali non sono ricevute né in cielo né all'inferno, ma vanno così errando p[er] l'aria quali mille, quali cinquecento, quali cento anni, secondo che furono grandi o mezzani[290] i loro peccati, e così staranno finché abbiano purgato le loro scelleratezze, perciocché* non possono andare al cielo se prima non si purgano da ogni macchia della loro passata vita. Né furono i loro peccati tanto gravi che meritassero essere condannate alle eterne pene dell'inferno. Così quelle per gran giudizio di Dio si van[n]o mostrando ora qua, ora là per città, castelli* e ville per dare terrore agli uomini, che non commettano scelleratezze e non possono// [**f. 64v**] però nuocere in modo alcuno all'umana specie, che elle sono al tutto* innocue. L'incanto che usano i sacerdoti per scacciare dall'aria questi mostri è stato per me impetrato[291] dagli dei. Che non sia lecito al popolo profano di saperlo, né ai sacerdoti si conceda che possano insegnarlo ad altrui, salvo che a persona sacra, e contraffacendo[292] gli verrà sopra gran rovina.

Armasaanna città. Lontano seicentocinquanta miglia dalla città Gallonea è la gran città Armasaana.

Ianab re. Nella quale è il gran Ianab, il quale possiede molti regni, molte città e molte castella* verso il polo antartico.

Rongoone pont[efice]. È in questa città il pontefice ornato di bianca mitra, nominato Roongone, il quale ordina e dispone le cose sacre per tutta quella provincia, ed è in tanta autorità che niuno* può essere assunto alla dignità regia senza il suo voto. Sono in questa provincia certi uomini, i quali non hanno in altro il pensiero né in altro pongono il loro studio che nella speculazione delle cose divine e di conoscere per quanto possono dio, e per meglio poter filosofare abitano lontano da tutte le genti che si riducono in altissimi monti, donde* possono meglio rimirare il cielo. Il cibo di costoro è pochiss[im]o e semplice; bevono l'acqua pura// [**f. 65**] e reprimono ogni stimolo di lussuria con l'uso di certe erbe frigidissime[293] e di una certa bevanda che essi fanno apposta contro ogni libidinoso desiderio. Molte volte poi che hanno fatto orazione, parlano con Dio e affermano che parlando veggiono* il cielo aperto. Dicono che veggiono*

---

290 Es decir, medianos (VAC, *s. v. mezzana*).
291 Este latinismo, hoy en día considerado un cultismo, indica la obtención de algo pedido con ahínco (T, *s. v. impetrare²*).
292 Antiguamente, también podía indicar el acto de transgredir una norma, de no acatar a las leyes: (VAC₁, *s. v.*).
293 Es probable que se refiera a la *frigiditate*, es decir, aquella frialdad que indica la ausencia de deseo sexual (VAC₁, *ss. vv. frigidità* y *frígido*).

dio di una forma che eccede di gran lunga ogni forma umana che da buon mortale non può essere compresa con alcuna ragione naturale, e affermano che dio è tutto pietà e tutto santità, tutto clemenza, tutto virtù, tutto umanità, tutto magnificenza e qualche volta questo medesimo dio si mostra terribile e a punire i peccati degli uomini severissimo. Vogliono ancora lui avere cura delle cose umane e che dalla suprema sedia dell'altiss[im]o cielo ha dato quell'ordine, regola e sito al sole, alla luna e alle altre stelle, che nel cielo aver[294] si veggiono* e con legge d'ogni parte così perfetta, che non hanno più bisogno di alcuna estrinseca provvidenza. Vogliono che esso* dio riguardi il corso della vita degli uomini e che molto goda della loro buona e innocente vita.

Angeli custodi. Affermano dio avere innumerabili* ministri*, i quali per il mondo penetrano tutti i cuori degli uomini// [f. 65v] e finalmente, venendo la morte uscita l'anima del corpo dal ministro*, che l'ha avuta in custodia e presentata al cospetto del supremo prefetto della corte celestiale. Il quale, compensate[295] le virtù d'essa* anima con i suoi vizi, se la trova degna del celeste regno la conduce allegramente al trono dell'altiss[im]o dio, il q[ua]le con benigno volto e pieno di maestà le assegna luogo in cielo colmo di incredibile gaudio, facendola partecipe del sempiterno bene. Condanna le anime di coloro che sono mal vivuti[296] alle pene eterne infernali, e le consegna alla turba dei malvagi spiriti che con faccia tremenda e spaventevole quivi* stan[n]o apparecchiati[297] a questo effetto e le conducono alle pene eterne e oscurissime tenebre, dove in quella grandissima voragine dell'inferno le tormentano continuamente.

Purgatorio. Ma le anime di coloro che non furono né in tutto buoni, né in tutto cattivi, acciocché purgate da ogni peccato e lordura possano entrare nel regno del cielo per inevitabile legge del prefetto celeste, è loro assegnato luogo ad alcuna che vada girando per l'aria, alcuna si purghi nelle tempestose onde del mare, alcuna via peregrinando per lunghissimi tratti della terra.

Dio di quattro forme. E per rimuovere il popolo dalle scelleratezze e tenere la gente nel timore di Dio, per// [f. 66] consiglio dei sacerdoti e di quei filosofi fingono dio di quattro forme e con quattro capi, uno dei quali riguarda verso oriente, l'altro all'occidente, il terzo a settentrione e l'ultimo a mezzogiorno, volendo dimostrare che dio vede il tutto. Sotto questa immagine di dio, la quale

---

294 Puede que tenga valor locativo: se encuentran en el cielo.
295 En este caso, da la idea de realizar un cálculo o llegar a una condición de equilibrio. Del latín *compensare*. Véase VAC, s. v. *compensare*.
296 Participio pasado ya caído en desuso de *vivere* (vivir).
297 Léase la nota en el libro VI.

è fatta di un bellissimo marmo, nel tempio della città Armasaanna, sono queste parole da me tradotte.

Io Orissa Venmo, dio del cielo e della terra, sono qui ornato di volto più risplendente che le stelle del cielo, e questa forma che mi vedete di quattro teste, mi fu data per denotarvi che io veggo* chiaramente tutte le umane azioni, tutti i segreti dei mortali.
Innumerabili* ministri* di dio, cioè angeli. Co[n] l'occhio mio penetro tutti gli occulti consigli degli uomini intendo io medesimo, sebbene a me servano innumerabili* ministri* per tutto il mondo, che mi rapportano continuamente tutto quello che si fa e si pensa dall'umana gente. Nondimeno, quando io intendo le scelleratezze, non prima mi volgo alla vendetta che io mi trasformi in questa forma per vedere le quattro parti del mondo. O popoli miei, i quali adorate me solo dio, lasciate gli odi, lasciate ogni mal costume, lasciate ogni crudeltà, adorate me v[ost]ro dio, il quale rimuovo dalla// **[f. 66v]** v[ost]ra regione tutti i mali e sempre vi largisco in[n]umerabili* beni. Io, Orissa, dio v[ost]ro, di cosa alcuna mi sento tanto offeso, quanto dalle v[ost]re scelleratezze, e sebbene sia tardo a muovermi a ira, finalmente commosso* dai v[ost]ri peccati, mi affretto a darvi morte crudele e a farvi patire pene degne dei v[ost]ri errori.

D'ALESS[ANDRO] GERALDINO VESCOVO LIB[RO] XI

Essendo io partito da Naassomone pont[efice] della terra Barborina, e navigando verso la regione equinoziale, mi disposi per consiglio del medesimo Nassamone di menare* meco* N[298] sacerdote, il q[ua]le come quel che intendeva e parlava bene in molte lingue per desiderio di farsi più dotto aveva, come è costume degli etiopi, trascorsi molti paesi dopo la Zona Torrida.
Dannasea città. Costui mi riferì che quattrocentosettanta miglia lontano dalla città C̶a̶l̶o̶n̶g̶e̶a̶ (*al margen*: Gallonea)[299], della quale si è fatta menzione nel n̶o̶n̶o̶ decimo libro[300], è la città Dannasea, sedia principale di Titaano pont[efice]. Nel muro alto del cui tempio è l'immagine del dio che ogni cosa vede, ogni cosa in sé contiene. Nell'altra parte del tempio è un simulacro di marmo di Tetaano[301] pont[efice], e dal destro lato era posta una gran tavola di marmo (*añadido arriba*: con un editto) in questo senso.

---

298 Se omite el nombre del sacerdote, sustituido por *N*. En BL, el nombre que aparece es Ranguno (f. 59).
299 En BL, f. 59v, Calongea.
300 En BL, f. 59v, se deja noveno.
301 Va alternando Titaano con Tetaano a lo largo de los folios.

Tetaano pont[efice] della Terra Dannasea//

[f. 67] Per ordine e comandamento del dio che in sé contiene il tutto, il q[ua]le mi venne avanti più bello del cielo, in forma tanto eccellente che io non la potevo comprendere, e restando io a tanta apparizione, senza mente, senza iudicio[302] e senza animo, gettato il corpo a terra, quella deità mi toccò leggermente il capo con una bacchetta[303] regale, più risplendente di tutte le pietre preciose. Io alquanto desto levai la testa, non però che io potessi cogli occhi miei rimirare quel tanto splendore, ma tutto stupido stavo senza parlare, quando udì così dirmi. O santo Tetaano, il quale fai ufficio in cambio mio nel governare il mio popolo della terra Dannasea, va e fa intendere questo mio comandamento a tutti i sacerdoti santamente eletti, al re e ai principali della città, al popolo e alla plebe! Io dio, in me continente[304] il tutto, potente in cielo, in terra e in mare, io che tengo con legge immutabile gli elementi tutti nell'officio* loro, io che vieto al mare che non esca dai termini da me assegnatili. Io che fo* stare la terra sospesa in aria e l'aria circondata dal fuoco, comando a tutti che la mattina, all'apparire del giorno, vi drizziate* dal letto e facciate orazione a dio per il pontefice della terra Dannassea, per tutto l'ord[ine] sacro dei sacerdoti, per il re loro, per i maschi e per le femmine e p[er] tutta la rep[ubbli]ca Dannasea, per tutti gli animali della n[ost]ra p[at]ria, per la salubrità dell'aria, per le piogge salutifere* e per l'abbondanza di// [f. 67v] tutta la n[ost]ra terra. Il re avanti che cominci a fare o udire alcuna faccenda, vada al suo tempio quando ha da andare alla guerra tre giorni innanzi* al suo partire istia* tutto occupato alle cose divine. I principali e nobili delle città che governano la rep[ubbli]ca non facciano cosa alcuna, che prima non vadano ai loro altari e quivi* umilmente inchinati a terra facciano le loro orazioni; gli altri uomini popolari non si occupino in alcuna faccenda privata, se prima non hanno visitato la s[an]ta casa di dio, dove è la sua immagine. I mercatanti* che vogliono andare lontano dalla città, prima che escano da quella con semplicità di cuore adorino la statua di dio. Gli uomini plebei non comincino esercizio alcuno se prima in terra prostrati non avranno adorato dio innanzi al suo simulacro. Mentre che la gente Dannasea farà in questo modo, ogni cosa felice, ogni cosa beata gli succederà, e come prima manchi di far queste cose che io comando, gli verrà sopra ogni male e mio ogni danno, e ogni cosa gli avverrà piena di affanno e di rovina, e il regno sarà trasferito a gente forestiera.

Damitana città. E come io intesi dal medesimo sacerdote, lontano dodici giornate dai confini della terra Damasea verso oriente è la gran città Damnitana nella pro[vinci]a Panniana.

---

302 Forma antigua de *giudizio* (juicio). La Academia della Crusca lo recoge solo en el VAC$_4$ como *varia lectio* de *giudicio* (*s. v.*).

303 Varilla que representaba un símbolo de autoridad en mano de magistrados y dignatarios (VAC$_1$, *s. v.*).

304 Como adjetivo, significa que contiene o abarca. No ha de confundirse con la otra acepción del término, que expresa la virtud de la temperancia (VAC$_2$, *s. v.*).

Panniana pro[vinci]a. Per mezzo della quale città corre// [f. 68] un fiume che ha il suo nascimento* dal Nilo.

Animaletti che fan[n]o la seta senza umana industria. Quivi* sono larghissime valli, altissimi arbori*, quegli animaletti che fanno la seta, quivi* la fanno senza alcuna umana industria sopra i rami degli arbori*.

Liquore odoratiss[im]o. I colli sono ornati di odorati[305] arbori*, i quali in certa parte dell'anno dall'interno dei rami mandano fuori un certo sudore[306], che poi congelato[307] è odoramento soavissimo per i templi degli dei più che l'incenso. Vi sono viti che potate nella primavera mandano fuori un liquore molto salutifero* a tutti quei popoli, col quale guariscono ogni ferita senza lasciare alcun segno sopra la carne; con quello si drizzano* i membri degli storti[308], e mitigasi ogni dolore del corpo umano, in modo che questa provincia è molto più frequentata per cagione di mercatantia* da remoti popoli e da quelli che abitano le isole del mare etiopico.

Il dio consiglio. In qesta città Damnitana è un templo dedicato al dio del consiglio e un oracolo, che fu dato negli antichi secoli, le cui parole, nella n[ost]ra lingua, sono queste.

> **Pene di bestem[m]iatori.** Quelli che bestemmiando maledirranno dio, siano lapidati e sotterrati dalle pietre. Chiunque ammazzerà il pontefice, il re, i figlioli del re, quelli che tradiranno la patria sopra ogni legge, sopra ogni conosciuta maniera di morte, siano crudelmente fatti morire. E in questo modo medesimo, chi ammazzasse p[ad]re o madre se non aves-// [f. 68v] sero pubblica, manifesta e giusta cagione, di tal parricidio siano puniti. Chi crudelmente ammazzerà un uomo nobile, sia tolto da questa vita con duri tormenti e con cruda[309] morte. Se ucciderà un uomo mediocre, muoia di morte ordinaria e paghi agli eredi del morto una certa conannagione*, secondo lo stato dell'ucciso e dell'uccisore. Agli uomini posti in alto grado sia avuto in alcuni

---

305 Forma poética de *odoroso* (perfumado). Véase T, *s. v. odorato¹*.

306 Antiguamente, podía indicar "per simil[itudine] di qualunque cosa, che mandi fuora umore" (referido a toda cosa que segregue humores) (VAC, *s. v. sudare*).

307 En este caso, designa el proceso de solidificación, de coagulación de un líquido. El TLIO proporciona ejemplos del uso de *congelato* con dicha acepción ya en textos del siglo XIV (*s. v.*).

308 El término que hoy en día indica a los lisiados es *storpio*, que antiguamente significaba estorbo, obstáculo o molestia. En su lugar, *storto*, que actualmente designa algo torcido, indicaba tener los pies torcidos (VAC₁, *ss. vv. storpio* y *storto*).

309 Antiguamente, podía indicar un campo no arado y, por ende, árido. Al ampliar su significado, se usó también como sinónimo de cruel. Léase en el VAC₁: "E da questo, per metaf[ora] crudele, aspro, efferato, inumano" (y derivando de este, en sentido metafórico [significa] cruel, violento, feroz, abominable) (*s. v. crudo*).

casi rispetto, purché non abbiano congiurato contro il pontefice o contro il re, o che abbiano oppresso alcuni dei baroni, chi darà ferita sia in luogo pubblico per le mani del boia punito con la medesima ferita nella medesima parte del corpo suo e paghi la condannagione*, che gli sarà posta ad arbitrio di buoni uomini. Quelli che metteranno fuoco nei templi e case pubbliche, siano nella principale piazza della città e per i trivi e quadrivi[310] tagliati per gli articoli[311] e congiunture delle mani e dei piedi, e di tutto il corpo. Gli adulteri e le adultere, considerata la loro qualità secondo quella, siano fatti morire. I ladri siano per tutto* impiccati per la gola sugli arbori*. Le cause dei pupilli, pupille, vedove, uomini e donne sacre siano intese e definite dai pontefici, o da sacerdoti eletti da pont[efici]// [f. 69] le altre liti e gli altri malefici ad arbitrio di vecchi e approvati uomini, eletti dal re, siano tormentati. Popoli pii, servate i miei comandamenti, perciocché* io sono il dio del consiglio, e che pia e santamente[312] vi consiglio. I regni che si governano con giuste leggi durano molto tempo; altrimenti facendosi, tosto* mancano.

In questo tempo, considerando meco* medesimo che se io volevo ricercare e intendere tutte le leggi tutte le consuetudini e tutte le memorie antiche dell'Etiopia, non avevo uomini che me le potessero riferire, per la stupenda grandezza di quella provincia. Deliberai di non ricercarne più altre parendomi avere scritto abbastanza di quelle cose che io medesimo vidi, e quelle che da altri udii con quella maggior brevità che ho potuto. Nondimeno non voglio lasciare di dire generalmente alcune cose ancora.

Oltre la Zona Torrida, conciosia che* si scopra un altro polo e un'altra forma del cielo, appariscono* cose nuove e molto diverse dalle n[ost]re. Veggionsi* molti serpenti, molte vipere e molti animali dai n[ost]ri in tutto diversi. Molti re adorano un dio; molti, molti dei.

Re di Manicongo, fatto cr[istia]no. Infra* questi il re di Manicongo tiene la n[ost]ra fede. L'avo del q[u]ale per opera del re del Portogallo ricevette l'acqua del s[antissi]mo battesimo.//

---

310 Es decir, respectivamente, las encrucijadas de tres y cuatro calles. Sus definiciones aparecen a partir del VAC_3 (ss. vv.).
311 De las numerosas acepciones de este término, destaca una que se corresponde con el uso del vocablo en este contexto; en efecto, el VAC_1 nos aclara que "diciamo ancora, articoli del corpo, che son gli strumenti delle membra, come nervi, giunture, muscoli, e simili" (también decimos *articoli* del cuerpo para aludir a los componentes de nuestros miembros, tales como nervios, junturas, músculos y afines) (s. v.). Su correspondiente moderno es *articolazione*.
312 La práctica de escribir una secuencia de adverbios de modo omitiendo la desinencia *mente*, salvo el último, es un tipo de escritura que en el italiano actual ya cayó en desuso.

[f. 69v] **Vittoria miracolosa di pochi cri[stia]ni.** Avendogli tolto il regno un suo fratello, e fatto ritornare i popoli al rito primiero* e all'antica religione, con lasciare la cr[istia]na. Il re con venti soldati cristiani senza più[313] prese la principale rocca del regno, e poco dipoi*, assaltato il minor fratello con poco numero di soldati cristiani, mise in rotta ventimila uomini dei nemici, e molti ne uccise e fece prigione* il minor fratello. Questa vittoria fu riconosciuta per gran miracolo di Dio, perciocché* i soldati del minor fratello dicevano poi che, mentre si attendeva a combattere, vedevano manifestamente* scendere dal cielo schiere vestite di bianco, e con tal impeto urtare loro addosso, che non possendo* sostenerli per gran paura si misero in fuga. Per questo miracolo i venti[314] che rimasero dalla strage, tutti si fecero cristiani, e il maggior fratello perdonò il minore e tutti i principali del regno che avevano seguitato* le parti contrarie, con questa condizione: che fossero in perpetuo obbligati a tenere netti i templi dei cr[istia]ni. Questo regno, da che[315] prese la santa n[ost]ra fede, miracolosamente è andato sempre crescendo, intantoché[316] oggi è grandissimo. Per mezzo d'esso passa un fiume che nasce dal Nilo e per lunghissimo tratto di paese, lasciata indietro quasi tutta la Zona Torrida, mette nell'oceano sotto il polo antartico. Molti popoli mantengono con gran giustizia il governo popolare, dal quale rimuovono in tutto la superbia di nobili e ogni// [f. 70] sospetto di tirannide. Molti altri obbediscono al governo degli ottimati e con larga liberalità e fortezza nel trattare la guerra, si hanno acquistato la parte del mondo abitata dalla gente nera, la quale si stende in larghissimo tratto verso il polo antartico e con lunghissimo spazio da oriente in occidente.

Popoli che non riconoscono alcun Dio. Dei quali popoli, alcuni sono che mancano d'intero giudizio, e sono d'ingegno stupido e di animo incostante. Non hanno alcuna religione, né riconoscono alcun Dio; non hanno l[ette]re, né osservano alcuna sorte di mercatanzia*, non hanno leggi, non statuti dei loro antichi, non conoscono ragione e, insomma, non osservano alcun modo umano e civile nel vivere loro. E io credo che gli altri etiopi che sono più addentro nell'Africa, sarebbero nel medesimo modo di vivere, se non fosse il commercio che hanno per le mercatanzie* con i popoli Numidi e Mauri, e se non

---

313   *Senza indugi* (sin vacilaciones, sin titubeos). Véase T, *s. v. più*. La locución se recoge en el VAC₃, expresando una idea de exclusividad y aislamiento: "Per Solamente, senz'altra compagnia" (corresponde a en soledad, sin otra compañía) (*s. v. senza più*).
314   En Le, 379 y Ge, 256, *victi*.
315   Forma adverbial hoy en día considerada cultismo, cuya variante más usada es *dacché* (desde cuando) (T, *s. v. dacché*).
316   Aparece a partir del VAC₃ como sinónimo de *fintantoché* (hasta el punto que) (*s. v.*).

fossero fatti più vivaci e desti d'ingegno per gli assalti che del continuo* ricevono dai popoli della regione deserta, se gli arabi e gli indi non vi praticassero come fanno per i grandissimi guadagni che vi trovano, perciocché* abbondano d'incenso, di mirra, di cinnamomo, di cassia*, di aromati*, di perle di seta, di balsamo e di molte gioie orientali. E per tal modo praticando insieme, hanno loro mostrato a vivere con leggi e insegnato loro l'astrologia e la filosofia, a riconoscere Dio e a temerlo. Ma tempo è che io ponga fine a parlare dell'Etiopia// **[f. 70v]** e delle genti nere, delle quali ho raccolto quelle cose che io stesso vidi e che da uomini degni di fede ho udito, e da me diligente e fedelmente[317] sono state scritte.

D'ALESS[ANDRO] GERALDINO VESC[OVO] LIB[RO] XII

Già è tempo che io ritorni alla mia navigazione, la quale poco dianzi[318] lasciai al fiume a causa di conoscere più addentro l'Etiopia, i molti popoli e i molti regni sotto la Zona Torrida In quel tempo, che gravemente sopportavo l'assenza dalla mia chiesa di san Dom[enic]o.

Popoli di Gambre crudeli. La quale dimora mi si faceva tanto più rincrescevole[319] per la crudeltà dei popoli del regno di Gambre, al quale mi conveniva pervenire, se più innanzi seguiva la mia navigazione e scorrere* i liti* della costa di Ghinea, dove i popoli vivono senza fede, dove con abominevole modo d'inganno si vendono ai mercatanti* forestieri di lontanissimi paesi i propri parenti, fratelli e figlioli. Onde io alli[320] XIX di dicembre dal fiume Rivo, che è distante sessanta miglia da Capoverde, comandai ai nocchieri che voltassero le vele per andarmene finalmente al mio tempio, e affinché schifassero[321] la lunga calma dell'oceano etiopico a questo effetto navigammo infino* a otto giorni a settentrione, acciocché poi più facilm[en]te potessimo pigliare il viaggio all'Equinoziale.

Pesci di mostruosa grandezza. Allora la prima volta ci apparvero certi pesci di orribile e mostruosa grandezza// **[f. 71]** e tutto quel mare ci si mostrò di

---

317 Véase nota al pie en este libro sobre las secuencias de adverbios de modo.
318 Adverbio hoy en día poco usado, que corresponde al más frecuente *poco fa* (poco antes). Véase VAC$_1$, *s. v.*
319 Adjetivo que actualmente se considera como cultismo y que expresa una idea de tedio, de molestia o de disgusto (T, *s. v.*).
320 Fórmula muy utilizada en aquella época para indicar el día concreto en una fecha.
321 En este caso, es una variante verbal con labiodental sonora de *schivare* (evitar, sortear).

un'altra faccia, conciosia cosa che* le acque non fossero molto profonde. L'arena del fondo si dimostrava in tal luogo rossa, che il mare pareva di sangue. In questo tempo, stando noi con l'animo molto dubbioso per le varie apparenze di q[ues]to mare, traemmo dalla sentina alcuni marinai etiopici, che poco innanzi* avevamo fatto prigioni*, i quali ne dissero che la terra d'Etiopia era tutta ripiena* di vari marmi, i quali, secondo che sono diversi, variano il colore delle onde del mare. In questo oceano vi sono molte isole abitate da genti nere, le quali se non che[322] par'hanno volto umano, si potriano[323] avere piuttosto per bestie che per uomini, conciosia che* non tengono alcuna pratica con forestieri; non hanno barche salvo che da pescare, con le quali non possono fare lunga navigazione. Trovandoci lontani dal continente d'Etiopia per ispazio* di cinque giorni di navigazione, ci apparivano in quel grande oceano nuovi e non più veduti mostri, i quali, circondando la n[ost]ra nave, la sopravanzavano [superaban] con le schiene, e ci mettevamo in grandissimo spavento e avendo noi sparato contro di loro le n[ost]re artiglierie, mandavano fuori orrendi urli. Ultimamente, dopo ventisette giorni che eravamo partiti dal fiume Rivo, giungemmo alle isole di crudeli// [**f. 71v**] popoli, i quali si cibano di carne umana.

Caribi che mangiano carne umana. Questi popoli in lingua loro sono chiamati caribi, che vuol dire uomini forti. Noi smontammo in una di esse, che è lontana dalla città di San Domenico ottocento miglia, dove trovammo che quelli che mangiavano carne umana stavano alle montagne dell'isola, donde* scendevano a fare preda di coloro che abitavano al piano[324] che non mangiano carne umana ma vivono secondo la legge della natura, ma quei selvatici e crudeli caribi, i quali non riconoscono alcun dio, combattono gagliardamente. Sono di gambe e di tutti gli altri membri del corpo fortissimi, di volto terribili [aterradores]; vanno sempre ignudi e dipingono il corpo di vari colori. Usano saette avvelenate, la punta delle quali è fatta dell'osso di un pesce duro come il ferro e ne portano molte nella mano sinistra, e come le hanno tirte tutte rifuggono alle montagne con meravigliosa celerità, e prese nuove saette ritornano subito a combattere. Dalle arme* nemiche si difendono or qua or là saltando con incredibile destrezza. Sono costoro di tanto spavento e terrore alle isole

---

322 Conjunción que normalmente supone una excepción y contempla las variantes gráficas *sennonché* y *senonché* (esta última, menos correcta). Sin embargo, antiguamente también podía construir una subordinada hipotética (si no fuera que), como en este caso. Véase al respecto T, *s. v. sennonché*.
323 Forma antigua del condicional de *potere* (poder) (T, *s. v. potere²*).
324 En este caso, *pianura* (llanura, planicie) (VAC$_1$, *s. v.*).

vicine che tengono in cima di promontori uomini alla veletta³²⁵ a fare segni del venir loro per poter prendere qualche scampo alla loro salvezza. Come costoro ne pigliavano qualcuno, se lo trovavano grasso subito l'ammazzavano, e mette-// [f. 72] vanlo in uno schidone³²⁶ di legno al fuoco, ovvero in una gran pentola. Se era magro, lo ingrassavano con vari cibi, come noi facciamo di alcuni uccelli; i fanciulli che prendevano subito li castravano, e poiché li avevano bene ingrassati, a certi tempi delle orofeste si ragunavano* insieme e, posti in cerchio, facevano sedere nel mezzo quei miseri fanciulli ingrassati. Dipoi* uno di loro, con vari moti delle braccia e del capo e finalmente di tutta la persona, con volto terribile e crudele andava intorno ai fanciulli e guatandoli³²⁷ con spaventoso sguardo, con una spada di durissimo legno percoteva e tagliava la testa di uno, di due e di quanti pareva a coloro che stavano intorno. L'altro girono con grande allegrezza facevano convito* della carne di quei morti fanciulli e uomini grassi. Le femmine da loro prese non le ammazzano, ma le serbavano a privati loro servigi e alla cura dei loro fig[io]li. Parlavano spesso con demoni, né per ciò porgevano prieghi* né a loro né a dio. Tutto lo studio e tutto il piacere loro era nel rubare e far guerra ai vicini popoli, che tutti avevano per nemici quelli che non si cibavano di carne umana. Vivevano// [f. 72v] con grandissima unione ed eleggevano magistrati, i quali intendevano³²⁸ tutte le loro controversie; subito le decidevano e terminavano. Quando alcuni di costoro erano presi da quelli che non mangiavano carne umana er[an]o tenuti a fare servigi come fra noi gli schiavi.

Graziosa isola. Ma tornando oggimai³²⁹ al n[ost]ro viaggio, scoprimmo un'isola detta Perigueia, che ora si chiama la Graziosa, nome della mia nobile e cara madre, impostole da un genovese³³⁰ col quale tenevo antica amicizia, e

---

325 Sinónimo de probable origen español, de *di vedetta* (de centinela), hoy en día considerado cultismo. Véase T, *s. v. veletta²*.
326 Asador. *Cf.* VAC₁: "Quello strumento lungo, e sottile, pel quale s'infilzano i carneggi, per cuocergli arrosto, che per lo più è di ferro" (aquel objeto largo y fino casi siempre de hierro que sirve para espetar la carne y asarla) (*s. v. schidione e schidone*).
327 Según T. (*s. v.*), *guatare*, cuya definición en el VAC₁ simplemente indica que es sinónimo de *guardare* (ver, mirar, observar), expresa el acto de mirar fija y detenidamente para expresar algún estado emotivo (rabia, estupor, etc.). En este contexto, el verbo utilizado intensifica la ferocidad de los caníbales.
328 En este caso, significa que los magistrados escuchaban sus peticiones. Para esta acepción de *intendere*, consúltese el VAC₄, *s. v.*
329 Adverbio antiguo, considerado hoy en día cultismo (T, *s. v.*), es sinónimo de *ormai* (ya, ahora, a estas alturas). Véase VAC₂, *s. v.*
330 En BL, f. 65v, se añade "detto Colono" (que se llamaba Colón).

quando mi disposi di navigare per il grande oceano gli raccomandai* molto la mia m[ad]re, ed egli senza che di ciò fosse da alcuno richiesto, volle capitando a quest'isola che fosse dal nome di lei chiamata. Io, con grande allegrezza, presi porto e scesi in terra, la quale trovai piena di altissimi arbori*, di campi verdi e di freschissimi e limpidissimi rivi. Questìsola già fu abitata da uomini buoni e mansueti, dipoi* la presero i caribi e la possedevano lungo tempo. All'ultimo, per timore degli spagnoli, l'abbandonarono. Io vi dimorai due giorni, per la memoria del nome materno.//

[f. 73] D'ALESS[ANDRO] GERALDINO VESCOVO LIB[RO] XIII

Guadalupa is[ol]a. Il terzo giorno, partitomi dalla Graziosa, giunsi per tempesta a un'isola, detta Canigueria, la quale ora è detta Guadalupa, da Guadalupo monastero della ulteriore Spagna, di tutti gli altri monasteri di quella regione celebratissimo. In quest'isola i marinai smontarono a prendere cose da vivere, avuto però prima segno di pace da caribi, quando alcuni dei loro principali erano venuti a me sulla nave. Rifiutai di vedere uomini tanto crudeli e infami, e fecili ammonire dal mio Ribiera che lasciassero tal modo di vivere, dicendo che il leone non nuoce al leone e che niun* animale era nocevole[331] alla sua specie. Imperò* era cosa molto abominevole che essi i quali* avevano pur[332] forma umana commettessero con grandi scelleratezze, dalle quali si astengono le fiere più crudeli, ed essendo che gli uomini buoni (*añadido arriba*: non) facciano alcuna violenza agli innocenti ~~animali~~, era cosa nefanda da non poter purgarsi con alcuni sacrifici e prieghi*, che i caribi non si astenessero dall'uccidere gli uomini buoni e innocenti p[er] divorarli nei loro festivi giorni. Le quali parole, come furono da// [f. 73v] loro intese, corsero verso di me e levati i miei famigliari* dalla porta della mia camera allora che io mi stavo sopra i miei libri, si gettarono ai miei piedi e mi raccontarono con lungo ordine l'antichità dei loro maggiori*. I quali per quelle feroci gagliardezze erano stati chiari e che essi osservavano il modo di vivere tenuto dai loro padri. Affermavano essere obilissimi fra tutti gli uomini di quel clima, gli altri a comparazione loro non dssere degni del nome di uomo. Acconsentirono bene che i miei consigli erano ottimi se coloro dei quali mangiavano la carne fossero stati uomini forti, che io

---

331 Variante poco usada de *nocivo* (perjudicial) (T, *s. v. nocevole*). *Cf.* VAC$_1$, "atto a nuocere" (que perjudica) (*s. v.*).

332 En este caso, *pur* se utiliza como conjunción adversativa concesiva. Véase T, *s. v. pure.*

dovevo sapere che la virtù degli uomini era posta nella prestantissimia fortezza del corpo, della quale coloro del tutto mancavano, la pietà essere cosa dispreggevole* se non era sostenuta da grandi forze. Io allora interruppi il parlare di gente così fiera e crudele, e biasimai la loro superbia che si vantassero per nobilissimi, essendo di tutti ignobilissimi [innobles, infames, abyectos] e vivendo senza alcuna umana e civile legge e senza alcun ornamento di vita. Dette molte altre cose, e vedendo che le mie parole poco, anzi, nulla giovavano, comandai loro che si partissero* da me subito,// [f. 74] ed essi ridendo domandarono del vino. E io, per levarmeli d'attorno, ordinai che loro fosse dato del vino e da mangiare insieme abbondamente[333] all'uso n[ost]ro e proibì loro di più venirmi davanti. Dipoi* verso la sera ci partimmo da quel luogo e la mattina seguente scoprimmo le isole sparse intorno, abitate da quella crudele e abominevole gente. Allora io incominciai con gran dolore a rammaricarmi della miseria umana e se licito mi fosse stato, mi sarei amaramente doluto della natura che avesse creato gente tanto orrenda e crudele.

Vergini isole. Fuori da quella moltitudine di isole, ove scoprimmo alcune altre e da quel genovese intesi che erano chiamate Vergini. Il quale nome fu loro imposto perciocché* furono scoperte la prima volta nel giorno di S[anta] Orsola, e di tutta la sua s[an]ta compag[in]e. Queste erano già abitate da uomini civili e benigni che poi furono prese dai caribi e in tal modo disfatte, che le trovammo deserte, il che ci muoveva veramente a compassione. La prima di queste si chiama Piloa, dalla forma tonda; la sec[ond]a Angiulla[334], dalla forma lunga; la terza di S[an] Marco; la q[u]arta di S[an] Saba; la quinta di S[an] Bart[olomeo]; la sesta di S[anta] Maria Ritonda; la settima di S[anta] Maria della Neve; l'ottava di Monte// [f. 74v] Santo; la nona di S[an]ta Maria; la decima di Tuttisanti; la undicesima Guadalupia, e non molto lontano da quella un'altra è detta Iguanacaia; un'altra di S[an]ta Lucia detta dai barbari Igunarcona; un'altra detta Granata, già Taurica; un'altra di S[an] Vincenzo. Queste tutte sono abitate da caribi. Dopo il terzo giorno che partim[m]o dall'isola Guadalupo scoprimmo un'altra isola, detta di S[an] Giovanni, la quale dagli antichi abitatori fu detta Beriqueria. In quest'isola sono chiese di cri[stia]ni e al tempo di Giulio II pont[efice] mass[im]o ne fu fatto vesc[ovo] Alfonso Manso. In questo tempo fummo assaltati da tempeste non più conosciute né provate in quell'oceano, in modo che non potemmo afferrare la mia isola, perciocché* navigando noi col

---

333 Variante de *abbondantemente* (copiosamente). El TLIO recoge un solo ejemplo que proviene de las *Rime* de Antonio da Tempo (*s. v.*).
334 Posible metátesis de *Anguilla*.

cielo sereno in un subito* si levò un vento con pioggia tale che mi tolse ogni speranza di poter andare dov'era il n[ost]ro intento, e se non avessimo subito calata la vela, saremmo certo andati a traverso[335]. Non possendo* adunq[ue] pervenire alla mia isola, ci volgemmo verso quella di Cuba, e tre giorni fummo travagliati da// [**f.75**] quella orribile tempesta. Alla fine, rischiarandosi il cielo, assicurati alzammo la vela; solamente restava in aria una nera nuvoletta, la quale in un medesimo giorno si scoverse*[336] nove o dieci ~~giorni~~ volte. Dipoi* crescendo seguì una più spaventevole tempesta che ci rimise in più grande pericolo.

Città di S[an] Domenico. Alla fine il quarto giorno entrammo nel desiderato porto della nobilissima città di San Domenico, dove dai più nobili della città fui onoratamente ricevuto, essendo io il primo vescovo che in essa fosse entrato. Restai oltremodo meravigliato di vedere una città essere così cresciuta e nobilitata nello spazio di cinque anni che ella era stata edificata, nella quale gli edifici sono alti e belli al modo d'Italia. Il suo porto è capacissimo di quante navi possano essere in tutta Europa; le strade sono così larghe e dritte come sono quelle di Firenze, in modo che rappresenta a magnificenza dell'antico secolo. Se il popolo suo, acquietate le discordie e fazioni che lo tengono diviso, si riunisse al bene comune, credo poter affermare che in breve tempo sia per ottenere un larghiss[im]o impero nella piaggia[337] equi-// [**f. 75v**] noziale. Io non voglio distendermi in raccontare i nobili Cr[istia]ni vestiti di robe di seta con ricami d'oro, non il numero di senatori ragguardevoli copioso, non i venerabili dottori di legge, i quali, abbandonata la loro patria, sono passati in questa città e hannola illustrata e ornata con buone e sante istituzioni e ottimi costumi. Non i prefetti delle navi, i soldati e quelli che vanno scoprendo tutto il giorno nuove genti, nuovi regni e nuovo cielo, cosa veramente meravigliosa. Andando al tempio e[pisco]pale lo trovai edificato di terra (*añadido arriba*: e) mi condolsi meco* medesimo che il mio popolo avesse posto tanto studio in edificare le case private, le quali gli hanno da essere breviss[im]o ricetto[338], e non avessero posta

---

335 *Cf.* VAC₁: "E andare a traverso, si dice anche di nave, che faccia naufragio" (también se dice que una embarcación va *a traverso* cuando va a pique) (*s. v. a traverso*).
336 En este caso, tiene el significado de manifestarse, aparecer.
337 Se trata de un término procedente del latín medieval que originariamente significaba declive o playa. En el lenguaje poético se usaba para indicar cualquier lugar o región, y esta es la acepción que le da el copista en el *Itinerarium* italiano. Consúltense T, *s. v.* y VAC, *s. v.*
338 Entre otras acepciones, *ricetto* indicaba la "Stanza particolare nelle case, ed è per lo più Quella, che s'interpone tra la scala, e la sala" (habitación privada en las casas que separa la sala principal de las escaleras (VAC₁, *s. v.*). Sucesivamente, se extendió

cura in edificare il tempio principale dedicato al sommo Dio, che ha da essere il suo propio albergo e perpetuo. E giudicando che questo era ufficio appartenente al vescovo, convocai il popolo e i maestrati* nel detto tempio, e assiso nella sede ep[iscopa]le orai* tre volte pubblicamente e li commossi di maniera che, sebbene era loro grave dopo aver lasciato i parenti e abbandonata la p[at]ria e trasfe-// [f. 76] ritisi si può dire, in un altro mondo, spogliarsi in parte della loro facoltà e ricchezze, massimamente che i sepolcri dei suoi antichi, il naturale amore della p[at]ria spesse volte faceva loro volgere l'animo a ritornare in Sp[agn]a, nondimeno deliberarono di non mancare in opera così pia, di aiutarmi quanto potevano. E così fecero con molta liberalità e prontezza.

ALESS[ANDRO] GERALDINO VESCOVO LIB[RO] XIV

Ho reputato essere conveniente al debito mio, servendo questi commentari[339], di narrare il nome e la p[at]ria di colui che fu ritrovatore di questo nuovo mondo delle Indie Occidentali, delle quali per l'addietro non si era avuta notizia alcuna fuorché di qualche incerta immaginazione, acciocché non rimanga defraudato di quella gloria che si dee* perpetuamente alla sua immensa virtù e invitto valore.

Cr[istofa]no* Colombo genovese ritrovatore del Nuovo Mondo. Fu costui Cristofano* Colombo di nazione Italiana e di p[at]ria genovese, il quale come eccellente matematico e astrologo, avendo misurato il circuito della Terra e del cielo, e giudicando che con lunga navigazione fosse possibile trovare nuova terra nella linea equinoziale agli antipodi. E più a ciò l'animava l'aver letto nel *Clizia* di Pla- // [f. 76v] tone che non è da credere in modo alcuno che tanta gran parte del mondo fosse sommersa dal mare, la quale egli afferma non essere punto* minore dell'Asia e dell'Europa insieme. Mosso sa questa sua credenza, il Colombo se ne andò prima in Francia e poi in Inghilterra, e proposta questa sua speranza di trovare nuovo mondo a quei re, fu dall'uno e dall'altro tale spedizione giudicata incerta e impossibile affatto, laonde* se ne andò a trovare Giovanni re di Portogallo, il quale re fece il medesimo giudizio. Onde finalmente si trasferì in Sp[agn]a al re Ferdinando e alla regina Isabella, i quali in quel tempo facevano guerra nell'ultima parte della provincia betica contro i saraceni. Dove Antonio Geraldino mio fratello, uomo chiaro, il quale poco innanzi* era tornato dalla legazione che aveva per quel re adempita appresso* Innocenzo VIII,

---

    su significado para referirse a todo el edificio, expresando en sentido metafórico la idea de amparo, refugio. Véase T, *s. v.*
339 Indicaba antiguamente una exposición de ideas extensa y erudita (T, *s. v.*).

pont[efice] mass[imo] fu molto aiutato, ma per la morte di questo mio fr[at]ello rimase il Colombo come abbandonato, e privo di ogni umana speranza. Venne in tanta necessità di ogni cosa che per la poca fede dei famigliari* regi e p[er] la povertà che lo stringeva, se ne andò a un monastero di San Francesco, che è nella provincia betica, e ottenne da quei p[ad]ri gli alimenti. Dove fra Giovanni Mansona, uomo per// [f. 77] religione e bontà approvata lodatissimo, vedendo il Colombo essere uomo di nobile e onorata presenza e giudicando la sua impresa essere d'alto giudizio e di apparente ragione, se ne andò in Granata a trovare il re e la regina, i quali mossi dall'autorità di quell'uomo, mandarono per il Colombo, e inteso da lui pienamente il suo discorso, proposero il negozio nel consiglio dei suoi principali uomini, dove le sentenze furono varie e molti vescovi di Spagna tenevano[340] questo essere errore di manifesta eresia, conciosia che* Niccolò di Lira dica che questa macchina del mondo dalle Isole Fortunate fino in oriente distesa sopra il mare non ha nei suoi lati terra alcuna per la parte addentro della sfera, e s[an]to Aug[usti]no affermativamente neghi esservi antipodi. Allora io che ero giovane e stavo dietro a Didaco di Mendoza della Santa Chiesa Romana car[dina]le, uomo per nobiltà di sangue, per integrità, per prudenza e per notizia di molte cose illustre, domandai licenza di poter rispondere, e ottenutala dissi che il Lira e l'aurelio, come che fossero per dottrina di molte scienze e per santità chiarissimi, nondimeno che della cosmografia erano stati altutto* ignoranti, sì* come ben fatto manifesto i portoghesi, i quali in quel medesimo modo sono andati alle basse parti di un altro emisfero e avendo perduto il polo di vista, hanno scoperto un altro polo opposto al n[ost]ro e hanno trovato che sotto la Zona Torrida sono infiniti popoli e che hanno veduto in quella parte degli antipodi nuove stelle. Allora Agnolo Sancio, maestro di conti e delle entrate della città di Valenzia, domandò al Colombo che somma di danari, che numero di navi fossero di bisogno a tanta gran navigazione; e avendogli risposto bastargli tremila ducati e due navi, egli subito soggiunse voler prendere sopra di sé questa spedizione, e dal suo proprio pagare cotale somma di danari.

D'ALESS[ANDRO] GERALDINI VESCOVO LIB[RO] XV

L'isola Spagnola. L'isola Spagnola è posta nella regione equinoziale di forma quadrata ma alquanto lunghetta ed è maggiore dell'una e del'altra Spagna.

---

340 En este caso, significa tener opinión sobre algún asunto. El VAC₁ registra dos ejemplos sacados del *Decameron* de Boccaccio en los que figura el verbo con dicha acepción (*s. v.*).

Quivi* sono amenissime valli e pianure latissime* di ogni sorta d'arbori* ripiene*. Vi sono altissimi monti con le sommità sempre verdeggianti. Di frutti vi è gran copia, ma né frutti, né erbe, né frumenti, né legumi della sorte dei no[st]ri innanzi* alla giunta del Colombo vi si trovavano, né vi erano animali di quattro piedi da conigli in fuori[341] poco maggiori di topi, ma al p[rese]nte, quel che è cosa meravigliosa, nel corso di vent'anni vi sono bellissimi greggi, numerosi// [f. 78] armenti e grandissima copia di zuccaro*, cassia*, pepe e altri aromati*. Non vi è alcuna generazione di serpenti, né vipere, né rospi. Gli uccelli che volano per l'aria sono tutti di verde colore; i colombi, i nibbi, i falconi e gli sparvieri in certa parte dell'anno dalla Cimbrica Chersonesso volando si trasmettono per tutto il paese equinoziale e penetrano alle isole più lontane. Quivi* è perpetua primavera e perpetua estate, niun* giorno passa senza sole. Nel primo, e secondo mese vi stillano[342] piccole piogge; grandi ad aprile e maggio; a luglio, agosto e settembre grandissime, per tutto il cielo s'udivano tremendi tuoni. Solevano in ciascun biennio, quinquennio o decennio sorgere grandi venti e cadere in[n]umerabili* folgori e stupende tempeste, le quali attraversavano tutti gli arbori* e tutte le case.

Tempesta orrenda detta uragano. Le botti della farina e del vino esposte nel lito* e gli uomini ancora che non si rifugiavano nei luoghi sotterranei e nelle grotti erano dalla violenza portati in aria con grandissima strage e rovina di tutto il paese, la quale tempesta prevedevano dal cadere delle frondi, quando dai principali della patria si eleggevano uomini che andavano attorno divulgando per tutto* che l'uragano in breve veniva, perciocché*// [f. 78v] con tal nome appellavano questa pubblica peste. Accadde che molte navi delle n[ost]re che stavano in porto tirate dalla tempesta in alto perirono in mare.

Fantasime* in aria combattere insieme. Molti spagnoli in questi accide[n]ti videro molte terribili apparenze di uomini e spaventevoli fantasime* per tutta l'aria combattere insieme, le quali tutte cose, posto che fu il santissimo sacramento dell'Eucaristia per le chiese edificate da cristiani, cessarono affatto. O maravigliosa potenza, o gran pietà e misericordia del gran re del cielo, che a ciascun popolo porgi nei maggiori bisogni aiuto e sovvenzione[343]! A questa patria, affinché gli abitatori non avessero a perire per troppa licenza

---

341 Acepción de la locución antigua que se corresponde hoy en día con *eccetto* (a excepción de, salvo) (VAC$_3$, s. v. *in fuori*).
342 Ese *stillare* también podía indicar la lluvia fina, tal como leemos en el VAC$_1$ (s. v.): "Per lo cader dell'acqua minuta da Cielo" (indica el caer de agua fina del cielo).
343 En este caso, indica una necesidad. Consúltese en el glosario la voz *SOVVENIRE*.

e lascivia mandavi l'uracano, ~~volondo~~ volendo contenerli con qualche timore della podestà* superna[344] e perché non avessero affatto a perire, gliene prenunziavi[345] con la caduta delle frondi. E ora totalmente liberati li hai da tanti mali con la presenza del tuo corpo santissimo e gloriosisss[imo]. Nell'Etiopia ancora perché gli smisurati serpenti non consumassero le greggi, gli armenti e tutta la gente, desti loro l'incanto col q[ua]le si toglie ogni animale da quella regione.

Conchiglie che difendono dalle folgori. E cadendovi folgori assiaduamente volesti che tutto quel mare buttasse fuori conciglie purpuree a loro salute, perciocché* da folgore celeste non si toccano. Pro-// [**f. 79**] creandosi in un monte dei marsi, popoli d'Italia, in[n]umerabile* moltitudine di vipere, è data da dio tale potestà ai paesani che le vipere li temono e sono loro suddite, perciocché* le prendono con mano senza riceverne alcun nocumento[346]. In Africa nella regione degli psilli vi sono basilischi e vipere che danno subita morte a quelli che mordono, ma i psilli hanno tale imperio* sopra di loro che incontanenti* le ammazzano. In Asia nella spiaggia di Licia e nel monte Chimera il tutto è pieno di veleno di serpenti, ma i paesani hanno tale potestà sopra di loro, che con il riguardarli solamente non si possono muovere dal luogo e in tutto obbediscono loro. In terra di lavoro[347] a Bua vi è una piccola grotta, oltre il mezzo della q[ua]le è un segno postovi dai romani quando comandavano a tutto il mondo, che se alcuno lo passa incontinenti* cade tramortito, e se il suo corpo in quell'istante non s'immerge in un propinquo* stagno* rimane al tutto* estinto. O im[m]ensa carità dell'eterno Dio, che a tutti i mali porgi salutiferi* rimedi! Ma tornando alla mia narrazione, tanta abbondanza e tanti beni sono nell'isola Spagnola che non è cosa agevole a narrarli, i limoni, i cedri e i grisomoli* tutto l'anno si veggiono* pendere dai rami. Gli altri arbori* conti-// [**f. 79v**] nuamente hanno frutti, ma in una stagione [*al margen:* più] che in un'altra. I meloni una volta seminati daranno fino al quinto anno con non minor provento ciascun anno. Il basilico e le altre erbe d'orto sempre sono verdi e tutti i semi e tutte le piante vi sono state portate dall'Europa, perciocché* innanzi* all'andata* del Colombo

---

344 Cultismo de procedencia directa del latín que se utiliza para indicar algo en posición superior, que a menudo se refiere a su ubicación en el cielo o a las cosas celestiales (T, *s. v.*).

345 Sinónimo antiguo hoy en día considerado cultismo de *preannunciare* (anunciar, prever) (T, *s. v. prenunziare*).

346 De procedencia directa del latín, actualmente se considera como término culto e indica el acto de perjudicar, dañar. Véase T, *s. v.* El VAC$_1$ (*s. v.*) señala que era más usado que *nocimento*, que hoy ya cayó en desuso.

347 Esta expresión no figura ni en Le ni en Ge.

quella terra non produceva niuna* erba e niun* frutto dei n[ost]ri, ma avevano altre erbe e altri frutti suavissimi d'altra sorte e d'altra forma diversa dai nostri.

D'ALESS[ANDRO] GERALDINO VESCOVO LIB[RO] XVI

Costumi degli abitanti dell'isola Spagnola. Gli uomini di quest'isola veramente buoni vivevano con la legge della natura, non facevano ad alcuno violenza e osservavano i matrimoni. Avevano fissa nella pura mente la giustizia e l'equità non p[er] vincolo di legge, ma per una certa rettitudine e bontà naturale. Vi erano regoli* e baroni, i quali con fronte lata* e piana, così fatta dal ventre materno per industria, uscivano in pubblico per comparire con volto più venerabile ai i suoi popoli, i quali li osservavavano con meraviglioso culto e reverenza. Né questi regoli* facevano mai guerra, salvo che per difendere i confini dei suoi regni. Avevano tutte le cose comuni fuorché le case e le suppellettili. Si contentavano di poco cibo, bevevano// [f. 80] acqua e mangiavano pane fatto di radici, le quali, una sola volta seminate, durano lungo tempo e danno a tutta la gente salutifero* nutrimento. E nondimeno l'acqua che se ne preme dá morte a chi ne beve. Vi sono certe sorti di canne che dagli internodi mandano fuori rami che fanno semi simili a ceci, dei quali fanno pane di un po' più dura digestione. I cibi son di granchi, lucertoni[348], di pesci e di conigli.

Anima immortale. Credevano l'anima essere immortale, e però di morti non avevano desiderio alcuno. Prendevano pubblici responsi ai suoi dei, i q[ua]li per tutto* apparivano loro con crudele effigie, perciocché* gli dei infernali desiderano essere temuti e non amati. I loro padri nondimeno avevano conosciuto un principio, un re de del cielo, della terra e del mare. Le guerre esterne, sì* come intesi dai suoi re, avevano cominciato ~~cominciato~~ a fare con gli antropofagi da loro detti caribi, i q[ua]li poco innanzi* alla giunta del Colombo con diverse sorti di navi passavano alla preda nelle vicine e remote isole, contro i quali si muovevano i miei isolani, messa insieme innumerabile* moltitudine di gente con saette avvelenate, con frombe[349] e con lunge lance aduste* in punta. E quelli che del mio popolo erano presi si mettevano a divorare nelle crudeli mense// [f. 80v] dai caribi, ma se alcuno di loro veniva preso dai miei isolani si

---

348 Variante antigua con sufijo aumentativo de *lucerta* (lagarta) (VAC₄, *s. v. lucerta*). La variante actual es *lucertola*, aunque *lucerta* se considere cultismo o se utilice en algunos dialectos italianos (T, *s. v. lucertola*).
349 Variante antigua de *frombola* (honda). Véase T, *s. v. frombola*.

facevano morire di semplice morte, e il cadavere si metteva sotterra, tanta pietà era nel mio popolo dalla natura infissa[350].

Crudeltà di spagnoli. E nondimeno con gente così umana e piacevole dagli spagnoli fu usata tanta crudeltà che parte di loro con mogli, fig[io]li e tutta la famiglia sforzati a mutare i fiumi dagli antichi letti per cavarne l'oro, non avendo altro alimento che di certi pochi pesci, nello stesso lavoro perirono. Parte stanchi dalle tante e così lunghe fatighe (*añadido arriba*: fatiche) con inaudita crudeltà si riempivano di battiture e di ferite. E le donne gravide con le quali doveva pure usarsi qualche umanità, essendo astrette[351] a portare pesi molto maggiori che le loro forze non potevano tollerare, avendo fatto aborto incontanenti* perivano. Parte di loro condotti a monti remotissimi essendo solamente sostentati di granchi, mancarono in mezzo delle opere, ovvero non dandosi loro punto* di quiete inopinatamente mandavano fuori le anime, ovvero non potendo alcuni sostenere la fatica da quegli che erano preposti loro ricevendo il ferro in mezzo le viscere in un tratto perirono. In una regione piena di incredibile moltitudine di uomini, essendo in tanto timore e il popolo prefuggendo// [f. 81] a remotissimi monti, e mancandogli il pane delle radici, che il frumento che si portava dalla Spagna appena bastava agli stessi spagnoli, si commettevano contro di loro tutte le cose più brutte, più crudeli e portentose che mai fossero udite. E per non mancare a niuna* sorte di scelleratezza, essi* re e i principali (*repetido*: e i principali) della nobiltà spogliati di tutti i beni non palesando l'oro che non avevano, fra duri tormenti perirono, perciocché* l'oro presso di essi era nei privati beni, laonde* innumerabile* moltitudine di loro p[er] scampare da così misera e crudele servitù con le mogli e i figlioli si diedono* violenta morte. Perciocché* quegli uomini per comune istituto[352] dei suoi maggiori* antepongono l'ignominia a ogni sorte di morte e niente stimano* la morte, perciocché* l'anima non muore. Aggiungo per l'immortale Dio che molti dei n[ost]ri spagnoli volendo far prova se le sue spade tagliavano bene, in un colpo tagliavano una gamba o un braccio di quei miseri corpi ignudi. Aggiungo ancora che p[er] minima cosa volendo satisfare[353] alla loro esecranda crudeltà toglievano i piccoli fanciulli dal grembo delle misere madri e con impeto li sbattevano sopra i sassi e se le infelici madri esclamavano più di quello che eglino* non volevano le ammazzavano.

---

350 Hipérbaton. Debería ser "tanta pietà era infissa nel mio popolo dalla natura" (tanta piedad la naturaleza infundió en mis gentes).
351 Participio pasado antiguo, sinónimo del actual *costrette* (obligadas). Véanse T, *s. v. astringere* y VAC$_3$, *s. v. astrignere, e astringere*.
352 En este caso, expresa una decisión. Véase esta acepción en T, *s. v.*
353 Variante antigua de *soddisfarre* (satisfacer) (T, *s. v. soddisfare*).

Né è da meravigliarsi, perciocché* in questo paese in quel primo tempo che fu trovato si mandarono uomini per furti e latrocini[354], per omicidi e altri detestandi[355] malefici infami. Ve ne furono di quelli che mutilati delle// **[f. 81v]** orecchie e di altri membri non ardivano nelle loro patrie comparire in pubblico. In questo crudele modo, chiamo in testimonio l'eterno e immortale Iddio*, si estinsero nell'isola Spagnola oltre un milione di uomini.

---

354 A diferencia del *furto* (hurto) en sí, los *latrocini* son aquellos que "sotto l'apparenza della legalità, costituiscono un furto di fatto" (consisten en hurtos que se valen de una aparente legalidad) (T, *s. v. latrocinio*).

355 Puede que sea un préstamo no asimilado de una forma verbal latina: el genitivo gerundio de *detestor*.

ANEXO II

TRASCRIZIONE DEL MANOSCRITTO ITALIANO DI POMPEO MONGALLO CHE CONTIENE ALCUNI CAPITOLI DELL'OPERA DI JOÃO BERMUDES[356]

[f. 82] Questi pochi capitoli[357] che seguono sono stati da me trasportati[358] nella n[ost]ra lingua Italiana, da una relazione che fece in lingua portoghese il R[everendo] P[adre] Giovan[n]i Bermudes, patriarca dell'Etiopia, ove era dimorato circa trent'anni, al ser[enissi]mo don Sebastiano, moderno re del Portogallo.

1565. E stampata in Lisbona l'anno di n[ost]ra salute 1565, avvenga che in questi brevi capitoli si contiene la vera e compiuta notizia di quei regni e di quelle innumerabili* che sono intorno alla (*al margen*: fonte del) Nilo e alla sua corrente fino all'Egitto, e anco* sulla spiaggia del mare oceano, con le stupende meraviglie delle miniere d'oro e altre infinite ricchezze che in quei spaziosissimi paesi si ritrovano. Laonde* mi è parso conveniente aggiungere questa mia poca fatica al p[rese]nte libro. Tu chicchesia, alle cui mani perverranno questi miei scritti, rendi grazie all'uno e all'altro autore di averci lasciata la vera cognizione, e di tante cose non più da noi per l'addietro conosciute. È da notare che il s[igno]r cristiano dell'Etiopia ora è nominato imp[erato]re, ora re e ora Prestegianni, e da noi Italiani viene detto Prete Gianni, e dagli abissini è più propiamente chiamato Giovanni Belul, cioè Giovanni Prezioso, ovvero alto[359].

---

356 Este título no pertenece al manuscrito, sino que los autores lo hemos añadido con el objeto de distinguir este anexo del anterior.
357 En BL (f. 79), en la parte de arriba del folio aparece el argumento del anexo: "Di Giovan Bermudes".
358 Antiguamente, indicaba lo de traducir algo a otro idioma (T, *s. v. trasportare*).
359 Del latín *altus*, en este caso es sinónimo de venerable. Para una explicación en torno a la aclaración que proporciona el copista, véase Arciello (2020: 18-19).

CAP[ITOLO] 49[360]

Camminando da Doharo contra* il sudest sette, ovvero otto giornate, pervenimmo a un regno di cristiani chiamato Oqqy[361], nel quale regnava un uomo dabbene detto fra' Michele cognato del Re Gradeus, imperatore degli abissini, ed era suo tributario. Il quale ne fece a tutti molte carezze[362] e buon ricevimento. Ha questo regno cinquemila uomini a cavallo, dei quali seicento sono bardati e gli altri sono cavalleggeri. A ridosso hanno ancora duemila pedoni, i quali combattono con dardi da lanciare, e quelli da cavallo con lance lunghe come le// [f. 1v] n[ost]re. Le barde dei cavalli sono di cuoio di dante* imbottite per entro[363] e guarnite di fiori con ricche gioie. Portano nel suo esercito seicento molini da mano* nei quali travagliano* donne. Ha questo regno una provincia di gentili chiamata Goráguez[364], la quale confina con Quiloa e Mangalo. Questi gentili di Goráguez sono grandi fattucchieri e indovinano nelle interiora degli animali. Che sacrificano con i suoi incanti che il fuoco non brucia, in questa maniera: ammazzano un bue con certe loro cerimonie e unti col sevo[365] fanno un gran fuoco e danno a vedere che vi si mettano dentro, e pongansi a sedere in una sedia. E così, assisi in quel fuoco, indovinano[366] e rispondono a chi li domanda senza abbruciarsi*. Pagano i Goraguesi al suo re ciascun anno tributo di due leoni d'oro, tre cagnoli[367], una leonessa e certe galline con i suoi pulcini parimenti d'oro, che tutto pesa quanto otto uomini possono portare. In oltre[368], gli danno sei somme d'ariento[369] basso. Paganli

---

360 En BL., no figuran los números de los capítulos, salvo los dos últimos, es decir, el 52 (f. 83v) y el 52 (f. 85v). Ambos se indican a modo de glosa.
361 En el original de Bermudes Oggy y Ogge.
362 Imagen poética que expresa la idea de recibir una acogida muy obsequiosa y benevolente. En efecto, el VAC_1 registra en la voz *carezzare* "far carezze, vezzi, vezzeggiare" (dar mimos, regalar) (*s. v.*).
363 Es decir, *all'interno* (en el interior) (VAC_3, *s. v. per entro*).
364 Lo cita, entre otros, el propio Francisco Alvares (1557: 146).
365 Grasa de animales. Lo registra el VAC_1: "grasso rappreso di alcuni animali, che serve per far candele" (grasa sólida que se saca de los animales para fabricar velas") (*s. v. sevo*).
366 Antiguamente, este verbo significaba especialmente prever el futuro (VAC_1, *s. v.*). Es decir, solía aludir a dotes vaticinadoras.
367 Cachorros de perros.
368 Variante adverbial antigua de *inoltre* (además) (VAC_1, *s. v. in oltre*) procedente del latín *in ultra*, con separación entre *in* y *oltre*.
369 Variante antigua de *argento* (plata).

ancora mille vacche vive e molte pelli di leoni, di leonze* e di danti*. Trovasi in questa provincia molto zibetto[370], sandalo, ebano e ambra. Dicono i provinciali che vengono in q[ue]sto paese a mercatantare* uomini bianchi, ma non san[n]o dire di che nat[ur]a siano.

CAP[ITOLO] 50

A ponente del regno d'Oqqy sta il regno di gaffati, parimente tributario e soggetto all'imp[eratore] d'Etiopia. Sono i gaffati gentili e volgarmente[371] dicono che già furono giudei. Sono barbara gente e cattiva, rubbella[372] e riottosa. Di costoro si trovano molti nelle altre province dell'impero, ma in ogni parte sono tenuti per stranieri e differenti dagli altri uomini, e abborriti a guisa di giudei. Sono in questo regno signori e fra loro non ci è altra na[zion]e salvo alcuni cristiani che si appartarono dagli abissini nel tempo che negarono l'obbedienza al papa,// [f. 83] i quali cr[istia]ni infino* ad ora dicono e protestano di stare nell'obbedienza della Santa Sede ap[osto]lica. Possiedono i gaffati gran paese, ricco di molto oro e di alcune buone mercatanze* e in specialità di tele bambacine* finissime. Entro fra terra[373] hanno campi spaziosi e fertili. Il re Gradeus, giunto in q[ue]sto paese, comandò alla sua gente che facesse guerra contro costoro, attento[374] che si erano ribellati fin dalla morte di suo p[ad]re e non gli volevano pagare i suoi tributi, né riconoscerlo per superiore. Intanto i gaffati andarono una mattina ad assaltare il campo degli abissini e ne ammazzarono molti. I portoghesi che stavano giunti al[375] padiglione del re alla sua guardia, quando sentirono i gridi e i rumori, essendo già quasi giorno respinsero i gaffati fuori

---

370 Según el VAC₃ (*s. v.*), es un animal cuyo *escremento* (en este caso, secreción) se utilizaba para destilar perfumes —práctica esta que sigue en vigor— y por metonimia *zibetto* es el extracto oloroso. El VAC₄ lo describe erróneamente como animal agresivo parecido al gato (*s. v.*). En castellano, es gato de algalia o civeta africana.
371 En este caso, quiere decir que eran rumores del vulgo.
372 Variante antigua de *ribelle* (rebelde). En el VAC₃ aparece la forma *rubello* (*s. v. ribello e rubello*), y el VAC₁ aclara que *ribello* era aquel que injuriaba la autoridad del príncipe o de la república (*s. v.*).
373 Locución antigua que corresponde al actual *nell'entroterra* (tierra adentro).
374 En este caso, expresa una idea de conocimiento de los hechos.
375 Es decir, juntos a. Ya Boccaccio en su poema juvenil *Filostrato* utilizó *giunto* con dicha acepción (TLIO, *s. v.*).

dall'alloggiamento, ammazzandone molti, e diedero loro l'incalzo[376] fino alle loro case, ove trovarono molta ricchezza con la quale tornarono ricchi e allegri. Trovarono i bezzuti, che sono come coltre, molto fine, e levarono[377] ancora tele bambacine* e veli tanto fini che una pezza di trenta o quaranta canne cape* entro una mano. Tolsero ancora molto oro in panni ascosi* nei focuniari[378] ed essi medesimi gi insegnavano ai n[ost]ri acciocché non li am[m]azzassero. Non volle il re fare ivi molta dimora, perciocché* non era usa intenz[ion]e di far loro più danno, ma solamente di metterli in timore, oltre che si approssimava l'inverno, onde era necesario che si riducessero[379] alle sue terre prima che crescessero i fiumi, che in quei paesi ingrossano molto e impediscono affatto il cammino, perciocché* l'inverno è molto piovoso, e il sito della terra è montagnoso, dalle quali montagne i fiumi raccolgono molte acque. Pertanto, lasciammo quella canaglia e ne venimmo alla volta di Damute, che è posto quasi a ponente di Gaffati.//

[f. 83v] CAP[ITOLO] 51

Dalla banda* di ponente il regno di Damute confina, come ho detto, coi gaffati, il quale Damute sta sopra il Nilo in quella parte ove s'incontra la linea equinoziale. Si mette questo regno più dentro al Nilo, perciocché* quel fiume ivi fa molti giri e grandi. L'entrata di questo regno è molto malagevole per cagione delle ripe* del Nilo che sono scogliose, aspre e ruinose*, nelle quali sono nondimeno molti passi fatti a mano in pietre forate coi picconi e serrate con porte, le quali sono continuamente guardate da gente armata. Di manera che con molta poca forza difendono l'entrata, e resistono ai nemici se contro la volontà vogliono entrarvi. Queste porte, quando l'imp[erato]re va colà sono libere e aperte a tutti coloro che vogliono passare. È Damute gran regno e tiene molte province soggette. Il regno principale è di cristiani, ma alcune delle sue province sono di gentili. In tutte si trova molta copia d'oro e pietra di cristallo. Sono tutte terre abbondanti e dilettevoli, specialmente quelle che sono al lato

---

376 Expresión antigua que corresponde al verbo actual *incalzare* (perseguir). No se encuentran muchos ejemplos del uso de la expresión, aunque sí aparece en la obra de Paolo Giovio (1541: 103).

377 En este contexto, significa que se llevaron consigo. En el VAC$_1$ se lee que es sinónimo de *tor via* (llevarse) (*s. v.*).

378 Según T, es la parte de la chimenea situada justo debajo de la campana, donde se preparaba el fuego para cocinar y calentar el entorno (*s. v. focolare*).

379 En este caso, *ritornassero* (volvieran). Lo registra el VAC$_1$, *s. v. riducere e ridurre*.

del Nilo, le quali hanno più monti e rivi che le altre. Producono molti animali mansueti, strani serpenti velenosi; producono bovi, cavalli, bufali, muli, asini, pecore e altri armenti. I bovi sono maggiori che i n[ostr]i tanto che alcuni di essi sono quasi della grandezza degli elefanti. Han[n]o i corni tanto grandi che alcuni di essi tengono un cantaro di vino e servono a portare e a conservare acqua e vino come di qua i cantari e i barili n[ost]ri. E possolo ben dire, perché don Roderico di Lima ne portò uno in questo regno in vita del re n[ost]ro, andò quando vennero con// [f. 84] lui l'amb[asciato]re Tegazzano e il p[ad]re **Francesco Alvarez**. Trovasi in questo paese una specie di liocorno[380] selvatico di foggia di cavallo e grande come asino. Sonovi* elefanti, leoni, leonze* e altri animali che di qui non sono conosciuti. È apresso a Damute una provincia di don[n]e senza uomini, le quali vivono nella maniera che si raccnta delle amazzoni antiche, che in certo tempo acconsentivano ad alcuni uomini suoi vicini e dei figlioli che partorivano, mandavano i maschi ai p[ad]ri e le femmine serbavano e nutrivano nei suoi costumi, abbruciando* loro le zi[n]e[381] destre per tirare speditamente gli archi che usavano nelle guerre e nelle cacce. La regina di queste non conosce uomo e perciò fra loro pe adorata come dea. Sono state sostenute e conservate avendosi persuaso che furono instituite dalla regina Saba, che andò a visitare il re Salomone. In questa provincia delle donne si trovano grifoni, che sono uccelli tanto grandi che ammazzano i bufali e levangli in aria, come l'aquila leva il coniglio. Dicono che a certi monti vicini scogliosi ed erti si cria[382] e vive l'uccello Fenice, che è unico al mondo ed è una delle meraviglie della natura, affermando i paesani che lo veggono e lo conoscono, e che è grande e bello. Vi sono altri uccelli di tanto smisurata grandezza, che fanno ombra a giusa* di nuvole. Per il Nilo ad alto contro il sole confina con Damute una gran provincia chiamata Conche, la quale è soggetta al re di Damute ed è abitata da gentili. Chiamasi il principe di esse Axgace, che significa signore di

---

380 Según el VAC_1, el *liocorno* es un animal con un cuerno en la frente, conocido también como unicornio (*s. v.*). En DELI, se exponen distintas teorías en torno al origen de la palabra, como la posible derivación del francés *lion*, que constituiría la primera parte del vocablo; la añadidura del artículo árabe *al*, que justificaría la variante *alicorno* (mientras que el VAC_5 indica que se añade *a* por epéntesis, *s. v.*); la fusión con *luna*, con consiguiente haplología (*lunicorno* = *licornio*). Todas ellas se consideran poco probables (*s. v. liocorno*).
381 Mamelas. El término se considera actualmente un regionalismo (T, *s. v.*), y se registra solo a partir del VAC_3 (*s. v.*).
382 Forma antigua de *creare* (crear, dar lugar a algo). En este caso, tal y como lo indica el VAC_1 (*s. v. creare e criare*), significa tener origen o nacer.

ricchezze, come in effetti egli è. Fa Axgace quando gli viene a proposito diecimila uomini a cavallo e più di ventimila pedoni. Porta// [f. 84v] nel suo esercito mille molini da mano* amministrati da donne con i q[u]ali macinano la farina necessaria per tutto l'esercito. Nel tempo che fur[o]no a Damute era questo principe in guerra contro il re di Damute. Il perché* il re Gradeus mi disse che io come prelato e mezzano[383] di pace gli facessi intendere come s[ua] m[aes]tà era in molta collera contro di lui per cagione della sua ribellione e disobbedienza, e che era risoluto a destruerlo* per mezzo dell'invitto valore dei portoghesi, che conduceva seco*. Io così feci, dicendogli che avrebbe dovuto ubbidire al suo imp[erator]e, pagargli i suoi tributi e lasciarsi vedere, assicurandolo che s[ua] m[aes]tà userebbe seco* clemenza e benignità. Ed egli così fece, e venne subito con molta somma d'oro e gran numero di vacche e altra vettovaglia che fu abbastanza p[er] tutto l'esercito, molti schiavi, muli, asini per il servigio necessario. E così Axgace provvide il campo dell'imp[erato]re di tutte le cose necessarie senza mancargli di nulla, e appresso* venne egli accompagnato da molta gente e bene armata da pie e da cavallo, ed egli molto riccamente vestito ed essendo avvicinato tanto che poteva essere veduto dal padiglione dell'imp[erato]re scese da cavallo, e spogliatisi i vestimenti ricchi, si vestì d'altri di minor pregio e giunse al padiglione, e aspettò che lo facessero entrare. Dipoi* entrò nella prima stanza della tenda, che era ripartita con certe cortine* dove si buttò in terra finché l'imp[erato]re mandò a farlo levare e vestire, e ricevettelo con grate parole e gli fece dar da mangiare, parlandogli fra le cortine* senza lasciarsi vedere, finché a capo di[384] quattro dì lo fece entrare ove egli stava. Per questa onoranza e grate accoglienze// [f. 85] che Gradeus fece ad Axgace, gi disse: sig[nor]re, io vi voglio fare un servigio, che [né] io né alcuno dei miei passati* giammai fece a v[ost]ro p[ad]re, né agli altri imp[erato]ri, v[ost]ri antecessori*, che è di mostrarvi le ricchezze e i segreti del mio paese, perciocché* con questa condizione vi prestiamo ubbidienza, che non lo vediate sennò a n[ost]ro piacere. Finalmente ci menò* per le sue terre fino a un grande fiume, largo sessanta braccia o più, nelle cui ripe* sono serpenti velenosi, tanto che il loro morso è mortale, ma p[er] bontà di Dio la natura ha provveduto un rimedio contro quel male, ed è un'erba, la quale nasce in alcune parti di quel paese. La quale è tanto contraria a questi serpenti che fuggono da lei, come da nemica,

---

383 Antiguamente significaba mediador. Hoy, según indica explica T, solo en Toscana sigue manteniéndose dicha antigua acepción (*s. v.*).

384 Hoy en día caída en desuso, es una expresión que corresponde al castellano al cabo de.

e non toccano chi la porta seco*, né il suo veleno tiene forza ha forza, ov'ella si trova. Noi vedemmo uno di questi serpenti che finiva di mangiare un bufalo che aveva ucciso, e il re fece ammazzarlo*, il q[ua]le aveva la sugna come un grande e grosso porco, che giova a freddure, con altre doglie. Sonovi ancora degli altri serpenti, che chiamano di cappello, perciocché* hanno nella testa una pelle con la q[ua]le coprono una pietra di gran valore, che dicono avervi. Dall'altra parte di questo fiume è paese sterile e disabitato, ed è sabbione secco e vermiglio, come quello che vediamo in alcune parti del Ribatero. Questo sabbione ha due parti d'oro e una di terra, e così riesce nel fonderlo, di che* sono nel paese molti maestri, come di qua ferrieri, e qui perché chi là è più oro, chi di qua ferro. Non consentono i signori che in quel fiume siano [né] ponti né barche, affinché non vi sia facile passaggio a quelli che volessero andare all'altra// [f. 85v] banda* a prendere oro. Il modo di passarlo è questo. Hanno bufali, e quando vogliono passare all'altra banda* li mandano innanzi e essi vanno attaccati alle corde e così a nuoto passano dall'altra riva, dove empiono di quel sabbione una valigia di cuoio che portano, e nel tornare indietro l'accomodano sopra il collo, e nel medesimo modo ripassano il fiume. Dimodoché il passaggio non è comune a tutti, e quando passano sono obbligati a fondere l'oro che portano nelle fonderie di Axgace per pagargli i loro diritti. Il re Gradeus per certificarsi[385] di più della verità mandò alcuni dei suoi di là dal rio*, i quali portarono della medesima terra che rendeva altretta[n]to oro, e riferirono che tutta la terra di quella regione era della medesima qualità e tanto calda che non potevano giacere in essa p[er] dormire. Inoltre, che vi erano alcune formiche grandi e rosse, che li mordevano e non lasciavano quetargli. Parendo a noi di avere giusta cagione di stupirci della molta quantità d'oro che vedevamo, disse Axgace a Gradeus che non ci meravigliassimo, perché li mostrandolo ancora molto più[386], e condusseci per il fiume a basso contra* il sudest camminando pian piano due dì, ove ci mostrò dall'altra banda* del fiume una montagna che luceva intorno come il sole, e disse che tutta era d'oro. Di che* Gradeus rimase molto contento e soddisfatto, ond'invitollo a farsi cristiano, e gli disse che volentieri voleva farsi. Subito adunq[ue] com[m]ise[387] il re che si apprestasse il suo battesimo e battezzollo un vescovo prelato del monastero chiamato Dobralibanus,

---

385 Acepción antigua de *certificare* que se corresponde con el verbo *chiarire* (aclarar, confirmar, asegurar algo). Véase el VAC$_1$, s. v.
386 Construcción pleonástica antigua.
387 En este contexto, tiene la antigua acepción de comandar, ordenar algo. Véase VAC$_1$, s. v.

che è capo dei monasteri di Amara e il re Gradeus fu il suo padrino. E chiamaronlo* Andrea,// [**f. 86**] il quale appresso* disse al re Gradeus come aveva in quelle parti alcuni vicini che li facevano mala vicinanza, e prendevano le sue terre depredando e uccidendo i suoi vassalli, e pregallo* poi che Iddio l'aveva condotto l'a con quella nobile gente portoghese, la cui fama faceva spavento a tutto quel paese intorno, che lo vendicasse dei suoi nemici tanto noiosi[388], e in maniera gli affliggesse e riempisse di paura che non avessero a offendere più i suoi vassalli. Il re gli concesse quanto domandava e comandò alla sua gente e ai portoghesi che entrassero nel paese dei nemici a fare loro guerra a fuoco e a sangue rubando e destruendo* le loro facoltà, facendo prigioni* gli uomini e uccidessero quelli che facessero resistenza, e così fecero incontanente* per molto spazio di terra con grandi bottini di roba e oro. Ciò fatto, il re Gradeus se ne tornò a Damute, ove intendemmo da paesani che vi erano cose da vedere di molta meraviglia, che a raccontarle parrebbero favole[389].

CAP[ITOLO] 52

Se ben di sopra ho detto che vi sono cose che paiono favole, tuttavia* voglio brevemente riferirne alcune di quelle che si trovano nelle regioni donde* fu n[ost]ro cammino. Tornando da Damute giù per il Nilo verso il Mar Rosso pervenimmo al regno di Goiame, che confina con Damute. Goiame è regno parimenti grande, abbondante, dilettevole e ricco; è abitato da cristiani sudditi di Gianni. Ha oro, ma non tanto come Damute. In questo regno di Goiame sono alcuni fiumi, nei cui letti si trovano certe pietre spugnose, come pomici, gravi e gialle, le quali fondite[390] quasi tutte si convertono in oro con pochiss[im]a scoria. Quivi* è la Catadupa del Nilo, della quale M[arco] Tullio nel *Sogno di*// [**f. 86v**] *Scipione* fa menzione, e voglio dichiararare a V[ostra] A[ltezza] quella cosa grande e degna di essere saputa, perciocché* non è tutta sogno come

---

388 En el sentido de que eran perjudiciales, perniciosos. Obviamente, no refleja el uso italiano moderno del término, que indica aburrimiento.
389 En BL, ff. 83 y 83v, se añade el siguiente pasaje, que falta en L: "Ma credami V[ostra] Altezza che con ragione l'Africa si chiama madre di mostri, perché così è senza fallo, e specialmente nelle montagne interiori presso il fiume Nilo e i luoghi deserti e molta disposizione della terra, dell'aria e del cielo a producere tutte le cose" (Pero Vuestra Alteza me ha de creer que con razón a África se le denomina madre de monstruos, pues así es sin duda alguna, y es causa de ello las condiciones del suelo, del aire y del cielo, sobre todo en el interior de las montañas, en proximidad del Nilo y en zonas desérticas).
390 Variante antigua de *fuse* (fundidas).

sogno sono alcune cose che certi uomini ciarloni ne raccontano. È questa Catadupa una gran caduta che fa il Nilo da un alto scoglio a basso, di altezza quasi mezza lega, in un lago profondo e ristretto fra grandissime montagne. La copia dell'acqua è grande, perciocché* si viene congregando fin da trecento leghe, e fa ivi intanto gran strepito e rimbombo [estruendo y fragor] che sembra un gran tuono, e mette spavento a chi non vi è usato[391]. Questo luogo in lingua paesana si chiama Cathadi[392], che significa strepito, onde per cui i latini formassero il nome di Catadupa. Al ponente di questi due regni, Damute e Goiame, è paese sterile e mal popolato da gaffati e altre genti molto selvatiche. Costoro non sono molto conosciuti nel paese del Prete Gianni, né hanno conversazione alcuna con gli uomini di quell'impero, al quale non fanno omaggio né debbono vassallaggio alcuno, perciocché* tutto quel paese giace quasi a oriente del Nilo, e in quelle terre incontro a* Guinea dell'oro assai. Per la corrente del Nilo, a basso di Goiame, ivi vicino è un altro regno di Abissini cristiani antichi, buono e grande, chiamato Dombia [o Dombra]. In questo paese il Nilo fa un gran lago, che è in lunghezza trenta leghe e in larghezza venti, nel quale sono molte isole piccole abitate tutte da monastreri di religiosi, e non per questa la fonte ove nasce il Nilo, come alcuni hanno divisato[393], ma viene molto più da alto. Più a basso poi è un altro [añadido arriba: rio*], detto Agana, abitato intorno da mori e gentili mischiati, i quali hanno il re che non ubbidisce al Prete Gianni// [f. 87] né al Turco e si stende infino ai termini di Egitto. Fin qua corre il Nilo a sud-est per nord-est, e corre trenta o quaranta miglia presso al Mar Rosso all'incontro* di Suaquem, e indi[394] si volta a nord-est finché entra nel mar mediterraneo. In questo cubito aveva deliberato il re Onadinguel rompere la terra e sboccare[395] il Nilo nel Mar Rosso, come aveva incominciato a fare il suo antecessore* Alebelale, imperciò[396] mandò a domandare operari[397] di muratori al re n[ost]ro avolo*. Al ponente di Dembia è una provincia chiamata Zubia Nubia, la quale al p[rese]nte è dei mori e dicono che fu già di cristiani, e ben si mostra

---

391 La forma pronominal antiguamente indicaba una costumbre o adicción a algo. Véase al respecto T, *s. v. usare*.
392 En BL, *Catadhi* (f. 84).
393 En este contexto, indica el acto de considerar, imaginar, suponer. Véase el VAC$_1$, *s. v.*
394 En el original, *dindi*, por probable errata, que no aparece en BL (f. 84).
395 Antiguamente podía ser transitivo y significar *far sfociare* (hacer desembocar). Véanse el VAC$_3$, *s. v.*, y T, *s. v.*
396 Según T (*s. v.*), esta variante antigua de *perciò* presenta el prefijo *in-* que refuerza la conjunción y su valor consecuencial.
397 Variante antigua de *operaio* (obrero).

essere così, perciocché* si trovano chiese vecchie ruinate*. E piegando* più a ponente è un grande regno di mori detto Amar, donde* passano i mercatanti* del Cairo per Ialofa, Madinga e altre parti delle Guinea a cercare oro, e di Amar lievano[398] sale che vi nasce in miniere, il quale vale molto di più in Guinea per il molto difetto che ne hanno. Avanti che* noi ci discostiamo dal Nilo, voglio dichiarare un dubbio che gli uomini d'Europa tengono per oscuro e alcune ne hanno scritte opinioni immaginarie, perciocché* non hanno notizia delle stagioni che corrono* in quelle parti, né della qualità di quell'aria. Il dubbio è intorno alla causa della crescenza* del Nilo, circa la q[ua]le V[ostra] A[ltezza] ha da sapere che quel fiume cresce tre mesi dell'anno, i più secchi che corrano* in questi paesi d'Europa, i quali sono luglio, agosto e settembre, e cresce tanto che allaga tutto l'Egitto né mai cresce in altro tempo. Ciò perché gli uomini dei n[ost]ri paesi muovono questa dubbità[399], dicendo che quella crescenza* non può procedere da piogge per essere in tempo secco, ma in ciò errano, perciocché* in quelle regioni ove corre// [**f. 87v**] il Nilo nei tre mesi sopradetti è la forza dell'inverno, e perciò corre allora ed empie quel fiume e non in altro tempo, e mena molta acqua, perché viene di sopra dal regno di Damute più di dugento* leghe e fino all'entrare in Egitto più di ottocento, con fare molti giri e ruote, e passa fra grandi montagne. Dalle quali raccoglie molte riviere[400] di molta acqua. Questa è la verace causa della crescenza* del Nilo, e non q[u]ella che vogliono indovinare coloro che dicono quello che non sanno. Certo non è gran cosa non sapere tutto l'intimo[401] dell'Africa e in spezie[402] i paesi che sono intorno al Nilo che meno sono noti a quelli che vi abitano, perciocché* p[er] la sua grandezza è molto difficile a ricercare e perciò mi sono discostato un poco dalla mia storia, volendo dar conto di queste cose a V[ostra] A[ltezza], le q[u]ali io ho veduto con gli occhi miei, che sono dimorato nell'Etiopia oltre trent'anni. E se io non mi fossi trovato in quel cammino che feci con re Gradeus, ancorché io vi fossi stato altrettanto tempo non saprei pure[403] una parte dei paesi che di sopra ho descritto.

---

398 Forma antigua con diptongación del verbo *levare*, que en este caso significa llevar, transportar.
399 Forma antigua de *dubbio* (duda).
400 Variante di *rivo*. Ambos vocablos se utilizan en el lenguaje poético y se corresponden con el moderno *fiume* (río). Véase T, ss. vv. *rivo* y *riviera*.
401 Es decir, la parte más interna o profunda del continente.
402 Cuando lo precedía la preposición *in*, este sustantivo (variante antigua de *specie*, T, s. v.) adquiría función adverbial y era sinónimo del moderno *specialmente* (sobre todo).
403 Aquí equivale al moderno *neppure* (ni siquiera). Véase T, s. v.

CAP[ITOLO] 53

Visitò il re Gradeus le terre e le province che nei precedenti capitoli ho riferito, le quali stavano lontane dalla sua presenza e frequentazione, sì* perché cominciava a regnare, volendo farsi conoscere, come per mostrare la gloria che egli dava, e la bravura che agli altri faceva la compagnia dei portoghesi, che aveva[404] con esso* lui. E poi[405] di avere in questa visita consumato dieci o dodici mesi, si deliberò di tornarsene alle province di Simen e di Amara, ove i re e gli imp[erato]ri fanno la residenza più continuata, per essere miglior paese e più sicuro di tutti gli altri, e per essere in quello nati e cresciuti. In Amara e Vedemudro sono miniere di rame, di stagno* e di piombo. Quivi* sono certe chiese cavate in// [f. 88] pietra viva, le quali fannosi a credere[406] che siano state fatte dagli angioli*, e invero l'opera si mostra più che umana, perché essendo tanto grandi come le maggiori n[ost]re di qua[407] con volte alte e con altare senza mistura d'altra pietra fanno stupire chi le vede[408]. Delle cose di questa provincia scrisse i dì passati il p[ad]re Francesco Alvarez, laonde* io non mi interterrò[409] più intorno a ciò, ma solamente toccherò alcuna cosa che giudico essere necessaria, ed è questa. La mercatanza* di queste province per Damute, donde* gli abissini si proveggono di oro, si fa per la maggior parte con ferro, del q[u]ale vi è grande abbondanza, e specialmente nella provincia di Tigremaon, che parim[en]ti è vicina. Il quale ferro vale tanto in Damute, che per esso danno oro a uguale peso. Ho ciò notato qui perché mi fo* a credere[410] che il regno di Damute e la provincia di Conche confinino con Zoffalla, ove vi si portasse il ferro darieno[411] oro parimenti a uguale peso. Sono poste queste province a levante di Goiame e

---

404 En BL, *conduceva* (f. 85v).
405 Antiguamente podía equivaler a la preposición *dopo* (después, luego). *Cf.* T, *s. v.* En BL (f. 85v), el copista optó por la oración "e poiché in questa visita consumó" (y dado que se quedó durante esta visita…).
406 Es una locución que expresa la idea de una opinión genérica y popular, que se corresponde con el actual *dicono che* (dicen que). El ejemplo más famoso de su uso se encuentra en la décima *novella* de la jornada primera del *Decameron* de Boccaccio: "e fannosi a credere che da purità d'animo proceda il non saper tra le donne e co' valenti uomini favellare" (1927: 64). La recogen, entre otros, Lissoni (1835: 871) y Gherardini (1840: 222).
407 En BL, "di q[u]esta terra" (de esta tierra) (f. 85v).
408 "Fanno stupire chi le vede" falta en BL y se sustituye por "di fuori" (f. 85v).
409 Forma antigua de *intratterrò* (detendré, extenderé).
410 Variante de "fannosi a credere" (véase nota al pie anterior sobre dicha expresión).
411 Variante verbal antigua de *darebbero* (darían).

Dembra, e la pro[vinci]a di Bethmariam sta al sudest, nella q[ua]le il re ci rese le n[ost]re entrate che per l'insulto dei galli perdemmo in Doaro. Lì la pro[vinci]a di Bethmariam grande e ben popolata e di molta rendita, la quale tutta il re consegnò ai portoghesi e ripartì fra noi le terre secondo la qualità delle p[er]sone, la minor parte che si ricevette d'entrata fu di mille ducati l'anno, del capitano passava diecimila e la mia era di altrettanti. Ci consegnò il re q[u]esta provincia per essere frontiera al regno dei Gaffati ribelli, affinché quindi i portoghesi assalissero le sue terre e li castigassero e tirassero all'ubbidienza⁴¹². Finito il n[ost]ro cammino e fermatosi il re nella pro[vinc]a di Simen, i portoghesi domandarono commiato per andare alle terre di Bethmarian, donate loro. Fin qui Bermudes.//

[f. 88v] Qui mi sovviene di alcuni che hanno fatto discorso intorno al viaggio che faceva l'armata di Salomone a Tarsis, di donde* portava tante stupende ricchezze d'oro. E chi ha voluto che andasse alla Trapobana, oggi detta Sommatra [Sumatra?] e chi al Perù, ma io, con la debolezza del mio piccolo giudizio, non consento né a questi né a quegli. Perciò la Trapobana, sebbene si dica essere ricca d'oro, non però ne poteva trarre tanta copia, e il medesimo⁴¹³ del Perù dico, d[unq]ue, che dobbiamo credere che se avessero trovato questi nuovi paesi di là dall'Equinoziale, che a noi sono antipodi, la Santa Scrittura non l'avrebbe taciuto, come invenzione* stupenda e miracolosa, che ha dato tanta lode e gloria a Cristoforo Colombo. Ma sono di parere che per il mare oceano entrasse nel fiume che conduce a Zoffalla e alle contigue province di Damute e di Conche; e ivi per via di baratti contrattassero, ovvero per forza d'arme* acquistassero l'oro, che in tanta copia riportavano in Gerusalemme E si può credere che consumassero 15 anni in andare e tornare e contrattare, fondere e raffinare. Rimettendomi sempre all'altrui miglior giudizio, Pompeo Mongallo⁴¹⁴.//

---

412 Es decir, obligarles a obedecer a los portugueses. En el VAC₁ se cita a la obra de Boiardo, *L'Orlando innamorato*, como ejemplo elocuente del significado de la locución *tirare all'ubbidienza*: "Tirava ad ubbidirli ogni persona" (*s. v. tirare, traere e trarre*).

413 Es decir, lo mismo. Para consultar información sobre la trasposición del artículo, véase la entrada "IL PERCHÉ" en el glosario de términos.

414 Aquí termina la traducción de los capítulos de la *Breve relaçao*. Los folios sucesivos no figuran en el BL.

ANEXO III

TRASCRIZIONE DI UN TESTO DELL'EPISTOLARIO DI NICCOLÒ VENARDO FIAMMINGO (NICOLAS CLEYNAERTS)[415]

[f. 89] La città di Fez in Mauritania è lontana dal mare Erculeo quaranta leghe, e contiene in sé cinquantamila famiglie. È divisa in due parti, cioè città vecchia e città nuova, lontana l'una dall'altra quasi mezza lega. Nella nuova è la reggia, e ivi appresso* è il getto[416] dei giudei, serrato intorno intorno di muraglia che dicono esservi da* quattromila ebrei, oppressi da gravissimi tributi. Sono in detta città da* quattrocento templi con altrettanti bagni. Vi sono molti collegi di studenti, nei quali si legge pubblicamente senza libri, ma ciascun giorno si scrive la lezione agli scolari in certe tavolette [tablillas] ed essi a casa poi le mandano a memoria. E così fanno di giorno in giorno, talmente che in due, in tre o in quattro anni vengono ad avere appreso alla mente tutto l'Alcorano, senza avere il libro. Il quale non è inteso da tutti, perciocché* la sua lingua, che è tersissima[417], e diversa da quella che usano ordinariamente. +

Non vi sono librai, ma il venerdì nei loro templi se ne vendono a gran preggio*, ma in pezzi, di modo che a volerne uno intero si travaglia* molto tempo.

Vi è un libretto nel quale si dipinge la persona di Maometto, e narra di un autore antico che diceva avere numerati nella testa e nella barba di lui solamente quattordici peli canuti.

Maometto aveva dieci moglieri*, alle quali tutte satiscafeva ogni notte, e per ciò fare Dio gli aveva concesso le forze di dieci profeti.

Credono che Maometto sia il vero paraclito[418] promesso nel vangelo.

Che Cristo è verbo di Dio, nato da Maria vergine senza padre, e negano la trinità.

---

415 Este título no pertenece al manuscrito, sino que los autores lo hemos añadido con el objeto de distinguir este anexo del anterior.
416 Es forma antigua de *ghetto* (gueto). Su origen procede del nombre de una zona de Venecia, que a partir de 1516 se convirtió en el lugar donde residían los judíos. Su nombre se debe a la presencia de un *getto*, es decir, una fundición, en aquel barrio. Su significado fue extendiéndose a lo largo de los siglos para indicar toda área en la que se recluyese al pueblo hebreo o a cualquier otra etnia. Véase ET, *s. v. ghetto*.
417 Es decir, muy elegante. Véase T, *s. v. terso*.
418 Esto es, el Espíritu Santo.

In questa così grande città non sono medici né causidici[419], perciocché* non vi son liti// [f. 89v] eccetto matrimoniali, causate dai ripudi concessi loro, le quali liti si può dire che prima siano state spedite[420] che contestate. Non vi si sentono sentenze interlocutorie né appellaggioni[421], laonde* sogliono dire che essi si consumano coi matrimoni, avendo a dotare e a nutrire tante mogli. Gli ebrei con i pasti delle loro feste e i cr[istia]ni con le liti.

Tutte le infermità di qualsivoglia sorte si medicano da loro stessi con scottare il bellico[422] dell'infermo e ivi intorno, e gli uomini vi vivono lungamente anche più che quello che viviamo noi di qua. Due libri tengono in stima sopra tutti gli altri: l'Alcorano, nel quale è scritta la vita e i fatti di Maometto, e il Suna, che contiene le cerimonie che sono tenute a osservare. In q[u]esto Suna si ordina che quando uno urina è tenuto a spremere con le dita della sinistra mano il prepuzio, e appresso* asciugarlo con un pannolino[423], e se manca il panno fanno lo scrugno[424] con un sassolino.

Dicono che spaziando Maometto fra le sepolture ne disegnò[425] due, e disse che l'uno e l'altro di quei morti era tormentato nell'inferno, ma che l'uno indi a poco sarebbe liberato, l'altro no perché non si era ben netto nell'urinare.

Osservano il precetto evangelico in non travagliarsi molto *pro die crastina*[426]. In paradiso avranno quante mogli vorranno, cioè senza le purgazioni, affinché sempre le possano usare, e Dio darà donne e forze a ciascuno secondo i meriti.

Nel pellegrinaggio della Mecca, ove è il sepolcro della di Maometto, e dove dicono che non intervengono insieme[427] meno di settecentomila pellegrini, e seppure ve ne mancassero, suppliscono tanti agnoli*. Dicono che a Medina// [f. 90] ivi propinquo* è il monte dove Abramo condusse a sacrificare Isacco suo

---

419 Se trata de "quegli che tratta, agita o en qualsivoglia modo difende causa giudiciale" (aquel que se ocupa, trabaja o en cualquier otra manera es defensor en una causa jurídica) (VAC₃, s. v.). El T postula que era una figura que existía en época clásica o medieval y que, a diferencia del abogado (que se dedicaba al aspecto esencialmente jurídico del pleito), actuaba como representante jurídico. Añade, además, que actualmente se usa para aludir en son de burla a los abogados de escaso talento (s. v.).
420 Es decir, resueltas con celeridad.
421 Forma antigua con geminación de *appello* (apelación).
422 Variante con aféresis de *ombellico* (ombligo). Véase T, s. v. ombellico.
423 En este caso, es diminutivo de *panno* (paño, tela).
424 Puede que sea variante de *scrullo* o *scrollo* (sacudida).
425 Antiguamente, podía ser sinónimo de *additare* (señalar con el dedo) (VAC₃, s. v.).
426 Literalmente, por el día venidero, es decir, por el futuro.
427 Es decir, que no se adunan allí. Véase VAC₁, s. v. intervenire.

fig[iolo], e che il demonio, volendo disturbare questa santa opera, tre volte in quella salita disse a Isacco che il p[ad]re lo voleva uccidere, ma egli, conoscendo che era il demonio, ogni volta con sette pietre lo cacciò via, e in ciascheduno di questi luoghi, in segno di ciò, è alzata una colonna. Laonde* i pellegrini sono tenuti a provversi di sessantatré pietre intere, non spezzate, e andando tre dì a visitare il S[an]to Monte le portano seco* e a ciascuna colonna ne buttano sette, di modo che in tre dì le buttano tutte e sessantatrè.

Inginocchiatasi innanzi a Maometto una vecchiarella, gli supplicò con molte lacrime che volesse pregare Dio p[er] lei, che le concedesse luogo in paradiso, ed egli le disse nella sua lingua: *Non intrabit vetula coelum*[428]. Diceva Maometto che tutto quello che ciascun uomo si sognasse di lui saria[429] vero, però che di sé come di persona accetta[430] a Dio non poteva farsi sogno brutto.

Affermava Ma[omet]to che aveva spesso ragionamenti con l'angelo Gabriele. Dicendo uno scolare in (*palabra ininteligible*) che Ma[omet]to avrebbe potuto (*palabra ininteligible*) com[m]ettere peccato veniale, come sarebbe stato a levare un pomo de[lla] mano di un fanciullo, il popolo volle lapidarlo, perciocché* non vogliono consentire che Maometto potesse peccare neanche venialmente. In tanta barbara semplicità e superstizione per qualsivoglia duro e inopinato caso che intervenga[431] loro, non cadono mai in alcuna bestem[m]ia, ma sempre hanno in bocca *Deo gratias*.

Questo compendiolo è tratto dalle ep[isto]le latine di Niccolò Venardo Fiammingo,// **[f. 90v]** che fu in Fez quindici mesi ad apprendere la lingua arabica, essendo già dotto nella latina, nella greca e nell'arabica, con proposito di confutare con la medesima lingua, per essere inteso dai maomettani, gli errori, le superstizioni e le vanità di quella legge, poiché indarno[432] si sono affaticati quelli che ne hanno scritto in lingua latina da loro non intesa. Ma questo s[an]to proposito fu interrotto per la morte dell'autore che segui, indi a pochi mesi poi che è tornato in Granata l'anno 1536.

Pompeo Mongallo

---

428 "Los ancianos no entrarán en el paraíso".
429 Forma verbal antigua de *sarebbe* (sería).
430 En el sentido de agradecida a Dios. Véase el VAC$_1$, *s. v. accetto*.
431 En este caso, significa acaecer, de acuerdo con la acepción principal que tenía el verbo (VAC$_1$, *s. v.*).
432 Adverbio antiguo, sinónimo del actual *vanamente*, hoy en día considerado como término culto. Hay ejemplos de su uso en obras del siglo XIII (TLIO, *s. v. indarno*).

ANEXO IV

ITINERARIO DE MONSEÑOR ALESSANDRO GERALDINO OBISPO DE SANTO DOMINGO, CIUDAD DE LA ISLA ESPAÑOLA, EN EL QUE SE DESCRIBEN COSAS ASOMBROSAS DE ETIOPÍA, NUNCA VISTAS POR OTROS[1]

[f. 1] **Monseñor Alessandro Geraldino obispo de Santo Domingo autor.** Han llegado a mis manos algunos documentos fragmentados que sin ningún criterio ni orden contenían el itinerario de Monseñor Alessandro Geraldino de Amelia, obispo de Santo Domingo, ciudad de la isla Española, erigida por Bartolomé, hermano de Cristóbal Colón, descubridor del Nuevo Mundo, que reduje, de forma bastante ordenada, lo mejor que pude, para que no se perdiera el conocimiento de tantos países y de tantas cosas de las que antes no había noticia alguna, y tampoco la gloria del autor. Su dedicación en tan largo y extraño viaje no la empleó en buscar tesoros u otros bienes de la fortuna, como han hecho muchos españoles y portugueses que durante mucho tiempo han navegado por esos grandes mares; por el contrario, con altísimo juicio ha tratado de encontrar los secretos de la naturaleza, de las situaciones y de las características de la Mauritania Tingitana y del monte Atlas.

Cualidades de Etiopía. Y de las grandes e innumerables provincias de Etiopía, los animales, las hierbas y las plantas, los reyes, los príncipes, las religiones, las costumbres, los oráculos y los edictos de los muy gloriosos emperadores romanos, y de los antiquísimos sumos sacerdotes y autoridades de los pueblos gentiles, en los que se muestra claramente que todas aquellas naciones son conscientes de la existencia de un solo dios, de la inmortalidad del alma, de la existencia del paraíso, del infierno y del purgatorio. Aman la// [f. 1v] justicia y la equidad. Alaban las obras de piedad hacia los necesitados. Condenan el odio, las discordias y las disputas. A menudo reconocen sus pecados y se arrepienten, y en muchas ocasiones durante el día y la noche se levantan para hacer oración, y en sus templos practican los ayunos y las purificaciones. Conservan las ceremonias matrimoniales y mantienen una vida sobria[2]. En comparación con otros pueblos del mundo son hospitalarios y benevolentes con los extranjeros. Veréis en estos escritos, además de las cosas susodichas, horribles apariciones,

---

1　Este párrafo no aparece en el BL.
2　BL: comida pobre y sencilla.

grandísimos portentos, tempestades y amenazas del cielo, de la tierra y del mar. Por el contrario, veréis infinitos milagros y beneficios del inmortal Dios.

Oiréis lo que yo quisiera callar, las estremecedoras crueldades utilizadas por los españoles hacia aquellos miserables indios desnudos y pacíficos de la isla Española[3]. Permanecían en esa condición por su culpa hasta el momento en que escribió nuestro autor, que fue en el año de gracia de 1514[4]. Murieron más de un millón de hombres, asesinados por las armas, las torturas, el hambre y otras crueldades. Sea dada, pues, eterna gloria y honor a la memoria de monseñor Alessandro que nos ha legado tantos conocimientos. Sea honrada toda la nobilísima familia Geraldina, famosa por la cantidad de religiosísimos prelados,// [f. 2] valerosísimos capitanes y clarísimos varones, verdadera guardiana y adorno de la antiquísima y amenísima ciudad de Amelia, tan amada por mí, que fue la que me dio durante mi infancia sustento, disciplina y buenas costumbres.

Pompeo Mongallo de Leonessa, miembro de la milicia de Jesucristo.[5]

[f. 3] LIBRO PRIMERO

Yo Alessandro Geraldini de Amelia, encontrándome en España al servicio de los serenísimos Fernando, rey de Roma, e Isabel, reina de Castilla[6], fui elegido por su benevolencia obispo de la ciudad de Santo Domingo, edificada por sus capitanes, no mucho antes, en la isla Española, llamada comúnmente Santo Domingo, en las Indias Occidentales nuevamente conocidas.

Cristóbal Colón genovés descubridor del Nuevo Mundo. Bajo el imperio de los cristianos por invención y virtud del gloriosísimo Cristóbal Colón, genovés, decidí ir a ver y custodiar a mis ovejas. Y durante tan largo y extraño viaje no he sentido ni fatigas ni peligros al llegar al litoral de África y de Etiopía, ni de penetrar en el continente tanto cuanto me fuese posible para adquirir conocimiento de lugares, pueblos, animales, gobiernos, costumbres, religiones y frutos de aquellos países poco o nada conocidos por nosotros con anterioridad. Lo hice no tanto para mi satisfacción como para beneficiar a otros, y quise

---

3   A continuación de este texto se ha tachado *al p[rese]nte della città di San Domenico nominata* (actualmente de la ciudad llamada de Santo Domingo).
4   BL: 1522. Parece que en el manuscrito BL el copista apreció el error de que Geraldini no pudiera escribir el texto en 1514.
5   BL: añade al principio la condición de "caballero" de este autor.
6   BL: solo se hace referencia a Fernando y se le trata como rey de Castilla.

dejar a la posteridad en estos escritos casi diarios[7] una memoria de mi viaje, y de todas aquellas cosas dignas de mención que llegaron a mi conocimiento por vista y oído.

En el año de gracia de MDII …. Del …..//[8]

[f. 3] Isla de Cádiz. Mes de agosto, después de despedirme de aquellos católicos príncipes[9], zarpé de Sevilla en una buena y bien abastecida embarcación, y en poco tiempo llegué a las costas de la isla de Cádiz, donde me mostraron un mármol antiquísimo, en el que con caracteres latinos se hallaba escrito un epitafio de este tenor[10]:

> [s/f.][11] Monacates Patareus utraq[ue] lingua eruditus, cum secreta magni Oceani scire in animo haberem, distracta parentum hereditate ultimum occidentem adivi, Gades intravi, simulacrum Herculis toto corpore per terram extento adoravi: inde fluxu et refluxu oceani diu considerato, comperi magnum mare lunam sequi deam et magna adeo potentia numina superna agere, ut res human[a]e nihil comparatione caelestium sint. Et hoc ego primus pr[esen]ti populo Gaditano, et finitimis populis apertum reliqui. Deinde morte mihi appropinquante decreto senatus et populi pu[bli]co locum sepulturae, e regione templi Herculei recoepi . Vale Patria mea, valete Gaditani, qui me magnopere amastis. Ad hoc enim nati sumus ut brevi temporum cursu, et qui amant et qui amantur se invicem relinquant. Obii diem Aelio Adriano Caes[are] Aug[usto] Imp[eratore], Divi Nervae Traiani Aug[usti] filio orbi imperante. Pridie kal[endas] octobris//

[f. 3 continúa] Epitafio de Menequeo de Patara. Menequeo de Patara, versado en ambas lenguas, queriendo conocer los secretos del gran océano, habiéndome hecho cargo de la herencia de mis antepasados, llegué a la ciudad de Cádiz, en cuyo templo adoré la estatua de Hércules. Allí, tras observar las mareas marinas, aprecié que el gran océano seguía en sus movimientos los de la luna. De tanta fuerza son las cosas celestes que las humanas no tienen comparación con ellas. Cuando se acercaba la hora de mi muerte, por público decreto del senado y del pueblo gaditano se me concedió un lugar para que mi sepultura estuviera junto al templo de Hércules. ¡Patria mía, te deseo felicidad por largo tiempo! ¡Permaneced en paz, gaditanos, que me amáis con tanto cariño! Hemos nacidos para esto, para que los que aman y los que son amados se

---

7   La extensión del texto no parece que sea la de un diario, con todas las digresiones que inserta en el mismo.
8   Aquí ha introducido el epitafio de Menequeo de Patara, interrumpiendo la narración que nosotros colocaremos en el lugar que corresponde.
9   En el BL, f. 1v, menciona en singular al rey, puesto que antes ha mencionado solo a Fernando.
10 Aquí introduce la traducción italiana tachada por el copista. La versión latina, que nosotros introducimos a continuación, el copista la había ubicado en el f. 2.
11 Por error este texto se ha incluido entre los ff. 2v-3.

abandonen en breve tiempo. Fallecí el último día de septiembre[12], siendo emperador Elio Adriano César Augusto hijo del divino Nerva Trajano Augusto.

Tánger. Después de que salí de Cádiz// **[f. 3v]** llegué a la Mauritania Tingitana, llamada de Tánger, lugar fortificado famoso por la figura de Anteo, al que después de un tiempo, bajo el imperio de Claudio, se trasladó una colonia de romanos y se llamó Julia. Ya hubo en esta costa otras muchas ciudades, pero como el paso del tiempo acaba por arruinar y consumir todo, están en su mayor parte destruidas, y ya han perdido el aspecto y la forma que tuvieron. En el año de gracia 704, ocupando la silla de San Pedro, Juan [VI] y reinando en Oriente Justiniano IV, innumerables multitudes de árabes salieron de sus países y ocuparon África y Libia.

África ocupada por los árabes mahometanos. Entonces, con grandes ejércitos, superado el estrecho de Hércules, pasaron a España y la sometieron por completo a su imperio, exceptuando Vizcaya y algún otro lugar, y se adueñaron de Francia hasta Lyon y Tours. A causa de esto, cambió la primitiva condición de todas las cosas. Fue destruida totalmente la colonia Constantina; Zubul, noble fortificación de la jurisdicción de los azamores[13], que actualmente se ha convertido en un lugar de gente humilde de escasísima fortuna, y no se encuentra ya ningún edificio suntuoso y noble.

Lixos. Lixos, a la que los árabes denominaron Zofi y que fue mayor que la gran Cartago,// **[f. 4]** se halla en profunda decadencia. Hoy día la gobiernan los portugueses, que con mucha valentía la defienden de las innumerables multitudes de enemigos que constantemente la acosan; e igualmente al otro lado del estrecho de Gibraltar, en la Mauritania Cesarea, protegen la ciudad de Ceuta, patria del emperador Lucio Septimio Severo, y Arzila; así como otras muchas nobles fortificaciones conquistadas por la guerra en Mauritania y Numidia.

Regresando a nuestro propósito, los moros africanos, después de la derrota que les infligieron los árabes mahometanos se movilizaron por una enorme extensión de territorio hacia el austro, habitando una increíble cantidad de villas y caseríos donde hubiera ríos, arroyos o fuentes, ya que toda aquella región soporta el gran calor del sol, siendo muy árida y sin árboles ni hierba, exceptuando los lugares que disfrutan de la humedad natural del suelo. Estos abundan admirablemente de cebada, mijo y de todo tipo de legumbres. Hay gran abundancia de rebaños de ovejas, cabras y camellos. También se encuentran leones, osos, lobos y serpientes venenosas de todo tipo, pero los leones en

---

12 En Le, 123, se dice que falleció el primer día de las calendas de octubre.
13 *Aranici* en L. En BL, f. 2, *Aramei*.

estos países no son de aquella fuerza y majestuosidad que tienen aquellos que nacen en el monte Timavo, ya que estos se aparean con leopardos y linces,// **[f. 4v]** por ello las crías pierden su propio y natural valor.

Ciudad de Subur. Luego, desplegando las velas continuamos nuestro camino y poco después llegamos a Subur, ciudad con un río de notable tamaño. Dicha ciudad todavía mantiene su antiguo nombre. Allí fuimos recibidos con alegría y abastecidos copiosamente de las cosas necesarias para mantenernos. Y habiendo yo bajado a esa ciudad, entre las muchas y antiguas memorias de los romanos y africanos que encontré, vi en la plaza en una gran lápida de mármol la siguiente inscripción latina.

> **Epitafio de Olmissa Naarbale.** Olmissa Naarbale, hijo de Olmissa del estamento patricio de Subur, en la ciudad de Juno, capital de África que antes se llamó Cartago, en la que viví pacíficamente durante algún tiempo. Luego, regresando a la ciudad de Subur, presté muchos servicios a mi patria, por lo que bajo el gobierno del cónsul romano Lucio Paulo conseguí la exención de todo arancel y tributo. Luego, en tiempos del cónsul Publio Nigidio, puse bajo la autoridad de mi pueblo las antiguas fronteras de las ciudades cercanas que habían sido ocupadas de forma violenta. Bajo el gobierno de Publio Nigidio Mamerco, hallándose destruidas la mayor parte de las murallas de mi patria, obtuve tanta autoridad y favor del cónsul que fueron restauradas con los tributos que aquella provincia tenía que pagar al pueblo romano. Finalmente, estando ya cerca el momento de mi muerte, cuando por decreto público tenían que erigir un sepulcro de mármol de Numidia, y nombrarme ciudadano de la provincia de España, yo solo tenía que sufrir tanta vergüenza y deshonor de mi patria[14].//

> **[f. 02]** Olmissa Naarbal . Olimissae filius a patricio Suburrensi ordine l[itte]ris latinis in Iunonia Africae capite, quam antea Cartaginem vocabant incubui. Mox in urbem Suburrensem reversus, multa patriae meae commoda attuli. Sub L[ucio] enim Paulo Cons[ule] eam omni tributo liberam feci ad quinque[n]nium . Deinde sub P[ublio] Nigidio item cons[ule] antiquos limites a vicinis urbibus non iure occupatos, sub pot[estat]e populi mei reduxi. Postea sub P. Nigidio Mamerco cum moenia Suburentia maiori parte collapsa essent, tanta apud Cons[ulem] gratia valui, quod e pub[li]co Provinciae tributo restituta sunt, et tandem morte mihi adveniente, cum e decreto patriae pub[li]co sepulcrum mihi e marmore Numidico erigere deberent, et me Mauritaniae Tingitaniae provinciae Hispanie hominem appellarunt . Renuo ego tantum pat[riae] n[ost]rae dedecus, tantam provinciae n[ost]rae ignnominiam debere afferri. Posteriores enim Romani ut magnum toti Iberiae nomen darent, et quod tota Hisp[ani]a crebris coloniis, crebro praesidis usu in linguam et mores transierat Romanos

---

14 Esta traducción es incompleta respecto del texto latino. La versión integral puede verse en Le, 126. Igualmente, esta traducción italiana se halla dividida en dos partes tachadas, al introducir entre ambas el texto completo en latín. En BL, ff. 2v-3, se aprecia lo mismo.

eam provinciam cum iure minime possent, eam obrobrio n[ostr]o augere volvere. Cum enim omnes in toto orbe// [f. 02v] provinciae aut montibus, aut fluminibus, aut pelago dirimant[ur] et Africa tertia pars orbis freto Hercules divisa ab Europa sit, nihil nos cum regione Hispana com[m]une habemus. O viri provinciae Tingitanae o magnae patriae urbes, o clara oppida adsurgite, et tantum a p[at]ria n[ostr]a malum, et tantum a posteritate n[ostr]a nephas avertite. Africa pro habendo orbis imperio ingentia cum S.P.Q.R. bella exercuit et Hispania saepe a maioribus n[ost]ris bello victa Provincia n[ost]ra nuncupari debet. Assurgite pr[aese]ntes viri, assurgite posteri et honorem provinciae defendite. Pro decore quidem p[at]riae mori opus omni parte nobile est. Cessi naturae secundo Divi Flavii Vesp[asiani] Caes[aris] Aug[usti] imperii anno XIIII, K[alendas] I[ulii] augusti.

[f. 5] Bamba ciudad de Julia Campestre, ahora llamada Iula[15]. En esta ciudad de Subur, supe que hacia el interior había otra ciudad llamada Bamba, que en el momento de expansión del imperio romano en la Mauritania se denominó Julia Campestre, y que aún hoy esos bárbaros la llaman Iula. En el millario setenta hacia el norte hay otra ciudad que mantiene el nombre de Nueva Valencia, como lo pusieron los romanos, donde se celebra el mercado más famoso de toda la región.

País de los Autololes[16]**, plagado de elefantes.** Tras una feliz navegación de tres días encontramos en la orilla de un río un castillo llamado de Sala[17], y no mucho tiempo después llegamos al país de los autololes, rebosante de rebaños de elefantes[18], y vimos grandísimos tropeles de hombres de piel oscura, que cabalgaban en velocísimos caballos, con largas lanzas. Estaban cubiertos de armas y armaduras brillantes, y// [f. 5v] llevaban las cabezas cubiertas con turbantes multicolores: algunos con capas de algodón, entretejidos de hilos de oro, y otros tenían lienzos blanquísimos que les caían por la frente y por los hombros.

Monte Atlas. Así, pues, orientando las velas hacia babor apareció ante mí el Monte Atlas, del que los antiguos creían que en su cima tocara las estrellas, y en sus hombros sostenía la bóveda celeste. Contemplé dicho monte maravillado y estupefacto, atraído por su fama, de modo que me consideré un afortunado. Por lo que decidí explorarlo todo, y me di cuenta de que tiene colinas muy verdes

---

15   Babba.
16   Los autololes se ubicaban en la costa marroquí, tanto al norte como al sur del Atlas, y fueron mencionados por varios autores de la Antigüedad, como Plinio NH 5,12 y 6,201; Pomponio Mela 1,4. Los romanos les denominaban también pharusios y nigritas (Gozalbes Craviot, 2010: 45).
17   Esta ciudad adquiriría mayor importancia a medida que avanzaba el siglo XVI, y acabaría convirtiéndose en un nido de piratas en el siglo XVII (Coindreau, 2006: 39).
18   La idea del gran número de elefantes parece ser tomada de Plinio HN 5,5.

y extensos campos, que se extendían hasta el mar hacia el norte y el sur. Este monte se eleva tanto hacia el cielo que ni yo ni mis compañeros pudimos llegar a la cumbre. Entre los antiguos se creyó que existía un hombre mortal que sostenía con sus hombros el cielo y que dominaba a los pueblos del occidente. Cuentan que él, al contrario que otros reyes, envejeció entre placeres y lascivias, pero un buen día se inclinó por los bienes eternos ejercitando su ingenio en el estudio constante de las buenas artes, en las que consiguió con mucho esfuerzo los más elevados conocimientos, considerando todos los ciclos del cielo y todos los movimientos de las estrellas errantes.// [f. 6] En suma, con su perspicaz y sutil ingenio adquirió todo el conocimiento sobre la astrología.

Hércules. En aquella misma época Hércules, hijo de Júpiter y Alcmena, atraído por un hombre tan famoso, llegó de Europa a esta parte de la Mauritania, que se consideraba el extremo del mundo, y con Atlas aprendió la ciencia de la esfera, que él luego enseñó a los griegos.

Perseo. Atraído por la fama de este monte, Perseo, hijo también de Júpiter, y de Dánae, partió también de Europa, y vino a visitarlo hasta Mauritania, y después de recorrerlo y explorarlo todo, penetró en Etiopía y llegó hasta las Indias Orientales.

El divino Augusto, habiendo pacificado el imperio romano, y habiendo vencido en tierra y en mar a los enemigos, cerró el templo de Jano, y habiendo reformado la República Romana con excelentes leyes y con instituciones justas, destinó hombres valientes y excelentes con la orden de que penetrasen en el interior de la región de la Mauritania y reconociesen los secretos de este altísimo y amplísimo monte. Los cuales, cuando finalmente regresaron, refirieron que todo lo que se decía al respecto eran falsedades y ficciones lejanas a la realidad; por esta razón, en aquella época creían que el monte Atlas estaba en el extremo del mundo, y que era totalmente inaccesible, por lo que era lícito que cada uno se imaginase aquello que fuese más de su gusto. Pero ahora, más allá de Europa y África,// [f. 6v] se ha descubierto un nuevo mundo y el Océano se puede navegar mejor que ningún otro mar y todo aquello que antes era desconocido y oculto ahora resulta evidente. Aunque los romanos alguna vez tuvieron noticia de este monte, fue en tiempos del César Claudio, por lo que, en aquella época, ejércitos romanos pasaron a la Mauritania y la conquistaron. Entonces en principio los capitanes romanos penetraron con los ejércitos hasta el monte Atlas. No mucho después, el cónsul Suetonio Paulino, hizo una gran avanzada y abrió el monte Atlas a las legiones romanas. No obstante, ni él ni sus predecesores nos dejaron constancia de aquella acción, solamente unos escasos e inciertos recuerdos. Pero lo que yo vi y supe, gracias a lo que me contaron hombres íntegros, virtuosos y conocedores de muchas cosas, que eran tan lúcidos y fiables,

es lo que con mucha entrega y precisión describí, y ahora con sincera fe seguiré narrando. En este monte Atlas tienen su origen muchos y grandísimos ríos, de los cuales algunos recorren las tierras hacia el litoral de Libia y de África, otros los desiertos de la región cercana y otros hasta Etiopía; y por la aportación de otros ríos su corriente crece de tal manera que como un ancho mar se difunde//
[f. 7] por aquellas llanuras. En este monte Atlas hay muchos pueblos gentiles que adoran a muchos dioses, y algunos de ellos siguen la secta de Mahoma y le honran como un gran mensajero de Dios.

Los habitantes de este monte afrontan los hechos con un juicio más noble, y con más noble y vivo ingenio que las demás naciones cercanas. Creo que esto sucede, seguramente, por el muy templado aire de este monte, que, situado en el centro de calurosísimas regiones, por su altitud y por los vientos que allí soplan, los habitantes no padecen tanto el calor del sol, como los de las regiones circunvecinas que se extienden por las planicies.

En este monte se observan varios tipos de árboles, abundantes de variados y excelentes frutos, limpísimas y muy saludables fuentes, cuya abundancia de agua hacen muy fértil y ameno a este monte. Respecto de lo que los antiguos poetas decían sobre faunos, sátiros, semidioses e íncubos, considero que todo eran fábulas y ficciones. Lo que verdaderamente yo puedo afirmar, es que aquí el aire es muy templado y saludable, y por ende los hombres viven prósperamente por mucho tiempo. En una ladera de este monte, en un lugar muy ameno y bastante lejos del camino, encontré una lápida que tenía una inscripción que yo copié con gran asombro de aquellos bárbaros, los cuales durante muchos siglos no// [f. 7v] habían tenido conocimiento alguno de las letras romanas. El pueblo romano gozaba de la fama de haber tenido el dominio de todo el mundo. Las letras del monumento eran las siguientes.

> Yo, Paulo Emilio Cástrico, senador y cónsul, tras haber realizado buenas acciones en beneficio del senado y del pueblo romano, sufrí por envidia de los ciudadanos y me alejé de aquella maldad (porque causa dolor a veces hacer el bien). Me trasladé a la Mauritania Tingitana, me detuve en una ladera del monte Atlante, en el que reconstruí el templo de Apolo, y a su lado, donde nacen ríos de limpísimas aguas, construí una casa. Convertido en sacerdote del templo, pasé el resto de mi vida pacíficamente, y entregado de forma continua a las especulaciones de las cosas divinas y de las ciencias, porque consideré que era mucho mejor habitar un lugar solitario y lejos de la patria que vivir entre tanta hostilidad y crueldad de los ciudadanos. Viví tanto tiempo que pude encargar para después de mi muerte esta inscripción a un escultor que estaba conmigo.
>
> Yo, Paulo Emilio Liberto, me mantuve heredero del llanto, cuando se marchó el escultor del templo de Apolo, y habiendo dejado el monumento [inconcluso] de mi señor,//

[s/f][19] y por la muerte de Paulo Emilio sumo sacerdote añadí posteriormente esta inscripción. Mi señor Paulo Emilio huyó de Roma, perseguido por el odio y la ira de Domiciano Augusto, hijo del emperador Vespasiano, y por los de su séquito y camarilla, envidiosos de sus virtudes. Vivió santamente a los pies del monte Atlas, donde murió entre el profundo dolor y llanto de todos los habitantes del Atlas, en el primer año del imperio de Trajano César Augusto emperador, el día 29 de mayo[20].//
[s/f] Ego P[aulus] Aemilius Castricus homo Senatorius et consularis cum post multa Senatus Populiq[ue] Romani benefacta, invidia civium laborarem, obest enim quandoq[ue] benefacere, sed a bono minime opere desistendum est, in Mauritaniam Tingitaniam traieci in latere montis Atlantis substiti, aedem Apollini Deo restitui. Domum templo coniunctam erexi, quo rivi, quo procerae ubiq[ue] arbores sunt et Antistes templi factus omnia tempora in posterum quieta transivi contemplationi rerum divinarum et l[ite]ris vacando. Discite a me, qui post rem optime navatam male a civibus tractamini. Praestat enim in loco solo et a patria remoto vivere, quam in magna Civium controversia perpetuo agere, licet magni quandoq[ue] honores proponantur, ego vero non potui longius a patria fugere, si potuissem longius fugissem. Tempus habui, quo vivens mandarem haec in marmore scribere, sculptore mecum manente. Ego P[aulus] Aemilius libertus haeres ad lacrimas relictus sculptore ab aede Apollinis discedente, monumento imperfecto remanente et mortuo P[aulo] Aemilio antistiti hoc postea addidi. P[aulum] Aemilium herum odio Domitiani August[i] Vesp[asiani] Imp[eratoris] Filii laborasse, et tota factione Principis ob virtutem ei adversante urbe Roma aufugisse, sub monte Atlante sanctissime vixisse, et cum magno populi Atlantici luctu vita functum fuisse, primo Nervae Traiani Caes[ari] aug[usti] Imper[atori] anno et III Kal[endas] Iunii.

[s/f.] LIBRO II DEL OBISPO ALEJANDRO GERALDINI

Después de haber narrado mi navegación hasta el monte Atlas, continuemos adelante. Sin embargo, me surge un pensamiento al que no encuentro solución, me pregunto qué influjo de los cielos, o qué movimiento de las estrellas errantes y fijas han provocado tantas discordias o por qué el Dios supremo ha otorgado tantas maneras de vivir a la humanidad; igualmente, por qué razón ha concedido tanto poder a los cuerpos celestes para que puedan influir tanto en este mundo. Así, por un lado, se puede ver gente de ingenio tan grueso y torpe que están más cerca de la naturaleza de los animales salvajes que la de los seres racionales. Por otro, hay gente de sublime y elevado ingenio, de los que algunos son proclives a las armas; otros se dedican con gran entrega a promover el talento con los conocimientos; otros a los negocios; otros a la agricultura; otros son tan hábiles en el lenguaje, que parece cosa increíble lo eficaces que pueden

---

19 Se ha introducido en medio, también sin foliar el texto latino.
20 En realidad, es el 30 de mayo.

ser// [s/f] al relatar hechos falsos como si fueran verdaderos. La mayoría de los hombres aman a la república consideran un bien supremo mantener la libertad heredada de sus antepasados. Otros afirman que el mejor gobierno es el ejercido por un solo individuo. La parte que está más lejos del sol hace a los hombres más blancos. Por el contrario, los árabes tienen el pelo rizado y negro. Los pueblos cercanos al monte Atlas, de los que ahora vamos a tratar, desde los tiempos antiguos sabemos que siempre han sido nómadas, que buscaban nuevos países y tierras. Sin embargo, estando en su auge el imperio romano, en los tiempos de Claudio César, los pueblos de la Mauritania Tingitana fueron conquistados y obligados a abandonar sus malas costumbres, conviviendo en las ciudades.

Fray Gonzalo Casalia[21]. El reverendo fray Gonzalo Casalia de la orden de San Jerónimo, hombre de gran dignidad por su integridad, su doctrina y santas costumbres, por mandato del rey católico Fernando y de la reina Isabel, habiendo explorado África, afirmó que en la región desértica vio en columnas altísimas de variados mármoles estos edictos.

Edictos de emperadores romanos. Imp[erator] Nero Cl[audius] Caes[ar] Augus[tus] Germ[anicus] Pont[ifex] Max[imus] Trib[unicia] Pot[estatem] V Imp[erator] IIII P[ater] P[atriae]. Publico edicto in exitu Mauritaniae, Numidiae Provinciae Carthaginensis in Aegiptum usque emisso caduceatore mandatum nostrum exequente[22]// [s/f] et in marmoreis postea columnis ubiq[ue] sculpto edico, impero et volo omnes populos regionis desertae vagos et errabundos, qui latissimo terrarum cardine a monte Atlante in Ethiopiam usque se protendu[n]t et longissimo ab Oceano p[at]riae desertae ad Eritreum mare spatio se effundunt, pagos, vicos, oppida et urbes ritu Africae et Libiae condere, more Civium agere. Alioquin eos cum coniugibus, liberis, ac omni patriae fortuna pro captiuis ubiq[ue] haberi vilia veluti mancipia co[m]mutari, et distrahi per totum late orbem Romanum mando et iubeo.

---

21 Este fraile Jerónimo nada tiene que ver con el Francisco Cassagia que aventura Edoardo D'Angelo (Ge, 328–329), fundamentándose en la vinculación que tenía con Antonio Geraldini y con Miguel Carbonell (Adroher, 1956: 132). En realidad, se trata de fray Gonzalo de Cazalla, del monasterio jerónimo de San Isidoro de Sevilla, donde había sido prior hacia 1496 y en otras ocasiones no determinadas. Destacó como excelente latino y poeta, aunque sus papeles se habían perdido ya en 1605 (Sigüenza, 2000: 307; Mestre Navas, 2015: 69; Calderón Berrocal, 2016: 55). Murió muy anciano, por lo que Geraldini pudo haberlo conocido durante su estancia en Sevilla.

22 En L, por confusión se había introducido la frase *Dipoi medesimamente di marmo era scolpito* que aparece tachada por el propio copista y que debería iniciar la traducción de la lápida de Nerón, donde la hemos añadido.

Imper[ator] Caes[ar] Vesp[asianus] Aug[ustus] Pont[ifex] Max[imus] Trib[unicia] Pot[estate] II Imp[erator] VII Cons[ul] IV designatus P[ater] P[atriae]
Com[m]uni terrarum bono cupiens consulere voluti Ro[manorum] Principem orbi antepositum decet, edico et mando omnibus Cons. Procons. Praetorib[us] Propraetoribus, qui pub[li]co Imperatorum no[mi]ne Mauritaniam, Numidiam, Libiam et Africam administrant, ut ad privatas domos, ad pub[li]ca patriae edificia, ac templa et menia urbium et oppidorum construenda magistros parietum, fabros lignarios, ferrarios, carpentarios et reliquos eiusdem artis peritos, architectos et opifices populis p[at]riae desertae subministrent, alio quin ab ipso provinciae magistratu, ad Imperatorio plane munere reclamatione ad nos facta, evestigio amovebuntur. Opus siquidem Principum Romanorum est toti orbi ubi[que] orbi providere.//

Después[23] de esta manera estaba esculpido por todas partes en lápidas de mármol. Digo, ordeno y deseo que todos los pueblos nómadas de la región desértica que caminan larguísimas distancias desde el Monte Atlas hasta Etiopía, y desde el océano occidental hasta el mar de Eritrea, que edifiquen villas, castillos y ciudades a la manera de África y Libia, y que vivan de acuerdo con las costumbres de hombres civilizados; de lo contrario, quien no lo cumpliese que sea privado de la libertad patria, y que sea tratado como esclavo junto con su esposa y sus hijos y que se les pueda vender o cambiar como viles esclavos por todos los dominios del imperio romano...[24]

Y de entre los muchos edictos similares a este que allí se pueden encontrar, que no quise transcribir, hice una copia del de Vespasiano, grabado en una altísima columna[25].

[f. 9] Deseando procurar el bien a los pueblos, como debe hacer el emperador romano, soberano del mundo, ordeno y mando a todos los procónsules pretores y propretores, que en nombre del imperio romano gobiernan Mauritania, Numidia, Libia y África y que proporcionan a la región desértica albañiles, carpinteros, herreros, maestros carreteros y de oficios similares, arquitectos y otros maestros, para edificar templos// [f. 9v] y edificios públicos y privados, ciudades y castillos. Y aquellos oficiales que no ejecutaran con prontitud esta orden mía, y sin que se nos avise, sean privados y depuestos por el magistrado

---

23 La traducción comienza a partir de *et in marmoreis*...
24 En este punto se interrumpe la traducción de la inscripción y se prosigue con la narración.
25 A continuación, aparece el comienzo de la inscripción en latín, *Imper[ator] Caes[ar] Vesp[asianus] Aug[ustus] Pont[ifex] Max[imus] Trib[unicia] Pot[estate] II Imp[erator] VII Cons[ule] IV designatus P[ater] P[atriae]*, para luego empezar con la versión italiana del edicto que nosotros añadimos detrás de la versión latina.

imperial de las provincias correspondientes, porque es obra digna de un emperador romano procurar el bienestar de todos sus súbditos.

Se observa que muchos de aquellos edictos, grabados en un gran número de columnas, se extienden hasta llegar a los etíopes, que viven al sur de Egipto. En dichos edictos se aprecia claramente la grandeza y majestad de la república romana y la gloria del imperio.

Pueblos de la región desértica ahora denominados alarbes. No obstante, no muy al occidente, en toda aquella región desértica no hay ni ciudades, ni aldeas fortificadas, ni villas; por el contrario, aquellos pueblos no tienen un hogar estable y viajan continuamente en grupos muy numerosos con carros, esposas e hijos, y con sus escasos bienes. Se trasladan, o bien hacia el sur o bien hacia septentrión, a aquellos países en los que piensan que hay abundancia de lo necesario para vivir, y todo lo roban y lo saquean indiscriminadamente. Dichos pueblos crecen de tal manera que su número es incalculable. No tienen reyes ni señores, pero se dejan guiar y honran a aquellos que consideran de// [f. 10] mayor prudencia, de más elevado ingenio y más benevolentes con su gente. Una parte de ellos se dedica a la guerra, ya que constantemente se movilizan por el litoral de Libia y África, y a menudo como una plaga se expanden hasta llegar a las remotas tierras de Egipto, desde donde traen muchísimas riquezas y para no devastar sus campos, les obligan, por la fuerza de las armas, a entregarles grandes cantidades de oro. Otros llevan a cabo sus fechorías en Etiopía, donde raptan un gran número de hombres y mujeres, a los que hacen esclavos y les venden por un precio muy bajo, o los cambian por cualquier cosa a los mercaderes de Italia, de España y de Sicilia, que negocian en aquellos puertos.

El país desértico y muy saludable. En verdad, esta región puede considerarse como la más saludable de todo el mundo. Sucede que allí los hombres viven sanos y vigorosos hasta una edad muy avanzada y no mueren salvo que por violencia de enemigos o por propia voluntad. También es cosa de maravillar, que, a pesar de nacer muy pobres, se jactan de ser más nobles que cualquier otro pueblo africano, porque no hay nadie entre ellos que ejerza oficios// [f. 10v] mecánicos o viles, sino que todos se dedican a la guerra y a vivir de la rapiña.

Armas de los alarbes. Sus armas se reducen a ser lanzas largas que usan cuando van a caballo, y con estas no rechazan el encuentro de cualquier hombre armado, por manejarlas tan diestramente y con admirables artimañas. Llevan la cabeza sin cubrir y únicamente usan como vestido un sayo africano. Las mujeres y las niñas visten una saya de la misma tela y algunas esposas se cubren la cabeza con un velo de lino.

Costumbres de vivir de los alarbes. Viven en grandes tiendas de campaña peregrinando constantemente; sus cuerpos son resistentes y preparados para los trabajos y para soportar el calor y la sed. No se alimentan con ningún manjar. No beben vino y no duermen en lechos de plumas ni de otros materiales delicados, sino que reposan sus cansados cuerpos sobre el suelo. Se alimentan de leche, carne y pan que no siempre es de trigo; pocos son los que mueren antes de tener una edad avanzada, salvo por la espada o por la mordedura de animales venenosos. Mientras el imperio romano estaba en su apogeo, los sabios y grandes emperadores mandaron construir en esta región desértica ciudades y campamentos donde habitaron estas gentes,// [f. 11] cuyo testigo son las grandes ruinas que se ven por todo el territorio.

El arriba mencionado fray Gonsalvo Casalia en la plaza de una gran ciudad en ruinas, situada en una grandísima y muy extensa llanura, reprodujo dos inscripciones de emperadores romanos esculpidas en dos columnas, una de las cuales estaba en la entrada y otra en la salida de aquella plaza, que son estas.

Imp[erator] Caes[ar] Divi Nervae f[ilius] Traianus Germanicus Dacicus Pont[ifex] Max[imus] Trib[unicia] pot[estate] V Co[n]s[ul] VI P[ater] P[atriae] Cum publicum patriae desertae bonum cum commune eius terrae commodum animo n[ost]ro iure inhaereat . Opus enim Ro[manorum] Imperatorum est utiles toti orbi leges dare, hoc decreto omnibus gentibus proposito, quae antea vagae huc et illuc erant, mandamus, ut si quis magnam gregum molem, si quis magna armentor[um] agmina habuerit, ea per servos vel per alios stipendio conductos custodire faciat, ipsi vero interea in urbes et oppida remaneant, vel si per haeros gregum, et armentorum custodiri opportuertit, volumus coniuges et (al margen: filios) intra civitates, et oppida se continere alioquin bona eor[u]m fisco adscribi imperamus. Ipsos vero, uxores, filios nepotes sub hasta in publico urbium foro vendi servos fieri, qui nullo postea tempore queant ab heris eorum manumitti et tota quoq[ue] posteritas eidem legi ad centesimum annum subiaceat. Decernimus [e]n[im] depravatam a tota regione consuetudinem perpetuo vagandi omnino tollere.//

[f. 11v] Imp[erator] Cae[sar] Divi Traiani Partici filius, Divi Nervae nepos Traianus Aug[ustus] Pont[ifex] Max[imus] Trib[unicia] Pot[estate] V Co[n]s[ul] III. Quoniam multi nolentes ab antiquo maiorum cultu retrahere, sed insectato p[at]rum errore vivere animo eorum omnino insidet, adeo quod per loca Aethiopiae finitimae cum camelis, equis, bobus plaustris et reliquis familiae animalibus assidue aberrant sub dio vivunt, omnia civitatum comercia, omnem per oppida incolatum assistant, et multos ad idem agendum inducunt, et si aliquem cum pub[li]co magistratuum edicto, cum aperto Consulum imperio ad se iturum autumant, evestigio Ethiopiam deferuntur. Propterea ipsis provinciarum Consulibus, Proconsolibus, Praetoribus, propretoribus et quibuscunq[ue] populor[um] Praesidibus publico edicto mandamus, ut cum electo militum ordine contra illos accelerent accellerent, Ethiopia si fieri poterit, eruant, per vicina urbium fora, per loca oppidorum publica, cum crudo et truculento laeti genere conficiant. Nullo [e]n[im] modo eam gentem ad antiquum vivendi morem relabi sinere tolerandum est.

Heraclio procónsul ocupa el imperio romano. Columnas parecidas, con variados mandamientos de emperadores, se podían admirar en las ruinas de todas las ciudades, cuya destrucción ocurrió de la siguiente manera: como Heraclio procónsul de África asesinó al emperador Focas, el cual no parece que administrara la república // **[f. 12]** tal y como se necesitaba, ocupando el imperio romano, con la intención de realizar acciones dignas de dejar un glorioso recuerdo para todo el orbe. En primer lugar, venció y se impuso sobre Cosroes [II] rey de los persas, luchando contra él cuerpo a cuerpo en el puente sobre el Danubio, en presencia de ambos ejércitos. Lo encerró en una torre llena de oro, y a su hijo, que se convirtió a nuestra santa fe, le devolvió el reino paterno. Ordenó que se reconstruyeran en todas las provincias del imperio romano las ciudades que había destruido el mencionado Cosroes. Sin embargo, habiendo abandonado el cuidado de administrar bien el imperio romano y entregándose por completo a la práctica de la astrología y de las artes mágicas, implicado en muchos errores contrarios a nuestra santa fe católica, los ministros que gobernaban las provincias de Oriente se sintieron libres para ejercer en ellas los robos y los espolios.

Mahoma árabe. Lo anterior dio lugar a un odio generalizado de las gentes. En consecuencia, Mahoma, árabe de linaje ignominioso, pero dotado por la naturaleza de un gran ingenio, aprovechó la oportunidad para llevar a cabo una gran hazaña. Con los conocimientos que había adquirido de las religiones judía y cristiana, fundó una nueva secta con la que obtuvo una gran autoridad y una fama eterna.// **[f. 12v]** Tal y como se necesitaba, Creó una nueva religión a partir de las anteriores, y para darle reputación, con mucha artimaña, se atribuyó el nombre de profeta, enviado por Dios para que todas las gentes pudieran entrar en el cielo. Saliendo de Arabia con un gran ejército, derrotó a las tropas bizantinas y ocupó todas las provincias de Oriente. En aquel tiempo, dicha secta pasó a África, donde creció extraordinariamente. Allí hallaron completamente arrasados y aniquilados los restos de la antigua Roma, por las razones ya expuestas. De ahí que los pueblos de la región desértica se alzaran en pro de la anarquía, abandonando las leyes justas de los romanos, el cultivo del ingenio y la honestidad de las costumbres civiles, para volver, pues, a su antigua y bárbara forma de vida, vagando continuamente por diferentes países, y los lugares mandados edificar por los emperadores romanos quedaron abandonadas y completamente asoladas. Estos restos todavía se pueden observar y nos producen lástima. No obviaré que, en los límites de este desierto en el interior de Etiopía, al sur de Egipto, se pueden observar unas columnas de bellísimos y variados mármoles, que existen en Etiopía, situadas entre ellas a una distancia de veinte estadios. Contienen públicos decretos de los emperadores romanos, para que todo el mundo supiera// [f. 13] que el pueblo romano cuidaba del bienestar y de la civilización de las regiones más remotas de la misma manera que de la propia Roma. De aquellas inscripciones antiguas quise reproducir las siguientes:

Imp[erator] Caes[ar] M[arcus] Antonius Verus Invictus Aug[ustus] Pont[ifex] Max[imus] Trib[unicia] Pot[estate] VIII P[ater] P[atriae] Co[n]s[ul] II Proco[n]s[ul]. Nulli Co[n]s[ule]s nulli Pr[o]co[n]s[ule]s nulli Praetores nulli Propraetores, nulli provinciarum Praesides hos limites columnarum, in introitu Aethiopiae positos, qui verum cardini exusto terminum designant, cum exercitu pertransire audeant.

Romani siquidem nullum in Aethiopia imperium habere cupiunt . In qua ipsae Quiritum legiones, ipsi exercitus, ipsi milites levis armaturae sub infando ardore, sub dissimili coelo, sub alia terrae effigie deperirent, ubi nudi homines sunt, omnia domicilia e luto structa habent, ubi praeter principes, et optimates nullum reliqui decorem servant, ritu ferarum vivunt[26].

Etíopes hospitalarios. Nullam vitae humanae actionem in ordine generi humano attributo habent, et sequuntur , nisi quod hospitales sunt.
Imp[erator] Ca[e]s[ar] M[arcus] Aurelius Antoninus Pius Felix Aug[ustus] Parth[icus] Germanicus Pon[ifex] Max[imus] Trib[unicia] Pot[estate] XII Imp[erator] III Co[n]s[ul] IIII P[ater] P[atriae] Concedimus legionariis militibus qui privatim, vel turmatim ad ipsam volueri[n]t Aethiopiam pertransire, libere pertranseant, hisce tamen gentibus fide servata qui ad tributa P[opulo] R[omano] debenda sponte devenerint Co[n]s[ule]s tamen// [f. 13v] Procon[ules] Praetores Propraetores et exercitus n[ostr]os proposito pub[li]co edicto prohibemus, eum axem ubi immensi ubiq[ue] calores se retegunt, nullo modo aggredi. Ipsi enim Romani iure laeti latissimo Europae, Asiae et Africae cardine, reiciunt Aethiopiam quae similia nulla urbi Romanae ornamenta habet, velut Scythas reiecere sub ipso Septentrione vagos, nec hominum ritu viventes.

Islas afortunadas. Desde esta región desértica, tras una buena navegación de dos días llegamos a las Islas Afortunadas, algo sumamente deseado desde mi juventud, aunque muchos de los que escribieron sobre ellas las llamaron Desafortunadas, porque entonces eran estériles y solo abundaban las cabras. Sin embargo, nosotros encontramos tanta abundancia de trigo, cebada, vino y todo

---

26 En Le, 322 falta *ritu ferarum vivunt,* pero se añade un breve texto explicando por qué los romanos no deseaban expandirse en Etiopía, siendo la causa el calor y las bajas que este podía producir en su ejército (Le, 140–141; Ge, 116–119).

tipo de ganados, que su fertilidad puede competir con cualquier otra región del mundo.

La mayor de ellas se llama Canaria por la gran cantidad de grandes perros, y su ciudad tiene el mismo nombre y es colonia de los españoles. El rey de España saca mucho provecho de esta isla por la gran cantidad de cañas de azúcar, que se cultiva. Allí, por las corrientes de aquel aire tan benéfico y// [f. 14] saludable los hombres llegan a alcanzar una edad avanzada.

Gomera. Otra isla, llamada Ningaria, quizá por las muchas nieves que cubren sus altísimos montes, ahora se llama la Gomera, en la que se encuentran dos fortalezas edificadas por los españoles. En esta isla hay muchas vides, rebaños, ganados y mucha caza. En un extremo aparece un monte altísimo, cuya cumbre vomita fuego, piedras pómez y ceniza, como el monte Etna en Sicilia.

Junona, que ahora se llama Hierro. En Junona, que es otra de estas islas, vi las ruinas de un templo consagrado a la diosa Juno, al pie del cuyo altar estaba escrito "ara de Juno erigida por los gaditanos".

Árbol del que brota agua[27]. Hoy se llama isla del Hierro, donde no hay ningún estanque, ninguna fuente, ningún río, pero, por asombroso milagro de la naturaleza, hay un árbol, del que desde el interior de sus ramas brota agua en tal cantidad que abastece suficientemente a las personas y a los animales de la isla[28]. Este árbol nos es desconocido, y yo lo observaba con admiración, no habiendo encontrado ningún testimonio de griegos o de romanos que lo mencionase.

Capraria, hoy llamada Tenerife. Otra de estas islas es llamada Capraria por la gran cantidad de cabras, cuya carne es mucho más sabrosa que las de los cabritos de nuestros países. Esta isla actualmente se llama Tenerife, en cuyo monte, en las laderas, hay hermosos viñedos, albaricoques, peras y otras frutas. En// [f. 14v] medio de la isla hay un bellísimo castillo.

Ombrión. Otra isla, llamada Ombrión, tiene en un monte un lago de aguas claras que abastece a todos los animales, y lo que es especialmente asombroso, es que tiene cañahejas negras, de las que se extrae agua muy pura. Toda la isla tiene pozos y aljibes para el consumo.

Palmaria Pluvialia. Otra isla, llamada Palmaria, ofrece una vista placentera. En la Pluvialia, otra de estas islas, nacen ciertas hierbas muy buenas para elaboración de tintes.

---

27 Le, 143 y Ge, 120, *Pluvialia*.
28 Se trata del garoé (*Ocotea foetens*), que al situarse a gran altura condensaba el agua de las nubes. Este árbol desapareció en 1610.

[**Junona menor.**] En otra isla, llamada Junona menor, se pueden observar algunos vestigios de una pequeña casa.

Estas islas en torno a Canaria y Ningaria son pequeñas y fueron conquistadas ya hace treinta años[29] por los españoles, y los isleños fueron trasladados a España.

Memoria del nombre Ro[mano]. Suponían que el mundo quedó sumergido por el diluvio y únicamente se mantiene entre ellos el recuerdo del nombre romano, no por documentos escritos, ya que eran iletrados, sino por los relatos de sus antepasados, transmitidos sucesivamente a sus descendientes.

Piratas de Cilicia le disuadieron.[30]. Quinto Sertorio, queriéndose retirar de las guerras civiles para llevar una visa tranquila, planeó pasar a estas islas, pero se interpuso la muerte, ya que fue asesinado por Perpena en un convite, y no pudo cumplir esta sabia decisión.//

[f. 15] LIBRO III DE ALEJANDRO GERALDINI OBISPO

Deseaba investigar sobre las cosas secretas de la naturaleza y de conocer otras gentes y diferentes costumbres, de los que Etiopía abunda más que otras regiones del mundo. El día 13 de diciembre[31] salí de la isla Pluvialia, de la que he hecho mención antes, teniendo que cambiar el rumbo de nuestro viaje hacia la derecha en dirección al Equinoccio, donde Etiopia se extiende hacia el sur.

Gente libre. A pesar de que fuera una navegación muy larga, mandé ir hacia un pueblo eternamente libre de toda dominación asiática o europea, que ni los romanos ni los griegos la conocían.

El mar circundante siempre está calmado. Por lo que mi interés aumentó sensiblemente, sabiendo que en esta navegación, aunque fuese más prolongada, no había ningún peligro de naufragios, consciente de que en aquel gran océano las aguas están siempre tranquilas y los vientos constantemente son apacibles.

---

29   En Le, 144, trescientos años.
30   Plutarco, *Sertorio* 8. Las describe así el autor romano: "Diéronle allí noticia unos marineros, con quienes habló de ciertas islas del Atlántico, de las que entonces venían. Éstas son dos, separadas por un breve estrecho, las cuales distan del África diez mil estadios, y se llaman Afortunadas. Las lluvias en ellas son moderadas y raras, pero los vientos, apacibles y provistos de rocío, hacen que aquella tierra, muelle y crasa, no sólo se preste al arado y a las plantaciones, sino que espontáneamente produzca frutos que por su abundancia y buen sabor basten a alimentar sin trabajo y afán a aquel pueblo descansado".
31   En Le, 145, "los idus de octubres" (15 de octubre de 1519).

Convocado el piloto del navío y, aumentándole a él y a los demás miembros de la tribulación el salario y las dádivas, hice dirigir las velas hacia el Equinoccio y los extensos litorales de Etiopía, dejando atrás a los pueblos azaganes.

Azaganes con el rostro cubierto[32]. Los cuales siempre llevan el rostro cubierto con un velo, y consideran una gran vergüenza el acto de descubrirlo, por lo que para poder ver hacen dos agujeros en el velo delante de los ojos, y otro a la altura de la boca.

[f. 15v] El Senegal, río de una milla de anchura. Cruzando el río Senegal, vimos cosas maravillosas de la variada naturaleza, que en una orilla del dicho río los humanos son de color ceniciento, y en la otra totalmente negros. Estos azaganes viven en una tierra estéril y adoran a Mahoma. Hallándome en este lugar, tuve el deseo de conocer más sobre el río Senegal, que se podía ver que tenía una anchura de una milla, y de entender la razón por la que esta gente llevaba el rostro siempre cubierto, cuando el resto de los hombres lo llevan descubierto. Quienes me acompañaban en una villa vecina, en la época en la que estaba el sumo sacerdote de la región Basa[33], que era el líder de muchos sacerdotes que se dedicaban al culto de sus dioses. Por medio del intérprete, habían difundido que yo era un gran prelado por debajo del Equinoccio, por lo que vino rápidamente a encontrarme acompañado de muchos sacerdotes y de un gran número de gente.

Generoso recibimiento. Y tras haberme recibido generosamente, me llevó a un palacio, donde me hizo un espléndido y delicado convite. A la mañana siguiente me preguntó el motivo de mi llegada a aquel país. Y yo por medio de mi intérprete le contesté que había llegado hasta allí por el deseo de ver el mundo y concretamente Etiopía, las diversas costumbres, las leyes y los hábitos de las gentes, como hizo el gran Platón y otros filósofos que por el mismo motivo buscaban naciones y provincias lejanísimas.// **[f. 16]**

Él, tras haber alabado mucho mi propósito, me aseguró que muchos de los hombres importantes de Etiopía habían hecho lo mismo.

Los azaganes llevan el rostro cubierto por tenerlo deformado. Entonces le pregunté por qué los azaganes son los únicos entre los hombres en tener el rostro cubierto. Me respondió que los azaganes tenían el rostro muy feo y deforme, pero que eran de especial destreza y gallardía.

---

32 Tuaregs.
33 En L, se ha interpretado como "región baja". En realidad, parece referirse a la Baja Etiopía, que comenzaba en el río Senegal, como ya la denominaba Alvise Cadamosto (1507: c. XXXV).

Tienen vinos excelentes. Y que por la abundancia que tienen de magníficos vinos, su país es visitado por pueblos cercanos y lejanos esbeltos y vigorosos, con rostros nobles aunque negros, por lo que los azaganes se avergonzaban de que les viesen la cara; agregó que según antiquísimas memorias de los etíopes ya hubo un rey muy inteligente, pero con el rostro soberanamente feo y monstruoso, el cual para cubrir su fealdad por edicto público ocultó su cara con un paño de lino, y mandó que su pueblo llevara de la misma manera la cara cubierta con un paño negro. Luego dicha costumbre se ha mantenido entre los pueblos azaganes con obstinada perseverancia.

El río Senegal nace de uno de los afluentes del Nilo. Cuanto al río Senegal, me dijo que nacía de uno de los afluentes del Nilo y descendía hasta los últimos y más remotos países de Etiopía y que el Nilo nacía en los montes de la Luna, y se dividía en dos afluentes, de los que el mayor de curso largo y con muchos meandros atraviesa muchos reinos de Etiopía que son desconocidos por las gentes de Asia y Europa, llega a Egipto y desemboca en el mar mediterráneo. Este nombre, Nilo, no es nuevo, porque// **[f. 16v]** mucho antes de la diosa Isis así se llamaba, como puede leerse en los libros sagrados de la región Basa de Egipto[34]. Isis fue la que enseñó a los egipcios a sembrar y cosechar los alimentos, y dictó muchas leyes utilísimas para su patria. De Isis nació el gran rey Horus y finalmente, según lo que ellos declaran, en el cielo apareció una estrella muy reluciente. Ella vivió mucho antes que Osiris, dios de los etíopes. Este Osiris edificó en Egipto muchas ciudades y fortificaciones, y otorgó otros muchos beneficios a aquella región, por lo que nuestros libros —decía aquel sumo sacerdote— dieron a conocer estos sucesos antes de que apareciera el nombre de los aborígenes, que vivían en torno al río Albula, antes de las memorias que dejaron los asirios, los medos, los persas y los macedonios.

Es cosa evidente que la parte más baja del Nilo discurre por muchas y lejanísimas regiones de Etiopía, donde sabemos con certeza que el río Senegal tiene muchas desembocaduras y afluentes que van desde esta región hasta las antípodas, que los griegos llaman Antártica y nosotros Casión. Todo lo cual me dijo el sumo sacerdote con naturalidad, comprobando los muchos conocimientos que tenía aquel etíope, y preguntándole sobre aquellos dioses descubrí que adoraban muchas representaciones, que hacían// **[f. 17]** referencia a las constelaciones del zodíaco y a las estrellas, las cuales son favorables a los hombres que viajan por mar y tierra, ayudan en el parto y prestan sus servicios al género humano.

---

34 Debe haber un error de traducción, pues los textos de Le, 147 y Ge, 126–127 consideran que el primitivo nombre de Egipto era Nilo, antes de los tiempos de la diosa Isis.

Le pregunté luego por los templos de sus dioses y por la antigüedad de su patria. A esto me contestó que no había templo alguno de gran tamaño en Etiopía, pero los pontífices gobernaban toda la región, y para su gobierno se servían de los edictos pontificios, los cuales están escritos en los templos, de los decretos de los reyes o de los oráculos de los dioses. Cuando ocurre que en el pueblo surge alguna duda que no esté contenida ni declarada por las leyes, si es sobre asuntos buenos y santos, se investiga y se resuelve por los pontífices o por sus vicarios, pero si aquel es de asuntos profanos, es resuelto por el arbitrio de sus ancianos.

Aborrecen las discusiones. Pero de aquellos [ancianos] que durante toda su existencia han vivido con clara y probada prudencia, por lo que Etiopía aborrece las discusiones duraderas que mantienen a los hombres con litigios y gastos intolerables. Los etíopes de la región Basa[35] se consideran más antiguos que todas las otras naciones del mundo, y prueban su antigüedad por medio de las inscripciones de aquellos vetustos y negros mármoles.

Memoria de $\frac{m}{30}$ años. Los [mármoles] no se corroen ni se corrompen por la humedad, ni por el calor, tampoco// [f. 17v] por el transcurso del tiempo, en los que aparece la historia de sus tradiciones de más de treinta mil años y por una extensión de más de setecientas millas.

Memoria de nueve mil años. Dijo que hacia el interior hay un templo, en el que se conservaba en unos determinados caracteres una memoria del santo padre Dabiro de más de nueve mil años calculados a partir de la numeración de un lustro muy antiguo en la región Barrabea, que fue instituido por el rey Baccabeo[36] por una gran victoria que obtuvieron los barrabeos contra los pueblos vecinos. Esto se debe a lo que ellos cuentan, que los dioses patrios ordenaron que, en memoria del gran beneficio recibido, celebraran cada cinco años unos juegos en honor a aquellos dioses, con camellos y elefantes y varios grupos de luchadores, proponiendo el rey grandes premios para los triunfadores. Se ordenó que los sacerdotes de la provincia dejasen memoria de cada lustro. Todo esto es lo que él me dijo. Las letras, es decir, los caracteres en aquellos mármoles, significaban lo siguiente en mi idioma.

---

35   Bassa Casamance, en la parte sur del Senegal entre Gambia y Guinea Bissau. El nombre de Casamance es una derivación de Kasa mansa y por tanto dependía del reino de Kasa o Kasanga, con cuyas gentes mantenían un estrecho contacto los portugueses, que ya en el siglo XV establecieron como base para su comercio el lugar de Zinguichor. Sobre este reino puede verse (Boulegue, 1980). Este reino fue citado también por Alvise Cadamosto y Valentim Fernandes (1997: 88–91).

36   En Le, 149, Basaroo. En Ge, 129, "re di Bassa".

Edicto antiguo del prelado Dabiro. Dabiro, prelado de la región Basa[37] de Etiopía, servidor de todas las estrellas del cielo, elegido por voluntad de los dioses padre de mi pueblo, para que piadosa y santamente siguiera con mi oficio al que// [**f. 18**] fui asignado mientras vivía, y ahora liberado por la muerte no dejaré de ser propicio, y rezaré constantemente a los dioses para que le concedan la felicidad a mi pueblo.

Hijos míos, mantened puro el culto a los dioses por todos los siglos, ya que las estrellas que veis en el cielo son dioses, y ellos siempre concederán la paz a nuestra patria.

Hijos míos, tened gran reverencia en los lugares santos y ante los sacerdotes, que así los dioses apartarán de vuestros corazones todo odio y otorgarán grande y sincera armonía a toda nuestra descendencia.

Hijos míos, dad a estos (sacerdotes), que son santos, el sustento que les corresponde. Sed misericordiosos con todos los pobres, recibidlos en vuestras casas, y de esta manera los dioses, que todo lo ven, todo lo sienten y todo lo oyen, acumularán sobre vosotros grandes riquezas y un próspero futuro.

Hijos míos, amad con amor fraterno a todos los seres humanos, y así los dioses os amarán a vosotros.

Hijos míos, tened gran reverencia hacia vuestros antiguos dioses, que hasta hoy han mantenido libre nuestra patria, y que fueron venerados y respetados por nuestros padres. Los dioses sin ninguna duda han manifestado divinidad y poder; nuestros padres conocieron su autoridad, atestiguada y// [**f. 18v**] aceptada por todo el Orbe, la cual todos nosotros de continuo observamos y aprobamos.

Hijos míos, cada vez que observáis este mármol nuestro, leed mis palabras y guardad en vuestra memoria estas enseñanzas y los recuerdos de vuestro prelado Dabiro, el que aunque está muerto sigue siendo vuestro padre. Quedad en paz y con salud.

Al cabo de cinco días[38] en que estuve visitando a aquel sumo sacerdote de la región Basa, me despedí de él y zarpé hacia el sur, donde vi en entre casas, cabañas de paja y aldeas una innumerable multitud de gente negra. La región está castigada por el excesivo calor del sol. Finalmente el decimoquinto día desde que salí del monte Atlas, llegamos a una grandísima ensenada, donde había muchos bajíos y muchos escollos.

Islas Gorgonas. Entonces descubrimos las islas denominadas Gorgonas, en las que ya había mujeres de aspecto cruel y casi de fiera. Estas islas actualmente están totalmente deshabitadas. La primera de ellas estaba llena de altos

---

37   El copista debió transcribir mal el original, pues menciona baja Etiopía en lugar de Basa.

38   A partir de aquí y hasta el apartado de "Veneran las lamas de los muertos" Geraldini tiene una grave confusión, pues ha retrocedido hacia las tierras del Sahara, probablemente porque se haya traspapelado algo del manuscrito que podía llevar de Cadamosto, que relata esto mismo de forma más ampliada y en el lugar que corresponde por lógica geográfica (1507: Li. IX).

y desconocidos árboles, y abundaban de aguas de calidad. En la segunda se observaba un sinfín de pájaros, que no tienen ninguna semejanza// [f. 19] con los nuestros. La tercera es estéril.

Promontorio de Cabo Blanco. Saliendo de estas islas, tras dos días de navegación, descubrimos un promontorio actualmente ocupado por los portugueses, que lo llamaron Cabo Blanco[39], en el que desembarqué y donde contemplé que aquellos lugares estaban llenos de terrenos arenosos y abrasados por el sol. Y mientras que yo iba explorando el territorio junto con mi querido Ribiera, los pilotos se pusieron a pescar y capturaron muchos peces muy diferentes de los nuestros[40].

Veneran a las almas de los muertos. Aquí, supe que muchos pueblos vecinos adoraban a los dioses, otros a las almas de sus antepasados, cuyos cuerpos se conservan durante mucho tiempo en lugares secretos y sagrados; muchos, por consejo de los sacerdotes que proceden de Persia y Egipto, siguen las leyes de Mahoma y lo veneran, después de muchos siglos se ha difundido hasta los límites más remotos de Etiopía. Entonces, yo mandé buscar al sacerdote de los que adoran a las almas de sus antepasados, al que, una vez que vino, le pregunté por qué razón observaban aquella costumbre de adorar a los cadáveres carentes de sentido y de espíritu. Me contestó que aquellos pueblos adoran a los que han vivido una existencia muy honesta y sincera, y que dieron testimonio ante aquellas personas con milagros comprobados. Le pregunté también si// [f. 19v] existían antiguas memorias de aquellos tiempos[41] de la patria, enseguida me dijo que había una, y que quería ir por ella y traérmela. Yo con ánimo alegre acepté su amable oferta, por tanto, él se fue y al día siguiente volvió con un edicto que es tal en mi idioma

> **Edicto de Ianab[42], sumo sacerdote.** El gran Ianab, sumo sacerdote de la tierra Masiana, dice: ¡oh pueblos míos! ¡Oh gente buena, que me quisisteis como padre y pastor de vuestras almas, a pesar de mi incapacidad frente a semejante responsabilidad, teniendo yo necesidad de un maestro y preceptor que me ayudara y me enseñara cómo podría sostener semejante cometido, y hacer aquello que se requería para una tarea de semejante importancia!

---

39   Probablemente este retroceso a cabo Blanco tenga que ver con un error de la lectura de Cadamosto, que regresa de su viaje a Gambia por la península de cabo Verde y por cabo Blanco (Cadamosto, 1507: c. XL).
40   Cadamosto (1507: c. IX), también habla de la abundante pesca, pero aclara que hay peces muy semejantes a los nuestros y otros diferentes.
41   Templos en Le, 152 y Ge, 132-133. En BL, f. 15v, igualmente: tiempos.
42   Le, 152, Yamab; Ge, 132, Ianab.

Tierra Masiana[43]. Oíd, pueblos míos, aquello que os dice vuestro padre Ianab, ya que a vosotros no se os concede la posibilidad de ver ni de oír a Dios; sin embargo, sabemos que Dios existe y que rige los resplandecientes astros del cielo, y que con un curso perpetuo y cierto regula y dispone cada cosa. Él es el que hace que el globo terráqueo se sostenga en el aire; el que hace que el gran océano permanezca dentro de sus límites, y no deja que inunde la tierra; el que envía a la gente las lluvias// [f. 20] inoportunas[44]; el que revitaliza la tierra con el viento. Reconozcamos, pues, que somos indignos de adorar a este nuestro Dios, totalmente indignos de alcanzar con nuestras plegarias a semejante divinidad. ¡Oh pueblos! ¡Oh hijos míos! Pienso que debemos adorar a los espíritus y a las almas de nuestros antepasados que fueron más piadosos y justos. Debemos tener en gran consideración a estos, y generalmente debemos ofrecerles gran reverencia y honor, porque libres del peso corpóreo, ya puros y santos, conocen a Dios, le contemplan, le hablan y penetran dignamente en toda la grandeza y gloria de las cosas del cielo; con sus muy agradecidas plegarias suplican a la divina majestad, para que nos conceda la gracia de llevar una existencia buena y santa, y que nos ayuden a conseguir un lugar en el reino celestial. ¡Oh hijos míos, que me habéis seguido y escuchado con gran perseverancia, y yo siempre os he amado con increíble y paterno afecto! Si vosotros hacéis esto, vuestras[45] plegarias serán más dignas de gracia, dado que despojados de todo afecto terrenal y purificados de todo pecado del cuerpo, habéis entregado vuestros cuerpos a la tierra y vuestras almas volarán hacia// [f. 20v] el aire puro. Os harán santos. ¡Oh hijos míos, creed en vuestro padre Ianab, que os aconseja bien y piadosamente, y ama vuestras almas! Quedad en paz, hijos míos, y amadme incluso tras mi muerte.

El monumento del pontífice Ianab es muy antiguo; sin embargo, como aquel sacerdote que me lo trajo era hombre de escasa formación y tenía pocos conocimientos de las cosas, no pude saber de él lo que quería conocer.

Islas Hespérides. Luego, después de navegar durante media jornada[46] pude ver las islas Hespérides, que ofrecían un maravilloso espectáculo de innumerables gentes. Pregunté sobre quiénes vivían allí, y me dijeron que eran etíopes[47]

---

43   El topónimo más parecido es el de Masiana, en el Niger, conquistado por Askia Mohamed en 1518. Parecería poco probable que Geraldini se refiriera a ese reino como ya manifestamos en su día (Le, 152), pero tampoco podemos descartarlo en la medida en que Geraldini parece desconocer la geografía africana en profundidad.
44   Le, 152; Ge, 132-133.
45   En Le, 153 y Ge, 34, *sus* se refiere a los antepasados.
46   En Le, 153 y Ge, 133-134, jornada y media.
47   En Le, 153 y Ge, 134-135 los etíopes son los que le cuentan. Parece que sigue lo marcado en el mapa de Ptolomeo, que las pone al sur de las Canarias por debajo de la línea equinoccial, por lo que pueden ser las islas de Cabo Verde (González Vázquez, 2016: 311).

muy crueles con aquellos que llegaban, de tal manera que permanecer una sola noche allí significaba que la vida peligraba; por lo que los mercaderes que navegan por estas alturas tienen la costumbre de negociar durante el día con aquellas gentes, y adquieren las mercancías que necesitan y cuando anochece vuelven a sus naves[48]. Dirigiendo nuestro rumbo a babor entramos en una gran ensenada, donde había escollos, bajos rocosos y tortuosos, y acercándonos despacio a la orilla me dirigí hacia un enorme valle, donde tuve otra visión del cielo y otra forma de la tierra, como si fuera casi otro mundo, que no// [f. 21] parecía tener nada en común con nuestra Europa y Asia[49].

Serpientes aladas que por encantamiento no pueden moverse. Vi serpientes con alas, que por cierto encantamiento etíope no podían moverse, pero aun estando quietas en el suelo se extendían ocupando un gran espacio, y por virtud de este encantamiento no se atrevían a acercarse a los rebaños ni a los ganados que pastaban a su alrededor, hecho que nos causó maravilla[50]. Además de aquellos vi otros tipos de víboras y reptiles, que de igual manera y por el mismo encantamiento de bárbaros versos no pueden dañar a nadie. No me atrevería a contar estas cosas si no las hubiera visto en persona. Luego desembarqué y pregunté a un sacerdote de una aldea cercana qué tipo de versos eran los de aquel encantamiento; me dijo que, en los tiempos antiguos, de los que no hay memoria, aquella clase de serpientes era tan numerosa que ninguna fuerza humana podía aniquilarla.

Gnogor gran sacerdote. Cuando vino Gnogor gran sacerdote de la parte más meridional de Etiopía, que junto con esta estaba bajo su dominio. Este parecía que tuviera con el cielo una buena relación por sus grandes hazañas, habiendo considerablemente consolado este pueblo con su llegada, conjuró con poderosos encantamientos a estos enormes monstruosos, para que no hicieran mal alguno ni a su gente, ni a sus rebaños ni a sus ganados, y// [f. 21v] como no tuvieron ninguna eficacia sus encantamientos, se postró en tierra gritando

---

48 Aunque suponemos que se está refiriendo a las islas de Cabo Verde, resulta extraña la descripción y que no haga alusión, como Anglería, a los leprosos (Anglería, 1989a: 55).

49 Este fenómeno es el que Cadamosto nos relata en el c. XXXIX, cuando observó lo baja que se hallaba la estrella polar.

50 Cadamosto se explaya más en este hecho y nos dice que a él este suceso se lo contó un genovés, que había oído silbidos de serpientes en la noche y que el sobrino del rey de Budomel, Bisboor, se subió a un camello y dio vueltas al palacio cantando y, ante aquel hecho, las serpientes se retiraron, pues de lo contrario hubieran muerto muchos animales (1507: c. XXVIII).

con voz altísima, que retumbaba por los montes, deambuló por las soledades de este país con grandes sollozos y muy amargo llanto, pidiendo auxilio al cielo. Nuestro pueblo de aquellos tiempos vio de repente una luz muy resplandeciente que bajaba del cielo hasta la tierra, y saliendo del centro de aquella luz se oía una altísima voz que provenía del dios salvador.

Dios salvador. Quien en etíope se llama Main[51] Brenesin, es decir, dios salvador. Él convocó y enseñó a Gnogor qué palabras había que usar para liberar a su pueblo de ese peligro y expulsar de esta región a tan horrible plaga. De ahí que las gentes de aquellos tiempos le agradecieran este beneficio, y a doscientas millas de aquí edificaron un noble templo con un pedestal de mármol negro, donde se esculpió la santa efigie de nuestro gran padre, que todavía sigue en pie, y siempre lo estará. Aquí están esculpidas letras egipcias[52] donde se lee cómo aconteció todo el evento: Etiopía, en la zona litoral del Océano, es región incivilizada, pero en la parte interior tiene grandes ciudades y aldeas, y muchos otros templos nobles. Preguntándole yo a aquel sumo sacerdote qué palabras eran las que estaban esculpidas en el pedestal de aquel templo, me dijo que tenía en su casa la copia de todo ese texto, y alejándose rápidamente de nosotros, volvió con ella,// **[f. 22]** que en nuestro idioma decía:

> Nosotros pueblos tuyos, que nos has sido arrebatado por la muerte y elevado al cielo, te hemos levantado este monumento, ya que hemos tenido continuas guerras contra terribles serpientes y monstruos muy feroces, de los que no pudimos defendernos, el Padre celeste de esta patria bajó del cielo merced a tus plegarias. Nosotros, en efecto, vimos un gran resplandor, vimos brillantes rayos esparcirse por todo el cielo, vimos que nuestra tierra se iluminaba. Pero no pudimos ver la imagen de Dios, aunque oímos una voz que decía: "¡Oh Gnogor, nuestro amigo, te hemos oído rezar desde tu infancia, y conmovidos por tus oraciones acudimos a ti! Te ordeno, digo y mando a ti y a todos los sacerdotes y prelados, que se dedicarán a los divinos oficios, que siempre que venga a vuestra tierra esta ignominiosa plaga, vosotros inmediatamente gritéis por los campos y por los montes".
>
> **Forma del encantamiento.** ¡Oh serpientes, animales dañinos, monstruos horribles, enemigos del género humano! El dios de la salvación, pues es así como me gusta ser llamado, habiendo venido para la salvación de vuestras tierras, por la autoridad omnipotente, os dice y ordena que, tras escuchar al sumo sacerdote de la// **[f. 22v]** patria, debidamente elegido, o el sacerdote justamente ordenado, os quitéis el veneno y abandonéis de inmediato toda vuestra fiereza natural, y no os mováis ni molestéis ni a los hombres ni a los animales. Puesto que tú, oh santo padre Gnogor, con la deidad manifiesta del dios Brenesin, es decir, el dios de la salvación, has librado, con milagro manifiesto de Dios, a tu patria y a tu pueblo, súbdito tuyo, que, tras haberte reconocido

---

51   Le, 154 y Ge, 135–136, Maid, Lo mismo que en BL, f. 17v.
52   Le, 154 y Ge, 136–137, etíope.

como dios, te han edificado un templo noble, en el que siempre permanezca tu memoria, y jamás desaparezca, en el cual te ofreceremos nuestras plegarias a ti, oh nuevo dios, haremos nuestros sacrificios y nuestros descendientes, hasta que sigan pasando los siglos, observarán perpetuamente dicha costumbre, y para que al término de sus oraciones e sacrificios, llamando con voz muy alta a nuestro pontífice Gnogor, observe continuamente la gratitud de su pueblo desde lo alto del cielo.
Prosperidad a Gnogor, padre nuestro.

DE ALEJANDRO GERALDINI, OBISPO, LIBRO IV

Recuerdo que en el comienzo del libro II me explayé sobre la gran influencia que tienen las estrellas sobre los cuerpos de los seres humanos, habiendo sido esto ordenado por Dios eterno e inmortal, tal como se pone de manifiesto// [f. 23] en la gran variedad de las cosas que existen en el mundo, especialmente en estos países, donde se observan algunas naciones que están dotadas de un elevado juicio y de mucha claridad de ideas, cosa que produce admiración.

Etíopes insensatos. Otras gentes tienen el intelecto tan limitado y estólido que son considerados necios e insensatos, los cuales viven a tres días de distancia de la región Igomán.

Igomán, región tórrida. Sus gentes tienen piernas largas y el cuerpo desmesuradamente obeso, mientras que los otros etíopes son de gran ingenio y de excelente juicio y normalmente tienen el cuerpo delgado y atlético. Aquellos necios blasfeman constantemente contra el sol, porque les ocasionan calores excesivos e insoportables; contemplan y adoran a la luna, por darles cada noche alivio con su rocío, para la que en la playa han erigido un templo hecho de paja, troncos y barro. En la entrada de este templo a la derecha se observa una placa de marfil blanco sostenida por dos postes de madera gruesa, con caracteres de este tenor.

¡Oh sacerdotes! ¡Oh pueblos! Orad a la luna, diosa protectora y guardiana de nuestra tierra. ¡Oh niños y niñas castos y no corrompidos por ninguna corrupción de la carne! Conjurad al sol, para que mitigue el calor demasiado intolerable en beneficio de mi pueblo. Si nuestros antepasados// [f. 23v] pecaron, ¿qué suplicio merecen sus descendientes?

Casi toda la región está situada en un vastísimo valle, que se halla tan encerrado que no puede correr viento alguno, y si no fuera por un caudaloso río que lo atraviesa[53], indudablemente sería imposible que alguien pudiese habitarla.

---

53 Podría ser el río Gambia, puesto que la descripción de Geraldini coincide con la que hizo Cadamosto (1507: Li. II).

Estos pueblos están sometidos a un cierto príncipe, que domina muchos reinos hacia el norte, y nunca visita estos lugares, ya que aborrece la necedad de estas gentes, aunque tiene un gobernador allí que en su idioma se denomina *rabán*. No quise hablar con este personaje, ni tampoco tener relación alguna con dicha gente.

Tras una navegación de un día y medio, pues, descubrí una tierra muy extensa y llana, donde los magistrados de aquellos pueblos, al saber por un intérprete que yo estaba en el puerto cercano, tras haber dado público consentimiento y licencia con alegría me invitaron a desembarcar, donde todos los hombres con el cuerpo negro y chamuscado, junto con sus esposas e hijos, acudían a verme como si yo fuera cosa divina. De esta gente una parte es libre y otra está sometida y dominada por un gran rey que reside en una región lejana en el interior de Etiopía,// **[f. 24]** al que pagan un tributo.

Gente muy sensible. Estas gentes se maravillaban mucho de ver que hubiese llegado a su tierra alguien cuya piel era blanca y que vestía indumentaria roja y roquete blanco. Y cuando supieron que era un hombre consagrado a Dios, y que tenía bajo mi poder una población innumerable y muchos grandes reinos, disputaban entre ellos para arrojarse a mis pies[54].

Besaban los dedos gordos de mis pies como signo de grandísima humildad y reverencia. Y arrastrándose por el suelo se echaban polvo en sus cabezas, y continuamente besaban los dedos gordos de mis pies como signo de grandísima humildad y reverencia. Lo cual no suelen hacer salvo con los dioses y con sus príncipes. Finalmente, cuando terminó aquel alboroto me dieron el mejor y más decente alojamiento que tenían, y los de mi séquito se alojaron en otras casas.

Etíopes amables y hospitalarios con los extranjeros. Por una antigua costumbre, estos etíopes son muy amables y hospitalarios con los extranjeros, de tal manera que los alojan durante tres o cuatro días sin contraprestaciones. Me ofrecieron un gran número de cabras y terneros, mucha cantidad de arroz y cántaros de vino y, terminada la recepción, tras haberme concedido un poco de descanso, me rodearon muchos nobles, los cuales son tenidos en gran

---

54 Cadamosto nos menciona algo parecido cuando acudió a un mercado de Budomel, refiriéndose a un genovés que había ido hasta allí y la gente deseaba tocarle y se admiraban de sus vestidos damasquinados y su capa gris. Podríamos aventurar una relación poco probable con el reino de Quilõa, que Mongallo menciona más adelante, aunque dicha relación es muy poco probable, pues se trataba de un lugar próximo al entonces reino de Mozambique (f. 82v).

consideración entre los etíopes, ya que son los únicos en administrar los asuntos públicos. Con ellos conversé sobre// [f. 24v] diferentes argumentos universales.

Quialao[55]**, antiguo padre.** Me comentaron que a trescientas cuarenta millas[56] de allí había una gran ciudad, en la que se hallaba la sede principal del rey y del pontífice y un templo muy antiguo, en cuya plaza había una torre altísima hecha con enormes placas de mármol negro con la efigie del antiguo padre Quialao, con caracteres que en nuestro idioma se traducirían por lo siguiente.

Tierra galangea. Yo Quialao, santo sacerdote de la tierra galangea, prohíbo que nadie entre en la casa sagrada de Dios, si antes no se ha liberado del odio contra el pueblo y se ha reconciliado con amor y caridad con todos, si antes no se ha afligido y arrepentido de todos sus errores, si antes no se ha lavado con agua limpia.

Conformidad de cristianos en costumbres y ceremonias. Ordeno asimismo que quien vaya a los altares sagrados de Dios vaya en ayunas, casto y libre de toda vergüenza para ofrecer a Dios las ofrendas sagradas; que se guarde silencio absoluto en todo el templo cuando los sacerdotes cantan en voz alta las alabanzas a Dios, salvo cuando el pueblo acompaña a los sacerdotes con su voz para alabar a Dios. Más aún concedemos que en el día consagrado a los santos matrimonios se celebren en las casas privadas y en los templos públicos de la patria abundantes y alegres convites, y se dediquen a danzar y cantar con sumo júbilo,// [f. 25] ya que aquel día está destinado a conseguir una nueva generación para la humanidad y el orbe. La cual dirija a Dios inmortal de todo corazón continuas alabanzas y frecuentes plegarias, para que se abran los caminos de ascenso al cielo y a la morada de las altas estrellas.

Luego supe por los principales de aquella tierra que a cien millas de dicha región galangea hacia el este había una villa muy noble, al que los árabes suelen ir desde muchos lugares de Etiopía con camellos, elefantes y todo tipo de mercaderías, con las que consiguen enormes riquezas. Yo lloré por la compasión que siento hacia la humanidad, que por el deseo de enriquecerse no le detiene el excesivo calor del cielo tórrido, ni le asustan las mordeduras de las bestias venenosas o la ciertísima amenaza de naciones extranjeras y bárbaras, y para saciar su execrable hambre por el oro cruza países inaccesibles y semidesconocidos.

Rey Sibor. Y finalmente, desplegando velas para continuar el viaje, oí la fama de Albor hijo del rey Sibor, de reputada fama y con un imperio muy extenso en aquel litoral.

Ciudad de Mali. Habiendo salido [el rey] de la ciudad de Mali, que se sitúa en la parte más interior del reino, y habiendo llegado a esta región costera, me

---

55   En Ge, 145, Chialaoo.
56   En Le, 59 y Ge, 144–145, 343, millas.

trasladé allí, y tras habernos enviado emisarios, ya que en aquel joven nació// [f. 25v] el deseo de hablar con un obispo cristiano, yo que soy hombre de cristiana religión, fui recibido por aquel príncipe mahometano[57] con grandes honores, y permanecí allí con él durante ocho días en que hubo continuos banquetes de delicados y excelentes manjares, durmiendo en un lecho adornado con oro y seda. En ese tiempo, quiso llevarme a la mezquita, lo que hizo para hacerme grandes honores. Le di efusivamente las gracias, diciéndole que se me prohibía por las leyes de mis mayores entrar en cualquier templo que no estuviese dedicado a Cristo. Tras escuchar estas palabras, aquel etíope noble y piadoso guardó silencio: luego, dirigiéndose a mí alabó en gran manera la ley de Mahoma, diciendo que fue un gran mesías del Dios verdadero, tal y como lo habían reconocido muchos mortales en todo el orbe. Yo, para no renegar de mi Cristo, le narré los innumerables milagros hechos por todo el orbe por él y por sus apóstoles. Tras haber alabado la fe de Cristo, teniendo noticia del Nuevo y Antiguo Testamento por muchos sacerdotes de la India y Etiopía al sur de Egipto, él declaró que había que mantener aquella ley que habían heredado de los antepasados. Y en aquel discurso me contó// [f. 26] que muchos siglos antes de que se fundara la gran ciudad de Nínive y antes de que el nombre de los caldeos pasara por boca de los hombres, sus antepasados adoraban a muchos dioses, importados en Etiopía por los sacerdotes del Nilo, los que posteriormente se consideraron vanos por los sumos sacerdotes de Etiopía, según lo atestiguan los libros sagrados de nuestra patria[58].

Aquel rey tenía la tez que tendía al rojo más que al negro; era un hombre de ánimo noble y bondadoso. Vestía una prenda de algodón grueso que le llegaba hasta las rodillas, tejida con oro y adornada con perlas, zafiros y diamantes. Las esposas de aquel rey, que eran más de cien, se cubrían con un velo también de algodón. El resto de la gente se cubría sus partes pudendas con calzones de cuero y el resto del cuerpo quedaba desnudo.

Serpiente alada domesticada. Pero aquello que más me admiró fue que durante las comidas permitían estar allí una serpiente de aspecto feroz, de gran tamaño y con grandes alas, la cual era tan dócil y tratable que no hay animal

---

57 La supuesta estancia de Geraldini coincidiría con un periodo indefinido en el gobierno entre Mansa Mahmud II y Mansa Mahmud III. Momentos en que estaba en expansión el imperio Songhai y se desconoce si el primero de los monarcas citados se mantenía en el trono.

58 Este asunto religioso está tratado por Geraldini de forma alterada, pues lo relaciona con Mali, mientras Cadamosto lo hace con Bodumel (1507: c. XXV). En ese pasaje, el autor italiano manifestó que el señor de aquella tierra, que era mahometano, aceptaba que la religión verdadera era la cristiana.

alguno en Italia o España tan pacífico. Las// [**f. 26v**] esposas del rey siguen teniendo aquellas serpientes como deleite y diversión, por el hecho de que entre las muchas y variadas especies de serpientes que viven en Etiopía hay algunas sin veneno, como la que he mencionado arriba.

Durante la cena conversamos mucho sobre la ciudad de Roma, el papa, los antiguos reyes y los cónsules, que dejaron su gran impronta por todas las naciones, los dictadores, las guerras civiles, el senado y pueblo romano, los grandes emperadores romanos, tanto Cayo César y la época dorada de Augusto, como de la tan celebrada memoria de Vespasiano, Tito, Trajano y los demás príncipes romanos, los antiguos edificios de Roma, los enormes y suntuosos templos de los antiguos dioses, los magistrados, Italia, toda Europa y de Asia, cuyas cosas las escucharon admirados y con gran placer, de manera que todos afirmaban que sus cosas en comparación con las nuestras eran de poco valor y no se podían igualar con las nuestras.//

[**f. 27**] Y teniendo yo el deseo de tener noticia de los lugares cercanos y lejanos de aquella tierra, el rey me dijo que algunos pueblos suyos ricos en oro llegaban allí cada año, [atravesando] extensos territorios despoblados y países desconocidos hasta llegar a la orilla de un río que pasa por los confines, llevando consigo gran cantidad de oro.

Trueque de oro y de sal sin verse ni hablarse[59]. Y desde otra zona llegaban otras gentes que transportaban sal, la cual se extraía en un monte, y por su antigua costumbre no quieren que los vea forastero alguno, por lo que cada uno deja en la orilla del río su pequeño montón de sal, y de inmediato regresa en un día. En ese lapsus sus pueblos vuelven a aquel río y escrupulosamente, una vez considerado el valor de cada montón de sal, ponen junto a él tanto oro como consideran que vale la sal, pero no por ello la retiran, sino que dejando el oro y la sal se retiran. Entonces los que no quieren ser vistos vuelven otra vez y, si les parece que el oro responde al justo valor, lo toman y dejan la sal, regresando a sus patrias. Quienes creen que el oro no sea de la cantidad suficiente para su sal, dejan el oro y la sal// [**f. 27v**] y se dan la vuelta; el tercer día vuelven al lugar del intercambio y si ven que se ha añadido la cantidad de oro que para ellos es suficiente, dejando la sal recogen el oro y retornan a su país. Si ven que no se ha añadido oro recogen su sal y parten inmediatamente, con una admirable confianza de ambos pueblos.

---

59 Este relato coincide con el que nos hace Cadamosto (1507: c. XI), aunque el autor veneciano lo hace de una forma más extensa y aportando mayores detalles.

Yo le pregunté al rey por qué razón aquellos pueblos no querían que extranjero alguno les reconociera, y él me dijo que no conocía el motivo. Sin embargo, creía que aquellas gentes carecían de la capacidad de hablar, o que les estaba prohibido el comercio con otros pueblos por alguna religión antigua suya, y que por este mismo deseo hacía cincuenta años que un antepasado suyo con un ardid hizo capturar a cuatro de ellos reteniendo a uno. Hizo que le interrogaran en varios idiomas, pero a pesar de ello jamás se pudo oír de él palabra alguna, ni alguna señal de que entendiera las cosas que se le preguntaban. Y no solo nunca quiso hablar, sino que tampoco quería comer, de manera que al tercer día con rostro desfigurado por la rabia y con señales de odio hacia el rey se murió. Por dicha razón su pueblo sufrió muchos agravios// [**f. 28**] y graves incomodidades por el comercio de la sal, ya que aquellos, indignados por el engaño que sufrieron, dejaron de transportar sal durante tres años.

El rey Edomao. Durante el tiempo de mi estancia allí, los embajadores del rey Edomao se presentaron al rey Alboaces[60]. Dicho rey Edomao tiene muchos reinos en el interior de Etiopía. Con ellos yo tuve muchas conversaciones sobre la situación de su rey, de la condición de su patria y de sus dioses.

Región Benaana[61]. Me dijeron que su rey tenía un gran imperio en la región Benaana, que podía movilizar hasta doscientos mil guerreros y que entre los reyes vecinos suyos él era de gran poder y era tenido por muy honorable entre su pueblo.

Ciudad de Casiana[62]. Y entre las muchas ciudades y castillos a ochocientas veinticinco millas de allí, había la muy noble y populosa ciudad de Casiana, en la que había palacios reales y el templo principal y más grande de todos sus reinos, junto a otro magnífico palacio para el sumo sacerdote.

Dios de la naturaleza. Y lo que es causa de gran admiración, dicho rey con todos sus súbditos adora al dios de la naturaleza, cuya imagen es la de un cuerpo dibujado con minio a semejanza de una esfera celeste[63]. Está sentado en un alto solio de mármol; en la mano derecha sostiene al sol, en la izquierda a la luna, ya que se les otorga a estos dos astros la potestad de todas las cosas terrestres. Las demás estrellas están al lado de dicha figura.//

---

60   Curiosamente, es el mismo nombre que tenía un "ferocísimo rey de Mauritania", que fue vencido por Alfonso XI en la batalla del Salado (1340) (Pedro Sánchez, 1595: 253).
61   Le, 163–164, Basana. Ge, 150–151, Basiana.
62   Le, 163–164 Basana. Ge, 150–151, Basiana.
63   Le, 163 y Ge, 150–151, esfera de fuego.

[f. 28v] **El rey cinco veces cada noche se arroja al suelo para hacer oración.** El rey es tan devoto que allá donde vaya lleva consigo a lomo de elefantes la efigie de su dios, realizado con admirable arte en marfil adornado con minio. Cinco veces entre noche y día el rey se arroja con todo su cuerpo al suelo delante de aquella efigie, a la que le dedica largas y sentidas plegarias desde lo hondo de su corazón. Aquellos embajadores añadieron que los antiguos reyes hicieron guerras con gentes de otras naciones, y que este dios suyo fue visto algunas veces erguirse armado con gran estrépito delante de las enseñas reales y haciendo huir, presa del terror, a los ejércitos enemigos.

El sumo sacerdote a la derecha del rey. Y al preguntarle con qué honor y dignidad vivía el sumo sacerdote ante el rey, me dijo que durante los oficios sagrados el sumo sacerdote permanece a la derecha del rey. Este le tiene gran reverencia y admirable respeto, y no posee ninguna autoridad sobre el sumo sacerdote o las demás personas sagradas. En consecuencia, en la administración de la república y en el gobierno del pueblo, el sumo sacerdote carecía de autoridad, ya que el rey no se inmiscuye en las cosas sagradas. También me comentaron que su príncipe y todos los hombres de Etiopía interior se pintaban el rostro con minio por tener cierta semejanza, según su parecer,// [f. 29] con el cielo; por esta razón únicamente ellos creían tener mucha afinidad y relación con el cielo.

Ciudad Basiana[64]. Y al preguntarles si había en aquellos países alguna memoria de los siglos pasados bien en algún lugar sagrado bien profano, me dijeron que había muchas en todo el país, y en especial había una muy antigua en el templo de la ciudad Basiana del rey Oniob Sirién. Era tan antigua que se esculpió antes de que se utilizara el actual alfabeto etíope, cuando los etíopes se servían de un solo signo para indicar una palabra de muchas letras, como se aprecia en la otra parte del basamento de mármol negro y reluciente. En dicho basamento se observa la efigie adornada de gran majestad del antiguo rey Oniob Sirién. Sus descendientes en la parte externa de dicho mármol tradujeron la memoria con las actuales letras etíopes, las cuales tienen cierta semejanza con las letras caldeas, y yo las traduje al latín de acuerdo con la relación que me hicieron dichos embajadores en lengua vulgar.

Edicto de Oniob Sirién. ¡Oh pueblos míos, o hijos, o mortales que estáis bajo mi custodia y os habéis sometido a mi jurisdicción, entrad en este templo puros y limpios de todo pecado, ya que esta es la cara de Dios! ¡Oh fieles, venid aquí! Pero primero limpiaos// [f. 29v] de toda culpa, expulsad de vuestra mente todo pensamiento perverso

---

64 Aquí utiliza Basiana en vez de Casiana.

y todo vicio de vuestro cuerpo. Contemplad aquí la imagen de nuestro dios, hecha con admirable arte. Considerad cuál ha de ser en el cielo la verdadera [imagen], donde vanas son las obras de los hombres. ¡Oh hijos míos, contemplad con gran reverencia a aquel que lleva el sol en su mano derecha y la luna en la izquierda; estos dos astros del cielo tienen un poder tal que todos los hombres, los animales, los peces, los monstruos terrestres y marinos han sido generado por ellos! Considerad a este gran milagro, que en todo el orbe los árboles, las frutas, las hierbas, las plantas y las flores se nutren con el calor del sol y se refrescan con la humedad de la luna. Considerad, hijos míos, el gran poder que posee aquel que concede el poder y la virtud a los otros astros del cielo. **Un dios.** ¡Oh pueblos tan amados por mí, no creáis sino en un solo dios! Si un reino de la Tierra lo gobernasen muchos reyes que tuviesen igual autoridad, no podrían administrarlo sabiamente, puesto que un principado no puede durar mucho bajo la autoridad de muchos gobernadores, así como es conveniente y necesario que un solo gobernante rija a los extensísimos espacios del cielo,// **[f. 30]** los cuerpos celestes que cuelgan en el aire y el gran Océano. ¡Oh pueblos tan amados y administrados por mí, con todo el cariño de mi corazón, debéis estar agradecidos a aquellos antiguos padres de vuestra patria, los cuales fueron tan sabios que comprendieron que solo hay un único rey de los cielos! ¡Oh mis piadosos hijos, entrad habitualmente en los lugares consagrados a mi dios! Adorad al dios que no tuvo principio, pero fue el que le dio principio al cielo y a la tierra y que nunca tendrá fin, pero que tiene en su mano la posibilidad de dar fin a todo lo que ha creado cuando le plazca. ¡Oh hijos míos, acudid cada día a la infinita piedad de nuestro dios, a la inmensa misericordia del rey del cielo, y él protegerá durante largo tiempo a vuestras esposas, vuestros hijos y nietos y a todos vuestros descendientes! Os concederá la fertilidad de la tierra y el aire puro y saludable del cielo, además de una vida llena de felicidad. Y cuando leáis dichas cosas en estos mármoles, acordaos de Oniob Sirian, que fue en su tiempo buen padre y pastor de vuestras almas, y ahora sigo siendo lo mismo entre las estrellas del firmamento.

Y rogándoles a esos embajadores que,// **[f. 30v]** por haberme hablado de su rey, de la ciudad Basiana y de la tierra Bendina[65], lo que me había producido gran satisfacción y placer, me contasen ahora de los pueblos y naciones cercanos por si hubiera algo digno de mención, me contestaron lo siguiente. Los pueblos cercanos a la región Beniaana viven de la misma manera y tienen las mismas costumbres que los benaanos[66], salvo que en lugar de un solo dios adoran a muchas divinidades y a variados ídolos, los cuales fueron heredados de sus padres con gran reverencia.

---

65 Puede que haya confusión con la región de Agarea. En el manuscrito conservado en la British Library la palabra es sustituida con Agarea, subrayándola (f. 25v). También en Le, 164–165 y Ge, 152–153.
66 En este caso, BL, f. 26, presenta una tachadura en la palabra Agarea, sustituida arriba por Benaani.

Dania[67] región deleitosa. Sin embargo, en una zona muy remota hacia el este se sitúa la región Dania, de aspecto muy deleitable porque hay amenas colinas, arroyos con aguas buenas y cristalinas y grandes ríos.

Ciudad de Cornisea[68]. Allí se encuentra la ciudad de Cornisea, capital de aquella noble región donde abundan las frutas, riquezas y grandes cantidades de oro.

Dioses que conversan familiarmente con los hombres y violan a las muchachas. Pero es más célebre por el hecho de que los dioses conversan familiarmente con sus habitantes. En dicha ciudad no se celebran banquetes, ni se organizan bailes ni ningún tipo de celebraciones sin la presencia de aquellos dioses suyos. En conclusión, no hay día alegre que pase sin que la multitud de dioses se mezcle con los humanos y lo que produce maravilla es que a menudo violan a las muchachas de bello aspecto, haciendo uniones aún más depravadas, de manera que muchos de aquella ciudad se jactan y se glorían de descender de aquellos dioses. En esos lugares por culpa de los ejemplos de lujuria que dan esos dioses,// [f. 31] todo está pervertido, y no queda vestigio alguno de religión ni de santidad. Yo mismo dudaba si había de poner estas cosas por escrito; sin embargo, las he escrito considerándolas fábulas y con motivo de amenizar la narración, mostrando en cuántos errores está sumergido el intelecto humano. Uno de los embajadores me dijo también que cuando alguien de aquellos se muere, se escucha en el cielo a los dioses manifestando mucha alegría, y en otras ocasiones [se escuchan] llantos y lamentos tan intensos que los pueblos cercanos y lejanos, que son de mayor ingenio y de mayor juicio y son guiados por el amor a las virtudes y por la dedicación a las cosas del cielo, consideran cierto que dichos actos en aquella región los perpetran dioses de los infiernos. Estos engañan a aquella maldita y miserable gente, la cual persuadida por aquellos falsos dioses no se dedican a otra cosa que a los dichos placeres del cuerpo, sin interesarse en las cosas del cielo, la inmortalidad del alma y aquello que ha de ocurrir después de la muerte. Y los sacerdotes, que deberían dar testimonio de una existencia ejemplar, siempre viven entre los nefandos y aborrecibles actos de lujuria contra natura. El rey conversa con frecuencia y vulgarmente con las concubinas y entre los servidores de mesa y de cámara sin decoro regio alguno. En definitiva, en todo el país no se ve cosa buena, ni// [f. 31v] santa, ni justa ni íntegra alguna, por lo que causa asombro ver cómo el sumo dios del cielo pueda tolerar semejantes depravaciones. Yo le regalé al principal de aquellos

---

67   Le, 166-16,7 Damnea. Ge, 156-157, Damnana.
68   Le, 166, Conintea. Ge, 156-157, Coninsea.

embajadores un vestido de seda, una piel de lobo marino y algunas sartas de corales.

Piel de lobo marino que defiende de los rayos del cielo. Él demostró que le agradaron dichos regalos; sobre todo, la piel, dado que en Etiopía suelen caer enormes rayos que causan grandes estragos de personas y animales y destruyen edificios.

Finalmente, al cabo de catorce días tras mi visita al rey Alboaces, me despedí de él. Recibí muchos regalos y estreché con él una gran amistad, si bien con un hombre que no es amigo de nuestro Dios no puede haber una amistad verdadera ni benevolencia.

DE ALEJANDRO GERALDINI, OBISPO, LIBRO V

Teniendo yo el deseo de llegar navegando a los litorales más remotos y bajos de Etiopía, donde nuestros padres jamás navegaron. El cuarto día, después de que me despedí del rey Alboaces, un viento favorable me llevó a la región de que Budomela.

Región Budomela. Esta región es abundante en frutos que nacen por doquier en lugares sin que se cultiven, donde [me acogieron] las autoridades del rey Noboor.

Rey Noboor. Dicho rey en aquella época estaba lejos, y ellos me recibieron con el honor que se da a los dioses inmortales. Y dado que mi intérprete había hecho entender// [f. 32] claramente que era una autoridad de los asuntos divinos y que tenía bajo mi jurisdicción innumerables pueblos y enormes provincias; acudía aquella gente desde diferentes lugares, y me observaban como si yo fuera un ser divino y me rodeaban con gran reverencia. Y al fijarse en la coronilla rapada de mi cabeza, creían que yo llevaba encima de mi cabeza el signo de la diosa Luna, pese a que sus dioses los elaboraban negros o rojos. Pero con motivo de dejar de hablar ya de aquellos hombres necios, durante el tiempo que su rey estaba ocupado en algunas expediciones, me di cuenta de que los etíopes no tienen caballos por el excesivo calor de su país[69], pero, por el contrario, tienen una gran infantería, camellos y elefantes, sirviéndose en las luchas de flechas, dardos, lanzas largas y escudos. Al preguntarles si usaban otras armas, me contestaron que usaban más, pero que utilizaban las flechas con más frecuencia porque causaban daños mayores a los enemigos, que otras armas usadas por los

---

69 Cadamosto (1507, c. XXXII) no dice que no existan caballos, sino que hay pocos, porque el calor provoca en ellos una hinchazón y la muerte.

escitas, los partos, los persas y otras naciones que conocemos por los relatos de árabes, indios y etíopes que viven al sur de Egipto. Y al preguntarles el motivo de ello, me dijeron que sus reyes por divina enseñanza de sus sacerdotes llegaron a adquirir tanto poder con los encantamientos mágicos que se transmitió a sus sucesores, los cuales hoy en día siguen usando encantamientos// [f. 32v] con los que hacen prodigios.

Encantamiento para atraer a las serpientes, de las cuales sacan la ponzoña para envenenar las flechas que se usan contra a los enemigos. Les pregunté cómo los hacían y me dijeron que, tras dibujar un círculo en el suelo con una varita ligera y limpia, el encantador con ciertas palabras atraía a una multitud de serpientes, las cuales entraban en el círculo y él cogía aquella que se mostraba más feroz y letal y la mataba. Luego le ordenaba al resto que se marchase; una vez sacado el veneno de la serpiente muerta, lo mezclaban con una semilla venenosa que producían algunos árboles de su patria e impregnaban las puntas metálicas de las flechas; no hay veneno en todo el orbe que cause al que se hiera una muerte más rápida como este[70]. Pregunté de dónde aquellas gentes conseguían el fierro, y me contestaron que Etiopia es tan grande que no se puede medir, y en muchas regiones hay abundancia de hierro y cobre[71], con los cuales abastecen a otras provincias que carecen de dichos metales. Muchas provincias de Etiopía son abundantes en oro y plata y utilizan muchas monedas con efigies grabadas, con las cuales compran el hierro y el cobre; aquellos pueblos que no poseen dichas monedas, cambian sus mercaderías por metales. Hay otras provincias que valoran más el latón que el oro, de ahí que sea evidente que el valor del oro depende del valor que le den los hombres.// [f. 33]

En aquellos momentos llegaron algunos sacerdotes desde las zonas más interiores de Etiopía, a los cuales pregunté por la dignidad de su príncipe. En cuanto a la condición y gobierno de toda aquella remotísima región, me dijeron que su rey desciende de los dioses inmortales, y que a menudo suele conversar con ellos, recibiendo cada día consejos buenos y provechosos. Suele aparecer a

---

70   Cadasmosto cuenta que este hecho se lo relató un genovés, que había oído silbidos de serpientes en la noche, cuando el sobrino del rey de Budomel, Bisboor, se subió a un camello y dio vueltas al palacio cantando. Ante aquel hecho las serpientes se retiraron, pues de lo contrario hubieran muerto muchos animales. Aclara que la muerte que se producía con el veneno de la serpiente provocaba la muerte en menos de un cuarto de hora, incluso el autor veneciano concluye que todos los negros son grandes encantadores (Cadamosto, 1507, c. XXVIII).

71   En Senegambia existía una importante industria de cobre y hierro (Thomas, 1998: 62).

aquellas gentes en forma de toro, de macho cabrío, de pez y, a veces, en forma de una serpiente muy dócil. Hablaban siempre con palabras humanas y en otras ocasiones muestra la efigie de los dioses con rostro resplandeciente y de color rojo. [Me contaron] que la región es muy fértil y había un templo a trescientas[72] millas de allí, en el que se encuentran muchos sepulcros regios de oro purísimo, junto con la efigie del antiguo Bagaro, sumo sacerdote de Basarea, que aquellos lo consideraban una divinidad, y él les ordenó a sus gentes lo siguiente:

Bagaro sumo sacerdote de la tierra Basarea
Que nadie se atreva a entrar en este lugar con armas, ya que en la casa consagrada a los dioses se ha de entrar únicamente para hacer oraciones y no para manejar armas. Quédense alejados del sagrado templo, pues, las flechas, los dardos y en suma toda arma letal. Los dioses aman la paz. Cualquiera que ponga pie en este templo sagrado lo haga en ayunas y con humildad, y con el rostro inclinado al// **[f. 33v]** suelo. Luego, postrándose al suelo con todo el cuerpo, que adore a las sagradas imágenes y les haga reverencia a los rostros de los dioses inmortales; aquel que lo haga será ampliamente recompensado por los dioses, junto con toda su familia. ¡Oh hijos míos, oh habitantes de la tierra Basarea que sois muy queridos por mí, sabed y creedme, hijos míos, que todos los bienes terrenales, toda la grandeza y magnificencia de los excelsos reyes no son otra cosa que miseria y aflicción! Si no asentáis vuestra cabeza os daréis cuenta que no pasará día alguno sin que haya algún sufrimiento de alma y sin muchas angustias, sin que [haya] codicia por parte de vuestros parientes o amigos, y finalmente no pasará día que no sea más proclive al llanto que a la risa. ¡Oh piadosos mortales que por el cielo me habéis tocado en suerte, dirigid vuestros ojos a nuestros dioses y rogadles con públicos sollozos y lágrimas manifiestas, para que muestren el camino para alcanzar las altas estrellas y las sagradas luces del cielo! Es mucho mejor tener un rincón en el cielo que poseer el dominio de todo el orbe. Veis, hijos míos, que cada día se llevan a las sepulturas a niños, jóvenes y ancianos, a los cuales tendréis que seguir muy pronto, y en breve tiempo ninguna persona de las presentes quedará viva, sino que una nueva generación de hombres aparecerá en todo el orbe. ¡Oh hijos// **[f. 34]** míos, que os he amado más que a mí mismo! ¡Oh pueblos míos, que os he adorado después de los dioses más que a mis propios hijos, siendo este un vínculo muy estrecho de mu propia sangre, los cuales han sido engendrados por mi carne mortal! Pero vosotros sois hijos míos por haber sido donados por los santos del cielo. Yo Bagaro, vuestro padre, pastor y rector, elegido por los dioses, sumo sacerdote de vuestras almas, os ordeno, mando y dictamino las cosas que están escritas anteriormente; siendo yo una gran mente, deseo que os elevéis a las altas y resplandecientes moradas de los dioses, viviendo arriba en las sagradas luces de las estrellas, donde yo viviré perpetuamente feliz con el pueblo que se me ha confiado por voluntad de los altos dioses.

---

72 Le, 171-172 y Ge, 162-163, 373 millas.

Dios de la prudencia. Luego, los mismos sacerdotes me contaron que en otra remotísima región hacia el este hay un pueblo que adora al dios de la prudencia y de la sabiduría, el cual en el idioma de su patria se llama Manaid Hanaam Sanaam. Este dios, según lo que me contaron, muestra por aquellos pueblos gestos de grandísimo amor y cariño, ya que aquella divinidad, si es algo digno de ser creído, a principio de cada año a medianoche//

[**f. 34v**] aparece en el cielo sentado en un altísimo trono, y se muestra abiertamente a toda aquella gente, y acompañado del sonido de trompetas y tambores, con mucho estruendo por todo el cielo, alumbra toda aquella tierra hacia el este, con una luz desconocida y jamás vista. El pueblo asombrado se levanta de la cama y, arrojándose al suelo adoran a su dios. Los niños y niñas, lavados con agua limpia, [salen] por los extensos campos de su patria, y con los ojos fijos mirando al cielo se quedan inmóviles hasta que oyen la voz de su dios, que al fin se manifiesta con estas palabras.

> ¡Oh pueblos míos, que desde los orígenes de vuestra tierra siempre me habéis adorado y jamás habéis dejado mi jurisdicción por las vicisitudes del tiempo, ni os ha cambiado siglo alguno, que suele mudar no solo a los ánimos humanos, sino al mundo entero! Las cosas humanas son frágiles y solo aquellas de los dioses son inalterables y loables, y la constancia inmutable existe solo entre ellos. A vosotros mortales, pues, os alabo mucho por haber perseverado en el bien. Yo en los tiempos venideros llevaré fijada en mi corazón a vuestra tierra, y la mantendré libre y segura de toda pestilencia, hambruna, contaminación de aire por exceso de calor y de frío// [**f. 35**] o de cualquier otra cosa siniestra. Vosotros, hijos míos, me llamáis dios de la prudencia; con razón me dais este calificativo, dado que tengo memoria de todos los siglos pasados, los tiempos presentes los observo con alto juicio y conozco a los tiempos venideros. Vosotros hijos míos me calificáis con el nombre de sabio y no sin razón, puesto que mi mente pura alberga todas las cosas humanas y divinas; trasciendo toda cosa profana y sagrada con ánimo purísimo; no hay cosa alguna que me sea oculta y desconocida, como dios de la sabiduría. Por tanto, hijos míos, si os conducís con esa virtud y espíritu que tuvieron vuestros padres, con aquellos méritos y caridad hacia la patria, con aquel amor hacía mí, vuestro dios, como lo tuvieron vuestros padres, os concederé generosamente todos los favores de mi espíritu para el bien común de vuestras patrias y el beneficio individual de cada uno. Finalmente, conduciré vuestras almas hacia las altas estrellas del cielo. Quedaos en paz, hijos míos.

Once días después de que llegase a la provincia Budomela, me despedí de los enviados del rey para seguir con mi navegación y volví al anhelado mar, donde vi que algunos de mis// [**f. 35v**] criados y muchos marineros habían contraído una enfermedad desconocida y grave, por lo cual estuve obligado a permanecer en aquel litoral durante otros veinte[73] días, donde recibía constantemente emisarios enviados por las autoridades del rey que me traían muchos regalos. Los hombres principales del país

---

73   Le, 174 y Ge, 166-167, veinticuatro.

por sus visitas incesantes fueron motivo de gran distracción y alivio. Entonces me di cuenta de manera evidente, y lo digo no sin rubor, que los hombres de Etiopía se comportaban con los extranjeros con cortesía y con gestos de cariño y generosidad más auténticos que cualquier pueblo de Europa. Reconocí con claridad que la equidad de aquellas poblaciones etíopes es sincera, y que sus mentes carecen por completo de barbarie, de la que no carecen muchos pueblos de nuestro hemisferio, los cuales someten a los hombres de diferentes idiomas, leyes y costumbres a una intolerable esclavitud y cruel cautividad. Después, me fui de la costa de Budomela, buscando cada día nuevos pueblos, nuevos reinos y extraños pueblos, las cuales eran de aspecto y semblante diferentes, que no se asemejan ni a Europa ni a Asia, y finalmente llegué al reino de Manicongo[74].

Reino de Manicongo. Esta provincia es llamada por los portugueses de manera distinta; es exuberante// [f. 36] por sus ríos, lagos y por la gran humedad de su tierra.

Rey Acteón. Su rey Acteón entonces se encontraba a seiscientas veinte millas de aquella costa, en una ciudad llamada Gongonea.

Ciudad de Gongonea. Su hijo Ottongoo[75] se encontraba a tres días de distancia del mar. Durante ese tiempo nuestra nave necesitaba muchas reparaciones. Por tanto, fue necesario bajar a una aldea cercana, donde fui recibido por los lugareños con gestos de gran amistad. Poco después llegaron cartas de Ottongoo, hijo del rey, en las que se alegraba de nuestra llegada a su costa y era para él gratísima, y que en pocos días iba visitarme, ya que deseaba ver a un obispo de piel blanca de un lejanísimo y muy grande país, para escuchar algunas cosas sobre la ley cristiana y cenar conmigo amistosamente en nuestra nave. Este es el resumen de su carta, a la que contesté muy amablemente que su llegada sería muy grata y que yo le esperaba con gran alegría. Ocho días después llegó con sus autoridades y sacerdotes, que eran notables por su número y aspecto; tras ellos iba todo el pueblo. Yo le salí al encuentro vestido con todos los ornamentos episcopales; en el campo, vi llegar de lejos a este joven en un alto elefante, y sus// [f. 36v] nobles también iban en elefantes, los cuales nos maravillaron, o más bien nos produjeron estupor, al ver el enorme tamaño de sus trompas y sus colmillos. El resto del pueblo los seguía en camellos. Dos enormes elefantes transportaban en sus lomos dos grandes torres de madera, que contenían a treinta[76] guerreros. Detrás de todos ellos iba Ottongoo, que vestía una sencilla túnica de algodón ricamente bordada. En cuanto me vio se apeó del elefante, corrió hacia mí y me recibió con grandes gestos de auténtica y afectuosa alegría, y como signo de amistad y paz me ofreció su mano derecha y mandó que una parte de su séquito se quedara en aquel sitio. Ordenó que otra se fuera a alojarse en otras aldeas lejanas y él, junto con doce de los más nobles de su cortejo e igual número de niños nobles, subió a mi nave, donde

---

74   Le, 174, Mologón. Ge, 168–169, Molongono. Precisamente la traducción italiana nos conduce a una confusión, pues tanto en este caso como en el del verdadero Congo (f. 35v) utiliza el nombre de Manicongo.
75   Le, 174, Actongoón. Ge, 168–169, Attongoone.
76   Le, 175 y Ge, 171, trescientos.

se había preparado un suntuoso banquete con pan de trigo, que no hay en Etiopía, vino de España, gallinas, capones, pavos y todo tipo de fiambres. Y después de que todos comimos y bebimos con gran alegría, dicho príncipe se recostó en mi cama y al atardecer se fueron con increíbles muestras de afecto y auténtica amistad. Al cabo de siete días me envió un camello cargado de vino hecho con palmeras[77], vino y arroz, y durante// [f. 37] mi estancia en aquel lugar, por disposición de Ottongoo cada día me enviaban de las aldeas vecinas dromedarios cargados de muchos y variados regalos; me presentaban muchachas de tez oscura y de bellísimo aspecto[78]. Y finalmente, tras haber pasado cuarenta[79] días arreglando la nave, Ottongoo me envió entre varios regalos a una pareja de serpientes, tan dócil y pacífica que no existe animal alguno tan manso como ellas. Y me entregaron cartas del rey Acteón, las cuales traducidas eran de este tenor:

Acteón rey de la provincia Manicongonea[80] te deseo a ti, pontífice cristiano, larga vida y felicidad perpetua. Con la alegría de mi ánimo vi que llegaste a la costa de nuestro océano, y que nuestro hijo Ottongoo ha ido a verte y que te ha hecho muchos regalos de nuestra patria. Yo, si no estuviera ocupado por muchas tareas, y sobre todo, por encontrarme muy lejos de ti, hubiera ido a visitarte de inmediato, a ti siervo y ministro de Dios. Dado que me es imposible hacerlo, te pido que me indiques tu nombre, el cual al escucharlo me producirá gran deleite, ya que eres el primer sacerdote de otra ley que ha llegado a Etiopía. Puesto que me han contado que eres un gran// [f. 37v] siervo y amigo del Dios eterno, te ruego con vehemencia que reces a Dios por mi hijo Ottongoo, por mi pueblo, por mí, por toda mi prosperidad y la de mi reino.

A dichas cartas contesté de esta manera.

Alejandro Geraldini, obispo, le deseo a Acteón, rey de la provincia Manicongoa, mucha salud. Tus cartas me han producido grandísimo deleite y si Su Alteza estuviera lejos de mí solo cien millas, iría a visitarte de inmediato. Ahora bien, como me es imposible por la gran distancia cumplir con mi deseo de visitar a Su Alteza, tú, gran rey, siempre permanecerás en mi corazón, junto con Ottongoo tu hijo y el nombre de tu patria, y siempre tendré de ello afectuosa y grata memoria. Puesto que Su Alteza desea conocer mi nombre y mi persona, yo te lo diré. Me llamo Alejandro, nací en la lejanísima Italia, en la que se sitúa la ciudad de Roma, capital de nuestro Hemisferio Norte; en esta ciudad de Roma reside el sumo pontífice y pastor de toda la grey cristiana.

---

77   Sobre el vino de palmeras del Congo, puede verse Obenga (2010:31).
78   Le, 175 y Ge, 171. En esos textos latinos la descripción es más amplia: "tenían pequeñas bocas, sus brazos también eran pequeños, los pequeños pechos en su busto..."
79   Le, 175 y Ge, 170-171, cuarenta y ocho.
80   Le, 176, Malongonea. Ge, 172-173, "terra di Molongono".

Este rey se hizo cristiano con todo su pueblo.[81] Adoro a Jesucristo, verdadero rey del cielo, del mar y de la tierra, al cual jamás dejaré// [f. 38] de rezar por todo tu imperio, por Ottongoo tu hijo, por ti y por todos tus súbditos. Vive sano y feliz, ¡oh gran rey! Este rey adoraba al sol y a la luna, de los cuales afirmaba él que provenían todos los bienes del orbe; estaba convencido de que por encima del sol y la luna residía un altísimo y poderosísimo dios, pero el cual no tenía ningún interés en este mundo de los mortales. El rey y las gentes de la provincia Manicongoa hacen continuos sacrificios al sol y a la luna, ya que creen que tienen tanta influencia ante el dios supremo, que pueden conseguir el cielo a las almas de los hombres bondadosos, y a los malos, lugares oscuros y terroríficos, llenos de lamentaciones, lágrimas y terror. Allí se presentan siempre nuevos tormentos, donde no hay descanso alguno, sino que cada día más se renuevan duras penas que antes no se conocían. Y tras cuarenta y ocho días desde que desembarqué en este reino me fui, y durante la navegación los marineros mataron, con gran disgusto por mi parte, a aquellas dos serpientes que me había regalado el rey Acteón, aduciendo ellos motivos diferentes a la verdad. Después, ocurrió lo siguiente: afirmo que casi de milagro todos aquellos que participaron en la matanza mudaron la piel, tal como hacen las víboras.

Promontorio de Cabo Verde. Finalmente,// [f. 38v] con el viento de septentrión muy favorable, en pocos días llegamos al promontorio de Cabo Verde; el nombre se lo dieron los capitanes de las flotas portuguesas, dado que se extiende por el océano siempre cubierto de árboles muy verdes, que generan en los observadores gran regocijo y deleite[82]. En la zona costera se observan muchas cabañas de campesinos. Después de subir a una chalupa, me dirigí hacia ellos, que me recibieron con alegría y me trajeron comida a su manera muy elaborada. Me dijeron que antes de que llegasen los portugueses no habían visto a hombre alguno de piel blanca, pero era creencia muy antigua que los hombres blancos de nuestro hemisferio se comían a los negros etíopes[83]. Me comentaron que hace treinta años abandonaron esta opinión bárbara y antigua por las continuas relaciones con los portugueses. Me enseñaron variadas frutas y ánforas de vino hecho de palmeras, y quisieron llenar contra mi voluntad todas las ánforas de mi navío con dicho vino. La amabilidad de aquellas gentes hacia los forasteros es tal que incluye a los campesinos. Y quedándome en aquel lugar, llegaron desde algunas casas[84] cercanas dos sacerdotes, los cuales, al preguntarles sobre las ciudades vecinas y toda aquella provincia,// [f. 39] me dijeron que a doscientas millas de allí se situaba la ciudad de Batamasina, en la que había un famoso templo.

---

81   Esta glosa, que nada tiene que ver con la respuesta del obispo, sino que se refiere al rey, se encuentra erróneamente al final de la misma.
82   En esto se repite casi literalmente con Cadamosto (1507: c. XXXV).
83   La creencia del canibalismo de los blancos lo menciona igualmente Cadamosto respecto de los habitantes del río Gambia, que por ese motivo atacaron a su expedición (1507, c. XXXVIII).
84   Le, 177, templo. Ge, 176-177, ermita.

Ciudad de Batamasina[85]. **Rey Amocio**[86]. **Guarani**[87] **sumo sacerdote**. Es la sede regia del rey Amocio, y sede pontificia del sumo sacerdote Guarani. Al preguntarles si existía alguna memoria antigua de sus antepasados, me contestaron que no había ninguna; y al preguntarles si en aquel templo se conservaba alguna memoria pública, uno de los dos me dijo que en dicho templo había un mandamiento muy antiguo y famoso del gran rey Sara[88], y afirmó tener una copia en su escritorio y ofreció traérmelo enseguida. Y así lo hizo, y yo la traduje en nuestro idioma y es de este tenor.

Sara, principal de la tierra Pantea[89]
Por público decreto esculpido en este gran mármol, por público mandamiento puesto aquí abiertamente, les ordeno a todos los sacerdotes directa y santamente elegidos, dictamino a todos los hombres a los cuales les está permitido participar en los sacrificios celestiales, a los presentes y a los venideros, castigando a los que no me obedezcan, que caiga sobre sus cabezas la ira divina si se atrevieran impíamente a contradecirme. Y por la autoridad que me ha concedido el cielo, ordeno que en cada elección de los sumos sacerdotes, que tendrá lugar en los tiempos venideros en el templo principal de la provincia, que se encuentra en la ciudad Batamasina, se reúnan// [f. 39v] todos los electores, que entren en la casa sagrada una vez lavados con agua pura y que recen con los pechos tendidos en el suelo, rogándole a Dios que les haga elegir a un sumo sacerdote que sea buen pastor y rector de sus almas; que haya nacido de un matrimonio legítimo; que sea alabado y valorado públicamente por su sabiduría, compasión y costumbres; que sus antepasados hayan vivido en el temor de Dios y su inocencia probada por todos, misericordiosos con los pobres y caritativos con todo el pueblo y que su hijo haya nacido con virtudes similares o superiores, en tanto que mayor ha de ser su autoridad hacia el pueblo que la que tuvieron sus antepasados. Y en caso de que se haga dicha elección de manera diferente, deseo que esta no tenga ningún valor, y declaramos nulos y sin valor los votos de los electores, dando autorización y autoridad a los excelentísimos reyes, a los magistrados de la patria y a todo el pueblo para que lo destituyan y lo expulsen de la sede pontificia. Esto para que nadie tenga la autoridad de asesinarle por algún crimen, ya que los laicos y seglares no tienen ningún dominio sobre las personas consagradas a Dios. La elección realizada directa y santamente// [f. 40] se mantenga firme y estable, y queremos que aquel que se elija de esta manera se lleve por todo el templo principal de la patria a hombros de unos varones en un alto trono, y también por toda la ciudad y las tierras y comunidades cercanas de toda la diócesis. Porque si los príncipes laicos reciben grandes y mayores honores por todo el orbe por tener dominio temporal sobre los pueblos, de la misma manera se les concedan a los santísimos pontífices, los cuales se encargan de llevar las almas hacia los reinos celestiales.

---

85   Le, 177, Brandisina. Ge, 176–177, Brannisina.
86   Le, 177, y Ge, 176–177, Amosa.
87   Le, 177, y Ge, 176–177, Gurano.
88   Le, 177, y Ge, 176–177, Sara.
89   Le, 177, Palantera. Ge, 176–177, Palanta.

DE ALEJANDRO GERALDINI, OBISPO, LIBRO VI[90]

Permaneciendo en aquel promontorio de Cabo Verde y teniendo el deseo de conocer no solo a los reinos cercanos, sino también a los más remotos, supe por aquellas gentes que más allá de dicho promontorio había muchos pueblos con muchas ciudades y villas libres, que no reconocen la autoridad de ningún señor por encima de ellos.

País libre. Por esta razón, dejando atrás tres pequeñas islas por el lado derecho y dirigiéndonos a la izquierda detrás de aquel promontorio, donde el mar al curvarse forma una ensenada de un extenso perímetro circular, divisamos una provincia que superaba a todas las demás de Etiopía y África en belleza, que se extendía por una gran llanura con árboles altísimos y siempre verdes, con// [f. 40v] muchas y nobles villas[91]. Toda la región es amena y agradable por los grandes ríos, arroyos de aguas transparentes y muy dulces frutas de toda variedad. Y dado que en aquella ensenada el mar se mostraba poco profundo, viramos la nave y nos acercamos a la costa, y al anochecer llegamos a un cabo de aquella ensenada curva.

Allí, gracias a los intérpretes descubrimos que no había rey alguno, sino que gobernaban magistrados elegidos por común acuerdo de la patria. Dichos magistrados no tienen ninguna autoridad para quitarle la vida a nadie sin participación y consejo de la mayoría. Permaneciendo allí durante toda la noche, supimos que los hombres de aquel país eran de alta y esbelta estatura, y que defendían con gran vigor la libertad heredada por sus antepasados.

Gente que defiende su libertado con gran esfuerzo y maestría. Estos pueblos de cuerpo robusto y fortaleza de ánimo al luchar con dardos y flechas envenenadas superan a todos sus vecinos por ser dicha región rodeada y defendida por enormes ríos y árboles tan tupidos y entrelazados que dificultan mucho el paso. Todo ejército enemigo que acudiese para atacarlos y quitarles su libertad y// [f. 41] todo rey que lo hubiese intentado, habían sido fatalmente derrotados y sus ejércitos desbaratados[92]. A la mañana siguiente, tras recibir pública

---

90 En Le, 179 y Ge, 180–181 figura un párrafo en el que se compromete a dividir la obra en más libros y de mayor brevedad, comentando que un texto demasiado extenso perjudica el interés en la lectura y causa tedio. A esta *brevitas* hacemos referencia en el apartado correspondiente del ensayo.

91 Hasta aquí la coincidencia en la descripción de estos pueblos es casi total con la de Cadamosto (1507: c. XXXV).

92 Esta descripción hasta aquí esta copiada de Cadamosto, cuando narra lo relativo a aquellos pueblos que no estaban sometidos al rey de Senegal (1507, c. XXXV). El

confianza por ellos, desembarqué; allí fui recibido muy gratamente por un sumo sacerdote con ca cabeza ceñida por una cinta de lino, por los demás sacerdotes y por una multitud. Aquellas gentes deseaban ver a un pontífice de otra religión y a hombres blancos[93]. Entonces vi que ellos adoraban diferentemente a dioses de la tierra, del mar y del cielo y supe que aquellos dioses les ofrecían vaticinios. Finalmente, tras estrechar amistad con sus magistrados, me regalaron en nombre del pueblo muchas gallinas, gansos y más aves de aspecto muy diferente de las nuestras; gran cantidad de pan de mijo y de ciertas raíces que no tenían mal sabor, de manera que se puede afirmar que el gran y excelente Dios no ha dejado ninguna parte del mundo sin alimento con el que los hombres pueden sustentarse. Me enviaron además muchas ánforas de vino de palmeras[94], ya que toda Etiopía carece de trigo, cebada, trigo candeal y vino de uvas[95].

Aceite que huele a violeta[96]. Allí se produce cierto aceite que huele a violeta,// [f. 41v] es de color del oro y sabe a aceituna, y colorea los alimentos como el azafrán. Luego, me invitaron a un banquete muy suntuoso, en el que participaron muchas autoridades y nobles. La mesa estaba llena de muchos tipos de aves, alubias del tamaño de una bellota, habas de igual tamaño, algunas rojas y otras blancas, y muchas calidades de legumbres que me causaron gran admiración[97].

Etiopia feracísima y los hombres muy perezosos. Sus funcionarios me dijeron que Etiopía es un país ubérrimo, pero la forman pueblos muy perezosos, dado que los campesinos trabajan la tierra y la siembran solo para sustentar a sus familias[98].

---

    autor veneciano añade que los intentos por someterlos del rey de Senegal habían fracasado.
93   Geraldini repite esto varias veces a partir de lo narrado por Cadamosto (1507: c. XXXI), damasquinados y su capa gris.
94   El vino de palmera es muy habitual en el África subsahariana y existen varios tipos del mismo (Munzele Munzimi 2006: 122-123). Sobre la elaboración del este vino tenemos descripciones en Prévost d'Exiles (1747: 279). Cadamosto, que menciona también este hecho en c. XXVII, nos da el nombre de dicho vino: mignol, y los detalles de su elaboración. La denominación mignol era la que se daba a un licor espirituoso obtenido de un tipo de palmera que existe en Budomel (Duret 1605: 211-213).
95   Esto mismo lo manifiesta Cadamosto en el c. XVI, dando como razón la falta de lluvia durante seis meses y el excesivo calor.
96   Sobre esto diría casi exactamente lo mismo que Cadamosto(c. XXVII).
97   Dice prácticamente lo mismo que Cadamosto, aunque este lo hace de forma más detallada para el Senegal (1507: c. XXVII).
98   Lo mismo expresa Cadamosto para Senegal (1507: c. XXVII).

Siembran en julio y recolectan en septiembre. Siembran en el mes de julio y recolectan en septiembre, por lo que los etíopes son los únicos que recolectan al tercer mes [de haber sembrado][99]. Durante nuestra conversación les pregunté por sus dioses, templos y sacrificios; me contestaron que sus dioses eran tan antiguos que no se había conservado memoria alguna en sus libros sagrados y profanos. Sin embargo, se creía que eran más dichosos que cualquier otro pueblo del orbe por tener a tales dioses, los cuales no// [**f. 42**] permitían nunca que se hiciera mal alguno en toda aquella región, de los que [recibían] respuestas públicas, consejos y avisos continuos que salía de las bocas de los mismos, y afirman que cuidan tanto a toda su gente que ella no tiene ninguna apetencia. De ahí que todo aquel pueblo sea tan devoto a sus divinidades, y en ninguna otra parte del mundo los dioses reciben mayor reverencia que en esta tierra.

Toquale sumo sacerdote. A ciento ochenta millas de allí se halla el templo principal, donde existe la imagen de Toquale[100], sumo sacerdote. Dicha imagen es mucho más antigua que el templo mismo, el cual se erigió en un mármol blanquísimo.

Cuarenta mil años. Y según las numerosas inscripciones esculpidas en mármol negro, pasaron cuarenta mil años desde la época durante la que se edificó bajo el reinado de Canoore[101] y Toquale, pontífice y pastor de la tierra Manassabea.

Región Manassabea. Y les pregunté con gran insistencia que me relatasen alguna de aquellas antiguas memorias para traducirlas en mi idioma; ellos enviaron de inmediato un sacerdote a la ciudad Benascana[102].

Ciudad Benascana. Este trascribió en papiro etiópico todos los caracteres esculpidos en la basa de la efigie del antiguo padre Toquale, y me dijo que cada letra indicaba un nombre, y a veces una oración completa; después de no muchos días dicho sacerdote trajo la transcripción del monumento, que yo traduje en nuestro idioma.// [**f. 42v**]

Toquale, prelado de la tierra Manassabea

¡Oh pueblos a mí confiados por el alto cielo! ¡Oh habitantes de la tierra Manassabea, a mí solo confiados por el alto cielo, os exhorto a considerar de todo corazón que en

---

99 Lo mismo expresa Cadamosto para Senegal (1507: c. XXVII).
100 Le, 181y Ge, 184-185 Yoquelo/Ioquelo.
101 Le, 181, Conooa. Ge, 184-185, Conooe.
102 Le, 181, Boscano. Ge, 184-185, Boscana.

ninguna región del mundo de los mortales hay dioses tan generosos como el dios que vosotros tenéis! Ninguna otra divinidad cuida tanto del bien común de sus gentes como esta cuida a la nuestra. Si los forasteros preparan un ataque, él os avisa anticipadamente. Si necesitáis obtener una victoria, os la predice. Si el cielo amenaza con la eclosión de una epidemia, él os advierte de ello y os muestra cómo evitarla. Cuando el cielo tiene la intención de mandar lluvias incesantes e inundaciones, vuestro dios no lo oculta. También sabemos si [mandan] una sequía gracias a él. En suma, solo vuestro dios es el remedio para todos vuestros males. ¡Oh hijos míos, que ahora existís y los que existirán después por todos los siglos hasta que las estrellas sigan moviéndose por el cielo, hasta que los dioses vivan y siempre vivirán y no se extinguirán eternamente, siempre seré vuestro padre, y jamás el tiempo y sus infinitos siglos tendrán el poder de alejarme de vosotros! Observad siempre incorrupto el culto// [f. 43] a vuestro dios; conservad los rituales que dispusieron vuestros antiguos pontífices y que recibieron del alto cielo; impulsad aquella piedad que vuestros antepasados recibieron por boca de Dios, tan benigno y propicio con vuestra patria. ¡Oh hijos míos, devolvedle el mismo amor que os ha mostrado y que sigue mostrando hacia vosotros, al donar bienes a vuestros padres! ¡Oh hijos míos, conservad aquella piedad por la que sois objeto de admiración por todos los otros pueblos de Etiopía! Que vuestra fe sea tal que todos los pueblos del orbe la imiten por admiración. Sobre todo, hijos míos, no seáis ingratos, pues no hay pecado alguno más abominable que él hacia Dios. Ninguna maldad contra a los hombres es tan dañina como la ingratitud. Si vosotros con ánimo agradecido reconoceréis los beneficios que ya recibís de Dios, obtendréis mayores bienes que los de vuestros padres y antepasados. ¡Oh hijos míos, aprended y recordad todas las cosas que os he dicho, y la piedad de vuestro dios os hará felices a vosotros, alegres a vuestros descendientes y afortunada y jubilosa a vuestra familia! Quedaos en paz perpetua, hijos míos.

Luego, sentados en los mismos lechos, pues los etíopes suelen comer// [f. 43v] en alfombras sobre el suelo y con manteles de algodón, los alabé mucho por ser ellos solos de todo aquel enorme país los que adoran el nombre de un solo dios, y por conservar su libertad. Después, les pregunté por qué razón expulsaron a sus reyes; me contestaron que los reyes de los etíopes abusan de su autoridad sobre los pueblos y sus esposas e hijos, que venden a su antojo y a menudo a los que vienen de tierras lejanísimas por el mismo motivo. Nuestros antepasados, tal como testimonian los caracteres esculpidos en mármol y marfil, hace seis mil trescientos setenta y ocho años que mataron a los reyes y, una vez abrazada su libertad, liberaron a sus descendientes de la tiranía de sus reyes. Al preguntarles también de cuántos meses se componía su año y cómo observaban y ordenaban los días, me dijeron que su año era de tres meses y el día [se medía] desde el amanecer hasta la puesta del sol.

Numeración de los años diferente. Y la noche no la computan de ninguna manera, pues se considera mero descanso de las mentes extenuadas de los mortales, ni participa de las actividades del género humano. Otros muchos pueblos tenían años de un solo mes, computado a través del movimiento lunar. Otros de cuatro meses, de cinco, de diez, de doce o de catorce. Algunos no calculan su pasado por los años, sino que deducen el número de los días por el movimiento del sol, y con esto se regulan y calculan// [**f. 44**] el día desde el mediodía del anterior; muchos, desde el alba hasta el atardecer. Algunos consideran el día y la noche como dos días, y hacen el día de doce horas.

Después, me explicaron sus leyes y plebiscitos dispuestos por sus antepasados, los cuales me parecían muy dignos, piadosos y equitativos. Nassamón, principal de la ciudad de Barbarina[103], que presenció aquel banquete, me dijo que volvería a visitarme al día siguiente y me informaría sobre muchas cosas que me serían de mi gusto.

DE ALEJANDRO GERALDINI, OBISPO, LIBRO VII

Al dudar que aquel Nassamón no prorrogara algún día más su regreso, y como no era mi deseo detenerme en un lugar durante mucho tiempo, solicité su presencia.

Sinamon[104]**, dios de la sabiduría.** Él regresó al tercer día con un oráculo del dios Sinamon, que significa dios de la sabiduría.

Región Attenea[105]. Este se encuentra en el templo de la región Attenea, [y era] de este tenor.

> ¡Oh tú que te adentras en este templo! ¡Examínate a ti mismo y qué lenguaje, juicio y autoridad posees! Si emplearas dichas cosas con mesura y modestia, jamás serás odiado por el pueblo, sino que todos te darán amor. Que tus acciones jamás se excedan y que eviten los extremos; de hacerlo de esta manera, todas las cosas te saldrán seguras y fáciles. Honra y abraza la sabiduría. Teme a Dios. Acércate a la gente de bien; estate presente en todos los consejos y juicios de tu// [**f. 44v**] patria; huye de los litigios. Y así, moderando tu vida y tus asuntos se te considerará meritoriamente hombre sabio y prudente, y todas tus cosas sucederán con satisfacción y serenidad.

Tras ello, ordenó a sus servidores que me trajesen un escaño de marfil muy blanco, y me dijo que en los tiempos pasados había explorado muchos reinos de Etiopía y conocido las costumbres de muchos pueblos y naciones desconocidas

---

103 Le, 183; 190-192; 221 y Ge, 188-189; 198-203; 250-251, Barbacina.
104 Le, 185, Sinnamomo. Ge, 190-191, Sinnamoo.
105 Le, 185 y Ge, 190-191, Aannea.

hasta la Zona Tórrida. Y estos viajes tan largos y dificultosos los había realizado para dejar en los templos de su patria muchas memorias útiles para las futuras generaciones. Tras haber alabado mucho su trabajo tan útil y generoso, supe por él muchas cosas dignas de recordar, las cuales necesitarían una narración muy extensa, que por la brevedad de mi relación las omito. Lo que he considerado digno de mención es aquello que él afirmó ser verdadero, que a una distancia de mil ochocientas millas de su jurisdicción había una provincia muy extensa llamada Ozzea[106].

Provincia gobernada por mujeres. Dicha provincia estaba gobernada y regida en su totalidad por mujeres, en la que los hombres no cuidaban de otra cosa que de asuntos privados y familiares, y vivían felices bajo la autoridad y gobierno de sus mujeres. Al entrar él en dicha provincia, contempló una torre altísima con los siguientes caracteres.

Reina Insenea[107]. Con ellos, la antigua reina Insenea limpiaba su fama y la de las otras mujeres.// [f. 45] Insenea, reina de la provincia Mardaonzona[108]:

> ¡Oh hombres, oh mujeres, que ahora habéis llegada aquí desde tierras extranjeras! ¡Oh pueblos cercanos y lejanos que entráis aquí, viendo que las mujeres dominan esta tierra! Tal vez podéis cometer el error de pensar que nosotras mujeres hayamos usurpado este poder a los hombres, esclavizando a nuestros esposos. ¡Oh gentes piadosas, no lo creáis! Somos mujeres humanas y no bestias, y por nuestro sexo jamás se cometería un acto tan abominable. Pero si observáis qué aspecto tienen nuestros hombres, os daréis cuenta con claridad de que son totalmente incapaces de gobernar. Ya que son perezosos, necios y sin ninguna fortaleza digna de un hombre. Su vida carece de toda virilidad; son hombres completamente inadecuados para regir la provincia, ineptos en el manejo de las armas, inconstantes, sin fidelidad, que se dedicaban únicamente al libertinaje, a la libidinosidad y a trasportar pesos. No existe memoria alguna de ellos en los libros sagrados ni en los profanos, ni hay memoria alguna de la patria [que explique] cómo este gobierno haya llegado al poder de las mujeres. Yo creo que alguna divinidad ha subyugado de esta manera a nuestros maridos, pues si nosotras las mujeres lo hubiésemos hecho por deseo de reinar, habríamos matado a nuestros esposos,// [f. 45v] como ya lo hicieron las amazonas en muchas provincias de Etiopía, que expulsaban a los hijos varones hacia tierras remotas y criaban a las hijas, manteniéndolas con gran dedicación. Pero nosotras alimentamos a nuestros hijos con nuestra leche, como lo hacen todas las madres, y siempre los mantenemos con nosotros. Y en cuanto

---

106 Posible referencia a una región africana, Ozea, que registra Leone Galibert en su *L'Algeria antica e moderna* (1846: 69). Su nombre aparece en la edición de Le, 186 como Onozoea y no se recoge en la copia del British Museum.
107 Le, 186 y Ge 192-193, Inseena.
108 Le, 186, Onozoea. Ge 192-193, Onza.

alcanzan la adolescencia y vemos que tienen la misma propensión que sus padres sin esplendor alguno, los obligamos y condenamos a las tareas mujeriles y domésticas. Por tanto, ¡oh pueblos, oh hombres, oh mujeres que desde tierras lejanas venís a este país creyendo que somos nosotras las débiles y no nuestros hombres, estamos casi totalmente seguras que ya desde los primeros siglos de Etiopía nuestros hombres, al darse cuenta de la debilidad de sus ingenios, desearon dicha servidumbre voluntaria y espontáneamente y eligieron intencionalmente tal manera de vivir, reconociendo que era más conveniente vivir sometidos a mujeres que como esclavos de naciones extranjeras y bárbaras! ¡Oh buenos varones, o mortales de cualquier otra región, que por asuntos públicos y privados llegáis a nuestra patria, echad de vuestros ánimos toda opinión negativa que tuvisteis acerca de nuestro// [f. 46] dominio, que tal vez consideráis tiranía, observáis que las mujeres de nuestra patria somos dotadas por la naturaleza de una grande y maravillosa agilidad de cuerpo, de un ingenio vívido y hábil, de un juicio digno de administrar las cosas sagradas, de gran prudencia para gobernar esta patria, de notable fuerza para hacer las guerras. Pero los hombres, lentos y pesados por su excesiva obesidad, carentes de toda virtud del cuerpo o del alma, propia de los hombres nobles, tienen aptitud solo para tareas del hogar y obras serviles y sencillas en el interior de los muros domésticos, estáticos y pacientes con actitud femenina, tolerando los golpes cuando no son obedientes o no cumplen con nuestras órdenes.

También me dijo que, cuando entró en aquella región, notó que estaba repleta de ciudades muy bellas, una zona rica en oro y plata, en la que el hilar, el tejer, el lavar y el ocuparse de las tareas domésticas eran todas labores de los hombres, mientras que las mujeres se dedicaban al manejo de las armas, a la administración de las cosas sagradas, al ejercicio de las magistraturas y de todos los oficios públicos, al comercio. En suma, todas las tareas cercanas y lejanas eran obra de las mujeres.

Ciudad de Nasaenna[109]. Y al entrar en la ciudad de Nasaenna, vio a muchas de las más nobles damas ir por la// [f. 46v] ciudad acompañadas por multitud de otras mujeres. Luego, en una gran plaza, vio a algunas venerables matronas que con solemnidad sentadas en altas sillas administraban la justicia para la ciudad y para toda la provincia, procurando con gran solicitud el bien común de la república. Estas recibían grandes honores por toda la multitud y se les consideraban sagradas, habiendo un gran y reverencial silencio. Al encaminarse hacia el templo principal de la ciudad, vio a mujeres adornadas con un blanquísimo velo, las cuales ofrecían sacrificios en los santos altares de los dioses.

Ottoanna[110]**, suma sacerdotisa.** Vio a Ottoanna, suma sacerdotisa, que estaba sentada en un alto solio y vestida con ornamentos de oro. Me dijo que habiéndole hecho

---

109 Le, 188, Nasaeena. Ge, 194–195, Naseena.
110 Le, 188. Ge, 194–195, Octoanna.

reverencia, enseguida hizo preparar otro solio junto al de ella, por ser él prelado forastero, y que oyó por su boca todas las cosas sagradas de aquella tierra.
Monumento de Attea, sacerdotisa. Le mostró en la parte principal del templo la imagen de la venerada Attea, sacerdotisa, la cual con majestuosidad aparecía en el lugar más alto del templo, y [había] debajo un gran mármol con palabras de este tenor.
Conora[111] **Attea, sacerdotisa de la tierra Ozzea**[112]
¡Oh hermanas mías dedicadas y consagras al sumo rey del cielo, y al cual habéis hecho voto y profesión de castidad perpetua,// [**f. 47**] estad obligadas a observarla con toda diligencia y contención de cuerpo y alma. Solo en él, nuestro verdadero y legítimo esposo, habéis de poner todo el amor de vuestros corazones, y darle a él todo vuestro casto y santo amor durante toda vuestra vida! ¡Oh hermanas mías, a nosotras se nos permite engañar en cierta medida a los hombres, pero jamás podemos engañarle de ninguna manera al alto dios! Él desde la alta corte celestial lo ve todo manifiestamente; para él todas las cosas son claras, todos los secretos le son manifiestos; no hay palabra, por muy baja que se pronuncie, que él no puede oír. Todos los actos de los hombres, buenos o malos, los conoce de antemano. Por eso, hermanas mías, siendo vosotras frágiles por naturaleza, daréis a vuestra fragilidad tres remedios y tres advertencias para salvaguardar la fidelidad que le habéis prometido a dios, vuestro esposo. El primero, que expulséis de vosotras la pereza; el segundo, que permanezcáis en vuestras camas lo suficiente para vuestros cuerpos y nada más, ya que el quedar mucho tiempo en la cama es germen de muchos pecados; el tercero, que estéis ocupadas constantemente en dedicar oraciones a nuestro dios. Recordad en vuestras plegarias cuántas hermanas de nuestro templo han fallecido en poco tiempo, y como polvo al viento han sido arrancadas de vosotras. Reflexionad, por favor, sobre cuántos// [**f. 47v**] fallecen cada día en esta región y que vosotras muy pronto habéis de abandonar este mundo. Hermanas mías, debéis, pues, dirigir todos vuestros pasos a la patria del cielo, ya que esta es vuestra deuda por ser vuestra obligación, y entregaros a los sagrados misterios de este templo y a la obediencia de dios, vuestro esposo. Vosotras solas debéis de ser un ejemplo de santidad para toda esta provincia, con el fin de que nuestras gentes se predispongan al bien y al vivir virtuosamente, para que nuestras almas sean dignas del cielo y evitemos los castigos eternos del infierno. Os recuerdo, hermanas mías, que hubiera sido mejor para vosotras no entrar en este templo y entregar a Dios vuestra virginidad, si no estuvierais dispuestas a salvaguardar vuestra fidelidad con gran constancia y fortaleza de ánimo. Yo, hermanas mías, cuando veo a alguien de vuestra hermandad ser lapidada por haber desatendido al pudor prometido a dios, me aflijo grandemente por tener una edad que llegue al día en que veo a la plebe de la ciudad acudir a asistir a vuestra muerte, como si estuviera yendo hacia algún espectáculo deleitoso. Entonces, de muy buena gana perdería la vista para no ver un suplicio tan// [**f. 48**] cruel y doloroso. Yo, pues, abadesa principal de vuestro templo, deseosa

---

111 Le, 188. Ge, 196–197, Canoen.
112 Le, 188, Onzea. Ge, 196–197, Onza.

de proveer al honor de todas vosotras, mis amadas hermanas, y de quitar todo mal de vuestra hermandad y toda infamia de vuestro santo convento, quiero, ordeno y mando que cada una de vosotras se prepare para combatir con fuerza contra las tentaciones de la carne y los engaños del mundo. Quedaos en paz, amadas hermanas e hijas.

Las grandes cualidades de Nassamone que he narrado anteriormente me agradaban tanto que no dejaba de conversar con él y de preguntarle sobre varios asuntos y le rogué que, habiendo conocido tantas cosas por él con gran satisfacción de mi parte, no le disgustara cumplir con mi deseo de conocer alguna cosa sobre su provincia, la cual era famosa en todo lugar por el célebre nombre de sus dioses y de las antiguas memorias de sus pontífices.

Región Barbazina. Me dijo con alegría que su tierra Barbazina se situaba en una de las zonas más interiores de Etiopía, en dirección al sur. Tenía muchas comodidades por el mijo de cebada, el vino de palmera[113], las frutas muy sabrosas, enormes ganaderías de bueyes mansos, grandes rebaños de// [f. 48v] cabras, infinita cantidad de aves, grandes ríos y muchos lagos, en los cuales se pesca gran cantidad de peces.

Rey Anmosa, muy devoto. El rey Anmosa era grande y magnífico por religión, justicia y piedad. La devoción de dicho rey es tal que cada noche se levanta para dirigir plegarias a la única divinidad del cielo, haciendo lo mismo al amanecer y al atardecer. Tiene reinos extensísimos, en los que hay muchas y nobles ciudades, y la principal donde él reside, es gobernada por él con gran amor y caridad. Todo el pueblo de aquella ciudad siguiendo el ejemplo de su rey adora a un solo dios. No tienen ninguna relación ni con las regiones cercanas ni con las lejanas, dado que allí se adora a más dioses. Mi gente[114] está llena de caridad y piedad, y por este motivo, cada día aparecen más prodigios en todas las provincias y son más queridos por dios.

Padre Bannassarre. Al adorar a dios, observan los mandamientos y las órdenes que mi antiguo antepasado Bannassarre se los dio a ellos; su venerable retrato y santa efigie se ve esculpida en mi templo de la tierra Barbazina con esta inscripción.

Bannassarre[115], pontífice de la tierra Barbazina//

[f. 49] ¡Oh gentes mías consagradas a Dios, varones y mujeres, levantaos a medianoche y haced oraciones a vuestro dios, que os conceda lluvias provechosas, ya que esta región vuestra es demasiado árida y necesita de la divina ayuda! Y vosotros que tenéis la responsabilidad de hacer celebraciones, levantaos de la cama por la mañana con tiempo, id en ayunas a los templos sagrados de Dios, limpios y purificados de cuerpo y alma. Haced vuestros sacrificios, suplicad a dios que aleje de vosotros y de toda vuestra región toda corrupción y pestilencia. Rogad al dios de la tierra, del mar y del cielo que considere como suyo a este pueblo y le muestre y le abra el camino verdadero para subir hasta las estrellas de la corte celestial. ¡Oh varones, oh mujeres consagradas a dios, que él os salve y os guarde durante mucho tiempo! Cuando preparéis la mesa y los alimentos, rogad a Dios con corazón humilde que desee conceder a todo el pueblo

---

113 Sobre el vino de palmera en Senegal puede verse Duran (1807: 242-245).
114 En Le, 190 y Ge, 201, también se aprecia este cambio de persona verbal.
115 Le, 191, Bannasar; Ge, 201, Bannasaare.

por mucho tiempo el alimento de vuestra vida y evite su escasez, inspirando el deseo de [alcanzar] el feliz reino de los cielos. ¡Oh sacerdotes, que dios os conceda salud! Cuando entréis en la casa de dios, arrojad vuestro cuerpo al suelo, adorando a Dios y suplicándole que conceda a esta tierra vuestra que todos los tiempos sean favorables, y haga que todas las acciones del pueblo sean prósperas y felices. Pero por encima de todo temed a dios, rey del cielo, y amadlo de todo corazón y con todo vuestro espíritu, y despreciando los reinos y los bienes terrenales y temporales, desead tener un hogar perpetuo en la// [f. 49v] corte celestial. ¡Oh varones entregados a las cosas sagradas, que dios aumente vuestros bienes y os mantenga sanos! Al anochecer, elevad plegarias al cielo, para que el pueblo se alimente con moderación, para que los deseos desmesurados de la lujuria no molesten su mente, sino que pasen sus noches con paz y santidad. Que tengan su ánimo tan tranquilo y bien dispuesto que piensen únicamente en el supremo reino de dios, y se vuelvan dignos de tener, con virtud y bondad, buena parte de las obras piadosas que otros hacen para ellos. Haciéndolo así, hermanos míos, seréis un ejemplo auténtico y maravillosos para toda vuestra provincia y para las lejanas gentes, y tras vuestra muerte conseguiréis la vida eterna y la felicidad celestial. Quedaos en paz, hijos míos.

Al haber encontrado en aquella provincia libre satisfacción para mi ánimo, me despedí de mi prelado y, al* llegar a un río, me alcanzó Iannaam[116], gran sacerdote de Dios.

Yannam, gran sacerdote. El cual me entregó muchos regalos, pero he de hablar sobre él en otro lugar.

Rabbiam, mandatario de la tierra Calangea. Y poco después, vino a visitarme Rabbiam, gran mandatario de la tierra Calangea, y le acompañaba solo un sacerdote. Este Rabbiam había sido privado por el rey del sumo sacerdocio. Daba siempre grandes y notorios ejemplos de sí de espiritualidad y santidad, del cual diré muchas cosas en el siguiente libro. Y finalmente, tras haber peregrinado durante mucho tiempo por Etiopía, comencé a sentirme muy conmovido por el gran deseo de [estar] en la ciudad de Santo Domingo. Por tanto,// [f. 50] deseé no seguir adelante, cuando ya no se avistaban muchas estrellas de Europa, y viendo a nuestro polo septentrional juntarse con el océano[117]. Francisco Ribera, servidor mío, al que amaba mucho por su gran fidelidad y por otras muchas cualidades loables del alma, me recordaba y exhortaba a que no se me olvidara ni la amada sede de mi obispado y de España, en la que durante toda mi niñez y juventud me criaron y formaron, ni de Italia, la cual había dado origen al linaje de la noble familia Geraldini, ni de la ciudad de Amelia, mi dulce patria. No me conmovieron tanto los queridos y fieles recuerdos de mi notoria familia, no tanto el deseo por mi amado solio arzobispal, no tanto el amor a mi patria, como el deseo que tenía de escribir y mostrar al mundo aquellas cosas que en parte vi con mis ojos y en parte supe por otros, a los cuales hay que dar suficiente fe.

---

116 Le, 192, Yoanna. Ge, 202–203, Ioannaa.
117 Cadamosto en el c. XXXIX da cuenta que mientras estuvo en Senegal vio la estrella polar muy baja, por lo que se percató de que estaba llegando al Ecuador.

DE ALEJANDRO GERALDINI, OBISPO, LIBRO VIII

La mayoría de aquellos que han escrito historia se han hecho guiar por conocimiento adquirido por estar presentes, por haberlo visto o por los relatos de hombres de fe clara e íntegra, ya que la historia ha de ser en todas sus partes veraz y sincera. Por ello, yo me las he ingeniado// [f. 50v] para escribir en esta navegación mía, no solo lo que yo mismo he visto, sino también aquello que he oído de los grandes reyes, príncipes, ministros y sumos sacerdotes de variadas regiones de Etiopía. Y al haber tenido en cuenta diligentemente las zonas costeras del océano, que yo mismo he explorado y observado, he pensado que no se pueden pasar por alto las zonas de los reinos más hacia el interior de Etiopía, en las que muchos adoran imágenes de madera, muchos de piedra y otros de marfil, representados a semejanza de las cosas celestiales. Muchos adoran a ciertas estrellas peculiares, muchos a ciertos monstruos conocidos de su tierra.

No hay dios alguno. Algunos creen que no hay dios alguno, sino que cada cosa es regida y gobernada por el azar. Todos estos carecen de toda nobleza y altura de miras, y sin embargo, hecho que causa estupor, los sumos prelados y los sacerdotes de las grandes ciudades tienen formación y conocimiento de las cosas del cielo. En todos los litorales, pese a que algunos habitantes viven en centros urbanos, generalmente habitan en grandes chozas y numerosas aldeas. Y me han contado que la misma manera de vivir se tiene en una extensa zona oceánica más allá de la Zona Tórrida.

Región Ozzea[118]. En los lugares de tierra adentro hay enormes ciudades y asentamientos, entre las cuales, en este lado de la Zona Tórrida a una distancia de veinte días en la región Ozzea[119], el gobierno// [f. 51] está en manos de las mujeres, tal como hemos narrado antes.

Nansea[120], **ciudad enorme.** Hay una ciudad llamada Nansea, tan grande que en cuatro días a duras penas se recorre, y se sitúa encima de un lago de cuatrocientas treinta millas de ancho. La cruzan muchos ríos y la gobierna un rey poderosísimo que se hace llamar nieto del Dios altísimo. Esto porque a su antepasada Ingrinessa[121], que se había encerrado en un lugar secreto y remoto de un gran palacio, le apareció de repente un camello muy blanco y joven de gran belleza y porte. Y al deleitarse ella en admirar su belleza y tocándolo, le pareció muy manso; por lo cual, al maravillarse de ello, se aparejó con el animal, que se

---

118 Le, 195 y Ge, 207, Onzea.
119 En L y British (f. 45v), "en la". En Le, 195 y Ge, 207, "desde la".
120 Le, Naseena
121 Le, 196, Iguinensa. Ge, 208-209, Igninensa.

había despojado de su aspecto anterior, y de aquella unión nació el padre de este rey, que con vanidad creyó ser de estirpe divina. Por tanto, la excelsa e incomprensible majestad de Dios, no teniendo forma ninguna, la mente humana no es capaz de entenderla. Aquellos que no opinan esto, cometen un pecado tan grave que no puede ser perdonado, ni por plegarias ni por sacrificios, pues si Dios tuviese el peso de un cuerpo y circunscrito por alguna forma, sería poco apto e idóneo para regir y gobernar la universalidad de la tierra, del mar y del cielo. Cesen, pues, aquellas gentes de ingenio tan lento y tosco. Cesen los necios pueblos de imaginar aquellas cosas que ni la imaginación de los más sabios del mundo comprendió,// [f. 52v] ya que Dios es incomprensible, ni el ingenio humano, por muy grande y agudo que sea, de ninguna manera puede entenderlo. ¡Cuántas cosas existen en este bajo mundo y se nos presentan cada día delante de nuestros ojos que el intelecto humano no es suficiente para comprenderlas! ¡Cómo, pues, seríamos capaces de entender aquellas cosas que están infinitamente lejos de la lógica humana y penetrar en la infinita e incomprensible divinidad! Abandonad, hijos míos, toda esperanza terrenal.

Iogonsamea[122]**, ciudad grande.** A una distancia de diez días de camino hacia el este, se encuentra la gran ciudad Iogonsamea, ya que para atravesarla se tarda dos días completos.

Sacerdote Iamaan[123]. Tal como supe de Iamaan, sacerdote de renombre y gran fama, del que hice mención al final del sexto libro[124].

Baannassari[125]**, dios de la naturaleza.** Por él supe que en esta ciudad había un templo muy conocido, en el que se observaba la imagen// [f. 52] de Baannassari, dios de la naturaleza, y una notable inscripción de Maicallio[126] pontífice, de este tenor.

> ¡Oh habitantes de la noble y gran ciudad Iogonsamea, muy amados míos, a quienes el dios de la naturaleza me ha dado en custodia, el cual él solo gobierna la tierra, el cielo y el mar! Este es aquel dios que con tanta justicia, equidad y virtud rige y gobierna todo. Este es aquel que concede parte de sus bienes a todos aquellos que tienen figura humana. Y por ello veis que los humanos participan de muchos y grandes secretos de la tierra, del mar y del cielo. Por ende, es por lo que los hombres con vívido y sutil ingenio alcanzan las estrellas arriba en del altísimo cielo. Este dios a menudo se manifiesta

---

122 Le, 198, Logonsenea y Yogonsennea. Ge, 212-213, Logonsena.
123 Le, 198, Yoanna. Ge, 212-213, Ionnaa.
124 Parece tachado. En el British, no lo está. Tanto Le como Ge indican que en verdad aparece al final del VII y no del VI.
125 Le, 198, Baanasar. Ge, 213, Baannassare.
126 Le, 198, Manalio. Ge, 213, Manallio.

con un semblante y un rostro dignos de veneración a los buenos y santos hombres de esta patria nuestra, y trae infinitos bienes a toda nuestra región. ¡Oh hijos míos, considerad cierto que estos pueblos de Etiopía, que dan a sus dioses otra forma que no sea humana, son completamente necios, dado que el dar a dios otra forma que un semblante humano es justamente como dibujar un monstruo que no tiene semejanza alguna con la divinidad celestial! Por lo tanto, hijos míos, cuando deseáis imitar con la pintura,// [f. 52v] fundir en cobre o esculpir en mármol la efigie de Dios, hacedlo dándoles forma humana y de los más bello y venerable posible. Al hacerlo así, no os alejaréis de la antigua opinión de nuestros padres, los cuales de cerca y de lejos adquirieron gran fama de sabios. Y vosotros, sacerdotes, mientras que ofrezcáis vuestros sacrificios en los altares de vuestros templos, nombrad a un solo dios; y vosotros, pueblos míos, cantando con voz alta, adorad a un solo dios de la naturaleza. Hijos míos, si hacéis aquello que os digo todas las cosas para vosotros y vuestros descendientes acontecerán de manera grata y favorable.

Provincia Conangea[127]. No muy lejos de dicho lugar se encuentra la provincia Conangea, de donde Rabiam, piadoso pontífice y temeroso de Dios, había sido exiliado por el rey Sirion[128] y que estuvo conmigo dos días en el río.

Dios Attaan[129] **Nasemon.** En esta provincia Conangea[130] adoran a un solo dios del cielo, y le honran con toda el alma y el espíritu, llamándolo en su idioma Attaan Nasemon.

Robrira[131]**, ciudad noble.** En esta región se encuentra la noble ciudad de Robrira, de población extensa, y hay allí un templo muy famoso, en el cual se encuentra un oráculo muy antiguo y divino, con el que gobierna y rige toda la ciudad. Hay una costumbre,// [f. 53] según la cual, si el sumo sacerdote, elegido jurídicamente, es expulsado del templo, o por la ira del rey o por el odio del pueblo, sale y abandona el templo y la patria. En perpetuo exilio va peregrinando por regiones remotas, y si se le vuelve a llamar a su antiguo solio del templo, no regresa, tal como ocurrió con Rabiam. Este en más de una ocasión había sido invocado y rogado para que no abandonara el templo, la patria y el pueblo, que lo amaba con un amor incomparable; para que no abandonara aquellos sacrificios que le competían por ser sumo sacerdote y que le correspondían por su honor y dignidad; para que él, que solía salir en público acompañado por gran número de sacerdotes y pueblo, pues ahora deambula solitario por pueblos de extrañas naciones, lejanas y desconocidas, con público desdén. A estas cosas él replicó que a él le convenía obedecer a dios y huir del vano favor del pueblo y las vanaglorias del honor mundano, cosas que son despreciadas por el dios del alto cielo.

Por entonces, Sirion fue expulsado del reino por un tumulto popular. Por este motivo, los mandatarios del reino, junto con el pueblo, deseaban darle un príncipe a la tierra

---

127 Le, 199: Caalongea. Ge, 214–215, Calange.
128 Le, 199, Sirién. Ge, 214–215, Siriene.
129 Le, 199, Atteán Nassamón. Ge, 214–215, Attaen Nasamon.
130 Anteriormente, aparece "Conangea". En el BL, la segunda vez "o" se corrige por "a".
131 Le, 199, Nabonea. Ge, 214–215, Nabona.

Colongea[132], y volvieron a convocar al pontífice Rabian[133], el cual contestó que no podía de ninguna manera regresar a la amada patria, para no dar a los profanos un mal ejemplo,// **[f. 53v]** al expulsar a los sumos sacerdotes para luego volver a llamarlos, porque de hacerlo así, cobrarían mayor atrevimiento y cometerían más sacrílega impiedad hacia los pontífices, y él toleraría aquel inmerecido exilio con ánimo alegre y pacífico. Sin embargo, él daría toda su autoridad pontificia y aprobación a Giano[134], hombre notable por religiosidad y santidad. Y entregándole luego todos los ingresos y emolumentos del templo que debía cobrar[135], él, dando un magnífico ejemplo, los distribuyó todas entre los pobres, reservándose solo lo suficiente para él y un sacerdote suyo. En un mármol debajo la alta imagen del dios del cielo había este mandamiento, emitido por la propia boca de aquella imagen, en la época durante la cual se habían admirado por Etiopia muchos prodigiosos signos del cielo.

Para mí, dios del cielo, todos los secretos de los hombres me están revelados, todos los pensamientos y deseos de los reyes no se me ocultan; todas las cosas de la tierra y del cielo me son manifiestas.
Conangea[136]. Vosotros reyes y pueblos de la tierra Calongea[137] no mostráis amor ni reverencia alguna a los sacerdotes; por este público mandamiento, emitido con razón de mi propia boca, deseo, ordeno y mando que si alguien de este pueblo matará a algún sacerdote, que sea desterrado para siempre de toda// **[f. 54]** esta tierra; Los primeros y principales de esta región envíen embajadores por los países para buscar a alguien digno de este reino y, una vez que se encuentre, lo conduzcan a la ciudad y lo reciban con todos los honores, con los cuales se suelen honrar a los reyes de esta tierra [y le impongan] las insignias y la corona de la región Calangea.
Si sucediera que el sumo sacerdote y pastor, en lugar de ser amado y honrado, fuese desterrado, que se le envíen durante su vida de exiliado todas los ingresos y ofrendas del templo; esto habrá que hacerlo rigurosamente hasta su muerte, para que los delitos del pueblo de la ciudad Calangea sean conocidos por las demás naciones por el exilio de su pontífice. Y en caso de que el pueblo mate a su prelado, deseo y establezco que hasta cien años el pueblo de la ciudad y región Calangea quede// **[f. 54v]** privado de la dignidad y grandeza del pontificado, y que las cosas sagradas sean administradas por simples sacerdotes. Que cada tres años un pontífice extranjero purifique toda la patria Calangea, al cual los pueblos han de pagarle más del doble del salario que pagaban a

---

132 Véase arriba.
133 En este pasaje, se omite la parte en la que se elige al rey Yona (Le, 201) o Iona (Ge, 215).
134 Aparece aquí el nombre del rey, pero se identifica como el sacerdote que Rabiam nombra en su lugar. En efecto, no aparece Panniano, que es el nombre del pontífice elegido por Rabiam en Le, 200 y en Ge, 217.
135 El hecho de que Rabiam cobrase dichos ingresos se tacha en L, pero no en BL.
136 Véase arriba.
137 Véase arriba.

su pontífice. Si el pontífice cometiese delitos y gobernara mal su pueblo, de tal manera que recibiese el odio de todas las provincias, quiero que en la ciudad Trabbonea[138] se organice un concilio público de todos sus sacerdotes, en el que se presenten a todas las gentes y nombren a otro pontífice más justo y bueno, el cual que viva y se rija con gran temor hacia mí, dios del cielo y de la tierra. Y si no obedecieseis mis órdenes y mandamientos, os enviaré pestilencia, guerra y hambre que acabarán con todos vosotros, y mi furor se dirigirá contra mi pueblo. Yo soy bondadoso, piadoso y clemente, y cuando no soy reconocido por tal y mi pueblo me impulsa a la ira, soy fuerte, iracundo y terrible.

Volviendo al discurso anterior, Etiopia tiene elefantes enormes, muchos ganados de bueyes más pequeños que los nuestros e innumerables rebaños de excelentes cabras[139]. Muchas de sus poblaciones no comen carne, sino que se alimentan con leche, arroz, avena,// [f. 55] legumbres y frutas peculiares de su patria, imitando el estilo y la doctrina de Pitágoras[140].

Circuncisión. Muchos se circuncidan sin que algún autor o ley les obligue a ello, ya que no tienen noticia alguna ni de las leyes de Moisés ni de Mahoma. Muchos de ellos observan el matrimonio y creen que es un compromiso sagrado. Otros muchos, como las bestias, viven de manera tal que no quieren saber nada de sus hijos, los cuales son reconocidos solo por sus madres. Etiopía tiene grandísimos ríos y lagos muy anchos y se extiende por una llanura muy amplia por valles y montes cargados de nieve, tan altos que parecen tocar el cielo. Tiene prados muy verdes, pero no de aquel tamaño ni tan regados como los tienen los etíopes que se encuentran al sur de Egipto y hacia el oriente.

---

138 Le, 201, Nabonnea. Ge, 218-219, Nabonna.
139 Cadamosto, c. XXIX, aclara que no hay ovejas por el excesivo calor.
140 La doctrina pitagórica mantenía que no se podían comer alimentos en los que se hubiese derramado sangre, porque también los animales disponían de alma. Según Ovidio, el filósofo griego había dicho que:
"Cesad, mortales, de mancillar con festines sacrílegos
vuestros cuerpos. Hay cereales, hay, que bajan las ramas
de su peso, frutas, y henchidas en las vides, uvas,
hay hierbas dulces, hay lo que ablandarse a llama
y suavizarse pueda, y tampoco a vosotros del humor de la leche
se os priva, ni de las mieles aromantes a flor de tomillo.
Pródiga, de sus riquezas y alimentos tiernos la tierra
os provee, y manjares sin matanza y sangre os ofrece.
Con carne las fieras sedan sus ayunos, y no aun así todas,
puesto que el caballo, y los rebaños y manadas de la grama viven." (Ov. met. 15,75-84).

Árboles de lana. En toda Etiopía hay bosques enormes, cuyos árboles producen mucha lana en sus hojas[141]; montes, valles y llanuras son todos ubérrimos, y repletos de arroz. Esta semilla es alimento característico de todos los etíopes. Toda la región es fértil.

Lluvia en agosto, septiembre y octubre. Allí llueve solamente en agosto, en septiembre y octubre; en los otros nueve meses hay una carencia total de lluvias.//

[f. 55v] DE ALEJANDRO GERALDINI, OBISPO, LIBRO IX[142]

Río Segona[143]. Etiopía, desde el río Segona, el que fluye al lado del monte Atlas y tras un muy largo recorrido se precipita en el mar Eritreo, con todas las tierras debajo de la Zona Tórrida abrasadas por el sol y contra la opinión de Ptolomeo, Arato y de todos los antiguos escritores de la cosmografía, es habitada y cultivada por muchos y grandes pueblos. Se extiende con una forma un poco más alargada que medio círculo y culmina en un ángulo bastante obtuso hacia nuestro oriente, que en las Antípodas es occidente[144].

Región de la Zona Tórrida. En muchas zonas debajo de la Zona Tórrida, los pueblos rezan al sol para que alivie su tierra de su calor bochornoso. Muchos lo execran, considerándolo despiadado y cruel hacia toda la región. Otros muchos adoran a la luna como la divinidad mayor y más benéfica que esté en el cielo, ya que les proporciona durante la noche un deseado alivio de fresca humedad. En muchas zonas, los campesinos se refugian y se esconden durante el día en sitios excavados3 bajo la tierra, en cuevas naturales y en lugares sombríos; al anochecer, salen para dedicarse a sus actividades rurales. Muchos gritan hacia el Norte y// [f. 56] lo llaman dios, porque si bien no pueden verlo, lo sienten respirar por la leve brisa que los alivia.

Fecundidad de las mujeres etíopes. Pero aquello que más me produce maravilla es la fecundidad de las mujeres etíopes bajo un cielo tan desmesuradamente caluroso, ya que los etíopes tienen el sol perpendicularmente encima

---

141 De estos árboles que producen algodón y lana hablaron mucho los antiguos (Str. XV l, 20 [693 D]; Plin. *HN* 12,25, Arr. Ind.16,l ss.), hasta el propio Heródoto (lll 106, 3) y Teofrasto en su *Historia de las plantas* 8,7.

142 Nuevamente observamos que en las copias italianas se ha omitido la referencia a la brevedad de los capítulos, que sí aparecen en Le, 203 y Ge, 220-221.

143 Le, 203 y Ge, 221, Senegal.

144 Se ha eliminado parte del discurso sobre la brevedad de los libros o el origen del topónimo "Etiopía" que aparecen en Le, 203 y Ge, 220-221.

de sus cabezas, por lo que, al hacer fluir su sangre en la piel, les produce aquel color fosco parecido a una violeta oscura, pero al llevarlos a Europa y Asia, donde el aire es más fresco y refresca la sangre y la empuja hacia el interior del cuerpo, haciendo así, que tengan un color completamente negro. Debajo de la Zona Tórrida hay muchos emperadores, que se hacen llamar monarcas, muchos reyes, muchos príncipes, muchas tierras libres, muchas y populosas ciudades y grandes poblaciones. Pero sus casas, al estar echas de troncos y barro, ofrecen una vista patética y desagradable.

Ciudad Naansabea[145]**, donde se hace un mercado muy famoso.** Entre muchas ciudades, al salir de la provincia Calongea, se encuentra la ciudad Naansabea, en la que continuamente se hace un mercado muy célebre y a la que acuden desde variadas regiones multitud de mercaderes.

Diosa Luna. En esta ciudad hay un templo muy bien edificado, con la imagen en alabastro de la diosa Luna, con el cabello rojo y dorado hasta el cuello[146]. En la parte más alta de la cabeza tiene dos cuernos, y la representan de un blanco celestial, mientras que a los otros dioses los representan con los colores rojo y negro. Al pie de esta imagen están// **[f. 56v]** esculpidas estas palabras:

> ¡Oh habitantes de la Zona Tórrida, tenedme a mí sola por diosa, por numen! Yo soy aquella que con mi rocío concedo alimento a todas las gentes; yo soy aquella que concede alimento a todos los animales. Si mi divinidad no prestara ayuda con prontitud, ya desde hace mucho que toda la tierra estaría asolada por los cálidos rayos del sol. Por tanto, ofrecedme sacrificios. ¡Oh viejos, oh jóvenes, oh niños, en cualquier mal estado de ánimo o preocupación en que os encontréis, acudid a mí! Yo, aliviándoos de toda congoja, os haré felices cuando vengáis.

Estas palabras se oyeron decir en aquella ciudad por la antigua estatua de aquella diosa, cuyas palabras fueron puestas debajo de dicha imagen por los habitantes que les sucedieron.

Prelado Iguino. En la parte derecha del templo se observa la venerable imagen de Iguino, prelado de dicho templo. Y lo que es cosa digna de saber y maravillosa es que lleva puesta en su cabeza una mitra muy parecida a la nuestra. La inscripción estaba hecha con caracteres de la Zona Tórrida, nada parecidos a aquellos que se usan en otras partes de Etiopía, y significaba lo siguiente.//

[f. 57] ¡Oh hijos míos, amad a esta patria vuestra, aunque esté sometida al intolerable calor del sol! Hijos míos, si desde el principio del mundo, cuando vuestros antepasados empezaron a habitarla, hubiesen sabido que es imposible

---

145 Le, 204, Naazabea. Ge, 222–223, Naansaba.
146 Le, 204 y Ge, 222–223, "hasta la cintura".

habitarla, sensatamente la habrían abandonado desde aquellos primeros siglos. Mas eligieron esta región del mundo y os la han dejado a vosotros en herencia. Los nietos han de observar debidamente las órdenes y los estatutos de sus antepasados. ¡Oh hijos míos, no hay cosa más hermosa que el país patrio, ninguna cosa más dulce que la antigua patria, de manera que, si os marcháis buscando nuevos asentamientos en otros países, os serán tan manifiestamente insoportables como son vuestros calores para todas las gentes de otras regiones! Añado que, si os marcháis a otros países, estaréis como en el exilio el resto de vuestra vida y en gran peligro por la desigualdad entre este cielo y aquel, y por la actitud de los pueblos poco amistoso hacia vosotros, pues siendo vosotros diferentes de ellos en color y costumbres, seréis considerados y tratados como esclavos. Hijos míos, esta patria os es benéfica, por lo que habitadla y todos con el mismo vigor disfrutad de ella y cultivadla.// **[f. 57v]** Creed en mí, Iguino, pastor de vuestra patria, tened fe en vuestro padre, el cual os da un increíble amor.

Meditando con frecuencia conmigo mismo sobre el consejo de Iguino obispo y, sintiendo conmoverse mis entrañas por el amor que tengo hacia las muchas tierras[147] de España y por la deuda que he contraído con ellas, habiéndome alimentado y criado ya desde mi adolescencia, ¡cuánto afecto le debo a Italia!, feliz y dichosa en todas sus partes. Me siento conmovido por la reverencia y devoción hacia Roma, la cual ya consiguió el dominio de todo el mundo y le dio justas y santas leyes, y ahora es centro y sede de la santa religión y de la fe en Jesucristo[148].

Gannovia[149], **ciudad enorme.** No quiero dejar de decir alguna cosa sobre la ciudad de Gannovia, por su gran extensión. Está a novecientas millas hacia el sur de la ciudad Naansabea, en la que hace cuarenta lustros[150] se enumeraron cuatrocientos ochenta y dos mil hombres armados. Esta ciudad es libre; tiene cuatro pontífices galardonados con una preciada mitra, en los cuales, por consentimiento común de los nobles y del pueblo, se concentra todo el gobierno de las cosas sagradas y también de las profanas.// **[f. 58]** Ellos gobiernan con no menor piedad que justicia, ya que les acompañan para toda deliberación pendiente treinta[151] senadores, por los cuales conocen los ruegos y las opiniones de todas las cosas que acontecen en la ciudad. Estos cuatro pontífices poseen cuatro templos principales y cuatro palacios, cada uno en los lugares más altos

---

147 Le, 207, ciudades. Ge, 229, *città*.
148 En Le, 205-207 y en Ge, 224-228 se añade un discurso mucho más extenso.
149 Le, 207, Gannea. Ge, 228-229, Ganna.
150 Le, 207 y Ge, 228-229, cuatro años.
151 Le, 207 y Ge, 228-229, trescientos.

de la ciudad, no como el resto de las casas, que están todas hechas con ramas y barro, sino con nobles maderas. Pasan por la ciudad tres ríos que la dotan de una gran fertilidad.

Dios Océano. En todos los templos, tanto en los grandes y principales como en los medianos y pequeños, se encuentra la imagen del gran dios Océano, y solo a este se adora como dios. Dicha imagen tiene en la mano derecha un navío con las velas arriadas y en la izquierda un tridente levantado y [ante él] la estrella con la que los navegantes se orientan y la luna con dos cuernos frontales. Esta estatua, cada luna nueva, es transportada por la ciudad y los niños y niñas en una larga fila, regresan al lugar consagrado al dios Océano, hacen sacrificios, rogándole en voz alta que envíe sobre ellos y su país gran multitud de nubes, que cubran los cálidos rayos del sol y den frescor frente al excesivo calor a todos aquellos pueblos,// [f. 58v] enviando sobre ellos y sobre todo el país gran abundancia de benéficas lluvias. Los jóvenes y ancianos van al templo con gran devoción y cinco veces al año hacen esta ceremonia, durante la cual acude a los principales templos gran multitud de niños y niñas, jóvenes y ancianos que, como no caben todos en los templos, se ponen debajo de los pórticos haciendo sacrificios con una piedad y devoción hacia aquel dios que es cosa difícil de creer.

Confesión de los pecados. Cada noche se levantan de la cama y con grandes lloros confiesan al dios Océano los pecados que han cometido durante el día anterior. Los sacerdotes no toman esposa, siempre viven de las limosnas que su pueblo les da.

Van a hacer oraciones diez veces entre el día y la noche. Diez veces entre el día y la noche se reúnen en lugares indicados por los pontífices para hacer oraciones, rogando al dios que aleje toda rivalidad y discordia del pueblo y todo odio de toda la región y que conceda la paz a toda la ciudad, a todos los lugares y a las tierras vecinas.

Oráculos transmitidos por el dios Océano. Los oráculos transmitidos por este dios Océano en la región de la Zona Tórrida, de increíble antigüedad, son estos:

> [. 59] ¡Oh pontífices que os encontráis en una posición de prestigio de esta patria, oh sacerdotes// [f. 59] que con honestidad os han elegido para hacer sacrificios, vivid castos toda vuestra vida! Si os portáis de manera diferente, los años de vuestra existencia serán breves y plagados de incontables sufrimientos y disgustos. Seguramente cuanto más viváis entregados a los vicios, tanto más sufriréis intolerables angustias. Por lo tanto, os hubiese convenido seguir siendo laicos mucho más que ingresar en la orden sagrada del sacerdocio, y ocupar un lugar en vuestra comunidad os convendría más que ocupar indignamente un puesto en el sagrado lugar de dios. Y cuanto más

observéis a vuestro pueblo vejado y atormentado por el implacable calor del sol, tanto más habéis de serme agradecidos viviendo una existencia devota y virtuosa, para que podáis rezar por este pueblo. Y es por esto que se os ha concedido el principal y más honrado lugar, para que debáis ayudar y beneficiar con vuestras oraciones a este necesitado pueblo vuestro. Cuando me dediquéis sacrificios, rogad a mi divinidad que os haga amigos de la diosa Luna, ya que yo, dios, Océano, sigo día y noche y durante todo el año a esta diosa, y, siendo ella mi dueña, la observo, la obedezco y por ella llegan a mis costas los flujos y reflujos; por ella surgen en el mar las grandes tempestades, los torbellinos, los vientos, rayos y muchos otros males que se producen en el mundo. Además de ello, ordeno y deseo que cada novilunio los niños puros y// [f. 59v] las niñas vírgenes acudan a mi templo, rogándome con grandes lamentaciones que yo, pastor de sus padres, regidor de vuestra región, me una a la diosa Luna para poder realizar grandísimos servicios y beneficios a toda esta patria, llenando [el cielo] con nubes de mi agua marina. Que os haga fértiles y amenos todos los lugares de vuestra tierra, y todo el pueblo sano y alegre por el frescor y las lluvias. De buen grado escucho las plegarias de jóvenes castos y de niñas vírgenes. Yo escucho las plegarias puras y santas de hombres y mujeres con serena y bondadosa frente y con ánimo alegre os socorro. Ordeno y mando que los jóvenes y los viejos, cuando acuden a mi templo, que estén en ayunas, habiendo lavado previamente su cuerpo con agua viva[152], purgándolo de las imperfecciones y del pecado. Que estén delante de mi altar y que, en voz baja y sumisa, pronuncien sus plegarias, para que no estorben a los sacerdotes que en voz alta están rezando a Dios, y no entorpezcan el santo oficio de hacer sacrificios. Y mientras que en el altar más elevado del sagrado templo se celebran los ritos diurnos, comando a todo el pueblo que baje los ojos al suelo y, con el cuerpo prostrado en el suelo del templo, esté en oración llorando y sollozando. Prohíbo a todo el pueblo laico que no se atreva a entrar en aquel lugar y ante aquel solio// [f. 60] donde los sacerdotes están cantando las alabanzas en mi honor, vuestro dios, sino que toda la gente laica se mantenga apartada de los sacerdotes. Si estas cosas no son obedecidas inviolablemente y observadas, que este pueblo se espere de mí gravísimos males.

DE ALEJANDRO GERALDINI, OBISPO, LIBRO X

Habiendo descrito hasta aquí los lugares marítimos de Etiopía, ahora quiero adentrarme en los lugares del interior.

Ciudades para las cuales se tardan 4 o 5 días en recorrerlas. En ellos, a un lado y otro de la Zona Tórrida, en las orillas de ríos grandes y profundos, se

---

152 Se trata de una referencia bíblica. En concreto, alude al episodio contado en el Evangelio de Juan, según el cual Jesús, conversando con la Samaritana en el pozo de Jacobo, alude al manantial que brotará eternamente (Ju 4,14).

encuentran ciudades tan grandes que se tarda cuatro y cinco días en recorrerlas, de las que dan muchos testimonios los etíopes y los portugueses.
Celebración de lustros. Estas ciudades cada cinco años celebran su lustro de la siguiente manera: calculan el número de sus habitantes y si ven que ha aumentado respecto del lustro anterior, hacen grandes sacrificios y dan muchas señales de alegría pública, dándole públicamente las gracias al dios eterno. Y si descubren que ha disminuido, todo el pueblo se queda encerrado durante mucho tiempo en sus propias casas con muchos duelos, lloros y sollozos. Luego, salen para hacer algunos sacrificios así dispuestos. En esta ciudad hay enormes plazas, grandes casas de ciudadanos eminentes y templos monumentales.//

[**f. 60v**] Los reyes tienen sus edificios como si fueran ciudades, con una innumerable multitud de siervos y con una formidable guardia de hombres valientes, los cuales usan dardos, flechas, lanzas y otros tipos de armas. Cuando estos reyes administran públicamente justicia frente al pueblo, en la plaza principal de la ciudad, se sientanen altísimos solios. Algunos de estos reyes se muestran con todo el cuerpo pintado con minio, a semejanza del cielo etéreo, casi como si quisieran manifestarse al pueblo con semblante divino.

Cabezas de muertos por justicia puestas delante del rey cuando administra la justica frente al pueblo. Mientras siguen así sentados, se ponen delante del rey grandes montones de cabezas de aquellos que por delitos fueron ejecutados por la justicia. Una vez terminado el oficio de administrar la justicia, estos reyes son transportados con solemnidad por toda la ciudad en un solio muy alto, puesto encima de un estrado de tablas unidas. Este solio se transporta por un gran número de etíopes encima de sus cabezas, y así van mostrándolos a todo el pueblo, con un pregonero que en voz alta va gritando:

> ¡Oh pueblos, retroceded, quedaos lejos! He aquí vuestro rey que llega, he aquí todo el bien de vuestra patria. Concededle el mismo honor que le daríais a un dios si pasase por nuestra tierra, ya que vuestro rey tiene la dignidad del dios supremo. ¡Oh pueblos, arrojaos con el pecho al suelo y// [**f. 61**] quedaos así hasta que haya pasado el rey y se haya alejado de vosotros, pues, aunque él se considere a sí mismo un mortal, sin embargo él tiene la dignidad de dios al administrar la justicia y la piedad para sus gentes! No obstante, él quiere que hagáis este gesto de honor y reverencia alejándoos del lugar por el que él pase y, aunque alguien de vosotros tenga la necesidad de suplicar al rey para obtener justicia, que se acerque a él libremente y le pregunte con humildad, y la obtendrá de inmediato.

Algunos reyes visten un hábito militar con la corona y el cetro, con los brazos desnudos adornados y resplandecientes con muchas piedras preciosas. Delante de ellos van muchos trompeteros y tamborileros con gran estruendo. Algunos de ellos son llevados por un camello blanco. Algunos otros [van] en elefantes con las insignias reales, con todo su cuerpo desnudo y adornado con perlas y piedras preciosas. Otros como triunfadores viajan en carros altos tirados por elefantes. O totalmente al descubierto se dejan transportar a hombros de varones y cubren sus partes pudendas con bellísimos velos de oro y seda. Hay otros reyes a los que sus gentes no los tienen en gran consideración y viven con poca diferencia de superioridad y riqueza respecto de los habitantes// [**f. 61v**] de aquella provincia. Noté un respeto de aquel pueblo hacia sus reyes asombroso y casi increíble. Ellos adoran al rey de rodillas, arrojando continuamente arena sobre sus cabezas, sus hombros y todo su cuerpo, queriendo demostrar con este acto que ellos son tierra y barro respecto al rey. Es este rey admirablemente arrogante y pomposo, porque si alguien de su pueblo se dirige a él, [lo hace] con todas las señales y demostraciones de humildad, tal como se ha contado antes. El rey con rostro torvo y terrible apenas le mira, y con pocas palabras soberbiamente pronunciadas remite la pregunta a alguno de sus ministros, por lo que se puede entender con claridad que los reyes de Etiopía desean ser más temidos que amados por sus pueblos. Pero tal vez aquellas gentes no necesitan de una servidumbre menos severa para mantenerlos sumisos y con el debido respeto hacia su monarca. Cuando este va a la guerra, se ha visto que lleva consigo un millón de hombres; pues a pesar de tan numerosa [gente], jamás hubo hombre alguno que no fuera fiel y obedeciera a su rey. Y si alguien se maravilla de tal número de gente que el rey llevaba a la guerra, que sepa que muchos reyes// [**f. 62**] de Etiopia son muy grandes y poderosos.

    La población negra no posee una menor parte del mundo que la blanca. Y al considerar la forma del mundo, él se daría cuenta de que la población negra no posee una menor parte que la blanca.

    Gallanea[153]**, ciudad muy feliz.** A doscientas treinta y cuatro millas de la Zona Tórrida se encuentra la grandísima ciudad Gallanea, feliz y dichosa por su abundancia en oro y peces y por la increíble fertilidad de su tierra. Por el centro de ella discurre un río enorme, y tiene en sus montes grandes minas de oro; alrededor de ella hay una llanura muy amplia y hay lagos muy extensos y muchos asentamientos y villas. La capital del reino es la dicha ciudad. Para las

---

153 Le, 214, Galongea. Ge, 240–241, Gallona.

cosas sagradas tiene su pontífice, el cual usa una mitra durante los sacrificios y para las cosas profanas es adornado con una corona pontifical en todos los lugares.

Espantosas apariciones de tropeles armados en el aire. Esta ciudad dichosa solo tiene de malo que, cada tres, cinco o siete años, aparecen en el aire tropeles armados, los cuales en todo el cielo organizan un gran combate y una guerra, produciendo un gran y terrible estrépito y voces horribles emitidas por aquellos fantasmas. Durante aquel asombroso e increíble espectáculo, los hombres y las mujeres con el corazón tembloroso y el rostro pálido acuden al sagrado templo del dios; entonces los sacerdotes disponen en los lugares sagrados este mandamiento: que hagan oraciones al dios de la patria.// **[f. 62v]** [Los sacerdotes] se reúnen en un lugar secreto, donde nadie los pueda ver, y con un conjuro muy antiguo, con voz lo más alta posible, conjuran a aquellas tropas infernales, que enseguida se alejen de toda aquella región y de su cielo, y que se marchen a otras tierras remotas. Entonces aquellas diabólicas ilusiones con mayor estrépito que ora, algunos descubriéndose el rostro, ora ocultándolo; otros con cara negra y afligida; otros con cara blanca y melancólica; otros con mirada feroz y cruel y otros alegre; algunos llorosos, algunos amenazantes se alejan de aquel cielo. Estas espantosas apariciones solían, en los tiempos remotos, ir errando por todas las casas particulares y por los palacios; ora a medianoche, ora en pleno día, se escuchan horribles y espantosos gritos. A veces sueltan risas en voz alta; ora quedamente, ora roncos, se oyen sus crueles amenazas. Por dichas amenazas, las mujeres embarazadas abortaban y muchos niños se quedaban largo tiempo alelados. Todas estas cosas espantosas cesaron, como dicen, por las plegarias y oraciones// **[f. 63]** de los pueblos conorbanos[154], salvo que en un tiempo determinado, cada tres, cinco y siete años, tal como se ha dicho antes, aparecen en el cielo aquellas tropas y luchan entre ellas.

Conorbano pontífice. Las plegarias y los conjuros con los cuales expulsan a aquellas crueles apariciones de toda la región fueron un legado del grande y santo Conorbano, pontífice y sacerdote de dicha patria. Estas oraciones y encantamientos ninguno de los profanos puede entenderlos, si bien los sacerdotes, cosa esta asombrosa, las van pregonando en voz alta por todas las regiones.

---

154 Es probable que el copista se haya confundido y pensase que *Conorbani* no era genitivo de Conorbanus, sino el gentilicio de aquellas poblaciones, como consta en Le, 214 y Ge, 240-241.

Quien los revele a algún profano, él y al que le han sido revelados muere prodigiosamente tres días después.

En esta ciudad Gallanea se halla un noble templo dedicado a los dioses de la patria, y en su interior se encuentra la imagen del pontífice Conorbano, con caracteres muy distintos de aquellos de la Zona Tórrida, de este tenor:

Conorbano, rey y pontífice de la tierra Gallanea[155]
¡Oh mis amadas gentes! ¡Oh ciudadanos que os he querido más que a mi propia vida! Yo Conorbano, vuestro padre y pontífice, aunque la muerte me ha separado de vosotros, estaré con vosotros más que antes, hasta que el cielo// **[f. 63v]** encima de la tierra siga concediendo tiempos favorables para toda necesidad.
Los hombres beneméritos considerados como dioses. Considerad como dioses de esta patria nuestra a aquellos hombres que se lo han merecido. Estos siempre han respetado las mismas ceremonias y la misma manera de hacer sacrificios, sin reducir o añadir nada a las cosas sagradas, pues los dioses se alegran de ver respetadas inviolablemente las antiguas ceremonias. Gozan de la inocencia, aman mucho la pureza y la simplicidad. No siempre existieron aquellas plagas, aquellos males, aquellas desgracias que esta región sufrió mucho tiempo antes que el mío. Mas después de que las impiedades, la poca devoción y otros imperdonables pecados entraron en los pechos humanos, estos castigos se enviaron sobre ellos por los dioses, para que aquellos que posteriormente nacieran, vivieran piadosa y santamente, y no se olvidaran de sus dioses. Por tanto, hijos míos, tened una fe inquebrantable que nuestros dioses cuidan de vosotros, por lo que dadles infinitas gracias, y mostraos agradecidos hacia aquellos por tantos beneficios, y esos dioses os harán aptos para vivir santamente. ¡Oh hijos míos, mientras que yo,// **[f. 64]** Conorbano, vivía, fui vuestro padre y pontífice por voluntad y opinión unánimes, puesto y adscrito entre los dioses del cielo, donde aún estaré siempre con vosotros! Y procuraré presentar todas vuestras acciones entre las sagradas obras y santos legados de los dioses, y liberaré nuestra patria de todo sufrimiento y la aliviaré de todo padecimiento. Aquellas voces que antes se oían por nuestras casas, ahora ya no se escuchan aquellos escuadrones que con espantoso ruido y clamor de las armas se desplazaban por el cielo.
Purgatorio. Estas que creéis que son de infernales y malvados espíritus, son almas de hombres que no han sido recibidas ni en el cielo ni en el infierno, sino que van errando por el aire durante mil, quinientos o cien años, según si sus pecados fueron grandes o medianos. Y así seguirán hasta que no hayan purgado sus pecados, ya que no pueden ir al cielo si antes no se limpian de toda mácula de su existencia pasada. Ni sus pecados fueron tan graves que hubiesen merecido la condena a las penas eternas del infierno. Así, aquellas que por el gran juicio de Dios se manifiestan de aquí para allá por ciudades, villas y aldeas para infundir terror en los hombres y [para] que no cometan crímenes. Sin embargo, no pueden// **[f. 64v]** perjudicar de ninguna manera al género humano, ya que ellas son completamente inofensivas. El encantamiento que usan los

---

155 Le, 214, Canonsea. Ge, 240–241, Cannosea.

sacerdotes para expulsar del aire a aquellos monstruos me ha sido otorgado por los dioses. Que no sea admitido que el pueblo profano lo conozca, ni a los sacerdotes se les conceda que pueden enseñarlo a los demás, salvo a personas sagradas. Al transgredir esto, le sobrevendrá una gran catástrofe.

Ciudad de Armasaanna[156]. A seiscientos cincuenta[157] millas de la ciudad de Gallonea se encuentra la ciudad de Armasaanna.

Rey Ianab[158]. En la ciudad está el gran Ianab, el cual posee muchos reinos, muchas ciudades y muchas villas hacia el Polo Antártico.

Pontífice Rongoone. En esta ciudad reside el pontífice adornado con una mitra blanca, llamado Rongoone, el cual ordena y dispone las cosas sagradas para toda aquella provincia, y es de tanta autoridad que nadie puede obtener la dignidad regia sin su aprobación. En esta provincia hay ciertos hombres que no tienen otro pensamiento ni prestan atención a otra cosa que a la especulación sobre las cosas divinas y a lo de conocer lo más posible a Dios, y para poder filosofar mejor viven lejos de todas las gentes y se refugian en montes altísimos, desde donde pueden observar mejor el cielo. Su comida es muy frugal y sencilla; beben agua pura// [f. 65] y reprimen todo estímulo lujurioso con el uso de ciertas hierbas antiestimulantes y de cierta bebida que ellos producen justamente contra todo deseo libidinoso. Luego, en muchas ocasiones, después de haber hecho oraciones hablan con Dios y afirman que hablando ven el cielo que se abre. Dicen que ven Dios de una forma que supera con creces toda forma humana, que el buen mortal no es capaz de comprender por ningún razonamiento natural, y afirman que Dios es todo piedad, santidad, clemencia, virtud, humanidad y magnificencia. Y a veces este mismo dios se muestra terrible y muy severo en castigar los pecados de los hombres. También sostienen que Él cuida de las cosas humanas y que desde el supremo trono del altísimo cielo ha dispuesto el orden, regla y lugar del sol, de la luna y de las estrellas, que se observan en el cielo, con una ley tan perfecta en su totalidad, que ya no necesitan ninguna providencia extrínseca. Aseveran que aquel dios observa el curso de la existencia de los hombres y que goza mucho de su buena e inocente vida.

Ángeles de la guarda. Afirman que dios tiene innumerables ministros, los cuales por el orbe penetran en los corazones de los hombres.// [f. 65v] Y finalmente, llegando la muerte y saliendo el alma del cuerpo, el ministro que la tuvo en custodia la presenta ante el prefecto supremo de la corte celestial[159]. El cual, tras examinar las virtudes de su alma, junto con sus vicios, si la considera digna del reino celestial la conduce con alegría al trono del altísimo dios; el cual, con rostro benevolente y lleno de majestad, le

---

156 Le, 216, Ammosena. Ge, 242-243, Amosenna.
157 Le, 216 y Ge, 242-243, "670".
158 Le, 216, Yanob. Ge, 242-243, Ianob.
159 Se aprecia un error del copista, pues en el texto italiano dice "venendo la morte uscita l'anima del corpo dal ministro, che l'ha avuta in custodia e presentata al cospetto del supremo prefetto della corte celestiale", por tanto, es el ministro el que presenta el alma humana a Dios. Además, en este texto no se menciona, como en Le, 217 y Ge, 244-245, el nombre de Osuna.

asigna un lugar en el cielo de increíble regocijo, haciéndola partícipe del eterno bienestar. Condena las almas de quienes han vivido mal a las penas eternas del infierno, y las entrega a la turba de espíritus malvados que, con rostro tremendo y espantoso, allí están listos para ello, y las conducen a las eternas penas y a las oscuras tinieblas, donde en aquella grandísima vorágine del infierno las atormentan continuamente.22
Purgatorio. Pero las almas de aquellos que no fueron ni del todo buenos, ni del todo malos, para que una vez limpios de todo pecado y mácula puedan entrar en el reino del cielo por ineludible ley del prefecto celestial, se le asigna un lugar: algunas han de dar vueltas por el cielo; otras que se purifiquen en las olas tempestuosas del mar; otras, errando por distancias muy largas en la tierra.
Dios de cuatro formas. Y para limpiar los crímenes del pueblo y mantener la gente bajo el temor de dios,// [**f. 66**] por consejo de los sacerdotes y de aquellos filósofos imaginan a dios de cuatro formas y con cuatro cabezas, una de las cuales mirando hacia oriente, otra a occidente, la tercera al septentrión y la última al mediodía, para demostrar que dios lo ve todo. Bajo esta imagen de dios, realizada en precioso mármol en el templo de la ciudad de Armasaanna, se han escrito estas palabras que he traducido:
Yo, Orissa Venmo, dios del cielo y de la tierra, aquí estoy [en el cielo] adornado con un rostro más resplandeciente que las estrellas en el cielo, y esta forma que veis con cuatro cabezas se me ha dado para que entendáis que yo veo claramente toda acción humana, todos los secretos de los mortales.
Innumerables ministros de dios, es decir, ángeles. Con mi ojo penetro en todos los pensamientos ocultos de los hombres y los percibo yo mismo, si bien necesito innumerables ministros por todo el orbe, que me informen continuamente sobre todo lo que se hace y se piensa entre la humana gente. Aun así, cuando me entero de los crímenes, no me predispongo a la venganza antes de transformarme en esta forma para observar las cuatro partes del mundo. ¡Oh pueblos míos, los cuales me adoráis a mí, único dios, abandonad los odios, dejad toda mala costumbre, abandonad toda crueldad, adoradme a mí, vuestro dios, que alejo de// [**f. 66v**] vuestra tierra todos los males y os concedo innumerables bienes! Yo, Orissa, vuestro dios, no me siento ofendido por nada como por vuestros crímenes, y aunque tarde en enojarme, al final conmocionado por vuestros pecados me apresuro a daros una muerte cruel y haceros sufrir castigos dignos de vuestros errores.

DE ALEJANDRO GERALDINO, OBISPO, LIBRO XI

Al despedirme de Naassomone, pontífice de la tierra Barborina, y navegando hacia la región equinoccial, por consejo del mismo Nassamone, me dispuse a llevarme conmigo al sacerdote N.[160], el cual, como entendía y hablaba bien en muchos idiomas, por el deseo de volverse más erudito, había recorrido muchos países más allá de la Zona Tórrida, como era costumbre de los etíopes.

---

160 Le, 189, Raangano. Ge, 250–251, Rangaano.

Ciudad Dannasea[161]. Este me refirió que a cuatrocientas setenta millas[162] lejos de la ciudad Gallonea[163], de la que se ha hecho mención en el décimo libro, se encuentra la ciudad de Dannasea, sede principal del pontífice Titaano. En el alto muro de dicho templo está la imagen del dios que lo ve todo, que contiene en sí toda cosa. En la otra parte del templo hay una imagen en mármol del pontífice Tetaano[164], y en el lado derecho estaba puesta una gran lápida de mármol con un edicto de este tenor:
Tetaano, pontífice de la tierra Dannasea
[f. 67] Por orden y mandamiento del dios que en sí lo contiene todo, el cual se me apareció más bello que el cielo, con un semblante tan grandioso que yo no podía comprender. Y estando frente a semejante aparición, con la mente vacía, sin juicio ni ánimo, con el cuerpo arrojado en el suelo, aquella divinidad me tocó levemente la cabeza con un cetro, más resplandeciente que todas las piedras preciosas. Yo, al recobrar ligeramente el sentido, levanté la cabeza, pero sin poder admirar con mis ojos todo aquel resplandor, sino que me mantuve en silencio totalmente aturdido, cuando le oí decirme esto: "¡Oh santo Tetaano, que haces mi oficio al gobernar en mi lugar a mi pueblo de la tierra Dannasea, ve y difunde este mandamiento mío a todos los sacerdotes elegidos santamente, al rey y a los principales de la ciudad, al pueblo y a la plebe! Yo, dios, que en mí se contiene todo, poderoso en el cielo, en la tierra y en el mar, yo que mantengo con ley inmutable todos los elementos en su orden, yo que prohíbo al mar que salga de los límites que le he asignado. Yo que hago que la tierra permanezca en el aire y que el aire esté rodeado por el fuego, ordeno a todos que por la mañana, al amanecer, os levantéis del lecho y hagáis oraciones a dios por el pontífice de la tierra Dannassea, por los sacerdotes consagrados, por el rey, por los varones y las mujeres y por toda la república dannasea, por todos los animales de nuestra patria, por la salubridad del aire, por las lluvias beneficiosas y por la abundancia de// [f. 67v] toda nuestra tierra. El rey, antes de que comience a hacer u oír algún asunto, vaya a su templo tres días antes de su salida a la guerra y esté ocupado en todas las cosas divinas. Los principales y los nobles de las ciudades que gobiernan la república no hagan cosa alguna sin que antes vayan a los altares y allí, humildemente prostrados, hagan sus oraciones. Las otras gentes no se ocupen de asunto privado alguno, si antes no han visitado la santa casa de dios, donde se encuentra su imagen. Los mercaderes que desean ir lejos de la ciudad, antes de que salgan de ella, con un corazón humilde adoren a la estatua de dios. La plebe no empiece obra alguna si antes, prostrados en el suelo, no hayan adorado a dios delante de su imagen. Mientras la gente dannasea lo haga de esta manera, le sucederán todas las cosas con felicidad y prosperidad, y en cuanto deje de hacer las cosas que ordeno, le sobrevendrá todo mal y daño, y cada cosa le sucederá llena de sufrimientos y ruina, y el reino será entregado a gente forastera".

---

161 Le, 189, Demnasea. Ge, 250-251, Damnasa.
162 Le, 189 y Ge, 250-251, "465".
163 Le, 189, Calonea. Ge 250-251, Gallona.
164 Va alternando Titaano con Tetaano. Le, 189 y Ge 250-251, Titaano.

Ciudad Damitana[165]. Y según lo que entendí del mismo sacerdote, a doce días de los confines de la tierra Damasea hacia el este, hay la gran ciudad Damnitana, en la provincia Panniana.
Provincia Panniana. Por el centro de dicha ciudad corre// [f. 68] un río que nace en el Nilo.
Pequeños animales que producen seda sin intervención humana. Allí hay valles muy extensos y árboles altísimos; aquellos pequeños animales que producen seda, aquí lo hacen sin intervención humana alguna, encima de las ramas de los árboles.
Licor muy oloroso. Las colinas están cubiertas de árboles olorosos, los cuales en una época del año desde lo interior de las ramas expulsan un cierto humor que, una vez solidificado, desprende un olor mucho más agradable que el incienso para [uso] de los templos de los dioses. Hay vides que, podadas en primavera, expulsan un licor muy salutífero para todos aquellos pueblos, con el que curan toda herida sin dejar marca alguna en la piel; con aquello, se enderezan los miembros de los cojos, y se mitiga cualquier dolor del cuerpo humano.

De manera que esta provincia es mucho más frecuentada por el comercio con pueblos lejanos y de aquellos que habitan las islas del mar etíope.

El dios Consejo. En esta ciudad Damnitana hay un templo dedicado al dios del consejo y un oráculo que fue pronunciado en los siglos pasados, cuyas palabras, en nuestro idioma, son estas:
Castigos para los blasfemos. Aquellos que blasfemando maldecirán a dios, que sean lapidados y sepultados por las piedras. Quien asesine al pontífice, al rey o a sus hijos, aquellos que traicionen a la patria, sean condenados a una muerte cruel, por encima [de lo que mande] toda ley, por encima de toda manera conocida de dar la muerte. Y del mismo modo, quien matase a sus padres sin que tuviesen// [f. 68v] un motivo público, manifiesto y justo, sean castigados por dicho parricidio. Quien asesine con crueldad a un noble, sea ejecutado con duros tormentos y con una muerte brutal. Si matara a un hombre de un estrato medio, que muera de una muerte ordinaria y pague a los herederos del muerto cierta sanción, según el estado del asesinado y del asesino. A los hombres de alto rango, se les respete en algunos casos, a condición de que no hayan conjurado contra al pontífice o contra al rey, o que hubieran vejado a algunos dignatarios. Quien haya infligido la herida sea públicamente herido por el verdugo con la misma herida en el mismo punto de su cuerpo y pague la sanción que le será impuesta por arbitrio de hombres virtuosos. Aquellos que prendan fuego en los templos y en edificios públicos, que se les corte por las articulaciones y juntas de las manos y de los pies y de todo el cuerpo en la plaza pública de la ciudad y en las encrucijadas de tres y cuatro calles. Los adúlteros y las adúlteras, considerando su calidad, en base a ella, se condenen a muerte. Los ladrones que sean ahorcados[166] por el cuello en los

---

165 Le, 222, Damniana, Ge, 252–253, Damnasa.
166 En L, se añade la locución "al tutto" (completamente), que hemos creído innecesario traducir.

árboles. Las causas de los menores, viudas, hombres y mujeres sagradas que sean escuchadas y juzgadas por los pontífices o por sacerdotes elegidos por el pontífice.// [f. 69] [Quienes intervengan en] otros pleitos y otras acciones malvadas sean atormentados según el arbitrio de ancianos y sabios hombres elegidos por el rey. Pueblos piadosos, conservad mis mandamientos, ya que yo soy el dios del consejo, y que piadosa y santamente os aconsejo. Los reinos que se gobiernan con leyes justas duran largo tiempo. Al hacerlo de otra manera, rápidamente decaen.

En estos tiempos, reflexionando que, si quería buscar y conocer todas las leyes, todas las costumbres y todas las memorias antiguas de Etiopía, no tenía hombres que me las pudiesen contar, por la asombrosa extensión de aquella provincia. Decidí no seguir buscando más, pensando que ya había escrito bastante sobre aquellas cosas que yo mismo vi, y las que de otros escuché con la mayor brevedad que he podido. No obstante, no quiero dejar de decir en general algunas cosas más.

Más allá de la Zona Tórrida, ya que se ha descubierto otro polo y otra forma del cielo, aparecen cosas nuevas y muy diferentes de las nuestras. Se observan muchas serpientes, muchas víboras y muchos animales completamente distintos de nosotros. Muchos reyes adoran a un solo dios; muchos, a multitud de dioses.

Rey de Manicongo[167]**, hecho cristiano.** Entre ellos, el rey Monicongo practica nuestra fe[168]. Su antepasado, por obra del rey de Portugal, recibió el agua del santísimo bautismo[169]. //

[f. 69v] Victoria milagrosa de pocos cristianos. Su hermano le había quitado el reino e hizo regresar sus gentes al rito anterior y a la antigua religión, abandonando la cristiana. El rey con veinte soldados cristianos[170] sin vacilaciones tomó la fortaleza principal del reino, y poco después, atacando al hermano menor con aquellos pocos soldados cristianos, puso en fuga veinte mil soldados enemigos; mató a muchos y aprisionó al hermano menor. Esta victoria se consideró un gran milagro divino, ya que los soldados del hermano menor decían luego que, mientras se preparaban para el combate, vieron claramente bajar

---

167 Le, 224, rey de los manicongones.
168 En la época del viaje de Geraldini el emperador era Ndofunsu, Alfonso I. Su nombre autóctono era Mvemba, que derrotó a su hermano en 1506 y reinó hasta 1543, siendo un destacado antiesclavista, que llegó a elevar sus quejas a Juan III de Portugal.
169 Se refiere al rey Nzinga, convertido al cristianismo con el nombre de Juan I.
170 En la edición romana de 1631 en lugar de *militibus* aparece *millibus*. Por ende, en Le, 224 se ha traducido como 20 000 cristianos, en lugar de 20 soldados cristianos.

del cielo tropeles vestidos en blanco, y con tanto ímpetu irrumpían que, no pudiendo resistirles por el gran miedo, huyeron. Por este prodigio los veinte[171] que sobrevivieron a la masacre se hicieron todos cristianos, y el hermano mayor perdonó al menor y a todos los principales del reino que habían apoyado al partido contrario, con la siguiente condición: que para siempre estuvieran obligados a mantener limpios los templos de los cristianos. Este reino, desde que aceptó nuestra santa fe, milagrosamente ha ido constantemente medrando, hasta el punto de que actualmente es enorme. Por su centro pasa un río que nace del Nilo y por una porción muy extensa del país, abandonando casi toda la Zona Tórrida, desemboca en el océano, debajo del polo antártico.

Muchos pueblos rigen con gran justicia el gobierno del pueblo, del que proscriben completamente la soberbia de los nobles y toda// [f. 70] sospecha de tiranía. Otros muchos obedecen al gobierno de los aristócratas, y con mucha generosidad y fuerza en los asuntos de guerra, han adquirido la parte del mundo habitada por gente negra, la cual se extiende por un territorio muy amplio hacia el polo antártico y por un espacio enorme desde oriente hacia occidente.

Pueblos que no reconocen a ningún dios. Entre dichos pueblos, hay algunos a los cuales falta completamente el juicio, y son de poco ingenio y de ánimo inconstante. No profesan ninguna religión ni reconocen dios alguno. No tienen alfabeto, ni practican ningún tipo de comercio; no tienen leyes ni disposiciones de sus antepasados, son irracionales y, en suma, no observan ninguna costumbre humana y civil en su vida. Y yo creo que los otros etíopes, que se encuentran más hacia el interior de África, tendrían la misma manera de vivir, si no fuera por el comercio que tienen con los númidas y los moros; también si no se hubiesen vuelto más perspicaces y de un ingenio vivaz por los ataques que continuamente sufren de los pueblos de la región desértica, si los árabes y los indios no practicasen con ellos, como hacen por las enormes ganancias que obtienen allí, puesto que hay abundancia de incienso, mirra, cinamomo, cañafístula, especias, perlas, seda, bálsamo y de muchas joyas orientales. Y al practicar juntos de esta manera, les han mostrado cómo vivir con leyes y les han enseñado la astrología y la filosofía, a reconocer a Dios y a temerle.

Mas ya es tiempo de que yo ponga fin a lo de hablar sobre Etiopía// [f. 70v] y las gentes negras, de las cuales he recopilado estas cosas que yo mismo vi y que por hombres dignos de fe he oído, y por mí diligente y fielmente han sido escritas.

---

171 El copista se ha confundido entre *venti* (veinte) y *vinti* (vencidos). De ahí que lo traduzcamos por veinte en lugar de vencidos, como debía ser el texto original.

DE ALEJANDRO GERALDINO, OBISPO, LIBRO XII

Ya es tiempo de que vuelva a narrar mi navegación, la que poco antes he dejado en el río [de los Barbacinas][172] con motivo de dar a conocer la parte interior de Etiopía, los muchos pueblos y reinos más allá de la zona tórrida, ya que en aquellos momentos difícilmente soportaba el estar lejos de mi Iglesia de Santo Domingo.

Poblaciones crueles de Gambia. Dicha demora me causaba aún más tedio por la crueldad de los pueblos del reino de Gambia, al cual me convenía acudir, si quería seguir con mi navegación y atravesar rápidamente los litorales de la costa de Guinea, donde los pueblos viven sin fe y con abominable engaño venden a los mercaderes extranjeros de lejanísimos países sus propios padres, hermanos e hijos[173]. Por ende, el día 19 de diciembre desde el río Rivo[174], que está a sesenta millas desde Cabo Verde, ordené a los pilotos que dirigieran las velas para navegar al fin hacia mi Iglesia, y con el fin de evitar la larga calma del océano etiópico navegamos hasta ocho días hacia el norte, para que luego con más facilidad emprendiéramos el viaje al equinoccio.

Peces de monstruoso tamaño. De repente aparecieron unos peces de horrible y monstruoso tamaño// [f. 71] y todo aquel mar se nos mostró con otra apariencia, dado que las aguas no eran muy profundas. La arena del fondo en ese lugar se mostraba roja, tanto que el mar parecía de sangre. En ese momento, estando nosotros con el ánimo muy inseguro por las variadas apariciones de aquel mar, trajimos de la sentina algunos marineros etiópicos, que poco antes habíamos capturado. Ellos me dijeron que la tierra de Etiopía estaba llena de variados mármoles, los que según su diversidad cambiaban el color de las olas del mar. En este océano hay muchas islas habitadas por gentes negras, las cuales, si no tuvieran un rostro humano, podrían ser consideradas más bestias que hombres, ya que no tienen ninguna relación con forasteros; no tienen barcos salvo los que se usan para pescar, con los que no pueden hacer largas navegaciones. Hallándonos lejos del continente de Etiopía, a una distancia de cinco días de navegación, aparecieron delante de nosotros en aquel gran océano monstruos nuevos y nunca vistos, los cuales rodeando nuestra nave la pasaban por encima mostrándonos sus lomos, y nos causaban un gran miedo. Y tras haber

---

172 Le, 229 y Ge, 264-265, río Rivo. En realidad, es el mismo río de los Barbacinas.
173 El texto de Cadamosto, manifiesta que allí se encontró con gente de guerra con la que tuvieron que luchar para defenderse, por lo que los miembros de la expedición portuguesa manifestaron sus deseos de regresar (1507: cc. XXXVII-XXXVIII).
174 Río Salou, al que Cadamosto llama de los Barbacinas (1507: XXXV).

disparado contra ellos nuestra artillería, ellos emitían gritos horrendos. Finalmente, después de veintisiete días desde que habíamos zarpado del río Rivo, llegamos a las islas de pueblos crueles,// [**f. 71v**] los cuales se alimentaban con carne humana.

Caribes que comen carne humana. Estos pueblos se llaman en su idioma caribes, que significa "hombres fuertes". Desembarcamos en una de esas, que está a ochocientas millas de la ciudad de Santo Domingo, en la que descubrimos que aquellos que comían carne humana vivían en las montañas de la isla, de las que bajaban para capturar a los que habitaban en las llanuras y no comían carne humana, sino que vivían según la ley de la naturaleza, pero aquellos salvajes y crueles caribes, que no adoraban a ningún dios, luchan con valentía. Tienen las piernas y los demás miembros del cuerpo musculosos, con caras aterradoras; siempre van desnudos y pintan el cuerpo con variados colores. Usan dardos envenenados, cuyas puntas están hechas de la espina de un pez dura como el hierro y llevan muchas de ellas en la mano izquierda, y cuando las han arrojado todas regresan a los montes con asombrosa rapidez, y con nuevos dardos regresan al combate. Se defienden de las armas enemigas saltando de un punto a otro con asombrosa destreza. Son estos tan terribles y aterradores para las islas vecinas que [los isleños] tienen encima de sus promontorios algunos centinelas para hacer señales de su llegada y poder encontrar alguna manera de salvarse. En cuanto ellos capturaban a alguien, si lo consideraban gordo le sacrificaban enseguida, y lo ponían// [**f. 72**] al fuego en un asador de madera o en un caldero. Si estaba delgado, le engordaban con mucha comida, lo que hacemos nosotros con algunas aves; los niños que capturaban los castraban de inmediato, y cuando los tenían bien gordos, en un momento dado de sus fiestas se reunían y, puestos en círculo, hacían sentar en el medio a aquellos desgraciados niños cebados. Después uno de los caribes, con algunos movimientos de brazos y cabeza y finalmente de todo su cuerpo, con cara aterradora y cruel se movía alrededor de los niños y, observándolos con una mirada que causaba espanto, con una espada[175] de durísima madera pegaba y cortaba la cabeza de uno, de dos o de cuantos él quisiera entre los que estaban alrededor. Al día siguinetecon gran alegría celebraban un banquete con la carne de aquellos niños y hombres gordos. Las mujeres que capturaban no las mataban, sino que las utilizaban como concubinas y para el cuidado de sus hijos. A menudo hablaban con demonios, pero no les dirigían oraciones ni ellos ni a Dios. Toda su cultura y placeres consistía en robar y hacerles guerra a los pueblos cercanos, ya que consideraban

---

175 Le, 231, hacha.

enemigos a todos aquellos que no se alimentaban con carne humana. Formaban// [f. 72v] una comunidad muy unida y elegían a sus magistrados, a los que dirigían todas sus controversias; enseguida las presentaban y se resolvían. Cuando algunos de ellos eran capturados por los que no comían carne humana tenían la obligación de servir como lo hacen entre nosotros los esclavos.

Isla Graciosa. Pero volviendo ya a nuestro viaje, descubrimos una isla llamada Periqueia[176], que ahora se denomina La Graciosa, nombre de mi noble y querida madre, que le fue dado por un genovés con el que yo tenía una vieja amistad, y cuando me preparé para navegar por el gran océano le pedí que cuidara de mi madre, y él sin que esto lo pidiera nadie, al llegar a esta isla quiso que se llamara con su nombre [el de la madre][177]. Yo, con gran alegría, desembarqué en un puerto cuya tierra vi que estaba llena de altísimos árboles, de prados verdes y de ríos con aguas frescas y limpias. Esta isla, que antes la habitaban gentes buenas y pacíficas, luego fue tomada por los caribes y la dominaron largo tiempo. Al final, por el miedo a los españoles, la abandonaron. Yo permanecí allí durante dos días, en memoria del nombre materno. [f. 73]

DE ALEJANDRO GERALDINO, OBISPO, LIBRO XIII

Isla de Guadalupe. Tres días después de salir de La Graciosa, por una tempestad llegué a una isla, la que ahora se llama Guadalupe, del monasterio de Guadalupe en la España ulterior, celebrado entre todos los monasterios de aquella región. En esta isla los marineros desembarcaron para buscar víveres, pero solo después de recibir señales de paz por parte de los caribes, cuando algunos de sus principales vinieron a visitarme en mi nave. Pero me negué a recibir hombres tan crueles e infames, y los amonesté por medio de mi [amigo] Ribiera para que abandonaran su modo de vida, afirmando que el león respeta al león y que ningún animal daña a los de su especie. Por tanto, era cosa abominable que aquellas gentes, pese a su aspecto humano, cometieran actos tan aborrecibles, de los que se abstienen incluso las alimañas más salvajes, y dado que los hombres benévolos no cometen actos violentos contra los animales inocentes, era cosa detestable, que no se podía purificar con sacrificios o plegarias, que los caribes no se abstuvieran de matar a hombres buenos e inocentes para devorarlos en sus festines. Al escuchar estas palabras,// [f. 73v] corrieron hacia mí y,

---

176 Le, 232, Berequeya; Ge, 270–271, Beriqueia.
177 No coincide esta traducción con Le y Ge, en que se narra que quien emprendió la navegación fue Colón, prometiendo darle el nombre de una isla a la madre de Geraldini (Le, 232; Ge, 271). BL (f. 65v) sigue la versión de L.

apartando a mis criados de la puerta de mi camarote mientras yo estaba entre mis libros, se arrojaron a mis pies y me contaron con todo detalle la antigüedad de sus antepasados. Estos me relataron de manera clara aquellas feroces acciones de bravura y que ellos respetaban la manera de vivir que tenían sus antepasados. Afirmaban que eran los más nobles de todos los habitantes de aquella zona; los demás en comparación con ellos no eran dignos del calificativo de hombre. Admitieron que mis consejos eran muy buenos si los hombres de los que comían su carne fueran hombres fuertes, ya que yo debía saber que la virtud de los hombres reside en la vigorosa fuerza del cuerpo, de la que otros carecían por completo, siendo la piedad algo despreciable si no la sostenían grandes fuerzas. Yo, entonces, interrumpí el discurso de gente tan orgullosa y cruel, y reproché su soberbia por presumir de ser muy nobles, siendo ellos abyectos y viviendo sin ninguna ley humana ni civil, y sin ninguna virtud. Tras haber dicho más cosas, y viendo que mis palabras de poco o nada sirvieron, les ordené que inmediatamente se fueran de allí,// [**f. 74**] pero ellos, riéndose, pidieron vino. Yo, para que se fueran, ordené que se les diera vino y comida en abundancia, según nuestras costumbres, y les prohibí que volviesen. Luego hacia el atardecer salimos de aquel lugar y a la mañana siguiente pudimos ver algunas islas esparcidas habitadas por aquella cruel y aborrecible gente. Entonces empecé a compadecer la miseria humana con gran dolor y. si hubiera tenido autorización para ello, me habría afligido amargamente de la naturaleza por haber creado gente tan horrenda y cruel.

Islas Vírgenes. Lejos de aquella multitud de islas descubrimos otras que supe por aquel genovés que se llamaban Vírgenes. Dicho nombre se les dio porque se descubrieron el día de Santa Úrsula y de su séquito. Estuvieron habitadas por gentes civilizadas y buenas, para luego ser ocupadas por caribes y por esta razón tan devastadas que las encontramos desiertas, lo que en verdad nos conmovió. La primera de estas se llama Píleo, por su forma redonda; la segunda Anguila, por su forma alargada; la tercera de San Marcos; la cuarta de San Sabas; la quinta de San Bartolomé; la sexta de Santa María Redonda; la séptima de Santa María de las Nieves; la octava de Montserrat;// [**f. 74v**] la novena de Santa María; la décima de Todos los Santos; la decimoprimera Guadalupe, y otra que no está muy lejos de ella es llamada Iguanaqueya; otra, la de Santa Lucia, es llamada por los indígenas Igunaronia; otra llamada Granada, antes Táurica; otra denominada San Vicente. Todas estas las habitan los caribes. El tercer día desde que salimos de la isla Guadalupe descubrimos otra isla llamada San Juan, la que los antiguos habitantes llamaban Beriqueria. En esta isla hay iglesias de cristianos y de allí en los tiempos del pontífice máximo Julio II se nombró obispo a Alonso Manso. En ese tiempo fuimos sorprendidos por tempestades nunca conocidas ni sufridas en aquel océano, de manera tal que no pudimos desembarcar en mi isla, porque navegando con el cielo despejado de repente empezó a soplar un viento con lluvia tan fuerte que perdí toda esperanza de poder llegar a nuestro destino, y si no hubiéramos bajado la vela de inmediato, seguramente hubiéramos perecido. No pudiendo, pues, llegar a mi isla, nos dirigimos hacia la de Cuba, y durante tres días pasamos apuros por// [f. 75] aquella horrible tempestad. Finalmente, al despejarse el cielo, nos sentimos reconfortados e izamos la vela; en el cielo permanecía flotando una nubecilla negra, la cual en el mismo día apareció nueve o diez veces. Luego iba creciendo y hubo una tempestad más violenta que nos puso en mayor peligro.

Ciudad de Santo Domingo. Al cabo de cuatro días llegamos al deseado puerto de la nobilísima ciudad de Santo Domingo, donde fui recibido por los más ilustres de la ciudad, siendo yo el primer obispo que llegó allí. Me quedé notablemente maravillado al contemplar una ciudad que había crecido tanto y de manera tan notable [veinti]cinco años después de su fundación, en la cual los edificios son altos y bellos como los de Italia. Su puerto es capaz de acoger a cuantos navíos hubiera en toda Europa; las calles son tan anchas y rectas como las de Florencia, de manera tal que representan la gloria de los tiempos antiguos. Creo poder afirmar que, si sus habitantes se unieran por el bien común, una vez apaciguada toda discordia y [se olvidaran] de todas las facciones que la mantienen enfrentada, en poco tiempo obtendría un predominio vastísimo sobre la zona equinoccial.// [f. 75v] No quiero detenerme en narrar sobre los nobles cristianos que vestían atuendos de seda con bordados de oro, ni sobre el copioso número de senadores destacados, ni sobre los venerables doctores de la ley, los cuales cuando abandonaron su patria se establecieron en esta ciudad y la dignificaron y adornaron con buenas y santas instituciones y excelentes costumbres. Tampoco [quiero narrar sobre] los capitanes navales, los soldados y aquellos que cada día descubren nuevos pueblos, nuevos reinos y nuevos cielos, hecho este verdaderamente asombroso. Al llegar a la iglesia episcopal, vi que se había construido con barro y me dolió que mi pueblo hubiese dedicado tanto esfuerzo en la construcción de casas privadas, que están destinadas a servir por un escaso tiempo, y no hubiesen puesto interés en edificar el templo principal dedicado al sumo Dios, que ha de ser su morada eterna. Y considerando que esta era tarea del obispo, convoqué al pueblo y a los magistrados en dicho templo. Sentándome en la silla episcopal recé tres veces públicamente, y les conmoví de tal manera que, si bien sufrían mucho por haber abandonado a los suyos y su patria para trasladarse,// [f. 76] por así decirlo, a otro mundo, despojándose de parte de sus riquezas y bienes, y de manera muy especial los sepulcros de sus antepasados, sintiéndose tentados muchas veces por el amor natural a la patria a regresar a España, a pesar de ello decidieron no negarse a [realizar] una obra tan pía y ayudarme lo mejor que pudieran. Y así lo hicieron con mucha generosidad y presteza.

ALEJANDRO GERALDINO OBISPO, LIBRO XIV

He considerado conveniente, al servirme de otros escritos, hacer referencia al nombre y la patria de quien fue el descubridor de este Nuevo Mundo de las Indias Occidentales, de las que anteriormente no había noticia alguna salvo algunas conjeturas, con el fin de que no quede privado de aquella gloria que ha de otorgarle eternamente por sus grandes virtudes y su indiscutible valor.

Cristóbal Colón genovés, descubridor del Nuevo Mundo. Dicho Cristóbal Colón era de nacionalidad italiana y de patria genovesa, el cual, al ser excelente matemático y astrólogo, midió la circunferencia de la Tierra y del cielo y juzgó que sería posible tras una larga navegación encontrar nuevas tierras en la línea equinoccial [y] en las antípodas. Y le animó a ello la lectura del *Critias* de Platón,// **[f. 76v]** que no ha de creerse en absoluto que haya una parte tan grande del orbe sumergida en el mar, la cual él afirma que no era más pequeña que Asia y Europa juntas. Movido por dicha creencia, Colón se fue primero a Francia y luego a Inglaterra, y al proponer a esos reyes su esperanza en encontrar un nuevo mundo, la expedición fue considerada por ambos dudosa e irrealizable. Por ende, se fue a visitar al rey Juan [II] de Portugal, el cual formuló la misma decisión. Finalmente se dirigió al rey Fernando y a la reina Isabel en España, los cuales en aquella época estaban en guerra con los sarracenos en la España ulterior, en la Bética. En ella, le ayudó mi hermano Antonio Geraldino, hombre ilustre, que poco antes había regresado de la legación que había llevado a cabo para aquel rey ante Inocencio VIII, pontífice máximo. Mas por la muerte de mi hermano, Colón quedó como abandonado y falto de toda esperanza. Quedó con tanta necesidad de todo que por la poca confianza de los soberanos y la pobreza que le apremiaba, se fue a un monasterio franciscano en la provincia Bética, donde fue mantenido por aquella comunidad. En ella, fray Juan de Marchena, hombre// **[f. 77]** muy reconocido por su fervor y bondad, viendo que Colón era un hombre noble y honrado y considerando que su empresa era muy sensata y razonable, se fue a Granada para encontrarse con los reyes, los cuales persuadidos por la autoridad de aquel hombre, mandaron buscar a Colón y tras escuchar atentamente su discurso, expusieron el proyecto a sus consejeros, que dieron muchas opiniones y varios obispos de España lo consideraron como un error de manifiesta herejía, ya que Nicolás de Lyra afirmaba que la Tierra desde las Islas Afortunadas hasta los mares orientales no tiene tierra alguna en sus lados por la parte interior de la esfera, y san Agustín sostenía que no existían las antípodas. Yo era en aquel entonces un joven y servía a Diego de Mendoza, cardenal de la Santa Iglesia Romana, que era hombre ilustre por su linaje, integridad, prudencia y sabiduría. Pedí permiso para intervenir, y obteniéndolo dije que Lira y Agustín aunque fueron muy ilustres por ser doctos en ciencias y por su santidad, a pesar de ello no tenían conocimiento alguno sobre cosmografía, como bien lo pusieron de manifiesto// [f. 77v] los portugueses, los cuales de la misma manera llegaron a las zonas inferiores de otro hemisferio y al perder de vista el Polo [Ártico], descubrieron otro polo opuesto al nuestro, y vieron que debajo de la zona tórrida existen innumerables pueblos y avistaron en aquella zona de las antípodas nuevas estrellas. Entonces [Luis de] Santángel, banquero de la ciudad de Valencia, le preguntó a Colón qué cantidad de dinero y cuántas naves se necesitaban para una navegación tan larga; y habiéndole contestado que le eran suficientes tres mil ducados y dos embarcaciones, él rápidamente afirmó que quería asumir esta expedición y dar dicha cantidad de su propio dinero.

DE ALEJANDRO GERALDINO, OBISPO, LIBRO XV

La isla Española. La isla Española se sitúa en la región equinoccial, tiene forma cuadrada pero es bastante alargada y es mayor que las dos Españas. Aquí hay valles preciosos y llanuras muy extensas repletas de todo tipo de árboles. Hay montes altísimos con cumbres siempre llenas de vegetación. Hay gran abundancia de frutas, pero antes de la llegada de Colón no había ni frutas, ni hierbas, ni cereales ni legumbres parecidos a los nuestros, ni había animales cuadrúpedos salvo conejos poco más grandes que topos. Pero actualmente, hecho este maravilloso, en el curso de veinte años ha pasado a haber hermosísimos rebaños, numerosos// [f. 78] ganados y una copiosísima cantidad de azúcar, cañafístula, pimienta y otras especias. No hay ninguna especie de serpientes, víboras o sapos. Las aves que vuelan por el cielo son todas de color verde; las palomas, milanos, halcones y gavilanes en cierto periodo del año vuelan desde la Címbrica Quersoneso[178] y se propagan por todo el Equinoccio y penetran en las islas más lejanas. Aquí la primavera y el verano son perpetuos, no hay día sin sol. En los dos primeros meses apenas llueve; hay lluvias más intensas en abril y mayo; y en julio, agosto y septiembre son abundantísimas, y por todo el cielo se

---

178 Jutlandia.

oían horribles truenos. Cada dos[179], cinco o diez años solían generarse vientos muy fuertes y tempestades estremecedoras y caer innumerables rayos, las que destrozaban todos los árboles y los edificios.

Tempestad horrible denominada huracán. Los toneles de harina y de vino encallados en el litoral, junto con los hombres que aún no se habían refugiado en lugares subterráneos o en cuevas eran levantados en el aire por la violencia [de la tempestad], causando estragos y ruina en todo el país. Dicha tempestad se vaticinaba por la caída de hojas, cuando entre los jefes de las tribus se elegían a unos hombres que iban pregonando por doquier que el huracán, que con este nombre llamaban a aquella pública catástrofe, llegaría pronto. Ocurrió que muchos de nuestros navíos que estaban anclados en el puerto fueron levantados por la tempestad y se hundieron en el mar.//

[f. 78v] **Fantasmas en el aire luchando entre ellos.** Muchos españoles durante esos sucesos vieron muchas y aterradoras visiones de hombres y fantasmas terroríficos luchando entre ellos por todo el aire, las que desaparecieron por completo una vez que se depositara el santísimo sacramento de la Eucaristía en las iglesias edificadas por cristianos. ¡Oh admirable potencia, o gran piedad y misericordia del gran Rey de los Cielos, que a cada pueblo le concedes en las mayores necesidades socorro y auxilio! Les has enviado el huracán a estas gentes para que los habitantes no perecieran por la excesiva licencia y lascivia, con la intención de moderarlos con cierto temor hacia la potestad suprema, y para que no sucumbieran a ello les advertías con la caída de las hojas. Y ahora los has liberado de todos los males con la presencia de tu santísimo y gloriosísimo cuerpo. En Etiopía, además, les concediste el encantamiento con el que se expulsa todo animal de aquella región, para que las enormes serpientes no devorasen a los rebaños, a los ganados o al pueblo entero.

Conchas que defienden de los rayos. Y como caían rayos constantemente quisiste que aquel mar produjera conchas de púrpura en beneficio [de la gente], ya que estas no pueden ser alcanzadas por los rayos celestes.// [f. 79] Dado que en un monte de los marsos, pueblo italiano, prolifera un gran número de víboras, se les ha concedido a los autóctonos tal poder que las víboras los temen y le son dóciles, ya que las cogen en la mano sin sufrir ningún daño. En África, en la región de los psilios, hay basiliscos y víboras que causan una muerte instantánea a aquellos que muerden, pero los psilios tienen tal poder sobre ellas que de inmediato las matan. En Asia, en la playa de Licia y en el monte Quimera, todo rebosa del veneno de las serpientes, pero los oriundos tienen tal dominio

---

179 Le, 253 y Ge, 298–299, "tres". BL, bienio.

sobre ellas que al mirarlas solamente estas no pueden moverse de su sitio y les obedecen ciegamente. En tierras laborables, en Bayas, hay una pequeña gruta, más allá de la mitad de la misma hay una marca hecha por los romanos cuando dominaban el orbe, y si alguien pasaba por allí de repente se desmayaba y si su cuerpo en aquel momento no se sumergía en un estanque cercano quedaba muerto. ¡Oh caridad infinita del eterno Dios, que para todos los males proporcionas remedios benéficos! Pero volviendo a mi narración, hay tanta abundancia y bienes en la isla Española que no es fácil narrarlas; se ven limones cidras y albaricoques colgando de las ramas todo el año. Otros árboles// [f. 79v] dan frutos continuamente, pero en una época del año más que en otras. Los melones una vez sembrados dan frutos durante cinco años con mayor provecho cada año. La albahaca y otras hortalizas están siempre verdes y todas las semillas y plantas han sido importadas de Europa, porque antes de la llegada de Colón aquella tierra no producía ninguna planta ni fruta de nuestras tierras, pero tenía otras plantas y otras frutas muy sabrosas de tipo y forma diferentes de las nuestras.

DE ALEJANDRO GERALDINO, OBISPO, LIBRO XVI

Costumbres de los habitantes de la isla Española. Los hombres de esta isla en verdad vivían según la ley natural, no ejercían violencia sobre nadie y respetaban el vínculo conyugal. Tenían fijada en su mente limpia la justicia y la equidad no por imposición, sino por cierta rectitud y bondad natural. Había reyezuelos y barones, los cuales, con su frente ancha y plana, hecha de esta forma por voluntad materna, se presentaban así públicamente con un rostro más venerable ante los suyos, que les observaban con gran devoción y reverencia. Estos reyezuelos jamás hacían la guerra, salvo para defender los límites de sus reinos. Poseían los bienes en común salvo las casas y enseres. Se alimentaban frugalmente, bebían// [f. 80] agua y comían pan hecho con raíces que, una vez sembradas, duraban mucho tiempo y daban alimento saludable a todo el pueblo. Sin embargo, el jugo que se obtiene al exprimirlas causa la muerte a quienes lo beben. Hay cierto tipo de cañas de cuyos internodios salen ramas que producen semillas parecidas a garbanzos, con las que hacen un pan difícil de digerir. Sus alimentos consisten en cangrejos, grandes lagartos, peces y conejos.

Alma inmortal. Creían que el alma es inmortal, pero los muertos no les producían ninguna lástima. Recibían respuestas públicas de sus dioses, los cuales se les aparecían con un aspecto terrorífico, ya que los dioses infernales deseaban ser temidos y no amados. Sus antepasados, sin embargo, habían conocido un origen, un rey del cielo, de la tierra y del mar.

Tal como escuché a sus reyes, habían comenzado a hacer guerras exteriores contra los antropófagos que ellos llamaban caribes, los cuales poco antes de la llegada de Colón arribaban a las islas vecinas con todo tipo de embarcaciones para cazar sus presas, contra los que se enfrentaron mis isleños, juntando una innumerable multitud de gentes armadas con flechas envenenadas, hondas y lanzas largas con la punta quemada[180]. Y entonces los que de mi pueblo eran capturados se devoraban en los crueles festines// [f. 80v] de los caribes, pero si alguno de ellos era capturado por mis isleños les daban una muerte simple y enterraban su cadáver, tanta piedad natural había entre los de mi pueblo.

Crueldad de los españoles. Con todo, los españoles utilizaron tanta crueldad hacia gentes tan piadosa y apacible que buena parte de ellos con sus esposas e hijos perecieron, al ser obligados a cambiar el curso de los ríos de sus antiguos lechos para extraer oro, no teniendo como alimento más que unos pocos peces. Otros [morían] agotados por los trabajos extenuantes, a los que los infligían golpes y heridas con inaudita crueldad. Las mujeres embarazadas con las que se debe mostrar al menos algo de humanidad, morían tras haber abortado, porque estaban obligadas a llevar cargas mucho mayores que lo que sus fuerzas pudiesen tolerar. Otros que eran conducidos a lejanísimos montes, alimentándose únicamente de cangrejos, fallecían durante el trabajo, o bien repentinamente exhalaban el último aliento al no tener ningún momento de descanso, o bien algunos morían al recibir una estocada en sus entrañas por no poder realizar el trabajo que les imponían.

En una región repleta de un increíble número de personas, al vivir con un gran miedo y refugiándose// [f. 81] en remotísimos montes y faltándole al pueblo aquel pan de raíces, ya que el trigo que llegaba de España[181] apenas era suficiente para los españoles, se cometían contra ellos los actos más horribles, crueles y absurdos que jamás se habían oído antes. Y para que no falte ningún tipo de perversidad, los reyezuelos y los principales de su nobleza al ser despojados de todos sus bienes y no mostrando el oro por no poseerlo, murieron entre terribles tormentos, dado que el oro [no] formaba parte de sus riquezas. Por ende, una innumerable cantidad de ellos se quitaron la vida junto con sus esposas e hijos para evitar aquella esclavitud tan miserable e infame, ya que

---

180 Ge, 311 propone *dardi* y no habla de lanzas. En Le, 260, se lee primero estacas y luego armas arrojadizas.
181 En realidad, se está refiriendo a la Bética, como se pone de manifiesto en Le, 261 y Ge, 313.

aquellos hombres por decisión común de sus antepasados anteponen la ignominia a cualquier tipo de muerte, a la que no le dan ninguna importancia, puesto que el alma es inmortal.

Añado, por Dios inmortal, que muchos de nuestros españoles queriendo dar prueba del filo de sus armas, cortaban de un tajo una pierna o un brazo de aquellos miserables cuerpos desnudos. También añado que, por cualquier nimiedad, deseando satisfacer su execrable crueldad, quitaban a los niños del regazo de sus pobres madres y con violencia los estrellaban contra las piedras; y si las infelices madres clamaban más que lo que ellos deseaban les daban muerte. Tampoco es de extrañar, ya que durante los primeros tiempos que se descubrió este país se enviaron hombres que habían cometido hurtos, latrocinios, homicidios y otras fechorías detestables e infames. Había entre ellos los que al tener mutiladas las// [f. 81v] orejas y otras partes de su cuerpo no se atrevían en su patria a mostrarse en público. En nombre del eterno e inmortal Dios, [doy fe que] de esta manera tan cruel perecieron en la isla Española más de un millón de personas.

ANEXO V

TRADUCCIÓN AL ESPAÑOL DEL MANUSCRITO ITALIANO DE POMPEO MONGALLO QUE CONTIENE CAPÍTULOS DE LA OBRA DE JOÃO BERMUDES[182]

[f. 82] Los pocos capítulos que siguen los he traducido al italiano, nuestro idioma, procedentes de una relación que realizó en portugués el reverendo padre Juan Bermudes, patriarca de Etiopía, donde vivió cerca de treinta años, dedicándola al serenísimo don Sebastián, actual rey de Portugal.

1565. Y se publicó en Lisboa en el año 1565 de nuestra era. Estos breves capítulos contienen la verdadera y completa noticia de aquellos reinos y los innumerables pueblos que viven en los alrededores de las fuentes del Nilo y su curso hasta Egipto y las orillas del océano, con las grandes maravillas de las minas de oro y otras riquezas que se encuentran en aquellos amplísimos países. Por ende, me pareció conveniente añadir este pequeño trabajo mío al presente libro. Tú, quienquiera que seas, a cuyas manos llegarán estos escritos míos, dale las gracias a ambos autores por habernos dejado el auténtico conocimiento [de aquellas cosas], y que desconocíamos desde hace largo tiempo. Cabe notar que el serenísimo [rey] cristiano de Etiopía a veces se le llama ora emperador, ora rey y ora Preste Juan, que nosotros italianos le llamamos *Prete Gianni*, y los abisinios le llaman más frecuentemente *Giovanni Belul*, en otras palabras, Juan Precioso, es decir, alto[183].

Capítulo 49

Caminando desde Doharo hacia el sudeste durante siete u ocho jornadas, llegamos a un reino de cristianos llamado Oqqy, en el que reinaba un hombre bondadoso llamado fray Miguel[184], cuñado del rey Gradeus[185], emperador de los abisinios, y era su tributario. Este nos hizo una acogida muy obsequiosa y atenta. Dicho reino tiene cincuenta mil hombres de a caballo, de los que

---

182 Este título no pertenece al manuscrito, sino que los autores lo hemos añadido con el objeto de distinguir este anexo del anterior.
183 Por la época en que Bermudes se hallaba en Etiopía se trata de Lebna Dangel (c. 1500-1540).
184 Puede tratarse de Fanuel, cuyo nombre, según Whiteway equivocaría el autor luso (Bermudes, 902: 231; Arciello, 21).
185 Nombre que da Bermudes al rey Galawdewos.

seiscientos tienen armadura y los demás no. Junto a ellos había dos mil soldados de a pie, que combatían con dardos arrojadizos, mientras que los de a caballo con lanzas largas como las// [**f. 82v**] nuestras. Los arneses de los caballos son de cuero de venado y forrados, y guarnecidos con flores y joyas. Llevan con ellos seiscientos molinos de mano, con los que trabajan las mujeres. Este reino tiene una provincia de gentiles llamada Goráguez, la que limita con Quiloa e Mangalo. Estos gentiles de Goráguez son grandes hechiceros y hacen vaticinios con las entrañas de los animales. Hacen sacrificios con sus encantamientos para que el fuego no les queme, de este modo: matan a un buey con ciertos rituales y, untados con su sebo hacen una gran hoguera, hacen gala de meterse en ella, sentándose en una silla. Y así, sentados en aquel fuego, hacen vaticinios y contestan a las preguntas sin quemarse. Los habitantes de Goráguez pagan a su rey cada año un tributo de dos leones de oro, tres perros pequeños, una leona y algunas gallinas con sus polluelos igualmente de oro, que todo pesa el equivalente de lo que pueden llevar ocho hombres. Además, le entregan seis sumas de plata de baja ley. Le pagan también con mil vacas vivas y muchas pieles de león, de panteras[186] y de venados. Se encuentran en esta provincia mucha algalia, sándalo, ébano y ámbar. Los de la provincia dicen que vienen a comerciar en este país hombres blancos, pero no saben decir de qué naturaleza son.

Capítulo 50

Al oeste del reino de Oqqy está el reino de los gafates, que también es tributario y sujeto al emperador de Etiopía. Son los gafates gentiles, y se rumorea que siempre fueron judíos[187]. Son un pueblo bárbaro, cruel, rebelde y subversivo. Hay muchos de ellos en otras provincias del imperio, pero en todas partes los tratan como extranjeros y diferentes de otros hombres, y los aborrecen como a judíos. Son los señores de este reino y no hay ninguna gente de otra nación entre ellos, salvo algunos cristianos que se alejaron de los abisinios cuando estos negaron su obediencia al papa,// [**f. 83**] y afirman y declaran que continúan hasta el presente bajo la obediencia de la Santa Sede apostólica. Los gafates son dueños de un gran país, rico en oro y de algunas otras mercancías, especialmente de tejidos de algodón finísimo. En el interior tienen extensos y fértiles campos. El rey Gradeus, una vez que llegó a ese país, ordenó a su pueblo que luchasen contra ellos, porque se habían rebelado tras la muerte de su padre y

---

186 En el original, leonza.
187 Se trata de uno de los pueblos africanos que hablaban una lengua semítica (Shinn y Ofcansky, 2004: 257).

no querían pagar sus tributos ni reconocerlo como su superior. Entre tanto, los gafates acudieron una mañana a asaltar el campo de los abisinios y mataron a un buen número de ellos. Los portugueses que estaban cerca de la tienda del rey y de sus guardianes cuando oyeron los gritos y el alboroto expulsaron a los gafates del campamento cuando era ya casi de día, matando un gran número de ellos, y los persiguieron hasta sus moradas, donde encontraron mucha riqueza, con la que regresaron ricos y alegres. Encontraron *bezzuti*, que son como mantas muy finas, y se llevaron también tejidos de algodón y velos tan finos que una pieza de treinta o cuarenta cañas[188] cabe en una mano. También robaron mucho oro escondidos en paños en las chimeneas y ellos mismos se los mostraban a los nuestros para que no les matasen. El rey no quiso quedarse mucho tiempo allí, ya que no era su intención hacerles más daño, sino solamente atemorizarlos. Además, se acercaba el invierno, por lo que era necesario que regresasen a sus tierras antes de que aumentara el cauce de los ríos, que en aquellos países se desbordaban e impedían el camino, puesto que el invierno es muy lluvioso y la tierra muy montañosa, y de aquellos montes los ríos recogen gran cantidad de agua[189]. Por ende, dejamos a aquella canalla y regresamos hacia Damute, que está situado casi al oeste de Gafate.

[f. 83v] Capítulo 51

En el lado occidental, el reino de Damute limita con los gafates, como ya he dicho con anterioridad. Este reino está en el Alto Nilo, en aquella zona donde se encuentra la línea equinoccial[190]. Este reino se sitúa más hacia el interior respecto del Nilo, ya que aquel río en ese punto hace muchos y grandes meandros. La entrada de este reino es de difícil acceso debido a las orillas del Nilo, que están llenas de escollos, ásperas y escarpadas, en las que muchos pasos están hechos a mano con picos en piedras porosas, cerrados con puertas que constantemente son vigiladas por gente armada. De modo que defienden la entrada sin necesitar demasiada gente, y resisten a los enemigos si estos quieren entrar con violencia. Dichas puertas, cuando el emperador se traslada hasta allí, se liberan y abren a todos los que quieran pasar. Damute es un gran reino, y tiene sujetas

---

188 En BL, "braccia", alrededor de 60 cm. La *canna* era una medida de longitud que, en el Lacio, de donde era Mongallo, equivalía a 1,992 metros.
189 Se está refiriendo a las cuencas de los ríos Awash y Abbay, cuyos interfluvios dominaban los gafates.
190 La línea equinoccial se sitúa mucho más al sur de esta región, por una línea que atravesaría el Congo, Uganda y el sur de Somalia.

a muchas provincias. La parte principal del reino es de cristianos, pero algunas de sus provincias pertenecen a gentiles. En todas hay gran abundancia de oro y piedras de cristal[191]. Son todas tierras productivas y amenas, especialmente las que están junto al Nilo, que tienen más montañas y ríos que las demás. Existen muchos animales mansos y extrañas serpientes venenosas; se crían bueyes, caballos, búfalos, mulas, asnos, ovejas y otros animales. Los bueyes son más grandes que los nuestros, hasta el punto de que algunos de ellos son casi del mismo tamaño que los elefantes[192]. Tienen los cuernos tan grandes que algunos de ellos llegan a contener un cántaro de vino y sirven para transportar y almacenar agua y vino, como aquí nuestros cántaros y barriles. Y lo digo con conocimiento, porque don Roderico de Lima trajo uno a este reino, en vida de nuestro rey, que fue cuando vinieron con// [f. 84] él el embajador Tegazano[193] y el padre Francisco Álvarez[194]. En esta tierra se encuentra una especie de unicornio salvaje con aspecto de caballo y del tamaño del asno[195]. Hay elefantes, leones, panteras y otros animales que aquí se desconocen[196]. Cerca de Damute hay una provincia de mujeres sin hombres, las que viven de la manera que se cuenta sobre las antiguas amazonas, que durante cierto periodo consentían [relaciones] con algunos hombres vecinos suyos, y de los hijos que parían los varones los enviaban a los padres y las niñas las mantenían y alimentaban según sus costumbres, quemando su pecho derecho para usar rápidamente los arcos que utilizaban en las guerras y en la caza. Su reina no conoce hombre y, en consecuencia, entre ellas es adorada como una diosa. Han sido educadas y mantenidas con la convicción de que fueron fundadas por la reina de Saba, quien fue a visitar al rey Salomón[197]. En esta provincia de mujeres hay grifos, que son

---

191 No sabemos a qué piedras puede referirse, aunque Abisinia tenía por entonces una buena producción de ópalo.
192 Probablemente se está refiriendo al búfalo africano o *Syncerus caffer*, que, desde luego, no llega a tener la altura de los elefantes.
193 Saga Zaâb, Saga Za Ab, Sagazabo. Durante su estancia en Europa dejó un escrito titulado *Fides, Religio Moresque Aethiopium*, que publicó con su nombre Damião de Goes, en 1540.
194 Quienes acompañaban a Roderico de Lima, enviado por Juan III, eran João Bermudes, Antonio Carnero y el marqués de Villareal, entre otros (Chagas y Monteiro, 1848: I, 96-97; Cortesão, 1974: I, 102; Minlend, 2015: 232).
195 Podría tratarse de la cabra walie o del níala, propios de la fauna de la antigua Abisinia.
196 Cadamosto hace esta relación de animales salvajes en el capítulo XXIX refiriéndose a Budomel ampliando un c. XXX dedicado a los loros.
197 Con algunas variantes hace alusión a estas amazonas la obra de Francisco Álvarez (1588: 307) y la de nuestro Geraldini (f. 45v).

pájaros tan grandes que pueden matar a los búfalos y los levantan en el aire, como el águila levanta al conejo[198]. Dicen que en algunos montes cercanos escarpados y empinados, se cría y vive el ave Fénix, que es único en el mundo y es una de las maravillas de la naturaleza; afirman los del lugar que lo han visto y lo conocen y que es grande y hermoso[199]. Hay otros pájaros de un tamaño tan grande que proyectan una sombra como las nubes. Por la zona oriental del Alto Nilo limita con Damute una gran provincia, llamada Conche, la cual está sujeta al rey de Damute y la habitan gentiles. El príncipe se llama Axgace[200], que significa señor de las riquezas, como en efecto lo es. Axgace cuando lo necesita puede convocar diez mil hombres de a caballo y más de veinte mil de a pie. Moviliza// [f. 84v] con sus tropas mil molinos manuales manejados por mujeres, con los que muelen la harina necesaria para todo el ejército. Cuando llegaron a Damute, aquel príncipe estaba en guerra contra su rey. Por este motivo el rey Gradeus me manifestó que yo, en calidad de prelado y mediador para la paz, le hiciera comprender cómo Su Majestad estaba enojado contra él a causa de su rebeldía y desobediencia, y que estaba determinado a destruirlo utilizando al extraordinario valor de los portugueses, que llevaba con él. Yo cumplí con lo pactado, y le dije [al príncipe] que tenía que obedecer a su emperador, pagarle los tributos y visitarle en persona, y le aseguré que Su Majestad sería con él clemente y benigno. Y él así lo hizo, y vino repentinamente con una gran cantidad de oro y un gran número de vacas y otras vituallas que bastaban para abastecer a todo el ejército; también trajo muchos esclavos, mulas y asnos para el servicio del emperador. Y así, Axgace proveyó el campo del emperador de todas las cosas necesarias sin que le faltase nada, y luego vino con mucha gente bien armada de infantería y caballería. Y él, ricamente vestido, se acercó a una distancia que se le pudiera ver desde la gran tienda del emperador; se apeó del caballo y, quitándose el rico atuendo, se vistió con otras prendas de menor valor y se aproximó a la tienda, esperando a que le dejaran entrar. Posteriormente entró en la primera estancia, que estaba dividida por algunas cortinas, donde se arrojó al suelo hasta que el emperador ordenara que le levantasen y vistiesen; lo recibió con palabras agradecidas y ordenó que le diesen de comer, hablándole desde detrás de las cortinas sin dejarse ver, hasta que al cabo de cuatro días le permitió entrar donde él estaba. Por este honor y grata acogida// [f. 85] que Gradeus le

---

198 Sin duda se trata de una exageración, puesto que en Etiopía no existe ninguna rapaz de tal envergadura y capacidad, aunque las hay de aspecto poderoso como el *Aquila rapax*, el *Aquila heliaca* y el *Aquila verreaxil*.
199 Era tradicional considerar al ave fénix como originaria de Etiopía y entre muchos otros autores clásico nos lo describe Plinio 10,2.
200 En el texto portugués Ax gagce (Bermudes, 1588: 106).

hizo a Axgace, este le dijo: señor, deseo ofrecerle un obsequio, que ni yo ni nadie de mis antepasados jamás le ofrecieron a vuestro padre, ni a vuestros antepasados, como es mostraros las riquezas y los secretos de mi país, porque con esta condición os damos obediencia, y lo haremos con sumo placer. Finalmente nos condujo por sus tierras hasta llegar a un gran río, de sesenta brazos o más de largo, en cuyas orillas hay serpientes venenosas, tanto que su mordedura es mortal, pero por la bondad de Dios la naturaleza nos ha proveído de un remedio contra aquel mal, y es una hierba, que nace en algunas zonas de aquel país. Esta es tan nociva para estas serpientes que huyen de ella, como del enemigo, y no tocan al que la lleva consigo, ni su veneno tiene eficacia donde esa hierba se encuentra. Nosotros vimos a una de estas serpientes que acababa de comerse a un búfalo que había matado, y el rey ordenó que la mataran, la cual tenía la grasa como un cerdo de gran tamaño, que servía de remedio para resfriados y otros males[201]. Hay también otras serpientes que llaman del gorro, porque tienen en la cabeza una piel con la que dicen que cubren una piedra de gran valor[202]. En la otra orilla de este río hay un país desértico y deshabitado con una arena seca y rojiza, como aquella que observamos en algunas áreas del Ribatero. Dicha arena tiene dos partes de oro y otra de tierra, y en ese país hay muchos maestros que saben fundirlo, que aquí llaman herreros, y esto porque allí hay más oro y aquí más hierro. Los señores no consienten que en aquel río haya puentes ni barcos, con el fin de no facilitar el paso a aquellos que quieran ir a la otra// [f. 85v] orilla para coger el oro. Esta es la manera de transportarlo. Tienen búfalos[203], y cuando quieren pasar a la otra orilla los envían delante y atados a unas cuerdas, y así nadando llegan a la otra orilla, donde llenan de aquella arena una petaca de cuero que llevan encima, y al regresar se la acomodan sobre el cuello, y de la misma manera vuelven a cruzar el río. De esta manera, el paso no es accesible para todos, y cuando pasan tienen la obligación de fundir el oro que llevan en las fundiciones de Axgace para pagarle sus derechos. El rey Gradeus, para asegurarse de que le contaba la verdad envió a algunos de los suyos al otro lado del río, los cuales regresaron con la citada tierra, y relataron que toda la tierra de aquella región era de la misma calidad, y tan caliente que no podían

---

201 Probablemente se trataba de una *Python sebae*, capaz de engullir un mamífero como el que se menciona y que tiene su hábitat repartido por muchos lugares de África, entre ellos la actual Etiopía.
202 Es una vieja creencia que se relacionaba también con otros animales tanto en Europa como en América (Montesinos, 2018: 319).
203 Probablemente se trataba de búfalos negros, *Syncerus caffer caffer*, que se caracterizan por su poderoso pescuezo.

tumbarse en ella para dormir. Además, había algunas hormigas grandes y rojas, que les mordían continuamente. Pareciéndonos que había motivo para maravillarnos de la enorme cantidad de oro que veíamos, dijo Axgace a Gradeus que no nos asombráramos, ya que nos iba a enseñar mucho más, y nos condujo a la parte baja del río hacia sudeste; andando despacio durante dos días, nos indicó en el otro lado del río una montaña que resplandecía como el sol, y afirmó que era toda ella de oro[204]. Por esto Gradeus quedó muy contento y satisfecho, por lo que le invitó a hacerse cristiano, y él dijo que de buena gana quería serlo. Entonces de inmediato el rey ordenó que se preparase su bautismo y le bautizó un obispo del monasterio llamado Dobra libanus[205], que es el principal de los monasterios de Amara[206], y el rey Gradeus fue su padrino. Y le llamaron Andrés,// [f. 86] el cual luego le dijo al rey Gradeus cómo en aquellas partes había algunos vecinos que les vejaban y tomaban sus tierras depredando y matando a sus vasallos, y le rogó que, como dios le había enviado hasta allí con aquella noble gente portuguesa, cuya fama causaba terror en todo el entorno, le vengase de sus enemigos tan nocivos, de tal manera que les vejara y provocara tanto miedo que jamás volvieran a molestar a sus vasallos. El rey le concedió lo que solicitaba y ordenó a su gente y a los portugueses que invadiesen el país de los enemigos para hacer la guerra a sangre y fuego, robando y destruyendo sus bienes, capturando a sus hombres y matando a los que planteasen resistencia, y así lo hicieron de inmediato por una gran parte del territorio, obteniendo grandes botines de bienes y de oro[207]. Hecho lo cual, el rey Gradeus regresó a Damute, donde supimos por lugareños que había muchas cosas maravillosas que ver, que al contarlas parecen fábulas.

---

204 Ya en el siglo XIV Jourdain de Sevérac ubicó la montaña de oro en la actual Etiopía, en tierras pertenecientes al señor más rico y poderoso del mundo (Popeanga, 2002: 70-71).
205 Debra libanus (Bermúdez, 1588: 110).
206 Se refiere al monte Amara, donde dos de sus monasterios son los más importantes, el de la santa Cruz y el del Espíritu Santo, en los que se conservaba una parte de las Tablas de la Ley que Moisés rompió, además de contar con la Biblioteca más grande del mundo, que comenzó a coleccionar la reina de Saba (Urreta, 1610: 61; Rodríguez de León, 1629: s/p).
207 Se está refiriendo a la ayuda portuguesa de Cristóbal de Gama al rey Gradeus (Galawedos), en 1541, en que llego con 400 efectivos lusos para detener el avance de Ahmad Ibn Ibrahim al Ghazi que se había apoderado de un abuena parte de Abisinia (Shiin y Ofcansky, 2004: 18-19).

Capítulo 52

Pese a que he dicho antes que hay cosas que parecen fábulas, aun así, quiero relatar brevemente algunas de las que vimos en las regiones durante nuestro trayecto. Descendiendo desde Damute por el Nilo hacia el Mar Rojo, llegamos al reino de Goyame, que limita con Damute. Goyame es un reino igualmente grande, fértil, ameno y rico; lo habitan cristianos que son súbditos de Juan. Tiene oro, pero no tanto como Damute. En este reino, hay algunos ríos en cuyos lechos se encuentran algunas piedras esponjosas, parecidas a la piedra pómez, que son pesadas y amarillas, las que una vez fundidas se convierten casi todas en oro con poquísimos residuos. Aquí está la Catadupa del Nilo, que Marco Tulio [Cicerón] menciona en el *Sueño de*// [f. 86v] *Escipión*[208], y quiero declararle a Vuestra Alteza que aquello es digno de ser conocido, ya que no es un sueño, como sueño son algunas cosas que algunos charlatanes cuentan. Dicha Catadupa es una cascada del Nilo que cae desde un alto escollo, de casi media legua de alto, hasta un lago profundo y estrecho entre altísimas montañas. La cantidad de sus aguas es abundante, ya que se van juntando desde una distancia de trescientas leguas, y en este punto produce tanto estruendo y fragor que parece un gran trueno, produciendo espanto a los que no están acostumbrados a ello. Este lugar en lengua autóctona se llama *Cathadi,* que significa estruendo; de ahí que los latinos le diesen el nombre de Catadupa. Al oeste de estos dos reinos, Damute y Goyame, hay un país estéril y escasamente poblado por los *gaffati* y otras gentes muy salvajes. Ellos no son muy conocidos en el país del Preste Juan, ni se comunican con los hombres de aquel imperio, al que no rinden homenaje ni son sus vasallos, dado que casi todo el país se sitúa al este del Nilo, y en aquellas tierras fronterizas de la Guinea rica en oro. Por la corriente del Nilo, al sur de Goyame, hay cerca otro reino de antiguos abisinios cristianos, amistoso y grande, llamado Dombia [o Dombra]. En este país el Nilo forma un gran lago, que tiene treinta leguas de largo y veinte de ancho, en el que hay muchas islas pequeñas ocupadas todas por monasterios de religiosos, y no están aquí las fuentes del Nilo, según lo que algunos han imaginado, sino que se encuentran en una zona más alta. Más abajo hay otro río, llamado Agana, habitado en su entorno por una mezcla de moros y gentiles, los cuales tienen un rey que no le obedece al Preste Juan// [f. 87] ni al turco, y se extiende hasta los

---

208 "Sicut ubi Nilius ad illa, quae Catadupa nominantur, praecipitat ex altimissimis montis" (Cic. Scipio c. 5). Se trata de las cataratas de Tis Abay. De todos modos, el término *catadupa*, mientras en latín se refiere a las cascadas del Nilo, en portugués es nombre genérico para cascada.

límites de Egipto. Hasta este punto el Nilo fluye de sureste a noroeste por treinta o cuarenta millas cerca del mar Rojo frente a Suaquem[209], y luego se dirige al noreste hasta entrar en el mar mediterráneo. En esta curva el rey Onadinguel[210] pretendió remover la tierra y hacer desembocar el Nilo en el Mar Rojo, tal y como había empezado a hacer su antecesor Alebelale, por lo que solicitó operarios de albañilería a nuestro antiguo rey. Al oeste de Dembia hay una provincia llamada Zubia Nubia, la que actualmente está ocupada por los moros y dicen que antes la ocupaban los cristianos, y hay pruebas de ello, porque hay iglesias antiguas en ruinas. Y más al oeste hay un gran reino de moros llamado Amar, por donde pasan los mercaderes que van desde El Cairo hasta Ialofa, Madinga y otras zonas de la Guinea a buscar oro, y desde Amar transportan la sal que procede de sus minas, la cual vale mucho más en Guinea por su gran escasez en ese territorio. Antes de que nos alejemos del Nilo, quiero esclarecen una duda que tienen los hombres de Europa, y de la que algunos han escrito opiniones imaginarias, ya que no tienen noticia de las temporadas que transcurren en aquellas zonas, ni de la calidad de su clima. La duda se plantea sobre la causa del desbordamiento del Nilo, acerca de la que Vuestra Alteza debe saber que aquel río crece durante tres meses al año, que son los más secos en estos países europeos, y son julio, agosto y septiembre. Crece tanto que se inunda todo Egipto, y nunca crece en otro periodo. Los hombres de nuestros países tienen dicha duda y afirman que aquel desbordamiento no puede venir de las lluvias por ser periodo seco, pero en esto se equivocan, ya que en aquellas regiones por las que// [f. 87v] fluye el Nilo en los tres meses anteriormente mencionados, interviene la fuerza del invierno, y por esto en esa época y no en otra el río fluye e inunda, y transporta mucha agua, porque proviene del reino de Damute, recorriendo más de doscientas leguas, y más de ochocientas antes de llegar a Egipto, haciendo muchas vueltas y curvas y pasando por grandes montes. De los cuales recoge muchos ríos caudalosos. Esta es la auténtica causa del desbordamiento del Nilo, y no la que quieren suponer aquellos que afirman lo que desconocen. Resulta muy lamentable que no se conozca la parte más interna y profunda de África y en especial los países que están alrededor del Nilo, que tampoco conocen los que allí habitan, porque por su extensión es muy difícil explorarlo. Por esta razón me he alejado ligeramente de mi historia, con la intención de contarle a Vuestra Alteza aquellas cosas que yo he visto con mis propios ojos, ya que he

---

209 Se dice que la gente del Preste Juan pasaba por este lugar cuando iban peregrinando a Jerusalén (Earle y Villiers, 1990: 246).
210 Emperador de Abisinia, que pretendió desviar el Nilo hacia el mar Rojo.

vivido en Etiopía durante más de treinta años. Y si no me hubiera encontrado con el rey Gradeus en ese viaje que hice, aunque hubiese estado allí otro tanto no conocería ni una parte de los países que arriba he descrito.

Capítulo 53

El rey Gradeus visitó las tierras y provincias que he mencionado en los capítulos anteriores, las cuales estaban lejos de su presencia y que no visitaba con frecuencia, bien porque empezaba a reinar y quería darse a conocer, bien para mostrar su gloria y el valor que suscitaba en los demás la presencia de los portugueses que le acompañaban. Y después de haber empeñado diez o doce meses en aquella visita, decidió regresar a las provincias de Simen y Amara[211], donde los reyes y los emperadores residen durante más tiempo, por ser el país mejor y más seguro que todos los demás, y por haber nacido y crecido en él. En Amara y Vedemudro hay minas de cobre, estaño y plomo. Aquí hay algunas iglesias excavadas en// [f. 88] la roca, las que hacen creer que las hicieron los ángeles, pero en verdad la obra se muestra sobrehumana, porque son del mismo tamaño que las más grandes iglesias de aquí, con altas bóvedas y un altar monolítico, que maravillan a quienes los contemplan[212]. De las cosas de aquella provincia escribió anteriormente el padre Francisco Álvarez[213], por lo que yo no me detendré más en estos argumentos, sino que únicamente trataré de algo que considero ser necesario, y es lo siguiente. El comercio de estas provincias con Damute, de donde los abisinios se aprovisionan de oro, se realiza mayoritariamente con el hierro, del que hay una gran abundancia sobre todo en la provincia de Tigremaon, que está igualmente cercana. Dicho hierro en Damute vale tanto que dan para ello igual peso en oro. Lo menciono aquí porque dicen que el reino de Damute y la provincia de Conche limitan con Sofala, hacia donde se transporta el hierro y darían oro por igual peso. Estas provincias se sitúan al este de Goiame y Dembra, y la provincia de Bethmariam[214] se sitúa al sureste, en la que el rey nos devolvió las ganancias que perdimos en Doaro por el agravio de los galos. Allí la provincia de Bethmariam es grande y muy poblada y rica,

---

211 Sobre estos reinos pueden verse Kaplan (1992: 94) y Alvares (1557: 84).
212 Difiere del BL.
213 Precisamente este autor (Alvares, 1557: s/p) plantea un estado de la cuestión del Preste Juan en los tiempos en que escribe, aludiendo a quienes afirmaban que aquel reino había desaparecido o quienes creían que seguía existiendo, aunque el autor pensaba que al menos tenían que quedar restos de aquella cristiandad.
214 Beta Amhara y despues Wallo.

la cual el rey les entregó a los portugueses y repartió entre nosotros las tierras dependiendo de la calidad de las personas. La menor parte que se recibió de las ganancias fue de mil ducados anuales, al capitán se asignaron diez mil y a mí me correspondió lo mismo. El rey nos entregó esta provincia por limitar con el reino de los Gaffati rebeldes, para que los portugueses invadieran sus tierras y los castigaran, obligándoles a obedecerles. Terminado nuestro camino y deteniéndose el rey en la provincia de Simen, los portugueses pidieron licencia para dirigirse a las tierras de Bethmarian, que les fueron entregadas. Hasta aquí Bermudes.//

[f. 88v] Aquí me vienen a la memoria algunas personas que han narrado un viaje que hizo el ejército de Salomón a Tarsis, de donde llevaron muchas y magníficas riquezas en oro[215]. Y hay quien quiso ir a la Trapobana, hoy en día denominada Sumatra, y otros al Perú, pero yo, con la debilidad de mi modesto juicio, no doy crédito ni a unos ni a otros. Por tanto, de la Trapobana, aunque se diga que es rica en oro, no se podía llevar tanta cantidad, y digo lo mismo del Perú, y tenemos que creer que, si hubiesen encontrado aquellos nuevos países más allá del ecuador, que para nosotros están en las antípodas, la Sagrada Escritura no hubiese silenciado tan magnífico y milagroso redescubrimiento, que ha otorgado tanto honor y gloria a Cristóbal Colón. Pero soy del parecer que por el Mar Océano entraran en el río que conduce a Sofala y a las provincias limítrofes de Damute y Conche; y allí, bien negociando por trueque, o por la fuerza de las armas adquiriesen el oro que en tan grandes cantidades llevaban a Jerusalén. Y se puede creer que tardaran 15 años en ir y volver, y negociar, fundir y refinar. Me remito siempre al mejor juicio de otros, Pompeo Mongallo.

---

215 1Re 10:22; 2Par 9:21; Jer 10:9; Ez 27:12.

ANEXO VI

TRADUCCIÓN AL ESPAÑOL DE UN TEXTO DEL EPISTOLARIO DE NICCOLÒ VENARDO FIAMMINGO (NICOLAS CLEYNAERTS)[216]

[f. 89] La ciudad de Fez en Mauritania está cuarenta leguas lejos del mar Hercúleo, y acoge a cincuenta mil familias. Se divide en dos partes, es decir, ciudad vieja y ciudad nueva, que distan entre sí casi media legua[217]. En la nueva está el palacio real, y cerca de él hay el gueto de los judíos, rodeado por una muralla que dicen que acoge cerca de cuatro mil de ellos[218], oprimidos por gravosísimos tributos[219]. Hay en dicha ciudad cerca de cuatrocientos templos con igual número de baños[220]. Hay muchos colegios de estudiantes[221], en los que se lee públicamente sin libros, pero cada día se escribe la lección a los escolares en ciertas tablillas, que luego ellos en casa aprenden de memoria. Y hacen esto

---

216 Este título no pertenece al manuscrito, sino que los autores lo hemos añadido con el objeto de distinguir este anexo del anterior.
217 Se refiere a la fundación que hicieron los benimerines de una ciudad paralela, Fas-al-Yadid, como centro administrativo y militar, aunque la ciudad siempre había estado dividida por el río con los barrios de Al-Andalus y Qarawiyyin (Mediano, 1995: 14).
218 Eran los llamados *megorasin* o desterrados, que mantenían sus propias tradiciones (Huerga Criado, 2018). Son los conocidos como *mellah*, que conocieron un aumento en Fez tras la expulsión de los judíos de España y Portugal y de las ciudades que los portugueses ocupaban en la costa marroquí, aunque algunos de aquellos judíos actuarían como intermediarios entre el reino de Fez y las autoridades de la península (Geber, 1980: 26–30); entre ellos estaban los expulsados de España, conocidos también como *megorasin* o desterrados, que mantenían sus propias tradiciones (Huerga Criado, 2018). El propio Cleynaerts vivió en el Mellah, como se infiere de sus cartas a Arnoldo Streytero, s.p. (12/04/1541) y "Carta a Iacobo Latomo", s.p. (09/04/1541)" (Cleynaerts, 1551: s/p).
219 "Carta a Arnoldo Streytero" (Cleynaerts, 1551: s/p).
220 "Carta a Iacobo Latomo" (Cleynaerts, 1551: s/p).
221 Se refiere a las madrasas, que en el Magreb eran diferentes de las orientales, pues disponían de un patio con fuente y sala de oraciones en la parte baja, y en la parte superior de las habitaciones de los estudiantes, cumpliendo, por tanto, la función de centro de enseñanza y de culto con alojamiento para quienes no eran de la ciudad (Mediano, 1995: 34).

todos los días, de tal manera que en dos, tres o cuatro años consiguen aprender de memoria todo el Corán, sin tener el libro[222]. Dicho texto no es inteligible por todos, ya que su lengua es muy complicada y diferente de la que usan habitualmente.

No hay libreros, pero los viernes en sus templos venden muchos libros a un alto precio, pero en partes, de modo que para conseguir uno completo se requiere mucho tiempo[223].

Hay un libro pequeño en el que está pintada la imagen de Mahoma, y narra de un autor antiguo que decía que en su cabeza y barba solo había catorce canas[224].

Mahoma tenía diez esposas, a las que todas satisfacía cada noche, y para ello Dios le había concedido la fuerza de diez profetas[225].

Creen que Mahoma sea el verdadero Espíritu Santo prometido por el Evangelio.

Que Jesucristo es el verbo de Dios, nacido de María virgen sin padre, y niegan la Trinidad.

En esta ciudad tan grande no hay ni médicos[226] ni abogados[227], porque no hay pleitos// [f. 89v] salvo los matrimoniales, causados por la repudia que se concedía a los maridos. Se puede afirmar que dichos pleitos se solucionaban con rapidez antes que se recurrieran. No hay sentencias interlocutorias ni apelaciones, por lo que los maridos suelen declarar que se arruinan con esos matrimonios, teniendo que dotar y alimentar a tantas esposas. Los judíos [se arruinan] con los banquetes en sus fiestas y los cristianos con los pleitos.

Todas las enfermedades de cualquier tipo las curan ellos mismos quemando en el enfermo el ombligo y su entorno, y los hombres viven allí largo tiempo,

---

222 "Carta a Iacobo Latomo" (Cleynaerts, 1551: s/p).
223 Era conocido el trabajo de copistas de libros en la ciudad, especialmente del Corán y la Risala, lo que resultaba una actividad muy lucrativa (Mediano, 1995: 41–42).
224 "Carta a Iacobo Latomo" (Cleynaerts, 1551: s/p). Veinte según Al-Bukhari, que fue la tradición más impuesta (2021: Hadith 3283).
225 "Carta a Iacobo Latomo" (Cleynaerts, 1551: s/p). En realidad, fueron nueve y dos concubinas, después de que falleciese la primera, llamada Khadija. Estas fueron Sauda, A'isha, Hafsa, Umm Salama, Zaynab, Safiyya, Jowayriya, Umm Habiba y Maymûna (Nagel, 2020: 300).
226 En Fez existían por entonces sanadores, que no tenían formación y solían proceder del sudoeste marroquí yque ejercían sobre todo en los mercados (Mediano, 1996: 126).
227 Sin duda, no cuenta con los ulemas, que ejercían como juristas y teólogos, en ocasiones en connivencia con el poder y en otra en contra, incluso sufrieron una persecución en 1551 (Mediano, 1996: 70–74, 100).

incluso más que lo que vivimos nosotros aquí. Dos son los libros que valoran más que todos los demás: el Corán en el que está escrita la vida y los hechos de Mahoma[228] y la Suna[229], que contiene las ceremonias que han de observar. En esta Suna se ordena que cuando una persona orina debe apretar con los dedos de la mano izquierda el prepucio, y luego secarlo con un pañito, y si falta el paño lo sacuden con un pedrusco.

Dicen que Mahoma, paseando entre las sepulturas, señaló dos de ellas, y dijo que ambos muertos sufrían los tormentos en el infierno, pero que uno sería liberado al poco tiempo, y el otro no porque no se había limpiado bien al orinar[230].

Observan el precepto evangélico de no preocuparse excesivamente *pro die crastina*[231]. En el paraíso tendrán cuantas esposas quieran, es decir, sin menstruar, para que siempre puedan mantener relaciones con ellas, y Dios les dará mujeres y fuerzas a cada uno según sus méritos[232].

En la peregrinación a la Meca, donde está el sepulcro de Mahoma y donde dicen que no se reúnen allí menos de setecientos mil peregrinos[233], y aunque no hubiera tantos, los sustituirían ángeles en igual número. Dicen que cerca de Medina// [f. 90] está el monte donde Abraham llevó a su hijo Isaac para sacrificarlo[234], y que el demonio, queriendo estorbar aquella santa acción, tres veces en aquel ascenso le dijo a Isaac que su padre le quería matar, pero él, dándose cuenta de que era el demonio, cada vez le expulsó lanzándole siete piedras[235]. En cada uno de estos lugares, pues, en señal de recuerdo, se ha erigido una columna. Por ende, los peregrinos deben aprovisionarse de sesenta y tres piedras enteras, no quebradas, y yendo a visitar el sagrado monte durante tres días,

---

228 Es el libro revelado. Todo en el islam debe coincidir con lo allí expresado.
229 La *Suna* se centra en las costumbres y las prácticas religiosas. Recoge lo que Mahoma dijo e hizo durante su vida para llevar una existencia acorde al Corán.
230 Corán 74,4. "Carta a Iacobo Latomo" (Cleynaerts, 1551: s/p).
231 *Pro die crastina*: literalmente, por el día venidero, es decir, por el futuro.
232 Estas mujeres o huríes aparecen mencionadas en varias partes del Corán, 42:20; 44:54; 55:56; 56:22; 78:31. "Carta a Iacobo Latomo" (Cleynaerts, 1551: s/p).
233 Corán 2: 196 y 3:97.
234 Se acepta como el monte Moriah, en la explanada de las mezquitas de Jerusalén, donde se hallan dos de las más importantes del islam y donde se construyó el templo de Salomón (Gén 22:2 y 2Cr 3:1). Junto a Medina está el monte Uhud, donde los musulmanes de Mahoma sufrieron una derrota ante las tropas de La Meca.
235 "Carta a Iacobo Latomo" (Cleynaerts, 1551: s/p).

las llevan consigo para arrojar siete de ellas a cada columna, de manera que en tres días las arrojan todas[236].

Arrodillándose una viejecita delante de Mahoma, le suplicó esta con muchas lágrimas que le rezara a Dios por ella para que le concediera un lugar en el paraíso; él le contestó en su idioma: "Non intrabit vetula coelum"[237]. Decía Mahoma que todo lo que un hombre soñara sobre sí mismo se cumpliría, pero si esa persona estuviera agradecida a Dios jamás tendría pesadillas.

Afirmaba Mahoma que a menudo conversaba con el ángel Gabriel[238]. Cuando un alumno dijo que Mahoma podía cometer cometer un pecado venial, como sería arrebatar una manzana de la mano de un niño, el pueblo quiso lapidarle, porque no aceptan que Mahoma pudiera pecar ni siquiera venialmente[239]. En tan bárbara e ingenua superstición, por muy penoso e imprevisto acontecimiento que les afectara, jamás pronunciarían blasfemias, sino que siempre tienen en la boca *Deo gratias*.

Este epítome está sacado de las epístolas latinas de Niccolò Venardo Fiammingo,// [**f. 90v**] quien estuvo en Fez durante quince meses para aprender la lengua árabe, siendo ya erudito en las lenguas latina, griega y árabe[240], con el propósito de refutar en su mismo idioma, para ser comprendido por los mahometanos, los errores, las supersticiones y las falacias de aquella ley, ya que vanamente se han esforzado aquellos que lo han redactado en latín, que ellos no entienden. Pero este propósito santo se interrumpió por la muerte del autor mencionado, algunos meses después de su regreso a Granada en el año de 1536.

Pompeo Mongallo

---

236 "Carta a Iacobo Latomo" (Cleynaerts, 1551: s/p).
237 Es decir, "los ancianos no entrarán en el paraíso".
238 "Carta a Iacobo Latomo" (Cleynaerts, 1551: s/p). Gabriel fue el inspirador del Corán por deseo de Alá. (Corán 16:102 y 81:19).
239 "Carta a Iacobo Latomo" (Cleynaerts, 1551: s/p).
240 Probablemente se refiere al arameo, pues no tendría sentido desear aprender un idioma que ya conocía.

ANEXO VII

GLOSARIO DE TÉRMINOS, EXPRESIONES Y FORMAS VERBALES

En este anexo se registran todos los términos que reiteradamente aparecen en el manuscrito italiano del *Itinerario*, mientras que las definiciones de los casos puntuales se exponen en las notas a pie de página de la transcripción. En la misma, todo lema que remita al glosario y cuyo significado difiera del convencional se indica posponiendo un asterisco (*). Asimismo, se registran también formas antiguas de palabras que hoy en día presentan formas o significaciones diferentes. Los criterios de referenciación y de uso de abreviaturas de las fuentes manejadas se pueden leer en el apartado de este ensayo dedicado a ello. En cuanto a las traducciones del italiano al castellano, se han realizado para las definiciones que se citan textualmente. De ellas se excluyen las citas literarias de autores italianos.

Nota: en las copias italianas se aprecia la práctica frecuente de posponer el pronombre átono en las formas verbales del indicativo (*piacquemi, chiamossi, pasconsi, sonovi, dissemi*, etc.), que en el italiano moderno han caído en desuso. Con el propósito de evitar redundancia, no se señalarán dichas variantes a lo largo del texto, por lo que esta anotación valdrá como señalación de ello.

ABBRUCIARE Y ABBRUGIARE: variantes antiguas de *bruciare* (quemar). A partir del VAC$_2$, se complementan las definiciones agregando la condición de sufrir un calor insoportable (*s. v. abbruciare*), que el que realiza la copia italiana del *Itinerarium* aplica en algunos contextos. La variante *abbrugiare* figura en el TLIO (*s. v. abbruciare*), pero solo cuando significa quemar algo (*s. v.*). El DT presenta únicamente la variante geminada *abbrucciare* (*s. v.*).

ACQUA VIVA: solía indicar un manantial del que brotaba agua incesantemente (VAC$_4$, *s. v. vivo*), o podía referirse en general al agua corriente, como es el caso en el *Itinerarium* italiano.

ADUSTO: del latín *adurere* (quemar), es un cultismo que puede indicar tanto un área abrasada por el sol como un objeto chamuscado (T, *s. v.*). En el *Itinerarium* italiano, también se refiere a la punta de las armas arrojadizas que se quemaba para endurecer la madera ("con lunge lancie aduste in punta", L, f. 89), que al parecer es traducción literal de la locución en los manuscritos latinos *cum telis in cuspide obustis* (Ge, 310, Le, 400). En efecto, *obustus* podía indicar el acto de endurecer algo con fuego y *telum* era un término genérico que aludía a las armas arrojadizas.

AFFEZIONE: término que antiguamente designaba, entre otras acepciones, el moderno *affetto* (cariño, afecto, apego).

ALARBI: quizás sea una variante antigua de *arabi* (árabes), para referirse a los musulmanes nómadas. Lo señala un autor del siglo XIX, Ercole Luigi Maranesi: "Con questo nome si trovano accennati degli Arabi stanziati in Barberia (Africa) e viventi unicamente di rapina" (este término alude a los árabes que se asentaron en Berbería, África, y solo viven de la rapiña) (1865: *s. v.*).

ALCUNO: normalmente corresponde al español *alguien*, pero existen construcciones antiguas, poéticas o cultas que contemplan el uso de partículas negativas (*no* y *non*) que determinan el significado de *alcuno* como sinónimo de *nessuno* (nadie, ninguno). VAC_1: "Accompagnato da particella, che neghi, vale niuno, e nessuno" (Cuando lo precede una partícula negativa, significa nadie, ninguno) (*s. v.*). Léanse también las definiciones en T, *s. v.* En las copias italianas, figura también la locución temporal hoy en día en desuso *alcuna volta* (en ocasiones).

ALL'INCONTRO: expresión antigua que se corresponde con el moderno "al contrario" (por el contrario).

AL TUTTO O ALTUTTO: forma antigua de *completamente* (en su totalidad). *Cf.* VAC_1: "avverbial. in tutto, e per tutto" (adverbio: en todo y por todo) (*s. v.*). En el *Itinerarium* italiano, también hallamos las locuciones adverbiales *in tutto* y *per tutto*, con el mismo significado.

ANCO: voz antigua o culta de *ancora* (todavía o también, dependiendo del contexto) T señala que es toscanismo (*s. v.*), mientras que el VAC_1 (*s. v.*) aclara que se utilizaba sobre todo en el lenguaje poético.

ANDATA: según el TLIO (*s. v.*), en ocasiones podía indicar el desplazamiento de un lugar a otro que a menudo tenía una motivación concreta, como una misión diplomática o embajada.

ANGIOLO E AGNOLO: formas antiguas y actualmente poco usadas de *angelo* (ángel). Hay testimonios de su uso en obras escritas en los albores de la literatura italiana. Ejemplo de ello es el texto en prosa de Bosone de' Raffaelli da Gubbio, *L'avventuroso Ciciliano* (TLIO, *s. v. angelo*), en el que aparece *Angiolo*.

ANTECESSORE: acepción antigua que corresponde al actual *antenato* (antepasado). Consúltense T (*s. v.*) y VAC_1 (*s. v.*).

ANTISTITE/I: en general, este latinismo suele indicar al prelado o prior de una comunidad religiosa (T, *s. v.*). Se puede traducir como sumo sacerdote.

APOLLINE: este sustantivo se utilizaba como sinónimo del dios Apolo, y es latinismo del genitivo *Apollinis* o del ablativo *Apolline*. Su definición se registra solo en el *Lemmario* del VAC_5 (*s. v.*), aunque el término figura en otras voces de las ediciones anteriores del VAC.

APPARISCE O APPRARISCONO: formas verbales respectivamente de la tercera persona singular y plural de *apparire* (aparecer), que en la grafía moderna se prefiere sustituir por *appare* y *appaiono*.

APPRESENTARE: indicaba el acto de poner delante algo a alguien, espacial o figurativamente (VAC_1, *s. v.*). La forma adjetival *appresentato* se registra a partir del VAC_4.

APPRESSO: dependiendo de cómo se utilice en el *Itinerarium* italiano, puede tener valor preposicional —y corresponderse con la versión moderna *presso* (ante, hacia)—, adverbial temporal — equivaliendo al actual *dopo* (después)— o adverbial espacial —en el italiano moderno, *vicino* (cerca)—. Véase T, *s. v.*

ARBOR, ARBORI: latinismo: *albero* (árbol).

ARME: forma antigua de la actual *arma*. Se utilizaba también para indicar el femenino plural, que hoy en día se sustituye por *armi*. En la obra de Geraldini, el uso de *arme* contempla dos significaciones recogidas en el VAC_1: "ogni arnese, o strumento di ferro, o d'acciaio, per uso di difender se, e offendere altrui" (todo utensilio o herramienta de hierro o acero que se utilice para defenderse o acometer a los demás) o como sinónimo de milicia, ejército (*s. v.*).

AROMATO: indicaba el nombre genérico de toda especia y perfume (VAC_1, *s. v.*). El correspondiente moderno es *aroma*.

ASCOSO: forma antigua o culta de *nascosto* (escondido, oculto). *Cf.* Dante Alighieri, *Inferno*, c. XXXIV, v. 133: "Lo Duca ed io per quel cammino ascoso". Citado en el VAC_1, *s. v.*

AUSTRO, VERSO AUSTRO: es un viento que procede del mediodía y, por ende, en el lenguaje culto indicaba el punto cardinal sur. Con frecuencia se contraponía a *aquilone*, viento septentrional, que por extensión podía significar el norte. En el VAC_1, el contraste *austro/aquilone* se puede leer en la entrada de este último, donde aparece una referencia a Boccaccio: "E in quel medesimo pregio sono i laudevoli costumi in Austro, che in Aquilóne" (*s. v. aquilone*). El TLIO recoge otros ejemplos: "Spandi la luze tua verso oriente, / spandi i tuoi razi, o sole, e poi te zira / ad aquilone, ad austro e ad ozidente", de Ensemlino da Montebelluna; "E avendo così detto, e venne un vento e menò la nave inverso Austro", extraído de la anónima *Navigatio Sancti Brendani* (*s. v. austro*).

AVANTI: en algunos casos, el *Itinerarium* italiano presenta un uso de *avanti* con función adverbial e indica anterioridad. Misma acepción tiene la locución *avanti che* (antes de).

AVOLO: se corresponde con el actual *avo* (antepasado). El TLIO aclara que podía indicar al abuelo, al antepasado de la familia paterna o materna, o incluso al suegro, al tío o a un preceptor (*s. v.*).

BAMBACINA: forma adjetival antigua de *bambacina*, que se refiere a los tejidos de *bambagia* (algodón).

BANDA: en ambos manuscritos italianos, se usa solo para indicar un lado u otro de un lugar, que puede referirse también a la dirección de una embarcación durante su navegación, al cruzar uno u otro lado de un río o a sus orillas.

CAPERE: caber, contener. Morfológicamente es afín a *capire*, que sufrió una mutación de conjugación y podía significar lo mismo o indicar el acto de comprender, entender algo (VAC, *s. v. capere e capire*). Hoy en día ha sobrevivido solo *capire* con la última de las acepciones.

CASSIA: según T, puede referirse a la *Cassia fistula*, árbol originario de la India (*s. v. cassia*). En español, sería la cañafístula. Por su parte, el VAC_1 consigna que es fruta muy saludable (*s. v.*).

CASTELLA: Vid. **CASTELLO**

CASTELLO: traducción del término latino *oppĭdum*, que podía indicar tanto un lugar fortificado como un centro urbano. A su vez, *castellum* tiene una significación parecida, y en el italiano de la época solía indicar un conjunto de edificios rodeados por un muro. De hecho, en el VAC_1 se lee "mucchio, e quantità di case circondate di mura" (aglomeración, y cantidad de casas cercadas por un muro) (*s. v. castello*). En la edición del VAC_5 se precisan las formas plurales: "Castelli, e castella fa nel numero del più" (*castelli* y *castella* indican un número mayor de ellos) (VAC_5, *s. v. castello*).

COGNITION: latinismo: *cognizione, conoscenza* (conocimiento).

COMANDAMENTO: en esos manuscritos, adquiere una significación antigua que se corresponde con el actual *comando, precetto, ordine* (mandamiento, precepto, mandato, orden).

COMMUOVERE: en un pasaje del *Itinerarium* italiano, este verbo se utiliza dos veces para dar la idea de irascibilidad y violencia hacia quien es causa de tal ira. En concreto, el copista lo aplica para aludir a la voluntad castigadora de divinidades muy parecidas al Dios cristiano veterotestamentario (L, ff. 54v y 66v).

COMODO: como calificativo, su antiguo significado no difería del actual, dado que se refería a lo útil, a lo fácil, a lo conveniente o a lo oportuno de algo. En cambio, la forma sustantivada podía abarcar significaciones más amplias, llegando a indicar lo que actualmente se corresponde a *servigi, servizi,* o *agi* (servicios, comodidades, ventajas, etc.). *Cf.* el VAC$_1$: "Tutto ciò, ch'è di quiete, e di soddisfacimento de' sensi, o di particolare acconcio a che che si sia" (Todo aquello que se refiere a la paz y al deleite de los sentidos, o a algún arreglo que se cumpla) (*s. v. comodo*). Con significaciones idénticas se empleaba el sustantivo *comodità*.

CONANNAGIONE Y CONDANNAGIONE: del latín *condemnatio*, eran términos que se empleaban para indicar una condena. Otras variantes eran *condennagione* y *condannazione*. Véase T, *s. v. condannazione*.

CONCIOSIA COSA CHE, CONCIOSIACOSA CHE, CONCIOSSIACHÉ o CONCIOSSIACOSACHÉ: son todas ellas variantes de una conjunción causal en desuso cuyo significado se asemeja a *perciocché* (consúltese la voz correspondiente en este Glosario). Su definición se registra solo en el *Lemmario* del VAC$_5$ (*ss. vv. conciossiachè* y *conciossiacosachè*).

CONCORRERE: forma culta de *accorrere* (acudir). *Cf.* T, *s. v.*

CONTRA: forma antigua o culta de *contro*, que en este caso es afín a *adversus*, es decir, *verso* (hacia) (T, *s. v. contra*). Véase también el VAC$_5$, *s. v. contro*, en el que se comenta que *contra* ya se consideraba como variante poética.

CONVITO: del latín *convivium*, solía indicar un banquete opíparo, suntuoso. De los muchos ejemplos, el TLIO menciona el *Tesoretto* de Brunetto Latini: "ma ben è gran vilezza / ingolar tanta cosa / che già fare non osa / *conviti* né presenti, / ma colli denti propî / mangia e divora tutto" (*s. v.* Énfasis nuestro).

CORRERE: en algunos pasajes del *Itinerarium* italiano, este verbo adquiere una acepción temporal y alude al transcurrir de estaciones y meses del año.

CORTE: en algunos contextos del *Itinerarium*, puede referirse al espacio urbano y social que se corresponde con el antiguo foro romano. *Cf.* VAC$_1$, *s. v.*

CORTINA: el VAC$_1$ ofrece una descripción muy detallada al respecto: "parte di cortinaggio, che è un arnese, col quale si fascia il letto a guisa di tenda, alla cui parte superiore diciamo sopracciclo [...] e quelle, che sono insieme con la parte di sopra, che cuopre il letto, detta cielo, e col fregio intorno per ornamento, detto pendagli, si chiama cortinaggio" (parte del cortinaje que sirve para envolver la cama a modo de tienda. La parte de arriba se denomina *sopracciclo*. Junto con la parte de arriba que cubre la cama, denominada *cielo*, y el tejido que la rodea a modo de decoración, llamado *pendagli*, constituye el cortinaje) (*s. v.*).

CRESCENZA: antiguamente, entre otras acepciones, también significaba el desbordamiento de los ríos. Véase T, *s. v.*

CRISTOFANO: variante del nombre Cristoforo (Cristóbal).
DA (ADV): antiguamente, podía indicar una aproximación temporal y se corresponde con el moderno *all'incirca* (cerca de, aproximadamente). Véase una de las acepciones de *da* en VAC$_1$, *s. v.*
DA VENIRE: locución actualmente desusada que significaba en los tiempos venideros, de aquí en adelante.
DANTE: sobre este rumiante cérvido, véase Arciello (2020: 21-23).
DEE: forma verbal antigua o poética del actual *debe* (debe).
DEL CONTINUO: forma antigua de *di continuo* (continuamente).
DELIBERARSI: la forma pronominal con acepción volitiva de *deliberare* (deliberar) es antigua (T, *s. v. deliberare*).
DESTRUENDO Y DESTRUERLO: ambas formas verbales se ubican en la traducción de los capítulos de la *Breve relaçao*. Se trata de latinismos (verbo *destruere*) y se corresponden con las formas actuales *distruggendo* (destruyendo) y *distruggerlo* (destruirlo).
DI CHE: esta locución, cuando adquiría valor adverbial conclusivo, era sinónimo del actual *perciò* (por lo cual, por esta razón). Véase el VAC$_1$, *s. v. di che*.
DI DONDE: locución antigua que se corresponde con la actual *da dove* (de donde). El término *donde* solía adquirir diferentes matices de significado, dependiendo del contexto y de las preposiciones que rigiera. En estos manuscritos aparece con otra acepción locativa, un complemento circunstancial que indica una dirección (por donde). Además, en otros casos puede ejercer función pronominal (*per dove*, por donde) y deductiva.
DI POI O DIPOI: forma adverbial que se corresponde con las versiones modernas *dopo, poi, in seguito* (después, luego, sucesivamente). Actualmente solo se utiliza con función adjetival y siempre se pospone (T, *s. v.*).
DIEDONO: antigua forma verbal de *diedero* (dieron). Valga como ejemplo su uso en Rogacci (1711: 161).
DIRIZZARE O DRIZZARE: término polisémico que solía indicar 1) el acto de dirigirse o dirigir un medio de transporte, normalmente una embarcación, hacia un determinado lugar; 2) el acto de levantarse o levantar algo (los ánimos inclusive); 3) el acto de fundar o erigir; 4) el acto de dirigirse a alguien, incluso desde una perspectiva emotiva; 5) el acto de corregir, física o moralmente (VAC$_1$, *s. v. dirizzare*). En el *Itinerarium*, el verbo se utiliza con las acepciones 1), 2,), 4) y 5), dependiendo del contexto.
DISPREGGIARE: variante verbal que hoy en día se considera cultismo de *disprezzare* (menospreciar, desdeñar). En el manuscrito figuran también el adjetivo *dispreggevole* y el sustantivo *dispreggio*. Nótese que los tres vocablos

presentan una geminación en *g* que no se recoge en los diccionarios de la época (VAC$_1$ y DT, *ss. vv. dispregiare, dispregevole* y *dispregio*).

DUGENTO: forma numeraria antigua de *duecento* (doscientos).

ENTRO NEL: forma antigua de *all'interno* (hacia el interior).

E PERÒ: antiguamente, cuando esta conjunción adversativa estaba precedida por *e*, adquiría valor causal o deductivo, y significaba "por este motivo o razón". De los tres usos de la locución que aparecen en esta obra, el que figura en el capítulo IV podría traducirse con "de la misma manera": "Un principato non può molto durare sotto molti governatori, *e però* i larghissimi spazi del cielo, spaziosi tratti della terra pendente in aria" (L, f. 29r. Énfasis nuestro).

EGLINO: variante antigua de *loro* (ellos).

ESSO: este pronombre demostrativo se utilizaba con frecuencia para darle fuerza a un concepto o a un pronombre personal (ejemplo: "essi i quali") o nombre propio. En este último caso, a menudo iba precedido por la preposición *con*. En otros contextos, servía de adjetivo y se vinculaba a un sustantivo o nombre propio, adquiriendo la misma significación que el latín *ipse* (él mismo). El contenido de dichas definiciones se puede consultar en T, *s. v.*

FAMIGLIARE O FAMILIARE: palabra polisémica que en el *Itinerarium* italiano se utiliza a menudo para indicar al séquito del obispo o a sus servidores. El TLIO registra ejemplos de dicha acepción en textos de los siglos XIII y XIV, incluyendo la *Divina Commedia* (*s. v.*). Con función adjetival, el copista lo utiliza para referirse a vínculos de parentesco o al arraigo en un determinado territorio. En un caso concreto, es traducción del latín *dii patriae* (dioses patrios) (L, f. 17v y BL, f. 14).

FANTASIMA/E: se trata de un toscanismo que presenta una epéntesis vocal (anaptixis) de la palabra fantasma. Según T, dicha palabra era sinónimo de fantasma solo cuando significaba "spettro, ombra, incubo, o di oggetto senza realtà, immagine illusoria" (espectro, sombra, pesadilla, o de un objeto irreal, imagen ilusoria) (*s. v.*). Por su parte, el VAC$_1$ aclara que "nel primo modo [fantasma] è maschile, e usato, per lo più, da' poeti, nel secondo femminile, da' prosatori, vale regno di false immagini, e spaventevoli, che appariscono talora altrui nella fantasia" (en la primera acepción [fantasma] es masculino y es de uso común entre los poetas; en la segunda, es femenino, [lo utilizan] los prosistas y significa reino de imágenes falsas y espantosas, que a veces afloran en la imaginación de la gente). Luego, explica que *fantasia* es una imagen de lo que es y *fantasma* de lo que no es (*s. v. fantasima*). En el libro X de esta obra, predomina la acepción vinculada con lo terrorífico, con lo ominoso.

FO: primera persona singular del verbo *fare* (hacer). T lo señala como toscanismo (*s. v.*).

GIUSA: metátesis de *guisa* (modo, manera).

GRISOMOLA: no se disponen de muchas fuentes documentales que recojan este vocablo. Leonardi (1807: 218) postula que es sinónimo del fruto del albaricoque común. Posiblemente se trate de una conversión de la oclusiva velar sorda /c/ a la correspondiente sonora /g/, (lenición), ya que es mucho más difundida la variante que procede del nombre científico *Chrysoun melon* y que contempla geminación de la nasal bilabial m: *crisommola*. Actualmente es la cualidad de albaricoque más conocida en la zona vesubiana y las formas dialectales de dicha denominación se utilizan a menudo en la región de Campania.

GROSSO: antiguamente, podía referirse a la ordinariez de una mente. En el *VAC*, se indica como sinónimo de "rozzo, semplice, soro [ingenuo], ignorante" (s. v.).

IDDIO, IDDII: en ocasiones, *iddio* no se utilizaba solo para referirse a Dios, sino que también podía aludir a divinidades paganas. El VAC_2 recoge un ejemplo en el *Decameron* de Boccaccio, décima jornada, octava *novella*: "Gisippo, se agl'Iddij fosse piaciuto" (*s. v. Iddio*). Al escribir el término al singular con la primera letra mayúscula, podría causar confusión entre divinidades paganas y el Dios cristiano (sobre todo, cuando se les asocian epítetos de inmortalidad y eternidad), por lo que el contexto puede aclarar la duda.

IL PERCHÉ: nexo relativo que se ponía al principio de la oración, hoy en día en desuso, con trasposición del artículo. Indica *il motivo per cui* (la razón por la que). Consúltese T, *s. v. perché*.

IMPERIO: este latinismo es una forma culta de *impero*, y expresa una idea de autoridad, de supremacía, incluso en un sentido figurado (T, *s. v.*). También lo recoge así el VAC_1: "supremo dominio e signoria" (dominio y señorío absolutos) (*s. v.*). De la misma manera, *impero* figura en algunos casos con idéntica acepción.

IMPERÒ CHE O IMPEROCCHÉ: conjunción antigua con función consecutiva, que a veces se componía de *imperò* (unión del prefijo *in* y *però*) y *che*. Una versión más moderna presenta la unión de ambas conjunciones: *imperocché*. Significaba *per il fatto che* (por lo que, por el hecho de que). Consúltese al respecto T, *ss. vv. imperò* e *imperocché*, y VAC_1, *s. v. imperò*.

IN UN SUBITO: locución adverbial actualmente en desuso que se corresponde con *all'improvviso* (de inmediato).

INCANTAGIONE: hoy en día se prefiere la palabra *incantesimo* (encantamiento). El TLIO recoge el uso de *incantagione* como variante de *incantazione* e *incantatione* ya desde el siglo XIV (*s. v.*).

INCONTRO A: este adverbio, cuando era regido por la preposición *a*, podía adquirir una acepción espacial y significar *dirimpetto*, *davanti a* (enfrente, delante de). *Cf.* la tercera definición en el VAC$_1$: "Per, a dirimpetto, a rincontro" (*s. v. incontro*).

INCONTANENTE E INCONTANENTI: adverbio, que significa de manera inmediata (VAC$_1$, *s. v. incontanente*). La variante *incontanenti* no aparece en los VAC, ni se registra en el TLIO o figura en el DT, si bien fue de uso bastante frecuente.

INFINO: preposición culta que refuerza el matiz semántico de alcanzar un punto de llegada desde una perspectiva espacial, temporal o de cantidad, cuyo uso antiguo contemplaba la presencia de otras preposiciones e *infino* tenía la función de reforzarlas. Consúltese T, *s. v.*

INFRA, INFRA TERRA O INFRATERRA: se trata de un uso antiguo y literario de la preposición latina; hoy en día se correspondería con *retroterra* o *entroterra* (tierra adentro), o también *verso l'interno* (hacia el interior). En otros casos, y esto se ve reflejado en algunos pasajes de la obra, es uso culto y antiguo de *tra*, *in mezzo a* (entre, en el medio de). Véase T, *s. v. infra*².

INNUMERABILE, forma antigua y culta de *innumerevole* (innumerable).

INNANZI: este adverbio, que hoy en día se considera un cultismo, podía adquirir tanto una función temporal (antes) como una espacial (delante de).

INVENZIONE: antiguamente, era sinónimo de *ritrovamento* (redescubrimiento). Véase la definición en el *Lemmario* del VAC$_5$, *s. v.*

ISTIA: forma antigua eufónica de *stia* (esté). Véase T, *s. v. istare*².

LAONDE: forma compuesta de los adverbios *là* y *onde*, que se utiliza como conjunción consecutiva y se corresponde con *cosicché* (en consecuencia, por lo cual). Hoy en día solo se usa con una acepción irónica o lúdica (T, *s. v.*).

LATO: préstamo léxico asimilado del adjetivo latín *latus* (extenso, ancho), que actualmente se considera cultismo (T, *s. v. lato*¹). En el *Itinerarium* italiano, también figura la forma superlativa *latissime* (L, f. 77v.)

LAUDE, LAUDI: forma antigua de *lodi* (alabanzas, laudes). *Cf.* VAC$_1$: "Parole in commendazione, e in gloria di che che sia" (palabras que alaban/aprueban y ensalzan a la persona a la que se dirigen) (*s. v. laude*). Misma acepción tiene el verbo que deriva del sustantivo, *laudare*.

LEONZA: sobre este animal, véase Arciello (2020: 21–22).

LINEARE: el significado de este verbo como "rappresentar con linee" (dibujar trazando líneas) se encuentra en el VAC$_5$ (*s. v.*).

LITO: variante antigua o culta de *lido* (litoral). También podía significar poéticamente algún lugar o región. Véase T, *s. v. lito¹*. En el *Itinerarium*, se aplica para ambas acepciones.

LUSTRO: el significado actual del término (periodo de 5 años), proviene del sacrificio expiatorio que llevaban a cabo los censores cuando terminaba su cargo y, posteriormente, el término acabó refiriéndose al lapso de tiempo entre una censura y otra, esto es, un quinquenio (T, *s. v.* lustro²). Los copistas italianos del viaje de Geraldini alternan sendas acepciones a lo largo de texto, en ocasiones utilizando *lustro* como sinónimo de ritual.

MAGGIORI: a veces podía indicar a los antepasados (VAC$_1$, *s. v. maggiore*), como podemos leer en esta obra.

MAGISTRATO: antiguamente, indicaba tanto a la persona que ocupaba un cargo importante en ámbitos administrativo o gubernamental como al órgano mismo del que formaba parte (T, *s. v.*). Los VAC solo registran la segunda acepción del término: "adunanza d'huomini, con podestà di fare eseguir le leggi, e di giudicare" (reunión de hombres que disponen de la autoridad para ejecutar las leyes y ejercer poder judicial) (*s. v.*). También existía la variante *maestrato*, sinónimo de *magistrato* (VAC$_1$, *s. v. maestrato*).

MANIFESTAMENTE: es un adverbio hoy en día poco común y que Dante Alighieri empleaba en obras como *La Vita Nuova* y el *Convivio* (Enciclopedia Dantesca, 1970: *s. v.*). Se corresponde con *chiaramente, palesemente* (evidentemente, patentemente). Véase también DT, *s.v.*

MECO Y SECO: pronombres de evidente origen latino (*mecum* y *secum*, con anástrofe de *me* y *se*), se corresponde con los actuales *con me* (conmigo) y *con sé* (con él o con ellos). En ocasiones, en el caso de *meco*, se reforzaba con *medesimo* para reforzar el concepto y poner de relieve el acto de reflexionar sobre algún asunto: *meco medesimo* (ver T, *ss. vv. meco* y *seco*). En ambos manuscritos italianos, se aprecia el uso tanto de *meco* y *seco* como de *meco medesimo*. Este último sirve para subrayar cómo Geraldini meditaba sobre algún asunto que le llamaba la atención o para expresar alguna consideración emotiva, como cuando, en el libro XIII, se aflige por la edificación de la catedral de Santo Domingo, que era de barro, comparándola con la solidez de las casas privadas: "Andando al tempio e[pisco]pale lo trovai edificato di terra [e] mi condolsi meco medesimo che il mio popolo avesse posto tanto studio in edificare le case private, le quali gli hanno da essere breviss[im]o ricetto, e non avessero posta cura in edificare il tempio principale dedicato al sommo Dio, che ha da essere il suo propio albergo e perpetuo" (Al llegar a la iglesia episcopal, vi que se había construido con barro y me dolió que mi pueblo hubiese dedicado tanto esfuerzo en la construcción de casas privadas, que están destinadas a servir por un escaso tiempo, y no hubiesen puesto interés en edificar el templo principal dedicado al sumo Dios, que ha de ser su morada eterna) [L, f. 75v].

MENARE: sinónimo de *condurre* (llevar, conducir), que hoy en día se usa mayoritariamente para referirse a animales (T, *s. v.*).

MERCATANTE: *mercante* (mercader). *Cf.* VAC_1: "Quegli, che conduce robe da un luogo a un'altro, a fin di guadagno" (Aquel que transporta sus bienes de un lugar a otro para conseguir ganancias) (*s. v.*). T añade que, hasta el siglo XIV, se utilizó casi exclusivamente dicho sustantivo (*s. v.*). Del sustantivo deriva la forma verbal *mercatantare*, que también se emplea en las versiones italianas del *Itinerarium*.

MERCATANTIA O MERCATANZIA: además de significar lo mismo que *mercatanza*, también podía indicar la mercancía que se vendía (VAC_1, *s. v.*).

MERCATANZA: término antiguo que indicaba la actividad del comercio. En el VAC_1, *s. v.*, se lee "il mercatantare" (la práctica de hacer negocios).

MERITAMENTE: adverbio de modo culto que se diferencia levemente del más moderno y utilizado *meritatamente* (merecidamente) por tener una acepción más positiva, refiriéndose al merecerse algo por buena conducta. T y VAC_1 lo explican con claridad (*s. v.*).

MINIO: sustancia que se empleaba para miniar, que en el *Itinerarium* se utiliza para significar sencillamente pigmentaciones rojizas.

MINISTRO: en la mayor parte de los casos, los manuscritos italianos presentan un uso frecuente de este sustantivo para referirse a los sirvientes o, en general, a aquellos que se ocupan de administrar y gobernar algo (una provincia, una embarcación, etc.). En otros pasajes de la obra, compone la locución *ministri di Dio*, que el copista o el propio Geraldini asocia con los ángeles.

MOLINI O DA MANO: al parecer, es una trasposición literal al italiano de *moinhos de mão* (Bermudes, 1565: 65). De los *molini da mano* nos habla Filippo Pigafetta en su *Relatione del reame di Congo et delle circonvicine contrade, tratta dalla scritti & ragionamenti di Odoardo Lopez Portoghese* (40).

MOGLIERA: de *mulier*, término antiguo para designar a la *moglie* (esposa). Su definición aparece a partir del VAC_2 (*s. v.*), pero las variantes *mogliera y mogliere* ya desde el VAC_1. Hoy en día pervive en algunos dialectos de Italia del sur.

MUOVERE, MOSSO: se trata de formas verbales cuya acepción con frecuencia se corresponde con las expresiones más modernas *mettersi a/mi sono messo a* o *disporsi a/mi disposi a* (ponerse a/me puse a o disponerse a/me dispuse a).

NASCIMENTO: variante antigua considerada hoy en día un cultismo de *nascita* (nacimiento). Véase T, *s. v.*

NOMARE: forma antigua o culta de *nominare* (nombrar).

NIUNO O NIUN: forma culta de *nessuno* (nadie, ninguno).

NUGOLA: Forma antigua de *nuvola* (nube).

OFFICIO: en general, solía indicar "Quello, che a ciascun s'aspetta di fare, secondo il suo grado" (aquello que se ha de cumplir, conforme al rango) (VAC_1, *s. v. uficio*). Por tanto, podía significar una acción, actividad u obra que le correspondía natural o socialmente a quien la realizaba.

ORARE: se trata de un cultismo que es calco del latín y cuya acepción referida al acto de rezar procede del latín eclesiástico (T, *s. v. orare*).

ORIZA: *riso* (arroz), de *Oryza*. Léase la nota a pie en la transcripción del *Itinerarium* referida a *orezza*, en el libro IV.

PALAGGIO O PALAGIO: toscanismo antiguo de *palazzo* (palacio) (DT, *s. v. palagio*). Palaggio, *palagio* y *palazzo* en aquella época designaban a una estructura suntuosa, como el castellano *palacio*, mientras que hoy en día en italiano es sinónimo de edificio.

PASSATI: conforme el contexto, la forma plural de *passato* podía referirse en ocasiones a los antepasados ("nel numero del più vale antenati, e maggiori", VAC_1, *s. v. passato*).

PER ISPATIO (ISPAZIO) DI: locución temporal antigua de clara derivación latina (*ispatium*), hoy en día se ha sustituido por el término *spazio*, con el mismo significado: "nello spazio di" (durante, a lo largo de).

PERCIÒ CHE O PERCIOCCHÉ: conjunción de uso antiguo y culto que tenía valor causal y se corresponde con las formas modernas *poiché* y *perché* (ya que, puesto que, porque, etc.). En uno de los seis volúmenes del VAC_4 (1729-1738), se señala que podía adquirir la función de finalidad: "Talora denota la cagione finale, come Acciocchè, Affinchè" (En ocasiones, indica el motivo final [el propósito], como *acciocché*, *affinché*) (VAC_4, *s. v. perciocché*). Al parecer, en la obra de Geraldini solo tiene significación causal, y se utiliza muy a menudo.

PERSO, PERSI: según T, este gentilicio que se refería a los persas es una forma antigua que, cuando tenía función atributiva, se utilizaba al femenino (*persa*) y, como sustantivo, en forma de masculino plural *persi* o *Persi*. Además, en este último caso, es difícil averiguar si procede de la declinación de *perso* o de *persa* (*s. v. perso*[3]).

PIEGARE: en el ámbito de la navegación, este verbo expresaba el acto de cambiar de rumbo, manejando objetos como timones, remos o velas. El VAC_3 (*s.*

v.) cita dos ejemplos en la vulgarización al italiano de *Historia destructionis Troiae* (Guido delle Colonne, siglo XIII).

PODESTÀ: forma antigua o culta del más usado *potestà* (poder o autoridad, según los casos).

POLVE: aunque habitualmente indicaba una forma poética de *polvere* (polvo), ya ratificada en el VAC$_1$ (*s. v.*), podía significar también cenizas humanas, tal como leemos en el TLIO (*s. v.*) y en T (*s. v.*). En las copias italianas, parece indicar únicamente las partículas de polvo o arena.

POSSENDO: variante antigua de derivación directa del latín, cuyo equivalente moderno es *potendo* (pudiendo).

PRESIDENTE: en el *Itinerarium*, se utiliza para indicar la autoridad suprema. Véase T, *s. v. presidenza*.

PREGGIO: posible geminación de *pregio*, que antiguamente era sinónimo de *prezzo* (precio) (T, *s. v.*).

PRIEGO: voz antigua o culta de *preghiera* (plegaria, oración). Véase T, *s. v. prego*.

PRIGIONE: Antiguamente, la versión masculina de *prigione* (prisión) podía utilizarse también como sinónimo de *prigioniero* (prisionero), y valía para indicar tanto al encarcelado como al prisionero de guerra. A este respecto, el VAC$_2$ registra la siguiente definición: "quegli, ch'è in prigione, o che vinto in guerra, è in potere del vincitore" (aquel que yace en la cárcel o que está sujeto al dominio de quien le ha ganado en guerra) (*s. v.*). Un ejemplo artístico célebre es la serie de estatuas de hombres encadenados que realizó Michelangelo, denominadas *Prigioni*.

PRIMERAMENTE: Variante antigua de *primieramente* (al principio, inicialmente). Véase T, *s. v. primiero*.

PRIMERO Y PRIMIERO: del latín *primarius*, este adjetivo expresa una idea de anterioridad (T, *s. v. primiero*) y en el *Itinerarium* italiano se utilizan ambas variantes.

PROPINQUO: cultismo que significa próximo, cercano. El TLIO recoge varios matices semánticos del vocablo que hoy en día han desaparecido (*s. v.*). En el *Itinerarium*, solo se utiliza con una acepción espacial.

PUNTO: en el *Itinerarium*, se utiliza como adverbio para reforzar una negación.

QUELLO IL QUALE, Locución antigua: *colui che* (aquel que).

QUIVI: este adverbio espacial, conforme a las definiciones que aparecen en el VAC$_3$, *s. v.*, presentaba multitud de significaciones que, esencialmente, se referían al lugar del que se ha comentado con anterioridad o del que se hace mención, y podía corresponderse con los actuales *qui* (aquí) o *lì* (allí), dependiendo del contexto. A este respecto, T postula que es un cultismo que siempre indica un lugar en el que no se ubica el que lo menciona, y precisamente por ello se contrapone a *qui* (*s. v.*), si bien antiguamente se enriquecía con más significados. También podía adquirir un valor temporal, aunque en el *Itinerarium* italiano solo se utiliza como sinónimo de *qui* o *lì*, según el contexto en el que se inserte.

RACCOMANDARE: en el *Itinerarium* italiano, aparece esencialmente con dos significaciones, dependiendo del contexto, 1) la acepción antigua de protección, por lo que indica el acto de amparar y proteger una comunidad por mano de un soberano o gobernante; 2) la acepción moderna de confiar algo o alguien a otra persona.

RAGUNARE, RAGUNARSI: forma verbal antigua caída en desuso, que se ha sustituido por el actual *radunare, radunarsi* (reunir, reunirse). Véanse VAC_1, *s. v. ragunare e raunare* y T, *s. v. ragunare*.

RATTENERSI: la forma pronominal de *rattenere* significaba *trattenersi* (quedarse, permanecer) (T, *s. v.*).

REGGIMENTO: en el *Itinerarium* italiano, su significado solo se refiere a una acepción antigua del término, que es la de gobierno o administración.

REGOLO: palabra de origen latino que indicaba a los soberanos de pequeños territorios. Véase la definición exhaustiva en T, *s. v. regolo*[2].

REINA: forma antigua de *regina*. Véanse definición y ejemplos en T, *s. v. reina*[1].

RENDUTA/O: Forma desusada del participio pasado del verbo *rendere*. En el italiano moderno, la forma que se considera correcta es *reso*.

RICEVERONO: forma verbal actualmente poco usada de *ricevettero* (recibieron).

RICOLTA: variante antigua de *raccolto* (cosecha). Casi exclusivamente aludía al acto de cosechar, de recoger las "rendite delle Terre" (los productos de los cultivos) (VAC_1, *s. v.*).

RIO: forma antigua de *rivo* (río) (VAC_1, *s. v.*).

RIPA: forma antigua de *riva* (orilla), hoy en día considerada un cultismo (T, *s. v.*).

RIPIENO: antiguamente, en algunos casos este adjetivo adquiría valor intensivo (T, *s. v.*). En las copias italianas, se utiliza con esta función o como sinónimo de abundante, conforme el contexto.

RISERBARE: Variante verbal de *riservare* y que procede de *serbare* (conservar, mantener) (VAC_1, *s. v. riserbare e riservare*). En T se lee que puede ser también un toscanismo (*s. v. riserbare*).

RITENERE: este vocablo polisémico abarcaba muchos significados, dependiendo del contexto. En general, expresaba una idea de mantenimiento, conservación o protección. A partir del concepto de conservar algo, su significado podía extenderse para indicar el dominio de algo, como puede ser la posesión de alguna ciudad o territorio. Es el ejemplo que hallamos en el libro I: "e [los portugueses] ritengono anche nella Cesarea Mauritania di là dallo stretto di Zibeltaro la città di Setta" (y controlan también la ciudad de Seta, situada en la Cesarea Mauritania, allende del estrecho de Gibraltar) (L, f. 4v). Avanzando en la lectura, nos encontramos con la acepción que indica la conservación del propio nombre: "La quale città [Suburra] ritiene ancora l'antico nome" (dicha ciudad sigue manteniendo su antiguo nombre) (L, f. 4).

RUINA, RUINATO, RUINOSO: latinismos que derivan de *ruina* y *ruinosus*. En el caso de *ruinato*, es un adjetivo que se ha formado a partir del participio pasado del verbo *ruinare*. Ya desde el VAC_1 se indican en la misma voz tanto *rovinare* (arruinar, estropear, perjudicar), que es la forma verbal que se utiliza en el italiano moderno, como *ruinare* (*s. v. rovinare e ruinare*).

SACRATO: cultismo: *consacrato* (consagrado).

SALUTIFERO: sustantivo antiguo que es calco del latín *salutifer*, y se corresponde con el actual *salutare* (saludable).

SCOPERSE, SCOPERSI, SCOVERSI, SCOVERSE: formas verbales ya poco usadas de *scoprì, scoprii*, (descubrió, descubrí/divisó, divisé).

SCORRERE, SCORSO: antiguamente, cuando adquiría valor transitivo podía indicar la acción de cruzar algo, como ríos, océanos, etc. con rapidez. Véase VAC_1, *s. v.*

SEGUITARE: verbo antiguo que deriva de *seguire* (seguir, perseguir), con el mismo significado (T, *s. v.*).

SÌ (ADV.): forma culta y antigua de *così* (así, tan). Podía adquirir tanto una acepción modal (que equivaldría a *in questo modo*, de esta manera) como cuantitativa (*tanto, talmente*, tan). Véase T, *s. v. sì*. En el *Itinerarium* italiano, solo se emplea con la segunda acepción, salvo en el capítulo 53 de la traducción de la *Breve Relaçao*, en el que sirve de correlativo: "Le quali stavano lontane dalla sua presenza e frequentazione, sì perché cominciava a regnare, volendo farsi conoscere, come per mostrare la gloria che egli dava" (Le, f. 87v).

SI PARTIRONO, SI PARTISSERO: Formas verbales pronominales antiguas, *partirono, partissero* (salieron, partieron; salieran, partieran).

SOVVENIRE: este verbo podía significar tanto el acto de socorrer a alguien como el venir algo a la memoria. Sendas definiciones se recogen en el VAC_1 (*s. v.*). En el *Itinerarium*, *sovvenire* se utiliza para ambas significaciones, dependiendo del contexto, y aparece la forma sustantivada *sovvenzione*, con el significado de socorro, necesidad (Le, f. 78v).

STAGNO: Actualmente, este vocablo suele indicar un sitio en el terreno donde se recoge agua estancada, que se traduce en español como balsa o charca. Sin embargo, en el *Itinerarium*, se refiere a una indicación hidrográfica atribuible con mayor acierto al término *lago*: "Raunata grande d'acque perpetue" (conjunto de aguas sin renovación) (VAC_1, *s. v.*). En efecto, *stagno* en el VAC se considera como "ricettacolo d'acqua, che sbocca da' fiumi, o dal Mare, e quivi si ferma, e muore" (lugar que recoge el agua procedente de ríos y del mar, en el que se detiene y se estanca) (VAC_1, *s. v.*), pero dicha significación es menos pertinente que la de *lago*. Asimismo, conviene anotar que en otros pasajes de la obra se utiliza *stagno* para indicar un metal (estaño).

STUPENDO/I/A/E: en ocasiones, este adjetivo se utiliza para significar algo que produce *stupor*, por lo que puede indicar reacciones de horror o espanto.

SUA, SUO: en algunos pasajes del *Itinerarium* italiano, se utiliza este adjetivo posesivo para referirse también a sujetos plurales. Hoy en día se sustituye, en dichos casos, por *loro*, incluso para formas plurales como *suoi o sue*.

TORRE: como forma verbal, era una variante antigua de *togliere*, que a su vez podía significar tanto el acto de quitar algo como el de coger, pillar, comprar o adquirir alguna cosa. Actualmente, *togliere* solo se usa para la primera acepción y solo en algunos casos para la segunda. Por su parte, *torre* se considera un cultismo o es de uso popular (T, *s. v. togliere*). Naturalmente, ambas definiciones pueden leerse en el VAC_1, *s. v. torre*. También existía la forma apocopada *tor*, que también se emplea en las copias italianas del *Itinerarium*.

TOSTO: adverbio de modo: *rapidamente*. Es probable que el uso del término proceda de otro significado, el de firme, que luego pasó a designar algo que ocurre de inmediato. Otra hipótesis es la que propone un origen del francés *tôt*. Véase al respecto T, *s. v.*

TRAPASSARE: habitualmente indicaba el acto de cruzar algún territorio, de fallecer, de violar la ley, de cesar algo o de ir más allá de algo, sobrepasarlo. Sin embargo, nuestro copista italiano, además de aludir a la idea de superar algo o trascender, utiliza este verbo refiriéndose al transcurrir del tiempo, cuya definición se añadió en el VAC_4: "Trapassare il tempo, il giorno, e simili, vale Consumarlo, Lasciar ch'e' passi" (pasar el tiempo, el día y afines. Corresponde a consumarlo [el tiempo], dejar que transcurra) (*s. v.*).

TRAVAGLIARE: en algunos casos, que se han marcado con asterisco en la trascripción de las copias italianas, es sinónimo de *lavorare* (trabajar). *Cf.* VAC_1: "*darsi da fare*" (poner manos a la obra) (*s. v.*).

TUTTAVIA: en el *Itinerarium*, aparece solo con la acepción adverbial antigua que en italiano moderno se traduce con *ancora* y que se corresponde con el castellano actual todavía.

UNIVERSALE: en el manuscrito, con frecuencia este adjetivo se utiliza en forma adverbial. *Cf.* T, *s. v. universale*[1].
VAGLIA: forma verbal antigua de *valga* (valga) (T, *s. v.*).
VEGGERE O VEGGIERE: formas verbales antiguas del actual *vedere* (ver). Ya en el siglo XVIII se consideraban desusadas. Véase al respecto VAC$_3$, *s. v. vedere*.
VIOLARE: antiguamente indicaba especialmente el acto de desflorar a las vírgenes (VAC$_1$, *s. v.*).
ZUCCARO: variante antigua o regional de *zucchero* (azúcar), que procede del árabe *sukkar* (T, *s. v.*). No se registra en ninguna voz de ninguna edición de los VAC, por lo que posiblemente sea una variante regional que se utilizaba con más frecuencia en el sur de Italia.

ANEXO VIII

GLOSARIO DE TOPÓNIMOS[241]

AFORTUNADAS (islas): Canarias.
AGANA: Agaua. Agaumedir, al suroeste del lago Tana. En Bermudes (1565: f. 73), es Agaoa.
AGAREA: Genéricamente puede referirse a los agareos o descendientes de Agar (1Cro, 5). También puede que haga referencia al reino de Benín, pues en el manuscrito de la British Library "Bendina" se halla tachado y sustituido por Agarea. Podemos descartar Gorea (Gorée), puesto que era una isla, incluso el propio lugar de Agar, que está situado cerca de la actual ciudad de Monestir (Túnez) o, con el mismo nombre, también en Túnez una población junto al lago Agaraga.
ALBULA (río): No conocemos nada parecido en Egipto, aunque Albula es el antiguo nombre del Tíber, citado por varios autores clásicos (Ge, 336) y de manera muy especial por Tito Livio (*Ab Urbe Condita* 1,3). Puede que Geraldini se esté refiriendo al Nilo Blanco (*Nilus albus*).
AMAR: Territorio al oeste de Dembia, en el África oriental y gran productor de sal.
AMARA: Amhara (Etiopía). Fue un reino cristiano, predominante en la región de África oriental, que se veía acosado por los musulmanes, por lo que pactó la presencia de los portugueses y con ellos vencieron a las tropas del imán de Adel, Ahmad Ibn Ibrahim al Ghazi, en 1543. En él existía un lago con el monasterio de San Esteban y había gozado de un virrey (amara tasila), que ya no tenía en esta época. Sus reyes se consideraban descendientes de Salomón, de ahí que se hable de dinastía salomónida.
AMELIA: Población de la Umbría italiana y lugar de nacimiento de Alessandro Geraldini. En su época, pertenecía a los Estados Pontificios.

---

[241] En este glosario se han evitado los nombres de lugares que resultan propios de la creatividad del autor y de los que no tenemos referencias precisas de su existencia real, salvo en algún caso, en que podemos hacer alguna suposición. Tratamos de evitar así problemas difíciles de solucionar, puesto que nadie más que nuestro autor menciona tales nombres.

ANGUILA (isla): Isla del grupo de las islas de Sotavento, al este de Puerto Rico, en las Antillas menores. Su descubrimiento se achaca a Colón durante su segundo viaje.

ANTÁRTICA: Con el sentido de Antípodas en el texto.

ARGUIM: Isla avistada por Nuno Tristão en 1443. Se ubica en la bahía del mismo nombre en la costa norte de Mauritania. En 1445 los portugueses establecieron en ella un puesto comercial, en que la compraventa de esclavos era la principal actividad.

ARMASAANNA: Ammosena. Amosenna. Por el contexto se trata de una ciudad yoruba, probablemente Ife, como centro religioso, al que se hace referencia. En esta ciudad había un sumo sacerdote, mientras que el poder político y militar se centraba en Oyo.

ARZILA: Arcila (Marruecos). En la época de Geraldini estaba en posesión de los portugueses, que la habían conquistado en 1471 y la mantuvieron hasta 1549. En el año que viaja nuestro obispo, el gobernado Joan Coutinho hizo una expedición sin éxito a otra población musulmana, que costó la vida a varios portugueses.

ATLANTE (cordillera): *Vid.* Atlas.

ATLAS: Cordillera en el norte de África habitada por bereberes shluh. Lo que Geraldini pudo ver sería la subcordillera occidental. En la mitología, estas montañas representarían la imagen de Atlas, condenado a sostener el universo. Los romanos ocuparon a sus pies la ciudad de Volubilis.

ATTENEA: Aannea. Probablemente algún lugar en la región de Saloum, en Senegal, donde por entonces gobernaba el prelado Eli Bana.

AZEMMOUR: *Vid.* Zubul

BABBA: *Vid.* Julia Campestre.

BAMBA: *Vid.* Julia Campestre.

BARBARINA: Barbazina. Reino de Sine (Senegal), al norte de la desembocadura del río Salum, poblado por sereres. Dependió del Gran Jolof hasta mediados del siglo XVI, en que alcanzó su independencia.

BARBORINA: *Vid.* Barbarina

BARRABEA (región): A juzgar por el contexto, probablemente sea una mala trascripción de la tierra Bassa de Senegal.

BASA (región): Se está refiriendo a la baja Etiopía, en concreto a Senegal y por tanto a la región de los jilofos. De hecho, Cadamosto llama a estos lugares "Baja Etiopía".

BASAREA: Debe tratarse de la región de los bassari del sureste de Senegal, al este de *Fouta Djallon*. Parece menos probable que tenga que ver con la región de Bassar, que se halla en el norte de Togo, siendo una zona productora de hierro.

BATAMASINA: Si tenemos en cuenta que en los textos latinos se la denomina como Brannisina y Brandisina, podríamos relacionarla con Bransan en la región senegalesa de Kendougon, en la frontera con Guinea y Mali; sin embargo, parece poco probable que pueda tratarse de aquel lugar colonizado por los soninkés.

BAYAS: Baias. Baia. Población de la Campania, que debe su nombre a Baio, uno de los compañeros de Ulises. En época romana fue un lugar de recreo, especialmente en el siglo I a.C.

BENAANA: Basana. Basiana. Existe una localidad con el nombre de Benana en la frontera de Mali con Burkina Faso. ¿Podría tener alguna relación con Djenné, en el imperio de Mali?

BENASCANA: También denominada en otros manuscritos Boscano y Boscana, no se ha podido identificar, aunque se trataría de una ciudad al interior del río Gambia.

BENDINA: *Vid.* Beniaana.

BENIAANA: Se trata de Dendina, territorio shongay, cuya capital era Kuka o Jelou en el noroeste de Nigeria, entre los países de Kebby y Say.

BERIQUERIA (isla): Puerto Rico. El 19 de noviembre de 1493 fue avistada por Colón y en 1508 conquistada por Pedro Ponce de León.

BETHMARIAM: Beta Amhara, en el sureste de la región de Wallo, en Etiopía era el lugar originario de los Amhara, siendo el monarca Lebna Dengel. Fue destruida por los musulmanes en 1531.

BÉTICA: Provincia romana del sur de la península ibérica. Tomó su nombre del río Betis, después Guadalquivir. Su capital fue siempre la ciudad de Córdoba.

BUDOMELA: Budomel. Se refiere al reino de Kajoor, al que Cadamosto dio erróneamente este nombre, derivado de "damel", que era la denominación del rey. Se extendía por la costa atlántica entre el río Senegal has el sur del promontorio de Cabo Verde. Estaba incorporado al imperio Wolof, del que se independizó en 1549.

CABO BLANCO: Situado en la actual frontera entre el Sahara Occidental y Mauritania, fue avistado por los portugueses de Nuno Tristão en 1541, y en sus inmediaciones establecieron los lusos su base comercial de la isla de Arguim (1455). Cuando Geraldini visitó el lugar, su gobernador probablemente era Estêvão da Gama.

CABO VERDE (islas): Vistas por primera vez por Dinis Dias en 1444, lo portugueses las convirtieron en uno de sus principales mercados esclavistas.

CABO VERDE (promontorio): En el actual Senegal, fue descubierto por Dinis Dias en 1444.

CÁDIZ: Ciudad de la Bética, en la que se inició el viaje de Geraldini.

CALANGEA: Este lugar es casi imposible de identificar, pues los topónimos más parecidos con los de Kalongo, en el norte Uganda, o Kalanga, entre Zimbabwe, Botswana y Sudáfrica. También podría hacer referencia a la tierra Mossi, en el Alto Volta.

CANARIA: Gran Canaria.

CAPRARIA: Identificada con Tenerife, aunque realmente se trataría de Fuerteventura.

CARTAGO: En Túnez, fue fundada por los fenicios y destruida por los romanos en el año 146 a. C., donde luegoconstituyeron una colonia en el año 29 a. C.

CASIANA: Este nombre se produce por un error del traductor, pues en realidad se trata de nuevo de Benaana.

CATADUPA: Cataratas del Nilo que se ubican entre Jartum y Assuán. Ya Estrabón las citaba en su libro XVII.

CATHADI: Catadhi. Catarata del Nilo y pueblo que habita junto a dichas cataratas.

CEUTA: Localidad del norte de Marruecos, conquistada por Juan I de Portugal en 1415 y que permaneció en manos lusas hasta 1580, siempre amenazada por los musulmanes. El autor la considera erróneamente patria de Septimio Severo.

CÍMBRICA QUERSONESO: Nombre que Ptolomeo dio a la península de Jutlandia (Dinamarca).

COLONGEA: *Vid.* Calangea.

CONCHE: Al este de Goiame y Dembia, era una provincia de Damute que limitaba con Sofala y era zona productora de oro, que intercambiaba por hierro en la mencionada Sofala.

CONSTANTINA: Sewa. Cirte. En la actual Argelia, fue capital de Numidia y debe su nombre al emperador Constantino, que la reconstruyó tras haber sido destruida en el mismo siglo IV. Posteriormente sería destruida por los vándalos y los musulmanes.

CUBA: Isla de las Antillas mayores, que Colón visitó en su primer viaje (1492), cuyo primer gobernador fue Diego Velázquez de Cuéllar, que lo era cuando Geraldini llegó a Santo Domingo. Sus dos primeros obispos, Bernardino de Mesa (1516) y el flamenco Juan White (1518-1525), nunca llegaron a ocupar la sede de Baracoa.

DAMNITANA: Damitana. Damniana. Damnasa. Desde luego no sería Niamey (Níger), pues esta se fundó dos siglos más tarde. Es muy probable que esté haciendo referencia a la capital del reino de Benín, aunque no es atravesada ni siquiera por el río del mismo nombre, que se halla a una distancia de 40 km.

DAMUTE: Se hallaba en el reino de Damut, entre Mozambique y el Congo, por debajo del Nilo azul, y en su proximidad, al sur, se habían ubicado las amazonas. Era un reino habitado por gentiles y cristianos con un importante mercado esclavista y donde se obtenía mucho oro. Fue conquistado por Ahmad Ibn Ibrahim al Ghazi en 1531 y fue recobrado por Gradeus en 1548.

DANIA: Damnea. Damnana La imprecisión del lugar no nos permite aventurar hipótesis.

DANNASEA: Demnasea. Damnasa. Podría tratarse de alguna localidad de Demsa en el norte de Camerún o con la misma denominación otra de Nigeria, incluso con Danané en la Costa de Marfil. Con el nombre de Damna existe una población en Niger, en la región de Tahoua. Incluso podría hacer referencia al territorio de los yacouba, gio o dan, sin olvidar la relación bíblica de Dana (Jos 15,49) o Danna (Jos 21,35). Sin embargo, no podemos descartar el mito que nos cuenta Toby Green de una relación con Daamansa, nombre mítico del cazador que fue padre de Tiramakang Traoré, enviado por el emperador de Mali Sunjata Keita a Senegambia en el siglo XIII, fundando el estado de Kaabu con capital en Kansala (Guinea Bissau).

DEMBIA: Dambia. Dombia. Dombra. Dembiya. Región localizada en Etiopía oriental, al norte del lago Tana. Su rey vivía en campamentos que desplazaba junto con su iglesia, aunque tenía una capital con el mismo nombre que el reino, en la que residía entre noviembre y la Pascua.

DOBRA LIBANUS: Debre Libanos. Debra Libanus. Lugar en Abisinia del que procedía el sacerdote que bautizó al Axgace de Conche. Se encuentra junto a un afluente del río Abbay al noroeste de Addis-Abeba. El monasterio había sido destruido por los musulmanes en 1531 y perdió importancia hasta el siglo XIX.

DOARO: Doharo. Däwar. Dewaro. Duarfum. Charchar. Al sur del lago Tana. Su significado es "tierra de frontera". Había sido conquistado por el emperador cristiano de Abisinia Amda Seyon I. Luego pasó a depender del sultanato de Adal, tras la conquista de Amir Ahmad, en 1527, y al fin fue asimilado por los Oromo.

ETÍOPE (mar): Denominación que se daba al Atlántico a partir del golfo de Guinea hacia el sur.

ETIOPÍA: Imperio del África oriental, donde se ubicaba el reino del Preste Juan, pero también denominación general que se daba al África negra.

GAFAT: Ciudad de Abisinia al sur del Nilo Azul, donde habitó un pueblo de lengua semítica, controlado por los abisinios.

GALANGEA: Probablemente Galam, Gadiaga o Gajaaga. Se ha dicho que el nombre de Galam se lo dieron los franceses en el siglo XVIII, lo que sería falso, de ser cierta la coincidencia de este texto. Son soninkés que se organizaron el siglo VIII en el Alto Senegal bajo la dinastía Bacili, que perduró hasta el siglo XIX. Existía un reino de Gala en el oriente africano, al que no parece probable que se refiera el texto.

GALLANEA: Galongea. Gallonea. Se ha especulado con que sea la ciudad de Gao, capital del imperio Shonghay, si bien determinadas características no responden a ello, como la cercanía de minas de oro (de las más cercanas eran la de Bambuk, en el alto Senegal, precisamente en el reino de Galam) y además se nos habla de una ciudad de religión ancestral, cuando ya hacía siglos que estaba islamizada. En el África oriental existían los galla u oromos.

GANNOVIA: Gannea. Ganna. Se ha especulado con que pueda referirse a Acra, la capital de la actual Ghana, pero no sería fundada hasta finales del siglo XVI, y Geraldini ya menciona la magnitud de la urbe, aunque su información es imprecisa: enorme ejército, gran mercado, Dios del Océano, poder sacerdotal. Es muy probable que Geraldini tenga una gran confusión de ideas en este punto. Podemos incluso pensar en el imperio de Lunda, al interior del Congo, donde su diosa Kalunga lo era del mar y del más allá. Precisamente el origen de Lunda estaba en la ciudad de Gaand. Igualmente, los Akan de Ghana tenían a Opo como dios del Océano. Pero el lugar queparece coincidir más con la descripción es la ciudad sagrada de Ile Ife (Nigeria), por su culto a Olokun, orisha del Océano, cuyo poder estaba controlado por la poderosa autoridad de los *ooni,* portadores de un tocado que podía recordar una mitra. Además, se mencionan cuatro templos y palacios, siendo el cuatro un número sagrado de los yoruba, pese a que la ciudad no es atravesada por cuatro ríos.

GOMERA: *Vid.* Ningaria.

GONGONEA: Puede responder al nombre de N'gongona (Mali), lo que parece poco probable por la escasa importancia del lugar. Ciudad de imposible localización concreta, que puede corresponder a Gongonen (Camerún). D'Ángelo ofrece la posibilidad de que se trate de Gongon (Mali) o una corrupción de Songho, poblado de los dogón, en el sur del mismo país. Con todo, es más probable una corrupción de Gangara, lugar relacionado con los soninkés.

GOUNGUIA: Koukia, capital de Dendina, en el noroeste de Nigeria; aunque es poco probable que lo sea, si se encontraba a tres días de distancia del mar.

GORAGUEZ: Goraga o Gorga. Según la *Descripción del Mundo* de Pedro Cubero Sebastián, pertenecía al reino de Gassabela, entre Mozambique y

Damute. Los gorague se ubicaban al suroeste de Addis-Abeba y, según Francisco Alvares vivían en cuevas bajo tierra.

GORGONAS (islas): González Vázquez cree por el orden de la narración que se está refiriendo a Madeira. Es más probable que haga mención de las islas del golfo de Arguim, que relata tal y como lo hace Cadamosto, que las denomina Blanca, de las Garzas y de los Corazones. Sin embargo, tiene alguna confusión, pues la que dice que es de abundantes aguas es la propia isla de Arguim, pero Cadamosto habla de islas arenosas y despobladas (1507: c. IX).

GOYAME: Goiam. Goggam. Reino existente entre los ríos Congo y Nilo, vinculado con el imperio de Etiopía. Se identificó con la isla de Meroe, que mencionaban los clásicos. Almeida cita a las mujeres y hombres marinos que vivían en los lagos en esta tierra. Nombre semejante lo tiene una localidad en la costa de Malagueta, entre Sierra Leona y la Costa de Marfil, a la que los portugueses llegaron después de la muerte de Enrique el Navegante (1460), desarrollando un comercio con el llamado "grano del paraíso".

GRACIOSA: Isla del Caribe a la que dio nombre Colón. Según Geraldini, en memoria de su madre, aunque no hay que descartar referencias a la isla homónima de Canarias o al fuerte también homónimo cercano a la ciudad de Larache, mandado elevar por Juan II en 1489 y abandonado poco después por las presiones del sultán de Fez. Precisamente en esa zona del actual Marruecos la actividad comercial de los genoveses tendría una cierta intensidad.

GRANADA (isla): Isla de las Granadinas, en las Antillas Menores, que cuando la dividió Colón, en 1498, recibió el nombre de Concepción. Habitada por indios caribes, los españoles no llegaron a asentarse en ella y fue ocupada por los franceses en 1649.

GUADALUPE (isla): Isla de las Antillas Menores, descubierta por Colón en 1493, perteneció a España hasta 1635. La poblaban indios caribes, que ante las presiones españolas no tardaron en abandonarla hacia 1515.

GUINEA: Ganuia. Guinuya. El nombre de Guinea en la época hacía referencia a un espacio del Occidente africano, que se extendía entre Senegal y Camerún.

HERCÚLEO (mar): Estrecho de Gibraltar.

HESPÉRIDES (islas): Probablemente se refiera a las islas de Cabo Verde.

HIERRO (isla): Geraldini, por error, la denomina Junona, que en realizada debía ser la isla de La Palma, siendo su nombre más coincidente con el de Ombrión.

IALOFA: Wolof. Jalofos. Confederación de reinos entre los ríos Senegal y Gambia, en que los del interior controlaban a los de la costa: Waalo, Cayor, Baol,

Sine y Saloum, si bien con la presencia de los portugueses estos fueron adquiriendo más relevancia. En 1513 fueron invadidos por los fulani.

IGOMÁN: Probablemente, según D'Angelo, degeneración de la palabra Jolof, imperio costero al sur del río Senegal.

IGUANAQUEYA (isla): Martinica, en la que estuvo Colón el 4 de junio de 1502, durante su cuarto viaje.

IGUNARONIA (isla): Santa Lucía. Colón estuvo en ella el 13 de diciembre de 1502, durante su cuarto viaje.

IOGONSAMEA: Yogonsennea. Logonsena. Geraldini dice que se encontraba a diez días del río Rivo, entre oriente y la Zona Tórrida.

JULIA CAMPESTRE: Babba. Bamba. Ciudad fundada por Augusto según Plinio y de ubicación desconocida, aunque probablemente en el valle del Lucus.

JUNONA: *Vid.* Hierro

LA ESPAÑOLA (isla): Isla de Santo Domingo, bautizada con ese nombre por Colón, el 5 de diciembre de 1492. Allí se establecieron los gobiernos civiles y eclesiásticos más importantes de América en los primeros momentos.

LICIA: En el suroeste de la península de Anatolia. Fue conquistada por los persas en el 545 a. C. y luego estuvo siempre disputada por las potencias de la zona, hasta que la ocuparon los romanos bajo el imperio de Claudio, en el año 43.

LIXOS: En las inmediaciones de Larache, se fundó por los fenicios y posteriormente fue un asentamiento romano, hasta que fue abandonado en el 285 por expreso deseo de Diocleciano, tras lo cual entró en una profunda decadencia.

LUNA (montes): Montes legendarios donde desde Ptolomeo se establecía el nacimiento del Nilo, que algunos autores identifican con los montes Rwenzori, de Uganda.

MANDINGA: Los mandingas se extendieron por buena parte del África Occidental y fundaron el estado de Kaabu con capital en Kansala (Guinea Bissau). Eran grandes guerreros y gozaban de un poderoso ejército en el siglo XVI. Se vinculan también con la fundación de los imperios de Ghana y de Mali y como promotores del avance del de Shongay.

MALI: Este gran imperio africano ya estaba en crisis a principios del siglo XVI, durante el reinado de los mansas Mahmud II y Mahmud III, en que el imperio se vio invadido por el de Shongay, perdiendo desde 1502 la hegemonía en la región.

MANASSABEA: Mansa. En la desembocadura del río Gambia, era la salida al Atlántico del imperio de Mali. Su población era malinké.

MANGALO: Mongalo. Cerca del río Cuama era un centro exportador de productos del imperio Monomotapa.

MANICONGONEA: Se trata de una extrapolación de la denominación de los gobernantes del Congo (manicongos) para denominar el reino. El topónimo de manicongo se ha utilizado dos veces de una forma confusa, debido probablemente al copista.

MARDAONZONA: Onozoea, Onzea. Reino gobernado por mujeres de imposible ubicación.

MASIANA: Probablemente se refiere a Masina, tierra de los fulas en el curso medio del Níger, ubicada en un delta interior que se inundaba en época de lluvias. En aquellos momentos estaba dominada por el imperio Shongay de Askia Mohamed, que la había conquistado en 1518. A lo largo del siglo XV allí se habían instalado los peuls, mandingas y tuaregs.

MAURITANIA CESAREA: En el norte de África entre Numidia y la Mauritania Tingitana, que tenía su capital en Cesarea, cerca de Argel.

MAURITANIA TINGITANA: La parte más occidental de África, correspondiente a Marruecos. Su capital fue la actual Tánger.

MONTSERRAT (isla): Se menciona en el segundo Viaje de Colón, en 1493, y forma parte de las islas de Barlovento.

NAANSABEA: Se ha especulado con una derivación de *mansa*, título que se daba a los emperadores de Mali, pero parece poco probable, puesto que era una ciudad islámica, en la que obviamente no podía haber una diosa en su gran mezquita.

NABBONEA: *Vid.* Trabonnea.

NANSEA: Es de imposible ubicación. Podría aventurarse, sin ninguna seguridad, que pudiera ser la ciudad de Djenné, que ocupa el delta interior del Níger, en la confluencia de este con el Benín, en un lugar de apariencia lacustre. Desde luego, en el texto está tratada como la capital de un reino.

NASAENNA: Ciudad en un lugar impreciso, pero cercana a la de Ozzea.

NILO (río): Río sobre el que todavía existía un gran desconocimiento, especialmente del llamado Nilo Azul, y se podía creer que el Senegal y el Níger tenían en él su origen y que nacía en los montes de la Luna. En su entorno se desarrollaron varias de las culturas que nos menciona Bermudes, cuyo texto incluye Mongallo.

NINGARIA: En la obra se refiere a la Gomera, y es una mala lectura que cometieron varios autores de *Pintuaria*, con el que se refrían a la isla de Tenerife. De hecho, ningún monte de la Gomera se ha caracterizado por la nieve.

NUEVA VALENCIA: *Vid.* Valentia Banassa.

NUMIDIA: Reino de pueblos bereberes que se extendió entre el oriente de Marruecos y Túnez, pero que en tiempos de Roma se limitaría a lo que hoy es Argelia.

OMBRIÓN: Isla de Hierro.

OQQY: Wadj. Reino cristiano del África oriental, gobernado por Miguel, yerno del emperador abisinio Gradeus. En este reino estaba la provincia de gentiles de Goráguez. Allí construyó un castillo el emperador Gradeus hacia 1548.

OZZEA: Un lugar indefinido, pues la distancia que ofrece Geraldini es de 1800 millas o veinte días de camino desde los barbacinas. Con una denominación parecida, aunque es casi imposible que corresponda, está Ozea, en Argelia, cerca de Bardi-el Amza.

PALMARIA: Isla de La Palma.

PANNIANA: Posiblemente se refiera al reino de Benín, entre las actuales Benín y Nigeria.

PANTEA: Ninguna población africana aparece con este nombre ni con el de Plantera de otros manuscritos, que, por otro lado, se corresponde con el de la esposa de Abradates, rey de Susa, en el siglo VI a C., que se suicidó cuando supo de la muerte de su esposo en la guerra.

PERIQUEIA (isla): Berequeya. Beriqueia. Isla Graciosa, que Geraldini manifiesta que recibió ese nombre de Colón en honor de la madre del prelado.

PLUVIALIA: Geraldini la identifica con la isla de Hierro, aunque otros autores se inclinan por Lanzarote.

QUILOA: Kilwa. Ocupada por los árabes en el siglo VIII, se convirtió en cabeza de un sultanato que se extendía por parte de la costa oriental africana y la isla de Madagascar. Era un centro comercial que importaba productos asiáticos y exportaba esclavos, oro y marfil. En 1500 fue visitada por Pedro Álvarez de Cabral y en 1505 conquistada por Francisco de Almeida. En 1506 se produjeron grandes revueltas contra el dominio portugués y comenzó la decadencia del lugar.

QUIMERA (monte): Monte que la tradición clásica ubicaba en Licia.

RIBATERO: Río Tajo.

RIVO (río): Salum o, según Cadamosto, río de los Barbacinas, al que Geraldini da tal nombre probablemente por el río Rivo o Itri del Lazio.

ROBRIRA: *Vid.* Trabbonea.

ROJO (mar): También se le llamó Eritreo y se encuentra entre el África Oriental y la península arábiga.

SABA: Probablemente se relacione con Soba, al sur de Sudán. Sin embargo, hay una preferencia por situarlo al sur de la península arábiga, con capital en Marib, al sur de Yemen.

SALA: *Shālah* (Marruecos). Junto al río Bu Regrg. El nombre de Sala es de origen fenicio (roca). Ciudad cerca de la ciudad de Rabat, donde los benimerines establecieron una necrópolis en el siglo XIV. Ptolomeo ya la menciona en su *Geografía*.

SAN BARTOLOMÉ (isla): Isla de Barlovento avistada en el segundo viaje de Colón, en 1493.

SAN MARCOS (isla): Isla de Barlovento avistada en el segundo viaje de Colón, en 1493.

SAN SABAS (isla): Isla de Barlovento avistada en el segundo viaje de Colón, en 1493.

SAN VICENTE (isla): Isla de Granadinas avistada en el tercer viaje de Colón, en 1498.

SANTA LUCÍA (isla): Isla de Granadinas avistada en el cuarto viaje de Colón, en 1502. Recibió ese nombre, por coincidir la fecha de llegada del almirante con el día de celebración de la santa.

SANTA MARÍA (isla): Isla de Sotavento de pequeño tamaño, situada al lado de Martinica.

SANTA MARÍA DE LAS NIEVES (isla): Conocida en la actualidad como Nieves, fue descubierta por Colón en su tercer viaje, en 1498.

SANTO DOMINGO: Capital de la isla Española y de la Audiencia de Santo Domingo, fue fundada por Bartolomé Colón, en 1498. Destruida por un huracán, volvió a fundarse al otro lado del río Ozama por Nicolás de Ovado, en 1502. Se convirtió en la sede primada de América.

SEGONA (río): Nombre que se presta a confusión, pues en las ediciones latinas se denomina Senegal, pero desde luego parece extraño que se ubique su desembocadura en el Índico o el mar Rojo.

SENEGAL (río): Río que marca la divisoria entre las tierras desérticas del Sahara y Etiopía. Fue considerado por muchos autores como un afluente y también como un brazo del Nilo. Dinis Dias fue el primer europeo conocido en llegar hasta su desembocadura, en 1445.

SEVILLA: Centro del tráfico con las Indias, donde se organizaban los viajes de ida, en la Casa de la Contratación, creada en 1503, y donde Geraldini pasó una temporada antes de embarcar.

SIMEN: Samen. Reino judío montañoso que, junto con Amara, el emperador abisinio consideraba más seguro para su retiro. Se hallaba entre los territorios de Tigré y Waggara, al noroeste del imperio etíope, por el que fue conquistado a principios del siglo XV, obligando a sus habitantes a convertirse o a perder sus propiedades. Los musulmanes de Adel lo conquistaron antes de mediados del siglo XVI, siendo posteriormente reconquistado y viviendo en un continuo conflicto de equilibrio de fuerzas.

SOFALA: En la costa de Mozambique, perteneció al sultanato de Kilwa, pero gozaba de una gran autonomía. Era un importante centro comercial, donde se intercambiaba el oro africano por mercancías que llegaban de Oriente y la salida de los productos del imperio Monomotapa. Pêro da Covilhã en 1480 llegó a aquel lugar, aunque el establecimiento de los portugueses no se realizó hasta 1505, con Pêro de Anaia, desplazando a los musulmanes en el comercio de la zona.

SUAQUEM: Isla en la costa del mar Rojo, en el actual Sudán. Perteneció al reino de Tigrê y en 1517 pasó a manos del imperio otomano.

SUBUR: Debe de tratarse de la ciudad de Kenitra, hoy llamada Al Mehdiya, al norte y próxima a Rabat. Se halla junto al río que los romanos llamaron Subur, que hoy se conoce como Sebu, que Plinio definió como "magnificus et navigabilis". En tiempos de Geraldini estaba ocupada por los portugueses.

TARSIS: Nombre que se ha relacionado con Tartesos, en el sur de la península ibérica. Este reino, que comerciaba con su riqueza metalúrgica, desapareció hacia el año 500 a. C. tras el fracaso de los griegos en la batalla de Alalia (535 a. C.).

TÁURICA (isla): *Vid.* Granada (isla).

TENERIFE: *Vid.* Capraria. Existe una confusión con esta isla, a la que el autor da el nombre de Capraria, probablemente se refería a Fuerteventura.

TIGREMAON: Tigré Tegray. Territorio al oeste del Nilo y al sur del río Marabo y del reino de Angote. Era cristiano y famoso por sus minas de oro.

TIMAVO (monte): Desconocido en la zona en que lo ubica Geraldini, aunque su alusión a la existencia de leones nos hace pensar en la cordillera del Atlas. Plinio en HN 7,2 relata que en el valle de este monte habitaban escitas antropófagos. Sostiene que tenían los pies girados hacia atrás, pero a pesar de ello eran muy rápidos. Además, vivían con las fieras y solo habitaban dicho valle.

TRABBONEA: No se puede precisar a qué lugar corresponde y se debe descartar Nabón (Burkina Faso), puesto que no ha pasado de ser un lugar rural sin demasiada importancia.

TRAPOBANA: Isla fantástica ubicada en Sumatra o en Ceilán, aunque no se sabe con precisión después de que la citara Megástenes en el s. III a. C. Era un lugar mítico, que en esta obra se llegó a identificar también con Perú.

VALENTIA BANASSA: Localidad junto al río Sebu (Marruecos), donde hubo un importante mercado en época romana. Su nombre en árabe sería Bel Kssiri.

VEDEMUDRO: Bagamedri. Bägémeder. Bagamedran. Banguamedron. Vecino del reino de Goiame en Etiopía. Era la parte oriental del imperio Kush o Abisinia.

VÍRGENES (islas): Se sitúan al este de Puerto Rico y forman parte del grupo de las islas de Barlovento. Habitadas por caribes, fueron descubiertas por Colón en su segundo viaje (1493).

ZOFALA: *Vid.* Sofala.

ZOFI: Safi. Asfi. En la Mauritania Tingitana. Allí los portugueses construyeron el llamado Castillo del Mar. Estaba ocupada por los lusos, y Geraldini la confunde con Lixos (Larache).

ZONA TÓRRIDA: Zona que se creyó inhabitable hasta los descubrimientos portugueses en África. Unos creían que estaba ocupada por las aguas y otros que era seca, pero siempre inhabitable.

ZUBIA NUBIA: Çubia Nubia. Soba Nubia. Entre los actuales Sudán y Egipto. Los reinos nubios habían sido cristianos, pero a finales del siglo XV apenas quedaban restos del cristianismo y se producía una despoblación por la sequía con pueblos que avanzaban hacia el sur. Su capital Dongola, al norte del actual Sudán, fue conquistada en el siglo XV por los fongs ~~y en 1504~~. Posteriormente los musulmanes destruyeron Soba, de modo que en 1523 David Reubeni escribió que solo quedaban ruinas (Hillelson, 1933: 60).

ZUBUL: Azemmour. En posesión de los portugueses, en la costa atlántica del actual Marruecos.

BIBLIOGRAFÍA

Abbadie, Jacques, *La vérité de la religion chrétienne réformée*, Gaspar Fritsch, 1718.

Adroher Ben, María Antonia, "Estudios sobre el manuscrito «Petro Michaelis Carbonelli adversaria. 1492» del Archivo Capitular de Gerona", en *Annals del Institut d'Estudis Gironins* 11 (1956), pp. 109–162.

Aguilar, Juan Bautista, *Tercera parte del Teatro de los dioses de la gentilidad*, Valencia, Lorenço, Mesnier, 1688.

Agustín de Hipona, *Obras completas… Escritos antimaniqueos*, Madrid, BAE, 1993 (ed. de Pio de Luis).

Agustín de Hipona, *La ciudad de Dios*, Barcelona, Gredos, 2020.

Al-Bukhari, Abu-'Abdullah Muhammad-Bin-Isma'il, *Encyclopedia of Sahih Al-Bukhari*, Nueva York, Arabic Virtual Translation Center, 2021.

Al-Mayriti, Maslama, *Picatrix*, Madrid, Editora Nacional, 1982.

Albònico, Aldo, *Libri, idee, uomini tra l'America iberica, l'Italia e la Sicilia*, Messina, Bulzoni, 1993.

Alcalá Galiano, Pelayo, *Memoria sobre Santa Cruz de Mar Pequeña y las pesquerías en la Costa Noroeste de África*, Madrid, Fortanet, 1878.

Aldrovandi, Ulisse *Monstrorum historia, cum paralipomenis historiae omnium animalium*, Bolonia, Nicolai Tebaldini, 1642.

Alonso Acero, Beatriz, *Cisneros y la conquista española del norte de África: cruzada, política y arte de la guerra*, Madrid, Ministerio de Defensa, 2017.

Alonso Getino, Luis, *Dominicos españoles confesores de reyes*, Madrid, Santo Domingo el Real, 1917.

Alvares, Francisco, *Ho Preste Ioam das Indias: verdadera informaçam das terras do Preste Ioam*, Lisboa, Luis Rodríguez, 1540.

Alvares, Francisco, *Historia de las cosas de Etiopía, en la qual se cuenta muy copiosamente el estado y potencia del emperador della, (que es el que muchos han pensado ser el preste Juan)*, Amberes, Juan Steelsio, 1557 (trad. de Thomas de Padilla).

Alvares, Francisco, *Historia de las cosas de Etiopía, en la qual se cuenta muy copiosamente el estado y potencia del emperador della*, Toledo, Pedro Rodríguez, 1588.

Alves de Fraga, Luis, *A viagem de Pêro da Covilhã e Afonso Paiva ou a mundividência de D. João II*, Lisboa, Apenas Livros, 2005.

Amat di San Filippo, Pietro, *Bibliografia dei viaggiatori italiani: ordinata cronologicamente ed illustrata*, Roma, Salviucci, 1874.

Anglería, Pedro Mártir de, *Occeanea Decas*, Sevilla, Jacobo Cromberger, 1511.

Anglería, Pedro Mártir de, *De orbe novo Decades*, Alcalá de Henares, Guillermo Brocar, 1516.

Anglería, Pedro Mártir de, *De Orbe Novo*, Alcalá de Henares, Miguel Eguía, 1530.

Anglería, Pedro Mártir de, *Opus Epistolarum*, París, Elzevirianis, 1670.

Anglería, Pedro Mártir de, *Cartas sobre el Nuevo Mundo*, Madrid, Polifemo, 1989b.

Anglería, Pedro Mártir de, *Décadas del Nuevo Mundo*, Madrid, Polífemo, 1989a.

Angulo Iñiguez, Diego, *Historia del Arte Hispano-Americano* I, Barcelona, Salvat, 1945.

Apolonio, *Las argonáuticas*, Madrid, Akal, 1991 (Ed. de Manuel Pérez López)

Aprosio, Angelico, *Lo scudo di Rinaldo ouero lo specchio del disinganno*, Venecia, Iacomo Hertz, 1654.

Arato de Solos, *Fenómenos. Introducción a los fenómenos*, Madrid, Gredos, 1993 (tr. de Esteban Calderón Dorda).

Arciello, Daniele, "Traducir y reinventar leyendas. Una copia lisboeta del *Itinerarium* de Alejandro Geraldini y las riquezas del fabuloso reino del Preste Juan etíope", *Kervan – International Journal of Afro-Asiatic Studies*, 24-2 (2020), pp. 3–31.

Aristóteles, *Historia Animalium*, Cambridge, Cambridge University Press, 2002 (ed. D. M. Balme).

Aristóteles, *Política*, Madrid, Alianza, 2015 (tr. Carlos García Gual y Aurelio Pérez Jiménez).

Arellano, Fernando, *Una introducción a la Venezuela prehispánica*, Caracas, Universidad Andrés Bello, 1986.

Arens, William, *The Man-Eating Myth, Anthropology & Anthropophagy*, Nueva York, Oxford University Press, 1980.

Arias Montano, Benito, *Prefacio a la Biblia Regia de Felipe II*, León, Universidad de León, 2016, (ed. y trad. de María Asunción Sánchez Manzano).

Awolalu, J. Omosade, *Yoruba beliefs and Sacrifcial Rites,* Londres, Longman, 1979.

Aznar, Eduardo, Corbella, Dolores y Tejera, Antonio, "Introducción", en Alvise Cadamosto, *Los viajes africanos...*, San Cristóbal de la Laguna, Instituto de Estudios Canarios, 2017.

Báez, Adriana y Zampar, Giovanni, "Los viajes en la cristiandad bajomedieval", en Guillermo Nieva Ocampo, Marcelo Paulo Correa y Adriana Báez (eds.), *Historia de Europa: siglos XIV y XV,* Salta, La Aparecida, 2021, pp. 478–507.

Baldelli, Ignazio, *Medioevo volgare da Montecassino all'Umbria*, Bari, Adriatica, 1971.

Banton, Michael, *Racial theories*, Cambridge, Cambridge University Press, 1987.

Barcia y Zambrana, José de, *Despertador christiano divino y eucharístico de varios sermones de Dios trino y uno*, Madrid, Alonso Balvás, 1695.

Barry, Boubacar, *The Kingdom of Waalo: Senegal Before the Conquest*, Nueva York, Diasporic Africa Press, 2012.

Bataillon, Marcel, *Erasmo y España*, México, Fondo de Cultura Económica, 1995.

Batlle, José y Siladi, Víctor, *Casas históricas de la ciudad primada de América*, Santo Domingo, Vicini, 2014.

Battelli, Giulio M., "Nomenclature des écritures humanistiques", en Bernhard Bischoff, Gerard Isaac Lieftinck y Giulio M. Battelli, *Nomenclature des écritures livresques du IXe au XVIe siècle*, Centre National de la Recherche Scientifique, París, 1954, pp. 35–44.

Bausi, Francesco, "Antonio Geraldini", en *Dizionario Biografico degli italiani*, 2000. https://www.treccani.it/enciclopedia/antonio-geraldini_%28Dizionario-Biografico%29/ (31/01/2021).

Bello, Andrés, *Poesías*, Caracas, La Casa de Bello, 1881.

Ben-Dor Benite, Zvi, "Follow the white camel: Islam in China to 1800", en David O. Morgan y Anthony Reid (eds.), *The New Cambridge History of Islam III*, Cambridge University Press, 2010, pp. 409–426.

Benjamín, Walter, *Discursos interrumpidos I. Filosofía del arte y de la historia*, Buenos Aires, Taurus, 1989.

Benjamín, Walter, *El origen del drama barroco alemán*, Madrid, Taurus, 1990.

Benjamín, Walter, *Libro de los Pasajes*, Madrid, Akal, 2005.

Benzoni, Girolamo, *La historia del mondo nuouo*, Venecia, Rampazetto, 1565.

Beristáin de Souza, José Mariano, *Biblioteca hispano americana septentrional* I, México, Fuente Cultual, 1947.

Bermudes, João, *Esta he huma breve relação da embaixada que o Patriarca dom Ioão Bermudes trouxe do Imperador de Ethiopia, chamado vulgarmente Preste Ioão...*, Lisboa, Francisco Correa, 1565.

Bermudes, João, *Breve relação da embaixada que o patriarcha d. João Bermudez trouxe do imperador da Ethiopia, chamado vulgarmente Preste João, dirigida a el-rei d. Sebastião*, Lisboa, Academia Real das Sciências, 1875.

Bermudes, João, "This is a short account of the embassy in which the patriarch D. João Bermudez brought from the Emperor of Ethiopia, vulgarly called Prester John...", en *The Portuguese Expedition to Abyssinia in 1541-1543, as Narrated by Castanhoso, With Some Contemporary Letters, the Short Account of Bermudez, and Certain Extracts from Correa*, London, Hakluyt Society, 1902, pp. 127-257 (ed. de Richard Stephen Whiteway).

Bertini, Giovanni Maria (ed.), *Alonso Ortiz, Diálogo sobre la educación del Príncipe Don Juan, Hijo de los Reyes Católicos*, Madrid: Porrúa, 1983.

Berwick y de Alba (duque) (ed.), *Correspondencia de Gutierre Gómez de Fuensalida, embajador en Alemania, Flandes e Inglaterra (1496-1509)*, Madrid, Imprenta Alemana, 1907.

Bethencourt, Francisco y Chaudhuri, Kirti N. (eds.), *História da expansão portuguesa. A Formação do Império (1415-1570)*, Lisboa, Círculo de Lectores, 1998.

Bettini, Maurizio, "Culto degli antenati e culto dei morti", en S. Settis (ed.), *Civiltà dei romani. Vol. III. Il rito e la vita privata*, Milano, Electa, 1992, pp. 260-264.

Bietenholz, Peter G., "Nicolaus Clenardus", en *Contemporaries of Erasmus: A Biographical Register of the Renaissance and Reformation*, Toronto, University of Toronto Press, 2003.

Biographie universelle, ancienne et moderne XVII, París, Michaud, 1816.

Blondello, Davide, *Genealogiae francicae plenior assertio*, Amsterdan, Blaeu, 1654.

Blumenbach, Johann Friedrich, *De generis humani varietate nativa*, Gotinga, Vandenhoek und Ruprecht, 1795.

Boccaccio, Giovanni, *De las mujeres ilustres en romance*, Zaragoza, Paulo Huris, 1494.

Boccaccio, Giovanni, *Il Decameron*, Bari, Laterza & Figli, 1927.

Boccalini, Traiano, *De' ragguagli di Parnaso*, Venecia, Piertro Farri, 1612.

Boccalini, Traiano, *Discursos políticos y avisos del Parnasso*, Huesca, Juan Francisco Larumbe, 1640.

Boccalini, Traiano, *Comentarii sopra Cornelio Tacito*, Cosmopoli, Giovanni Battista della Piazza, 1677.

Bondioli, Pio: "Nuovi documenti sulla politica di Leone X nel 1516", *Aevum* 4-1/2 (1930), pp. 135-156.

Bonilla, Luis, *Historia de la esclavitud*, Madrid, Plus Ultra, 1961.

Bonney, Richard, *The European Dynastic States, 1494-1660*, Oxford, Oxford University Press, 1991.

Borges, Pedro, *Historia de la Iglesia en Hispanoamérica y Filipinas* I, Madrid, BAC, 1992.

Borghini, Gabriele (ed.), *Marmi antichi*, Roma, De Luca, 1989.

Botas San Martín, Isabel, "Oraciones, ensalmos y conjuros", *Revista de Folklore* 141 (1992), pp. 90-99.

Boulègue, Jean, "L'ancien Royaume du Kasa (Casamance)", *Bulletin de l'Institut Fondamental d'Afrique Noire, Série B: Sciences humaines* 42-3 (1980), pp. 475-486.

Boulègue, Jean, *Les royaumes wolof dans l'espace sénégambien: XIIIe-XVIIIe siècle*, París Karthala, 2013.

Braude, Benjamin "The sons of Noah and the construction of ethnic and geographical identities in the medieval and early modern periods", *The William and Mary Quarterly* 54-1 (1997), pp. 103-142.

Breval, John D., *Remarks on Several Parts of Europe: Relating Chiefly to the History, Antiquities and Geography, of Those Countires Through which the Author Has Travel¢d: as France, the Low Countries, Lorrain, Alsacia, Germany, Savoy, Tyrol, Switzerland, Italy and Spain* II, Londres, Lintot, 1726.

Broche, Gaston E., *Pythéas le Massaliote, découvreur de l'Extrême-Occident et du Nord de l'Europe*, París, Société française d'imprimerie, 1935.

Brunelli, Giampiero, *Il Sacro Consiglio di Paolo IV*, Roma, Viella, 2011.

Bruscoli, Francesco Guidi, *Bartolomeo Marchionni, «homen de grossa fazenda» (ca. 1450-1530). Un mercante fiorentino a Lisbona e l'impero portoghese*, Florencia, Leo S. Olschki, 2014.

Buffon, conde de, *Les époques de la nature*, Paris, Imprimerie Royale, 1749.

Cáceres Gómez, Rina, *Rutas de la esclavitud en África y América Latina*, San José de Costa Rica, Universidad de Costa Rica, 2001.

Cadamosto, Alvise, "Navigazioni", en Francazano de Montalbodo, *Paesi novamente retrovati et novo mondo da Alberico Vesputio Florentino intitulato*, Vicenza, Henrico Vizentino, 1507.

Calderón de la Barca, Pedro, *La cisma de Inglaterra*, Madrid, Antonio Sanz, 1750.

Calderón Berrocal, María del Carmen, *El Hospital de las Cinco Llagas: historia y documentos*, Tesis doctoral de la Universidad de Huelva (2016).

Camões, Luiz de, *Os lusiadas*, Lisboa, Pedro Crasbeeck, 1613.

Campuzano Zamalloa, José Luis, *La residencia del licenciado Rodrigo de Figueroa*, Tesis doctoral de la Universidad de Sevilla (1957), https://idus.us.es/handle/11441/97010 (28/03/2020).

Cantó, Alicia María, "Los viajes del caballero inglés John Breval a España y Portugal: novedades arqueológicas y epigráficas de 1726", *Revista Portuguesa de Arqueología* 7-21 (2004), pp. 265-364.

Cantú, Cesare, *Histoire des Italiens* VII, París, Firmin Didot, 1860.

Cappelletti, Giuseppe, *Le Chiese d'Italia dalla loro origine ai nostri giorni*, Venecia, Giuseppe Antonelli, 1864.

Cárceles Laborde, Concepción, "La reforma eclesiástica cisneriana", en *Historia de la educación en España y América* II, Madrid, Morata, 1993.

Carney, Judith A., *Black Rice. The African Origins of Rice Cultivation in the Americas*, Cambridge, Harvard University Press, 2002.

Carpentier, Pierre, *Glossarium novum ad scriptores Medii Aevi, cum Latinos tum Gallicos*, París, Le Breton-Saillant-Desaint, 1766.

Casas, Bartolomé de las, *Historia de las Indias* I, Caracas, Ayacucho, 1986 (ed. de André Saint-Lu).

Castellanos, Juan de, *Elegías de varones ilustres de Indias*, Madrid, M. Rivadeneyra, 1852.

Castro, Manuel de, "Confesores franciscanos en la corte de Carlos I", *Archivo Ibero-Americano* 138 (1975), pp. 253-312.

Cei, Galeotto, *Viaggio e relazione delle Indie (1539-1553)*, Roma, Bulzoni, 1992 (ed. de Francesco Surdich).

Cerejeira, Manuel Gonçalves, *O Renascimento em Portugal: Clenardo e a sociedade portuguesa do seu tempo. Com a tradução das suas cartas*, Coimbra, Coimbra Editora, 1949.

Chagas, Manuel Pinheiro y Monteiro, Jose Maria Sousa de, *Os Portuguezes em Africa, Asia, America, e Occeania* I, Lisboa, Borges, 1848.

Chaunu, Huguette y Pierre, *Seville et l'Atlantique (1504-1650)* II, París, Armand Colin, 1955.

Chicangana-Bayona, Yobenj Aucardo, "El nacimiento del Caníbal: un debate conceptual", *Historia Crítica* 36 (2008), pp. 150-173.

Chimeno del Campo, Ana Belén, "El reino del Preste Juan y los viajeros de la Alta Edad Media", en Armando López Castro y María Luzdivina Cuesta Torre (eds.), *Actas del XI Congreso Internacional de la Asociación Hispánica de Literatura Medieval* I, León: Universidad de León, 2007, pp. 423-429.

Cicerón, *De república*, Madrid, R. Angulo, 1885a.

Cicerón, *Ad M. Brutum orator*, Cambridge, Cambridge University Press, 1885b.

Cicerón, *De officiis*, Milán, Signorelli, (1970-1981) (ed. de Angelo Ottolini y Cesare Bioni).

Cicerón, *El orador*, Madrid, CSIC, 1999 (ed. de Antonio Tovar y Aurelio R. Bujaldón).

Cirillo Sirri, Teresa, "Pere Miquel Carbonell e i fratelli Geraldini", en Paolo Maninchedda (coord.), *La Serdegna e la presenza catalana nel Mediterraneo* I, Cagliari, CUEC, 1999, pp. 170-182.

Clarke, Richard H. "Christopher Columbus", *The American Catholic Quarterly Review* 17 (1892), pp. 301-332.

Claudio Eliano, *Historia de los animales*, Madrid, Akal, 1989 (ed. de José Vara Donado).

Clemencín, Diego, *Elogio de la Reina católica doña Isabel*, Madrid, Sancha, 1821.

Cleynaerts, Nicolaes, *Peregrinationum ac de rebus machometicis epistolae elegantissimae*, Lovaina, Martinum Rotarium, 1551.

CODOIN América I, Madrid, Bernaldo de Quirós, 1864.

Coe, Michael, *The Royal Fifth. Earliest Notices of Maya Writing*, Barnardsville, Center for Maya Research, 1989.

Coelho, António Borges, *Raízes da Expansão Portuguesa*, Alfragide, Caminho, 2018.

Coifman, Victoria Bomba, *History of the Wolof State of Jolof Until 1860 Including Comparative Data from the Wolof State of Walo* II, Madison, University of Wisconsisn, 1969.

Coindreau, Roger, *Les corsaires de Salé*, Tabat, La Criosee des Chemins, 2006.

Colón, Cristóbal, *Relaciones y cartas*, Madrid, Viuda de Hernando, 1892.

Colón de Carvajal, Anunciada y Chocano, Guadalupe, *Cristóbal Colón. Incógnitas de su muerte. 1506-1902. Primeros Almirantes de Indias* II, Madrid, CSIC, 1992.

Coquery-Vidrovitch, Catherine, *African Women: A Modern History*, Londres, Routledge, 2018.

Coronel Ramos, Marco Antonio, "La caridad: voces de reforma del clero en el siglo XVI", *Studia Philologica Valentina* 12 (2013), pp. 169-188.

Correia-Ferreira, Celestino "História da Igleja em Angola no século XVI", en Josep-Ignasi Saranyana, Enrique de la Lama y Miguel Lluch-Baixauli (eds.), *Qué es la historia de la Iglesia: XVI Simposio Internacional de Teología de la Universidad de Navarra*, Pamplona, Universidad de Navarra, 1996, pp. 309-318.

Cortelazzo, Manlio y Zolli, Paolo, *Dizionario Etimologico della Lingua Italiana*, Bologna, Zanichelli, 2000.

Cortés López, José Luis, *La esclavitud en España en la época de Felipe II*, Fundación Biblioteca Virtual Miguel de Cervantes, http://cervantesvirtual.com/historia/CarlosV/6_4_cortes.shtml #N_2_ (19/02/2021).

Cortés López, José Luis, *Esclavo y colono. Introducción y sociología de los negroafricanos en la América española del siglo XVI*, Salamanca, Universidad de Salamanca, 2004.

Cortesão, Armando, *Esparsos* I, Coimbra, Universidad de Coimbra.

Cortesão, Jaime, *A Política de Sigilo dos Descobrimentos*, Lisboa, Neogravura, 1960.

Cortesão, Jaime, *História da expansão portuguesa*, Lisboa, Imprensa Nacional, 1993.

Covarrubias, Pedro, *Pars hyemalis sermonum dominicalium*; y *Pars estivalis sermonum dominicalium*, Paris, I. B. Ascensio, 1520.

Cronica del rey don Enrique tercero deste nombre, Madrid, M. Galiano, 1868, (comp. Pedro Barrantes Maldonado).

Cruz Valdovinos, José Manuel y Escalera Ureña, Andrés, *La platería de la catedral de Santo Domingo, primada de América*, Santo Domingo, Museo de las Casas Reales, 1992.

Cuoq, Joseph, *Histoire de l'Islamisation de l'Afrique de l'Ouest des origines à la fin du XVI siècle*, Paris, Paul Geuthner, 1984.

D'Angelo, Edoardo, *Maestro Grifone e i suoi allievi*, Spoleto, Centro Italiano di Studi sull'Alto Medioevo, 2011.

D'Angelo, Edoardo, "Dall'Umbria alla corte di Spagna. L'opera agiografica di Alessandro Geraldini", en Íñigo Ruiz Arzalluz (coord.), *Estudios de filología e historia en honor del profesor Vitalino Valcárcel*, Vitoria, Universidad del País Vasco, 2014a, pp. 207–222.

D'Angelo, Edoardo, "L'epitafio per il Plàtina di Publio Francesco Laurelio d'Amelia", en A. de Vivo (ed.), *Il miglior Fabbro: studi offerti a Giovanni*, Amsterdam, Adolf M. Hakkert, 2014b, pp. 353–362.

D'Angelo, Edoardo, "Alessandro Geraldini: diplomatico, prelato e scrittore", en *Dall'Umbria al Mediterraneo e All'atlantico. Alessandro Geraldini. Itinerarium ad regiones sub Equinoctiali plaga constitutas*, Génova, Universidad de Génova, 2017, pp. 9–68.

D'Angelo, Edoardo, "Introduzione", en Alessandro Geraldini, *Alexandri Geraldini Amerini variae epistolae XXVI necnon oratines IV*, Roma, Instituto Palazzo Borromini, 2018, pp VII-LXXXIII.

D'Angelo, Edoardo, "Alessandro Geraldini vs. Rodrigo de Figueroa: la Iglesia dominicana, los encomenderos y el problema de los indios", en Andrea Canepari (ed.), *El legado italiano en República Dominicana. Historia, arquitectura, economía y sociedad*, Turín, Allemandi, 2021, pp. 115–121.

D'Angelo, Edoardo y Manfredonia, Rosa, "Del Mediterráneo al Atlántico. El *Itinerarium ad regiones sub Equinoctiali plaga constitutas* de Alessandro Geraldini de Amelia", en Andrea Canepari (ed.), *El legado italiano en República Dominicana. Historia, arquitectura, economía y sociedad*, Turín, Allemandi, 2021, pp. 123-130.

D'Esposito, Francesco, "Alessandro Geraldini", en *Dizionario Biografico degli Italiani della Treccani*, vol. 53, Roma, 2000. http://www.treccani.it/enciclopedia/alessandro-geraldini_%28Dizionario_Biografico%29/. (17/01/2020)

Daillé, Jean, *Replique de Iean Daillé aux deux liures que messieurs Adam et Cottiby ont puliez contre luy*, Ginebra, De Tournes, 1669.

Deive, Carlos Esteban, *Los guerrilleros negros*, Santo Domingo, Fundación Cultural Dominicana, 1989.

Díaz de Castillo, Bernal, *Historia verdadera de la conquista de la Nueva España*, Madrid, Historia 16, 1984.

Diffie, Bailey W., *Foundations of the Portuguese Empire, 1415-1580 (Europe & the World in the Age of Expansion)*, Minneapolis, Univ. of Minnesota Press, 1977.

Domínguez Ortiz, Antonio "La esclavitud en Castilla durante la Edad Moderna", *Estudios de Historia Social de España* 11 (1952), pp. 369-408.

Donnini, Mauro, "Alla scuola di Grifone di Amelia", en Enrico Menestò (ed.), *Alessandro Geraldini e il suo tempo*, Spoleto, Centro Italiano di Studi sull'Alto Medioevo, 1993, pp. 95-118.

Dumont, Jean, *La regina diffamata. La verità su Isabella la Cattolica*, Turín, SEI, 2003.

Duran, Eulàlia, *Simbología política catalana a l'inici dels temps moderns*, Barcelona, Reial Acadèmia de Bones Lletres de Barcelona, 1987.

Duran, Leonard, *Voyage au Sénégal fait dans les années 1785 et 1786* II, París, Dentu, 1807.

Dussel, Enrique, *El episcopado latinoamericano y la liberación de los pobres 1504-1620*, México, Centro de Reflexión Teológica, 1979.

Earle, Thomas Foster y Villiers, John (eds.), *Caesar of the East: Selected Texts by Afonso de Albuquerque and his son*, Oxford, Oxford University Press, 1990.

Egido, Aurora, *Humanidades y dignidad del hombre en Baltasar Gracián*, Salamanca, Universidad de Salamanca, 2001.

Eickhoff, Georg, *La historia como arte de la memoria: Acosta vuelve de América*, México, Universidad Iberoamericana, 1996.

Elbl, Ivana, "The horse in fifteen-century Senegambia", *The International Journal of African Studies* 24-1 (1991), pp. 85-110.

Eliade, Mircea, *Tratado de Historia de las religiones. Morfología y dialéctica de lo sagrado*, Madrid, Cristiandad, 2000.

Elipe Soriano, Jaime, *Iglesia, familia y poder en la época de Fernando el Católico: el arzobispo don Alonso de Aragón*. Tesis doctoral de la Universidad de Zaragoza (2019).

Erasmo de Róterdam, *Opus epistolarum*, Basilea, Frobeniana, 1529.

Estrabón, *The geography*, Londres, William Heinemann, 1968-1989 (ed. De Horace, Leonard Jones).

Fauré, Christine (dir.), *Enciclopedia histórica y política de las mujeres*, Madrid, Akal, 2010.

Fernandes, Valentím, *Códice*, Lisboa, 1997 (ed. de José Pereira da Costa).

Fernández de Córdova Miralles, Álvaro, "Diplomáticos y letrados en Roma al servicio de los Reyes Católicos: Francesco Vitale di Noya, Juan Ruiz de Medina y Francisco de Rojas", *Dicenda. Cuadernos de Filología Hispánica* 32 (2014a), pp. 113-154.

Fernández de Córdova Miralles, Álvaro, "La emergencia de Fernando el Católico en la curia papal: identidad y propaganda de un príncipe aragonés en el espacio italiano (1469-1492)", en Aurora Egido y José Enrique Laplana (eds.), *La imagen de Fernando el Católico en la Historia, la Literatura y el Arte*, Zaragoza, Institución Fernando el Católico, 2014b, pp. 29-81.

Fernández Méndez, Eugenio, *Historia Cultural de Puerto Rico 1493-1968*, Río Piedras, Editorial Universitaria, 1980.

Fernández de Oviedo, Gonzalo, *Historia general y natural de las Indias, islas y tierra firme del mar océano* I, Madrid, Real Academia de la Historia, 1851.

Fernández de Oviedo, Gonzalo, *Sumario de la natural historia de las Indias*, México, Fondo de Cultura Económica, 1950.

Fiammingo, Niccoló Venardo: *Vid.* Cleynaerts, Nicolaes.

Fita Colomé, Fidel, "El primer apóstol y el primer obispo de América. Escrito inédito de Fray Bernal Boyl; y nuevos datos biográficos de Fray García de Padilla, obispo de Bainúa y de Santo Domingo en la isla de Haití", *Boletín de la Real Academia de la Historia* 20 (1892b), pp. 573-615.

Fita Colomé, Fidel, "Primeros años del episcopado en América", *Boletín de la Real Academia de la Historia* 20 (1892a), pp. 268-297.

Fiume, Giovanna, "Le roi Congo en Sicile: une piste de lectura", *Cahiers des Anneaux de la Memoire* 13 (2010) pp. 267-285.

Fletcher, Catherine, *The Black Prince of Florence: The Spectacular Life and Treacherous World of Alessandro De' Medici*, Nueva York, Oxford University Press, 2016.

Flavio Josefo, *Contra Apión*, París, Les Belles Lettres, 1972 (ed. León Blum).

Flores, Jorge, A *Clever Monkey, a Four Hundred Year Old Man, and Other Marvels: Tales of Tales of the Strange in Early Seventeenth Century Portuguese India* (manuscrito privado inédito en Google Scholar), s/f.

Formey, Jean Henri Samuel, *Introduction générale aux sciences, avec les conseils pour former une bibliothèque peu nombreuse*, Amsterdam, Schneider, 1755.

Fox, Robin Lane, *Héroes viajeros: Los griegos y sus mitos*, Barcelona, Planeta, 2009.

Francia, Vincenzo, "Presentazione", en Alessandro Geraldini, *Vita di Sant'Alberto vescovo di Monte Corvino*, Foggia, Books and News, 1993, pp. 7–16.

Francisco de Asís, *Escritos de san Francisco de Asís. Ultima voluntad a Santa Clara. Testamento de Siena*, http://www.fratefrancesco.org/escr/150.test.htm. (17/05/2018).

Franco Silva, Alfonso, *La esclavitud en Sevilla y su tierra a fines de la Edad Media*, Sevilla, Diputación Provincial, 1979.

Fraticelli, Barbara, "Una aventura más allá del Mar Tenebroso: el Monomotapa", *Revista de Filología Románica*, anejo IV (2006), pp. 163–181.

Frezza Federici, Igea, *Gente d'Umbria: uomini d'arme e di penna*, Perugia, Morlacchi, 2011.

Früh, Martin, *Antonio Geraldini († 1488). Leben, Dichtung und soziales Beziehungsnetz eines italienischen Humanisten am aragonesischen Königshof. Mit einer Edition seiner "Carmina ad Iohannam Aragonum"*, Münster, Lit, 2005.

Früh, Martin, "Antonio Geraldini: dimensiones europeas de un humanista umbro", *Bullettino dell'Istituto Storico Italiano per il Medio evo* 114 (2012), pp. 291–300.

Früh, Martin, "Formas y funciones de la poesía religiosa de Antonio Geraldini escrita en época fernandina", *Anuario de Historia de la Iglesia* 26 (2017), pp. 285–317.

Fueyo Suárez, Bernardo, *En casa, fuera de casa, en el camino... Los Modos de Orar de Santo Domingo*, Salamanca, San Esteban, 2006.

Gagliardi, Donatella, "Fortuna y censura de Boccalini en España: una aproximación a la inédita *Piedra del parangón político*", *Studia Aurea Monográfica* 1 (2010), pp. 191–207.

Galibert, Leone, *L'Algeria antica e moderna dai primi ordini de' Cartaginesi insino alla presa della Smala d'Abd-el-Kader*, Nápoles, Tipografía Floriana, 1846 (trad. Mariano D'Ayala).

Gambín García, Mariano, "La torre de Santa Cruz de la Mar Pequeña. La huella más antigua de Canarias y Castilla en África", *Hesperis Tamuda* 51-1 (2016), pp. 105–136.

García, José Gabriel, *Compendio de la historia de Santo Domingo* I, Santo Domingo, García Hermanos, 1893.

García de Cortázar, José Ángel, "El hombre medieval como *Homo Viator*. Peregrinos y viajeros", en José Ignacio de la Iglesia Duarte (ed.), *IV Semana de Estudios Medievales*, Logroño, Instituto de Estudios Riojanos, 1994, pp. 11-30.

García González, José Antonio, "La circunnavegación de 'Libia': entre mito y realidad", *Baetica* 34 (2012), pp. 245-263.

García González, Juan D., "Mesianismo y profetismo político bajo el reinado de Fernando el Católico: el Memorial para la Magestad en orden a la conquista de Jerusalén del capitán Pedro Navarro", en María Ángeles Pérez Samper y José Luis Betrán Moya (eds.), *Nuevas perspectivas de investigación en Historia Moderna: Economía, Sociedad, Política y Cultura en el Mundo Hispánico*, Barcelona, Fundación Española de Historia Moderna, 2018, pp. 933-941.

García Oro, José, *Cisneros y la reforma del clero español en tiempo de los Reyes Católicos*, Madrid, CSIC, 1971.

García Oro, José y Pérez López, Segundo L., "La reforma religiosa durante la gobernación del cardenal Cisneros (1516-1518): hacia la consolidación de un largo proceso", *Annuarium Sancti Iacobi* 1 (2012), pp. 47-174.

Gerber, Jane S., *Jewish Society in Fez 1450-1700: Studies in Communal and Economic Life*, Leiden, Brill, 1980.

Geraldini, Alessandro, "Carta nuncupatoria", en Pedro Covarrubias, *Pars hyemalis sermonum dominicalium*, París, I. B. Ascensio, 1520.

Geraldini, Alessandro, *Itinerarium ad regions sub Aequinoctiali plaga constitutas*, Roma, Guglielmo Facciotti, 1631.

Geraldini, Alessandro, *Itinerario por las regiones subequinociales*, Santo Domingo, Editora del Caribe, 1977.

Geraldini, Alessandro, *Itinerarium, di... de Amelia, vescovo di Santo Domingo. Viaggio alle regioni sub-equinoziali*, Turín, Nuova ERI, 1991 (ed. de Alessandro Geraldini).

Geraldini, Alessandro, *Vita di Sant'Alberto vescovo di Monte Corvino*, Foggia, Books and News, 1993 (ed, de Vicenzo Francia).

Geraldini, Alessandro, *Periplo hasta las regiones situadas al sur del Equinoccio*, León, Universidad de León, 2009 (ed. de Jesús Paniagua Pérez y Carmen González Vázquez).

Geraldini, Alessandro, "Periplo hasta las regiones situadas al sur del Equinoccio", en Jesús Paniagua Pérez (ed.), *Crónicas fantásticas de Indias*, Barcelona, Edhasa, 2014, pp. 249-379.

Geraldini, Alessandro, *Dall'Umbria al Mediterraneo e All'atlantico. Alessandro Geraldini. Itinerarium ad regiones sub Equinoctiali plaga constitutas*, Genova, Universitá di Genova, 2017. (ed. de Edoardo D'Angelo y Rosa Manfredonia).

Geraldini, Alessandro, *Alexandri Geraldini Amerini. Variae epistolae XXVI necnon orationes IV*, Roma, Nella sede dell'Istituto, Palazzo Borromini, 2018 (ed. de Edoardo D'Angelo).

Geraldini, Antonio, *Oratio in obsequio canonice exhibitio per illustrem comitem Tendille*, Roma, Planck, 1486.

Geraldini de Catenacci, Onofrio, "Onofrio Geraldino de Catenacios saluda al benévolo lector", en Alessandro Geraldini, *Periplo hasta las regiones situadas al sur del Equinoccio*, León, Universidad de León, 2009a, pp. 109-110.

Geraldini da' Catenacci, Onofrio, "Onofrio Geraldino de Catenacios saluda al benévolo lector", en Alessandro Geraldini, *Periplo hasta las regiones situadas al sur del Equinoccio*, León, Universidad de León, 2009b, pp. 111-116.

Gherardini, Giovanni, *Voci e maniere di dire italiane additate ai futuri vocabolaristi*, vol. 2, Milán, Bianchi, 1840.

Giachero, Marta (ed.), *Edictum Diocletiani et Collegarum de pretiis* I, Génova, Istituto di Storia Antica e Scienze Ausiliarie, 1974.

Gil, Juan, "Documenta Indiana", *Habis* 13 (1982), pp. 51-104.

Gil, Luis, *Formas y tendencias del humanismo valenciano quinientista*, Alcañiz, Instituto de Estudios Humanísticos, 2003.

Giménez Fernández, Manuel, "Los restos de Cristóbal Colón en Sevilla", *Anuario de Estudios Americanos* 10 (1953), pp. 1-170.

Giménez Fernández, Manuel, *Política inicial de Carlos I en Indias*, Madrid, CSIC, 1984.

Ginés de Sepúlveda, Juan, *Antapologia pro Alberto Pio Comite Carpensi in Erasmum Roterodamum*, Roma, Bladum, 1532.

Giornale de' Letterati d'Italia Tomo Ventesimosecondo, Venecia, Gabbriello Ertz., 1715.

Giovio, Paolo, *Commentario de le cose de' Turchi di Paulo Iovio, vescovo di Nocera, a Carlo quinto imperadore augusto*, Venecia, Comin da Trino, 1541.

Goes, Damião de, *Fides, religio moresque Aethiopium sub imperio preciosi Joannis (quem vugo Presbyterum Joannem vocant) degentium*, Lovaina, Rutgeri Rescii, 1540.

Gomes, Diogo, *De la première découverte de la Guinée*, Bissau, Centre de Estudios da Guiné Poruguesa, 1957 (trad. y notas de Th. Monod, R. Mauny).

Gomes Pereira, Sonia "Coleção Jerônimo Ferreira das Neves: uma coleção portuguesa no Museu D. João VI do Rio de Janeiro", *Actas do III Seminário Internacional Luso-Brasileiro*, Porto, Universidade do Porto, 2009, pp. 245-259.

Gomez, Michael A., *African Dominion: A New History of Empire in Early and Medieval West Africa*, Princeton, Princeton University Press, 2019.

González Dávila, Gil, *Teatro eclesiástico de la primitiva Iglesia de las Indias Occidentales. Vidas de sus arzobispos, obispos y cosas memorables de sus sedes (Nueva España)* I, León, Universidad de León, 2004.

González Germain, Gerard "¿Alessandro Geraldini *antiquitatum indagator*? Su papel en los estudios epigráficos de inicios del s. XV", *Cuadernos de Filología Clásica. Estudios Latinos* 36-1 (2016), pp. 71-84.

González Ochoa, José María, *Quién es quién en la América del descubrimiento*, Guadalajara (México), Acento, 2003.

González Ponce, Francisco J., *Polígrafos griegos I: época arcaica y clásica*, Zaragoza, Universidad de Zaragoza, 2008.

González Sánchez, Carlos Alberto, *Homo viator, homo scribens: cultura gráfica, información y gobierno en la expansión atlántica, siglos XV-XVII*, Madrid, Marcial Pons, 2007.

González Vázquez, Carmen, "Notas críticas a la edición del *Itinerarium ad regiones sub aequinoctiali plaga constitutas Alexandri Geraldini*", *Silva: Estudios de humanismo y tradición Clásica* 4 (2005), pp. 39-50.

González Vázquez, Carmen, "Las Islas Canarias en el *Itinerarium ad Regiones sub Aequinoctali plaga constitutas* de Alejandro Geraldini", en A.M. Martín Rodríguez y G. Santana Henríquez (eds.), *El humanismo español, su proyección en América y Canarias en la época del Humanismo*, Las Palmas, Universidad de Las Palmas de Gran Canaria, 2006, pp. 301-326.

González Vázquez, Carmen y Hoyo, Jesús del, "Inscripciones africanas traducidas al latín en el *Itinerarium ad regiones sub aequinoctiali plaga constitutas Alexandri Geraldini*", en *Humanismo y pervivencia del mundo clásico IV. Homenaje al profesor Antonio Prieto*, IV, Madrid, CSIC, 2009a, pp.2271-2280.

González Vázquez, Carmen, "El *Itinerarium* y nuestra traducción", en Alejandro Geraldini, *Periplo hasta las regiones ubicadas al sur del Equinoccio*, León, Universidad de León, 2009b, pp. 79-93.

González Vázquez, Carmen, "Stories at the Royal Court, or mirabilia in Alessandro Geraldini's Humanistic Conception of History", en Johannes Helmrath, Albert Schirrmeister and Stefan Schlelein (eds.), *Historiographie des Humanismus*, Berlin, De Gruyter, 2013, pp. 301-320.

Górriz de Morales, Natalia, *Vida y viajes de Colón*, Guatemala, Tipografía Nacional, 1895.

Gozalbes Cravioto, Enrique, "La provincia romana de la Mauretania Tingitana. Algunas visiones actualizadas", *Gerion* 28-2 (2010), pp. 31-51.

Gracián, Baltasar, *Oráculo manual y arte de prudencia*, Amsterdam, Iuan Blaeu, 1659.

Green, Toby, *A Fistful of Shells: West Africa from the Rise of the Slave Trade to the Age of Revolution*, Chicago, University of Chicago Press, 2019.

Greene, Sandra E., "Religion, History and the Supreme Gods of Africa: A Contribution to the Debate", *Journal of Religion in Africa* 26-2 (1996), pp. 122-138.

Grégoire, Henri, *Manuel de piété à l'usage des hommes de couleur et des noirs*, París, Baudouin Frères, 1822.

Guglielmi, Nilda, *Marginalidad en la Edad Media*, Buenos Aires, Biblos, 1998.

Gutiérrez Cruz, Rafael, *Los presidios españoles del Norte de África en tiempo de los Reyes Católicos*, Consejería de Cultura, Melilla, 1997.

Hannón, *El periplo de Hannón de Cartago* https://www2.ulpgc.es/descargadirecta.php?codigo_archivo=23754 (12/11/2020).

Heckscher, Eli F., *La época mercantilista. Historia de la organización y las ideas económicas desde finales de la Edad Media hasta la sociedad liberal*, México, Fondo de Cultura Económica, 1943.

Henríquez Ureña, Pedro, *Literary Currents in Hispanic America*, Cambridge, Harvard University Press, 1945.

Hentze, Carl, *Mythes et symboles lunaires*, Amberes, De Sikkel, 1932.

Hera, Alberto de la, "El patronato y el vicariato regio en Indias", en Pedro Borges (dir.), *Historia de la Iglesia en Hispanoamérica y Filipinas* I, Madrid, BAC, 1992, pp. 63-79.

Hernández Castelló, María Cristina, "La nobleza al servicio de los Reyes Católicos ante el papado: memoria escrita y visual", *eHumanista* 43 (2019), pp. 126-137.

Herodoto, *Historias* I, Madrid, Akal, 1994.

Herrera y Tordesillas, Antonio de, *Historia General de los hechos de los castellanos en las Islas i tierra firme del mar oceano*, Madrid, Imprenta Real, 1601.

Hesíodo, *Teogonia*, Madrid, Dykinson, 2014 (ed. de Emilio Suárez de la Torre).

Heylyn, Peter, Μικροκοσμος. *A little description of the Great World*, Oxford, W. Turner and R. Allott, 1633.

Hillelson, Sigmar, "David Reubeni, an early visitor to Sennar", *Sudan Notes and Records* 16-1 (1933), pp. 55-66.

Hollingsworth, Mary, *El patronazgo artístico en la Italia del Renacimiento. De 1400 a principios del siglo XVI*, Madrid, Akal, 1994.

Homero, *Odisea*, Madrid, Akal, 2007 (ed. de Luis Alberto de Cuenca).

Hoyo Calleja, Javier del y González Vázquez, Carmen, "Inscripciones latinas de África recogidas en el *Itinerarium ad regiones sub aequinoctiali plaga constitutas* de Alejando Geraldini", en José María Maestre Maestre, Joaquín Pascual Barea y Luis Charlo Brea (eds.), *Humanismo y pervivencia del mundo clásico* IV.4, Madrid, CSIC, 2010, pp. 2281-2286.

Huerga, Álvaro, "Venezuela: la iglesia diocesana", en Pedro Borges Morán (dir.), *Historia de la Iglesia en Iberoamérica y Filipinas* II, Madrid, BAC, 1992, pp. 375-386.

Huerga Criado, Pilar, "El marranismo ibérico y las comunidades sefardíes", en Mercedes García-Arenal (ed.), *Entre el islam y Occidente. Los judíos magrebíes en la Edad Moderna. Judíos en tierras de Islam* II, Madrid, Casa de Velázquez, 2018. https://books.openedition.org/cvz/2905 (23/11/2021).

Humboldt, Alexandre de, *Examen critique de l'histoire de la geographie du nouveau continent et des progrés de l'astronomie nautique au quinzième et seizième siecles* III, París, Guide, 1837.

Iliffe, John, *África: Historia de un continente*, Madrid, Akal, 2013.

Istituto Treccani, *Enciclopedia dantesca (1970)*, https://www.treccani.it/enciclopedia/elenco-opere/Enciclopedia_Dantesca (31/01/2021).

Istituto Treccani, *Vocabolario della Lingua Italiana online*, https://www.treccani.it/vocabolario/ (31/01/2021).

Irving, Washington, *Vida y viajes de Cristóbal Colón*, Madrid, Gaspar y Roig, 1854.

Isidoro de Sevilla, *Etimologías*, Madrid, BAC, 1982 (ed. de José Oroz Reta y Manuel-A. Marcos Casquero).

Jackson-Laufer, Guida Myrl, *Women Rulers Throughout the Ages: An Illustrated Guide*, Santa Bárbara, ABC-CLIO, 1999.

Jordão, Levy Maria (ed.), *Bullarium patronatus Portugalliae regum in ecclesiis Africae, Asiae atque Oceaniae* I, Lisboa, Tipografía Nacional, 1868.

Jos, Emiliano, *El plan y la génesis del descubrimiento colombino*, Valladolid, Casa Museo Colón, 1980.

Kaiser, Leo M., "The Earliest Verse of the New World", en *Renaissance Quarterly* 24-4 (1972), pp. 429-439.

Kake, Ibrahima Baba, y Comte, Gilbert, *Askia Mohamed*, París, ABC, 1976.

Kane, Ousmane, "L'«islamisme» d'hier et d'aujourd'hui", *Cahiers d'études africaines* 206-207 (2012), 545-574. http://journals.openedition.org/etudesafricaines/17095 (14/11/2021)

Kaplan, Paul H. D., "Italy 1490-1700", en David Bindman, Henry Louis Gates (Jr.) (eds.), *The Image of the Black in Western Art: From the "Age of Discovery" to the Age of Abolition: artists of the Renaissance and Baroque*, Harvard University Press, 2010, pp. 347-367.

Kaplan, Steven, *The Beta Israel (Falasha) in Ethiopia: From Earliest Times to the Twentieth Century*, Nueva York, New York University Press, 1992.

Kasanda, Albert, "Las religiones africanas", en F. Hourtart (coord.), *Religiones: sus conceptos fundamentales*, México Siglo XXI, 2002.

Kato, Sayaka, *El Liber de educatione de Alonso Ortiz: un estudio sobre el diálogo para la educación del príncipe en el contexto del humanismo castellano del siglo XV*. Tesis doctoral de la Universidad de Salamanca (2015).

Keenan, Jeremy H., "The Tuareg Veil", *Middle Eastern Studies* 13-1 (1977), pp. 3-13.

Kellman, Steven G. y Lvovich, Natasha: *The Routledge Handbook of Literary Translingualism*, Londres, Routledge, 2021.

Kidakou, Antoine Bouba, *África negra en los libros de viajes españoles de los siglos XVI y XVII*. Tesis doctoral de la UNED (2006).

Kidakou, Antoine Bouba, "África negra en los libros de viajes españoles de los siglos XVI y XVII", *EPOS* 23 (2007), pp. 61-79.

Ki-Zerbo, Joseph, "De la naturaleza bruta a una humanidad liberada", en J. Ki-Zerbo (ed.), *Historia General de África* I, Madrid, Tecnos, 1982, pp. 765-780.

Klucas, Joseph, "Nicolaus Clenardus: A Pioneer of the New Learning in Renaissance", *Luso-Brazilian Review* 29-2 (1992), pp. 87-98.

Knobler, Adam, *Mythology and Diplomacy in the Age of Exploration*, Leiden, Brill, 2017.

Külb, Philipp Hedwig, *Geschichte der Entdeckungsreisen in Africa vom Ende des fünfzehnten Jahrhunderts bis auf die Gegenwart: mit besonderer Beziehung auf Naturkunde, Handel und Industrie* I, Mainz, Druck und Verlag von Florian Kupferberg, 1841.

Laín Entralgo, Pedro, *La medicina hipocrática*, Madrid, Revista de Occidente, 1970.

Larroque, Matthieu de, *Histoire de l'Eucharistie*, Elzevier, Amsterdam, 1669.

Latini, Brunetto, *Li Livres dou Tresor*, Barcelona, Moleiro, 1999.

Laurelio, Publio Francesco, "Vita Grifonis preceptoris", en Edoardo D'Angelo, *Maestro Grifone e i suoi allievi*, Spoleto, Centro Italiano di Studi sull'alto Medioevo, 2011, pp. 103-141.

Lazarillo de Tormes, Madrid, Santillana, 1994.

Lazzari, Alfonso, *Ugolino e Michele Verino: studii biografici e critici*, Turín, C. Clausen, 1897.

Leitão, Henrique, *Os descobrimentos portugueses e a ciência europeia*, Lisboa, Alêtheia, 2009.

Leite, Duarte y Magalhães Godinho, Vitorino, *História dos descobrimentos; colectânea de esparsos*, Lisboa, Cosmos, 1958.

León el Africano, *Descripción de África y de las cosas notables que en ella se encuentran*, Madrid, Hijos de Huley Rubio, 1999.

Leonardi, Francesco, *Apicio moderno ossia L'arte del credenziere*, Roma, Stamperia del Giunchi, 1807.

Lequenne, Michel, *Christophe Colomb contre ses mythes*, Grenoble, Jérôme Millon, 2002.

Levi, Joseph Abraham, "A missionação em África nos séculos XVI-XVII análise de uma atitude", *Revista Lusófona de Ciência das Religiões*, 13-14 (2008), pp. 439-462.

Levtzion, Nehemia, *Ancient Ghana and Mali*, Londres, Methuenp, 1973.

Lissoni, Antonio, *Fraseologia italiana ridotta in dizionario grammaticale e delle italiane eleganze*, I, Tipografia Pogliani, 1835.

Lluberes, Antonio, *Breve historia de la iglesia dominicana 1493-1997*, Santo Domingo, Amigo del Hogar, 1998.

Longinotti, María Cristina, "Dos bibliotecas particulares del siglo XV", *Estudios de Historia de España* 1 (1988), pp. 105-115.

Lopes, Ana y Correia, Jorge, "Negotiating early modernity in Azemmour, Marocco. Military Architecture in transution", en Hélder Carvalhal, André Murteira, Roger Lee de Jesus (eds.), *The First World Empire: Portugal, War and Military Revolution*, Londres, Routledge, 2021, pp. 11-66.

López de Gómara, Francisco, *Historia General de las Indias*, Caracas, Ayacucho, 1978.

López y Sebastián, Lorenzo E., "La ganadería vacuna en la isla Española (1508-1587)", *Revista Complutense de Historia de América* 25 (1999), pp. 11-49.

Lorens Castillo. Vicente, "Vida cultural en Santo Domingo en el siglo XVI", *Cuadernos Dominicanos de Cultura* 22 (1945), pp. 3-24.

Lorenzo Sanz, Eufemio, "Salamanca en la vida de Colón", *Revista de Estudios* 54 (2006), pp. 13-24.

Lowe, Kate, "The stereotyping of Black Africans in Renaissance Europe", en Thomas Foster Earl y Kate Lowe (eds.), *Black Africans in Renaissance Europe*, Cambridge, Cambridge University Press, 2005, pp. 17-47.

Lucano, *Farsalia*, Barcelona, CSIC, 1967-1981 (ed. Víctor José Herero).

Lucci, Emilio, "Il ritratto di mons. Geraldini si tinge di giallo", *La Voce* 24, 28/06/1992.

Lucci, Emilio, "La famiglia Geraldini e l'eredità del vescovo Alessandro", en Emilio Martínez Albesa y Oscar Sanguinetti (eds.), *Istituzione e carisma nell'evangelizzazione delle Americhe, 1511–2011: Le diocesi antilliane e la prima voce in difesa degli amerindi*, Roma, Ateneo Pontificio Regina Angelorum, 2013, pp. 57–78.

Lucero, Luis, "Sobre un poema d'Antonio Geraldini dedicat a Bernat Margarit", *Annals de l'Institut d'Estudis Gironins* 31(2007), pp. 139–170.

Ly-Tall, Madina, "La decadencia del Imperio de Mali", en Djibril Tamsir Niane (ed.), *Historia General de África: África entre los siglos XII y XVI IV*, Madrid, Tecnos, 1985.

MacGonagle, Elisabeth, *Crafting Identity in Zimbabwe and Mozambique*, Rochester, University Rochester Press, 2007.

Magalhaes Godinho, Vitorino, *L'économie de l'Empire portugais aux XVe et XVIe siècles*, París, S.E.V.P.E.N, 1969.

Magalhães Godinho, Vitorino, *A Expansão Quatrocentista Portuguesa*, Alfragide, Leya, 2018.

Mahamane, Addo, "Saruaniya Mangu. Réintegrer une héroïne de la lutte anti-coloniale dans l'historiographuie nigérienne", en Odile Goerg y Anna Pondopoulo (eds.), *Islam et sociétés en Afrique subsaharienne à l'épreuve de l'histoire: un parcours en compagnie de Jean-Louis Triaud*, París Karthala, 2012, pp. 157–172.

Manfredonia, Rosa, "La tradizione manoscritta dell'*Itinerarium*", en Alessandro Geraldini, *Dall'Umbria al Mediterraneo e All'atlantico. Alessandro Geraldini. Itinerarium ad regiones sub Equinoctiali plaga constitutas, Itinerarium ad regiones sub Equinoctiali plaga constitutas*, Génova, Universidad de Génova, 2017, pp. 69–83 (ed. de Edoardo D'Angelo y Rosa Manfredonia).

Maquiavelo, Nicolás de, *Discursos sobre la primera década de Tito Livio*, México, Fondo de Cultura Económica, 1983.

Maquiavelo, Nicolás, *El Príncipe*, Madrid, Verbum, 2018.

Maranesi, Ercole Luigi, *I popoli antichi e moderni. Nomenclatura e cenni storici preparatorii allo studio delle vicende nazionali*, Milano, Biblioteca Utile, 1865.

Mark, Peter, "Identity and Accommodation in Western Africa", *The Journal of African History* 40-2 (1999), pp. 173–191.

Mármol Carvajal, Luis del, *Descripción general de África*, Rene Rabut y Juan Rabaut, 1573.

Marques, Alfredo Pinheiro, *Guia de história dos descobrimentos e expansão portuguesa: estudos*, Lisboa, Biblioteca Nacional, 1988.

Marracci, Hippolytus, *Bibliotheca Mariana alphabetico ordine digesta*, Caballus, 1648.

Marsuzi de Aguirre, Camille, *Saggio sullo Scudo d'Oro*, Roma, Stamperia de lla R. C. A., 1829.

Martínez Alcorlo, Ruth, *La literatura en torno a la primogénita de los Reyes Católicos: Isabel de Castilla y Aragón, princesa y reina de Portugal (1470-1498)*, Tesis de la Universidad Complutense de Madrid (2016).

Martínez Añíbarro y Vives, Manuel, *Intento de un diccionario biográfico y bibliográfico de autores de la provincia de Burgos*, Madrid, Manuel Tello, 1889.

Martínez Martínez, María del Carmen *La emigración castellana y leonesa a América (1517-1700)* II, Valladolid, Junta de Castilla y León, 1993.

Martínez Millán, José, "De la muerte del príncipe Juan al fallecimiento de Felipe el Hermoso (1497-1506)", en José Martínez Millán y Carlos Javier de Carlos Morales (coords.), *La corte de Carlos V* I, Madrid: Sociedad Estatal para la Conmemoración de los Centenarios de Felipe II y Carlos V, 2000, pp. 45-72.

Martínez Montiel, Luz María, *El exilio de los dioses. Religiones afrohispanas*, Madrid, Fundación Larramendi, 2011.

Martínez de la Puente, José, *Compendio de las historias de los descubrimientos, conquistas y guerras de la India Oriental y sus islas,* Madrid, Imprenta Imperial, 1687.

Martínez Ruiz, Enrique, "Las capitulaciones de Valladolid. Génesis, financiación y misión de la expedición", *Revista General de la Marina* 277-2 (2019), pp. 229-239.

Mattingly, Garret, *Catalina de Aragón*, Madrid, Palabra, 1998.

Mediano, Fernando R., *Familias de Fez: ss. XV-XVII,* Madrid, CSIC, 1995.

Meillassoux, Claude, *Antropología de la esclavitud: el vientre de hierro y dinero*, México, Siglo XXI, 1990.

Mellafe, Rolando, *La esclavitud en Hispanoamérica*, Buenos Aires, Eudeba, 1964.

Menéndez Pelayo, Marcelino, *Historia de la poesía castellana en la Edad Media* III, Madrid, Victoriano Suárez, 1916.

Mestre Navas, Pablo Alberto, *Los libros de protocolos de bienes en las instituciones hospitalarias sevillanas durante la Edad Moderna*, Tesis doctoral de la Universidad de Sevilla (2015).

Milhou, Alain "Propaganda mesiánica y opinión pública: las reacciones de las ciudades del reino de Castilla frente al proyecto fernandino de cruzada (1510-11)", en Luis Rodríguez Zúñiga y otros (ed.), *Homenaje a José Antonio Maravall* III, Madrid, CIS, 1985, pp. 51-62.

Miller, Joseph C., "A note on Casanze and the Portuguese", *CJAS* 6 (1972), pp. 45-56.

Minlend, Ngo, *África negra: pueblos, territorios, política, religión (siglos XVI-XVII)*. Tesis doctoral de la UNED (2015).

Mira Caballos, *El indio antillano: repartimiento, encomienda y esclavitud (1492-1542)*, Sevilla, Muñoz Moya y Montraveta, 1997.

Mira Caballos, Esteban, *Las Antillas Mayores, 1492-1550: ensayos y documentos*, Madrid, Iberoamericana, 2000.

Mohr, Walter, "Campulo", en *Dizionario Biografico degli Italiani* XVII, 1974, https://www.treccani.it/enciclopedia/campulo_(Dizionario-Biografico) (14/02/2021).

Mommsen, Teodoro (ed.), *Corpus inscriptipnum latinarum* III-2, Berlin, Georgium Reimerum, 1873.

Monsalvo Antón, José María, *La Baja Edad Media en los siglos XIV-XV: política y cultura*, Madrid, Síntesis, 2000.

Montalboddo, Fracanzano (ed.), *Paesi novamente retrovati et nouo mondo da Alberico Vesputio Florentino*, Vicenza, Henrico Vicentino, 1507.

Montesinos, Fernando, *Ophir de España*, León, Universidad de León, 2018 (ed. de Jesús Paniagua Pérez).

Mothe le Vayer, François de la, *Oeuvres*, París, Louis Billaine, 1669.

Mudimbe, Valentin Y., *The invention of Africa. Gnosos, Philosophy, and the Order of Knowledge*, Bloomington, Indiana University Press, 1988.

Mudimbe, Valentin Y., *The Idea of Africa. African systems of thought*, Oxford, James Currey Publishers, 1994.

Mugnos, Filadelfo, *Teatro genologico delle famiglie nobili titolate feudatarie ed antiche nobili del fidelissimo Regno di Sicilia viuenti ed estinte. Parte seconda*, Palermno, Domenico d'Anselmo, 1615.

Murphy, Robert F., "Social distance and the veil", *American Anthropologist* 66 (1964), pp. 1257-1274.

Nagel, Tilam, *Muhammad's Mission: Religion, Politics, and Power at the Birth of Islam*, Berlin, Gruyter, 2020.

Nast, Heidi J., "Islam, Gender, and Slavery in West Africa Circa 1500: Spatial Archeology of the Kano Palace, Northern Nigeria", *Annals of the Association of American Geographers* 86-1, pp. 44-77.

Navarrete, María Cristina, *Prácticas religiosas de los negros en la colonia: Cartagena, siglo XVII*, Cali, Universidad del Valle, 1995.

Negroni, Héctor Andrés, *Historia militar de Puerto Rico*, Madrid, Siruela, 1992.

Nemésio, Vitorino, *Vida e Obra do Infante D. Henrique*, Lisboa, Imprensa Nacional, 2006.

Newitt, Malyn D. D., *A History of Portuguese Overseas Expansion, 1400-1668*, Londres, Routledge, 2005.

Niane, Dijbril Tamsir, "Mali Empire, Decline, Fifteenth Century", en Kevin Shillington (ed.), *Enciclopedia of African History* I-III, Nueva York, Fitzroy Dearborn, 2005.

Noguin, J., *Mitología universal: breve historia de la mitología*, Madrid, Ediciones Populares, 1933.

Oliva, Anna Maria, "Alessandro Geraldini e la tradizione manoscritta dell' *Itinerarium ad regiones sub aequinoctiali plaga constitutas*, en Enrique Menesto (ed.), *Alessandro Geraldini e il suo tempo Atti del Convegno storico internazionale, Spoleto, Cetro Italiano di Studi sull'Alto Medioevo*, 1993, pp. 132-156.

Oliva, Anna Maria, "Alessando Geraldino primo vescovo residente di Santo Domingo: strategie ecclesiastiche ed evangeliche nel Nuovo Mondo", en Emilio Martínez Albesa y Oscar Sanguinetti (eds.), *Istituzione e carisma nell'evangelizzazione delle Americhe, 1511-2011: Le diocesi antilliane e la prima voce in difesa degli amerindi*, Roma, Pontificio Ateneo Regina Apostolorum, 2013a, pp. 37-55.

Oliva, Anna Maria, "Alessandro Geraldini primer obispo residente de Santo Domingo: estrategias eclesiásticas y evangélicas", en Patrizia Spinato Bruschi (ed.), *«El que del amistad mostró el amino». Omaggio a Giuseppe Bellini*, Cagliari, Consiglio Nazionale delle Ricerche, 2013b, pp. 157-180.

Oliva Oliva, María Elena, *La Negritud, el indianismo y sus intelectuales: Aimé Césaire y Fausto Reinaga*, Tesis doctoral de la Universidad de Chile (2014).

Olmedo, Félix, *Humanismo y diplomacia bajo los Reyes Católicos*, Madrid, Ministerio de Asuntos Exteriores, 1948.

Olmedo, José Joaquín, *La victoria de Junín. Canto a Bolívar*, Londres, M. Calero, 1826.

O'Neill, Charles E. y Domínguez, Joaquín María (eds.), *Diccionario histórico de la Compañía de Jesús: biográfico-temático* II, Madrid, Universidad Pontifica Comillas, 2001.

Orlandi, Angela, "Ciudades y aldeas del Nuevo Mundo en los documentos de los mercaderes y viajeros italianos del Quinientos", *Anuario de Estudios Americanos* 73-1 (2016), pp. 45-64.

Orsanic, Lucía, "La imagen de la *puella pilosa* como signo de monstruosidad femenina en fuentes medievales y renacentistas, y su proyección en los siglos posteriores", *Lemir* 19 (2015), pp. 217-242.

Ortiz, Alonso, *Diálogo sobre la educación del Príncipe Don Juan, hijo de los Reyes Católicos*, Madrid, Porrúa, 1983 (ed. de Giovanni María Bertini).

Otón de Freising, *Chronica, Sive Historia De Duabus Civitatibus*, Londres, Forgotten Books, 2018.

Ovidio, *Metamorfosis*, Madrid, CSIC, 1990-1994 (ed. Bartolomé Segura Ramos).

Palencia, Alonso de, *Guerra de Granada*, Madrid, Atlas, 1973.

Palmer, Herbert Richmond (ed), "The Kano Chronicle", *Journal of the Royal Anthropological Institute of Great Britain and Ireland* 38 (1908), pp. 58-98.

Pané, Ramón, *Relación acerca de las antigüedades de los indios: el primer tratado escrito en América*, México, Siglo XXI, 2001 (ed. de Juan José Arrom).

Pankhurst, Rita, "T.aytu's Foremothers Queen əleni, Queen Säblä Wängel and Bati Dəl Wämbära", en Svein Ege y otros, *Proceedings of the 16th International Conference of Ethiopian Studies*, Trondheim, Norges teknisknaturvitenskapelige Universitet, 2009, pp. 51-63.

Paniagua Pérez, Jesús, "El sueño imposible: los fracasados viajes de fray Francisco de Quiñones y la utopía franciscana de la Nueva España", en Jesús Paniagua Pérez y M.ª Isabel Viforcos Marinas (coords.), *Fray Bernardino de Sahagún y su tiempo*, León Universidad de León, 2000, pp. 373-388.

Paniagua Pérez, Jesús, "Los *mirabilia* medievales y los conquistadores y exploradores de América", *Estudios Humanísticos. Historia* 7 (2008), pp. 139-159.

Paniagua Pérez, Jesús, "Vida y obra de Alejandro Geraldini", en Alejandro Geraldini, *Periplo hasta las regiones ubicadas al sur del Equinoccio*, León, Universidad de León, 2009, pp. 11-94.

Paniagua Pérez, Jesús, "Estudios sobre el autor y su obra", en Fernando Montesinos, *Ophir De España*, León, Universidad de León, 2018, pp. 19-196 (ed. de Jesús Paniagua Pérez).

Paniagua Pérez, Jesús, "Las utopías americanas de fray Francisco Quiñones", *Archivo Ibero-Americano* 79 (2019), pp. 539-577.

Paniagua Pérez, Jesús *et alii*, "Parecer sobre la esclavitud", en Cipriano de la Huerga, *Obras completas* VIII, León, Universidad de León, 1997, pp. 245-275.

Paolini, Devid, "Los Reyes Católicos e Italia: los humanistas italianos y su relación con España", en Nicasio Salvador Miguel y Cristina Moya García (eds.), *La literatura en la época de los Reyes Católicos*, Madrid, Iberoamericana, 2008.

Paré, Ambroise, *Les oeuvres*, París, N. Buon, 1628.

Parrinder, E. Geoffrey, "África", en C. Jouco Bleeker y Geo Widergren (dir.), *Historia religionum. Haandbook for the History of Religions* II, Leiden, E. J. Brill, 1971.

Pascual Barea, Joaquín, "Doctrina pitagórica y de los filósofos antiguos sobre alimentación en un epigrama inédito de Arias Montano a Pedro Serrano", *Excerpta Philologica* 16 (1996), pp. 193-206.

Pausanias, *Descripción de Grecia*, Madrid, Gredos, 1994 (tr. de María Cruz Herrero Ingelmo).

Peláez Flores, Diana, "Aprendiendo el oficio de reinar. Formación cultural e infancia de las hijas de Isabel la Católica", *Atalaya* 20 (2020). https://journals.openedition.org/atalaya/4906 (16/12/2021).

Pereira, Duarte Pacheco, *Esmeraldo de situ orbis*, Lisboa, Impressa Nacional, 1892.

Pereira da Cruz, José Braz, *Ensayo Sobre La Vida de Príncipe Enrique El Navegante*, Space Independent Publishing Platform, 2014.

Pérez Priego, Miguel Ángel, "Estudio literario de los libros de viajes medievales", *Epos: Revista de Filología* 1 (1984), pp. 217-239.

Periáñez Gómez, Rocío, *La esclavitud en Extremadura (siglos XVI-XVIII)*, tesis doctoral de la Universidad de Extremadura (2008).

Peter, Hartmut, *Die Vita Angeli Geraldini des Antonio Geraldini*, Frankfurt, Peter Lang, 1993.

Petersohn, Jürgen, *Ein Diplomat des Quattrocento. Angelo Geraldini (1422-1486)*, Tubinga, De Gruyter, 1985.

Petersohn, Jürgen, "Amelia, Roma e Santo Domingo. Alessandro Geraldini e la sua famiglia alla luce di un convegno recente e di fonti contemporanee", *Quellen und Forschungen aus italienischen Archiven und Bibliotheken* 76 (1996), pp. 253-273.

Petrarca, Francesco, *De viris illustribus*, Florencia, Sansoni, 1964 (ed. de Guido Martellotti).

Pigafetta, Filippo, *Relatione del regno di Congo, regione dell'Africa*, Roma, s.e., 1591 (ed. De Rosa Capeans).

Pires, Tomé, *The Suma Oriental*, Londres, Taylor & Francis, 2018.

Platón, *Diálogos. VI, Filebo; Timeo; Critias,* Madrid, Gredos, 1992 (ed. M.ª de los Ángeles Durán López y Francisco Lisi).

Plinio el Viejo, *Historia Natural*, Madrid, Gredos, 2010-2020.

Plutarco, *Vidas de Sertorio y Pompeyo*, Madrid, Akal, 2004 (ed. de Rosa M.ª Aguilar y Luciano Pérez Vilatela).

Politi, Adriano, *Dittionario toscano*, Venecia, Andrea Baba, 1528.

Polo, Marco, *Il Milione*, Roma, Editori Riuniti, 1980 (ed. de Antonio Lanza).

Pomponio Mela, *De situ orbis libri tres recogniti*, París, Thomae Richardi, 1560.

Pomponio Mela, *Corografía*, Murcia, Universidad de Murcia, 1989 (ed. de Carmen Guzmán Arias).

Popeanga, Eugenia, "Viajeros en busca del Paraíso Terrenal", en Rafael Beltrán Llavador (ed.), *Maravillas, peregrinaciones y utopías: Literatura de viajes en el mundo románico*, Valencia, Universidad de Valencia, 2002, pp. 63-80.

Porro Gutiérrez, Jesús M., "Una antinomia protorrenacentista: secreto de estado y divulgación en los descubrimientos luso-castellanos. La cartografía (1418-1495)", *Anuario de Estudios Americanos* 60-1 (2003), pp. 13-40.

Porro Gutiérrez, Jesús M., "Las políticas portuguesa y castellana en el fenómeno descubridor, diplomacia y espionaje. La cartografía (1492- 1500)", en Antonio Gutiérrez Escudero y María Luisa Laviana Cuetos (coords.), *Estudios sobre América, siglos XVI-XX: Actas del Congreso Internacional de Historia de América*, Sevilla, Asociación Española de Americanistas, 2005, pp. 437-462.

Presutti, Pietro, *Accademia di religione cattolica dissertazioni lette negli anni 1879-1892*, Roma, Befani, 1892.

Prévost d'Exiles, Antoine François, *Histoire generale des voyages, ou nouvelle collection de toutes les relations de voyages par mer et par terre (etc.): Voyages au long des Cotes Occidentales d'Afrique, depuis Le Cap-Blanco jusqu'a Sierra-Leona* IV, La Haya, Pierre de Hondt, 1747.

Prinzivalli, Virgilio, *Vita di Cristoforo Colombo secondo i documenti più recenti*, Roma, Pace di F. Cuggiani, 1892.

Ptolomeo, Claudio, *Geographia universalis*, Basilea, Henricum Petrum, 1540.

Puente, Cristina de la, "Límites legales del concubinato: normas y tabúes en la esclavitud sexual según la bid'ya de Ibn Rušd", *Al-Quantara* 28-2 (2007), pp. 409-433.

Quintiliano, *De institutione oratoria* libri I-III, México, UNAM, 2006 (ed. De Carlos Gerhard Hortet).

Rapp, Francis, *La Iglesia y la vida religiosa en Occidente a fines de la Edad Media*, Barcelona, Labor, 1973.

Restall, Matthew, "Conquistadores negros: africanos armados en la temprana Hispanoamérica", en Juan Manuel de la Serna (ed.), *Pautas de convivencia étnica en la América Latina colonial: (indios, negros, mulatos, pardos y esclavos)*, México, UNAM, 2005, pp. 19-72.

Richard, Jean, *Les récits de voyages et de pèlerinages,* Turnhout, Brepols Publishers, 1981.

Ripa, Cesare, *Iconologia, overo Descrittione di diverse imagini cauate dall'antichità, & di propria inuentione,* Roma, Lepido Facii, 1603.

Ripa, Cesare, *Iconologia,* Siena, Heredi di Matteo Florimi, 1613.

Rodney, Walter Anthony, *A History of the Upper Guinea Coast, 1545-1800,* Londres, Universidad de Londres, 1966.

Rodney, Walter, *De como Europa subdesarrolló a África,* México, Siglo XXI, 1992.

Rodríguez Adrados, Francisco, *Fiesta, comedia y tragedia,* Madrid, Alianza, 1983.

Rodríguez de León, Juan, "A la biblioteca del licenciado Antonio de León, su hermano", en Antonio de León Pinerlo, *Epitome de la biblioteca oriental i occidental, nautica i geografica,* Madrid, Juan González, 1629, s/p.

Rogacci, Benedetto, *Prattica, e compendiosa istruzzione a' principianti, circa l'uso emendato, et elegante della lingua italiana. Composta da un religioso della Compagnia di Gesù,* Roma, Antonio de' Rossi, 1711.

Rosa, Eugénio Ribeiro, *Do Algarve de além-mar: (livro de emoções),* Lisboa, A Fábrica das Letras, 2009.

Roselly de Lorgues (conde), *Christophe Colomb histoire de sa vie et de ses voyages d'apres des documents authentiques tires d'Espagne et d'Italie* II, París, Didier, 1856.

Roselly de Lorgues (conde), *Historia de la vida y viajes de Cristóbal Colón,* Barcelona, Jaime Seix, 1892.

Rossi, Dario Giuseppe, *Catalogo della biblioteca del conte Evelino Cilleni-Nepis di Assisi,* Unione Cooperativa Editrice, 1894.

Rubio Balaguer, Jorge, "Cultura en la época fernandina", en *V Congreso de Historia de Aragón* V, Zaragoza, Institución Fernando el Católico, 1952, pp. 7-25.

Rumeu de Armas, Antonio, "La torre africana de Santa Cruz de la Mar Pequeña. Segunda Fundacion", *Revista de Estudios Atlánticos* 1 (1955), pp. 397-477.

Rumeu de Armas, Antonio, "Las pesquerías españolas en la costa de África (siglos XV-XVI)", *Revista de Estudios Atlánticos* 23 (1977), pp. 349-372.

Rumeu de Armas, Antonio, *España en el África Atlántica* I, Madrid, Las Palmas, Cabildo Insular de Gran Canaria, 1996.

Russell, Peter Edward, *Prince Henry "The Navigator": A Life,* New Haven, Yale University Press, 2001.

Sáez, José Luis, *Los hospitales de la ciudad colonial de Santo Domingo. Tres siglos de medicina dominicana (1503-1883)*, Santo Domingo, Organización Panamericana de Salud, 1996.

Sainz Rodríguez, Pedro, *La siembra mística del Cardenal Cisneros y las reformas en la iglesia*, Madrid, Real Academia Española, 1979.

Salas, Julio C., *Etnografía americana: los indios caribes: estudio sobre el origen del mito de la antropofagia*, Madrid, América, 1920.

Sanceau, Elaine, *D. Henrique, O Navegador: Com Notas de Autora Para Esta Edicao*, Lisboa, Civilizaçao, 1960.

Sánchez, Pedro, *Triangulo de las tres virtudes theológicas, fe, esperança y caridad y cuadrangulo de las quatro cardinales, prudencia, templança, iusticia y fortaleza*, Toledo, Tomás de Guzmán, 1595.

Sánchez Herrero, José, "El clero en tiempos de Isabel I de Castilla", en Julio Valdeón Baruque (ed.), *Sociedad y economía en tiempos de Isabel la Católica* II, Valladolid, Ámbito, 2002, pp. 151-182.

Santos Morillo, Antonio, "Caracterización del negro en la literatura española del XVI", *Lemir* 15 (2011), pp. 23-46.

Sarfaty, David E., *Columbus Re-Discovered*, Pittsburgh, Dorrance Publishing, 2010.

Serrano y Sanz, Manuel, *Orígenes de la dominación española en América*, Madrid, Bailly- Bailliere, 1918.

Shakespeare, William, *The Life of King Henry the Eighth*, Londres, Thomas Whitaker, 1649.

Shinn, David H. y Ofcansky, Thomas P., *Historical Dictionary of Ethiopia*, Lanham, Scarecrow Press, 2004.

Sículo, Lucio Marineo, *De las cosas memorables de España*, Alcalá de Henares, Miguel Eguía, 1533.

Sigüenza, José de, *Historia de la Orden de San Jerónimo*, Salamanca, Junta de Castilla y León, 2000.

Soriano Sancha, Guillermo, "Quintiliano y la imitación estilística en el Renacimiento", *Kalakorikos* 19 (2014), pp. 43-66.

Soto, Marie Cruz, "Indígena y rebelde: Vieques, imaginarios indigenistas y la narración del pasado caribeño", *Op. Cit.* 23 (2014-2015), pp. 191-225.

Spain, P. Mariño, *Tratados internacionales de España: España-Portugal*, Madrid, CSIC, 1978.

Stehelin, John Peter, *Traité Contre la Transsubstantiation, Extrait de Plusieurs Sermons*, Londres, Coderc, 1727.

Sued Badillo, Jalil, "¿Caribe o taína? La isla de Guadalupe y su cuestionable identidad caribe en la época pre-colombina: Una revisión etnohistórica y arqueológica preliminar", *Caribbean Studies* 35-1 (2007), pp. 37-85.

Surhone, Lambert M., Timpledon, Miriam T. y Marseken, Susan F., *Accademia Pomponiana*, Isla Mauricio, Betascript Publishing, 2010.

Szaszdi Leon-Borja, Istvan, "La genesis de los obispados en Puerto Rico", en Manuel Alvarado Morales y Marie Minette Diaz Burley (eds.), *Iglesia y Sociedad 500 años de la Iglesia Católica en Puerto Rico, Arzobispado de San Juan de Puerto Rico*, San Juan de Puerto Rico, 2008.

Tenneroni, Annibale, "Il testo volgare dell'*Itinerarium* di Alessandro Geraldini d'Amelia", *Bollettino r. Deputazione di Storia patria per l'Umbria* 1 (1895), pp. 154-158.

Teofrasto, *Historia de las plantas*, Madrid, Gredos, 2016 (ed. de José María Díaz-Regañón López).

Testi, Dario, *La conquista de México desde una perspectiva militar (1517-1521)*, León, Universidad de León, 2020.

Thomas, David y Chesworth, John A. (eds.), *Christian-Muslim Relations. A Bibliographical History. Volume 6 Western Europe (1500-1600)*, Brill, Leiden, 2014, pp. 125-127.

Tiraboschi, Girolamo, *Storia della letteratura italiana* VI-3, Roma, Modena, Societa Tipografica, 1791.

Tisnés, Roberto M., *Alejandro Geraldini primer obispo residente de Santo Domingo en La Española. Amigo y defensor de Colón*, Santo Domingo, Arzobispado de Santo Domingo, 1987.

Tomás de Aquino, *Summa contra gentiles* II, Madrid, BAC, 1953 (ed. de Laureano Robles Carcedo y Adolfo Robles Sierra).

Tommaseo, Niccoló y Bellini, Bernardo, *Dizionario della lingua Italiana* 1, Turín, Società l'Unione Tipografico, 1865.

Toribio Medina, José (ed.), *Colección de documentos inéditos para la historia de Chile, desde el viaje de Magallanes hasta la batalla de Maipó 1518-1818* I, Santiago de Chile, Ercilla, 1888.

Toribio Medina, José, *Historia del tribunal de la Inquisición de Lima: 1569-1820* II, Santiago de Chile, Fondo Histórico y Bibliográfico José Toribio Medina, 1956.

Torrance, Robert M., *La búsqueda espiritual: La trascendencia en el mito, la religión y la ciencia*, Madrid, Siruela, 2006.

Torre, Antonio de la, *Documentos sobre relaciones internacionales de los Reyes Católicos: 1479-1497*, Madrid, CSIC, 1949.

Torre, Antonio de la y Torre, E. A. de la, *Cuentas de Gonzalo de Baeza tesorero de Isabel la Católica II*, Madrid, CSIC, 1956.

Torre, Arnaldo della, *Paolo Marsi Da Pescina, Contributo Alla Storia Dell'Accademia Pomponiana*, Rocca San Casciano, Cappelli, 2018.

Torre y del Cerro, Antonio de la, "Maestros de los hijos de los Reyes Católicos", *Hispania. Revista Española de Historia* 63 (1956), pp. 256–266.

Torres Ramírez, Bibiano y Hernández Palomo, José J. (eds.), *Presencia italiana en Andalucía: siglos XIV-XVII / Actas del III Coloquio Hispano-Italiano*, Sevilla, CSIC, 1989.

Trevisanus, Angelus (ed.), *Libretto di tutta la navigatione del re de Spagna de le isole et terreni novamente trovati*, Venecia, Alberto Vercellese da Lisona, 1504.

Triana Antorveza, Humberto, *Léxico documentado para la historia del negro en América*, Bogotá, Instituto Caro y Cuervo, 1997.

Ughelli, Ferdinando, *Italia Sacra sive de episcopis Italiae, et insularum adjacentium* VIII, Venecia, Sebastianum Coleti, 1721.

Ure, John, *Dom Henrique o Navegador*, Brasilia, Universidade de Brasília, 1985.

Urreta, Luis de, *Historia eclesiástica, política, natural y moral, de los grandes y remotos reynos de la Etiopía, Monarchía del Emperador, llamado Preste Iuan de las Indias*, Valencia, Patricio Mey, 1610.

Utrera, Cipriano de, *Historia militar de Santo Domingo. (Documentos y Noticias)* I, Ciudad Trujillo, s.e., 1950.

Varela, Consuelo, *Colón y los florentinos*, Madrid, Alianza, 1988.

Varela, Consuelo; *Cristóbal Colón y la construcción de un Nuevo Mundo, 1983-2008*, Santo Domingo, Archivo General de la Nación, 2010.

Vergé-Franceschi, Michel, *Um príncipe português: Henrique o Navegador: a descoberta do mundo*, París, Instituto Piaget, 2000.

Verino, Michele, *Disticha Moralia*, Salamanca, Nebrissensis, 1496.

Verino, Ugolino di, *De expurgatione Granatae (Panegyricon ad Ferdinandum Regem et Isabellam reginam Hispaniarum de saracenae Baetidos)*, Granada, Universidad de Granada, 2002.

Vilar, Pierre, *Oro y moneda en la historia: 1450-1920*, Barcelona, Demos, 1972.

Villa Prieto, Josué, *La educación nobiliaria en la tratadística bajomedieval castellana: aspectos teóricos*, Tesis doctoral de la Universidad de Oviedo (2013).

Villalba de la Güida, Israel, "El descubrimiento de América en la poesía neolatina: motivos virgilianos en la épica de tema colombino (siglos XVI-XVIII)", en Jesús Luque, M.ª Dolores Rincón e Isabel Velázquez (eds.), *Dulces camenae. Poética y poesía latinas,* Jaén-Granada, Sociedad de Estudios Latinos, 2010, pp. 969-981.

Vives, Luis, "De christiana foemina", en *Opera omnia* IV, Valencia, Monfort, 1782-1790.

Vocht, Henry de, *History of the Foundation and the Rise of the Collegium Trilingue Lovaniense, 1517-1550* II, Lovaina, Kraus, 1951-1955, pp. 220-234.

Watson, Foster, "Introduction", en Foster Watson (ed.), *Vives and the Renascence Education of Women*, Nueva York, Longmans, 1912.

White, Hayden V., *Tropics of discourse. Essays in cultural criticism*, Baltimore & Londres, Johns Hopkins University Press, 1978.

White, Hayden V., *Metahistoria: la imaginación histórica en la Europa del siglo XIX*, México, FCE, 1992.

Wiesner-Hanks, Merry E., *Gender in History: Global Perspectives*, Oxford, Wiley-Blackwell, 2011.

Zaballa Beascoechea, Ana y González Ayesta, María Cruz, "La Nueva Jerusalén en el bajomedievo y en el renacimiento hispano-americano", *Anuario de Historia de la Iglesia* 4 (1995), pp. 199-233.

Zeno, Apostolo, *Dissertazione Vossiane* II, Venecia, Giambatista Albrizzi, 1753.

ÍNDICE DE NOMBRES

A
A'isha 388
Abbadie, Jacques 75
Abradates 418
Abraham 389
Acteón, rey 136, 226, 329, 330, 331
Adán 155, 164
Adriano 293
Adriano VI (véase Utrecht, Adriano de)
Afonso I, rey 10
Agapito 25
Aguiar, Rui de 96
Aguilar 75
Ahmad, Amir 413
Alá 117, 390
Alberto III Pío 18, 32-35, 37, 40, 54, 56, 74
Alboaces, rey 72, 321, 325
Albor (hijo del rey Sibor) 318
Alcmena 189, 297
Aldobrandi 133
Alebelale 283, 383
Alejandro, negus 163
Alejandro VI 25, 35
Alfonso I del Congo 361
Alfonso XI 321
Alfonso de Aragón 25, 27, 36, 42
Alighieri, Dante 137, 393, 400
Almeida, Francisco de 418
Alvares, Francisco 130, 138, 148, 162, 276
Alvares, Jorge 147
Álvarez, Francisco 141, 378, 384
Álvarez, María 38
Álvarez Chanca, doctor 177
Álvarez de Cabral, Pedro 418
Amat di san Filippo, Pietro 75

Amda Seyon I 413
Amengual, Jaume E. 170
Amina o Aminatu 130
Amocio, rey 332
Anaia, Pêro de 420
Andrade, Lázaro de 163
Angada, Yanu de 130
Anglería, Pedro Mártir de 27-29, 35, 48, 51, 52, 61, 69, 74, 88, 95, 98, 143, 159, 169, 170, 176, 177, 314
Anmosa, rey 118, 119, 237, 341
Anselmo, san 146
Apollini 192
Apollinis 192
Apolo 101, 298, 393
Apolonio 133
Aprosio 75
Arato 61, 245, 348
Aren, William 177
Arias Montano, Benito 166
Aristóteles 127, 137, 143
Arturo, príncipe de Inglaterra 30
Asís, Francisco de (san) 139
Askia Mohamed I, 129, 313, 417
Astarté 110
Atlas 141
Attaan Nasemon, 242, 345
Attea 115, 120, 236, 340
Augusto 40, 101, 185, 188, 190, 192, 193, 215, 293, 296, 294, 297, 299, 300, 320, 416
Axgace de Conche 164, 165, 279-281, 379-381, 413

B
Baannassari 344
Baccabeo, rey 206, 310
Bacili 414

Bacon, Roger 137
Bagaro 114, 118, 120-123, 222, 223, 327
Baio 411
Balbuena, Paulino 74
Baldelli 251
Baltasar, rey 128, 155, 156
Bandier, César de 164
Bannasar 117, 119, 120, 238, 341
Bannassarre (véase Bannasar)
Barbarroja 98
Barberini, cardenal 67, 68
Barbier, Pierre 43
Burton, Richard 155
Basilio III 33
Bastidas, Juan de 47
Bauza Socias, Rafael 170
Behain, Martín 148
Belalcázar, Sebastián de 140
Bello, Andrés 143
Benjamin, Walter 152
Benning, Simon 156
Benzoni, Girolamo 169
Berardi, familia 124
Berardi, Gianetto 124
Berardi, Juanoto 124
Bermudes, João 18, 66, 73, 94, 108, 140, 147, 153, 162-167, 169, 275, 276, 286, 375, 378, 379, 385, 401, 409, 417
Bernardina (esposa de Pace Busitani) 24
Beroso el Caldeo 146
Betanzos, Domingo de (Domingo de) (fray) 46
Bisboor 144, 314, 326
Blondello 75
Blumenbach, Johann Friedrich 155
Boccaccio, Giovanni 58, 277, 285, 393, 398
Boccalini, Traiano 74
Bolano, Alfonso de 96

Bolívar, Gregorio (fray) 68
Boncompagni 67
Borghese 10, 12, 15, 16, 65, 67, 74
Borgia, Rodrigo (véase Alejandro VI)
Boscán, Juan 53
Bosone da Gubbio, Raffaelli dei 392
Bouba, Antoine 80
Bracciolini, Giovanni Francesco 59
Bravo, Alonso 125
Breval, John D. 75
Buffon, conde de 155
Busitani, Pace 24, 33

C
Caboto, Sebastiano 51
Cadamosto, Alvise 69, 70, 73, 74, 77, 81, 83, 84, 87, 92, 95, 105, 126, 136, 137, 143, 144, 146, 148, 150, 151, 158, 308, 310-312, 314, 316, 317, 319, 320, 325, 326, 331, 333-335, 342, 347, 363, 378, 410, 411, 415, 418
Caffarelli-Borghese, Scipione 74
Calderón de la Barca, Pedro 34
Cam (hijo de Noé) 106
Camões, Luís de 66
Campana, Tommaso 49
Campulo, Giovanni 239
Canaán 156
Cantù, Cesare 75
Cão, Diogo 96, 151
Carbonell, Miguel 26, 300
Carlomagno 40
Carlos I 26, 34, 35, 36, 40, 42, 45, 47, 53, 54, 94, 125, 149, 174
Carnero, Antonio 378
Carpi, príncipe de (véase Alberto III Pío)
Carroz, Luis 32
Cartagena, Alonso de 58

ÍNDICE DE NOMBRES

Casalia, Gonsalvo (véase Cazalla, Gonzalo)
Casas, Bartolomé de las 23, 42, 45, 46, 98, 146, 169, 170, 174, 175, 178
Cassagia, Francisco 300
Castellanos, Juan de 53, 54
Castiglione, Baldassarre 23
Castro, Álvaro de 44
Catalina, de Aragón 28, 29, 30-34, 36, 37, 58, 93, 128
Cataneo, Giovanni Maria 51
Catenacci, Riccardo 14, 37, 50, 51, 55, 63, 66-68, 70, 73, 75, 94, 95, 136, 140, 161, 162, 169, 174, 215, 234
Catón 96
Cazalla, Gonzalo 21, 69, 100, 300, 303
Cei, Galeotto 169
Cicerón 59, 94, 96, 382
Cieza de León, Pedro 95
Ciocchi del Monte, Antonio Maria 47
Cisneros, cardenal 30, 36, 38, 45, 106, 119, 139, 174
Claudio 186, 190, 193, 294, 297, 300, 416
Clemencín, Diego 100
Clemente VII 50
Cleopatra II 152
Cleve, Joos van (el Viejo) 156
Cleynaerts, Nicolas 18, 88, 167, 168, 287, 387-390
Colombo, Cristofano (véase Colón, Cristóbal)
Colón, Cristóbal 9, 29, 30, 43, 46, 48, 51, 65, 98, 125, 141, 167, 169, 170, 172-174, 177, 184, 263, 267, 286, 291, 292, 365, 368, 369, 371, 372, 385, 396, 410-412, 415-419, 421

Colón, Diego 30
Colón, Hernando 98, 167
Colón, Luis 48
Conorbano 108, 113, 117, 119, 253, 355, 356
Constantino 40, 412
Coquery-Vidrovitch, Catherine 87
Córdoba, Juan de 125
Córdoba, Martín de 58
Córdoba, Pedro de 45, 175
Cortés, Hernán 51, 53, 125, 169, 173, 174
Cosroes 304
Coutinho, Joan 410
Covarrubias, Pedro de 55, 56
Covilhã, Pêro da 148, 163, 420
Cresques 154
Cristo 112, 319
Cuneo, Michele da 51

D

D'Angelo, Edoardo 18, 19, 23, 24, 31, 35, 39, 40, 42, 56, 59, 74, 93, 136, 137, 140, 163, 172, 174, 175, 179, 181, 300, 416
Daamansa 413
Dabiro 107, 119, 145, 205, 206, 310, 311
Daillé, Jean 75
Dánae 189, 297
David, Gerard 156
Dawit II 138
Deza, Diego de 173
Dias, Bartolomé 147
Dias, Dinis 411, 419
Díaz del Castillo, Bernal 52, 53, 95
Domiciano Augusto 192, 299
Dridoens, Jan 167
Dudley, Robert 141
Dunbar, William 155
Durero, Alberto 155, 178

E

Edomao 321
Egidio, cardenal 35, 44, 46
Einger, Enrique 125
El Bosco 156
El Bronzino 155
Elcano, Juan Sebastián 49
Elesbaan 156
Eli Bana 410
Elisabetta (sobrina de Alejandro) 40, 44, 179
Eneas 65
Engracia (mujer de Miguel Carbonell) 26
Enrique el Navegante 147, 167, 415
Enrique III 152, 170
Enrique IV 24
Enrique VII 30
Enrique VIII 31-36, 41, 93
Enriquillo 53, 175
Erasmo de Róterdam 28, 32, 34, 43, 44, 57, 59, 110, 167
Estrabón 79, 137, 412
Eutímenes de Masalia 145
Eximenio, Francisco 58
Exú 111

F

Facciotti, Guglielmo 10, 14
Falero, Ruy 148
Fanuel 375
Felipe II 153, 174
Fernandes, Valentim 81, 82, 83, 148, 158, 310
Fernández de Oviedo, Gonzalo 43, 44, 146, 171, 172, 176, 178
Fernández, Diego 31
Fernando el Católico 25-27, 32, 33, 35, 36, 43, 46, 71, 93, 123, 125, 175, 176, 184, 292, 368
Fernando II (véase Fernando el Católico)
Ferrante II 26
Ferreira das Neves, Jerônimo 66
Ferro, Gaetano 74
Fiammingo, Niccolò Venardo 9, 13, 64, 88, 167, 387, 390
Ficino, Marsilio 23, 157
Figueroa, Jerónimo Luis de 41, 42
Figueroa, Rodrigo de 30, 40-43, 50, 173, 175
Flores, Antonio 43, 50
Focas 304
Foresti da Bergamo 51
Fray Miguel (véase Fanuel)

G

Gabriel, ángel 390
Galawdewos (véase Gradeus)
Galle, Philippe 153
Gallego, Fernando 156
Gama, Cristovão da 162, 381
Gama, Estêvão da 411
Gama, Vasco de 147, 162
Garcés, Julián 173
García, Gómez 58
Gattinara, Mercurino di 44
Gayán, Juan 26
Geraldini de Catenacci, Onofrio 10, 12, 17, 33, 38, 43, 44, 49, 50, 55, 57, 61, 66, 67, 74, 95, 162, 171
Geraldini, Andrea 38
Geraldini, Angelo 24, 25, 50
Geraldini, Antonio 24-26, 30, 173, 176, 300, 368
Geraldini, Costante 24, 40, 179
Geraldini, Diego 38, 39
Geraldini, Giovanni 24
Geraldini, Graziosa 24, 50, 263, 264
Geraldini, Lucio 38, 44, 47
Geraldini, Sidonia 24
Geraldini, Tullia 24, 33, 38
Ghirlandaio, Domenico 156
Giano (véase Jano)

Gil, Juan 40
Giovanni, Pietro 186
Giove (Júpiter) 189
Giovio, Paolo 278
Giustiniano IV (Justiniano IV) 186
Glapión, Juan 139
Gnogor 107, 113, 117, 143, 314-316
Góis, Damião de 162
Goltzius 153
Gomes, Diogo 105, 148
Gómez de Fuensalida, Gutierre 75
Gonçalves Baldaya, Afonso 81
González Dávila, Gil (conquistador) 49, 169
González Dávila, Gil (cronista) 33
González Vázquez, Carmen 12, 16, 19, 60, 64-67, 69, 70, 74, 78, 92, 100, 103, 104, 135, 140, 141, 146, 313, 415
Gouvenot, Lorenzo 125, 174
Gozzoli, Benozzo 156
Gracián, Baltasar 137, 160
Gradeus 163, 375, 376, 379, 380, 381, 384, 413, 418
Green, Toby 413
Grifón de Amelia 24, 59, 96, 137
Guarani 228, 332

H

Habsburgo (dinastía) 37
Hafsa 388
Hannón 65, 132, 137, 146
Harley 11, 15, 21, 153
Harley, Edward 11, 15, 66
Harley, Robert 11, 15, 66
Helena, emperatriz 163
Helios 142
Heraclio 304
Hércules 58, 99, 141, 185, 188, 293, 294, 296, 297
Herlin, Friedrich 156
Heródoto 79, 94, 137, 143, 348

Herrera, Antonio de 45
Hesíodo 133
Hipías 80
Homero 80, 140
Horus 309
Humboldt, Alexander von 75

I

Iamaan 342, 344
Ianab 108, 109, 114, 208, 209, 254, 312, 313, 357
Iannaam (véase Iamaan)
Ibrahim, Ahmad Ibn 381, 409, 413
Iguino 99, 108, 114, 156, 349
Ingrinesa 144
Inocencio III 112
Inocencio VIII 26, 368
Inonsa 111
Inseena (véase Insenea)
Insenea 75, 131, 338
Irving, Washington 98
Isaac 389
Isabel de Castilla 25-29, 34, 35, 58
Isis 145, 309

J

Jacobo 352
Jaime II 93
Jano 190, 243, 297
Jenófanes de Colofón 111
Jesucristo 99, 161, 292, 331, 352, 388
Jorge de Portugal 125
Jowayriya 388
Juan el Etíope 128
Juan I de Portugal 412
Juan II el Hermoso 24-26, 36, 70, 162, 163, 368, 415
Juan III (de Portugal) 163, 167, 361, 378
Juan VI, papa 294
Juan, príncipe de Castilla 59
Juan de Aragón 36

Juana de Aragón 27, 28, 39, 47
Julio II 35, 366
Julio César 101, 320
Juno 101, 295, 306
Júpiter 110, 144, 297
Justiniano 40, 294

K
Kalunga 414
Khadija 388
Kisoki 130
Külb, Philipp Hedwig 75
Kulmbach, Hans Suess 156

L
Lalignami, Antonio de 27
Lalignami, Filippo di 27
Larroque, Matthieu de 75
Latini, Brunetto 395
Latomo, Iacobo 168, 387-390
Latomus Camberonensis, Iacobus (véase Latomo, Iacobo)
Laurelio, Publio Francesco 24
Lebna Dengel 411
Lebrón, Cristóbal 43, 175, 179
Lebrón, Jerónimo 39
León el Africano 88, 122, 135
León X 26, 32, 33, 35-37, 39, 41, 46, 47, 51, 72, 94, 139, 174, 175, 178
Leonardi, Francesco 398
Leto, Giulio Pomponio 27
Lima, Roderico de 163, 378
Linneo, Carlos 252
López de Gómara, Francisco 146, 178
López de Mendoza, Íñigo 26
López de Recalde, Juan 125
Loyola, Ignacio de 163
Lucano 133
Lucio Paulo 295
Luna, Álvaro de 58
Luna, diosa 133, 325, 349, 352

Lutero, Martín 112
Lyra, Nicolás de 29, 151, 173, 368

M
Machiavelli, Niccoló 23, 59, 60, 160
Magallanes, Fernando de 49, 98, 148, 150, 169
Mahmud II 319, 416
Mahmud III 319, 416
Mahoma 83, 85, 105, 120, 190, 298, 304, 308, 312, 319, 347, 388-390
Maicallio 103, 107, 109
Main Brenesin 210, 211, 315
Malfante, Antonio 162
Manaid Hanaam Sanaam 111, 118, 119, 223, 328
Manfredonia, Rosa 74, 181
Mansa Musa 154
Mansilla 53
Manso, Alonso 36, 175, 366
Manuel I de Portugal 30, 70, 148
Manuel, Elvira 31
Maometto (véase Mahoma)
Maquiavelo, Nicolás (véase Machiavelli, Niccolò)
Maranesi, Ercole Luigi 392
Marchena, Juan de 173, 368
Marco Aurelio 200
Margarit, Bernardo 26
Margarita de Austria 29, 32, 36
María de Aragón 17, 28-30, 34
María Tudor 28, 58
Marineo Sículo, Lucio 51
Marlborough, duque de 75
Mármol Carvajal, Luis del 122, 135
Marroquín, Francisco 23
Martínez de la Puente, José 126
Maximiliano I 29, 32, 85
Maymûna 388
Medici, Alessandro de 128, 155
Medina, Juan de 26
Megástenes 420

Memling, Hans 156
Mendoza, Diego de 148, 369
Menéndez Pelayo, Marcelino 29
Menequeo de Patara 59, 75, 186, 293
Mercurio 193
Mesa, Bernardino de 412
Michelangelo 403
Miguel, rey de Oqqy 163, 418
Moisés 120, 156, 347, 381
Mongallo, Pompeo 6, 9, 11, 13, 15-19, 63, 65-68, 88, 89, 94, 104, 140, 147, 148, 151, 153, 158, 161, 162, 164-169, 178, 184, 275, 289, 292, 317, 375, 377, 385, 390, 417
Monicongo 361
Montesinos, Antonio 45, 175
Morando, Benedetto 159
Moro, Tomás 138
Mostaert, Jan 155
Muñoz, Benito 39
Mvemba (véase Alfonso I)

N
Naassomone (véase Nassamón)
Narváez, Pánfilo de 173
Nassamón 72, 96, 138, 160, 233, 237, 256, 337, 341, 358
Nassamone (véase Nassamón)
Navajero, Andrea 53
Ndofunsu, (véase Alfonso I)
Noboor 325
Noé 106, 156
Nunes Barreto, João 163
Nzing 10, 14, 131

O
Océano, dios 75, 110, 116-120, 133, 351
Oliva, Annamaria 10, 15
Olmedo, José Joaquín 143
Olmissa Naarbale 102, 187, 295

Olokun 414
Orissa Venmo 105, 107, 111, 256, 358
Olorí Mérîn 111
Olorum 111
Onadinguel 164, 383
Oniob Sirian 217, 218, 323
Oniob Sirién 107, 110, 114, 121, 217, 218, 322, 323
Opo 414
Orissa Venmo 105, 107, 111, 256, 358
Ortelio, Abraham 153
Ortiz, Alonso 59
Osiris 309
Otálora 42
Ottoanna 131, 132, 154, 236, 339
Ottongoo 82-84, 92, 95, 154, 329, 330
Ovando, Nicolás de 49, 125, 419
Ovidio 133, 347
Oviedo, Andrés de 146, 163

P
Pablo III 163
Pacheco Pereira, Doarte 81, 126, 148, 158
Padilla, García de 36
Paiva, Afonso de 148, 163
Pané, Ramón 169
Panniano 346
Paré, Ambroise 133
Paris, Matthew 152
Paulo Emilio Cástrico 31, 39, 74, 89, 115, 191, 192, 298
Paulo Emilio, Liberto 298
Pausanias 79
Pedro III de Aragón 93
Perestello 170
Pérez, Juan (fray) 173
Pérez, Marcos 38
Perpena 202, 307
Perseo 141, 189, 297

Petrarca, Francesco 99
Piccolpasso, Cipriano 230
Pico della Mirandola, Giovanni 54, 157
Pigafetta, Antonio 51, 98
Pigafetta, Filippo 166, 401
Pío II 96
Pío V 49
Pires, Tomé 147
Pitágoras 157, 347
Platón 79, 137, 146, 173, 308
Plaza, Hernando de la 38
Plinio el Viejo 10, 14, 70, 84, 103, 110, 133, 136, 137, 146, 296, 379, 420
Plutarco 79, 307
Polo, Marco 141, 162
Pomponio Mela 132, 137
Ponce de León, Pedro 411
Preste Juan 18, 64, 66, 68, 73, 89, 94, 140, 147, 148, 158, 162, 164, 165, 352, 375, 382–384, 413
Presutti, Pietro 75
Pródico 80
Proteo 111
Ptolomeo, Claudio 70, 313, 348, 412, 416, 419
Publio Nigidio Mamerco 188, 295
Pucci, Lorenzo 35, 37, 40

Q

Quialao 90, 106, 115, 118, 119, 318
Quintiliano 59, 96, 137
Quinto Sertorio 307
Quiñones, Francisco de los Ángeles 112, 139
Quiroga, Vasco de 23

R

Raangano 70, 160, 358
Rabiam 72, 115, 239, 242, 342, 345, 346
Raleigh, Walter 141
Rambulo, Pietro 162
Ramírez de Fuenleal, Sebastián 23, 175
Ramusio, Giambattista 169
Reyes Católicos 9, 17, 25–29, 31, 37, 47, 58, 59, 71, 73, 80, 93, 112, 119, 149, 150, 173
Ribera, Francisco 135, 342
Ricardo 55
Río, Diego del 33, 38, 43, 44, 48, 49, 56
Ripa, Cesare 153
Robbia, Andrea della 156
Rodney, Walter Anthony 71
Rodríguez de Almela, Diego 58
Rodríguez de Fonseca, Juan 45
Rodríguez Demorizi, Emilio 74
Rongoone 112, 119, 357
Ruffo dei Theodoli, Giovanni 48
Ruiz Pinzón, Francisco 38, 47

S

Säblä Wängel 130
Safiyya 388
Saga Zaâb (véase Tegazano)
Salas, Julio C. 177
Salomón 378, 385, 389
Salustio 96
San Alberto 30, 46, 55
San Benito 55
San Buenaventura 159
San Felipe 156
San Gregorio Magno 55
San Isidoro 146
San Jorge 32
San Pablo 109, 117
San Saturnino 45
San Telmo 110
Sánchez, Juan 38, 125
Sancho IV 93
Santa Catalina de Alejandría 58

Santa Lucia 55
Santángel, Luis de 369
Santillana, marqués de 53
Santo Tomás de Aquino 177
Sara, rey 112-114
Sauda 388
Savonarola, Girolamo 112
Sayler, Jerónimo 125
Scipione (cuñado de Alessandro Geraldini) 38, 44
Sebastián de Portugal 162, 375
Seboso 146
Seco, Alejo 74
Selim I 33, 37, 54
Sepúlveda, Juán Ginés de 32
Septimio Severo 103, 187, 294, 412
Sevérac, Jourdain de 381
Shakespeare, William 34
Sibor 213, 318
Sinamon 233, 337
Sirién 119
Sixto IV 25
Smith, Adam 81
Solimán I 163
Sonni Ali 130
Squillaci, Niccolò 51
Stehelin, John Peter 75
Streytero, Arnoldo 387
Suetonio Paulino 190, 297
Sunjata Keita 413

T

Tácito 74, 96
Talavera, Hernando de 58, 173
Taviani, Paolo Emilio 74
Tegazano 279, 378
Tempo, Antonio da 265
Tendilla, conde de 26, 27
Tetaano 103, 107, 109, 164, 256, 359
Thornton, John 10
Timoteo 109
Tirado 53
Tiramakang Traoré 413
Titaano (véase Tetaano)
Tito 101, 215, 320
Tito Livio 406
Toquale 103, 106, 114, 128, 231, 335
Torello, Paolo 49
Torello, Pomponio 49
Trajano 101, 294, 299, 320
Tristão, Nuno 150, 410, 411
Tulia 33

U

Ughelli, Ferdinando 54, 56, 57, 100
Ulises 411
Umm Habiba 388
Umm Salama 388
Urbano VIII 67
Utrecht, Adriano de 30, 32, 34, 35, 42, 43, 73, 139

V

Valera, Diego de 58
Valerio 33
Vargas, Juan de 178
Vázquez de Ayllón, Lucas 173
Vega, Garcilaso de la 53
Vega, Hernando de 28, 43
Velázquez de Cuéllar, Diego 412
Velho, Álvaro 95
Verino, Michele 27
Verino, Ugolino de 27
Verrazzano, Giovanni da 51
Vespasiano 100, 101, 192, 195, 215, 299, 301, 320
Vespucci, Amerigo 51
Vieri, Michele di 27
Villalobos 53
Villareal, marqués de 378
Villena, Enrique de 58
Vinci, Leonardo da 156
Vitale di Noia, Francesco 25
Viterbo, Egidio de 35, 46

Vitoria, Francisco de 56
Vitruvio 50
Vives, Luis 28, 34, 58, 167
Vos, Marten de 153

W
Watson, Foster 58, 472
White, Hayden 97
White, Juan 412
Whiteway, Richard Stephen 375
Wolsey, Thomas 34

Y
Yannam 342
Yaveh 118
Yona 346

Z
Zaynab 388
Zeno 48, 56
Zeus 144
Zumárraga, Juan de 23

ÍNDICE DE TOPÓNIMOS

A
Abbay, río 377, 413
Abisinia 162, 163, 378, 381, 383, 413
Acra 414
Addis-Abeba 413
Adriático 99
Afortunadas, Islas (véase Canarias)
Africa 13, 14, 15, 184, 186-188, 190, 193, 195, 196, 198, 199, 229, 260, 270, 282, 284, 296, 392
África 9-11, 18, 52, 64, 69, 71-73, 77, 78, 80-82, 84, 86, 87, 89-91, 93-96, 100, 101, 107, 108, 109, 122-124, 126, 129, 130, 134, 136, 138-141, 143-145, 147-149, 151-159, 162, 165, 169, 174, 176, 188, 201, 282, 292, 294-295, 297, 298, 300-302, 304, 305, 307, 333, 334, 362, 370, 380, 383, 392, 409, 410, 413, 414, 416-418, 421
Agadir 149
Agana, río 164, 409
Agarea 218, 219, 323, 409
Aguz 149
Al-Andalus, barrio 387
Albula, río 309, 409
Alcácer-Ceguer 149
Alcaçovas 148
Alemania 19, 33, 40, 149
Alto Volta 412
Amar 164, 284, 383, 409
Amara 164, 282, 285, 381, 384, 409, 419
Amelia 23-26, 33, 49, 50, 52, 59, 64, 67, 96, 137, 161, 183, 184, 239, 291, 292, 342, 409
América 9, 10, 12, 18, 19, 43, 49, 51-53, 69, 80, 82, 93, 96, 97, 112, 129, 153, 154, 166, 169, 171, 172, 174, 175, 177, 178, 380, 416, 419
Amoná, isla de (véase Moná)
Anatolia 416
Andalucía 123
Angiulla 265
Angote, reino de 420
Anguila (Islas Vírgenes) 366, 410
Antártica 205, 309, 357, 410
Antillas 43, 64, 69, 72, 170, 175, 177, 410, 412, 415
Antípodas 37, 63, 147, 173, 348, 410
Aragón 24-27, 30, 36, 42, 58, 93, 128
Arán, Valle de 186
Arcila 149, 410
Argelia 412, 418
Arguim, golfo de 92, 146
Arguim, isla de 126, 150, 410, 411, 415
Arguim, islas 126, 150, 410, 411, 415
Armasaanna 90, 102, 103, 106, 111, 112, 115, 121, 159, 254, 256, 357, 358
Ártico 106, 369
Aruba 43, 175
Arzila 150, 187, 294, 410
Asia 64, 84, 86, 95, 99, 101, 142, 147, 162, 201, 202, 204, 209, 215, 224, 246, 267, 270, 309, 320, 329, 349, 368, 370
Assuán 412
Astorga 26
Atlante, monte (véase Atlas)
Atlántica, costa 149
Atlántico 72, 80, 124, 126, 170, 307, 413, 416
Atlántida 146

Atlas 9, 64, 72, 78, 88, 89, 91, 101, 103, 130, 141, 144, 154, 157, 189–194, 207, 291, 296–301, 311, 348, 410, 420
Attenea, región 233, 337, 410
Australia 148
Austria 29, 32, 36, 85
Ávila 178
Aviñón 161
Awash, río 377
Azamor (véase Azemmour)
Azemmour 149, 294, 410, 421
Azores, islas 170

B
Babba (véase Julia Campestre)
Badajoz 149
Bamba (véase Julia Campestre)
Bambuk 414
Banassa 88, 417
Baol 416
Baracoa 412
Barbarina, ciudad 233, 337, 410
Barbazina, región 79, 82, 84, 85, 107, 117, 118, 121, 237, 238, 256, 341, 358, 410
Barbazinas, río (véase Rivo)
Barborina (véase Barbazina)
Barcelona 25–27, 171
Barlovento, islas de 417, 419, 421
Barrabea 85, 206, 310, 410
Basa 72, 92, 107, 115, 119, 145, 160, 205–207, 308, 309, 311, 410
Basarea 116, 117, 222, 327, 410
Basiana 69, 90, 106, 107, 110, 216–218, 321–323, 411
Basilea 25
Batamasina 90, 114, 228, 331, 332, 411
Bayas 371, 411
Benascana 90, 231, 335, 411
Bendina (véase Beniaana)

Beniaana 216, 218, 321, 323, 411
Benín 409, 412, 417, 418
Berbería 392
Beriqueria (véase Puerto Rico)
Bertinoro 48
Bethmariam 164, 286, 384, 411
Bética 86, 173, 368, 372, 411, 412
Betis, río 411
Blanco, Cabo 79, 85, 92, 109, 150, 207, 312, 411
Bodumela (véase Budomel)
Bolonia 52
Bonaire 43, 175
Borgoña 26
Boscano (véase Benascana)
Boscana (véase Benascana)
Botswana 412
Braga 167
Brasil 66
Bressa 125
Bretaña 26, 35
Brolo 27
Budomel 64, 72, 81, 110, 113, 134, 143, 144, 151, 157, 220, 224, 314, 317, 319, 325, 326, 328, 329, 334, 378, 411
Buena Esperanza, cabo de 147
Burgos 55, 56, 58, 178

C
Cabo Verde, islas 92, 146, 170, 313, 314
Cabo Verde, promontorio 79, 82, 83, 89, 92, 113, 151, 227, 229, 261, 312, 331, 333, 363
Cádiz 39, 40, 64, 71, 88, 90, 102, 116, 124, 185, 293, 294, 412
Calangea 105, 160, 239, 242–244, 246, 256, 342, 345, 346, 349, 412
Calice, (véase Cádiz)
Calongea (véase Calangea)

ÍNDICE DE TOPÓNIMOS

Camerún 413-415
Campania 24, 398, 411
Canaria 82, 104, 201, 202, 306, 307, 412
Canarias 64, 70-73, 78, 81-83, 89, 90, 91, 93, 103, 104, 116, 135, 141, 146, 148, 150, 170, 201, 268, 305, 313, 368, 409, 415
Canigueria 264
Canterbury 39
Capobianco (véase Blanco, Cabo)
Capoverde 261
Capraria 82, 104, 201, 306, 412, 420
Caribe 49, 93, 135, 174, 415
Carpi 18, 32-35, 37, 40, 54, 56, 57, 74
Cartagena 58, 176
Cartago 146, 150, 187, 294, 295, 412
Casablanca 149
Casiana 85, 86, 90, 102, 109, 113, 115, 118, 321, 322, 412
Casión 309
Cassia (actual Cascia) 230
Castelar de la Frontera, monte 166
Castilla 17, 24, 25, 26, 31, 32, 35, 59, 73, 80, 93, 98, 106, 123, 126, 150, 172, 292
Catadupa 282, 283, 382, 412
Catania 26
Cathadi 412
Cayor 416
Ceuta 103, 149, 150, 294, 412
Címbrica Querssoneso (Jutlandia) 369, 412
Colombia 140
Colongea (véase Calangea)
Collis 23
Conangea (véase Calangea)
Concepción de la Vega 35, 44, 415
Conche 164, 166, 279, 285, 286, 379, 384, 385, 412, 413

Congo 10, 14, 73, 91, 92, 96, 116, 118, 131, 151, 153, 329, 330, 377, 401, 413-415, 417
Conobbi 224
Constantina 412
Córdoba 45, 58, 125, 175, 411
Cornisea 90, 119, 121, 133, 219, 324
Cosenza 48
Costa de Marfil 413, 415
Coyoacán 53
Cuama, río 417
Cuba 43, 173, 266, 367, 412
Cubagua 43, 50, 175
Cumaná 46, 139
Curaçao 43, 175
China 147, 148

D

Dahomey 128
Dakar 124
Damasea 360
Damnitana 90, 107, 128, 132, 257, 258, 360, 412
Damute 141, 163-166, 278-280, 282-286, 377, 378, 379, 381-385, 412, 413, 415
Dania 79, 219, 324, 413
Dannasea 90, 103, 105-107, 118, 256, 257, 359, 413
Danubio 198
Dembia 164, 283, 286, 382, 383, 384, 409, 412, 413
Dembra (véase Dembia)
Demnasea (véase Dannasea)
Dendina 411, 414
Diest 167
Djenné 84, 411, 417
Doaro 286, 384, 413
Dobra libanus 164, 281, 381, 413
Dombia (véase Dembia)
Dombra (véase Dembia)
Dominica, isla 177

Dongola 421
Dorado 93, 140, 141

E
Ecuador 151, 342
Egipto 111, 143, 145, 194-195, 199, 204, 207, 214, 221, 275, 283-284, 302, 304, 309, 312, 319, 326, 347, 375, 383, 409, 421
El Cairo 284, 383
Elmina 126
Elvas 146
Equinoccio 65, 307, 308, 369
Eritreo, mar 92, 245, 348, 418
Escocia 33
España 21, 25-27, 31, 32, 35, 36, 39, 40, 42, 46-48, 51, 53, 58, 67, 71, 74, 75, 80, 93, 100, 105, 119, 124, 126, 134, 135, 142, 167, 169, 177, 184, 186, 188, 196, 201, 202, 214, 225, 239, 247, 264, 268, 272, 292, 294, 295, 302, 306, 307, 320, 330, 342, 350, 365, 368, 372, 387, 415
Estados Pontificios 409
Etiopía 65, 70, 73, 77-79, 82-85, 87, 89-92, 96, 97, 99, 101-105, 109, 112, 113, 114, 116, 120, 130, 138, 144, 147, 148, 150, 154, 157, 183, 184, 190, 195, 196, 199, 202-207, 209, 210, 212-214, 216, 217, 220-222, 224-226, 229, 230, 232, 235, 237, 239, 240, 242-245, 247, 250, 251, 261, 262, 270, 275, 277, 284, 291, 292, 297, 298, 301, 302, 304, 305, 307-312, 314, 315, 317-322, 325, 326, 329, 330, 333, 334, 336-339, 341, 343, 345, 346, 347-349, 352, 354, 361-363, 370, 375, 376, 379, 380, 384, 409-411, 413, 415, 419, 421
Etna, monte 306

Europa 10, 12, 14-18, 37, 38, 41, 46, 64, 66, 77, 80, 81, 83-86, 91, 99, 101, 122, 123, 127, 128, 132, 134, 136, 139, 142, 149, 155-158, 163, 171, 188-190, 202, 204, 209, 215, 224, 239, 246, 266, 267, 270, 284, 296, 297, 309, 314, 320, 329, 342, 349, 367, 368, 371, 378, 380, 383
Évora 167

F
Fas-al-Yadid 387
Fez 18, 64, 88, 167, 168, 287, 289, 387, 388, 390, 415
Florencia 26, 32, 52, 65, 68, 83, 128, 171, 367
Fortunate (véase Canarias)
Francia 25, 33, 55, 85, 98, 124, 149, 152, 186, 267, 294, 368
Fuerteventura 89

G
Gafate 377
Gala 27, 414
Galam (véase Galangea)
Galangea 84, 85, 90, 116, 213, 414
Gales 31
Gallanea 81, 90, 108, 113, 121, 142, 158, 176, 252, 253, 254, 256, 354, 356, 357, 359, 414
Gallonea (véase Gallanea)
Gambia 64, 71, 91, 92, 143, 310, 312, 316, 331, 363, 411, 415, 416
Gambre 261
Gannovia 81, 90, 103, 107, 108, 115, 116, 130, 247, 350, 414, 416
Gao 84, 414
Gassabela 414
Génova 29, 72, 74, 181
Gerona 26
Ghana (véase Gannovia)
Ghinea (véase Guinea Bissau)

ÍNDICE DE TOPÓNIMOS 467

Gibraltar, estrecho de 99, 294, 405
Gibraltar, montes de 166, 187
Goiame 282, 283, 285, 384, 412, 421
Gomera 82, 104, 201, 306, 414, 417
Gongon 225, 414
Gongonea 82, 90, 329, 414
Goraga 141, 414
Goráguez 163, 165, 276, 376, 414, 418
Gorée 126, 409
Górgadas 146
Gorgonas, islas 81, 92, 132, 133, 146, 207, 311, 415
Gounguia 414
Goyame 164, 165, 382, 415
Graciosa, isla (Antillas) 170, 263, 418
Graciosa, fuerte de 88, 149
Graciosa, isla (Canarias) 170, 263, 365, 415, 418
Gran Cartagine (véase Cartago)
Granada 26, 30, 53, 58, 105, 149, 167, 176, 265, 268, 289, 366, 368, 390, 415, 420
Granadinas, islas 415
Grande Hesperia 99
Grecia 79, 99, 109, 110, 140
Guadalajara 178
Guadalquivir 411
Guadalupe, isla 170, 171, 177, 264, 265, 365, 366, 415
Guinea Bissau 124, 126, 130, 148, 164, 261, 283, 284, 310, 363, 382, 383, 411, 413, 415, 416

H

Hercúleo, mar 415
Hespérides, islas 72, 84, 92, 146, 313, 415
Hierro, isla del 89, 91, 101, 103, 104, 202, 306, 415, 416, 418
Hispania 99

Hungría 33, 85

I

Ialofa 284, 383, 415
ibérica, península 24, 26, 141, 411, 420
Igomán 78, 91, 155, 211, 316, 416
Igomara (Véase Igomán)
Iguanacaia (véase Iguanaqueya)
Iguanaqueya (Islas Vírgenes) 265, 366, 416
Igunarcona (véase Igunaronia)
Igunaronia (Santa Lucía, Islas Vírgenes) 265, 366, 416
India 147, 214, 319, 394
Indias Occidentales 19, 21, 35, 36, 39, 44, 45, 52, 71, 74, 78, 80, 89, 95, 125, 146, 147, 163, 169, 172, 179, 292, 297, 368, 419
Indias Orientales 80, 163, 297
Índico, océano 83, 87, 92, 419
Inglaterra 26, 30-34, 39, 55, 98, 134, 138, 152, 368
Iogonsamea 103, 107, 241, 344, 416
Israel 113
Italia 18, 19, 23, 25, 26, 28, 36, 37, 47, 54, 57, 99, 101, 105, 112, 124, 126, 134, 170, 171, 177, 196, 214, 215, 226, 239, 247, 266, 270, 302, 320, 330, 342, 350, 367, 401, 407
Itri (véase Rivo) (véase Junona)
Iunonia, isla (véase Junona)

J

Janeiro, Río de 66
Jartum 412
Jelou (véase Kuka)
Jerusalén 166, 176, 383, 385, 389
Jolof 124, 151, 410, 416
Jonia 137
Juba (véase Pluvialia)
Julia Campestre 88, 294, 296, 410, 416

468 ÍNDICE DE TOPÓNIMOS

Junona, isla 92, 101, 104, 188, 201, 202, 295, 306, 307, 415, 416
Jutlandia, península 412

K
Kaabu 416
Kalanga 412
Kalongo 412
Kanem-Bornu, Imperio 130
Kasa 310
Kasanga (véase Kasa)
Kendougon 411
Kilwa 420
Kuka 411

L
La Coruña 30
La Española 11, 30, 38, 41–43, 45, 64, 125, 136, 171, 175, 179, 268, 271, 369, 416
La Habana 48
La Meca 389
La Palma 92, 104, 415, 418
La Rábida 173
Las Palmas 89
Lacio 50, 161, 377, 418
Lagos 123
Lanzarote 170, 418
Laonde 199
Larache 88, 98, 415, 416, 421
León 17, 19, 26, 32, 33, 35–37, 39, 41, 46, 47, 51, 63, 72, 74, 95, 122, 174, 178, 381, 411
Leptis Magna (véase Libia)
Lérida 186
Liberia 82
Libia 101, 103, 186, 190, 194, 195, 196, 294, 298, 301, 302
Licia 370, 416, 418
Liguria 29
Lima 164

Lisboa 10, 11, 14, 15, 17, 21, 61, 65, 66, 68, 123, 124, 148, 162, 182, 275, 375
Lixa (véase Lixos)
Lixos (Zofi) 88, 98, 149, 187, 294, 416, 421
Londres 11, 21, 31, 32, 36, 65, 66, 83, 182
Ludlow 31
Luna (montes) 416

M
Madagascar 418
Madinga 284, 383
Madrid 12, 16, 19, 123, 175
Magreb 81, 150, 158, 387
Malagueta 415
Mali 71, 72, 84, 89, 101, 105, 116, 128, 129, 151, 154, 318, 319, 411, 413, 414, 416, 417
Mallorca 170
Manassabea 126, 145, 231, 335, 416
Mandeville 135, 141
Mangalo 376, 417
Manicongo 14, 64, 72, 79, 83–85, 92, 121, 151, 224, 259, 329, 361
Manicongonea 417
Mar, Castillo del 421
Mar Pequeña 150
Marabo, río 420
Mardaonzona (véase Onzea)
Marib 418
Marruecos 93, 98, 149, 410, 412, 415, 417–421
Masalia 145
Masiana 72, 86, 108, 114, 130, 208, 312, 313, 417
Massawa 162
Massina (véase Masiana)
Matamba 130
Mauritania Cesarea 187, 294, 415, 417

ÍNDICE DE TOPÓNIMOS 469

Mauritania Tingitana 64, 73, 77, 78, 82, 86, 88, 101, 103, 116, 150, 159, 168, 183, 186, 188-195, 287, 291, 294-301, 321, 387, 410, 411, 417, 421
Mazagán 149
Medina 26, 85, 164, 288, 389
Mediterráneo 83, 99, 124, 150, 156
Mellah 387
Meroe, isla de 415
Mesina 27
México 18, 45, 46, 47, 52, 139, 145, 173, 175, 176
Milán 178
Moctezuma 53
Mologón 108, 329
Moná, isla de 47
Monito, islote de 47
Monomotapa, imperio 166, 417, 420
Monteagudo 93
Montecorvino 30
Montechiarugolo 49
Montserrat (Islas Vírgenes) 366, 417
Moriah, monte 389
Mossi 412
Mozambique 317, 413, 414, 420
Múnich 178
Murcia 27

N

Naansabea 84, 90, 110, 116, 246, 247, 349, 350, 417
Naasabea, ciudad 75
Nabbonea (véase Trabonnea)
Nansea 85, 90, 113, 119, 144, 240, 343, 417
Nápoles 19, 26, 32, 162
Nasaenna 90, 115, 131, 235, 339, 417
Nebrija 25
Níger 146, 313, 412, 413, 417
Nigeria 91, 130, 411, 413, 414, 418

Nilo 86, 92, 145, 162-165, 204, 214, 258, 260, 275, 278, 279, 282-284, 309, 319, 360, 362, 375, 377-379, 382, 383, 409, 412, 413, 415-417, 419, 420
Ningaria 104, 201, 202, 306, 307, 414, 417
Nínive 319
Nueva España 172
Nueva Valencia 88, 189, 296, 417, 420
Nuevo Continente 141, 174, 176
Nuevo Mundo 9, 10, 33, 48, 64, 123, 291, 292, 368
Numidia 101, 102, 187, 195, 294, 295, 301, 412, 417, 418

O

Olimpo 144
Ombrión 91, 202, 306, 415, 418
Ombrios (véase Pluvialia)
Onzea 81, 90, 105, 131, 158, 234, 338, 340, 343, 417
Oqqy 163, 276, 277, 375, 376, 418
Oriente 79, 122, 140, 143, 158, 199, 294, 304, 420
Oyo 84, 410
Ozzea 234, 236, 240, 338, 340, 343, 417, 418

P

Países Bajos 31, 83
Palmaria (véase Pluvialia)
Panniana 79, 83, 257, 258, 360, 418
Pantea 83, 112, 113, 117, 119, 332, 418
Paria 43
París 31, 56
Periqueia (véase Graciosa, isla (Antillas))
Persia 162, 207, 312
Perú 166, 286, 385, 420

Píleo (Islas Vírgenes) 265, 366
Piloa (véase Píleo)
Planaria 104
Planasia (véase Planaria)
Pluvialia 71, 72, 82, 104, 202, 306, 307, 418
Portugal 10, 14, 25, 28, 30, 34, 75, 80, 81, 93, 95, 98, 123, 125, 135, 147–151, 158, 162, 163, 167, 168, 259, 267, 275, 361, 368, 375, 387, 412
Prato 171
Puerto Rico 36, 170, 171, 174, 175, 265, 366, 410, 411, 421

Q
Qarawiyyin, barrio 387
Quiloa 276, 317, 376, 418
Quimera, monte 270, 370, 418

R
Rábida, La 173
Ribatero (véase Tajo, río)
Rieti 161
Río de Oro 81
Rivo, río 71, 363, 364, 410, 416, 418
Robrira (véase Trabbonea)
Rojo, mar 164, 282, 283, 382, 383, 418–420
Roma 10, 14, 25, 27, 32, 33, 37, 39, 47, 49, 51, 52, 57, 59, 60, 65, 66, 74, 88, 99, 100, 101, 103, 109, 110, 112, 116, 125, 134, 136, 140, 152, 154, 159, 163, 184, 192, 206, 214, 215, 226, 230, 247, 292, 299, 304, 305, 320, 330, 350, 418
Róterdam 34, 43
Rumanía 33
Rusia 33, 54

S
Saba 378, 381, 418
Safi 149, 421
Sahara 64, 72, 81, 93, 150, 157, 311, 411, 419
Sahel 87, 122, 127
Sala 71, 189, 296, 419
Salamanca 29, 167
Salou, río (véase Rivo)
Saloum 410, 416
Salum, río (véase Rivo)
San Brandán, isla de 176
San Bartolomé (Islas Vírgenes) 366, 419
San Cristóbal de la Laguna 89
San Domenico (véase Santo Domingo)
San Giovanni (véase Puerto Rico) 265
San Gregorio, iglesia de 37
San Juan de Mamora 149
San Marcos (Islas Vírgenes) 265, 366, 419
San Sabas (Islas Vírgenes) 265, 366, 419
San Vicente (Islas Vírgenes) 366, 419
Santa Cruz 38, 44, 47, 89, 150
Santa Lucía (Islas Vírgenes) (véase Igunaronia)
Santa María (Islas Vírgenes) 366, 419
Santa María de las Nieves (Islas Vírgenes) 265, 366, 419
Santa María Redonda (Islas Vírgenes) 265, 366
Santiago de Compostela 19, 30, 55
Santo Domingo 13, 17, 28, 29, 32, 35, 36, 38, 40, 44, 46, 48, 49, 52, 54, 56, 61, 67, 71, 73, 74, 77, 78, 86, 113, 125, 139, 148, 161, 171, 183, 184, 239, 262, 266, 291, 292, 342, 363, 364, 367, 412, 416, 419
Sebu, río 420

ÍNDICE DE TOPÓNIMOS

Segona, río (véase Senegal, río)
Senegal 71-73, 84, 91, 92, 129, 143, 145, 146, 308-310, 333-335, 341, 342, 348, 410, 411, 414, 415, 417, 419
Senegal, río 64, 72, 78, 82, 89, 91, 92, 129, 145, 154, 308, 309, 348, 411, 415, 416, 419
Senegambia 91, 96, 105, 124, 151, 326, 413
Setta 187
Sevilla 25, 35, 39, 40, 41, 43, 48, 58, 83, 124, 125, 150, 157, 167, 170, 293, 300, 419
Shongay, imperio 90, 128-130, 416, 417
Sicilia 25, 26, 124, 126, 196, 201, 302, 306
Sierra Leona 129, 415
Simen 285, 286, 384, 385, 419
Sine 410, 416
Sofala 89, 164, 166, 286, 384, 385, 412, 420, 421
Somalia 377
Sommatra (véase Sumatra)
Suaquem 164, 283, 383, 420
Subur 71, 102, 187, 295, 296, 405, 420
Suburra (véase Subur)
Sudáfrica 412
Sudán 81, 151, 418, 420, 421
Sumatra 166, 286, 385, 420

T
Tacuba 53
Tahoua 413
Tajo, río 418
Talavera 58, 173
Tana, lago 164, 409, 413
Tanariffe (véase Tenerife)
Tánger 88, 149, 294, 417
Tarragona 24

Tarsis 286, 385, 420
Táurica (véase Granada, isla) 265, 366, 420
Tenerife 78, 89, 104, 201, 306, 412, 417, 420
Terni 23
Tharsis 166
Tíber 409
Tierra Santa 80
Tigré 419
Tigremaon 285, 384, 420
Timavo, monte 187, 295, 420
Tívoli 50
Tlaxcala 172
Todos los Santos (Islas Vírgenes) 366
Toledo 148
Tombuctú 84
Tordesillas 71, 148, 149
Tortosa 42
Toscana 280
Toulouse 45
Tours 105, 186, 294
Trabbonea 90, 242, 345, 347, 417, 418, 420
Trapobana (Sumatra) 166, 286, 385, 420
Trasimeno, lago 161
Trento 111
Túnez 93, 152, 409, 412, 418
Tunja 178
Turín 74
Turone (véase Tours)

U
Uganda 377, 412, 416
Uhud, monte 389
Umbría 83, 161, 230

V
Valencia 25, 28, 42, 84, 88, 123, 268, 369

Valentia Banassa (véase Nueva Valencia)
Valladolid 25, 31, 45, 58, 178
Vaticano 37, 65, 67, 68
Vedemudro 285, 384, 421
Viques, isla de (véase Graciosa, isla (Antillas))
Vírgenes, islas 265, 366, 421
Viterbo 35, 46
Vizcaya, golfo de 144
Volturara 30, 32, 33, 36, 38, 55
Volturara-Montecorvino 30, 32, 33, 36, 38, 55

W
Waalo 416
Waggara 419
Wallo 384, 411
Wolof 411

Y
Yemen 418

York 39
Yucatán 172, 178

Z
Zaragoza 27, 36, 58
Zaria 130
Zibeltaro, *stretto di* (véase Gibraltar, estrecho de)
Zimbabwe 412
Zinguichor 310
Zofala (véase Sofala)
Zofi (véase Lixos)
Zona Tórrida 10, 29, 63, 64, 99, 108, 116, 118, 119, 129, 133, 147, 151, 160, 245, 246, 248, 250, 252, 256, 259–261, 268, 338, 343, 348, 349, 351, 352, 354, 356, 358, 361, 362, 416, 421
Zubia Nubia 164, 283, 383, 421
Zubul (véase Azemmour)

Humanistas Españoles

Directores
Jesús M. Nieto Ibáñez
Jesús Paniagua Pérez

Los volúmenes 1 a 39 de esta colección fueron publicados por el Servicio de Publicaciones de la Universidad de León (España).

A partir del volumen 40, esta colección es publicada por Peter Lang GmbH, Internationaler Verlag der Wissenschaften, Berlín.

Tomo 40   Jesús M. Nieto Ibáñez / Raúl López López (eds.): Lorenzo de Zamora. Monarquía mística I. Introducción, edición y notas. 2022.

Tomo 41   Daniele Arciello / Jesús Paniagua Pérez: Un viaje entre la imaginación y la realidad. La versión italiana del *Itinerarium ad regiones sub aequinoctiali plaga constitutas* de Alessandro Geraldini. 2023.

www.peterlang.com